AutoCAD
+
UG NX
一站式高效学习一本通

云智造技术联盟　编著

化学工业出版社

·北京·

本书通过大量的工程实例和容量超大的同步视频，系统地介绍了 AutoCAD 2020 中文版和 UG NX 12.0 中文版的新功能、入门必备基础知识、各种常用操作命令的使用方法，以及应用 AutoCAD 2020 和 UG NX 12.0 进行工程设计的思路、实施步骤和操作技巧。

全书分为两大篇，第一篇为 AutoCAD 篇，介绍了 AutoCAD 2020 入门、简单二维绘制命令、复杂二维绘图命令、精确绘图、图层与显示、编辑命令、文字与表格、尺寸标注、辅助绘图工具、绘制和编辑三维表面、实体建模等内容；第二篇为 UG NX 篇，介绍了 UG NX 12.0 基础知识、视图控制与图形操作、草图绘制、曲线功能、特征建模、创建成形和工程特征、特征操作与编辑、查询与分析、曲面功能、装配建模和工程图等知识。

书中所有案例均提供配套的视频、素材及源文件，扫二维码即可轻松观看或下载使用。另外，还超值附赠大量学习资源，主要有：AutoCAD 操作技巧秘籍电子书，AutoCAD 机械设计、建筑设计、室内设计、电气设计应用案例视频，UG 应用案例视频以及 AutoCAD 中国官方认证考试大纲和模拟试题等。

本书内容丰富实用，操作讲解细致，图文并茂，语言简洁，思路清晰，非常适合 AutoCAD 及 UG 初学者、相关行业设计人员自学使用，也可作为高等院校及培训机构相关专业的教材及参考书。

图书在版编目（CIP）数据

AutoCAD+UG NX 一站式高效学习一本通/云智造技术联盟编著.
—北京：化学工业出版社，2020.3
ISBN 978-7-122-35852-3

Ⅰ.①A…　Ⅱ.①云…　Ⅲ.①计算机辅助设计-AutoCAD 软件-教材　Ⅳ.①TP391.72

中国版本图书馆 CIP 数据核字（2019）第 278231 号

责任编辑：耍利娜　　　　　　　　　　　　装帧设计：王晓宇
责任校对：杜杏然

出版发行：化学工业出版社(北京市东城区青年湖南街 13 号　邮政编码 100011)
印　　装：大厂聚鑫印刷有限责任公司
787mm×1092mm　1/16　印张 42¾　字数 1068 千字　2020 年 5 月北京第 1 版第 1 次印刷

购书咨询：010-64518888　　　　　　　　　售后服务：010-64518899
网　　址：http://www.cip.com.cn
凡购买本书，如有缺损质量问题，本社销售中心负责调换。

定　价：138.00 元　　　　　　　　　　　　　版权所有　违者必究

前 言

AutoCAD 是美国 Autodesk 公司推出的，集二维绘图、三维设计、渲染及通用数据库管理和互联网通信功能为一体的计算机辅助绘图软件包。自 1982 年推出以来，从初期的 1.0 版本，经多次版本更新和性能完善，现已发展到 AutoCAD 2020，不仅在机械、电子和建筑等工程设计领域得到了广泛的应用，而且在地理、气象、航海等特殊图形的绘制，甚至乐谱、灯光、幻灯和广告等领域也得到了多方面的应用，目前已成为 CAD 系统中应用最为广泛的图形软件之一。

UG NX 是 Siemens 公司出品的一个产品工程解决方案，其功能强大，可以轻松实现各种复杂实体及造型的建构。UG 已成为当今世界 CAD/CAE/CAM 领域的新标准，它全方位地提供了从产品概念设计、精确设计、模具设计到模具型腔数控加工一整套功能，极大地缩短了产品开发的周期，提高了产品的竞争力。同样，UG 也经过了多次版本更新和性能完善，目前已发展到 UG NX 12.0 版本。

对于机械、汽车、结构设计工程师以及相关领域的技术人员来说，AutoCAD 和 UG 是他们日常工作中不可或缺的两大工具，分别侧重二维制图、三维制图，功能互补，结合紧密。因此，为了方便读者系统地学习 AutoCAD 和 UG NX 的操作方法和技巧，能够快速掌握两大软件并且灵活应用，我们编写本书。本书基于 AutoCAD 2020 与 UG NX 12.0 展开介绍，结合初学者的学习特点，以案例为导向，在内容编排上注重由浅入深，从易到难，在讲解过程中及时给出经验总结和相关提示，帮助读者快捷地掌握所学知识。

本书特色

1. 两大软件交相辉映，内容全面，知识体系完善

本书针对完全零基础的读者，循序渐进地介绍了 AutoCAD 2020 和 UG NX 12.0 的相关知识，几乎覆盖 AutoCAD 和 UG NX 全部常用操作命令的操作方法和技巧，内容超值不缩水，一本顶两本。

2. 软件版本新，适用范围广

本书基于目前最新的 AutoCAD 2020 版本和 UG NX 12.0 版本编写而成，同样适合 AutoCAD 2019、AutoCAD 2018、AutoCAD 2016 和 UG NX 10.0、UG NX 8.0 等低版本软件的读者操作学习。

3. 实例丰富，强化动手能力

全书大小案例近 80 个。重难点处采用"一命令一实例"的模式讲解，即学即练，巩固对知识点的理解及运用，达到触类旁通的目的。每章最后通过【综合演练】【上机操作】等环节，将本章所学融会贯通，进而能够举一反三，应用于实际工作之中。

4. 微视频学习更便捷

全书重要知识点及所有操作实例都配有相应的高清讲解视频，共 73 集，总时长近 10 小

时，扫书中二维码随时随地边学边看，大大提高学习效率。

5. **大量学习资源轻松获取**

除书中配套视频外，本书还同步赠送全部实例的素材及源文件，方便读者对照学习；另外还送相关的电子书、练习题、考试大纲及真题、其他教学视频等超值大礼包。

6. **优质的在线学习服务**

本书的作者团队成员都是行业内认证的专家，免费为读者提供答疑解惑服务，读者在学习过程中若遇到技术问题，可以通过 QQ 群等方式随时随地与作者及其他同行在线交流。

本书作者

本书由云智造技术联盟编著。云智造技术联盟是一个集 CAD/CAM/CAE 技术研讨、工程开发、培训咨询和图书创作于一体的工程技术人员协作联盟，包含 20 多位专职和众多兼职 CAD/CAM/CAE 工程技术专家，主要成员有赵志超、张辉、赵黎黎、朱玉莲、徐声杰、卢园、杨雪静、孟培、闫聪聪、李兵、甘勤涛、孙立明、李亚莉、王敏、张亭、井晓翠、解江坤、胡仁喜、刘昌丽、康士廷、毛瑢、王玮、王艳池、王培合、王义发、王玉秋、张俊生等。云智造技术联盟负责人由 Autodesk 中国认证考试中心首席专家担任，全面负责 Autodesk 中国官方认证考试大纲制订、题库建设、技术咨询和师资力量培训工作；成员精通 Autodesk 系列软件，编写了许多相关专业领域的经典图书。

由于编者的水平有限，加之时间仓促，书中疏漏之处在所难免，恳请广大专家、读者不吝赐教。如有任何问题，欢迎大家联系 714491436@qq.com，及时向我们反馈，也欢迎加入本书学习交流群 QQ：597056765，与同行一起交流探讨。

编著者

第 1 篇

AutoCAD 篇

第2篇

UG NX 篇

第1篇
AutoCAD篇

本篇主要介绍AutoCAD 2020中文版的一些基础知识和操作实例,包括AutoCAD 2020入门、简单二维绘制命令、复杂二维绘图命令、精确绘图、图层与显示、编辑命令、文字与表格、尺寸标注、辅助绘图工具、绘制和编辑三维表面、实体建模等知识。

第1章
AutoCAD 2020入门

本章介绍AutoCAD 2020的基础知识。了解如何设置图形的系统参数、样板图，熟悉创建新的图形文件、打开已有文件的方法等，为进入系统学习准备必要的前提知识。

学习要点

设置绘图环境

配置绘图系统

了解文件管理

掌握基本输入操作

1.1 操作界面

AutoCAD 操作界面是 AutoCAD 显示、编辑图形的区域，一个完整的 AutoCAD 操作界面如图 1-1 所示，包括标题栏、菜单栏、快速访问工具栏、功能区、绘图区、十字光标、坐标系图标、命令行窗口、状态栏、布局标签、导航栏等。

注意：需要将 AutoCAD 的工作空间切换到"草图与注释"模式下（单击操作界面右下角中的"切换工作空间"按钮，在弹出的菜单中单击"草图与注释"命令），才能显示如图 1-1 所示的操作界面。本书中的所有操作均在"草图与注释"模式下进行。

（1）标题栏

AutoCAD 2020 中文版操作界面的最上端是标题栏，显示了系统当前正在运行的应用程序（AutoCAD 2020）和用户正在使用的图形文件。在第一次启动 AutoCAD 2020 时，标题栏中将显示启动时创建并打开的图形文件的名称"Drawing1.dwg"。

（2）菜单栏

单击 AutoCAD"快速访问"工具栏右侧三角形，在打开的快捷菜单中选择"显示菜单栏"选项，如图 1-2 所示，调出的菜单栏位于界面的上方，如图 1-3 标注的位置。AutoCAD 标题栏的下方是菜单栏，同其他 Windows 程序一样，AutoCAD 的菜单也是下拉形式的，并在菜单中包含子菜单。

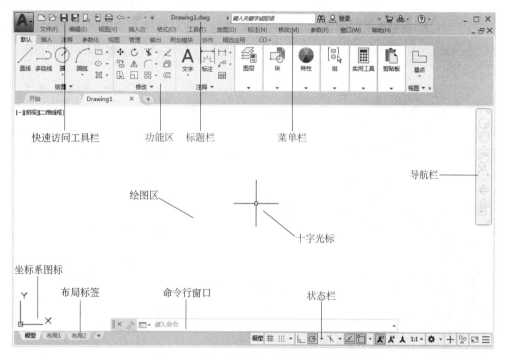

图1-1 AutoCAD 2020 中文版操作界面

图1-2 下拉菜单

图1-3 菜单栏显示界面

AutoCAD 的菜单栏中包含"文件""编辑""视图""插入""格式""工具""绘图""标注""修改""参数""窗口"和"帮助"12 个菜单,这些菜单几乎包含了 AutoCAD 的所有绘图命令,后面的章节将对这些菜单功能做详细的讲解。一般来讲,AutoCAD 下拉菜单中的命令有以下 3 种。

① 带有子菜单的菜单命令。这种类型的菜单命令后面带有小三角形。例如,在"绘图"菜单中选择"圆"命令,系统就会进一步显示出"圆"子菜单中所包含的命令,如图 1-4 所示。

② 打开对话框的菜单命令。这种类型的命令后面带有省略号。例如,选择菜单栏中的"格式"→"表格样式"命令,如图 1-5 所示,系统就会打开"表格样式"对话框,如图 1-6 所示。

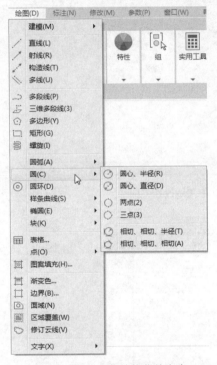

图 1-4 带有子菜单的菜单命令

图 1-5 打开对话框的菜单命令

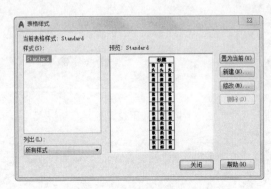

图 1-6 "表格样式"对话框

③ 直接执行操作的菜单命令。这种类型的命令后面既不带小三角形,也不带省略号,选择该命令将直接进行相应的操作。例如,选择菜单栏中的"视图"→"重画"命令,系统

将刷新显示所有视口。

（3）工具栏

工具栏是一组按钮工具的集合，把光标移动到某个按钮上，稍停片刻即可在该按钮的一侧显示相应的功能提示，同时在命令行中，显示对应的说明和命令名，此时，单击按钮就可以启动相应的命令了。

① 设置工具栏。AutoCAD 2020 提供了几十种工具栏，选择菜单栏中的"工具"→"工具栏"→AutoCAD 命令，单击某一个未在界面中显示的工具栏的名称，如图 1-7 所示，系统自动在界面打开该工具栏；反之，关闭工具栏。

图 1-7　调出工具栏

② 工具栏的"固定""浮动"与"打开"。工具栏可以在绘图区"浮动"显示（如图 1-8 所示），此时显示该工具栏标题，并可关闭该工具栏，可以拖动"浮动"工具栏到绘图区边界，使它变为"固定"工具栏，此时该工具栏标题隐藏；也可以把"固定"工具栏拖出，使它成为"浮动"工具栏。

有些工具栏按钮的右下角带有一个小三角，单击会打开相应的工具栏，将光标移动到某一按钮上并单击，该按钮就变为当前显示的按钮。单击当前显示的按钮，即可执行相应的命令（如图 1-9 所示）。

（4）快速访问工具栏和交互信息工具栏

① 快速访问工具栏。该工具栏包括"新建""打开""保存""另存为""从 Web 和 Mobile 中打开""保存到 Web 和 Mobile""打印""放弃""重做"等几个常用的工具按钮。用户可以单击此工具栏后面的小三角下拉按钮，在弹出的下拉菜单中选择需要的常用工具。

② 交互信息工具栏。该工具栏包括"搜索""Autodesk A360""Autodesk App Store"和"保持连接""单击此处访问帮助"等几个常用的数据交互访问工具按钮。

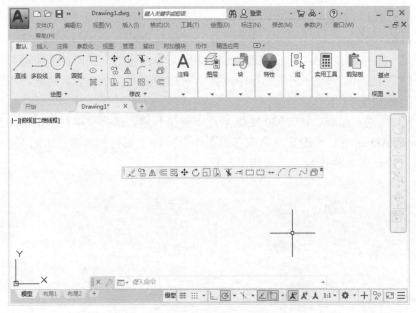

图 1-8 "浮动"工具栏

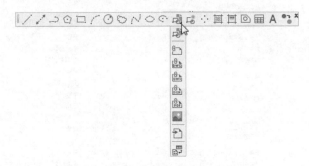

图 1-9 打开工具栏

（5）功能区

默认情况下包括"默认""插入""注释""参数化""视图""管理""输出""附加模块""协作"以及"精选应用"选项卡，如图 1-10 所示，在功能区中集成了相关的操作工具，方便了用户的使用。用户可以单击功能区选项板后面的▣ ▾按钮，控制功能的展开与收缩，所有的选项卡显示如图 1-11 所示。

图 1-10 默认情况下出现的选项卡

图 1-11 所有的选项卡

【执行方式】

- 命令行：RIBBON（或 RIBBONCLOSE）。
- 菜单：选择菜单栏中的"工具"→"选项板"→"功能区"命令。

① 设置选项卡。将光标放在面板中任意位置处，单击鼠标右键，打开如图 1-12 所示的快捷菜单。用鼠标左键单击某一个未在功能区显示的选项卡名，系统自动在功能区打开该选项卡；反之，关闭选项卡（调出面板的方法与调出选项板的方法类似，这里不再赘述）。

② 选项卡中面板的"固定"与"浮动"。面板可以在绘图区

图 1-12 快捷菜单

"浮动"（见图 1-13），将鼠标放到浮动面板的右上角位置处，显示"将面板返回到功能区"，如图 1-14 所示。鼠标左键单击此处，可使它变为"固定"面板；也可以把"固定"面板拖出，使它成为"浮动"面板。

图 1-13 "浮动"面板

图 1-14 "绘图"面板

（6）绘图区

绘图区是指在标题栏下方的大片空白区域，绘图区是用户使用 AutoCAD 绘制图形的区域，用户要完成一幅设计图形，其主要工作都是在绘图区中完成的。

在绘图区中，有一个十字线，该十字线称为光标，其交点坐标反映了光标在当前坐标系

中的位置。十字线的方向与当前用户坐标系的 X、Y 轴方向平行，十字线的长度系统预设为绘图区大小的 5%。

① 修改绘图区十字光标的大小。光标的长度，可以根据绘图的实际需要修改其大小，修改光标大小的方法如下。

选择菜单栏中的"工具"→"选项"命令，打开"选项"对话框，如图 1-15 所示。单击"显示"选项卡，在"十字光标大小"区域的编辑框中直接输入数值，或拖动编辑框后面的滑块。

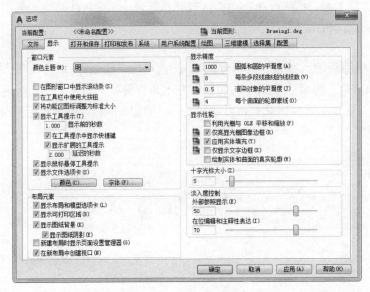

图 1-15　"显示"选项卡

此外，还可以通过设置系统变量 CURSORSIZE 的值，修改其大小，其方法是在命令行中输入如下命令。

命令：CURSORSIZE✓
输入 CURSORSIZE 的新值 <5>：

在提示下输入新值即可修改光标大小，默认值为 5%。

② 修改绘图区的颜色。在默认情况下，AutoCAD 的绘图区是黑色背景、白色线条，这不符合大多数用户的习惯，因此，修改绘图区颜色是大多数用户都要进行的操作。方法如下。

a. 选择菜单栏中的"工具"→"选项"命令，打开"选项"对话框，单击"显示"选项卡，再单击"窗口元素"选项组中的"颜色"按钮，打开如图 1-16 所示的"图形窗口颜色"对话框。

b. 在"颜色"下拉列表框中，选择需要的窗口颜色，然后单击"应用并关闭"按钮，此时 AutoCAD 的绘图区就变换了背景色，通常按视觉习惯选择白色为窗口颜色。

（7）坐标系图标

在绘图区域的左下角，有一个箭头指向的图标，称为坐标系图标，表示用户绘图时正使用的坐标系形式。坐标系图标的作用是为点的坐标确定一个参照系。根据工作需要，用户可以选择将其关闭，其方法是选择菜单栏中的"视图"→"显示"→"UCS 图标"→"开"命令，如图 1-17 所示。

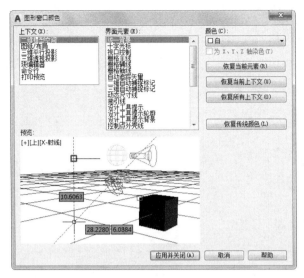

图 1-16 "图形窗口颜色"对话框   图 1-17 "视图"菜单

（8）命令行窗口

命令行窗口是输入命令名和显示命令提示的区域，默认命令行窗口布置在绘图区下方，由若干文本行构成。对命令行窗口，有以下几点需要说明。

① 移动拆分条，可以扩大或缩小命令行窗口。

② 可以拖动命令行窗口，布置在绘图区的其他位置。默认情况下在图形区的下方。

③ 单击菜单栏中"工具"→"命令行"命令，打开如图 1-18 所示的对话框，单击"是"按钮，可以将命令行关闭；反之，可以打开命令行窗口。

④ 对当前命令行窗口中输入的内容，可以按<F2>键用文本编辑的方法进行编辑，如图 1-19 所示。AutoCAD 文本窗口和命令行窗口相似，可以显示当前 AutoCAD 进程中命令的输入和执行过程。在执行 AutoCAD 某些命令时，会自动切换到文本窗口，列出有关信息。

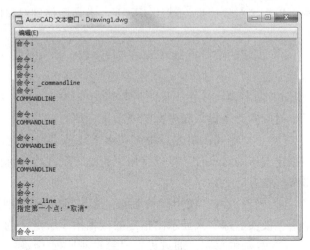

图 1-18 "命令行-关闭窗口"对话框   图 1-19 文本窗口

⑤ AutoCAD 通过命令行窗口，反馈各种信息，也包括错误信息，因此，用户要时刻关注在命令行窗口中出现的信息。

（9）状态栏

状态栏在操作界面的底部，依次有"坐标""模型空间""栅格""捕捉模式"等 30 个功能按钮。单击这些开关按钮，可以实现这些功能的开和关。下面对部分状态栏上的按钮做简单介绍，如图 1-20 所示。

图 1-20　状态栏

 技巧

默认情况下，不会显示所有工具，可以通过状态栏中最右侧的按钮，选择"自定义"菜单显示的工具。状态栏中显示的工具可能会发生变化，具体取决于当前的工作空间以及当前显示的是"模型"还是"布局"。

① 坐标：显示工作区鼠标放置点的坐标。

② 模型/布局空间：在模型空间与布局空间之间进行转换。

③ 栅格：栅格是覆盖整个坐标系（UCS）XY 平面的直线或点组成的矩形图案。使用栅格类似于在图形下放置一张坐标纸。利用栅格可以对齐对象并直观显示对象之间的距离。

④ 捕捉模式：对象捕捉对于在对象上指定精确位置非常重要。不论何时提示输入点，都可以指定对象捕捉。默认情况下，当光标移到对象的对象捕捉位置时，将显示标记和工具提示。

⑤ 推断约束：自动在正在创建或编辑的对象与对象捕捉的关联对象或点之间应用约束。

⑥ 动态输入：在光标附近显示出一个提示框（称之为"工具提示"），工具提示中显示出对应的命令提示和光标的当前坐标值。

⑦ 正交模式：将光标限制在水平或垂直方向上移动，以便于精确地创建和修改对象。当创建或移动对象时，可以使用"正交"模式将光标限制在相对于用户坐标系（UCS）的水平或垂直方向上。

⑧ 极轴追踪：使用极轴追踪，光标将按指定角度进行移动。创建或修改对象时，可以使用"极轴追踪"来显示由指定的极轴角度所定义的临时对齐路径。

⑨ 等轴测草图：通过设定"等轴测捕捉/栅格"，可以很容易地沿三个等轴测平面之一对齐对象。尽管等轴测图形看似三维图形，但实际上它是由二维图形表示的。因此不能期望提取三维距离和面积、从不同视点显示对象或自动消除隐藏线。

⑩ 对象捕捉追踪：使用对象捕捉追踪，可以沿着基于对象捕捉点的对齐路径进行追踪。

已获取的点将显示一个小加号（＋），一次最多可以获取 7 个追踪点。获取点之后，在绘图路径上移动光标，将显示相对于获取点的水平、垂直或极轴对齐路径。例如，可以基于对象端点、中点或者对象的交点，沿着某个路径选择一点。

⑪ 二维对象捕捉：使用执行对象捕捉设置（也称为对象捕捉），可以在对象上的精确位置指定捕捉点。选择多个选项后，将应用选定的捕捉模式，以返回距离靶框中心最近的点。按<Tab>键可以在这些选项之间循环。

⑫ 线宽：分别显示对象所在图层中设置的不同宽度，而不是统一线宽。

⑬ 透明度：使用该命令，调整绘图对象显示的明暗程度。

⑭ 选择循环：当一个对象与其他对象彼此接近或重叠时，准确地选择某一个对象是很困难的，使用选择循环的命令，单击鼠标左键，弹出"选择集"列表框，里面列出了鼠标点周围的图形，可以在列表中选择所需循环的对象。

⑮ 三维对象捕捉：三维中的对象捕捉与在二维中工作的方式类似，不同之处在于在三维中可以投影对象捕捉。

⑯ 动态 UCS：在创建对象时使 UCS 的 XY 平面自动与实体模型上的平面临时对齐。

⑰ 选择过滤：根据对象特性或对象类型对选择集进行过滤。当按下图标后，只选择满足指定条件的对象，其他对象将被排除在选择集之外。

⑱ 小控件：帮助用户沿三维轴或平面移动、旋转或缩放一组对象。

⑲ 注释可见性：当图标亮显时表示显示所有比例的注释性对象；当图标变暗时表示仅显示当前比例的注释性对象。

⑳ 自动缩放：注释比例更改时，自动将比例添加到注释对象。

㉑ 注释比例：单击注释比例右下角小三角符号弹出注释比例列表，如图 1-21 所示，可以根据需要选择适当的注释比例。

㉒ 切换工作空间：进行工作空间转换。

㉓ 注释监视器：打开仅用于所有事件或模型文档事件的注释监视器。

㉔ 单位：指定线性和角度单位的格式和小数位数。

㉕ 快捷特性：控制快捷特性面板的使用与禁用。

㉖ 锁定用户界面：按下该按钮，锁定工具栏、面板和可固定窗口的位置和大小。

㉗ 隔离对象：当选择隔离对象时，在当前视图中显示选定对象，所有其他对象都暂时隐藏；当选择隐藏对象时，在当前视图中暂时隐藏选定对象，所有其他对象都可见。

㉘ 硬件加速：设定图形卡的驱动程序以及设置硬件加速的选项。

㉙ 全屏显示：该选项可以清除 Windows 窗口中的标题栏、功能区和选项板等界面元素，使 AutoCAD 的绘图窗口全屏显示，如图 1-22 所示。

㉚ 自定义：状态栏可以提供重要信息，而无须中断工作流。使用 MODEMACRO 系统变量可将应用程序所能识别的大多数数据显示在状态栏中。使用该系统变量的计算、判断和编辑功能可以完全按照用户的要求构造状态栏。

图 1-21　注释比例

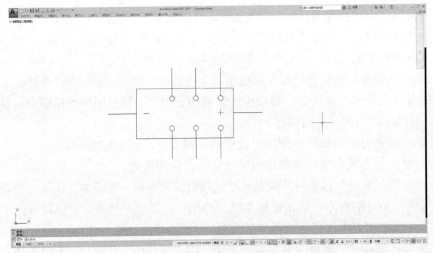

图 1-22　全屏显示（10）布局标签

AutoCAD 系统默认设定一个"模型"空间和"布局 1""布局 2"两个图样空间布局标签。

① 布局。布局是系统为绘图设置的一种环境，包括图样大小、尺寸单位、角度设定、数值精确度等，在系统预设的 3 个标签中，这些环境变量都按默认设置。用户可以根据实际需要改变这些变量的值，也可以根据需要设置符合自己要求的新标签。

② 模型。AutoCAD 的空间分模型空间和图样空间两种。模型空间是通常绘图的环境，而在图样空间中，用户可以创建叫做"浮动视口"的区域，以不同视图显示所绘图形，还可以调整浮动视口并决定所包含视图的缩放比例。如果用户选择图样空间，可打印多个视图，也可以打印任意布局的视图。AutoCAD 系统默认打开模型空间，用户可以通过单击操作界面下方的布局标签，选择需要的布局。

（11）滚动条

在打开的 AutoCAD 2020 默认界面上是不显示滚动条的，通常要把滚动条调出来。选择菜单栏中的"工具"→"选项"命令，系统打开"选项"对话框，单击"显示"选项卡，将"窗口元素"中的"在图形窗口中显示滚动条"勾选上，如图 1-23 所示。

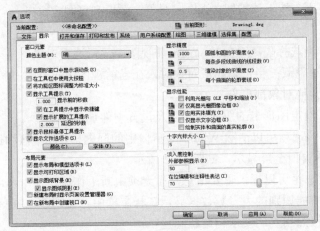

图 1-23　"选项"对话框中的"显示"选项卡

滚动条包括水平滚动条和垂直滚动条，用于上下或左右移动绘图窗口内的图形。用鼠标拖动滚动条中的滑块或单击滚动条两侧的三角按钮，即可移动图形。

1.2 设置绘图环境

1.2.1 设置图形单位

在 AutoCAD 2020 中对于任何图形而言，总有其大小、精度和所采用的单位，屏幕上显示的仅为屏幕单位，但屏幕单位应该对应一个真实的单位，不同的单位其显示格式也不同。

【执行方式】

- 命令行：DDUNITS（或 UNITS，快捷命令：UN）。
- 菜单栏：选择菜单栏中的"格式"→"单位"命令。

执行上述操作后，系统打开"图形单位"对话框，如图 1-24 所示，该对话框用于定义单位和角度格式。

【选项说明】

① "长度"与"角度"选项组：指定测量的长度与角度的当前单位及精度。

② "插入时的缩放单位"选项组：控制插入当前图形中的块和图形的测量单位。如果块或图形创建时使用的单位与该选项指定的单位不同，则在插入这些块或图形时，将对其按比例进行缩放。插入比例是原块或图形使用的单位与目标图形使用的单位之比。如果插入块时不按指定单位缩放，则在其下拉列表框中选择"无单位"选项。

③ "输出样例"选项组：显示用当前单位和角度设置的例子。

④ "光源"选项组：控制当前图形中光度控制光源的强度测量单位。为创建和使用光度控制光源，必须从下拉列表框中指定非"常规"的单位。如果"插入比例"设置为"无单位"，则将显示警告信息，通知用户渲染输出可能不正确。

⑤ "方向"按钮：单击该按钮，系统打开"方向控制"对话框，如图 1-25 所示，可进行方向控制设置。

图 1-24 "图形单位"对话框

图 1-25 "方向控制"对话框

1.2.2　设置图形界限

绘图界限用于标明用户的工作区域和图纸的边界，为了便于用户准确地绘制和输出图形，避免绘制的图形超出某个范围，就可以使用 CAD 的绘图界限功能。

【执行方式】

- 命令行：LIMITS。
- 菜单栏：选择菜单栏中的"格式"→"图形界限"命令。

【操作步骤】

命令行提示与操作如下。

命令：LIMITS✓
重新设置模型空间界限：
指定左下角点或 [开(ON)/关(OFF)] <0.0000,0.0000>:输入图形界限左下角的坐标，按<Enter>键。
指定右上角点 <12.0000,9.0000>:输入图形界限右上角的坐标，按<Enter>键。

【选项说明】

① 开（ON）：使图形界限有效。系统在图形界限以外拾取的点将视为无效。

② 关（OFF）：使图形界限无效。用户可以在图形界限以外拾取点或实体。

③ 动态输入角点坐标：可以直接在绘图区的动态文本框中输入角点坐标，输入了横坐标值后，按<，>键，接着输入纵坐标值，如图 1-26 所示；也可以按光标位置直接单击，确定角点位置。

图 1-26　动态输入

1.3　配置绘图系统

每台计算机所使用的输入设备和输出设备的类型不同，用户喜好的风格及计算机的目录设置也不同。一般来讲，使用 AutoCAD 2020 的默认配置就可以绘图，但为了使用定点设备或打印机，以及提高绘图的效率，推荐用户在开始作图前先进行必要的配置。

【执行方式】

- 命令行：PREFERENCES。
- 菜单栏：选择菜单栏中的"工具"→"选项"命令。
- 快捷菜单：在绘图区右击，系统打开快捷菜单，如图 1-27 所示，选择"选项"命令。

【操作步骤】

执行上述命令后，系统打开"选项"对话框。用户可以在该对话框中设置有关选项，对绘图系统进行配置。下面就其中主要的两个选项卡做一下说明，其他配置选项，在后面用到时再做具体说明。

① 系统配置。"选项"对话框中的第 5 个选项卡为"系统"选项卡，如图 1-28 所示。该选项卡用来设置 AutoCAD 系统的有关特性。其中"常规选项"选项组确定是否选择系统配置的有关基本选项。

② 显示配置。"选项"对话框中的第 2 个选项卡为"显示"选项卡，该选项卡用于控制 AutoCAD 系统的外观，如图 1-29 所示。该选项卡设定滚动条显示与否、界面菜单显示与否、绘图区颜色、光标大小、AutoCAD 的版面布局设置、各实体的显示精度等。

图 1-27　快捷菜单

图 1-28　"系统"选项卡

图 1-29　"显示"选项卡

技巧荟萃

　　设置实体显示精度时，请务必记住，显示质量越高，即精度越高，计算机计算的时间越长，建议不要将精度设置得太高，在一个合理的范围即可。

1.4 文件管理

　　本节介绍有关文件管理的一些基本操作方法，包括新建文件、打开文件、保存文件、另存为等，这些都是进行 AutoCAD 2020 操作最基础的知识。

　　（1）新建文件

　　当启动 AutoCAD 的时候，CAD 软件会自动新建一个文件 Drawing1，如果我们想新绘制一张图，可以再新建一个文件。

 【执行方式】

- 命令行：NEW。
- 菜单栏：选择菜单栏中的"文件"→"新建"命令。
- 工具栏：单击"标准"工具栏中的"新建"按钮 □。

　　执行上述操作后，系统打开如图 1-30 所示的"选择样板"对话框。选择适当的模板，单击"打开"按钮，新建一个图形文件。

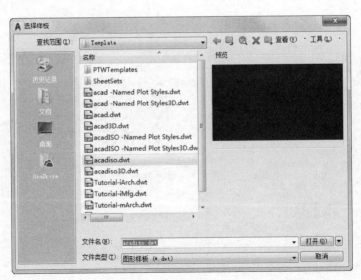

图 1-30　"选择样板"对话框

　　另外还有一种快速创建图形的功能，该功能是开始创建新图形的最快捷方法。

　　命令行：QNEW✓

　　执行上述命令后，系统立即从所选的图形样板中创建新图形，而不显示任何对话框或提示。

在运行快速创建图形功能之前必须进行如下设置。

① 在命令行输入"FILEDIA"，按<Enter>键，设置系统变量为 1；在命令行输入"STARTUP"，按<Enter>键，设置系统变量为0。

② 选择菜单栏中的"工具"→"选项"命令，在"选项"对话框中选择默认图形样板文件。具体方法：在"文件"选项卡中单击"样板设置"前面的"+"，在展开的选项列表中选择"快速新建的默认样板文件名"选项，如图 1-31 所示。单击"浏览"按钮，打开"选择文件"对话框，然后选择需要的样板文件即可。

图 1-31 "文件"选项卡

（2）打开文件

我们可以打开之前保存的文件继续编辑，也可以打开别人保存的文件进行学习或借用图形，在绘制图的过程中可以随时保存绘制图的成果。

【执行方式】

- 命令行：OPEN。
- 菜单栏：选择菜单栏中的"文件"→"打开"命令。
- 工具栏：单击"标准"工具栏中的"打开"按钮 。

执行上述操作后，打开"选择文件"对话框，如图 1-32 所示，在"文件类型"下拉列表框中用户可选.dwg 文件、.dwt 文件、.dxf 文件和.dws 文件。.dws 文件是包含标准图层、标注样式、线型和文字样式的样板文件；.dxf 文件是用文本形式存储的图形文件，能够被其他程序读取，许多第三方应用软件都支持.dxf 格式；.dwg 文件是普通的样板文件；.dwt 文件是标准的样板文件，通常将一些规定的标准性的样板文件设成.dwt 文件。

图 1-32 "选择文件"对话框

 技巧荟萃

有时在打开.dwg 文件时，系统会打开一个信息提示对话框，提示用户图形文件不能被打开，在这种情况下先退出打开操作，然后选择菜单栏中的"文件"→"图形实用工具"→"修复"命令，或在命令行中输入"recover"，接着在"选择文件"对话框中输入要恢复的文件，确认后系统开始执行恢复文件操作。

（3）保存文件

绘制完图或绘制图的过程中都可以保存文件。

 【执行方式】

- 命令行：QSAVE（或 SAVE）。
- 菜单栏：选择菜单栏中的"文件"→"保存"命令。
- 工具栏：单击"标准"工具栏中的→"保存"按钮 🔒 。

执行上述操作后，若文件已命名，则系统自动保存文件；若文件未命名（即为默认名drawing1.dwg），则系统打开"图形另存为"对话框，如图 1-33 所示，用户可以重新命名保存。在"保存于"下拉列表框中指定保存文件的路径，在"文件类型"下拉列表框中指定保存文件的类型。

为了防止因意外操作或计算机系统故障导致正在绘制的图形文件丢失，可以对当前图形文件设置自动保存，其操作方法如下。

① 在命令行输入"SAVEFILEPATH"，按<Enter>键，设置所有自动保存文件的位置，如"D:\HU\"。

② 在命令行输入"SAVEFILE"，按<Enter>键，设置自动保存文件名。该系统变量储存的文件名文件是只读文件，用户可以从中查询自动保存的文件名。

图 1-33 "图形另存为"对话框

③ 在命令行输入"SAVETIME",按<Enter>键,指定在使用自动保存时,多长时间保存一次图形,单位是"分"。

（4）另存为

已保存的图纸也可以另存为新的文件名。

【执行方式】

- 命令行：SAVEAS。
- 菜单栏：选择菜单栏中的"文件"→"另存为"命令。
- 主菜单：单击主菜单栏下的"另存为"命令。
- 工具栏：单击快速访问工具栏中的"另存为"按钮。

执行上述操作后，打开"图形另存为"对话框，如图 1-33 所示，系统用新的文件名保存，并为当前图形更名。

 技巧荟萃

系统打开"选择样板"对话框，在"文件类型"下拉列表框中有4种格式的图形样板，后缀分别是.dwt、.dwg、.dws 和.dxf。

（5）退出

绘制完图形后，如果不继续绘制就可以直接退出软件。

【执行方式】

- 命令行：QUIT 或 EXIT。
- 菜单栏：选择菜单栏中的"文件"→"退出"命令。

图 1-34　系统警告对话框

● 按钮：单击 AutoCAD 操作界面右上角的"关闭"按钮 ✕。

执行上述操作后，若用户对图形所做的修改尚未保存，则会打开如图 1-34 所示的系统警告对话框。单击"是"按钮，系统将保存文件，然后退出；单击"否"按钮，系统将不保存文件。若用户对图形所做的修改已经保存，则直接退出。

1.5　基本输入操作

1.5.1　命令输入方式

AutoCAD 交互绘图必须输入必要的指令和参数。有多种 AutoCAD 命令输入方式，下面以画直线为例，介绍命令输入方式。

① 在命令行输入命令名。命令字符可不区分大小写，例如，命令"LINE"。执行命令时，在命令行提示中经常会出现命令选项。在命令行输入绘制直线命令"LINE"后，命令行中的提示如下。

命令：LINE✓
指定第一个点：在绘图区指定一点或输入一个点的坐标
指定下一点或 [放弃(U)]：

命令行中不带括号的提示为默认选项（如上面的"指定下一点或"），因此可以直接输入直线段的起点坐标或在绘图区指定一点，如果要选择其他选项，则应该首先输入该选项的标识字符，如"放弃"选项的标识字符"U"，然后按系统提示输入数据即可。命令选项的后面有时还带有尖括号，尖括号内的数值为默认数值。

② 在命令行输入命令缩写字。如 L（Line）、C（Circle）、A（Arc）、Z（Zoom）、R（Redraw）、M（Move）、CO（Copy）、PL（Pline）、E（Erase）等。

③ 选择"绘图"菜单栏中对应的命令，在命令行窗口中可以看到对应的命令说明及命令名。

④ 单击"绘图"工具栏中对应的按钮，命令行窗口中也可以看到对应的命令说明及命令名。

⑤ 在绘图区打开快捷菜单。如果在前面刚使用过要输入的命令，可以在绘图区右击，打开快捷菜单，在"最近的输入"子菜单中选择需要的命令，如图 1-35 所示。"最近的输入"子菜单中储存最近使用的命令，如果是经常重复使用的命令，这种方法就比较快捷。

⑥ 在命令行直接回车。如果用户要重复使用上次使用的命令，可以直接在命令行回车，系统立即重复执行上次使用的命令，这种方法适用于重复执行某个命令。

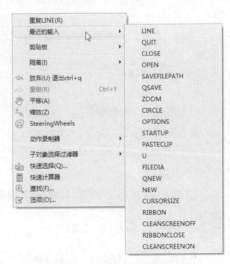

图 1-35　绘图区快捷菜单

技巧荟萃

在命令行中输入坐标时，请检查此时的输入法是否是英文输入。如果是中文输入法，例如输入"150，20"，则由于逗号"，"的原因，系统会认定该坐标输入无效。这时，只需将输入法改为英文即可。

1.5.2 命令的重复、撤销、重做

① 命令的重复。单击<Enter>键，可重复调用上一个命令，无论上一个命令是完成了还是被取消了。

② 命令的撤销。在命令执行的任何时刻都可以取消或终止命令的执行。

【执行方式】

- 命令行：UNDO。
- 菜单栏：选择菜单栏中的"编辑"→"放弃"命令。
- 工具栏：单击标准工具栏中的"放弃"按钮 ⇐ ▾ 或单击快速访问工具栏中的"放弃"按钮 ⇐ ▾ 。
- 快捷键：按<Esc>键。

③ 命令的重做。已被撤销的命令要恢复重做，可以恢复撤销的最后一个命令。

【执行方式】

- 命令行：REDO（快捷命令：RE）。
- 菜单栏：选择菜单栏中的"编辑"→"重做"命令。
- 工具栏：单击标准工具栏中的"重做"按钮 ⇒ ▾ 或单击快速访问工具栏中的"重做"按钮 ⇒ ▾ 。
- 快捷键：按<Ctrl>+<Y>键。

AutoCAD 2020 可以一次执行多重放弃和重做操作。单击"标准"工具栏中的"放弃"按钮 ⇐ ▾ 或"重做"按钮 ⇒ ▾ 后面的小三角，可以选择要放弃或重做的操作，如图1-36 所示。

图1-36 "放弃"和"重做"

1.5.3 按键定义

在 AutoCAD 2020 中，除了可以通过在命令行输入命令、单击工具栏按钮或选择菜单栏中的命令来完成操作外，还可以使用键盘上的一组或单个快捷键快速实现指定功能，如按<F1>键，系统调用 AutoCAD 帮助对话框。

系统使用 AutoCAD 传统标准（Windows 之前）或 Microsoft Windows 标准解释快捷键。有些快捷键在 AutoCAD 的菜单中已经指出，如"粘贴"的快捷键为"<Ctrl>+<V>"，这些只要用户在使用的过程中多加留意，就会熟练掌握。快捷键的定义见菜单命令后面的说明，如

"粘贴<Ctrl>+<V>"。

1.5.4 命令执行方式

有的命令有两种执行方式，通过对话框或通过命令行输入命令。如指定使用命令行方式，可以在命令名前加短划线来表示，如"-LAYER"表示用命令行方式执行"图层"命令。而如果在命令行输入"LAYER"，系统则会打开"图层特性管理器"对话框。

另外，有些命令同时存在命令行、菜单栏、工具栏和功能区4种执行方式，这时如果选择菜单栏、工具栏或功能区方式，命令行会显示该命令，并在前面加一下划线。例如，通过菜单、工具栏或功能区方式执行"直线"命令时，命令行会显示"_line"，命令的执行过程与结果与命令行方式相同。

1.5.5 坐标系

AutoCAD 采用两种坐标系：世界坐标系（WCS）与用户坐标系。用户刚进入 AutoCAD 时的坐标系统就是世界坐标系，是固定的坐标系统。世界坐标系是坐标系统中的基准，绘制图形时大多都是在这个坐标系统下进行的。

 【执行方式】

- 命令行：UCS。
- 菜单栏：选择菜单栏的"工具"→"新建 UCS"子菜单中相应的命令。
- 工具栏：单击"UCS"工具栏中的相应按钮。

AutoCAD 有两种视图显示方式：模型空间和图纸空间。模型空间使用单一视图显示，通常使用的都是这种显示方式；图纸空间能够在绘图区创建图形的多视图，用户可以对其中每一个视图进行单独操作。在默认情况下，当前 UCS 与 WCS 重合。如图 1-37 所示，图 1-37（a）为模型空间下的 UCS 坐标系图标，通常在绘图区左下角处，也可以指定其放在当前 UCS 的实际坐标原点位置，如图 1-37（b）所示；图 1-37（c）为图纸空间下的坐标系图标。

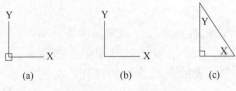

图 1-37　坐标系图标

上 机 操 作

【实例1】设置绘图环境

（1）目的要求

任何一个图形文件都有一个特定的绘图环境，包括图形边界、绘图单位、角度等。设置绘图环境通常有两种方法：设置向导与单独的命令设置方法。通过学习设置绘图环境，可以促进读者对图形总体环境的认识。

（2）**操作提示**

① 选择工具栏中的"快速访问"→"新建"命令，系统打开"选择样板"对话框，单击"打开"按钮，进入绘图界面。

② 选择菜单栏中的"格式"→"图形界限"命令，设置界限为（0,0）（297,210），在命令行中可以重新设置模型空间界限。

③ 选择菜单栏中的"格式"→"单位"命令，系统打开"图形单位"对话框，设置长度类型为"小数"，精度为"0.00"；角度类型为十进制度数，精度为"0"；用于缩放插入内容的单位为"毫米"，用于指定光源强度的单位为"国际"；角度方向为"顺时针"。

④ 选择菜单栏中的"工具"→"工作空间"→草图与注释命令，进入工作空间。

【实例2】熟悉操作界面

（1）**目的要求**

操作界面是用户绘制图形的平台，操作界面的各个部分都有其独特的功能，熟悉操作界面有助于用户方便快速地进行绘图。本例要求了解操作界面各部分功能，掌握改变绘图区颜色和光标大小的方法，能够熟练地打开、移动、关闭工具栏。

（2）**操作提示**

① 启动 AutoCAD 2020，进入操作界面。

② 调整操作界面大小。

③ 设置绘图区颜色与光标大小。

④ 打开、移动、关闭功能区。

⑤ 尝试同时利用命令行、菜单命令或功能区绘制一条线段。

【实例3】管理图形文件

（1）**目的要求**

图形文件管理包括文件的新建、打开、保存、退出等。本例要求读者熟练掌握 dwg 文件的赋名保存、自动保存、加密及打开的方法。

（2）**操作提示**

① 启动 AutoCAD 2020，进入操作界面。

② 打开一幅已经保存过的图形。

③ 进行自动保存设置。

④ 尝试在图形上绘制任意图线。

⑤ 将图形以新的名称保存。

⑥ 退出该图形。

【实例4】数据操作

（1）**目的要求**

AutoCAD 2020 人机交互的最基本内容就是数据输入。本例要求用户熟练地掌握各种数据的输入方法。

（2）**操作提示**

① 在命令行输入"LINE"命令。

② 输入起点在直角坐标方式下的绝对坐标值。

③ 输入下一点在直角坐标方式下的相对坐标值。

④ 输入下一点在极坐标方式下的绝对坐标值。

⑤ 输入下一点在极坐标方式下的相对坐标值。

⑥ 单击直接指定下一点的位置。

⑦ 按下状态栏中的"正交模式"按钮█，用光标指定下一点的方向，在命令行输入一个数值。

⑧ 按下状态栏中的"动态输入"按钮█，拖动光标，系统会动态显示角度，拖动到选定角度后，在长度文本框中输入长度值。

⑨ 按<Enter>键，结束绘制线段的操作。

第2章
简单二维绘制命令

二维图形是指在二维平面空间绘制的图形，AutoCAD提供了大量的绘图工具，可以帮助用户完成二维图形的绘制。用户利用AutoCAD提供的二维绘图命令，可以快速方便地完成某些图形的绘制。本章主要介绍直线、圆和圆弧、椭圆与椭圆弧、平面图形和点的绘制。

学习要点

了解二维绘图命令

熟练掌握二维绘图的方法

2.1 直线类命令

直线类命令包括直线段、射线和构造线。这几个命令是 AutoCAD 中最简单的绘图命令。

2.1.1 直线段

无论多么复杂的图形都是由点、直线、圆弧等按不同的粗细、间隔、颜色组合而成的。其中直线是 AutoCAD 2020 绘图中最简单、最基本的一种图形单元，连续的直线可以组成折线，直线与圆弧的组合又可以组成多段线。直线在机械制图中常用于表达物体棱边或平面的投影，在建筑制图中则常用于建筑平面投影。

 【执行方式】

- 命令行：LINE（快捷命令：L）。
- 菜单栏：选择菜单栏中的"绘图"→"直线"命令。
- 工具栏：单击"绘图"工具栏中的"直线"按钮 ╱。
- 功能区：单击"默认"选项卡的"绘图"面板中的"直线"按钮 ╱。

 【操作步骤】

命令行提示与操作如下。

```
命令：LINE↙
指定第一个点：输入直线段的起点坐标或在绘图区单击指定点。
```

指定下一点或 [放弃(U)]：输入直线段的端点坐标，或利用光标指定一定角度后，直接输入直线的长度。

指定下一点或 [退出(E)/放弃(U)]：输入下一直线段的端点，或输入选项"U"表示放弃前面的输入；右击或按<Enter>键，结束命令。

指定下一点或 [关闭(C)/ 退出(X)/放弃(U)]：输入下一直线段的端点，或输入选项"C"使图形闭合，结束命令。

【选项说明】

① 若采用按<Enter>键响应"指定第一个点"提示，系统会把上次绘制图线的终点作为本次图线的起始点。若上次操作为绘制圆弧，按<Enter>键响应后绘出通过圆弧终点并与该圆弧相切的直线段，该线段的长度为光标在绘图区指定的一点与切点之间线段的距离。

② 在"指定下一点"提示下，用户可以指定多个端点，从而绘出多条直线段。但是，每一段直线是一个独立的对象，可以进行单独的编辑操作。

③ 绘制两条以上直线段后，若采用输入选项"C"响应"指定下一点"提示，系统会自动连接起始点和最后一个端点，从而绘出封闭的图形。

④ 若采用输入选项"U"响应提示，则删除最近一次绘制的直线段。

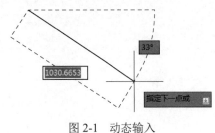

⑤ 若设置正交方式（按下状态栏中的"正交模式"按钮），只能绘制水平线段或垂直线段。

⑥ 若设置动态数据输入方式（按下状态栏中的"动态输入"按钮），则可以动态输入坐标或长度值，效果与非动态数据输入方式类似，如图 2-1 所示。除了特别需要，以后不再强调，而只按非动态数据输入方式输入相关数据。

图 2-1　动态输入

2.1.2　实例——绘制阀符号

绘制图 2-2 所示阀符号。

扫一扫，看视频

【操作步骤】

① 单击"默认"选项卡"绘图"面板中的"直线"按钮，绘制一条直线，命令行提示与操作如下：

命令：_line
指定第一个点：

② 在屏幕上指定一点（即顶点 1 的位置）后按<Enter>键，系统继续提示，用相似方法输入阀的各个顶点。

指定下一点或 [放弃(U)]：（垂直向下在屏幕上大约位置指定点 2）
指定下一点或 [退出(E)/放弃(U)]：（在屏幕上大约位置指定点 3，使点 3 大约与点 1 等高，如图 2-3 所示）
指定下一点或 [退出(E)/放弃(U)]：（垂直向下在屏幕上大约位置指定点 4，使点 4 大约与点 2 等高）
指定下一点或 [关闭(C)/ 退出(X)/放弃(U)]：C↙（系统自动封闭连续直线并结束命令）

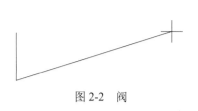

图 2-2 阀   图 2-3 指定点 3

2.1.3 数据输入方法

在 AutoCAD 2020 中，点的坐标可以用直角坐标、极坐标、球面坐标和柱面坐标表示，每一种坐标又分别具有两种坐标输入方式，即绝对坐标和相对坐标。其中，直角坐标和极坐标最为常用，下面主要介绍它们的输入。

① 直角坐标法。用点的 X、Y 坐标值表示的坐标。

例如，在命令行中输入点的坐标提示下输入 "15,18"，则表示输入了一个 X、Y 的坐标值分别为 15、18 的点，此为绝对坐标输入方式，表示该点的坐标是相对于当前坐标原点的坐标值，如图 2-4（a）所示。如果输入 "@10,20"，则为相对坐标输入方式，表示该点的坐标是相对于前一点的坐标值，如图 2-4（b）所示。

② 极坐标法。用长度和角度表示的坐标，只能用来表示二维点的坐标。

在绝对坐标输入方式下，表示为 "长度<角度"，如 "25<50"，其中长度为该点到坐标原点的距离，角度为该点至原点的连线与 X 轴正向的夹角，如图 2-4（c）所示。

在相对坐标输入方式下，表示为 "@长度<角度"，如 "@25<45"，其中长度为该点到前一点的距离，角度为该点至前一点的连线与 X 轴正向的夹角，如图 2-4（d）所示。

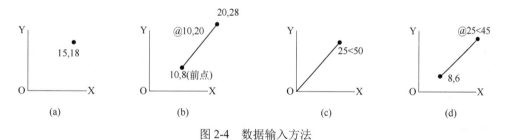

图 2-4 数据输入方法

③ 动态数据输入。单击状态栏中的 "动态输入" 按钮 ，系统打开动态输入功能，可以在屏幕上动态地输入某些参数数据，例如，绘制直线时，在光标附近，会动态地显示 "指定第一个点"，以及后面的坐标框，当前显示的是光标所在位置，可以输入数据，两个数据之间以逗号隔开，如图 2-5 所示。指定第一个点后，系统动态显示直线的角度，同时要求输入线段长度值，如图 2-6 所示，其输入效果与 "@长度<角度" 方式相同。

下面分别讲述点与距离值的输入方法。

（1）点的输入

绘图过程中，常需要输入点的位置，AutoCAD 提供了如下几种输入点的方式。

用键盘直接在命令行窗口中输入点的坐标。方法见上文。

用鼠标等定标设备移动光标并单击鼠标左键在屏幕上直接取点。

用目标捕捉方式捕捉屏幕上已有图形的特殊点，如端点、中点、中心点、插入点、交点、切点、垂足点等。

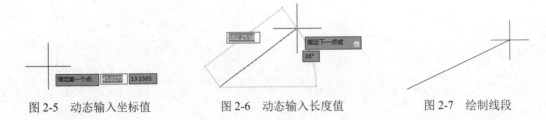

图 2-5　动态输入坐标值　　　　图 2-6　动态输入长度值　　　　图 2-7　绘制线段

（2）距离值的输入

在 AutoCAD 2020 中，有时需要提供高度、宽度、半径、长度等距离值。AutoCAD 2020 提供了两种输入距离值的方式：一种是用键盘在命令行窗口中直接输入数值；另一种是在屏幕上拾取两点，以两点的距离值定出所需数值。

直接距离输入：先用光标拖拉出橡筋线确定方向，然后用键盘输入距离，这样有利于准确控制对象的长度等参数。如要绘制一条 10mm 长的线段，命令行提示与操作如下：

> 命令：line✓
> 指定第一个点：（在绘图区指定一点）
> 指定下一点或 [放弃(U)]：

这时在屏幕上移动鼠标指明线段的方向（但不要单击鼠标左键确认），如图 2-7 所示，然后在命令行中输入"10"，这样就在指定方向上准确地绘制出了长度为 10mm 的线段。

2.1.4　实例——利用动态输入绘制标高符号

本实例主要练习执行"直线"命令后，在动态输入功能下绘制标高符号，如图 2-8 所示。

扫一扫，看视频

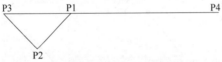

图 2-8　绘制标高符号

【操作步骤】

① 系统默认打开动态输入，如果动态输入没有打开，单击状态栏中的"动态输入"按钮 ，打开动态输入。单击"默认"选项卡"绘图"面板中的"直线"按钮 ，在动态输入框中输入第一点坐标为（100,100），如图 2-9 所示。按<Enter>键确认 P1 点。

② 拖动鼠标，然后在动态输入框中输入长度为 40，按<Tab>键切换到角度输入框，输入角度为 135°，如图 2-10 所示，按<Enter>键确认 P2 点。

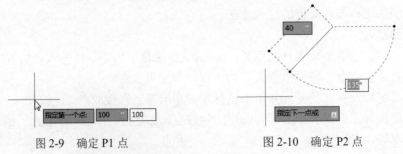

图 2-9　确定 P1 点　　　　　　　图 2-10　确定 P2 点

③ 拖动鼠标，在鼠标位置为 135° 时，动态输入
"40"，如图 2-11 所示，按<Enter>键确认 P3 点。

④ 拖动鼠标，然后在动态输入框中输入相对直角坐
标（@180,0），按<Enter>键确认 P4 点。如图 2-12 所示。
也可以拖动鼠标，在鼠标位置为 0° 时，动态输入
"180"，如图 2-13 所示，按<Enter>键确认 P4 点，则完
成绘制。

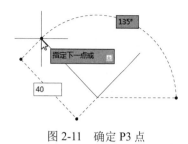

图 2-11 确定 P3 点

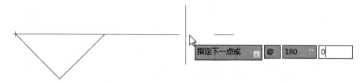

图 2-12 确定 P4 点（相对直角坐标方式）

图 2-13 确定 P4 点

2.1.5 构造线

构造线就是无穷长度的直线，用于模拟手工作图中的辅助作图线。构造线用特殊的线型
显示，在图形输出时可不作输出。作为辅助线绘制机械图中的三视图是构造线的主要用途，构造线的应用保证三视图之间"主、俯视图长对正，主、左视图高平齐，俯、左视图宽相等"的对应关系。图 2-14 所示为应用构造线作为辅助线绘制机械图中三视图的示例。图中细线为构造线，粗线为三视图轮廓线。

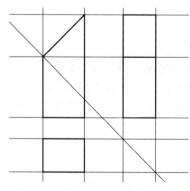

图 2-14 构造线辅助绘制三视图

🔍 【执行方式】

● 命令行：XLINE（快捷命令：XL）。
● 菜单栏：选择菜单栏中的"绘图"→"构造线"命令。
● 工具栏：单击"绘图"工具栏中的"构造线"按钮 ✗。
● 功能区：单击"默认"选项卡的"绘图"面板中的"构造线"按钮 ✗。

 【操作步骤】

命令行提示与操作如下。

```
命令: XLINE↙
指定点或〔水平(H)/垂直(V)/角度(A)/二等分(B)/偏移(O)〕: 指定起点
指定通过点: 指定通过点，绘制一条双向无限长直线
```

指定通过点：继续指定通过点，如图 2-15（a）所示，按<Enter>键结束命令

【选项说明】

执行选项中有"指定点""水平""垂直""角度""二等分"和"偏移"6 种方式绘制构造线，分别如图 2-15（a）～（f）所示。

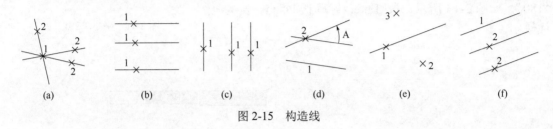

图 2-15　构造线

2.2 圆类命令

圆类命令主要包括"圆""圆弧""圆环""椭圆"以及"椭圆弧"命令，这几个命令是 AutoCAD 中最简单的曲线命令。

2.2.1 圆

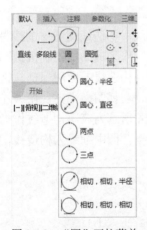

图 2-16　"圆"下拉菜单

圆是最简单的封闭曲线，也是绘制工程图形时经常用到的图形单元。

【执行方式】

- 命令行：CIRCLE（快捷命令：C）。
- 菜单栏：选择菜单栏中的"绘图"→"圆"命令。
- 工具栏：单击"绘图"工具栏中的"圆"按钮⊙。
- 功能区：单击"默认"选项卡的"绘图"面板中的"圆"下拉菜单，如图 2-16 所示。

【操作步骤】

命令行提示与操作如下。

命令：CIRCLE✓
指定圆的圆心或 [三点(3P)/两点(2P)/切点、切点、半径(T)]：指定圆心
指定圆的半径或 [直径(D)]：直接输入半径值或在绘图区单击指定半径长度
指定圆的直径 <默认值>：输入直径值或在绘图区单击指定直径长度

【选项说明】

① 三点（3P）：通过指定圆周上三点绘制圆。

② 两点（2P）：通过指定直径的两端点绘制圆。

③ 切点、切点、半径（T）：通过先指定两个相切对象，再给出半径的方法绘制圆。如

图 2-17（a）～（d）所示给出了以"切点、切点、半径"方式绘制圆的各种情形（加粗的圆为最后绘制的圆）。

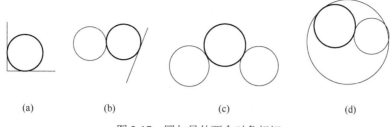

(a)　　　　　　(b)　　　　　　(c)　　　　　　(d)

图 2-17　圆与另外两个对象相切

选择菜单栏中的"绘图"→"圆"命令，其子菜单中有一种"相切、相切、相切"的绘制方法，当选择此方式时（图 2-18），命令行提示与操作如下。

```
指定圆上的第一个点：_tan 到：选择相切的第一个圆弧
指定圆上的第二个点：_tan 到：选择相切的第二个圆弧
指定圆上的第三个点：_tan 到：选择相切的第三个圆弧
```

图 2-18　"相切、相切、相切" 绘制方法

 技巧荟萃

除了直接输入圆心点外，还可以利用圆心点与中心线的对应关系，用对象捕捉的方法选择圆心点。按下状态栏中的"对象捕捉"按钮，命令行中会提示"命令：<对象捕捉 开>"。

2.2.2　实例——连环圆的绘制

绘制如图 2-19 所示的连环圆。

扫一扫，看视频

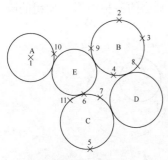

图2-19　连环圆

① 在命令行输入"NEW"，或选择菜单栏中的"文件"→"新建"命令，或单击"快速访问"工具栏中的"新建"按钮 ⬜，系统创建一个新图形文件。

② 单击"默认"选项卡"绘图"面板中的"圆"按钮 ⊙，选择"圆心、半径"的方法绘制 A 圆，命令行提示与操作如下。

> 命令: _circle
> 指定圆的圆心或 [三点(3P)/两点(2P)/切点、切点、半径(T)]: 150,160↙　确定点1
> 指定圆的半径或 [直径(D)]: 40↙绘制出 A 圆

③ 单击"默认"选项卡"绘图"面板中的"圆"按钮 ⊙，选择"三点"的方法绘制 B 圆，命令行提示与操作如下。

> 命令: _circle
> 指定圆的圆心或 [三点(3P)/两点(2P)/切点、切点、半径(T)]: 3P↙
> 指定圆上的第一点: 300,220↙　确定点2
> 指定圆上的第二点: 340,190↙　确定点3
> 指定圆上的第三点: 290,130↙　确定点4，绘制出 B 圆

④ 单击"默认"选项卡"绘图"面板中的"圆"按钮 ⊙，选择"两点"的方法绘制 C 圆，命令行提示与操作如下。

> 命令: _circle
> 指定圆的圆心或 [三点(3P)/两点(2P)/切点、切点、半径(T)]: 2P↙
> 指定圆直径的第一个端点: 250,10↙　确定点5
> 指定圆直径的第二个端点: 240,100↙　确定点6，绘制出 C 圆

绘制结果如图 2-20 所示。

⑤ 单击"默认"选项卡"绘图"面板中的"圆"按钮 ⊙，选择"切点、切点、半径"的方法绘制 D 圆，命令行提示与操作如下。

> 命令: _circle
> 指定圆的圆心或 [三点(3P)/两点(2P)/切点、切点、半径(T)]: T↙
> 指定对象与圆的第一个切点: 在点7附近选中 C 圆
> 指定对象与圆的第二个切点: 在点8附近选中 B 圆
> 指定圆的半径: <45.2769>: 45↙　绘制出 D 圆

绘制结果如图 2-21 所示。

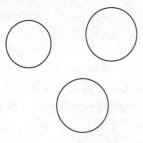

图2-20　绘制 C 圆

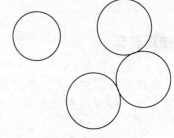

图2-21　绘制 D 圆

⑥ 单击"默认"选项卡"绘图"面板中的"圆"按钮 ⊙，以"相切、相切、相切"的方法绘制 E 圆，命令行提示与操作如下。

> 命令: _circle

指定圆的圆心或 [三点(3P)/两点(2P)/切点、切点、半径(T)]: 3p
指定圆上的第一点: _tan 到: 按下状态栏中的"对象捕捉"按钮⬜，选择点9
指定圆上的第二点: _tan 到: 选择点10
指定圆上的第三点: _tan 到: 选择点11，绘制出E圆

最终绘制结果如图2-19所示。

⑦ 在命令行输入"QSAVE"，或选择菜单栏中的"文件"→
"保存"命令，或单击单击"快速访问"工具栏中的"保存"
按钮💾，在打开的"图形另存为"对话框中输入文件名保存
即可。

2.2.3　圆弧

圆弧是圆的一部分。在工程造型中，圆弧的使用比圆更
普遍。通常强调的"流线形"造型或圆润造型实际上就是圆
弧造型。

【执行方式】

- 命令行: ARC（快捷命令: A）。
- 菜单栏: 选择菜单栏中的"绘图"→"圆弧"命令。
- 工具栏: 单击"绘图"工具栏中的"圆弧"按钮 。
- 功能区: 单击"默认"选项卡的"绘图"面板中的
"圆弧"下拉菜单，如图2-22所示。

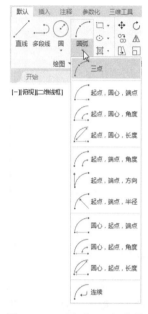

图2-22　"圆弧"下拉菜单

【操作步骤】

命令行提示与操作如下。

命令: ARC✓
指定圆弧的起点或 [圆心(C)]: 指定起点
指定圆弧的第二个点或 [圆心(C)/端点(E)]: 指定第二点
指定圆弧的端点: 指定末端点

【选项说明】

① 用命令行方式绘制圆弧时，可以根据系统提示选择不同的选项，具体功能和利用菜
单栏中的"绘图"→"圆弧"中子菜单提供的11种方式相似。这11种方式绘制的圆弧分别
如图2-23（a）～（k）所示。

② 需要强调的是"连续"方式，绘制的圆弧与上一线段圆弧相切。继续绘制圆弧段，
只提供端点即可。

技巧荟萃

绘制圆弧时，注意圆弧的曲率是遵循逆时针方向的，所以在选择指定圆弧两个端点和
半径模式时，需要注意端点的指定顺序，否则有可能导致圆弧的凹凸形状与预期的相反。

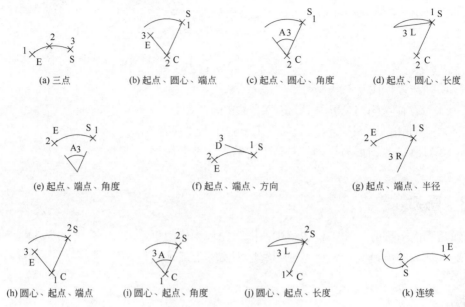

(a) 三点　　　　(b) 起点、圆心、端点　　(c) 起点、圆心、角度　　(d) 起点、圆心、长度

(e) 起点、端点、角度　　　　(f) 起点、端点、方向　　　　(g) 起点、端点、半径

(h) 圆心、起点、端点　(i) 圆心、起点、角度　(j) 圆心、起点、长度　　(k) 连续

图 2-23　11 种圆弧绘制方法

2.2.4　实例——椅子的绘制

扫一扫，看视频

绘制如图 2-24 所示的椅子。

① 单击"默认"选项卡"绘图"面板中的"直线"按钮／，绘制初步轮廓结果如图 2-25 所示。

② 单击"默认"选项卡"绘图"面板中的"圆弧"按钮／，绘制一段圆弧，命令行提示与操作如下。

```
命令：_arc
指定圆弧的起点或 [圆心(C)]：用鼠标指定左上方竖线段端点 1，如图 2-25 所示
指定圆弧的第二个点或 [圆心(C)/端点(E)]：用鼠标在上方两竖线段正中间指定一点 2
指定圆弧的端点：用鼠标指定右上方竖线段端点 3
```

③ 单击"默认"选项卡"绘图"面板中的"直线"按钮／，绘制两条竖直直线，命令行提示与操作如下。

```
命令：_line
指定第一个点：用鼠标在刚才绘制圆弧上指定一点
指定下一点或 [放弃(U)]：在垂直方向上用鼠标在中间水平线段上指定一点
指定下一点或 [放弃(U)]：↙
```

使用同样的方法在另一侧绘制竖直直线。

④ 继续单击"默认"选项卡"绘图"面板中的"直线"按钮／，再以图 2-25 中 1、3 两点下面的水平线段的端点为起点各向下适当距离绘制两条竖直线段，如图 2-26 所示。

⑤ 单击"默认"选项卡"绘图"面板中的"圆弧"按钮／，在左边扶手处绘制一段圆弧，命令行提示与操作如下。

```
命令：_arc
指定圆弧的起点或 [圆心(C)]：选择左边第一条竖线段上端点 4，如图 2-26 所示
指定圆弧的第二个点或 [圆心(C)/端点(E)]：选择上面刚绘制的竖线段上端点 5
指定圆弧的端点：选择左下方第二条竖线段上端点 6
```

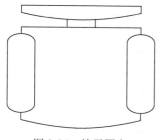

图 2-24 椅子图案

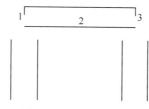

图 2-25 椅子初步轮廓

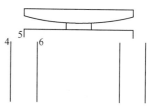

图 2-26 绘制过程

使同样的方法绘制扶手位置另外三段圆弧。

⑥ 单击"默认"选项卡"绘图"面板中的"直线"按钮 ╱，绘制直线，命令行提示与操作如下。

```
命令：_line
指定第一个点：用鼠标在刚才绘制圆弧正中间指定一点
指定下一点或 [放弃(U)]：在垂直方向上用鼠标指定一点
指定下一点或 [放弃(U)]：↙
```

使用同样的方法绘制另一条竖线段。

⑦ 单击"默认"选项卡"绘图"面板中的"圆弧"按钮 ╱，绘制圆弧，命令行提示与操作如下。

```
命令：_arc
指定圆弧的起点或 [圆心(C)]：选择刚才绘制线段的下端点
指定圆弧的第二个点或 [圆心(C)/端点(E)]：E↙
指定圆弧的端点：选择刚才绘制另一线段的下端点
指定圆弧的中心点(按住 Ctrl 键以切换方向)或 [角度(A)/方向(D)/半径(R)]：D
指定圆弧起点的相切方向(按住 Ctrl 键以切换方向：用鼠标指定圆弧起点切向
```

最后完成图形如图 2-24 所示。

2.2.5 圆环

圆环可以看作两个同心圆，利用"圆环"命令可以快速地完成同心圆的绘制。

 【执行方式】

- 命令行：DONUT（快捷命令：DO）。
- 菜单栏：选择菜单栏中的"绘图"→"圆环"命令。
- 功能区：单击"默认"选项卡的"绘图"面板中的"圆环"按钮 ◎。

 【操作步骤】

命令行提示与操作如下。

```
命令：DONUT↙
指定圆环的内径 <默认值>：指定圆环内径
指定圆环的外径 <默认值>：指定圆环外径
指定圆环的中心点或 <退出>：指定圆环的中心点
指定圆环的中心点或 <退出>：继续指定圆环的中心点，则继续绘制相同内外径的圆环
```

按<Enter><Space>键或右击，结束命令。

【选项说明】

① 绘制不等内外径，则画出填充圆环，如图 2-27（a）所示。

② 若指定内径为零，则画出实心填充圆，如图 2-27（b）所示。

③ 若指定内外径相等，则画出普通圆，如图 2-27（c）所示。

④ 用命令 FILL 可以控制圆环是否填充，命令行提示与操作如下。

命令：FILL↙
输入模式 [开(ON)/关(OFF)] <开>：

选择"开"表示填充，选择"关"表示不填充，如图 2-27（d）所示。

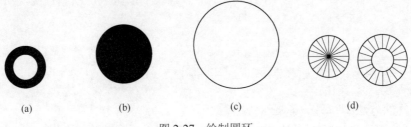

(a)   (b)   (c)   (d)

图 2-27　绘制圆环

2.2.6　椭圆与椭圆弧

椭圆也是一种典型的封闭曲线图形，圆在某种意义上可以看成椭圆的特例。椭圆在工程图形中的应用不多，只在某些特殊造型，如室内设计单元中的浴盆、桌子等造型或机械造型中的杆状结构的截面形状等图形中才会出现。

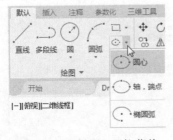

图 2-28　"椭圆"下拉菜单

【执行方式】

● 命令行：ELLIPSE（快捷命令：EL）。

● 菜单栏：选择菜单栏中的"绘图"→"椭圆"→"圆弧"命令。

● 工具栏：单击"绘图"工具栏中的"椭圆"按钮 ⬭ 或"椭圆弧"按钮 ⬭。

● 功能区：单击"默认"选项卡的"绘图"面板中的"椭圆"下拉菜单，如图 2-28 所示。

【操作步骤】

命令行提示与操作如下。

命令：ELLIPSE↙
指定椭圆的轴端点或 [圆弧(A)/中心点(C)]：指定轴端点 1，如图 2-29（a）所示
指定轴的另一个端点：指定轴端点 2，如图 2-29（a）所示
指定另一条半轴长度或 [旋转(R)]：

【选项说明】

① 指定椭圆的轴端点：根据两个端点定义椭圆的第一条轴，第一条轴的角度确定了整

个椭圆的角度。第一条轴既可定义椭圆的长轴，也可定义其短轴。

② 圆弧（A）：用于创建一段椭圆弧，与"单击'绘图'工具栏中的'椭圆弧'按钮⌒"功能相同。选择该项，系统命令行中继续提示如下。

指定椭圆弧的轴端点或［中心点(C)］：指定端点或输入"C"✓
指定轴的另一个端点：指定另一端点
指定另一条半轴长度或［旋转(R)］：指定另一条半轴长度或输入"R"✓
指定起点角度或［参数(P)］：指定起始角度或输入"P"✓
指定终点角度或［参数(P)/夹角(I)］：

其中各选项含义如下。

a．起点角度：指定椭圆弧端点的两种方式之一，光标与椭圆中心点连线的夹角为椭圆端点位置的角度，如图2-29（b）所示。

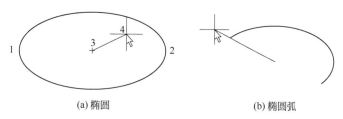

(a) 椭圆　　　　　　　　(b) 椭圆弧

图 2-29　椭圆和椭圆弧

b．参数（P）：指定椭圆弧端点的另一种方式，该方式同样是指定椭圆弧端点的角度，但通过以下矢量参数方程式创建椭圆弧。

$$p(u) = c + a \cdot \cos u + b \cdot \sin u$$

式中，c 是椭圆的中心点；a 和 b 分别是椭圆的长轴和短轴；u 为光标与椭圆中心点连线的夹角。

c．夹角（I）：定义从起点角度开始的包含角度。

③ 中心点（C）：通过指定的中心点创建椭圆。

④ 旋转（R）：通过绕第一条轴旋转圆来创建椭圆。相当于将一个圆绕椭圆轴翻转一个角度后的投影视图。

 技巧荟萃

椭圆命令生成的椭圆是以多义线还是以椭圆为实体，是由系统变量 PELLIPSE 决定的，当其为 1 时，生成的椭圆就以多义线形式存在。

2.2.7　实例——洗脸盆的绘制

扫一扫，看视频

绘制如图2-30所示的洗脸盆。

① 单击"默认"选项卡"绘图"面板中的"直线"按钮╱，绘制水龙头图形，绘制结果如图2-31所示。

② 单击"默认"选项卡"绘图"面板中的"圆"按钮⊙，绘制两个水龙头旋钮，绘制结果如图2-32所示。

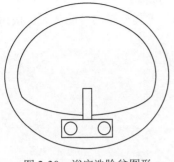

图 2-30　浴室洗脸盆图形

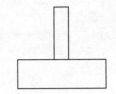

图 2-31　绘制水龙头

图 2-32　绘制旋钮

③ 单击"默认"选项卡"绘图"面板中的"椭圆"按钮○，绘制脸盆外沿，命令行提示与操作如下。

```
命令: _ellipse
指定椭圆的轴端点或 [圆弧(A)/中心点(C)]: 指定椭圆轴端点
指定轴的另一个端点: 指定另一端点
指定另一条半轴长度或 [旋转(R)]: 在绘图区拉出另一半轴长度
```

绘制结果如图 2-33 所示。

④ 单击"默认"选项卡"绘图"面板中的"椭圆弧"按钮⊙，绘制脸盆部分内沿，命令行提示与操作如下。

```
命令: _ellipse
指定椭圆的轴端点或 [圆弧(A)/中心点(C)]: _A
指定椭圆弧的轴端点或 [中心点(C)]: C✓
指定椭圆弧的中心点: 按下状态栏中的"对象捕捉"按钮⛶，捕捉绘制的椭圆中心点
指定轴的端点: 适当指定一点(如图 2-34 所示)
指定另一条半轴长度或 [旋转(R)]: R✓
指定绕长轴旋转的角度: 在绘图区指定椭圆轴端点
指定起点角度或 [参数(P)]: 在绘图区拉出起始角度
指定终点角度或 [参数(P)/夹角(I)]: 在绘图区拉出终止角度
```

绘制结果如图 2-35 所示。

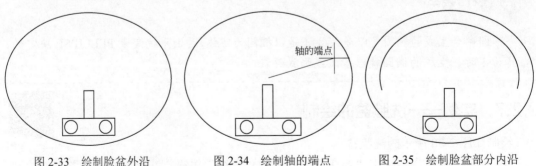

图 2-33　绘制脸盆外沿　　　　图 2-34　绘制轴的端点　　　　图 2-35　绘制脸盆部分内沿

⑤ 单击"默认"选项卡"绘图"面板中的"圆弧"按钮⌒，绘制脸盆内沿其他部分，最终绘制结果如图 2-30 所示。

2.3 平面图形

简单的平面图形命令包括"矩形"命令和"多边形"命令。

2.3.1 矩形

矩形是最简单的封闭直线图形,在机械制图中常用来表达平行投影平面的面,在建筑制图中常用来表达墙体平面。

【执行方式】

- 命令行:RECTANG(快捷命令:REC)。
- 菜单栏:选择菜单栏中的"绘图"→"矩形"命令。
- 工具栏:单击"绘图"工具栏中的"矩形"按钮 □ 。
- 功能区:单击"默认"选项卡的"绘图"面板中的"矩形"按钮 □ 。

【操作步骤】

命令行提示与操作如下。

> 命令:RECTANG↙
> 指定第一个角点或 [倒角(C)/标高(E)/圆角(F)/厚度(T)/宽度(W)]:指定角点
> 指定另一个角点或 [面积(A)/尺寸(D)/旋转(R)]:

【选项说明】

① 第一个角点:通过指定两个角点确定矩形,如图 2-36(a)所示。

② 倒角(C):指定倒角距离,绘制带倒角的矩形,如图 2-36(b)所示。每一个角点的逆时针和顺时针方向的倒角可以相同,也可以不同,其中第一个倒角距离是指角点逆时针方向倒角距离,第二个倒角距离是指角点顺时针方向倒角距离。

③ 标高(E):指定矩形标高(Z 坐标),即把矩形放置在标高为 Z 并与 XOY 坐标面平行的平面上,并作为后续矩形的标高值。

④ 圆角(F):指定圆角半径,绘制带圆角的矩形,如图 2-36(c)所示。

⑤ 厚度(T):指定矩形的厚度,如图 2-36(d)所示。

⑥ 宽度(W):指定线宽,如图 2-36(e)所示。

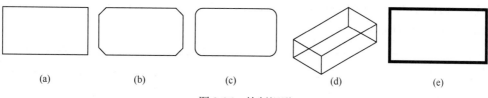

| (a) | (b) | (c) | (d) | (e) |

图 2-36 绘制矩形

⑦ 面积(A):指定面积和长或宽创建矩形。选择该项,命令行提示与操作如下。

> 输入以当前单位计算的矩形面积 <20.0000>:输入面积值

计算矩形标注时依据 [长度(L)/宽度(W)] <长度>: 按<Enter>键或输入 "W"
输入矩形长度 <4.0000>: 指定长度或宽度

指定长度或宽度后，系统自动计算另一个维度，绘制出矩形。如果矩形被倒角或圆角，则长度或面积计算中也会考虑此设置，如图 2-37 所示。

⑧ 尺寸（D）：使用长和宽创建矩形，第二个指定点将矩形定位在与第一角点相关的 4 个位置之一内。

⑨ 旋转（R）：使所绘制的矩形旋转一定角度。选择该项，命令行提示与操作如下。

指定旋转角度或 [拾取点(P)] <135>: 指定角度
指定另一个角点或 [面积(A)/尺寸(D)/旋转(R)]: 指定另一个角点或选择其他选项

指定旋转角度后，系统按指定角度创建矩形，如图 2-38 所示。

倒角距离(1,1)　圆角半径: 1.0
面积: 20 长度: 6　面积: 20 长度: 6

图 2-37　按面积绘制矩形

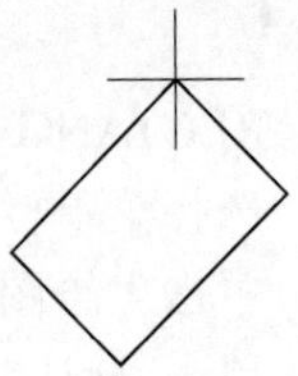

图 2-38　按指定旋转角度绘制矩形

2.3.2　实例——方头平键的绘制

绘制如图 2-39 所示的方头平键。

扫一扫，看视频

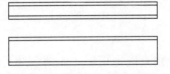

图 2-39　方头平键

① 单击"默认"选项卡"绘图"面板中的"矩形"按钮 □，绘制主视图外形，命令行提示与操作如下。

命令: _rectang
指定第一个角点或 [倒角(C)/标高(E)/圆角(F)/厚度(T)/宽度(W)]: 0,30↙
指定另一个角点或 [面积(A)/尺寸(D)/旋转(R)]: @100,11↙

绘制结果如图 2-40 所示。

② 单击"默认"选项卡"绘图"面板中的"直线"按钮 ╱，绘制主视图两条棱线。一条棱线端点的坐标值为（0,32）和（@100,0），另一条棱线端点的坐标值为（0,39）和（@100,0），绘制结果如图 2-41 所示。

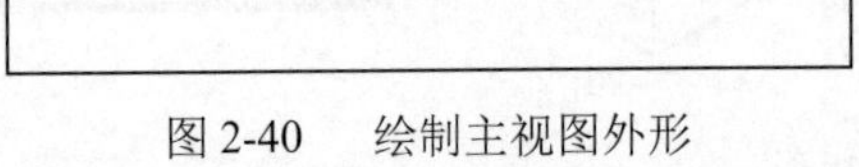

图 2-40　绘制主视图外形

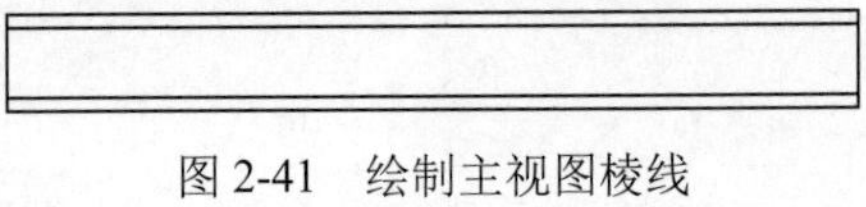

图 2-41　绘制主视图棱线

③ 单击"默认"选项卡"绘图"面板中的"构造线"按钮 ╱，绘制构造线，命令行提示与操作如下。

```
命令: _xline
指定点或 [水平(H)/垂直(V)/角度(A)/二等分(B)/偏移(O)]: 指定主视图左边竖线上一点
指定通过点: 指定竖直位置上一点
指定通过点: ↙
```

采用同样的方法绘制右边竖直构造线, 绘制结果如图 2-42 所示。

④ 单击"默认"选项卡"绘图"面板中的"矩形"按钮 ▢, 绘制俯视图, 命令行提示与操作如下。

```
命令: _rectang
指定第一个角点或 [倒角(C)/标高(E)/圆角(F)/厚度(T)/宽度(W)]: 0,0↙
指定另一个角点或 [面积(A)/尺寸(D)/旋转(R)]: @100,18
```

单击"默认"选项卡"绘图"面板中的"直线"按钮 ╱, 接着绘制两条直线, 端点分别为 {(0,2)(@100,0)} 和 {(0,16)(@100,0)}, 绘制结果如图 2-43 所示。

图 2-42 绘制竖直构造线　　　　　　图 2-43 绘制俯视图

⑤ 单击"默认"选项卡"绘图"面板中的"构造线"按钮 ╱, 绘制左视图构造线, 命令行提示与操作如下。

```
命令: _xline
指定点或 [水平(H)/垂直(V)/角度(A)/二等分(B)/偏移(O)]: H↙
指定通过点: 指定主视图上右上端点
指定通过点: 指定主视图上右下端点
指定通过点: 指定俯视图上右上端点
指定通过点: 指定俯视图上右下端点
指定通过点: ↙
命令: ↙ 按<Enter>键表示重复绘制构造线命令
指定点或 [水平(H)/垂直(V)/角度(A)/二等分(B)/偏移(O)]: A↙
输入构造线的角度 (0) 或 [参照(R)]: -45↙
指定通过点: 任意指定一点
指定通过点: ↙
命令: ↙
指定点或 [水平(H)/垂直(V)/角度(A)/二等分(B)/偏移(O)]: V↙
指定通过点: 指定斜线与向下数第 3 条水平线的交点
指定通过点: 指定斜线与向下数第 4 条水平线的交点
```

绘制结果如图 2-44 所示。

⑥ 单击"默认"选项卡"绘图"面板中的"矩形"按钮 ▢, 设置矩形两个倒角距离为 2, 绘制左视图, 命令行提示与操作如下。

```
命令: _rectang
指定第一个角点或 [倒角(C)/标高(E)/圆角(F)/厚度(T)/宽度(W)]: C↙
指定矩形的第一个倒角距离 <0.0000>: 2
指定矩形的第二个倒角距离 <2.0000>: ↙
```

指定第一个角点或[倒角(C)/标高(E)/圆角(F)/厚度(T)宽度(W)]：按构造线确定位置指定一个角点
指定另一个角点或 [面积(A)/尺寸(D)/旋转(R)]： 按构造线确定位置指定另一个角点

绘制结果如图 2-45 所示。

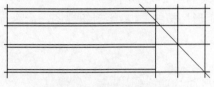
图 2-44　绘制左视图构造线

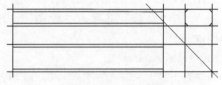
图 2-45　绘制左视图

⑦ 单击键盘上的<Delete>键，删除构造线，最终绘制结果如图 2-39 所示。

2.3.3　正多边形

正多边形是相对复杂的一种平面图形，利用 AutoCAD 2020 可以轻松地绘制出任意边的正多边形。

【执行方式】

- 命令行：POLYGON（快捷命令：POL）。
- 菜单栏：选择菜单栏中的"绘图"→"正多边形"命令。
- 工具栏：单击"绘图"工具栏中的"正多边形"按钮。
- 功能区：单击"默认"选项卡的"绘图"面板中的"多边形"按钮。

【操作步骤】

命令行提示与操作如下。

命令：POLYGON↙
输入侧面数 <4>：指定多边形的边数，默认值为 4
指定正多边形的中心点或[边(E)]：指定中心点
输入选项 [内接于圆(I)/外切于圆(C)] <I>：指定是内接于圆或外切于圆
指定圆的半径：指定外接圆或内切圆的半径

【选项说明】

① 边（E）：选择该选项，则只要指定多边形的一条边，系统就会按逆时针方向创建该正多边形，如图 2-46（a）所示。
② 内接于圆（I）：选择该选项，绘制的多边形内接于圆，如图 2-46（b）所示。
③ 外切于圆（C）：选择该选项，绘制的多边形外切于圆，如图 2-46（c）所示。

(a)　　　　　(b)　　　　　(c)
图 2-46　绘制正多边形

2.3.4 实例——卡通造型的绘制

扫一扫，看视频

绘制如图 2-47 所示的卡通造型。

① 单击"默认"选项卡"绘图"面板中的"圆"按钮⊙和"圆环"按
钮◎，绘制左边头部的小圆及圆环，命令行提示与操作如下。

```
命令: _circle
指定圆的圆心或 [三点(3P)/两点(2P)/切点、切点、半径(T)]: 230,210↙
指定圆的半径或 [直径(D)]: 30↙
命令: _donut
指定圆环的内径 <10.0000>: 5↙
指定圆环的外径 <20.0000>: 15↙
指定圆环的中心点 <退出>: 230,210↙
指定圆环的中心点 <退出>: ↙
```

② 单击"默认"选项卡"绘图"面板中的"矩形"按钮 ▭，绘制一个矩形，命令行提
示与操作如下。

```
命令: _rectang
指定第一个角点或 [倒角(C)/标高(E)/圆角(F)/厚度(T)/宽度(W)]:200,122↙  指定矩形
左上角点坐标值
指定另一个角点: 420,88↙  指定矩形右上角点的坐标值
```

③ 单击"默认"选项卡"绘图"面板中的"圆"按钮⊙、"椭圆"按钮◯和"多边形"
按钮⬠，绘制右边身体的大圆、小椭圆及正六边形，命令行提示与操作如下。

```
命令: _circle
指定圆的圆心或 [三点(3P)/两点(2P)/切点、切点、半径(T)]: T↙
指定对象与圆的第一个切点: 如图 2-48 所示，在点 1 附近选择小圆
指定对象与圆的第二个切点: 如图 2-48 所示，在点 2 附近选择矩形
指定圆的半径: <30.0000>: 70↙
```

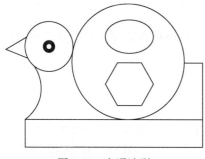

图 2-47 卡通造型

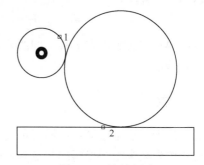

图 2-48 绘制大圆

```
命令: _ellipse
指定椭圆的轴端点或 [圆弧(A)/中心点(C)]: C↙  用指定椭圆圆心的方式绘制椭圆
指定椭圆的中心点: 330,222↙  椭圆中心点的坐标值
指定轴的端点: 360,222↙  椭圆长轴右端点的坐标值
指定另一条半轴长度或 [旋转(R)]: 20↙  椭圆短轴的长度
命令: _polygon
输入侧面数 <4>: 6↙  正多边形的边数
指定多边形的中心点或 [边(E)]: 330,165↙  正六边形中心点的坐标值
```

输入选项 [内接于圆(I)/外切于圆(C)] <I>: ↙　用内接于圆的方式绘制正六边形
指定圆的半径: 30↙　内接圆正六边形的半径

④ 单击"默认"选项卡"绘图"面板中的"直线"按钮╱和"圆弧"按钮╭，绘制左边嘴部折线和颈部圆弧，命令行提示与操作如下。

```
命令: _line
指定第一个点: 202,221
指定下一点或 [放弃(U)]: @30<-150↙　用相对极坐标值给定下一点的坐标值
指定下一点或 [放弃(U)]: @30<-20↙　用相对极坐标值给定下一点的坐标值
指定下一点或 [闭合(C)/放弃(U)]: ↙
命令: _arc
指定圆弧的起点或 [圆心(CE)]: 200,122↙
指定圆弧的第二个点或 [圆心(C)/端点(E)]: E↙　用给出圆弧端点的方式画圆弧
指定圆弧的端点: 210,188↙　给出圆弧端点的坐标值
指定圆弧的中心点(按住 Ctrl 键以切换方向)或 [角度(A)/方向(D)/半径(R)]: R↙　用给
出圆弧半径的方式画圆弧
指定圆弧的半径(按住 Ctrl 键以切换方向): 45↙　圆弧半径值
```

⑤ 单击"默认"选项卡"绘图"面板中的"直线"按钮╱，绘制右边折线，命令行提示与操作如下。

```
命令: _line
指定第一个点: 420,122↙
指定下一点或 [放弃(U)]: @68<90↙
指定下一点或 [放弃(U)]: @23<180↙
指定下一点或 [闭合(C)/放弃(U)]: ↙
```

最终绘制结果如图 2-47 所示。

2.4　点

点在 AutoCAD 中有多种不同的表示方式，用户可以根据需要进行设置，也可以设置等分点和测量点。

2.4.1　点

通常认为，点是最简单的图形单元。在工程图形中，点通常用来标定某个特殊的坐标位置，或者作为某个绘制步骤的起点和基础。为了使点更显眼，AutoCAD 2020 为点设置了各种样式，用户可以根据需要来选择。

【执行方式】

- 命令行：POINT（快捷命令：PO）。
- 菜单栏：选择菜单栏中的"绘图"→"点"命令。
- 工具栏：单击"绘图"工具栏中的"点"按钮。

【操作步骤】

命令行提示与操作如下。

命令: POINT↙
当前点模式: PDMODE=0　PDSIZE=0.0000
指定点: 指定点所在的位置

【选项说明】

① 通过菜单方法操作时（图2-49），"单点"命令表示只输入一个点，"多点"命令表示可输入多个点。

② 可以按下状态栏中的"对象捕捉"按钮 ，设置点捕捉模式，帮助用户选择点。

③ 点在图形中的表示样式，共有 20 种。可通过"DDPTYPE"命令或选择菜单栏中的"格式"→"点样式"命令，通过打开的"点样式"对话框来设置，如图2-50所示。

图2-49　"点"的子菜单

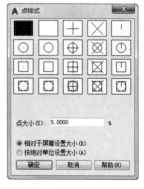

图2-50　"点样式"对话框

2.4.2　等分点与测量点

有时需要把某个线段或曲线按一定的份数或距离进行等分。这一点在手工绘图中很难实现，但在 AutoCAD 2020 中可以通过相关命令轻松完成。

（1）**等分点**

【执行方式】

● 命令行: DIVIDE（快捷命令: DIV）。

- 菜单栏：选择菜单栏中的"绘图"→"点"→"定数等分"命令。
- 功能区：单击"默认"选项卡的"绘图"面板中的"定数等分"按钮 。

【操作步骤】

命令行提示与操作如下。

命令：DIVIDE↙
选择要定数等分的对象：
输入线段数目或 [块(B)]：指定实体的等分数

如图 2-51（a）所示为绘制等分点的图形。

【选项说明】

① 等分数目范围为 2～32767。
② 在等分点处，按当前点样式设置画出等分点。
③ 在第二提示行选择"块（B）"选项时，表示在等分点处插入指定的块。

（2）测量点

【执行方式】

- 命令行：MEASURE（快捷命令：ME）。
- 菜单栏：选择菜单栏中的"绘图"→"点"→"定距等分"命令。
- 功能区：单击"默认"选项卡的"绘图"面板中的"定距等分"按钮 。

【操作步骤】

命令行提示与操作如下。

命令：MEASURE↙
选择要定距等分的对象：选择要设置测量点的实体
指定线段长度或 [块(B)]：指定分段长度

如图 2-51（b）所示为绘制测量点的图形。

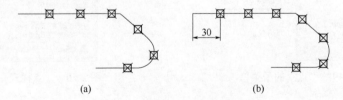

(a)   (b)

图 2-51　绘制等分点和测量点

【选项说明】

① 设置的起点一般是指定线的绘制起点。
② 在第二提示行选择"块（B）"选项时，表示在测量点处插入指定的块。
③ 在等分点处，按当前点样式设置绘制测量点。
④ 最后一个测量段的长度不一定等于指定分段长度。

2.4.3 实例——楼梯的绘制

扫一扫，看视频

绘制如图 2-52 所示的楼梯。

① 单击"默认"选项卡"绘图"面板中的"直线"按钮 ╱，绘制墙体与扶手，如图 2-53 所示。

② 选择菜单栏中的"格式"→"点样式"命令，在打开的"点样式"对话框中选择"╳"样式。

③ 单击"默认"选项卡"绘图"面板中的"定数等分"按钮 ，将左边扶手的外面线段 8 等分，如图 2-54 所示。

图 2-52　绘制楼梯　　　　　图 2-53　绘制墙体与扶手　　　　　图 2-54　绘制等分点

④ 单击"默认"选项卡"绘图"面板中的"直线"按钮 ╱，分别以等分点为起点，左边墙体上的点为终点绘制水平线段，如图 2-55 所示。

⑤ 单击键盘上的 <Delete> 键，删除之前绘制的等分点，如图 2-56 所示。

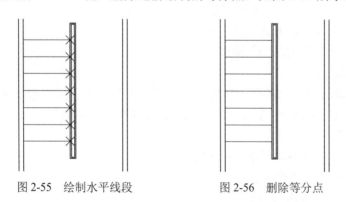

图 2-55　绘制水平线段　　　　　　　图 2-56　删除等分点

⑥ 使相同的方法绘制另一侧楼梯，最终结果如图 2-52 所示。

上 机 操 作

【实例 1】绘制如图 2-57 所示的螺栓

（1）目的要求

本例图形涉及的命令主要是"直线"。为了做到准确无误，要求通过坐标值的输入指定直线的相关点，从而使读者灵活掌握直线的绘制方法。

（2）**操作提示**

① 利用"直线"命令绘制螺帽。

② 利用"直线"命令绘制螺杆。

【**实例2**】绘制如图 2-58 所示的哈哈猪

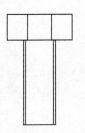

图 2-57　螺栓

图 2-58　哈哈猪

（1）**目的要求**

本例图形涉及的命令主要是"直线"和"圆"。为了做到准确无误，要求通过坐标值的输入指定线段的端点和圆弧的相关点，从而使读者灵活掌握线段以及圆弧的绘制方法。

（2）**操作提示**

① 利用"圆"命令绘制哈哈猪的两个眼睛。

② 利用"圆"命令绘制哈哈猪的嘴巴。

③ 利用"圆"命令绘制哈哈猪的头部。

④ 利用"直线"命令绘制哈哈猪的上下颌分界线。

⑤ 利用"圆"命令绘制哈哈猪的鼻子。

【**实例3**】绘制如图 2-59 所示的五瓣梅

（1）**目的要求**

本例图形涉及的命令主要是"圆弧"。为了做到准确无误，要求通过坐标值的输入指定线段的端点和圆弧的相关点，从而使读者灵活掌握圆弧的绘制方法。

（2）**操作提示**

① 利用"圆弧"命令绘制第一段圆弧。

② 利用"圆弧"命令绘制其他圆弧。

【**实例4**】绘制如图 2-60 所示的螺母

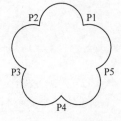

图 2-59　五瓣梅

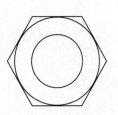

图 2-60　螺母

（1）**目的要求**

本例绘制的是一个机械零件图形，涉及的命令有"正多边形""圆"。通过本例，要求读者掌握正多边形的绘制方法，同时复习圆的绘制方法。

（2）**操作提示**

① 利用"圆"命令绘制外面圆。

② 利用"正多边形"命令绘制六边形。

③ 利用"圆"命令绘制里面圆。

第3章
复杂二维绘图命令

面域与图案填充属于一类特殊的图形区域，在这个图形区域中，AutoCAD赋予其共同的特殊性质，如相同的图案、计算面积、重心、布尔运算等。本章主要介绍多段线、样条曲线、多线、面域、和图案填充的相关命令。

🎯 学习要点

了解复杂二维绘图的基本命令

熟练掌握面域的创建、布尔运算及数据提取

掌握图案填充的操作和编辑方法

3.1 多段线

多段线是一种由线段和圆弧组合而成的，可以有不同线宽的多线。由于多段线组合形式多样，线宽可以变化，弥补了直线或圆弧功能的不足，适合绘制各种复杂的图形轮廓，因而得到了广泛的应用。

3.1.1 绘制多段线

多段线由直线段或圆弧连接组成，作为单一对象使用。可以绘制直线箭头和弧形箭头。

 【执行方式】

- 命令行：PLINE（快捷命令：PL）。
- 菜单栏：选择菜单栏中的"绘图"→"多段线"命令。
- 工具栏：单击"绘图"工具栏中的"多段线"按钮 ⌐⊃。
- 功能区：单击"默认"选项卡的"绘图"面板中的"多段线"按钮 ⌐⊃。

 【操作步骤】

命令行提示与操作如下。

命令：PLINE↙

指定起点：指定多段线的起点

当前线宽为 0.0000

指定下一个点或 [圆弧(A)/半宽(H)/长度(L)/放弃(U)/宽度(W)]：指定多段线的下一个点

【选项说明】

多段线主要由连续且不同宽度的线段或圆弧组成，如果在上述提示中选择"圆弧（A）"选项，则命令行提示如下。

指定圆弧的端点(按住 Ctrl 键以切换方向)或[角度(A)/圆心(CE)/方向(D)/半宽(H)/直线(L)/半径(R)/第二个点(S)/放弃(U)/宽度(W)]：

绘制圆弧的方法与"圆弧"命令相似。

3.1.2 实例——浴缸的绘制

绘制如图 3-1 所示的浴缸。

① 单击"默认"选项卡"绘图"面板中的"多段线"按钮⏜，绘制外沿线，命令行提示与操作如下。

扫一扫，看视频

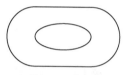
图 3-1 浴缸

```
命令：_pline
指定起点：200,100✓
当前线宽为 0.0000
指定下一个点或 [圆弧(A)/半宽(H)/长度(L)/放弃(U)/宽度(W)]：500,100✓
指定下一点或 [圆弧(A)/闭合(C)/半宽(H)/长度(L)/放弃(U)/宽度(W)]：h✓
指定起点半宽 <0.0000>：0✓
指定端点半宽 <0.0000>：2✓
指定下一点或 [圆弧(A)/闭合(C)/半宽(H)/长度(L)/放弃(U)/宽度(W)]：a✓
指定圆弧的端点(按住 Ctrl 键以切换方向)或[角度(A)/圆心(CE)/闭合(CL)/方向(D)/半
宽(H)/直线(L)/半径(R)/第二个点(S)/放弃(U)/宽度(W)]：a✓
指定夹角：90✓
指定圆弧的端点(按住 Ctrl 键以切换方向)或 [圆心(CE)/半径(R)]：ce✓
指定圆弧的圆心：500,250✓
指定圆弧的端点(按住 Ctrl 键以切换方向)或[角度(A)/圆心(CE)/闭合(CL)/方向(D)/半
宽(H)/直线(L)/半径(R)/第二个点(S)/放弃(U)/宽度(W)]：h✓
指定起点半宽 <2.0000>：2✓
指定端点半宽 <2.0000>：0✓
指定圆弧的端点(按住 Ctrl 键以切换方向)或[角度(A)/圆心(CE)/闭合(CL)/方向(D)/半
宽(H)/直线(L)/半径(R)/第二个点(S)/放弃(U)/宽度(W)]：d✓
指定圆弧的起点切向：垂直向上
指定圆弧的端点(按住 Ctrl 键以切换方向)：500,400✓
指定圆弧的端点(按住 Ctrl 键以切换方向)或[角度(A)/圆心(CE)/闭合(CL)/方向(D)/半
宽(H)/直线(L)/半径(R)/第二个点(S)/放弃(U)/宽度(W)]：l✓
指定下一点或 [圆弧(A)/闭合(C)/半宽(H)/长度(L)/放弃(U)/宽度(W)]：200,400✓
指定下一点或 [圆弧(A)/闭合(C)/半宽(H)/长度(L)/放弃(U)/宽度(W)]：h✓
指定起点半宽 <0.0000>：0✓
指定端点半宽 <0.0000>：2✓
指定下一点或 [圆弧(A)/闭合(C)/半宽(H)/长度(L)/放弃(U)/宽度(W)]：a✓
指定圆弧的端点(按住 Ctrl 键以切换方向)或[角度(A)/圆心(CE)/闭合(CL)/方向(D)/半
```

宽(H)/直线(L)/半径(R)/第二个点(S)/放弃(U)/宽度(W)]: ce✓
　　指定圆弧的圆心: 200,250✓
　　指定圆弧的端点(按住 Ctrl 键以切换方向)或 [角度(A)/长度(L)]: a✓
　　指定夹角(按住 Ctrl 键以切换方向): 90✓
　　指定圆弧的端点或
　　[角度(A)/圆心(CE)/闭合(CL)/方向(D)/半宽(H)/直线(L)/半径(R)/第二个点(S)/放弃
(U)/宽度(W)]: h✓
　　指定起点半宽 <2.0000>: 2✓
　　指定端点半宽 <2.0000>: 0✓
　　指定圆弧的端点(按住 Ctrl 键以切换方向)或 [角度(A)/圆心(CE)/闭合(CL)/方向(D)/半
宽(H)/直线(L)/半径(R)/第二个点(S)/放弃(u)/宽度（W）: cl✓

　　② 单击"默认"选项卡"绘图"面板中的"椭圆"按钮○，绘制缸底。结果如图 3-1
所示。

3.2　样条曲线

　　在 AutoCAD 中使用的样条曲线为非一致有理 B 样条（NURBS）曲线，使用 NURBS 曲
线能够在控制点之间产生一条光滑的曲线，如图 3-2 所示。样条曲线可用于绘制形状不规则
的图形，如为地理信息系统（GIS）或汽车设计绘制轮廓线。

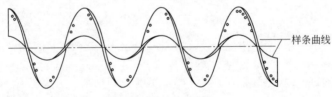

——样条曲线

图 3-2　样条曲线

3.2.1　绘制样条曲线

【执行方式】

- 命令行：SPLINE（快捷命令：SPL）。
- 菜单栏：选择菜单栏中的"绘图"→"样条曲线"命令。
- 工具栏：单击"绘图"工具栏中的"样条曲线"按钮 。
- 功能区：单击"默认"选项卡的"绘图"面板中的"样条曲线拟合"按钮 或"样
条曲线控制点"按钮 。

【操作步骤】

　　命令行提示与操作如下。
　　命令: SPLINE✓
　　当前设置: 方式=拟合　　节点=弦
　　指定第一个点或 [方式(M)/节点(K)/对象(O)]: 指定一点或选择"对象(O)"选项

输入下一个点或 [起点切向(T)/公差(L)]:
输入下一个点或 [端点相切(T)/公差(L)/放弃(U)/闭合(C)]:

【选项说明】

① 方式（M）：选择使用拟合点还是使用控制点来创建样条曲线。选项会因选择的不同而异。

② 节点（K）：指定节点参数化，它会影响曲线在通过拟合点时的形状。

③ 对象（O）：将二维或三维的二次或三次样条曲线拟合多段线转换为等价的样条曲线，然后（根据 DELOBJ 系统变量的设置）删除该多段线。

④ 起点切向（T）：定义样条曲线的第一点和最后一点的切向。如果在样条曲线的两端都指定切向，可以输入一个点或使用"切点"和"垂足"对象捕捉模式使样条曲线与已有的对象相切或垂直。如果按<Enter>键，系统将计算默认切向。

⑤ 端点相切（T）：停止基于切向创建曲线。可通过指定拟合点继续创建样条曲线。

⑥ 公差（L）：指定距样条曲线必须经过的指定拟合点的距离。公差应用于除起点和端点外的所有拟合点。

⑦ 闭合（C）：将最后一点定义与第一点一致，并使其在连接处相切，以闭合样条曲线。选择该项，命令行提示如下。

指定切向: 指定点或按<Enter>键

用户可以指定一点来定义切向矢量，或按下状态栏中的"对象捕捉"按钮□，使用"切点"和"垂足"对象捕捉模式使样条曲线与现有对象相切或垂直。

3.2.2　实例——雨伞的绘制

绘制如图 3-3 所示的雨伞。

① 单击"默认"选项卡"绘图"面板中的"圆弧"按钮╱，绘制伞的外框（半圆）。

② 单击"默认"选项卡"绘图"面板中的"样条曲线拟合"按钮╲，绘制伞的底边，，如图 3-4 所示。命令行提示与操作如下。

扫一扫，看视频

图 3-3　雨伞

命令: _spline
当前设置: 方式=拟合　节点=弦
指定第一个点或 [方式(M)/节点(K)/对象(O)]: 指定样条曲线的第一个点 1
输入下一个点或 [起点切向(T)/公差(L)]: 指定样条曲线的下一个点 2
输入下一个点或 [端点相切(T)/公差(L)/放弃(U)]: 指定样条曲线的下一个点 3
输入下一个点或 [端点相切(T)/公差(L)/放弃(U)/闭合(C)]: 指定样条曲线的下一个点 4
输入下一个点或 [端点相切(T)/公差(L)/放弃(U)/闭合(C)]: 指定样条曲线的下一个点 5
输入下一个点或 [端点相切(T)/公差(L)/放弃(U)/闭合(C)]: 指定样条曲线的下一个点 6
输入下一个点或 [端点相切(T)/公差(L)/放弃(U)/闭合(C)]: 指定样条曲线的下一个点 7
输入下一个点或 [端点相切(T)/公差(L)/放弃(U)/闭合(C)]: ↙

③ 单击"默认"选项卡"绘图"面板中的"圆弧"按钮╱，绘制伞面辐条，如图 3-5 所示。命令行提示与操作如下。

命令: _arc
指定圆弧的起点或 [圆心(C)]: 在圆弧大约正中点 8 位置指定圆弧的起点

指定圆弧的第二个点或［圆心(C)/端点(E)］：在点9位置指定圆弧的第二个点

指定圆弧的端点：在点2位置指定圆弧的端点

同样的方法，利用圆弧命令绘制其他雨伞辐条，绘制结果如图3-6所示。

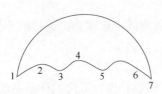

图3-4　绘制伞底边

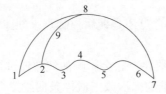

图3-5　绘制伞面辐条

图3-6　绘制伞面

④ 单击"默认"选项卡"绘图"面板中的"多段线"按钮，绘制伞顶和伞把，命令行提示与操作如下。

```
命令：_pline
指定起点：在点8位置指定伞顶起点
当前线宽为 3.0000
指定下一个点或［圆弧(A)/半宽(H)/长度(L)/放弃(U)/宽度(W)］：W
指定起点宽度 <3.0000>：4
指定端点宽度 <4.0000>：2
指定下一个点或［圆弧(A)/半宽(H)/长度(L)/放弃(U)/宽度(W)］：指定伞顶终点
指定下一点或［圆弧(A)/闭合(C)/半宽(H)/长度(L)/放弃(U)/宽度(W)］：鼠标右击确认
命令：      重复执行多段线命令
指定起点：在点8正下方点4位置附近指定伞把起点
当前线宽为 2.0000
指定下一个点或［圆弧(A)/半宽(H)/长度(L)/放弃(U)/宽度(W)］：H
指定起点半宽 <1.0000>：1.5
指定端点半宽 <1.5000>：
指定下一个点或［圆弧(A)/半宽(H)/长度(L)/放弃(U)/宽度(W)］：往下适当位置指定下一点
指定下一点或［圆弧(A)/闭合(C)/半宽(H)/长度(L)/放弃(U)/宽度(W)］：A
指定圆弧的端点或［角度(A)/圆心(CE)/闭合(CL)/方向(D)/半宽(H)/直线(L)/半径(R)/第
二个点(S)/放弃(U)/宽度(W)］：指定圆弧的端点
指定圆弧的端点或［角度(A)/圆心(CE)/闭合(CL)/方向(D)/半宽(H)/直线(L)/半径(R)/第
二个点(S)/放弃(U)/宽度(W)］：鼠标右击确认
```

最终绘制的图形如图3-3所示。

3.3　多线

多线是一种复合线，由连续的直线段复合组成。多线的突出优点就是能够大大提高绘图效率，保证图线之间的统一性。

3.3.1　绘制多线

在使用"多线"命令之前，可对多线的数量和每条单线的偏移距离、颜色、线型和背景填充等特性进行设置。

【执行方式】

- 命令行：MLINE（快捷命令：ML）。
- 菜单栏：选择菜单栏中的"绘图"→"多线"命令。

【操作步骤】

命令行提示与操作如下。

> 命令：MLINE↙
> 当前设置：对正 = 上，比例 = 20.00，样式 = STANDARD
> 指定起点或 [对正(J)/比例(S)/样式(ST)]：指定起点
> 指定下一点：指定下一点
> 指定下一点或 [放弃(U)]：继续指定下一点绘制线段；输入"U"，则放弃前一段多线的绘制；右击或按<Enter>键，结束命令
> 指定下一点或 [闭合(C)/放弃(U)]：继续指定下一点绘制线段；输入"C"，则闭合线段，结束命令

【选项说明】

① 对正（J）：该项用于指定绘制多线的基准。共有 3 种对正类型"上""无"和"下"。其中，"上"表示以多线上侧的线为基准，其他两项以此类推。

② 比例（S）：选择该项，要求用户设置平行线的间距。输入值为零时，平行线重合；输入值为负时，多线的排列倒置。

③ 样式（ST）：用于设置当前使用的多线样式。

3.3.2 定义多线样式

【执行方式】

- 命令行：MLSTYLE。

执行上述命令后，系统打开如图 3-7 所示的"多线样式"对话框。在该对话框中，用户可以对多线样式进行定义、保存和加载等操作。下面通过定义一个新的多线样式来介绍该对话框的使用方法。欲定义的多线样式由 3 条平行线组成，中心轴线和两条平行的实线相对于中心轴线上、下各偏移 0.5，其操作步骤如下。

① 在"多线样式"对话框中单击"新建"按钮，系统打开"创建新的多线样式"对话框，如图 3-8 所示。

② 在"创建新的多线样式"对话框的"新样式名"文本框中输入"THREE"，单击"继续"按钮。

③ 系统打开"新建多线样式"对话框，如图 3-9 所示。

④ 在"封口"选项组中可以设置多线起点和端点的特性，包括直线、外弧还是内弧封口以及封口线段或圆弧的角度。

⑤ 在"填充颜色"下拉列表框中可以选择多线填充的颜色。

图 3-7　"多线样式"对话框　　　　　　　　图 3-8　"创建新的多线样式"对话框

⑥ 在"图元"选项组中可以设置组成多线元素的特性。单击"添加"按钮，可以为多线添加元素；反之，单击"删除"按钮，为多线删除元素。在"偏移"文本框中可以设置选中元素的位置偏移值。在"颜色"下拉列表框中可以为选中的元素选择颜色。单击"线型"按钮，系统打开"选择线型"对话框，可以为选中的元素设置线型。

⑦ 设置完毕后，单击"确定"按钮，返回到如图 3-7 所示的"多线样式"对话框。在"样式"列表中会显示刚设置的多线样式名，选择该样式，单击"置为当前"按钮，则将刚设置的多线样式设置为当前样式，下面的预览框中会显示所选的多线样式。

⑧ 单击"确定"按钮，完成多线样式设置。

如图 3-10 所示为按设置后的多线样式绘制的多线。

图 3-9　"新建多线样式"对话框　　　　　　　图 3-10　绘制的多线

3.3.3　编辑多线

【执行方式】

● 命令行：MLEDIT。

● 菜单栏：选择菜单栏中的"修改"→"对象"→"多线"命令。

执行上述操作后，打开"多线编辑工具"对话框，如图 3-11 所示。

图 3-11 "多线编辑工具"对话框

利用该对话框，可以创建或修改多线的模式。对话框中分 4 列显示示例图形。其中，第一列管理十字交叉形多线，第二列管理 T 形多线，第三列管理拐角接合点和节点，第四列管理多线被剪切或连接的形式。

单击选择某个示例图形，就可以调用该项编辑功能。

下面以"十字打开"为例，介绍多线编辑的方法，把选择的两条多线进行打开交叉。命令行提示与操作如下。

选择第一条多线：选择第一条多线
选择第二条多线：选择第二条多线

选择完毕后，第二条多线被第一条多线横断交叉，命令行提示如下。

选择第一条多线：

可以继续选择多线进行操作。选择"放弃"选项会撤销前次操作。执行结果如图 3-12 所示。

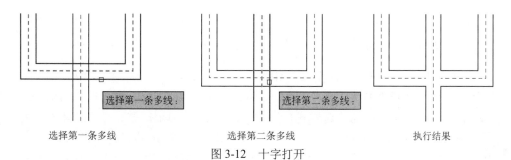

选择第一条多线　　　　　　　选择第二条多线　　　　　　　执行结果

图 3-12 十字打开

3.3.4 实例——墙体的绘制

绘制如图 3-13 所示的墙体。

扫一扫，看视频

① 单击"默认"选项卡"绘图"面板中的"构造线"按钮 ，绘制一条水平构造线和一条竖直构造线，组成"十"字辅助线，如图 3-14 所示。继续绘制辅助线，命令行提示与操作如下。

```
命令: _xline 指定点或 [水平(H)/垂直(V)/角度(A)/二等分(B)/偏移(O)]: O
指定偏移距离或[通过（T）]<通过>: 4200
选择直线对象: 选择水平构造线
指定向哪侧偏移: 指定上边一点
选择直线对象: 继续选择水平构造线
……
```

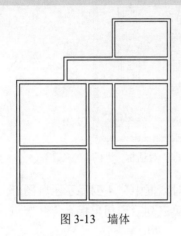

图 3-13　墙体

图 3-14　"十"字辅助线

采用相同的方法将偏移得到的水平构造线依次向上偏移 5100、1800 和 3000，绘制的水平构造线如图 3-15 所示。采用同样的方法绘制竖直构造线，依次向右偏移 3900、1800、2100 和 4500，绘制完成的居室辅助线网格如图 3-16 所示。

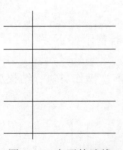

图 3-15　水平构造线

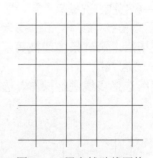

图 3-16　居室辅助线网格

② 定义多线样式。在命令行输入"MLSTYLE"，或选择菜单栏中的"格式"→"多线样式"命令，系统打开"多线样式"对话框。单击"新建"按钮，系统打开"创建新的多线样式"对话框，在该对话框的"新样式名"文本框中输入"墙体线"，单击"继续"按钮。

③ 系统打开"新建多线样式"对话框，进行如图 3-17 所示的多线样式设置。

④ 选择菜单栏中的"绘图"→"多线"命令，绘制多线墙体，命令行提示与操作如下。

```
命令: _mline
当前设置: 对正 = 上, 比例 = 20.00, 样式 = STANDARD
指定起点或 [对正(J)/比例(S)/样式(ST)]: S
输入多线比例 <20.00>: 1
```

```
当前设置: 对正 = 上，比例 = 1.00，样式 = STANDARD
指定起点或 [对正(J)/比例(S)/样式(ST)]: J↙
输入对正类型 [上(T)/无(Z)/下(B)] <上>: Z↙
当前设置: 对正 = 无，比例 = 1.00，样式 = STANDARD
指定起点或 [对正(J)/比例(S)/样式(ST)]: 在绘制的辅助线交点上指定一点
指定下一点: 在绘制的辅助线交点上指定下一点
指定下一点或 [放弃(U)]: 在绘制的辅助线交点上指定下一点
指定下一点或 [闭合(C)/放弃(U)]: 在绘制的辅助线交点上指定下一点
……
指定下一点或 [闭合(C)/放弃(U)]: C↙
```

图 3-17　设置多线样式

采用相同的方法根据辅助线网格绘制多线，绘制结果如图 3-18 所示。

⑤ 编辑多线。选择菜单栏中的"修改"→"对象"→"多线"命令，系统打开"多线编辑工具"对话框，如图 3-19 所示。选择"T 形合并"选项，命令行提示与操作如下。

图 3-18　绘制多线结果

图 3-19　"多线编辑工具"对话框

```
命令: _mledit
选择第一条多线: 选择多线
选择第二条多线: 选择多线
选择第一条多线或 [放弃(U)]: 选择多线
……
选择第一条多线或 [放弃(U)]: ↙
```

采用同样的方法继续进行多线编辑，然后将辅助线删除，最终结果如图 3-13 所示。

3.4　面域

面域是具有边界的平面区域，内部可以包含孔。用户可以将由某些对象围成的封闭区域转变为面域，这些封闭区域可以是圆、椭圆、封闭二维多段线、封闭样条曲线等，也可以是由圆弧、直线、二维多段线和样条曲线等构成的封闭区域。

3.4.1　创建面域

 【执行方式】

- 命令行: REGION（快捷命令: REG）。
- 菜单栏: 选择菜单栏中的"绘图"→"面域"命令。
- 工具栏: 单击"绘图"工具栏中的"面域"按钮 ◎ 。
- 功能区: 单击"默认"选项卡的"绘图"面板中的"面域"按钮 ◎ 。

 【操作步骤】

```
命令: REGION↙
选择对象:
```

选择对象后，系统自动将所选择的对象转换成面域。

3.4.2　面域的布尔运算

布尔运算是数学中的一种逻辑运算，用在 AutoCAD 绘图中，能够极大地提高绘图效率。布尔运算包括并集、交集和差集 3 种，其操作方法类似，一并介绍如下。

 【执行方式】

- 命令行: UNION（并集，快捷命令: UNI）或 INTERSECT（交集，快捷命令: IN）或 SUBTRACT（差集，快捷命令: SU）。
- 菜单栏: 选择菜单栏中的"修改"→"实体编辑"→"并集"（"差集""交集"）命令。
- 工具栏: 单击"实体编辑"工具栏中的"并集"按钮 ❖ （"差集"按钮 ❖ 、"交集"按钮 ❖ ）。
- 功能区: 单击"三维工具"选项卡的"实体编辑"面板中的"并集"按钮 ❖ （"差集"按钮 ❖ 或"交集"按钮 ❖ ）。

【操作步骤】

命令行提示与操作如下。

命令：UNION（或 INTERSECT ）↙
选择对象：
选择对象后，系统对所选择的面域做并集（交集）计算。
命令：SUBTRACT↙
选择要从中减去的实体、曲面和面域
选择对象：选择差集运算的主体对象
选择对象：右击结束选择
选择要减去的实体、曲面和面域
选择对象：选择差集运算的参照体对象
选择对象：右击结束选择

选择对象后，系统对所选择的面域做差集运算。运算逻辑是在主体对象上减去与参照体对象重叠的部分，布尔运算的结果如图 3-20 所示。

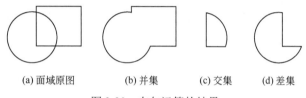

(a) 面域原图　　(b) 并集　　(c) 交集　　(d) 差集

图 3-20　布尔运算的结果

技巧荟萃

布尔运算的对象只包括实体和共面面域，对于普通的线条对象无法使用布尔运算。

3.4.3　实例——扳手的绘制

扫一扫，看视频

绘制如图 3-21 所示的扳手。

① 单击"默认"选项卡"绘图"面板中的"矩形"按钮 □，绘制矩形。矩形的两个对角点坐标为（50,50）和（100,40），绘制结果如图 3-22 所示。

图 3-21　扳手　　　　　　　　　　　图 3-22　绘制矩形

② 单击"默认"选项卡"绘图"面板中的"圆"按钮 ⊙，绘制圆。圆心坐标为（50,45），半径为 10。再以（100,45）为圆心，以 10 为半径绘制另一个圆，绘制结果如图 3-23 所示。

③ 单击"默认"选项卡"绘图"面板中的"多边形"按钮 ⬠，绘制正六边形。以（42.5,41.5）为正多边形的中心，以 5.8 为外切圆半径绘制一个正多边形；再以（107.4,48.2）为正多边形

中心，以 5.8 为外切圆半径绘制另一个正多边形，绘制结果如图 3-24 所示。

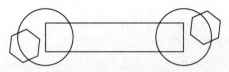

图 3-23 绘制圆   图 3-24 绘制正多边形

④ 单击"默认"选项卡"绘图"面板中的"面域"按钮◎，将所有图形转换成面域，命令行提示与操作如下。

```
命令: _region↙
选择对象: 依次选择矩形、正多边形和圆
……
找到 5 个
选择对象: ↙
已提取 5 个环
已创建 5 个面域
```

⑤ 单击"三维工具"选项卡"实体编辑"面板中的"并集"按钮 ，将矩形分别与两个圆进行并集处理，命令行提示与操作如下。

```
命令: _union
选择对象: 选择矩形
选择对象: 选择一个圆
选择对象: 选择另一个圆
选择对象: ↙
```

并集处理结果如图 3-25 所示。

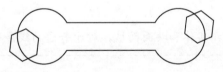

图 3-25 并集处理

 技巧荟萃

同时选择并集处理的两个对象，在选择对象时要按住<Shift>键。

⑥ 单击"三维工具"选项卡"实体编辑"面板中的"差集"按钮 ，以并集对象为主体对象，正多边形为参照体，进行差集处理，命令行提示与操作如下。

```
命令: _subtract
选择要从中减去的实体、曲面和面域…
选择对象: 选择并集对象
找到 1 个
选择对象: ↙
选择要减去的实体、曲面和面域…
```

选择对象: 选择一个正多边形
选择对象: 选择另一个正多边形
选择对象: ↙

绘制结果如图 3-21 所示。

3.5 图案填充

当用户需要用一个重复的图案（pattern）填充一个区域时，可以使用"BHATCH"命令，创建一个相关联的填充阴影对象，即所谓的图案填充。

3.5.1 基本概念

（1）图案边界

当进行图案填充时，首先要确定填充图案的边界。定义边界的对象只能是直线、双向射线、单向射线、多义线、样条曲线、圆弧、圆、椭圆、椭圆弧、面域等对象或用这些对象定义的块，而且作为边界的对象在当前图层上必须全部可见。

（2）孤岛

在进行图案填充时，把位于总填充区域内的封闭区称为孤岛，如图 3-26 所示。在使用"BHATCH"命令填充时，AutoCAD 系统允许用户以拾取点的方式确定填充边界，即在希望填充的区域内任意拾取一点，系统会自动确定出填充边界，同时也确定该边界内的岛。如果用户以选择对象的方式确定填充边界，则必须确切地选取这些岛，有关知识将在下一节中介绍。

（3）填充方式

在进行图案填充时，需要控制填充的范围，AutoCAD 系统为用户设置了以下 3 种填充方式。

① 普通方式。如图 3-27（a）所示，该方式从边界开始，从每条填充线或每个填充符号的两端向里填充，遇到内部对象与之相交时，填充线或符号断开，直到遇到下一次相交时再继续填充。采用这种填充方式时，要避免剖面线或符号与内部对象的相交次数为奇数，该方式为系统内部的缺省方式。

② 最外层方式。如图 3-27（b）所示，该方式从边界向里填充，只要在边界内部与对象相交，剖面符号就会断开，而不再继续填充。

③ 忽略方式。如图 3-27（c）所示，该方式忽略边界内的对象，所有内部结构都被剖面符号覆盖。

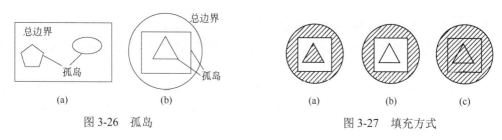

图 3-26 孤岛 　　　　　　　　　　　　　图 3-27 填充方式

3.5.2 图案填充的操作

图案用来区分工程部件或用来表现组成对象的材质。可以使用预定义的图案填充，使用当前的线型定义简单的直线图案或者差集更加复杂的填充图案。可在某一封闭区域内填充关联图案，可以生成随边界变化的相关的填充，也可以生成不相关的填充。

 【执行方式】

- 命令行：BHATCH（快捷命令：H）。
- 菜单栏：选择菜单栏中的"绘图"→"图案填充"。
- 工具栏：单击"绘图"工具栏中的"图案填充"按钮▨。
- 功能区：单击"默认"选项卡的"绘图"面板中的"图案填充"按钮▨。

执行上述命令后，系统打开如图 3-28 所示的"图案填充创建"选项卡，各选项和按钮含义介绍如下。

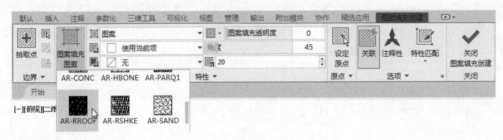

图 3-28 "图案填充创建"选项卡

（1）"边界"面板

① 拾取点▨：通过选择由一个或多个对象形成的封闭区域内的点，确定图案填充边界，如图 3-29 所示。指定内部点时，可以随时在绘图区域中右击以显示包含多个选项的快捷菜单。

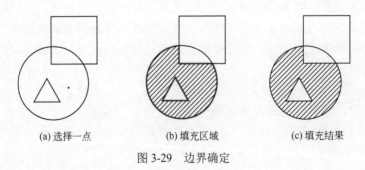

(a) 选择一点　　　　　(b) 填充区域　　　　　(c) 填充结果

图 3-29 边界确定

② 选择边界对象▨：指定基于选定对象的图案填充边界。使用该选项时，不会自动检测内部对象，必须选择选定边界内的对象，以按照当前孤岛检测样式填充这些对象，如图 3-30 所示。

③ 删除边界对象▨：从边界定义中删除之前添加的任何对象，如图 3-31 所示。

④ 重新创建边界▨：围绕选定的图案填充或填充对象创建多段线或面域，并使其与图案填充对象相关联（可选）。

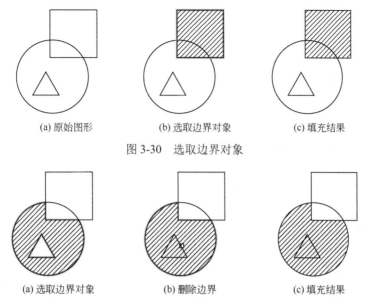

(a) 原始图形　　　　　(b) 选取边界对象　　　　　(c) 填充结果

图 3-30　选取边界对象

(a) 选取边界对象　　　　　(b) 删除边界　　　　　(c) 填充结果

图 3-31　删除"岛"后的边界

⑤ 显示边界对象▨：选择构成选定关联图案填充对象的边界对象，使用显示的夹点可修改图案填充边界。

⑥ 保留边界对象▨：指定如何处理图案填充边界对象。包括以下几个选项。

a．不保留边界。（仅在图案填充创建期间可用）不创建独立的图案填充边界对象。

b．保留边界-多段线。（仅在图案填充创建期间可用）创建封闭图案填充对象的多段线。

c．保留边界-面域。（仅在图案填充创建期间可用）创建封闭图案填充对象的面域对象。

⑦ 选择新边界集▢：指定对象的有限集（称为边界集），以便通过创建图案填充时的拾取点进行计算。

（2）"图案"面板

显示所有预定义和自定义图案的预览图像。

（3）"特性"面板

① 图案填充类型：指定是使用纯色、渐变色、图案还是用户定义的填充。

② 图案填充颜色：替代实体填充和填充图案的当前颜色。

③ 背景色：指定填充图案背景的颜色。

④ 图案填充透明度：设定新图案填充或填充的透明度，替代当前对象的透明度。

⑤ 图案填充角度：指定图案填充或填充的角度。

⑥ 填充图案比例：放大或缩小预定义或自定义填充图案。

⑦ 相对图纸空间：（仅在布局中可用）相对于图纸空间单位缩放填充图案，使用此选项很容易做到以适合布局的比例显示填充图案。

⑧ 交叉线：（仅当"图案填充类型"设定为"用户定义"时可用）将绘制第二组直线，与原始直线成 90°角，从而构成交叉线。

⑨ ISO 笔宽：（仅对于预定义的 ISO 图案可用）基于选定的笔宽缩放 ISO 图案。

（4）"原点"面板

① 设定原点▨：直接指定新的图案填充原点。

② 左下▨：将图案填充原点设定在图案填充边界矩形范围的左下角。

③ 右下▨：将图案填充原点设定在图案填充边界矩形范围的右下角。

④ 左上▨：将图案填充原点设定在图案填充边界矩形范围的左上角。

⑤ 右上▨：将图案填充原点设定在图案填充边界矩形范围的右上角。

⑥ 中心▨：将图案填充原点设定在图案填充边界矩形范围的中心。

⑦ 使用当前原点▨：将图案填充原点设定在 HPORIGIN 系统变量中存储的默认位置。

⑧ 存储为默认原点▨：将新图案填充原点的值存储在 HPORIGIN 系统变量中。

（5）"选项"面板

① 关联▨：指定图案填充或填充为关联图案填充。关联的图案填充或填充在用户修改其边界对象时将会更新。

② 注释性▲：指定图案填充为注释性。此特性会自动完成缩放注释过程，从而使注释能够以正确的大小在图纸上打印或显示。

③ 特性匹配。

a. 使用当前原点▨：使用选定图案填充对象（除图案填充原点外）设定图案填充的特性。

b. 使用源图案填充的原点▨：使用选定图案填充对象（包括图案填充原点）设定图案填充的特性。

④ 允许的间隙：设定将对象用作图案填充边界时可以忽略的最大间隙。默认值为 0，此值指定对象必须封闭区域而没有间隙。

⑤ 创建独立的图案填充：控制当指定了几个单独的闭合边界时，是创建单个图案填充对象，还是创建多个图案填充对象。

⑥ 孤岛检测。

a. 普通孤岛检测▨：从外部边界向内填充。如果遇到内部孤岛，填充将关闭，直到遇到孤岛中的另一个孤岛。

b. 外部孤岛检测▨：从外部边界向内填充。此选项仅填充指定的区域，不会影响内部孤岛。

c. 忽略孤岛检测▨：忽略所有内部的对象，填充图案时将通过这些对象。

d. 无孤岛检测▨：关闭以使用传统孤岛检测方法。

⑦ 绘图次序：为图案填充或填充指定绘图次序。选项包括不指定、后置、前置、置于边界之后和置于边界之前。

3.5.3　渐变色的操作

在绘图的过程中，有些图形在填充时需要用到一种或多种颜色，尤其在绘制装潢、美工等图纸时，这就要用到渐变色图案填充功能，利用该功能可以对封闭区域进行适当的渐变色填充，从而形成比较好的颜色修饰效果。

【执行方式】

● 命令行：GRADIENT。

● 菜单栏：选择菜单栏中的"绘图"→"渐变色"命令。

- 工具栏：单击"绘图"工具栏中的"渐变色"按钮 。
- 功能区：单击"默认"选项卡的"绘图"面板中的"渐变色"按钮。

【操作步骤】

执行上述命令后系统打开如图 3-32 所示的"图案填充创建"选项卡，各面板中的按钮含义与图案填充的类似，这里不再赘述。

图 3-32 "图案填充创建"选项卡

3.5.4 编辑填充的图案

利用 HATCHEDIT 命令可以编辑已经填充的图案。

【执行方式】

- 命令行：HATCHEDIT（快捷命令：HE）。
- 菜单栏：选择菜单栏中的"修改"→"对象"→"图案填充"命令。
- 工具栏：单击"修改"工具栏中的"编辑图案填充"按钮。
- 功能区：单击"默认"选项卡的"修改"面板中的"编辑图案填充"按钮。
- 快捷菜单：选中填充的图案右击，在打开的快捷菜单中选择"图案填充编辑"命令。
- 快捷方法：直接选择填充的图案，打开"图案填充编辑器"选项卡，如图 3-33 所示。

图 3-33 "图案填充编辑器"选项卡

3.5.5 实例——小屋的绘制

扫一扫，看视频

绘制如图 3-34 所示的田间小屋。

① 单击"默认"选项卡"绘图"面板中的"矩形"按钮 □ 和"直线"按钮 /，绘制房屋外框。

先绘制一个矩形，角点坐标为（210,160）和（400,25）。再绘制连续直线，坐标为{（210,160）（@80<45）（@190<0）（@135<-90）（400,25）}。用同样的方法绘制另一条直线，坐标为{（400,160）（@80<45）}。

② 单击"默认"选项卡"绘图"面板中的"矩形"按钮 □，绘制窗户。一个矩形的两个角点坐标为（230,125）和（275,90）。另一个矩形的两个角点坐标为（335,125）和（380,90）。

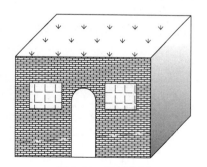

图 3-34 田间小屋

③ 单击"默认"选项卡"绘图"面板中的"多段线"按钮⟍，绘制门。命令行提示与操作如下。

> 命令：PL↙
> 指定起点：288,25↙
> 当前线宽为 0.0000
> 指定下一点或 [圆弧(A)/闭合(C)/半宽(H)/长度(L)/放弃(U)/宽度(W)]：288,76↙
> 指定下一点或 [圆弧(A)/闭合(C)/半宽(H)/长度(L)/放弃(U)/宽度(W)]：a↙
> 指定圆弧的端点(按住 Ctrl 键以切换方向)或[角度(A)/圆心(CE)/闭合(CL)/方向(D)/半宽(H)/直线(L)/半径(R)/第二点(S)/放弃(U)/宽度(W)]：a↙（用给定圆弧的包角方式画圆弧）
> 指定夹角：-180↙（包角值为负，则顺时针画圆弧；反之，则逆时针画圆弧）
> 指定圆弧的端点(按住 Ctrl 键以切换方向)或 [圆心(CE)/半径(R)]：322,76↙（给出圆弧端点的坐标值）
> 指定圆弧的端点(按住 Ctrl 键以切换方向)或[角度(A)/圆心(CE)/闭合(CL)/方向(D)/半宽(H)/直线(L)/半径(R)/第二点(S)/放弃(U)/宽度(W)]：l↙
> 指定下一点或 [圆弧(A)/闭合(C)/半宽(H)/长度(L)/放弃(U)/宽度(W)]：@51<-90↙
> 指定下一点或 [圆弧(A)/闭合(C)/半宽(H)/长度(L)/放弃(U)/宽度(W)]：↙

④ 单击"默认"选项卡"绘图"面板中的"图案填充"按钮▨，进行填充。命令行提示与操作如下。

> 命令：BHATCH↙ （图案填充命令，输入该命令后将出现"图案填充创建"选项卡，选择预定义的 GRASS 图案，角度为 0，比例为 0.5，填充屋顶小草，如图 3-35 所示）
> 选择内部点：（点按"拾取点"按钮，用鼠标在屋顶内拾取一点，如图 3-36 所示点 1）

返回"图案填充和渐变色"对话框，选择"确定"按钮，系统以选定的图案进行填充。

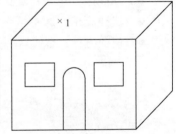

图 3-35 "图案填充创建"选项卡　　　　　图 3-36 拾取点 1

同样，利用"图案填充"命令，选择预定义的 ANGLE 图案，角度为 0，比例为 0.75，拾取如图 3-37 所示 2、3 两个位置的点填充窗户。

再次利用"图案填充"命令，选择预定义的 BRICK 图案，角度为 0，比例为 1，拾取如图 3-38 所示位置 4 的点填充小屋前面的砖墙。

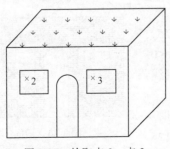

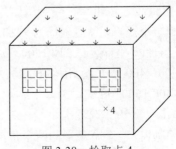

图 3-37 拾取点 2、点 3　　　　　　　　图 3-38 拾取点 4

最后单击"默认"选项卡的"绘图"面板中的"渐变色"按钮，按照图 3-39 所示进行设置，拾取如图 3-40 所示位置 5 的点填充小屋侧面的墙。最终结果如图 3-34 所示。

图 3-39　"渐变色"选项卡

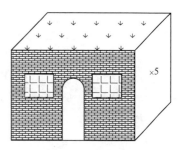

图 3-40　拾取点 5

上 机 操 作

【实例 1】绘制如图 3-41 所示的局部视图

（1）目的要求

本例涉及的命令有"圆""直线"和"样条曲线"。本例对尺寸要求不是很严格，在绘图时可以适当指定位置，通过本例，要求读者掌握样条曲线的绘制方法，同时复习圆和直线命令的使用方法。

（2）操作提示

① 利用"直线"和"圆"命令绘制局部视图的圆和直线。

② 利用"样条曲线"命令绘制局部视图的左侧样条曲线。

【实例 2】绘制如图 3-42 所示的墙体

（1）目的要求

本例绘制的是一个建筑图形，对尺寸要求不太严格。涉及的命令有"多线样式""多线"和"多线编辑工具"。通过本例，要求读者掌握多线相关命令的使用方法，同时体会利用多线绘制建筑图形的优点。

（2）操作提示

① 设置多线格式。

② 利用"多线"命令绘制多线。

③ 打开"多线编辑工具"对话框。

④ 编辑多线。

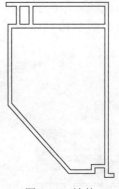

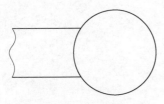

图 3-41 局部视图

图 3-42 墙体

【实例3】利用布尔运算绘制如图 3-43 所示的三角铁

（1）目的要求

本例所绘制的图形如果仅利用简单的二维绘制命令进行绘制，将非常复杂，利用面域相关命令绘制，则可以变得简单。本例要求读者掌握面域相关命令。

（2）操作提示

① 利用"正多边形"和"圆"命令绘制初步轮廓。

② 利用"面域"命令将三角形以及其边上的 6 个圆转换成面域。

③ 利用"并集"命令，将正三角形分别与 3 个角上的圆进行并集处理。

④ 利用"差集"命令，以三角形为主体对象，3 个边中间位置的圆为参照体，进行差集处理。

【实例4】绘制如图 3-44 所示的春色花园

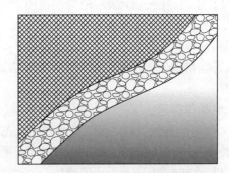

图 3-43 三角铁

图 3-44 春色花园

（1）目的要求

本例绘制的是一个春色花园，其中有 3 处图案填充。本例要求读者掌握不同图案填充的设置和绘制方法。

（2）操作提示

① 利用"矩形"和"样条曲线"命令绘制花园外形。

② 利用"图案填充"命令填充小路，选择预定义的"GRAVEL"图案。

③ 利用"图案填充"命令填充草坪，选择图案"类型"为"用户定义"。

④ 利用"图案填充"命令填充池塘，选择"渐变色"图案。

第4章
精确绘图

为了快速准确地绘制图形，AutoCAD提供了多种必要的和辅助的绘图工具，如工具条、对象选择工具、对象捕捉工具、栅格和正交工具等。利用这些工具，可以方便、准确地实现图形的绘制和编辑，不仅可以提高工作效率，

而且能更好地保证图形的质量。本章将介绍捕捉、栅格、正交、对象捕捉和对象追踪等知识。

学习要点

了解精确定位的工具

熟练掌握对象捕捉和对象追踪

了解动态输入

4.1 精确定位工具

状态栏如图 4-1 所示，其中的精确定位工具包含了能够帮助用户快速绘制水平直线和垂直直线的正交工具，显示绘图区网格的栅格显示工具，以及可以准确捕捉关键点的捕捉工具。

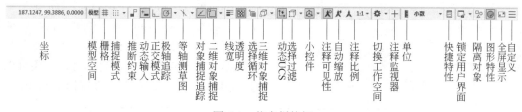

坐标　模型空间　栅格　捕捉模式　推断约束　动态输入　正交模式　极轴追踪　等轴测草图　对象捕捉追踪　二维对象捕捉　线宽　透明度　选择循环　三维对象捕捉　动态UCS　选择过滤　小控件　注释可见性　自动缩放　注释比例　切换工作空间　注释监视器　单位　快捷特性　锁定用户界面　隔离对象　图形特性　全屏显示　自定义

图 4-1　状态栏按钮

4.1.1 正交模式

在 AutoCAD 绘图过程中，经常需要绘制水平直线和垂直直线，但是用光标控制选择线段的端点时很难保证两个点严格沿水平或垂直方向，为此，AutoCAD 提供了正交功能，当启用正交模式时，画线或移动对象时只能沿水平方向或垂直方向移动光标，也只能绘制平行于坐标轴的正交线段。

【执行方式】

- 命令行：ORTHO。
- 状态栏：按下状态栏中的"正交模式"按钮 。
- 快捷键：按<F8>键。

【操作步骤】

命令行提示与操作如下。

命令：ORTHO↙
输入模式 [开(ON)/关(OFF)] <开>：设置开或关。

4.1.2　栅格显示

用户可以应用栅格显示工具使绘图区显示网格，它是一个形象的画图工具，就像传统的坐标纸一样。本节介绍控制栅格显示及设置栅格参数的方法。

【执行方式】

- 菜单栏：选择菜单栏中的"工具"→"绘图设置"命令。
- 状态栏：按下状态栏中的"栅格显示"按钮 （仅限于打开与关闭）。
- 快捷键：按<F7>键（仅限于打开与关闭）。

图 4-2　"捕捉与栅格"选项卡

【操作步骤】

选择菜单栏中的"工具"→"绘图设置"命令，系统打开"草图设置"对话框，单击"捕捉与栅格"选项卡，如图 4-2 所示。

其中，"启用栅格"复选框用于控制是否显示栅格；"栅格 X 轴间距"和"栅格 Y 轴间距"文本框用于设置栅格在水平与垂直方向的间距。如果"栅格 X 轴间距"和"栅格 Y 轴间距"设置为 0，则 AutoCAD 系统会自动将捕捉栅格间距应用于栅格，且其原点和角度总是与捕捉栅格的原点和角度相同。另外，还可以通过"GRID"命令在命令行设置栅格间距。

　技巧荟萃

在"栅格 X 轴间距"和"栅格 Y 轴间距"文本框中输入数值时，若在"栅格 X 轴间距"文本框中输入一个数值后按<Enter>键，系统将自动传送这个值给"栅格 Y 轴间距"，这样可减少工作量。

4.1.3　捕捉模式

为了准确地在绘图区捕捉点，AutoCAD 提供了捕捉工具，可以在绘图区生成一个隐含的栅格（捕捉栅格），这个栅格能够捕捉光标，约束它只能落在栅格的某一个节点上，使用户能够高精确度地捕捉和选择这个栅格上的点。本节主要介绍捕捉栅格的参数设置方法。

 【执行方式】

- 菜单栏：选择菜单栏中的"工具"→"草图设置"命令。
- 状态栏：按下状态栏中的"捕捉模式"按钮 ▦（仅限于打开与关闭）。
- 快捷键：按<F9>键（仅限于打开与关闭）。

 【操作步骤】

选择菜单栏中的"工具"→"绘图设置"命令，打开"草图设置"对话框，单击"捕捉与栅格"选项卡，如图 4-2 所示。

 【选项说明】

① "启用捕捉"复选框：控制捕捉功能的开关，与按<F9>快捷键或按下状态栏上的"捕捉模式"按钮 ▦ 功能相同。

② "捕捉间距"选项组：设置捕捉参数，其中"捕捉 X 轴间距"与"捕捉 Y 轴间距"文本框用于确定捕捉栅格点在水平和垂直两个方向上的间距。

③ "捕捉类型"选项组：确定捕捉类型和样式。AutoCAD 提供了两种捕捉栅格的方式："栅格捕捉"和"PolarSnap（极轴捕捉）"。"栅格捕捉"是指按正交位置捕捉位置点，"极轴捕捉"则可以根据设置的任意极轴角捕捉位置点。

"栅格捕捉"又分为"矩形捕捉"和"等轴测捕捉"两种方式。在"矩形捕捉"方式下捕捉栅格是标准的矩形，在"等轴测捕捉"方式下捕捉栅格和光标十字线不再互相垂直，而是成绘制等轴测图时的特定角度，这种方式对于绘制等轴测图十分方便。

④ "极轴间距"选项组：该选项组只有在选择"PolarSnap"捕捉类型时才可用。可在"极轴距离"文本框中输入距离值，也可以在命令行输入"SNAP"，设置捕捉的有关参数。

4.2　对象捕捉

利用 AutoCAD 画图时经常要用到一些特殊点，例如圆心、切点、线段或圆弧的端点、中点等，如果只利用光标在图形上选择，要准确地找到这些点是十分困难的。因此，AutoCAD 提供了一些识别这些点的工具，通过这些工具即可容易地构造新几何体，精确地绘制图形，其结果比传统手工绘图更精确且更容易维护。这个功能称之为对象捕捉功能。

4.2.1　特殊位置点捕捉

如表 4-1 所示，可以通过对象捕捉功能来捕捉一些特殊位置点。

表 4-1　特殊位置点捕捉

捕捉模式	快捷命令	功　　能
临时追踪点	TT	建立临时追踪点
两点之间的中点	M2P	捕捉两个独立点之间的中点
捕捉自	FRO	与其他捕捉方式配合使用建立一个临时参考点，作为指出后继点的基点
端点	ENDP	用来捕捉对象（如线段或圆弧等）的端点
中点	MID	用来捕捉对象（如线段或圆弧等）的中点
圆心	CEN	用来捕捉圆或圆弧的圆心
节点	NOD	捕捉用 POINT 或 DIVIDE 等命令生成的点
象限点	QUA	用来捕捉距光标最近的圆或圆弧上可见部分的象限点，即圆周上 0°、90°、180°、270° 位置上的点
交点	INT	用来捕捉对象（如线、圆弧或圆等）的交点
延长线	EXT	用来捕捉对象延长路径上的点
插入点	INS	用于捕捉块、形、文字、属性或属性定义等对象的插入点
垂足	PER	在线段、圆、圆弧或它们的延长线上捕捉一个点，使之与最后生成的点的连线与该线段、圆或圆弧正交
切点	TAN	最后生成的一个点到选中的圆或圆弧上引切线的切点位置
最近点	NEA	用于捕捉离拾取点最近的线段、圆、圆弧等对象上的点
外观交点	APP	用来捕捉两个对象在视图平面上的交点。若两个对象没有直接相交，则系统自动计算其延长后的交点；若两对象在空间上为异面直线，则系统计算其投影方向上的交点
平行线	PAR	用于捕捉与指定对象平行方向的点
无	NON	关闭对象捕捉模式
对象捕捉设置	OSNAP	设置对象捕捉

AutoCAD 提供了命令行、工具栏和右键快捷菜单三种执行特殊点对象捕捉的方法。

在使用特殊位置点捕捉的快捷命令前，必须先选择绘制对象的命令或工具，再在命令行中输入其快捷命令。

4.2.2　实例——公切线的绘制

扫一扫，看视频

绘制如图 4-3 所示的公切线。

① 单击"默认"选项卡"绘图"面板中的"圆"按钮⊙，以适当半径绘制两个圆，绘制结果如图 4-4 所示。

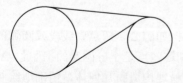

图 4-3　圆的公切线

图 4-4　绘制圆

② 选择菜单栏中的"工具"→"工具栏"→"AutoCAD"→"对象捕捉"命令，打开"对象捕捉"工具栏，如图 4-5 所示。

③ 单击"默认"选项卡"绘图"面板中的"直线"按钮╱，绘制公切线，命令行提示与操作如下。

图 4-6　捕捉切点

图 4-5　"对象捕捉"工具栏

命令：_line
指定第一个点：单击"对象捕捉"工具栏中的"捕捉到切点"按钮
_tan 到：选择左边圆上一点，系统自动显示"递延切点"提示，如图 4-6 所示
指定下一点或 [放弃(U)]：单击"对象捕捉"工具栏中的"捕捉到切点"按钮
_tan 到：选择右边圆上一点，系统自动显示"递延切点"提示，如图 4-7 所示
指定下一点或 [放弃(U)]：↙

④ 单击"默认"选项卡"绘图"面板中的"直线"按钮 ，绘制公切线。单击"对象捕捉"工具栏中的"捕捉到切点"按钮 ，捕捉切点，如图 4-8 所示为捕捉第二个切点的情形。

⑤ 系统自动捕捉到切点的位置，最终绘制结果如图 4-3 所示。

图 4-7　捕捉另一切点　　　　　　　　图 4-8　捕捉第二个切点

技巧荟萃

不管指定圆上哪一点作为切点，系统都会根据圆的半径和指定的大致位置确定准确的切点位置，并能根据大致指定点与内外切点距离，依据距离趋近原则判断绘制外切线还是内切线。

4.2.3　对象捕捉设置

在 AutoCAD 中绘图之前，可以根据需要事先设置开启一些对象捕捉模式，绘图时系统就能自动捕捉这些特殊点，从而加快绘图速度，提高绘图质量。

【执行方式】

- 命令行：DDOSNAP。
- 菜单栏：选择菜单栏中的"工具"→"绘图设置"命令。
- 工具栏：单击"对象捕捉"工具栏中的"对象捕捉设置"按钮 。

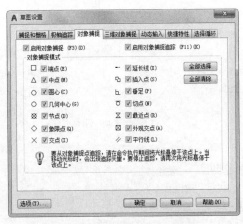

图4-9 "对象捕捉"选项卡

式处于激活状态。

● 状态栏：按下状态栏中的"对象捕捉"按钮 （仅限于打开与关闭）。

● 快捷键：按<F3>键（仅限于打开与关闭）。

● 快捷菜单：选择快捷菜单中的"捕捉替代"→"对象捕捉设置"命令。

执行上述操作后，系统打开"草图设置"对话框，单击"对象捕捉"选项卡，如图4-9所示，利用此选项卡可对对象捕捉方式进行设置。

【选项说明】

① "启用对象捕捉"复选框：勾选该复选框，在"对象捕捉模式"选项组中勾选的捕捉模式处于激活状态。

② "启用对象捕捉追踪"复选框：用于打开或关闭自动追踪功能。

③ "对象捕捉模式"选项组：此选项组中列出各种捕捉模式的复选框，被勾选的复选框处于激活状态。单击"全部清除"按钮，则所有模式均被清除。单击"全部选择"按钮，则所有模式均被选中。

另外，在对话框的左下角有一个"选项"按钮，单击该按钮可以打开"选项"对话框的"草图"选项卡，利用该对话框可决定捕捉模式的各项设置。

图4-10 三环旗

4.2.4 实例——三环旗的绘制

绘制如图4-10所示的三环旗。

扫一扫，看视频

① 单击"默认"选项卡"绘图"面板中的"直线"按钮 ╱ ，绘制辅助作图线，命令行提示与操作如下。

```
命令：_line
指定第一个点：在绘图区单击指定一点
指定下一点或 [放弃(U)]：移动光标到合适位置，单击指定另一点，绘制出一条倾斜直线，作为
辅助线
指定下一点或 [放弃(U)]：↙
```

绘制结果如图4-11所示。

② 单击"默认"选项卡"绘图"面板中的"多段线"按钮 ⤵ ，绘制旗尖，命令行提示与操作如下。

```
命令：_pline
指定起点：单击"对象捕捉"工具栏中的"捕捉到最近点"按钮 ⋏
_nea 到： 将光标移至直线上，选择一点
当前线宽为 0.0000
指定下一点或 [圆弧(A)/闭合(C)/半宽(H)/长度(L)/放弃(U)/宽度(W)]：W↙
指定起点宽度 <0.0000>：↙
指定端点宽度 <0.0000>：8↙
指定下一点或 [圆弧(A)/闭合(C)/半宽(H)/长度(L)/放弃(U)/宽度(W)]：单击"对象捕捉"
```

工具栏中的“捕捉到最近点”按钮

_nea 到：将光标移至直线上，选择一点

指定下一点或 [圆弧(A)/闭合(C)/半宽(H)/长度(L)/放弃(U)/宽度(W)]：W↙

指定起点宽度 <8.0000>：↙

指定端点宽度 <8.0000>：0↙

指定下一点或 [圆弧(A)/闭合(C)/半宽(H)/长度(L)/放弃(U)/宽度(W)]：单击“对象捕捉”工具栏中的“捕捉到最近点”按钮

_nea 到：将光标移至直线上，选择一点，使旗尖图形接近对称

绘制结果如图 4-12 所示。

③ 单击“默认”选项卡“绘图”面板中的“多段线”按钮，绘制旗杆，命令行提示与操作如下。

命令：_pline

指定起点：单击“对象捕捉”工具栏中的“捕捉到端点”按钮

_endp 于：捕捉所画旗尖的端点

当前线宽为 0.0000

指定下一个点或 [圆弧(A)/半宽(H)/长度(L)/放弃(U)/宽度(W)]：W↙

指定起点宽度 <0.0000>：2↙

指定端点宽度 <2.0000>：↙

指定下一个点或 [圆弧(A)/半宽(H)/长度(L)/放弃(U)/宽度(W)]：单击“对象捕捉”工具栏中的“捕捉到最近点”按钮

_nea 到：将光标移至辅助直线上，选择一点

指定下一点或 [圆弧(A)/闭合(C)/半宽(H)/长度(L)/放弃(U)/宽度(W)]：↙

绘制结果如图 4-13 所示。

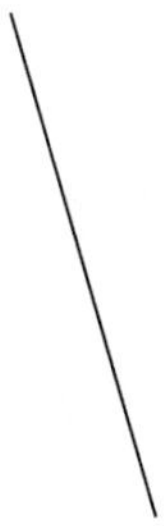

图 4-11 辅助作图线

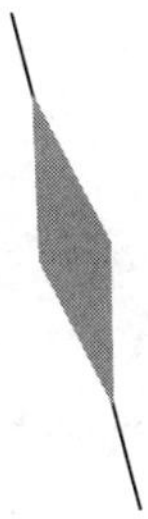

图 4-12 旗尖

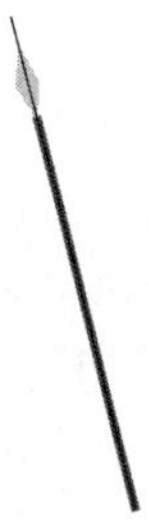

图 4-13 绘制旗杆后的图形

④ 单击“默认”选项卡“绘图”面板中的“多段线”按钮，绘制旗面，命令行提示与操作如下。

命令：_pline

指定起点：单击“对象捕捉”工具栏中的“捕捉到端点”按钮

_endp 于：捕捉旗杆的端点

当前线宽为 0.0000

指定下一点或 [圆弧(A)/闭合(C)/半宽(H)/长度(L)/放弃(U)/宽度(W)]：A↙

指定圆弧的端点或[角度(A)/圆心(CE)/闭合(CL)/方向(D)/半宽(H)/直线(L)/半径(R)/第二点(S)/放弃(U)/宽度(W)]：S↙

指定圆弧的第二个点：单击选择一点，指定圆弧的第二点。

指定圆弧的端点：单击选择一点，指定圆弧的端点。

指定圆弧的端点(按住 Ctrl 键以切换方向)或[角度(A)/圆心(CE)/闭合(CL)/方向(D)/半宽

(H) /直线(L) /半径(R) /第二点(S) /放弃(U) /宽度(W)]：单击选择一点，指定圆弧的端点

指定圆弧的端点或[角度(A) /圆心(CE) /闭合(CL) /方向(D) /半宽(H) /直线(L) /半径(R) /第二点(S) /放弃(U) /宽度(W)]：↙

采用相同的方法绘制另一条旗面边线。

⑤ 单击"默认"选项卡"绘图"面板中的"直线"按钮 ╱，绘制旗面右端封闭直线，命令行提示与操作如下。

命令：_line
指定第一个点：单击"对象捕捉"工具栏中的"捕捉到端点"按钮
_endp 于：捕捉旗面上边的端点
指定下一点或 [放弃(U)]：单击"对象捕捉"工具栏中的"捕捉到端点"按钮
_endp 于：捕捉旗面下边的端点
指定下一点或 [放弃(U)]：↙

绘制结果如图 4-14 所示。

图 4-14 绘制旗面后的图形

⑥ 单击"默认"选项卡"绘图"面板中的"圆环"按钮 ◎，绘制 3 个圆环，命令行提示与操作如下。

命令：_donut
指定圆环的内径 <10.0000>：30↙
指定圆环的外径 <20.0000>：40↙
指定圆环的中心点 <退出>：在旗面内单击选择一点，确定第一个圆环的中心
指定圆环的中心点 <退出>：在旗面内单击选择一点，确定第二个圆环中心
……
使绘制的 3 个圆环排列为一个三环形状
指定圆环的中心点 <退出>：↙

绘制结果如图 4-10 所示。

4.2.5 基点捕捉

在绘制图形时，有时需要指定以某个点为基点。这时，可以利用基点捕捉功能来捕捉此点。基点捕捉要求确定一个临时参考点作为指定后续点的基点，通常与其他对象捕捉模式及相关坐标联合使用。

 【执行方式】

● 命令行：FROM。

【操作步骤】

当在输入一点的提示下输入 FROM，或单击相应的工具图标时，命令行提示：

基点：指定一个基点

<偏移>：输入相对于基点的偏移量

此时得到一个点，这个点与基点之间坐标差为指定的偏移量。

4.3 自动追踪

自动追踪是指按指定角度或与其他对象建立指定关系绘制对象。利用自动追踪功能，可以对齐路径，有助于以精确的位置和角度创建对象。自动追踪包括"对象捕捉追踪"和"极轴追踪"两种追踪选项。"对象捕捉追踪"是指以捕捉到的特殊位置点为基点，按指定的极轴角或极轴角的倍数对齐要指定点的路径；"极轴追踪"是指按指定的极轴角或极轴角的倍数对齐要指定点的路径。

4.3.1 对象捕捉追踪

"对象捕捉追踪"必须配合"对象捕捉"功能一起使用，即应使状态栏中的"对象捕捉"按钮和"对象捕捉追踪"按钮均处于打开状态。

【执行方式】

- 命令行：DDOSNAP。
- 菜单栏：选择菜单栏中的"工具"→"绘图设置"命令。
- 工具栏：单击"对象捕捉"工具栏中的"对象捕捉设置"按钮。
- 状态栏：按下状态栏中的"对象捕捉"按钮和"对象捕捉追踪"按钮。
- 快捷键：按<F11>键。
- 快捷菜单：选择快捷菜单中的"捕捉替代"→"对象捕捉设置"命令。

执行上述操作后，在"对象捕捉"按钮与"对象捕捉追踪"按钮上右击，选择快捷菜单中的"设置"命令，系统打开"草图设置"对话框的"对象捕捉"选项卡，勾选"启用对象捕捉追踪"复选框，即可完成对象捕捉追踪的设置。

4.3.2 实例——方头平键的绘制

扫一扫，看视频

绘制如图 4-15 所示的方头平键。

① 单击"默认"选项卡"绘图"面板中的"矩形"按钮，绘制主视图外形。命令行提示与操作如下。

命令：RECTANG✓

指定第一个角点或 [倒角(C)/标高(E)/圆角(F)/厚度(T)/宽度(W)]：（在屏幕适当位置指定一点）

指定另一个角点或 [尺寸(D)]：@100,11✓

结果如图 4-16 所示。

图 4-15　方头平键　　　　　　　　　　　　　　图 4-16　绘制主视图外形

② 同时打开状态栏上的"对象捕捉"按钮□ 和"对象捕捉追踪"按钮∠，启动对象捕捉追踪功能。单击"默认"选项卡"绘图"面板中的"直线"按钮╱，绘制主视图棱线。命令行提示与操作如下。

> 命令：LINE↙
> 指定第一个点：FROM↙
> 基点：（捕捉矩形左上角点，如图 4-17 所示）
> <偏移>：@0,-2↙
> 指定下一点或 [放弃(U)]：（鼠标右移，捕捉矩形右边上的垂足，如图 4-18 所示）

相同方法，以矩形左下角点为基点，向上偏移两个单位，利用基点捕捉绘制下边的另一条棱线。结果如图 4-19 所示。

③ 打开"草图设置"对话框的"极轴追踪"选项卡，将"增量角"设置为 90，将对象捕捉追踪设置为"仅正交追踪"。

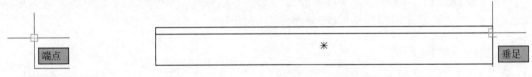

图 4-17　捕捉角点　　　　　　　　　　　　　　图 4-18　捕捉垂足

④ 单击"默认"选项卡"绘图"面板中的"矩形"按钮 □，绘制俯视图外形。命令行提示与操作如下。

> 命令：RECTANG↙
> 指定第一个角点或 [倒角(C)/标高(E)/圆角(F)/厚度(T)/宽度(W)]：（捕捉上面绘制矩形左下角点，系统显示追踪线，沿追踪线向下在适当位置指定一点，如图 4-20 所示）
> 指定另一个角点或 [尺寸(D)]：@100,18↙

结果如图 4-21 所示。

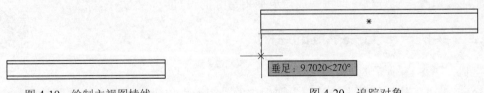

图 4-19　绘制主视图棱线　　　　　　　　　　　图 4-20　追踪对象

⑤ 单击"默认"选项卡"绘图"面板中的"直线"按钮╱，结合基点捕捉功能绘制俯视图棱线，偏移距离为 2，结果如图 4-22 所示。

⑥ 单击"默认"选项卡"绘图"面板中的"构造线"按钮╱，绘制左视图构造线。首先指定适当一点绘制-45°构造线，继续绘制构造线，命令行提示与操作如下。

> 命令：XLINE↙

指定点或 [水平(H)/垂直(V)/角度(A)/二等分(B)/偏移(O)]:（捕捉俯视图右上角点,在水平追踪线上指定一点,如图4-23所示）
指定通过点:（打开状态栏上的"正交"开关,指定水平方向一点指定斜线与第四条水平线的交点）

同样方法绘制另一条水平构造线。再捕捉两水平构造线与斜构造线交点为指定点绘制两条竖直构造线。如图4-24所示。

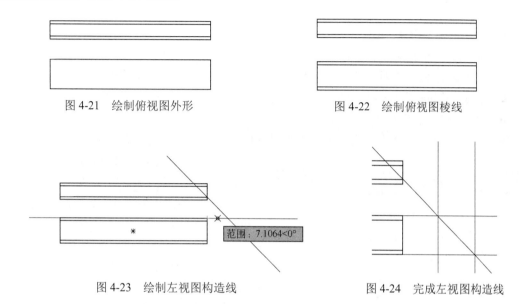

图4-21 绘制俯视图外形   图4-22 绘制俯视图棱线

图4-23 绘制左视图构造线   图4-24 完成左视图构造线

⑦ 单击"默认"选项卡"绘图"面板中的"矩形"按钮 □,绘制左视图。命令行提示与操作如下。

命令: _rectang↙
指定第一个角点或 [倒角(C)/标高(E)/圆角(F)/厚度(T)/宽度(W)]: C↙
指定矩形的第一个倒角距离 <0.0000>: 2
指定矩形的第一个倒角距离 <0.0000>: 2
指定第一个角点或 [倒角(C)/标高(E)/圆角(F)/厚度(T)/宽度(W)]:（捕捉主视图矩形上边延长线与第一条竖直构造线交点,如图4-25所示）
指定另一个角点或 [尺寸(D)]:（捕捉主视图矩形下边延长线与第二条竖直构造线交点）
结果如图4-26所示。

⑧ 单击键盘上的<Delete>键,删除构造线,最终结果如图4-15所示。

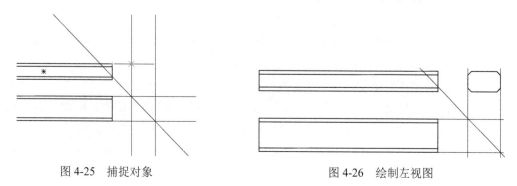

图4-25 捕捉对象   图4-26 绘制左视图

4.3.3 极轴追踪设置

"极轴追踪"必须配合"对象捕捉"功能一起使用，即应使状态栏中的"极轴追踪"按钮 ⊙ 和"对象捕捉"按钮 □ 均处于打开状态。

【执行方式】

- 命令行：DDOSNAP。
- 菜单栏：选择菜单栏中的"工具"→"绘图设置"命令。
- 工具栏：单击"对象捕捉"工具栏中的"对象捕捉设置"按钮 ⋒。
- 状态栏：按下状态栏中的"对象捕捉"按钮 □ 和"极轴追踪"按钮 ⊙。
- 快捷键：按<F10>键。
- 快捷菜单：选择快捷菜单中的"捕捉替代"→"对象捕捉设置"命令。

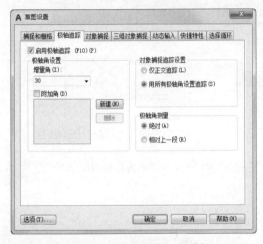

图 4-27 "极轴追踪"选项卡

执行上述操作或在"极轴追踪"按钮 ⊙ 上右击，选择快捷菜单中的"正在追踪设置"命令，系统打开如图 4-27 所示"草图设置"对话框的"极轴追踪"选项卡，其中各选项功能如下。

① "启用极轴追踪"复选框：勾选该复选框，即启用极轴追踪功能。

② "极轴角设置"选项组：设置极轴角的值，可以在"增量角"下拉列表框中选择一种角度值，也可勾选"附加角"复选框。单击"新建"按钮设置任意附加角，系统在进行极轴追踪时，同时追踪增量角和附加角，可以设置多个附加角。

③ "对象捕捉追踪设置"和"极轴角测量"选项组：按界面提示设置相应单选选项。利用自动追踪可以完成三视图绘制。

4.4 对象约束

约束能够精确地控制草图中的对象。草图约束有两种类型：几何约束和尺寸约束。

几何约束建立草图对象的几何特性（如要求某一直线具有固定长度），或是两个或更多草图对象的关系类型（如要求两条直线垂直或平行，或是几个圆弧具有相同的半径）。在绘图区用户可以使用"参数化"选项卡内的"全部显示""全部隐藏"或"显示"来显示有关信息，并显示代表这些约束的直观标记，如图 4-28 所示的水平标记 〓 和共线标记 ✕。

尺寸约束建立草图对象的大小（如直线的长度、圆弧的半径等），或是两个对象之间的关系（如两点之间的距离）。如图 4-29 所示为带有尺寸约束的图形示例。

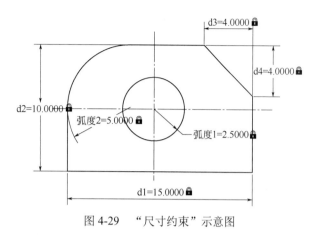

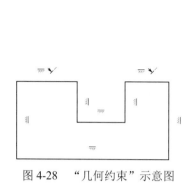

图 4-28 "几何约束"示意图

图 4-29 "尺寸约束"示意图

4.4.1 建立几何约束

利用几何约束工具，可以指定草图对象必须遵守的条件，或是草图对象之间必须维持的关系。"几何"面板及"几何约束"工具栏（其面板在"草图与注释"工作空间"参数化"选项卡的"几何"面板中）如图 4-30 所示，其主要几何约束选项功能如表 4-2 所示。

图 4-30 "几何"面板及"几何约束"工具栏

表 4-2 几何约束选项功能

约束模式	功能
重合	约束两个点使其重合，或约束一个点使其位于曲线（或曲线的延长线）上。可以使对象上的约束点与某个对象重合，也可以使其与另一对象上的约束点重合
共线	使两条或多条直线段沿同一直线方向，使它们共线
同心	将两个圆弧、圆或椭圆约束到同一个中心点，结果与将重合约束应用于曲线的中心点所产生的效果相同
固定	将几何约束应用于一对对象时，选择对象的顺序以及选择每个对象的点可能会影响对象彼此间的放置方式
平行	使选定的直线位于彼此平行的位置，平行约束在两个对象之间应用
垂直	使选定的直线位于彼此垂直的位置，垂直约束在两个对象之间应用
水平	使直线或点位于与当前坐标系 X 轴平行的位置，默认选择类型为对象
竖直	使直线或点位于与当前坐标系 Y 轴平行的位置
相切	将两条曲线约束为保持彼此相切或其延长线保持彼此相切，相切约束在两个对象之间应用
平滑	将样条曲线约束为连续，并与其他样条曲线、直线、圆弧或多段线保持连续性
对称	使选定对象受对称约束，相对于选定直线对称
相等	将选定圆弧和圆的尺寸重新调整为半径相同，或将选定直线的尺寸重新调整为长度相同

在绘图过程中可指定二维对象或对象上点之间的几何约束。在编辑受约束的几何图形时，将保留约束，因此，通过使用几何约束，可以在图形中包括设计要求。

4.4.2　设置几何约束

在用 AutoCAD 绘图时，可以控制约束栏的显示，利用"约束设置"对话框（如图 4-31 所示）可控制约束栏上显示或隐藏的几何约束类型。单独或全局显示或隐藏几何约束和约束栏，可执行以下操作：

- 显示（或隐藏）所有的几何约束；
- 显示（或隐藏）指定类型的几何约束；
- 显示（或隐藏）所有与选定对象相关的几何约束。

【执行方式】

- 命令行：CONSTRAINTSETTINGS（CSETTINGS）。
- 菜单栏：选择菜单栏中的"参数"→"约束设置"命令。
- 功能区：单击"参数化"选项卡中的"约束设置，几何"命令。
- 工具栏：单击"参数化"工具栏中的"约束设置"按钮 ⌐⊠。

执行上述操作后，系统打开"约束设置"对话框，单击"几何"选项卡，如图 4-31 所示，利用此对话框可以控制约束栏上约束类型的显示。

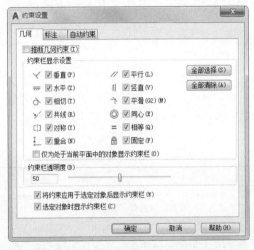

图 4-31　"约束设置"对话框

【选项说明】

①　"约束栏显示设置"选项组：此选项组控制图形编辑器中是否为对象显示约束栏或约束点标记。例如，可以为水平约束和竖直约束隐藏约束栏的显示。

②　"全部选择"按钮：选择全部几何约束类型。

③　"全部清除"按钮：清除所有选定的几何约束类型。

④　"仅为处于当前平面中的对象显示约束栏"复选框：仅为当前平面上受几何约束的对象显示约束栏。

⑤　"约束栏透明度"选项组：设置图形中约束栏的透明度。

⑥　"将约束应用于选定对象后显示约束栏"复选框：手动应用约束或使用"AUTO-

CONSTRAIN"命令时，显示相关约束栏。

4.4.3　实例——绘制相切及同心的圆

绘制如图 4-32 所示的同心相切圆。

① 单击"默认"选项卡"绘图"面板中的"圆"按钮⊙，以适当半径绘制 4 个圆，绘制结果如图 4-33 所示。

② 单击"参数化"选项卡"几何"面板中的"相切"按钮⌒，或选择菜单栏中的"参数"→"几何约束"→"相切"命令，命令行提示与操作如下。

```
命令: _GeomConstraint
输入约束类型[水平(H)/竖直(V)/垂直(P)/平行(PA)/相切(T)/平滑(SM)/重合(C)/同心
(CON)/共线(COL)/对称(S)/相等(E)/固定(F)]<相切>: _Tangent
选择第一个对象: 选择圆 1
选择第二个对象: 选择圆 2
```

③ 系统自动将圆 2 向左移动与圆 1 相切，结果如图 4-34 所示。

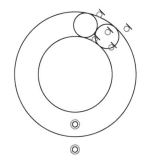
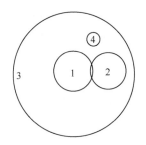
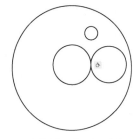

图 4-32　同心相切圆　　　　图 4-33　绘制圆　　　　图 4-34　建立圆 1 与圆 2 的相切关系

④ 单击"参数化"选项卡"几何"面板中的"同心"按钮◎，或选择菜单栏中的"参数"→"几何约束"→"同心"命令，使其中两圆同心，命令行提示与操作如下。

```
命令: _GeomConstraint
输入约束类型[水平(H)/竖直(V)/垂直(P)/平行(PA)/相切(T)/平滑(SM)/重合(C)/同心
(CON)/共线(COL)/对称(S)/相等(E)/固定(F)] <相切>: _Concentric
选择第一个对象: 选择圆 1
选择第二个对象: 选择圆 3
```

系统自动建立同心的几何关系，结果如图 4-35 所示。

⑤ 采用同样的方法，使圆 3 与圆 2 建立相切几何约束，结果如图 4-36 所示。

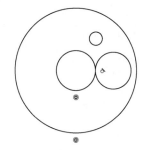
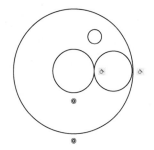

图 4-35　建立圆 1 与圆 3 的同心关系　　　　图 4-36　建立圆 3 与圆 2 的相切关系

⑥ 采用同样的方法，使圆 1 与圆 4 建立相切几何约束，结果如图 4-37 所示。

⑦ 采用同样的方法，使圆 4 与圆 2 建立相切几何约束，结果如图 4-38 所示。

⑧ 采用同样的方法，使圆 3 与圆 4 建立相切几何约束，最终结果如图 4-32 所示。

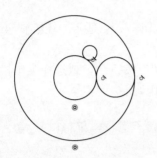

图 4-37　建立圆 1 与圆 4 的相切关系

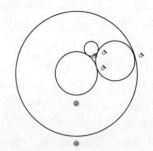

图 4-38　建立圆 4 与圆 2 的相切关系

4.4.4　建立尺寸约束

建立尺寸约束可以限制图形几何对象的大小，也就是与在草图上标注尺寸相似，同样设置尺寸标注线，与此同时也会建立相应的表达式，不同的是，可以在后续的编辑工作中实现尺寸的参数化驱动。"标注约束"面板及工具栏（其面板在"二维草图与注释"工作空间"参数化"选项卡的"标注"面板中）如图 4-39 所示。

在生成尺寸约束时，用户可以选择草图曲线、边、基准平面或基准轴上的点，以生成水平、竖直、平行、垂直和角度尺寸。

生成尺寸约束时，系统会生成一个表达式，其名称和值显示在一个文本框中，如图 4-40 所示，用户可以在其中编辑该表达式的名和值。

生成尺寸约束时，只要选中了几何体，其尺寸及其延伸线和箭头就会全部显示出来。将尺寸拖动到位，然后单击，就完成了尺寸约束的添加。完成尺寸约束后，用户还可以随时更改尺寸约束，只需在绘图区选中该值双击，就可以使用生成过程中所采用的方式，编辑其名称、值或位置。

图 4-39　"标注约束"面板及工具栏

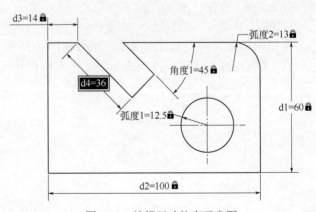

图 4-40　编辑尺寸约束示意图

4.4.5 设置尺寸约束

在用 AutoCAD 绘图时，使用"约束设置"对话框中的"标注"选项卡，如图 4-41 所示，可控制显示标注约束时的系统配置，标注约束控制设计的大小和比例。尺寸约束的具体内容如下：

- 对象之间或对象上点之间的距离；
- 对象之间或对象上点之间的角度。

【执行方式】

- 命令行：CONSTRAINTSETTINGS（CSETTINGS）。
- 菜单栏：选择菜单栏中的"参数"→"约束设置"命令。
- 功能区：单击"参数化"选项卡中的"约束设置，标注"命令。
- 工具栏：单击"参数化"工具栏中的"约束设置"按钮 。

执行上述操作后，系统打开"约束设置"对话框，单击"标注"选项卡，如图 4-41 所示。

【选项说明】

① "标注约束格式"选项组：该选项组内可以设置标注名称格式和锁定图标的显示。

② "标注名称格式"下拉列表框：为应用标注约束时显示的文字指定格式。将名称格式设置为显示名称、值或名称和表达式。例如：宽度=长度/2。

③ "为注释性约束显示锁定图标"复选框：针对已应用注释性约束的对象显示锁定图标。

④ "为选定对象显示隐藏的动态约束"复选框：显示选定时已设置为隐藏的动态约束。

图 4-41　"标注"选项卡

4.4.6 实例——利用尺寸驱动更改方头平键尺寸

绘制如图 4-42 所示的方头平键。

扫一扫，看视频

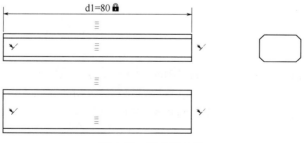

图 4-42　键 B18×80

① 打开随书资源"源文件/方头平键轮廓（键 B18×100）"，如图 4-43 所示。

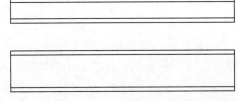

图 4-43　键 B18×100 轮廓

② 单击"参数化"选项卡"几何"面板中的"共线"按钮，使左端各竖直直线建立共线的几何约束。采用同样的方法使右端各直线建立共线的几何约束。

③ 单击"参数化"选项卡"几何"面板中的"相等"按钮 =，使最上端水平线与下面各条水平线建立相等的几何约束。

④ 单击"参数化"选项卡"标注"面板中的"水平"按钮，或选择菜单栏中的"参数"→"标注约束"→"水平"命令，更改水平尺寸，命令行提示与操作如下。

```
命令: _dimConstraint
当前设置: 约束形式 = 动态
输入标注约束选项 [线性(L)/水平(H)/竖直(V)/对齐(A)/角度(AN)/半径(R)/直径(D)/形
式(F)/转换(C)] <水平>: _Horizontal
    指定第一个约束点或 [对象(O)] <对象>: 选择最上端直线左端
    指定第二个约束点: 选择最上端直线右端
    指定尺寸线位置: 在合适位置单击
    标注文字 = 100: 80。
```

⑤ 系统自动将长度调整为 80，最终结果如图 4-42 所示。

图 4-44　"自动约束"选项卡

4.4.7　自动约束

在用 AutoCAD 绘图时，利用"约束设置"对话框中的"自动约束"选项卡，如图 4-44 所示，可将设定公差范围内的对象自动设置为相关约束。

【执行方式】

● 命令行：CONSTRAINTSETTINGS（CSET-TINGS）。

● 菜单栏：选择菜单栏中的"参数"→"约束设置"命令。

● 功能区：选择"参数化"选项卡中"约束设置，几何"命令。

● 工具栏：单击"参数化"工具栏中的"约束设置"按钮。

执行上述操作后，系统打开"约束设置"对话框，单击"自动约束"选项卡，如图 4-44 所示，利用此对话框可以控制自动约束的相关参数。

【选项说明】

① "约束类型"列表框：显示自动约束的类型以及优先级。可以通过单击"上移"和

"下移"按钮调整优先级的先后顺序。单击✔图标，选择或去掉某约束类型作为自动约束类型。

② "相切对象必须共用同一交点"复选框：指定两条曲线必须共用一个点（在距离公差内指定）应用相切约束。

③ "垂直对象必须共用同一交点"复选框：指定直线必须相交或一条直线的端点必须与另一条直线或直线的端点重合（在距离公差内指定）。

④ "公差"选项组：设置可接受的"距离"和"角度"公差值，以确定是否可以应用约束。

4.4.8 实例——约束控制未封闭三角形

对如图 4-45 所示的未封闭三角形进行约束控制。

扫一扫，看视频

① 设置约束与自动约束。选择菜单栏中的"参数"→"约束设置"命令，打开"约束设置"对话框。单击"几何"选项卡，单击"全部选择"按钮，选择全部约束方式，如图 4-46 所示。再单击"自动约束"选项卡，将"距离"和"角度"公差值设置为 1，取消对"相切对象必须共用同一交点"复选框和"垂直对象必须共用同一交点"复选框的勾选，约束优先顺序按图 4-47 所示设置。

图 4-45 未封闭三角形

图 4-46 "几何"选项卡设置

图 4-47 "自动约束"选项卡设置

② 单击"参数化"选项卡"几何"面板中的"固定"按钮🔒，命令提示与操作如下。

```
命令：_GeomConstraint
输入约束类型[水平(H)/竖直(V)/垂直(P)/平行(PA)/相切(T)/平滑(SM)/重合(C)/同心(CON)/共线(COL)/对称(S)/相等(E)/固定(F)]<固定>：_Fix
选择点或 [对象(O)] <对象>：选择三角形底边
选择点或 [对象(O)] <对象>：选择三角形左边
选择点或 [对象(O)] <对象>：↙
```

这时，底边被固定，并显示固定标记，如图 4-48 所示。

③ 单击"参数化"选项卡"几何"面板中的"自动约束"按钮🔒，命令行提示与操作如下。

```
命令：_AutoConstrain
选择对象或 [设置(S)]：选择三角形底边
选择对象或 [设置(S)]：选择三角形左边，这里已知左边两个端点的距离为 0.7，在自动约束
```

公差范围内

选择对象或 [设置(S)]: ✓

这时，左边下移，使底边和左边的两个端点重合，并显示固定标记，而原来重合的上顶点现在分离，如图 4-49 所示。

图 4-48 固定约束

图 4-49 自动重合约束 1

④ 采用同样的方法，使上边两个端点进行自动约束，两者重合，并显示重合标记，如图 4-50 所示。

⑤ 再次单击"参数化"选项卡"几何"面板中的"自动约束"按钮，选择三角形底边和右边为自动约束对象（这里已知底边与右边的原始夹角为 89°），可以发现，底边与右边自动保持重合与垂直的关系，如图 4-51 所示（注意：三角形的右边必然要缩短）。

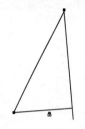

图 4-50 自动重合约束 2

图 4-51 自动重合与自动垂直约束

上机操作

【实例1】如图 4-52 所示，过四边形上、下边延长线交点作四边形右边的平行线

（1）目的要求

本例要绘制的图形比较简单，但是要准确找到四边形上、下边延长线必须启用"对象捕捉"功能，捕捉延长线交点。通过本例，读者可以体会到对象捕捉功能的方便与快捷作用。

（2）操作提示

① 在界面上方的工具栏区右击，选择快捷菜单中的"对象捕捉"命令，打开"对象捕捉"工具栏。

② 利用"对象捕捉"工具栏中的"捕捉到交点"工具捕捉四边形上、下边的延长线交点作为直线起点。

③ 利用"对象捕捉"工具栏中的"捕捉到平行线"工具捕捉一点作为直线终点。

【**实例 2**】利用对象追踪功能，在如图 4-53（a）所示的图形基础上绘制一条特殊位置直线，如图 4-53（b）所示

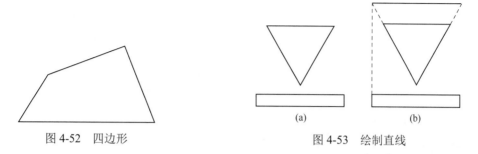

图 4-52　四边形　　　　　　　图 4-53　绘制直线

（1）目的要求

本例要绘制的图形比较简单，但是要准确找到直线的两个端点必须启用"对象捕捉"和"对象捕捉追踪"工具。通过本例，读者可以体会到对象捕捉和对象捕捉追踪功能的方便与快捷作用。

（2）操作提示

① 启用对象捕捉追踪与对象捕捉功能。

② 在三角形左边延长线上捕捉一点作为直线起点。

③ 结合对象捕捉追踪与对象捕捉功能在三角形右边延长线上捕捉一点作为直线终点。

第5章
图层与显示

AutoCAD提供了图层工具，对每个图层规定其颜色和线型，并把具有相同特征的图形对象放在同一图层上绘制，这样绘图时不用分别设置对象的线型和颜色，不仅方便绘图，而且保存图形时只需存储其几何数据和所在图层即可，既节省了存储空间，又可以提高工作效率。本章将对图层有关的知识以及图层上颜色和线型的设置进行介绍。

📗 **学习要点**

熟练掌握利用对话框和工具栏设置图层

学习图层颜色和线型的设置

掌握缩放与平移操作

了解视口与空间的概念

了解图形输出

5.1 设置图层

图层的概念类似投影片，将不同属性的对象分别放置在不同的投影片（图层）上。例如将图形的主要线段、中心线、尺寸标注等分别绘制在不同的图层上，每个图层可设定不同的线型、线条颜色，然后把不同的图层堆栈在一起成为一张完整的视图，这样可使视图层次分明，方便图形对象的编辑与管理。一个完整的图形就是由它所包含的所有图层上的对象叠加在一起构成的，如图5-1所示。

5.1.1 利用对话框设置图层

AutoCAD 2020 提供了详细直观的"图层特性管理器"对话框，用户可以方便地通过对该对话框中的各选项及其二级对话框进行设置，从而实现创建新图层、设置图层颜色及线型的各种操作。

【执行方式】

- 命令行：LAYER。
- 菜单栏：选择菜单栏中的"格式"→"图层"命令。
- 工具栏：单击"图层"工具栏中的"图层特性管理器"按钮🗐。
- 功能区：单击"默认"选项卡的"图层"面板中的"图层特性"按钮🗐或单击"视图"选项卡的"选项板"面板中的"图层特性"按钮🗐。

执行上述操作后，系统打开如图5-2所示的"图层特性管理器"对话框。

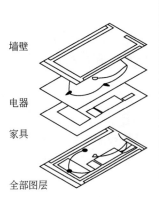

图5-1　图层效果

【选项说明】

① "新建特性过滤器"按钮🗔：单击该按钮，可以打开"图层过滤器特性"对话框，如图5-3所示。从中可以基于一个或多个图层特性创建图层过滤器。

② "新建组过滤器"按钮🗔：单击该按钮可以创建一个图层过滤器，其中包含用户选定并添加到该过滤器的图层。

③ "图层状态管理器"按钮🗐：单击该按钮，可以打开"图层状态管理器"对话框，如图5-4所示。从中可以将图层的当前特性设置保存到命名图层状态中，以后可以再恢复这些设置。

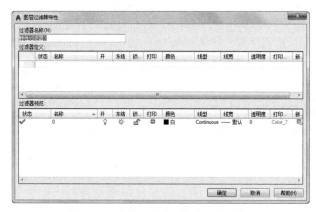

图5-3　"图层过滤器特性"对话框

图5-4　"图层状态管理器"对话框

④ "新建图层"按钮：单击该按钮，图层列表中出现一个新的图层名称"图层1"，用户可使用此名称，也可改名。要想同时创建多个图层，可选中一个图层名后，输入多个名称，各名称之间以逗号分隔。图层的名称可以包含字母、数字、空格和特殊符号，AutoCAD 2020支持长达255个字符的图层名称。新的图层继承了创建新图层时所选中的已有图层的所有特性（颜色、线型、开/关状态等），如果新建图层时没有图层被选中，则新图层具有默认的设置。

⑤ "在所有视口中都被冻结的新图层视口"按钮：单击该按钮，将创建新图层，然后在所有现有布局视口中将其冻结。可以在"模型"空间或"布局"空间上访问此按钮。

⑥ "删除图层"按钮：在图层列表中选中某一图层，然后单击该按钮，则把该图层删除。

⑦ "置为当前"按钮：在图层列表中选中某一图层，然后单击该按钮，则把该图层设置为当前图层，并在"当前图层"列中显示其名称。当前层的名称存储在系统变量CLAYER中。另外，双击图层名也可把其设置为当前图层。

⑧ "搜索图层"文本框：输入字符时，按名称快速过滤图层列表。关闭图层特性管理器时并不保存此过滤器。

⑨ "状态行"：显示当前过滤器的名称、列表视图中显示的图层数和图形中的图层数。

⑩ "反向过滤器"复选框：勾选该复选框，显示所有不满足选定图层特性过滤器中条件的图层。

⑪ 图层列表区：显示已有的图层及其特性。要修改某一图层的某一特性，单击它所对应的图标即可。右击空白区域或利用快捷菜单可快速选中所有图层。列表区中各列的含义如下。

a. 状态：指示项目的类型，有图层过滤器、正在使用的图层、空图层或当前图层四种。

b. 名称：显示满足条件的图层名称。如果要对某图层修改，首先要选中该图层的名称。

c. 状态转换图标：在"图层特性管理器"对话框的图层列表中有一列图标，单击这些图标，可以打开或关闭该图标所代表的功能，各图标功能说明如表5-1所示。

表5-1　图标功能

图标	名称	功能说明
♀ / ♀	开/关闭	将图层设定为打开或关闭状态，当呈现关闭状态时，该图层上的所有对象将隐藏不显示，只有处于打开状态的图层会在绘图区上显示或由打印机打印出来。因此，绘制复杂的视图时，先将不编辑的图层暂时关闭，可降低图形的复杂性。如图5-5（a）和图5-5（b）分别表示尺寸标注图层打开和关闭的情形
☼ / ❀	解冻/冻结	将图层设定为解冻或冻结状态。当图层呈现冻结状态时，该图层上的对象均不会显示在绘图区上，也不能由打印机打出，而且不会执行重生（REGEN）、缩放（ZOOM）、平移（PAN）等命令的操作，因此若将视图中不编辑的图层暂时冻结，可加快执行绘图编辑的速度。而♀/♀（开/关）功能只是单纯将对象隐藏，因此并不会加快执行速度
🔓 / 🔒	解锁/锁定	将图层设定为解锁或锁定状态。被锁定的图层，仍然显示在绘图区，但不能编辑修改被锁定的对象，只能绘制新的图形，这样可防止重要的图形被修改
🖨 / 🖨	打印/不打印	设定该图层是否可以打印图形

d. 颜色：显示和改变图层的颜色。如果要改变某一图层的颜色，单击其对应的颜色图标，AutoCAD系统打开如图5-6所示的"选择颜色"对话框，用户可从中选择需要的颜色。

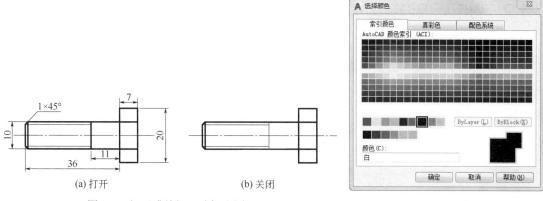

图 5-5 打开或关闭尺寸标注图层   图 5-6 "选择颜色"对话框

e. 线型：显示和修改图层的线型。如果要修改某一图层的线型，单击该图层的"线型"项，系统打开"选择线型"对话框，如图 5-7 所示，其中列出了当前可用的线型，用户可从中选择。

f. 线宽：显示和修改图层的线宽。如果要修改某一图层的线宽，单击该图层的"线宽"列，打开"线宽"对话框，如图 5-8 所示，其中列出了 AutoCAD 设定的线宽，用户可从中进行选择。其中"线宽"列表框中显示可以选用的线宽值，用户可从中选择需要的线宽。"旧的"显示行显示前面赋予图层的线宽，当创建一个新图层时，采用默认线宽（其值为 0.01in，即 0.25mm），默认线宽的值由系统变量 LWDEFAULT 设置；"新的"显示行显示赋予图层的新线宽。

图 5-7 "选择线型"对话框

图 5-8 "线宽"对话框

g. 打印样式：打印图形时各项属性的设置。

技巧荟萃

合理利用图层，可以事半功倍。在开始绘制图形时，就预先设置一些基本图层。每个图层锁定专门的用途，这样只需绘制一份图形文件，就可以组合出许多需要的图纸，需要修改时也可针对各个图层进行。

5.1.2　利用面板设置图层

AutoCAD 2020 提供了一个"特性"面板，如图 5-9 所示。用户可以利用面板下拉列表框中的选项，快速地查看和改变所选对象的图层、颜色、线型和线宽特性。"特性"面板上的图层颜色、线型、线宽和打印样式的控制增强了查看和编辑对象属性的命令。在绘图区选择任何对象，都将在面板上自动显示它所在图层、颜色、线型等属性。"特性"面板各部分的功能介绍如下。

① "对象颜色"下拉列表框：单击右侧的向下箭头，用户可从打开的选项列表中选择一种颜色，使之成为当前颜色，如果选择"更多颜色"选项，系统打开"选择颜色"对话框以选择其他颜色。修改当前颜色后，不论在哪个图层上绘图都采用这种颜色，但对各个图层的颜色没有影响。

② "线型"下拉列表框：单击右侧的向下箭头，用户可从打开的选项列表中选择一种线型，使之成为当前线型。修改当前线型后，不论在哪个图层上绘图都采用这种线型，但对各个图层的线型设置没有影响。

图 5-9　"特性"面板

③ "线宽"下拉列表框：单击右侧的向下箭头，用户可从打开的选项列表中选择一种线宽，使之成为当前线宽。修改当前线宽后，不论在哪个图层上绘图都采用这种线宽，但对各个图层的线宽设置没有影响。

④ "打印样式"下拉列表框：单击右侧的向下箭头，用户可从打开的选项列表中选择一种打印样式，使之成为当前打印样式。

5.2　设置颜色

AutoCAD 绘制的图形对象都具有一定的颜色，为使绘制的图形清晰表达，可把同一类的图形对象用相同的颜色绘制，而使不同类的对象具有不同的颜色，以示区分，这样就需要适当地对颜色进行设置。AutoCAD 允许用户设置图层颜色，为新建的图形对象设置当前颜色，还可以改变已有图形对象的颜色。

【执行方式】

- 命令行：COLOR（快捷命令：COL）。
- 菜单栏：选择菜单栏中的"格式"→"颜色"命令。
- 功能区：单击"默认"选项卡的"特性"面板中的"对象颜色"下拉菜单中的"更多颜色"按钮●，如图 5-10 所示。

执行上述操作后，系统打开图 5-6 所示的"选择颜色"对话框。

【选项说明】

（1）"索引颜色"选项卡

单击此选项卡，可以在系统所提供的 255 种颜色索引表中选择所需要的颜色，如图 5-6 所示。

①　"颜色索引"列表框：依次列出了 255 种索引色，在此列表框中选择所需要的颜色。

②　"颜色"文本框：所选择的颜色代号值显示在"颜色"文本框中，也可以直接在该文本框中输入自己设定的代号值来选择颜色。

③　"ByLayer"和"ByBlock"按钮：单击这两个按钮，颜色分别按图层和图块设置。这两个按钮只有在设定了图层颜色和图块颜色后才可以使用。

（2）"真彩色"选项卡

单击此选项卡，可以选择需要的任意颜色，如图 5-11 所示。可以拖动调色板中的颜色指示光标和亮度滑块选择颜色及其亮度；也可以通过"色调""饱和度"和"亮度"的调节钮来选择需要的颜色。所选颜色的红、绿、蓝值显示在下面的"颜色"文本框中，也可以直接在该文本框中输入自己设定的红、绿、蓝值来选择颜色。

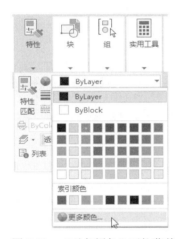

图 5-10　"对象颜色"下拉菜单

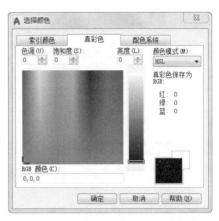

图 5-11　"真彩色"选项卡

在此选项卡中还有一个"颜色模式"下拉列表框，默认的颜色模式为"HSL"模式，即图 5-11 所示的模式。RGB 模式也是常用的一种颜色模式，如图 5-12 所示。

（3）"配色系统"选项卡

单击此选项卡，可以从标准配色系统（如 Pantone）中选择预定义的颜色，如图 5-13 所示。在"配色系统"下拉列表框中选择需要的系统，然后拖动右边的滑块来选择具体的颜色，所选颜色编号显示在下面的"颜色"文本框中，也可以直接在该文本框中输入编号值来选择颜色。

图 5-12　RGB 模式

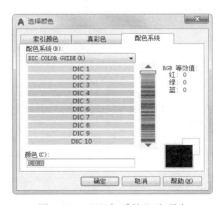

图 5-13　"配色系统"选项卡

5.3 图层的线型

在国家标准 GB/T4457.5—2002 中，对机械图样中使用的各种图线名称、线型、线宽以及在图样中的应用做了规定，如表 5-2 所示。其中常用的图线有 4 种，即粗实线、细实线、虚线、细点划线。图线分为粗、细两种，粗线的宽度 b 应按图样的大小和图形的复杂程度，在 0.5~2mm 之间选择，细线的宽度约为 $b/3$。

表 5-2　图线的型式及应用

图线名称	线型	线宽	主要用途
粗实线	————————	b	可见轮廓线，可见过渡线
细实线	————————	约 $b/3$	尺寸线、尺寸界线、剖面线、引出线、弯折线、牙底线、齿根线、辅助线等
细点划线	— — — — — —	约 $b/3$	轴线、对称中心线、齿轮节线等
虚线	- - - - - - - - - -	约 $b/3$	不可见轮廓线、不可见过渡线
波浪线	∿∿∿	约 $b/3$	断裂处的边界线、剖视与视图的分界线
双折线	∿✗∿	约 $b/3$	断裂处的边界线
粗点划线	━━ ■ ━━ ■ ━━	b	有特殊要求的线或面的表示线
双点划线	— — · — — · — —	约 $b/3$	相邻辅助零件的轮廓线、极限位置的轮廓线、假想投影的轮廓线

5.3.1 在"图层特性管理器"对话框中设置线型

单击"默认"选项卡的"图层"面板中的"图层特性"按钮，打开"图层特性管理器"选项板，如图 5-2 所示。在图层列表的线型列下单击线型名，系统打开"选择线型"对话框，如图 5-7 所示，对话框中选项的含义如下。

① "已加载的线型"列表框：显示在当前绘图中加载的线型，可供用户选用，其右侧显示线型的形式。

② "加载"按钮：单击该按钮，打开"加载或重载线型"对话框，如图 5-14 所示，用户可通过此对话框加载线型并把它添加到线型列中。但要注意，加载的线型必须在线型库（LIN）文件中定义过。标准线型都保存在 acad.lin 文件中。

图 5-14　"加载或重载线型"对话框

5.3.2 直接设置线型

【执行方式】

- 命令行：LINETYPE。
- 功能区：单击"默认"选项卡的"特性"面

板中的"线型"下拉菜单中的"其他"按钮，如图 5-15 所示。

在命令行输入上述命令后按<Enter>键，系统打开"线型管理器"对话框，如图 5-16 所示，用户可在该对话框中设置线型。该对话框中的选项含义与前面介绍的选项含义相同，此处不再赘述。

图 5-15 "线型"下拉菜单

图 5-16 "线型管理器"对话框

5.3.3 线宽的设置

（1）在"图层特性管理器"中设置线宽

按照 5.3.1 小节讲述的方法，打开"图层特性管理器"选项板，如图 5-17 所示。单击该层的"线宽"项，打开"线宽"对话框，其中列出了 AutoCAD 2020 设定的线宽，用户可从中选取。

（2）直接设置线宽

【执行方式】

- 命令行：LINEWEIGHT。
- 菜单栏：选择菜单栏中的"格式"→"线宽"命令。
- 功能区：单击"默认"选项卡的"特性"面板中的"线宽"下拉菜单中的"线宽设置"按钮，如图 5-17 所示。

【操作步骤】

在命令行输入上述命令后，系统打开"线宽"对话框，该对话框与前面讲述的相关知识相同，在此不再赘述。

图 5-17 "线宽"下拉菜单

5.3.4 实例——机械零件图的绘制

扫一扫，看视频

绘制如图 5-18 所示的机械零件图。

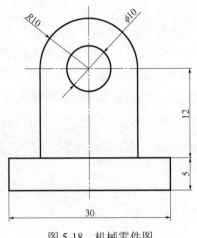

图 5-18　机械零件图

① 单击"默认"选项卡"图层"面板中的"图层特性"按钮，打开"图层特性管理器"选项板。

② 单击"新建"按钮创建一个新层，把该层的名称由默认的"图层 1"改为"中心线"，如图 5-19 所示。

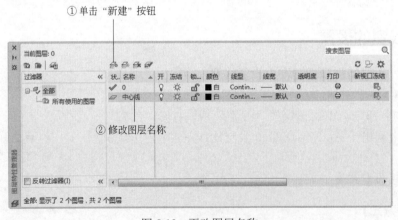

图 5-19　更改图层名称

③ 单击"中心线"层对应的"颜色"项，打开"选择颜色"对话框，选择红色为该层颜色，如图 5-20 所示。确认后返回"图层特性管理器"对话框。

④ 单击"中心线"层对应的"线型"项，打开"选择线型"对话框，如图 5-21 所示。

⑤ 在"选择线型"对话框中，单击"加载"按钮，系统打开"加载或重载线型"对话框，选择 CENTER 线型，如图 5-22 所示。确认退出。

在"选择线型"对话框中选择 CENTER（点划线）为该层线型，确认返回"图层特性管理器"对话框。

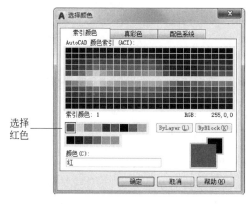

图 5-20 "选择颜色"对话框

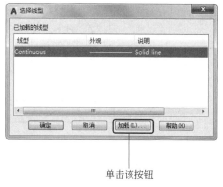

图 5-21 "选择线型" 对话框

⑥ 单击"中心线"层对应的"线宽"项，打开"线宽"对话框，选择 0.09mm 线宽，如图 5-23 所示。确认退出。

图 5-22 "加载或重载线型"对话框

图 5-23 "线宽"对话框

⑦ 用相同的方法再建立两个新层，分别命名为"轮廓线"和"尺寸线"。"轮廓线"层的颜色设置为黑色，线型为 Continuous（实线），线宽为 0.30mm。"尺寸线"层的颜色设置为蓝色，线型为 Continuous，线宽为 0.09mm。并且让三个图层均处于打开、解冻和解锁状态，各项设置如图 5-24 所示。

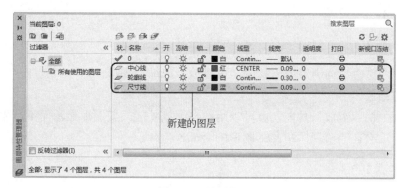

图 5-24 设置图层

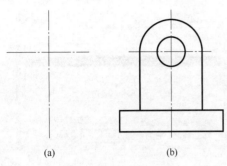

图 5-25 绘制过程图

⑧ 选中"中心线"层,单击"当前"按钮,将其设置为当前层,然后确认关闭"图层特性管理器"对话框。

⑨ 在当前层"中心线"层上绘制两条中心线,如图 5-25(a)所示。

⑩ 单击"图层"工具栏中下拉列表的按钮,将"轮廓线"层设置为当前层,并在其上绘制图 5-18 中的主体图形,如图 5-25(b)所示。

⑪ 将当前层设置为"尺寸线"层,并在"尺寸线"层上进行尺寸标注(尺寸的标注方法在后面章节中讲述)。

执行结果如图 5-18 所示。

5.4 缩放与平移

改变视图最基本的方法就是利用缩放和平移命令。用它们可以在绘图区放大或缩小显示图像或改变图形位置。

5.4.1 缩放

(1)实时缩放

AutoCAD 2020 为交互式的缩放和平移提供了可能。利用实时缩放,用户就可以通过垂直向上或向下移动鼠标的方式来放大或缩小图形。利用实时平移,能通过单击或移动鼠标重新放置图形。

【执行方式】

- 命令行:ZOOM。
- 菜单栏:选择菜单栏中的"视图"→"缩放"→"实时"命令。
- 工具栏:单击"标准"工具栏中的"实时缩放"按钮 ±。
- 功能区:单击"视图"选项卡的"导航"面板中的"实时"按钮 ±,如图 5-26 所示。

【操作步骤】

按住鼠标左键垂直向上或向下移动,可以放大或缩小图形。

(2)动态缩放

如果打开"快速缩放"功能,就可以用动态缩放功能改变图形显示而不产生重新生成的效果。动态缩放会在当前视区中显示图形的全部。

【执行方式】

- 命令行:ZOOM。

● 菜单栏：选择菜单栏中的"视图"→"缩放"→"动态"命令。

图 5-26 "导航"面板

● 工具栏：单击"标准"工具栏中的"动态缩放"按钮 。
● 功能区：单击"视图"选项卡的"导航"面板中的"动态缩放"按钮 ，如图 5-26 所示。

【操作步骤】

命令行提示与操作如下。

```
命令：ZOOM↙
指定窗口角点，输入比例因子 (nX 或 nXP)，或[全部(A)/中心点(C)/动态(D)/范围(E)/上
一个(P)/比例(S)/窗口(W)] <实时>：D↙
```

执行上述命令后，系统弹出一个图框。选择动态缩放前图形区呈绿色的点线框，如果要动态缩放的图形显示范围与选择的动态缩放前的范围相同，则此绿色点线框与白线框重合而不可见。重生成区域的四周有一个蓝色虚线框，用以标记虚拟图纸，此时，如果线框中有一个"×"出现，就可以拖动线框，把它平移到另外一个区域。如果要放大图形到不同的放大倍数，单击一下，"×"就会变成一个箭头，这时左右拖动边界线就可以重新确定视区的大小。

另外，缩放命令还有窗口缩放、比例缩放、放大、缩小、中心缩放、全部缩放、对象缩放、缩放上一个和最大图形范围缩放，其操作方法与动态缩放类似，此处不再赘述。

5.4.2 平移

（1）实时平移

【执行方式】

● 命令行：PAN。

- 菜单栏：选择菜单栏中的"视图"→"平移"→"实时"命令。
- 工具栏：单击"标准"工具栏中的"实时平移"按钮。
- 功能区：单击"视图"选项卡的"导航"面板中的"平移"按钮，如图 5-27 所示。

图 5-27 "导航"面板

执行上述命令后，用鼠标按下"实时平移"按钮，然后移动手形光标即可平移图形。当移动到图形的边沿时，光标就变成一个三角形显示。

另外，在 AutoCAD 2020 中，为显示控制命令设置了一个右键快捷菜单，如图 5-28 所示。在该菜单中，用户可以在显示命令执行的过程中，透明地进行切换。

（2）定点平移

除了最常用的"实时平移"命令外，也常用到"定点平移"命令。

【执行方式】

- 命令行：-PAN。
- 菜单栏：选择菜单栏中的"视图"→"平移"→"点"命令。

【操作步骤】

命令行提示与操作如下。

命令：-PAN↙
指定基点或位移：指定基点位置或输入位移值
指定第二点：指定第二点确定位移和方向

执行上述命令后，当前图形按指定的位移和方向进行平移。另外，在"平移"子菜单中，还有"左""右""上""下"4 个平移命令，如图 5-29 所示，选择这些命令时，图形按指定的方向平移一定的距离。

图 5-28 快捷菜单

图 5-29 "平移"子菜单

5.5 视口与空间

视口和空间是有关图形显示和控制的两个重要概念，下面简要介绍。

5.5.1 视口

绘图区可以被划分为多个相邻的非重叠视口。在每个视口中可以进行平移和缩放操作，也可以进行三维视图设置与三维动态观察，如图 5-30 所示。

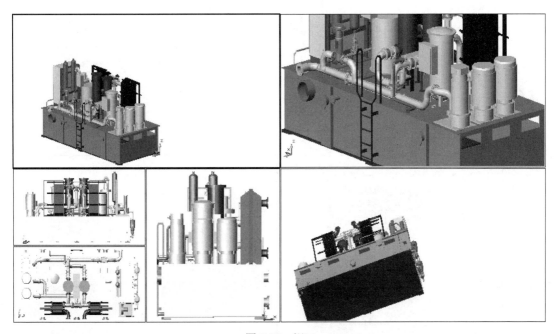

图 5-30 视口

（1）新建视口

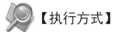【执行方式】

- 命令行：VPORTS。
- 菜单栏：选择菜单栏中的"视图"→"视口"→"新建视口"命令。
- 工具栏：单击"视口"工具栏中的"显示'视口'对话框"按钮。
- 功能区：单击"视图"选项卡的"模型视口"面板中的"视口配置"下拉按钮，如图 5-31 所示。

执行上述操作后，系统打开如图 5-32 所示的"视口"对话框的"新建视口"选项卡，该选项卡中列出了一个标准视口配置列表，可用来创建层叠视口。如图 5-33 所示为按图 5-32 中设置创建的新图形视口，可以在多视口的单个视口中再创建多视口。

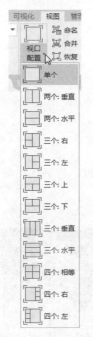

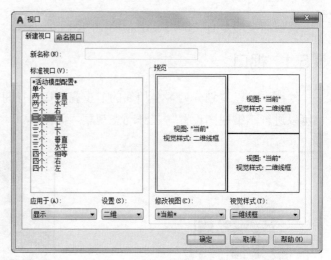

图 5-31　"视口配置"下拉菜单　　　　图 5-32　"新建视口"选项卡

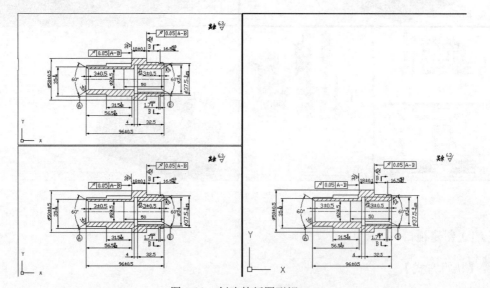

图 5-33　创建的新图形视口

（2）命名视口

【执行方式】

● 菜单栏：选择菜单栏中的"视图"→"视口"→"命名视口"命令。

● 工具栏：单击"视口"工具栏中的"显示'视口'对话框"按钮，选择"命令视口"选项卡。

● 功能区：单击"视图"选项卡的"模型视口"面板中的"命名"按钮。

执行上述操作后，系统打开如图 5-34 所示的"视口"对话框的"命名视口"选项卡，该选项卡用来显示保存在图形文件中的视口配置。其中"当前名称"提示行显示当前视口名称；"命名视口"列表框用来显示保存的视口配置；"预览"显示框用来预览被选择的视口配置。

图 5-34 "命名视口"选项卡

5.5.2 模型空间与图纸空间

AutoCAD 可在两个环境中完成绘图和设计工作，即"模型空间"和"图纸空间"。模型空间又可分为平铺式和浮动式模型空间。大部分设计和绘图工作都是在平铺式模型空间中完成的，而图纸空间是模拟手工绘图的空间，它是为绘制平面图而准备的一张虚拟图纸，是一个二维空间的工作环境。从某种意义上说，图纸空间就是为布局图面、打印出图而设计的，还可在其中添加诸如边框、注释、标题和尺寸标注等内容。

在模型空间和图纸空间中，都可以进行输出设置。在绘图区底部有"模型"选项卡及一个或多个"布局"选项卡，如图5-35 所示。

图 5-35 "模型"和"布局"选项卡

单击"模型"或"布局"选项卡，可以在它们之间进行空间的切换，如图 5-36 和图 5-37所示。

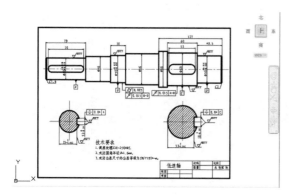

图 5-36 "模型"空间

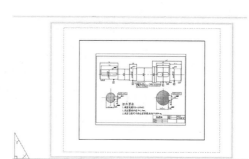

图 5-37 "布局"空间

技巧荟萃

输出图像文件方法：

选择菜单栏中的"文件"→"输出"命令，或直接在命令行输入"export"，系统将打开"输出"对话框，在"保存类型"下拉列表中选择"*.bmp"格式，单击"保存"按钮，在绘图区选中要输出的图形后按<enter>键，被选图形便被输出为.bmp格式的图形文件。

5.6 出图

出图是计算机绘图的最后一个环节，正确的出图需要正确的设置，下面简要讲述出图的基本设置。

5.6.1 打印设备的设置

最常见的打印设备有打印机和绘图仪。在输出图样时，首先要添加和配置要使用的打印设备。

（1）打开打印设备

【执行方式】

- 命令行：PLOTTERMANAGER。
- 菜单栏：选择菜单栏中的"文件"→"绘图仪管理器"命令。
- 功能区：单击"输出"选项卡的"打印"面板中的"绘图仪管理器"按钮 。

【操作步骤】

执行上述命令，弹出如图5-38所示的窗口。

图5-38 Plotters窗口

① 选择菜单栏中的"工具"→"选项"命令，打开"选项"对话框。

② 选择"打印和发布"选项卡，单击"添加或配置绘图仪"按钮，如图 5-39 所示。

图 5-39　"打印和发布"选项卡

③ 此时，系统打开 Plotters 窗口，如图 5-38 所示。

④ 要添加新的绘图仪器或打印机，可双击 Plotters 窗口中的"添加绘图仪向导"选项，打开"添加绘图仪-简介"对话框，如图 5-40 所示，按向导逐步完成添加。

（2）绘图仪配置编辑器

双击 Plotters 窗口中的绘图仪配置图标，如 PublishToWeb JPG，打开"绘图仪配置编辑器"对话框，如图 5-41 所示，对绘图仪进行相关的设置。

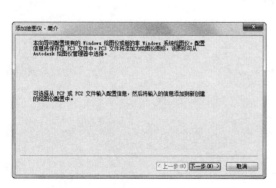

图 5-40　"添加绘图仪-简介"对话框

图 5-41　"绘图仪配置编辑器"对话框

在"绘图仪配置编辑器"对话框中有 3 个选项卡，可根据需要进行配置。

5.6.2 创建布局

图纸空间是图纸布局环境，可以在这里指定图纸大小、添加标题栏、显示模型的多个视图及创建图形标注和注释。

【执行方式】

- 命令行：LAYOUTWIZARD。
- 菜单栏：选择菜单栏中的"插入"→"布局"→"创建布局向导"命令。

【操作步骤】

① 选择菜单栏中的"插入"→"布局"→"创建布局向导"命令，打开"创建布局-开始"对话框。在"输入新布局的名称"文本框中输入新布局名称，如图 5-42 所示。

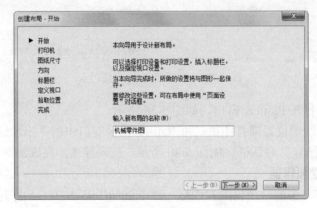

图 5-42　"创建布局-开始"对话框

② 单击"下一步"按钮，打开如图 5-43 所示的"创建布局-打印机"对话框。在该对话框中选择配置新布局"机械图"的绘图仪。

图 5-43　"创建布局-打印机"对话框

③ 进入图纸尺寸选择页面，在图纸尺寸下拉列表中选择"A3（420.00 毫米×297.00 毫米）"，图形单位选择"毫米"，如图 5-44 所示。单击"下一步"按钮。

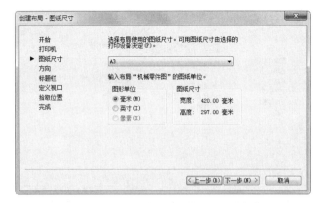

图 5-44 "创建布局-图纸尺寸"对话框

④ 进入图纸方向选择页面，选择"横向"图纸方向，如图 5-45 所示。单击"下一步"按钮。

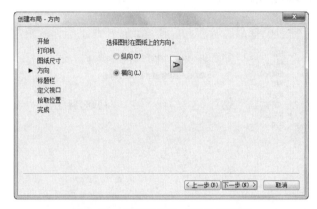

图 5-45 "创建布局-方向"对话框

⑤ 进入标题栏选择页面，此零件图中带有标题栏，所以这里选择"无"，如图 5-46 所示。单击"下一步"按钮。

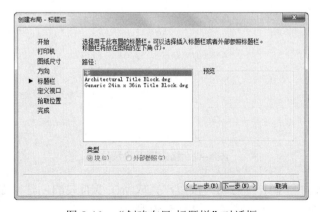

图 5-46 "创建布局-标题栏"对话框

⑥ 进入定义视口页面，视口设置为"单个"，视口比例为"按图纸空间缩放"，如图 5-47 所示。单击"下一步"按钮。

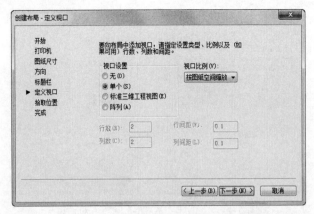

图 5-47 "创建布局-定义视口"对话框

⑦ 进入拾取位置页面，如图 5-48 所示。单击"选择位置"按钮，在布局空间中指定图纸的放置区域，如图 5-49 所示。单击"下一步"按钮。

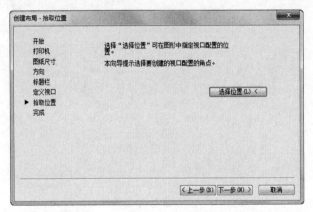

图 5-48 "创建布局-拾取位置"对话框

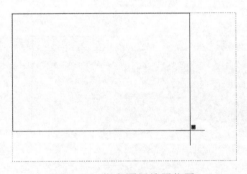

图 5-49 指定图纸放置位置

⑧ 进入完成页面，单击"完成"按钮，完成新图纸布局的创建。系统自动返回到布局空间，显示新创建的布局"传动轴"，如图 5-50 所示。

⑨ 逐步设置，最后单击"完成"按钮，完成新布局"机械零件图"的创建。系统自动返回到布局空间，显示新创建的布局"机械零件图"，如图 5-51 所示。

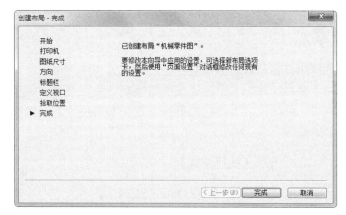

图 5-50 完成"传动轴"布局的创建

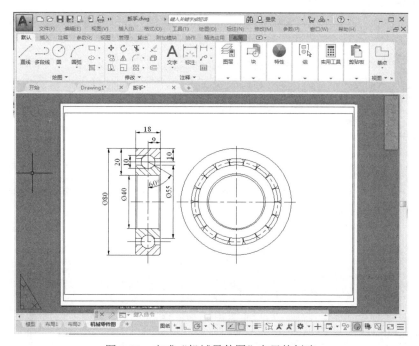

图 5-51 完成"机械零件图"布局的创建

 技巧荟萃

AutoCAD 中图形显示比例较大时,圆和圆弧看起来由若干直线段组成,这并不影响打印结果,但在输出图像时,输出结果将与绘图区显示完全一致,因此,若发现有圆或圆弧显示为折线段时,应在输出图像前使用"VIEWRES"命令,核实该命令对屏幕的显示分辨率进行优化,使圆和圆弧看起来尽量光滑逼真。AutoCAD 中输出的图像文件,其分辨率为屏幕分辨率,即 72dpi。如果该文件用于其他程序仅供屏幕显示,则此分辨率已经合适。若最终要打印出来,就要在图像处理软件(如 Photoshop)中将图像的分辨率提高,一般设置为 300dpi 即可。

5.6.3 页面设置

页面设置可以对打印设备和其他影响最终输出的外观和格式进行设置，并将这些设置应用到其他布局中。在"模型"选项卡中完成图形的绘制之后，可以通过单击"布局"选项卡开始创建要打印的布局。页面设置中指定的各种设置和布局将一起存储在图形文件中，可以随时修改页面设置中的设置。

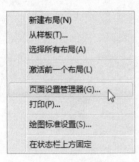

图 5-52 选择"页面设置
管理器"命令

【执行方式】

- 命令行：PAGESETUP。
- 菜单栏：选择菜单栏中的"文件"→"页面设置管理器"命令。
- 功能区：单击"输出"选项卡的"打印"面板中的"页面设置管理器"按钮。
- 快捷菜单：在"模型"空间或"布局"空间中，右击"模型"或"布局"选项卡，在打开的快捷菜单中选择"页面设置管理器"命令，如图 5-52 所示。

【操作步骤】

① 选择菜单栏中的"文件"→"页面设置管理器"命令，打开"页面设置管理器"对话框，如图 5-53 所示。在该对话框中，可以完成新建布局、修改原有布局、输入存在的布局和将某一布局置为当前等操作。

② 在"页面设置管理器"对话框中，单击"新建"按钮，打开"新建页面设置"对话框，如图 5-54 所示。

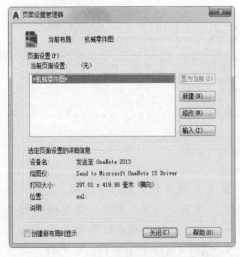

图 5-53 "页面设置管理器"对话框

图 5-54 "新建页面设置"对话框

③ 在"新页面设置名"文本框中输入新建页面的名称，如"机械图"，单击"确定"按钮，打开"页面设置-机械零件图"对话框，如图 5-55 所示。

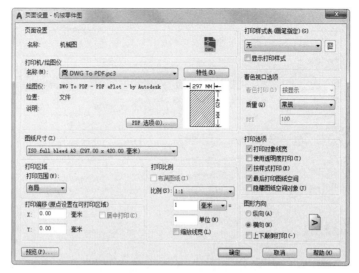

图 5-55　"页面设置-机械零件图"对话框

④ 在"页面设置-机械零件图"对话框中，可以设置布局和打印设备并预览布局的结果。对于一个布局，可利用"页面设置"对话框来完成其设置，虚线表示图纸中当前配置的图纸尺寸和绘图仪的可打印区域。设置完毕后，单击"确定"按钮。

5.6.4　从模型空间输出图形

从"模型"空间输出图形时，需要在打印时指定图纸尺寸，即在"打印"对话框中，选择要使用的图纸尺寸。在该对话框中列出的图纸尺寸取决于在"打印"或"页面设置"对话框中选定的打印机或绘图仪。

【执行方式】

- 命令行：PLOT。
- 菜单栏：选择菜单栏中的"文件"→"打印"命令。
- 工具栏：单击"标准"工具栏中的"打印"按钮🖶。
- 功能区：单击"输出"选项卡的"打印"面板中的"打印"按钮🖶。

【操作步骤】

① 打开需要打印的图形文件，如"机械零件图"。
② 选择菜单栏中的"文件"→"打印"命令，执行打印命令。
③ 打开"打印-机械零件图"对话框，如图 5-56 所示，在该对话框中设置相关选项。

【选项说明】

"打印"对话框中的各项功能介绍如下。

① 在"页面设置"选项组中，列出了图形中已命名或已保存的页面设置，可以将这些已保存的页面设置作为当前页面设置；也可以单击"添加"按钮，基于当前设置创建一个新的页面设置。

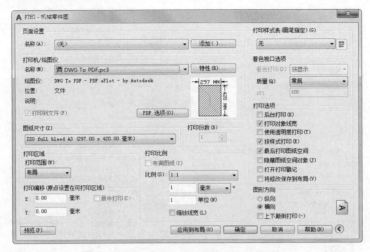

图 5-56　"打印-机械零件图"对话框

② "打印机/绘图仪"选项组，用于指定打印时使用已配置的打印设备。在"名称"下拉列表框中列出了可用的 PC3 文件或系统打印机，可以从中进行选择。设备名称前面的图标识别，其区分为 PC3 文件还是系统打印机。

③ "打印份数"微调框，用于指定要打印的份数。当打印到文件时，此选项不可用。

④ 单击"应用到布局"按钮，可将当前打印设置保存到当前布局中去。

其他选项与"页面设置"对话框中的相同，此处不再赘述。完成所有的设置后，单击"确定"按钮，开始打印。

预览按执行 PREVIEW 命令时在图纸上打印的方式显示图形。要退出打印预览并返回"打印"对话框，按<Esc>键，然后按<Enter>键，或右击，然后选择快捷菜单中的"退出"命令。打印预览效果如图 5-57 所示。

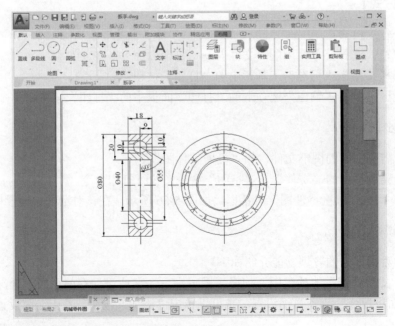

图 5-57　打印预览

5.6.5 从图纸空间输出图形

从"图纸"空间输出图形时，根据打印的需要进行相关参数的设置，首先应在"页面设置"对话框中指定图纸的尺寸。

【操作步骤】

① 打开需要打印的图形文件，将视图空间切换到"布局2"，如图5-58所示。在"布局2"选项卡上右击，在打开的快捷菜单中选择"页面设置管理器"命令。

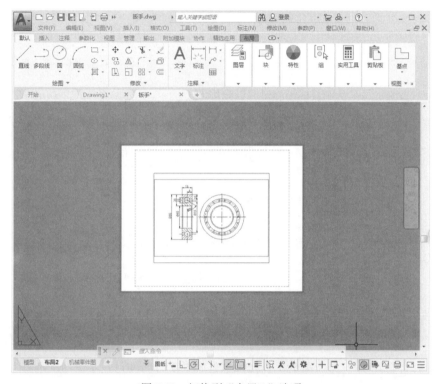

图5-58 切换到"布局2"选项

② 打开"页面设置管理器"对话框，如图5-59所示。单击"新建"按钮，打开"新建页面设置"对话框。

③ 在"新建页面设置"对话框的"新页面设置名"文本框中输入"零件图"，如图5-60所示。

④ 单击"确定"按钮，打开"页面设置-布局 2"对话框，根据打印的需要进行相关参数的设置，如图5-61所示。

⑤ 设置完成后，单击"确定"按钮，返回到"页面设置管理器"对话框。在"页面设置"列表框中选择"零件图"选项，单击"置为当前"按钮，将其置为当前布局，如图5-62所示。

⑥ 单击"关闭"按钮，完成"零件图"布局的创建，如图5-63所示。

⑦ 单击"输出"选项卡的"打印"面板中的"打印"按钮🖶，打开"打印-布局 2"对话框，如图5-64所示，不需要重新设置，单击左下方的"预览"按钮，打印预览效果如图5-65所示。

图 5-59　"页面设置管理器"对话框

图 5-60　创建"零件图"新页面

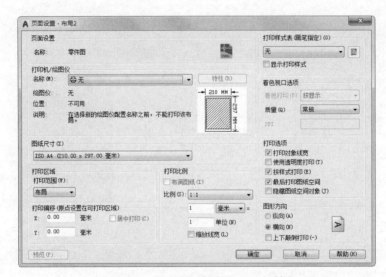

图 5-61　"页面设置-布局2"对话框

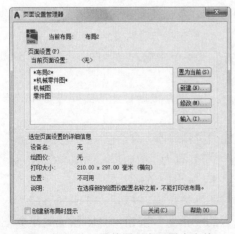

图 5-62　将"零件图"布局置为当前

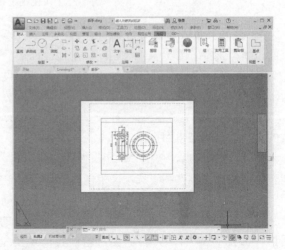

图 5-63　完成"零件图"布局的创建

图 5-64 "打印-布局 2"对话框

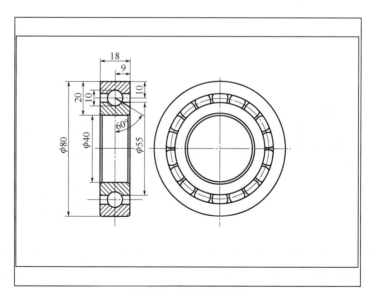

图 5-65 打印预览效果

⑧ 如果满意其效果，在预览窗口中右击，选择快捷菜单中的"打印"命令，完成一张零件图的打印。

在布局空间里，还可以先绘制完图样，然后将图框与标题栏都以"块"的形式插入布局中，组成一份完整的技术图纸。

上 机 操 作

【实例1】利用图层命令绘制如图 5-66 所示的圆锥滚子轴承

（1）目的要求

本实验需要绘制的是一个圆锥滚子轴承的剖视图，除了要用到一些基本的绘图命令外。通过本例，要求读者掌握设置图层的方法与步骤。

（2）操作提示

① 设置新图层。

② 绘制中心线及滚子所在的矩形。

③ 绘制轴承轮廓线。

④ 分别对轴承外圈和内圈进行图案填充。

【实例2】绘制如图 5-67 所示的五环旗

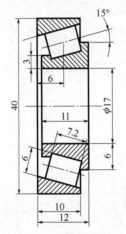

图 5-66 圆锥滚子轴承

图 5-67 五环旗

（1）目的要求

本例要绘制的图形由一些基本图线组成，一个最大的特点就是不同的图线，要求设置其颜色不同，为此，必须设置不同的图层。通过本例，要求读者掌握设置图层的方法与图层转换过程的操作。

（2）操作提示

① 利用图层命令 LAYER，创建 5 个图层。

② 利用"直线""多段线""圆环""圆弧"等命令在不同图层绘制图线。

③ 每绘制一种颜色图线前，先进行图层转换。

【实例3】用缩放工具查看如图 5-68 所示零件图的细节部分

（1）目的要求

本例给出的零件图形比较复杂，为了绘制或查看零件图的局部或整体，需要用到图形显示工具。通过本例的练习，要求读者熟练掌握各种图形显示工具的使用方法与技巧。

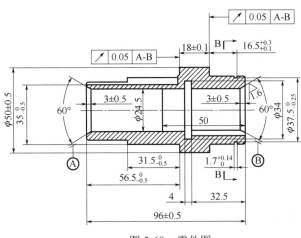

图 5-68　零件图

（2）操作提示

① 利用平移工具移动图形到一个合适位置。

② 利用"缩放"工具栏中的各种缩放工具对图形各个局部进行缩放。

【实例4】创建如图 5-69 所示的多窗口视口，并命名保存

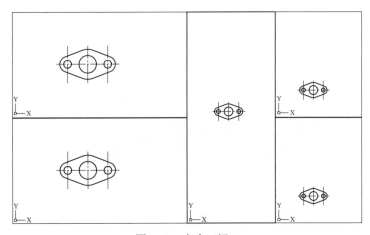

图 5-69　多窗口视口

（1）目的要求

本例创建一个多窗口视口，使读者了解视口的设置方法。

（2）操作提示

① 新建视口。

② 命名视口。

【实例5】打印预览如图 5-70 所示的齿轮图形

（1）目的要求

图形输出是绘制图形的最后一步工序。正确对图形打印进行设置，有利于顺利地输出图形图像。通过本例，读者可以掌握打印设置的基本方法。

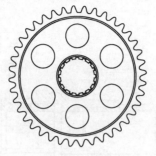

图 5-70　齿轮

（2）操作提示

① 执行打印命令。

② 进行打印设备参数设置。

③ 进行打印设置。

④ 输出预览。

第6章
编辑命令

二维图形编辑操作配合绘图命令的使用可以进一步完成复杂图形的绘制工作，并可使用户合理安排和组织图形，保证作图准确，减少重复，对编辑命令的熟练掌握和使用有助于提高设计和绘图的效率。本章主要介绍复制类命令、改变位置类命令、删除及恢复类命令、改变几何特性类命令和对象编辑命令。

学习要点

学习绘图的编辑命令

掌握编辑命令的操作

了解对象编辑

6.1 选择对象

AutoCAD 2020 提供以下几种方法选择对象。

① 先选择一个编辑命令，然后选择对象，按<Enter>键结束操作。

② 使用 SELECT 命令。在命令行输入"SELECT"，按<Enter>键，按提示选择对象，按<Enter>键结束。

③ 利用定点设备选择对象，然后调用编辑命令。

④ 定义对象组。无论使用哪种方法，AutoCAD 2020 都将提示用户选择对象，并且光标的形状由十字光标变为拾取框。下面结合 SELECT 命令说明选择对象的方法。

SELECT 命令可以单独使用，也可以在执行其他编辑命令时被自动调用。在命令行输入"SELECT"，按<Enter>键，命令行提示如下。

> 选择对象：

等待用户以某种方式选择对象作为回答。AutoCAD 2020 提供多种选择方式，可以输入"？"，查看这些选择方式。输入"？"后，命令行出现如下提示。

> 需要点或窗口(W)/上一个(L)/窗交(C)/框(BOX)/全部(ALL)/栏选(F)/圈围(WP)/圈交(CP)/编组(G)/添加(A)/删除(R)/多个(M)/前一个(P)/放弃(U)/自动(AU)/单个(SI)/子对象(SU)/对象(O)

选择对象：

其中，部分选项含义如下。

① 点：表示直接通过点取的方式选择对象。利用鼠标或键盘移动拾取框，使其框住要选择的对象，然后单击，被选中的对象就会高亮显示。

② 窗口（W）：用由两个对角顶点确定的矩形窗口选择位于其范围内部的所有图形，与边界相交的对象不会被选中。指定对角顶点时应该按照从左向右的顺序，执行结果如图 6-1 所示。

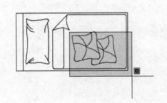 

(a) 图中十字线拉出的多边形为选择框　　　　　(b) 选择后的图形

图 6-1　"窗口"对象选择方式

③ 上一个（L）：在"选择对象"提示下输入"L"，按<Enter>键，系统自动选择最后绘出的一个对象。

④ 窗交（C）：该方式与"窗口"方式类似，其区别在于它不但选中矩形窗口内部的对象，也选中与矩形窗口边界相交的对象，执行结果如图 6-2 所示。

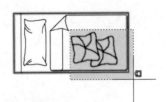 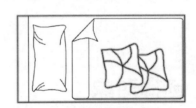

(a) 图中十字线拉出的多边形为选择框　　　　　(b) 选择后的图形

图 6-2　"窗交"对象选择方式

⑤ 框（BOX）：使用框时，系统根据用户在绘图区指定的两个对角点的位置而自动引用"窗口"或"窗交"选择方式。若从左向右指定对角点，为"窗口"方式；反之，为"窗交"方式。

⑥ 全部（ALL）：选择绘图区所有对象。

⑦ 栏选（F）：用户临时绘制一些直线，这些直线不必构成封闭图形，凡是与这些直线相交的对象均被选中，执行结果如图 6-3 所示。

(a) 图中虚线为选择栏　　　　　　　　(b) 选择后的图形

图 6-3　"栏选"对象选择方式

⑧ 圈围（WP）：使用一个不规则的多边形来选择对象。根据提示，用户依次输入构成多边形所有顶点的坐标，直到最后按<Enter>键结束操作，系统将自动连接第一个顶点与最后一个顶点，形成封闭的多边形。凡是被多边形围住的对象均被选中（不包括边界），执行结果如图 6-4 所示。

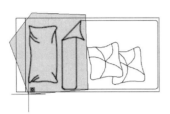

(a) 图中十字线拉出的多边形为选择框   (b) 选择后的图形

图 6-4 "圈围"对象选择方式

⑨ 圈交（CP）：类似于"圈围"方式，在提示后输入"CP"，按<Enter>键，后续操作与圈围方式相同。区别在于，执行此命令后与多边形边界相交的对象也被选中。

其他几个选项的含义与上面选项含义类似，这里不再赘述。

 技巧荟萃

若矩形框从左向右定义，即第一个选择的对角点为左侧的对角点，矩形框内部的对象被选中，框外部及与矩形框边界相交的对象不会被选中；若矩形框从右向左定义，矩形框内部及与矩形框边界相交的对象都会被选中。

6.2 复制类命令

本节详细介绍 AutoCAD 2020 的复制类命令，利用这些编辑功能，可以方便地编辑绘制的图形。

6.2.1 复制命令

使用复制命令可以从原对象以指定的角度和方向创建对象副本。CAD 复制默认是多重复制，也就是选定图形并指定基点后，可以通过定位不同的目标点复制出多份。

 【执行方式】

- 命令行：COPY（快捷命令：CO）。
- 菜单栏：选择菜单栏中的"修改"→"复制"命令。
- 工具栏：单击"修改"工具栏中的"复制"按钮 ❀。
- 功能区：单击"默认"选项卡的"修改"面板中的"复制"按钮 ❀。
- 快捷菜单：选中要复制的对象,在绘图区右击，选择快捷菜单中的"复制选择"命令。

【操作步骤】

命令行提示与操作如下。

命令：COPY↙
选择对象：选择要复制的对象
用前面介绍的对象选择方法选择一个或多个对象，按<Enter>键结束选择，命令行提示如下。
当前设置：复制模式 = 多个
指定基点或 [位移(D)/模式(O)] <位移>：指定基点或位移

【选项说明】

① 指定基点：指定一个坐标点后，AutoCAD 系统把该点作为复制对象的基点，命令行提示"指定第二个点或 [阵列(A)] <用第一个点作为位移>："。在指定第二个点后，系统将根据这两点确定的位移矢量把选择的对象复制到第二点处。如果此时直接按<Enter>键，即选择默认的"用第一个点作为位移"，则第一个点被当作相对于 X、Y、Z 的位移。例如，如果指定基点为（2,3），并在下一个提示下按<Enter>键，则该对象从它当前的位置开始在 X 方向上移动 2 个单位，在 Y 方向上移动 3 个单位。复制完成后，命令行提示"指定第二个点：[阵列(A)/退出(E)/放弃(U)]<退出>："。这时，可以不断指定新的第二点，从而实现多重复制。

② 位移（D）：直接输入位移值，表示以选择对象时的拾取点为基准，以拾取点坐标为移动方向，按纵横比移动指定位移后确定的点为基点。例如，选择对象时拾取点坐标为（2,3），输入位移为 5，则表示以点（2,3）为基准，沿纵横比为 3：2 的方向移动 5 个单位所确定的点为基点。

③ 模式（O）：控制是否自动重复该命令，该设置由 COPYMODE 系统变量控制。

6.2.2 实例——洗手间水盆的绘制

扫一扫，看视频

绘制如图 6-5 所示的洗手间水盆图形。

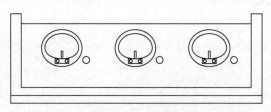

图 6-5 洗手间水盆图形

① 绘制洗手台结构。单击"默认"选项卡"绘图"面板中的"矩形"按钮 □ 和"直线"按钮 ╱，绘制洗手台，如图 6-6 所示。

图 6-6 绘制洗手台

② 绘制一个脸盆。方法如 2.2.7 小节绘制的洗脸盆，绘制结果如图 6-7 所示。

图 6-7　绘制脸盆

③ 复制脸盆。单击"默认"选项卡"修改"面板中的"复制"按钮 ，复制图形，命令行提示与操作如下。

```
命令: _copy
选择对象: 框选洗脸盆
选择对象: ↙
当前设置: 复制模式 = 多个
指定基点或 [位移(D)/模式(O)] <位移>: 在洗脸盆位置任意指定一点
指定第二个点或[阵列(A)]: 指定第二个洗脸盆的位置
指定第二个点或[阵列(A)/退出(E)/放弃(U)]: 指定第三个洗脸盆的位置
指定第二个点或[阵列(A)/退出(E)/放弃(U)]: ↙
```

结果如图 6-5 所示。

6.2.3　镜像命令

镜像命令是指把选择的对象以一条镜像线为对称轴进行镜像后的对象。镜像操作完成后，可以保留源对象，也可以将其删除。

【执行方式】

- 命令行：MIRROR（快捷命令：MI）。
- 菜单栏：选择菜单栏中的"修改"→"镜像"命令。
- 工具栏：单击"修改"工具栏中的"镜像"按钮 。
- 功能区：单击"默认"选项卡的"修改"面板中的"镜像"按钮 。

【操作步骤】

命令行提示与操作如下。

```
命令: MIRROR↙
选择对象: 选择要镜像的对象
指定镜像线的第一点: 指定镜像线的第一个点
指定镜像线的第二点: 指定镜像线的第二个点
要删除源对象吗? [是(Y)/否(N)] <否>: 确定是否删除源对象
```

选择的两点确定一条镜像线，被选择的对象以该直线为对称轴进行镜像。包含该线的镜像平面与用户坐标系统的 XY 平面垂直，即镜像操作在与用户坐标系统的 XY 平面平行的平面上。

6.2.4　实例——办公桌的绘制

绘制如图 6-8 所示的办公桌。

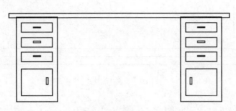

图 6-8　办公桌

① 单击"默认"选项卡"绘图"面板中的"矩形"按钮 □，在合适的位置绘制矩形，如图 6-9 所示。

② 单击"默认"选项卡"绘图"面板中的"矩形"按钮 □，在合适的位置绘制一系列的抽屉矩形，结果如图 6-10 所示。

③ 单击"默认"选项卡"绘图"面板中的"矩形"按钮 □，在合适的位置绘制一系列的把手矩形，结果如图 6-11 所示。

图 6-9　绘制矩形 1　　　　　图 6-10　绘制矩形 2　　　　　图 6-11　绘制矩形 3

④ 单击"默认"选项卡"绘图"面板中的"矩形"按钮 □，在合适的位置绘制桌面矩形，结果如图 6-12 所示。

图 6-12　绘制矩形 4

⑤ 单击"默认"选项卡"修改"面板中的"镜像"按钮 ⚠，将左边的一系列矩形以桌面矩形的顶边中点和底边中点的连线为对称轴进行镜像，命令行中的操作与提示如下。

```
命令: _mirror
选择对象: 选取左边的一系列矩形↙
选择对象: ↙
指定镜像线的第一点: 选择桌面矩形的底边中点↙
指定镜像线的第二点: 选择桌面矩形的顶边中点↙
要删除源对象吗? [是(Y)/否(N)] <否>: ↙
```

结果如图 6-8 所示。

6.2.5 偏移命令

偏移命令是指保持所选择对象的形状，在不同的位置以不同尺寸大小新建的一个对象。

【执行方式】

- 命令行：OFFSET（快捷命令：O）。
- 菜单栏：选择菜单栏中的"修改"→"偏移"命令。
- 工具栏：单击"修改"工具栏中的"偏移"按钮 ⊆。
- 功能区：单击"默认"选项卡的"修改"面板中的"偏移"按钮 ⊆。

【操作步骤】

命令行提示与操作如下。

```
命令：OFFSET↙
当前设置：删除源=否  图层=源  OFFSETGAPTYPE=0
指定偏移距离或 [通过(T)/删除(E)/图层(L)] <通过>：指定偏移距离值
选择要偏移的对象，或 [退出(E)/放弃(U)] <退出>：选择要偏移的对象，按<Enter>键结束操作
指定要偏移的那一侧上的点，或 [退出(E)/多个(M)/放弃(U)] <退出>：指定偏移方向
选择要偏移的对象，或 [退出(E)/放弃(U)] <退出>：↙
```

【选项说明】

① 指定偏移距离：输入一个距离值，或按<Enter>键使用当前的距离值，系统把该距离值作为偏移的距离，如图 6-13（a）所示。

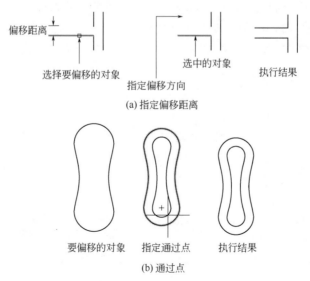

图 6-13　偏移选项说明 1

② 通过点（T）：指定偏移的通过点，选择该选项后，命令行提示如下。

选择要偏移的对象，或 [退出(E)/放弃(U)] <退出>：选择要偏移的对象，按<Enter>键结束操作

指定通过点或 [退出(E)/多个(M)/放弃(U)] <退出>：指定偏移对象的一个通过点

执行上述操作后，系统会根据指定的通过点绘制出偏移对象，如图 6-13（b）所示。

③ 删除（E）：偏移源对象后将其删除，如图 6-14（a）所示，选择该项后命令行提示如下。

要在偏移后删除源对象吗？ [是(Y)/否(N)] <否>：

④ 图层（L）：确定将偏移对象创建在当前图层上还是源对象所在的图层上，这样就可以在不同图层上偏移对象，选择该项后，命令行提示如下。

输入偏移对象的图层选项 [当前(C)/源(S)] <源>：

如果偏移对象的图层选择为当前层，则偏移对象的图层特性与当前图层相同，如图 6-14（b）所示。

⑤ 多个（M）：使用当前偏移距离重复进行偏移操作，并接受附加的通过点，执行结果如图 6-15 所示。

(a) 删除源对象　　　　(b) 偏移对象的图层为当前层

图 6-14　偏移选项说明 2　　　　　　　　　图 6-15　偏移选项说明 3

 技巧荟萃

在 AutoCAD 2020 中，可以使用"偏移"命令，对指定的直线、圆弧、圆等对象作定距离偏移复制操作。在实际应用中，常利用"偏移"命令的特性创建平行线或等距离分布图形，效果与"阵列"相同。默认情况下，需要先指定偏移距离，再选择要偏移复制的对象，然后指定偏移方向，以复制出需要的对象。

6.2.6　实例——门的绘制

扫一扫，看视频

绘制如图 6-16 所示的门。

① 单击"默认"选项卡"绘图"面板中的"矩形"按钮 ▢，以第一角点为（0，0），第二角点为（@900,2400）绘制矩形。绘制结果如图 6-17 所示。

② 单击"默认"选项卡"修改"面板中的"偏移"按钮 ⊑，将上步绘制的矩形向内偏移 60，结果如图 6-18 所示。

③ 单击"默认"选项卡"绘图"面板中的"直线"按钮 ⁄，绘制坐标点为{(60,2000)(@780,0)}的直线。绘制结果如图 6-19 所示。

④ 单击"默认"选项卡"修改"面板中的"偏移"按钮 ⊑，将上步绘制的直线向下偏移 60。结果如图 6-20 所示。

⑤ 单击"默认"选项卡"绘图"面板中的"矩形"按钮 ▢，绘制角点坐标为{(200,1500)(700,1800)}的矩形。最终结果如图 6-16 所示。

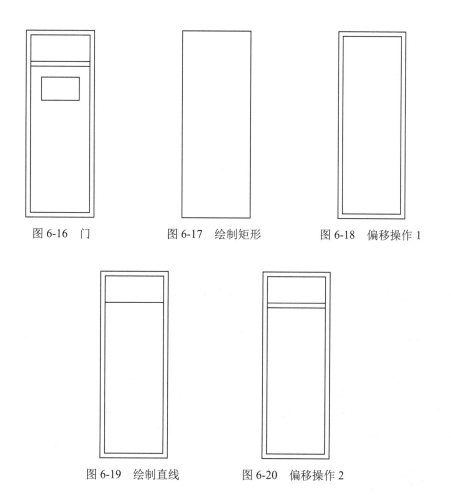

图 6-16　门　　　　　　　图 6-17　绘制矩形　　　　　图 6-18　偏移操作 1

图 6-19　绘制直线　　　　　图 6-20　偏移操作 2

6.2.7　阵列命令

阵列是指多重复制选择对象并把这些副本按矩形、路径或环形排列。把副本按矩形排列称为建立矩形阵列，把副本按路径排列称为建立路径阵列，把副本按环形排列称为建立极阵列。

AutoCAD 2020 提供"ARRAY"命令创建阵列，用该命令可以创建矩形阵列、环形阵列和路径阵列。

【执行方式】

- 命令行：ARRAY（快捷命令：AR）。
- 菜单栏：选择菜单栏中的"修改"→"阵列"命令。
- 工具栏：单击"修改"工具栏中的"矩形阵列"按钮 品，"路径阵列"按钮 ☁️ 和"环形阵列"按钮 ☽。
- 功能区：单击"默认"选项卡的"修改"面板中的"矩形阵列"按钮 品／"路径阵列"按钮 ☁️／"环形阵列"按钮 ☽，如图 6-21 所示。

图 6-21　"阵列"下拉列表

【操作步骤】

命令行提行与操作如下。

> 命令：ARRAY✔
> 选择对象：选择要进行阵列的对象
> 输入阵列类型[矩形（R）/路径（PA）/极轴（PO）]<矩形>：PA✔
> 类型=路径 关联=是
> 选择路径曲线：选择路径
> 选择夹点以编辑阵列或 [关联(AS)/方法(M)/基点(B)/切向(T)/项目(I)/行(R)/层(L)/对齐项目(A)/Z方向(Z)/退出(X)] <退出>：（通过夹点，调整阵列行数和层数；也可以分别选择各选项输入数值）

【选项说明】

① 矩形(R)（命令行：ARRAYRECT）：将选定对象的副本分布到行数、列数和层数的任意组合。通过夹点，调整阵列间距、列数、行数和层数；也可以分别选择各选项输入数值。

② 极轴(PO)：在绕中心点或旋转轴的环形阵列中均匀分布对象副本。选择该选项后出现如下提示。

> 指定阵列的中心点或 [基点(B)/旋转轴(A)]：（选择中心点、基点或旋转轴）
> 选择夹点以编辑阵列或 [关联(AS)/基点(B)/项目(I)/项目间角度(A)/填充角度(F)/行(ROW)/层(L)/旋转项目(ROT)/退出(X)] <退出>：（通过夹点，调整角度，填充角度；也可以分别选择各选项输入数值）

技巧荟萃

阵列在平面作图时有三种方式，可以在矩形、路径或环形（圆形）阵列中创建对象的副本。对于矩形阵列，可以控制行和列的数目以及它们之间的距离；对于路径阵列，可以沿整个路径或部分路径平均分布对象副本；对于环形阵列，可以控制对象副本的数目并决定是否旋转副本。

6.2.8 实例——紫荆花的绘制

绘制如图6-22所示的紫荆花。

扫一扫，看视频

① 单击"默认"选项卡"绘图"面板中的"多段线"按钮和"圆弧"按钮，绘制花瓣外框，绘制结果如图6-23所示。

② 阵列花瓣。单击"默认"选项卡"修改"面板中的"环形阵列"按钮，命令行中的操作与提示如下。

> 命令：_arraypolar
> 选择对象：选择上面绘制的图形
> 类型 = 极轴 关联 = 是
> 指定阵列的中心点或 [基点(B)/旋转轴(A)]：指定中心点

选择夹点以编辑阵列或［关联(AS)/基点(B)/项目(I)/项目间角度(A)/填充角度(F)/行
(ROW)/层(L)/旋转项目(ROT)/退出(X)］<退出>: I
  输入阵列中的项目数或［表达式(E)］<6>: 5↙
  选择夹点以编辑阵列或［关联(AS)/基点(B)/项目(I)/项目间角度(A)/填充角度(F)/行
(ROW)/层(L)/旋转项目(ROT)/退出(X)］<退出>: F
  指定填充角度(+=逆时针、-=顺时针)或［表达式(EX)］<360>: 360↙
  选择夹点以编辑阵列或［关联(AS)/基点(B)/项目(I)/项目间角度(A)/填充角度(F)/行
(ROW)/层(L)/旋转项目(ROT)/退出(X)］<退出>:

最终绘制的紫荆花图案如图 6-22 所示。

图 6-22　紫荆花   图 6-23　花瓣外框

6.3　改变位置类命令

改变位置类编辑命令是指按照指定要求改变当前图形或图形中某部分的位置，主要包括
移动、旋转和缩放命令。

6.3.1　移动命令

移动对象是指对象的重定位，可以在指定方向上按指定距离移动对象。对象的位置虽然
发生了改变，但方向和大小不改变。

【执行方式】

- 命令行：MOVE（快捷命令：M）。
- 菜单栏：选择菜单栏中的"修改"→"移动"命令。
- 工具栏：单击"修改"工具栏中的"移动"按钮✛。
- 功能区：单击"默认"选项卡的"修改"面板中的"移动"按钮✛。
- 快捷菜单：选择要复制的对象，在绘图区右击，选择快捷菜单中的"移动"命令。

【操作步骤】

命令行提示与操作如下。

命令: MOVE↙
选择对象: 选择要移动的对象，按<Enter>键结束选择
指定基点或［位移(D)］<位移>: 指定基点或位移
指定第二个点或 <使用第一个点作为位移>:
移动命令选项功能与"复制"命令类似。

6.3.2　旋转命令

在保持原形状不变的情况下，以一定点为中心且以一定角度为旋转角度旋转得到图形。

【执行方式】

- 命令行：ROTATE（快捷命令：RO）。
- 菜单栏：选择菜单栏中的"修改"→"旋转"命令。
- 工具栏：单击"修改"工具栏中的"旋转"按钮 ↻。
- 快捷菜单：选择要旋转的对象，在绘图区右击，选择快捷菜单中的"旋转"命令。
- 功能区：单击"默认"选项卡的"修改"面板中的"旋转"按钮 ↻。

【操作步骤】

命令行提示与操作如下。

```
命令：ROTATE↙
UCS 当前的正角方向：ANGDIR=逆时针　ANGBASE=0
选择对象：选择要旋转的对象
指定基点：指定旋转基点，在对象内部指定一个坐标点
指定旋转角度，或 [复制(C)/参照(R)] <0>：指定旋转角度或其他选项
```

【选项说明】

① 复制（C）：选择该选项，则在旋转对象的同时，保留源对象，如图 6-24 所示。

旋转前　　　　　　　　　　　　　旋转后

图 6-24　复制旋转

② 参照（R）：采用参照方式旋转对象时，命令行提示与操作如下。

```
指定参照角 <0>：指定要参照的角度，默认值为 0
指定新角度或[点(P)] <0>：输入旋转后的角度值
```

操作完毕后，对象被旋转至指定的角度位置。

技巧荟萃

　　可以用拖动鼠标的方法旋转对象。选择对象并指定基点后，从基点到当前光标位置会出现一条连线，拖动鼠标，选择的对象会动态地随着该连线与水平方向夹角的变化而旋转，按<Enter>键确认旋转操作，如图 6-25 所示。

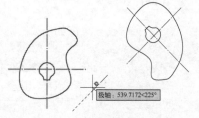

图 6-25　拖动鼠标旋转对象

6.3.3 实例——曲柄的绘制

绘制如图 6-26 所示的曲柄。

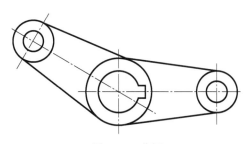

图 6-26 曲柄

① 单击"默认"选项卡"图层"面板中的"图层特性"按钮⬛，打开"图层特性管理器"对话框，单击其中的"新建图层"按钮⬛，新建两个图层。

a．中心线层：线型为 CENTER，其余属性保持默认设置。

b．粗实线层：线宽为 0.30mm，其余属性保持默认设置。

② 将"中心线层"置为当前图层，单击"默认"选项卡"绘图"面板中的"直线"按钮╱，绘制中心线。坐标分别为{(100,100)(180,100)}和{(120,120)(120,80)}，结果如图 6-27 所示。

③ 单击"默认"选项卡"修改"面板中的"偏移"按钮⊆，绘制另一条中心线，单击"默认"选项卡"修改"面板中的"打断"按钮凹，剪掉多余部分。命令行提示与操作如下。

```
命令：o↙对所绘制的竖直对称中心线进行偏移操作
OFFSET 当前设置：删除源=否  图层=源  OFFSETGAPTYPE=0
指定偏移距离或 [通过(T)/删除(E)/图层(L)] <通过>：48↙
选择要偏移的对象，或 [退出(E)/放弃(U)] <退出>：选择所绘制竖直对称中心线
指定要偏移的那一侧上的点，或 [退出(E)/多个(M)/放弃(U)] <退出>：在选择的竖直对称中
心线右侧任一点单击鼠标左键
选择要偏移的对象，或 [退出(E)/放弃(U)] <退出>：↙
命令：break↙ 打断命令
选择对象：选择偏移的中心线上面适当位置一点
指定第二个打断点 或 [第一点(F)]：向上选择超出偏移的中心线的位置一点
命令：_break↙
选择对象：选择偏移的中心线下面适当位置一点
指定第二个打断点 或 [第一点(F)]：向下选择超出偏移的中心线的位置一点
```

结果如图 6-28 所示。

图 6-27 绘制中心线　　　　　　　　　　图 6-28 偏移中心线

④ 将"粗实线层"设置为当前图层，单击"默认"选项卡"绘图"面板中的"圆"按钮⊙，绘制图形轴孔部分，其中绘制圆时，以水平中心线与左边竖直中心线交点为圆心，以32 和 20 为直径绘制同心圆，以水平中心线与右边竖直中心线交点为圆心，以 20 和 10 为直径绘制同心圆，结果如图 6-29 所示。

⑤ 单击"默认"选项卡"绘图"面板中的"直线"按钮∕，绘制连接板。分别捕捉左右外圆的切点为端点，绘制上下两条连接线，结果如图 6-30 所示。

⑥ 单击"默认"选项卡"修改"面板中的"偏移"按钮⊏，绘制辅助线。命令行提示与操作如下。

```
命令: _offset↙ 偏移水平对称中心线
当前设置: 删除源=否  图层=源  OFFSETGAPTYPE=0
指定偏移距离或 [通过(T)/删除(E)/图层(L)] <通过>: 3↙
选择要偏移的对象，或 [退出(E)/放弃(U)] <退出>: 选择水平对称中心线
指定要偏移的那一侧上的点，或 [退出(E)/多个(M)/放弃(U)] <退出>: 在选择的水平对称中心线上侧任一点处单击鼠标左键
选择要偏移的对象，或 [退出(E)/放弃(U)] <退出>: 继续选择水平对称中心线
指定要偏移的那一侧上的点，或 [退出(E)/多个(M)/放弃(U)] <退出>: 在选择的水平对称中心线下侧任一点处单击鼠标左键
选择要偏移的对象，或 [退出(E)/放弃(U)] <退出>: ↙
命令: ↙再次执行偏移命令，偏移竖直对称中心线
_offset
当前设置: 删除源=否  图层=源  OFFSETGAPTYPE=0
指定偏移距离或 [通过(T)/删除(E)/图层(L)] <通过>: 12.8↙
选择要偏移的对象，或 [退出(E)/放弃(U)] <退出>: 选择竖直对称中心线
指定要偏移的那一侧上的点，或 [退出(E)/多个(M)/放弃(U)] <退出>: 在选择的竖直对称中心线右侧任一点处单击鼠标左键
选择要偏移的对象，或 [退出(E)/放弃(U)] <退出>: ↙
```

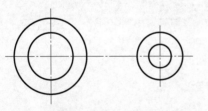

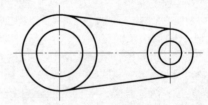

图 6-29　绘制同心圆　　　　　　　　　　图 6-30　绘制切线

⑦ 单击"默认"选项卡"修改"面板中的"修剪"按钮⊁，剪掉圆弧上键槽开口部分。命令行提示与操作如下。

```
命令: _trim↙ 剪去多余的线段
当前设置: 投影=UCS,边=无
选择剪切边…
选择对象或 <全部选择>: 分别选择键槽的上下边
……
找到 1 个，总计 2 个
选择对象: ↙
选择要修剪的对象，或按住 Shift 键选择要延伸的对象，或[栏选(F)/窗交(C)/投影(P)/边
```

(E)/删除(R)/放弃(U)]：选择键槽中间的圆弧

结果如图 6-31 所示。

⑧ 单击"默认"选项卡"修改"面板中的"删除"按钮 ，删除多余的辅助线，命令行提示与操作如下：

命令：ERASE✓ 删除偏移的对称中心线
选择对象：分别选择偏移的三条对称中心线
……
找到 1 个，总计 3 个
选择对象：✓

结果如图 6-32 所示。

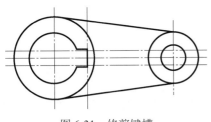

图 6-31　修剪键槽

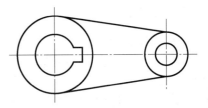

图 6-32　删除多余辅助线

⑨ 单击"默认"选项卡"修改"面板中的"旋转"按钮 ，将所绘制的图形进行复制旋转，命令行提示与操作如下。

命令：_rotate ✓ 旋转复制的图形
UCS 当前的正角方向：ANGDIR=逆时针 ANGBASE=0
选择对象：选择复制的图形，如图 6-33 所示。
指定基点：　<打开对象捕捉>捕捉左边水平中心线和竖直中心线的交点
指定旋转角度，或 [复制(C)/参照(R)] <0>：　C 旋转一组选定对象。
指定旋转角度，或 [复制(C)/参照(R)] <0>：　150✓

最终结果如图 6-26 所示。

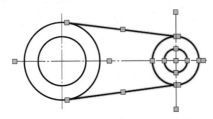

图 6-33　选择复制对象

6.3.4　缩放命令

缩放命令是将已有图形对象以基点为参照进行等比例缩放，它可以调整对象的大小，使其在一个方向上按照要求增大或缩小一定的比例。

【执行方式】

- 命令行：SCALE（快捷命令：SC）。
- 菜单栏：选择菜单栏中的"修改"→"缩放"命令。

- 工具栏：单击"修改"工具栏中的"缩放"按钮 □。
- 功能区：单击"默认"选项卡的"修改"面板中的"缩放"按钮 □。
- 快捷菜单：选择要缩放的对象，在绘图区右击，选择快捷菜单中的"缩放"命令。

 【操作步骤】

命令行提示与操作如下。

命令：SCALE✓
选择对象：选择要缩放的对象
指定基点：指定缩放基点
指定比例因子或［复制（C）/参照(R)］：

 【选项说明】

① 采用参照方向缩放对象时，命令行提示如下。

指定参照长度 <1>：指定参照长度值
指定新的长度或［点(P)］<1.0000>：指定新长度值

若新长度值大于参照长度值，则放大对象；否则，缩小对象。操作完毕后，系统以指定的基点按指定的比例因子缩放对象。如果选择"点（P）"选项，则选择两点来定义新的长度。

② 可以用拖动鼠标的方法缩放对象。选择对象并指定基点后，从基点到当前光标位置会出现一条连线，线段的长度即为比例大小。拖动鼠标，选择的对象会动态地随着该连线长度的变化而缩放，按<Enter>键确认缩放操作。

③ 选择"复制（C）"选项时，可以复制缩放对象，即缩放对象时，保留源对象，此功能是 AutoCAD 2020 新增的功能，如图 6-34 所示。

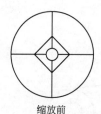

缩放前   缩放后

图 6-34　复制缩放对象

6.4　删除及恢复类命令

删除及恢复类命令主要用于删除图形某部分或对已被删除的部分进行恢复，包括删除、恢复、重做、清除等命令。

6.4.1　删除命令

如果所绘制的图形不符合要求或不小心错绘了图形，可以使用删除命令"ERASE"把其删除。

【执行方式】

- 命令行：ERASE（快捷命令：E）。
- 菜单栏：选择菜单栏中的"修改"→"删除"命令。
- 工具栏：单击"修改"工具栏中的"删除"按钮 。
- 快捷菜单：选择要删除的对象，在绘图区右击，选择快捷菜单中的"删除"命令。
- 功能区：单击"默认"选项卡的"修改"面板中的"删除"按钮 。

可以先选择对象后再调用删除命令，也可以先调用删除命令后再选择对象。选择对象时可以使用前面介绍的对象选择的各种方法。

当选择多个对象时，多个对象都被删除；若选择的对象属于某个对象组，则该对象组中的所有对象都被删除。

技巧荟萃

在绘图过程中，如果出现了绘制错误或绘制了不满意的图形，需要删除时，可以单击"快速访问"工具栏中的"放弃"按钮 ，也可以按<Delete>键，命令行提示"_.erase"。删除命令可以一次删除一个或多个图形，如果删除错误，可以利用"放弃"按钮 来补救。

6.4.2 恢复命令

若不小心误删了图形，可以使用恢复命令"OOPS"，恢复误删的对象。

【执行方式】

- 命令行：OOPS 或 U。
- 工具栏：单击"快速访问"工具栏中的"放弃"按钮 。
- 快捷键：按<Ctrl>+<Z>键。

6.5 改变几何特性类命令

改变几何特性类编辑命令在对指定对象进行编辑后，使编辑对象的几何特性发生改变，包括修剪、延伸、拉伸、拉长、圆角、倒角、打断等命令。

6.5.1 修剪命令

修剪命令是将超出边界的多余部分修剪删除掉，与橡皮擦的功能相似，修剪操作可以修改直线、圆、圆弧、多段线、样条曲线、射线和填充图案。

【执行方式】

- 命令行：TRIM（快捷命令：TR）。
- 菜单栏：选择菜单栏中的"修改"→"修剪"命令。
- 工具栏：单击"修改"工具栏中的"修剪"按钮 ✂。
- 功能区：单击"默认"选项卡的"修改"面板中的"修剪"按钮 ✂。

【操作步骤】

命令行提示与操作如下。

> 命令：TRIM↙
> 当前设置：投影=UCS，边=无
> 选择剪切边…
> 选择对象或 <全部选择>：选择用作修剪边界的对象，按<Enter>键结束对象选择
> 选择要修剪的对象，或按住 <Shift> 键选择要延伸的对象，或[栏选(F)/窗交(C)/投影(P)/边(E)/删除(R)/放弃(U)]：

【选项说明】

① 在选择对象时，如果按住<Shift>键，系统就会自动将"修剪"命令转换成"延伸"命令，"延伸"命令将在下节介绍。

② 选择"栏选（F）"选项时，系统以栏选的方式选择被修剪的对象，如图 6-35 所示。

③ 选择"窗交（C）"选项时，系统以窗交的方式选择被修剪的对象，如图 6-36 所示。

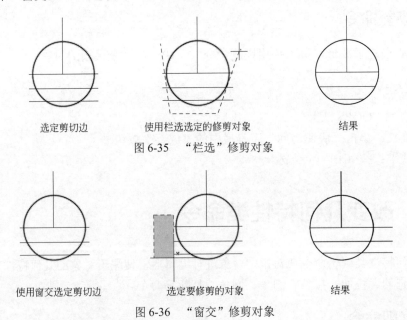

图 6-35 "栏选"修剪对象

图 6-36 "窗交"修剪对象

④ 选择"边（E）"选项时，可以选择对象的修剪方式，即延伸和不延伸。

a. 延伸（E）：延伸边界进行修剪。在此方式下，如果剪切边没有与要修剪的对象相交，系统会延伸剪切边直至与要修剪的对象相交，然后再修剪，如图 6-37 所示。

b. 不延伸（N）：不延伸边界修剪对象，只修剪与剪切边相交的对象。

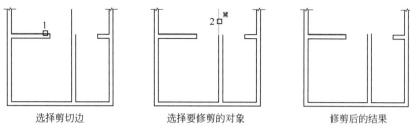

| 选择剪切边 | 选择要修剪的对象 | 修剪后的结果 |

图 6-37 "延伸"修剪对象

 技巧荟萃

　　在使用修剪命令选择修剪对象时，通常是逐个点击选择的，有时显得效率低，要比较快地实现修剪过程，可以先输入修剪命令"TR"或"TRIM"，然后按<Space>或<Enter>键，命令行中就会提示选择修剪的对象，这时可以不选择对象，继续按<Space>或<Enter>键，系统默认选择全部，这样做就可以很快地完成修剪过程。

6.5.2 实例——床的绘制

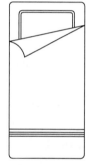

扫一扫，看视频

　　绘制如图 6-38 所示的床。

　　① 图层设计。新建 3 个图层，其属性如下。

　　a. 图层 1：颜色为蓝色，其余属性默认。

　　b. 图层 2：颜色为绿色，其余属性默认。

　　c. 图层 3：颜色为白色，其余属性默认。

　　② 将当前图层设为"1"图层，单击"默认"选项卡"绘图"面板中
的"矩形"按钮 □，绘制一个矩形，命令行提示与操作如下。

图 6-38 床

```
命令: _rectang
指定第一个角点或 [倒角(C)/标高(E)/圆角(F)/厚度(T)/宽度(W)]: 0,0↙
指定另一个角点或 [面积(A)/尺寸(D)/旋转(R)]: @1000,2000↙
```

绘制结果如图 6-39 所示。

　　③ 将当前图层设为"2"图层，单击"默认"选项卡"绘图"面板中的"直线"按钮 ╱，
绘制一条直线，命令行提示与操作如下。

```
命令: _line
指定第一个点: 125,1000↙
指定下一点或 [放弃(U)]: 125,1900↙
指定下一点或 [放弃(U)]: 875,1900↙
指定下一点或 [闭合(C)/放弃(U)]: 875,1000↙
指定下一点或 [闭合(C)/放弃(U)]: ↙
命令: line↙
指定第一个点: 155,1000↙
指定下一点或 [放弃(U)]: 155,1870↙
指定下一点或 [放弃(U)]: 845,1870↙
```

指定下一点或 [闭合(C)/放弃(U)]: 845,1000↙
指定下一点或 [闭合(C)/放弃(U)]: ↙

④ 将当前图层设为"3"图层，继续单击"默认"选项卡"绘图"面板中的"直线"按
钮／，命令行提示与操作如下。

命令: _line
指定第一个点: 0,280↙
指定下一点或 [放弃(U)]: @1000,0↙
指定下一点或 [放弃(U)]: ↙

绘制结果如图 6-40 所示。

图 6-39 绘制矩形

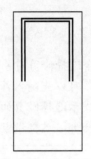

图 6-40 绘制直线

⑤ 单击"默认"选项卡"修改"面板中的"矩形阵列"按钮▦，选择最近绘制的直线，
计数为 4，间距为 30，绘制结果如图 6-41 所示。

⑥ 单击"默认"选项卡"修改"面板中的"圆角"按钮⌒，将外轮廓线的圆角半径设
为 50，内衬圆角半径为 40，绘制结果如图 6-42 所示。

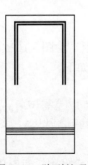

图 6-41 阵列处理

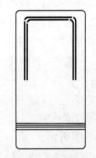

图 6-42 圆角处理

⑦ 将当前图层设为"2"图层，单击"默认"选项卡"绘图"面板中的"直线"按钮／，
绘制直线，命令行提示与操作如下。

命令: _line
指定第一个点: 0,1500↙
指定下一点或 [放弃(U)]: @1000,200↙
指定下一点或 [放弃(U)]: @-800,-400↙
指定下一点或 [闭合(C)/放弃(U)]: ↙

⑧ 单击"默认"选项卡"绘图"面板中的"圆弧"按钮⌒，绘制圆弧，命令行提示与
操作如下。

命令: _arc

> 指定圆弧的起点或 [圆心(C)]: 200,1300↙
> 指定圆弧的第二个点或 [圆心(C)/端点(E)]: 130,1430↙
> 指定圆弧的端点: 0,1500↙

绘制结果如图 6-43 所示。

⑨ 单击"默认"选项卡"修改"面板中的"修剪"按钮✂，修剪图形，命令行提示与操作如下。

> 命令: _trim
> 当前设置: 投影=UCS, 边=无
> 选择剪切边…
> 选择对象或<全部选择>: 找到 1 个 选择起点为（0，1500），端点为（@1000，200）的直线
> 选择对象: ↙
> 选择要修剪的对象，或按住 Shift 键选择要延伸的对象，或[栏选(F)/窗交(C)/投影(P)/边(E)/删除(R)/放弃(U)]: ↙ 选择剪切对象
> 选择要修剪的对象，或按住 Shift 键选择要延伸的对象，或[栏选(F)/窗交(C)/投影(P)/边(E)/删除(R)/放弃(U)]: ↙

最后，使用"修剪"命令剪掉多余的线段即可。最终绘制结果如图 6-38 所示。

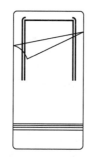

图 6-43 绘制直线与圆弧

6.5.3 延伸命令

延伸命令是指延伸对象直到另一个对象的边界线，如图 6-44 所示。

选择边界

选择要延伸的对象

执行结果

图 6-44 延伸对象 1

【执行方式】

- 命令行：EXTEND（快捷命令：EX）。
- 菜单栏：选择菜单栏中的"修改"→"延伸"命令。
- 工具栏：单击"修改"工具栏中的"延伸"按钮 ⟶｜。
- 功能区：单击"默认"选项卡的"修改"面板中的"延伸"按钮 ⟶｜。

【操作步骤】

命令行提示与操作如下。

命令：EXTEND↙
当前设置：投影=UCS，边=无
选择边界的边…
选择对象或 <全部选择>：选择边界对象

此时可以选择对象来定义边界，若直接按<Enter>键，则选择所有对象作为可能的边界对象。

系统规定可以用作边界对象的对象有：直线段、射线、双向无限长线、圆弧、圆、椭圆、二维/三维多义线、样条曲线、文本、浮动的视口、区域。如果选择二维多义线作为边界对象，系统会忽略其宽度而把对象延伸至多义线的中心线。

选择边界对象后，命令行提示如下。

选择要延伸的对象，或按住 <Shift> 键选择要修剪的对象，或[栏选(F)/窗交(C)/投影(P)/边(E)/放弃(U)]：

【选项说明】

① 如果要延伸的对象是适配样条多段线，则延伸后会在多段线的控制框上增加新节点；如果要延伸的对象是锥形的多段线，系统会修正延伸端的宽度，使多段线从起始端平滑地延伸至新终止端；如果延伸操作导致新终止端宽度可能为负值，则取宽度值为 0，操作提示如图 6-45 所示。

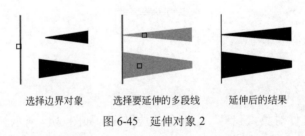

选择边界对象　　　选择要延伸的多段线　　　延伸后的结果

图 6-45　延伸对象 2

② 选择对象时，如果按住<Shift>键，系统就会自动将"延伸"命令转换成"修剪"命令。

6.5.4　实例——螺钉的绘制

绘制如图 6-46 所示的螺钉。

扫一扫，看视频

① 单击"默认"选项卡"图层"面板中的"图层特性"按钮，新建三个新图层。粗实线层：线宽 0.3mm，其余属性默认。细实线层：所有属性默认。中心线层：颜色红色，线型CENTER，其余属性默认。

② 将"中心线层"置为当前图层，单击"默认"选项卡"绘图"面板中的"直线"按钮 ╱，绘制中心线。坐标分别是{(930,460)(930,430)}和{(921,445)(921,457)}，结果如图 6-47 所示。

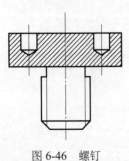

图 6-46　螺钉

③ 将"粗实线层"置为当前图层，单击"默认"选项卡"绘图"

面板中的"直线"按钮 ∕，绘制轮廓线。坐标分别是{(930,455)(916,455)(916,432)}，结果如图 6-48 所示。

④ 单击"默认"选项卡"修改"面板中的"偏移"按钮 ⊆，绘制初步轮廓，将刚绘制的竖直轮廓线分别向右偏移 3、7、8 和 9.25，将刚绘制的水平轮廓线分别向下偏移 4、8、11、21 和 23，如图 6-49 所示。

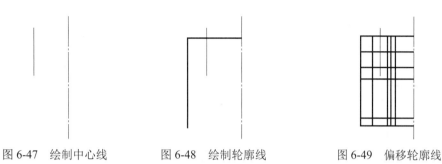

图 6-47　绘制中心线　　　　图 6-48　绘制轮廓线　　　　图 6-49　偏移轮廓线

⑤ 分别选取适当的界线和对象，单击"默认"选项卡"修改"面板中的"修剪"按钮 ⅍，修剪偏移产生的轮廓线，结果如图 6-50 所示。

⑥ 单击"默认"选项卡"修改"面板中的"倒角"按钮 ⌒，对螺钉端部进行倒角（将在 6.5.9 小节介绍），命令行提示与操作如下。

```
命令: _chamfer
("修剪"模式) 当前倒角距离 1 = 0.0000, 距离 2 = 0.0000
选择第一条直线或 [放弃(U)/多段线(P)/距离(D)/角度(A)/修剪(T)/方式(E)/多个
(M)]: d↙
指定第一个倒角距离 <0.0000>: 2↙
指定第二个倒角距离 <2.0000>: ↙
选择第一条直线或 [放弃(U)/多段线(P)/距离(D)/角度(A)/修剪(T)/方式(E)/多个(M)]:
选择图 6-50 最下边的直线
选择第二条直线: 选择与其相交的侧面直线
```

结果如图 6-51 所示。

⑦ 单击"默认"选项卡"绘图"面板中的"直线"按钮 ∕，绘制螺孔底部。命令行提示与操作如下。

```
命令: line↙
指定第一个点: 919,451↙
指定下一点或 [放弃(U)]: @10<-30↙
命令: ↙
LINE
指定第一个点: 923,451↙
指定下一点或 [放弃(U)]: @10<210↙
指定下一点或 [放弃(U)]: ↙
```

结果如图 6-52 所示。

⑧ 单击"默认"选项卡"修改"面板中的"修剪"按钮 ⅍，进行编辑处理，命令行提示与操作如下。

```
命令: _trim
当前设置: 投影=UCS, 边=延伸
```

选择修剪边…
选择对象或 <全部选择>：选择刚绘制的两条斜线↙
选择对象：选择刚绘制的两条斜线↙
选择对象：↙
选择要修剪的对象，或按住 <Shift> 键选择要延伸的对象，或[栏选(F)/窗交(C)/投影(P)/边(E)/删除(R)/放弃(U)]：选择刚绘制的两条斜线的下端↙

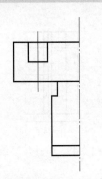
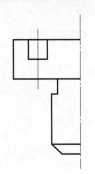
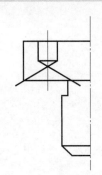

图 6-50　绘制螺孔和螺柱初步轮廓　　图 6-51　倒角处理　　　　图 6-52　绘制螺孔底部

修剪结果如图 6-53 所示。

⑨ 将"细实线层"置为当前图层，单击"默认"选项卡"绘图"面板中的"直线"按钮╱，绘制两条螺纹牙底线，如图 6-54 所示。

⑩ 单击"默认"选项卡"修改"面板中的"延伸"按钮━|，将螺纹牙底线延伸至倒角处，命令行提示与操作如下。

命令：_extend
当前设置：投影=UCS，边=无
选择边界的边…
选择对象或 <全部选择>：选择倒角生成的斜线
找到 1 个
选择对象：↙
选择要延伸的对象，或按住 <Shift> 键选择要修剪的对象，或[栏选(F)/窗交(C)/投影(P)/边(E)/放弃(U)]：选择刚绘制的细实线
选择要延伸的对象，或按住 <Shift> 键选择要修剪的对象，或[栏选(F)/窗交(C)/投影(P)/边(E)/放弃(U)]：↙

结果如图 6-55 所示。

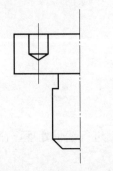
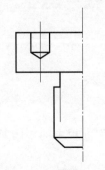
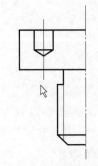

图 6-53　修剪螺孔底部图线　　　图 6-54　绘制螺纹牙底线　　　图 6-55　延伸螺纹牙底线

⑪ 单击"默认"选项卡"修改"面板中的"镜像"按钮 ⚟ ，以长中心线为轴，该中心线左边所有的图线为对象进行镜像处理，结果如图 6-56 所示。

⑫ 单击"默认"选项卡"绘图"面板中的"图案填充"按钮▨，打开"图案填充创建"选项卡，单击"选项"面板中的三角形按钮 ↘ ，打开如图 6-57 所示的"图案填充和渐变色"对话框，在"图案填充"选项卡中选择"类型"为"用户定义"，"角度"为 45，"间距"为1.5，单击"添加：拾取点"按钮⊞，在图形中要填充的区域拾取点，按<Enter>键后，返回的"图案填充和渐变色"对话框，单击"确定"按钮，最终结果如图 6-46 所示。

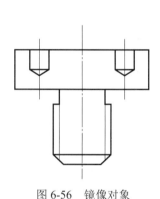

图 6-56　镜像对象

图 6-57　"图案填充和渐变色"对话框

6.5.5　拉伸命令

拉伸命令是指拖拉选择的对象，并使对象的形状改变。拉伸对象时应指定拉伸的基点和移置点。利用一些辅助工具，如捕捉、钳夹功能及相对坐标等，可以提高拉伸的精度，拉伸图例如图 6-58 所示。

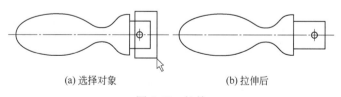

(a) 选择对象　　　　　　　　　(b) 拉伸后

图 6-58　拉伸

【执行方式】

- 命令行：STRETCH（快捷命令：S）。
- 菜单栏：选择菜单栏中的"修改"→"拉伸"命令。
- 工具栏：单击"修改"工具栏中的"拉伸"按钮 ▣。
- 功能区：单击"默认"选项卡的"修改"面板中的"拉伸"按钮 ▣。

【操作步骤】

命令行提示与操作如下。

命令: STRETCH↙
以交叉窗口或交叉多边形选择要拉伸的对象…
选择对象: C↙
指定第一个角点: 指定对角点: 找到 2 个: 采用交叉窗口的方式选择要拉伸的对象
指定基点或 [位移(D)] <位移>: 指定拉伸的基点
指定第二个点或 <使用第一个点作为位移>: 指定拉伸的移至点

此时，若指定第二个点，系统将根据这两点决定矢量拉伸的对象；若直接按<Enter>键，系统会把第一个点作为 X 轴和 Y 轴的分量值。

拉伸命令将使完全包含在交叉窗口内的对象不被拉伸，部分包含在交叉选择窗口内的对象被拉伸。

6.5.6 拉长命令

拉长命令可以更改对象的长度和圆弧的包含角。

【执行方式】

- 命令行: LENGTHEN（快捷命令: LEN）。
- 菜单栏: 选择菜单栏中的"修改"→"拉长"命令。
- 功能区: 单击"默认"选项卡的"修改"面板中的"拉长"按钮 ✎ 。

【操作步骤】

命令行提示与操作如下。

命令: LENGTHEN↙
选择要测量的对象或 [增量(DE)/百分比(P)/总计(T)/动态(DY)] <增量(DE)>: 选择要拉长的对象
当前长度: 30.0000 给出选定对象的长度，如果选择圆弧，还将给出圆弧的包含角
选择要测量的对象或 [增量(DE)/百分比(P)/总计(T)/动态(DY)] <增量(DE)>: DE↙ 选择拉长或缩短的方式为增量方式
输入长度增量或 [角度(A)] <0.0000>: 10↙ 在此输入长度增量数值。如果选择圆弧段，则可输入选项"A"，给定角度增量
选择要修改的对象或 [放弃(U)]: 选定要修改的对象，进行拉长操作
选择要修改的对象或 [放弃(U)]: 继续选择，或按<Enter>键结束命令

【选项说明】

① 增量（DE）: 用指定增加量的方法改变对象的长度或角度。

② 百分比（P）: 用指定占总长度百分比的方法改变圆弧或直线段的长度。

③ 总计（T）: 用指定新总长度或总角度值的方法改变对象的长度或角度。

④ 动态（DY）: 在此模式下，可以使用拖拉鼠标的方法来动态地改变对象的长度或角度。

6.5.7　圆角命令

圆角命令是指用指定的半径决定的一段平滑的圆弧连接两个对象。系统规定可以用圆角连接一对直线段、非圆弧的多段线段、样条曲线、双向无限长线、射线、圆、圆弧和椭圆。可以在任何时刻用圆角连接非圆弧多段线的每个节点。

 【执行方式】

- 命令行：FILLET（快捷命令：F）。
- 菜单栏：选择菜单栏中的"修改"→"圆角"命令。
- 工具栏：单击"修改"工具栏中的"圆角"按钮 。
- 功能区：单击"默认"选项卡的"修改"面板中的"圆角"按钮 。

 【操作步骤】

命令行提示与操作如下。

```
命令：FILLET✓
当前设置：模式 = 修剪，半径 = 0.0000
选择第一个对象或 [放弃(U)/多段线(P)/半径(R)/修剪(T)/多个(M)]：选择第一个对象或别
的选项
选择第二个对象，或按住 <Shift> 键选择对象以应用角点或 [半径(R)]：选择第二个对象
```

 【选项说明】

① 多段线（P）：在一条二维多段线两段直线段的节点处插入圆弧。选择多段线后系统会根据指定的圆弧半径把多段线各顶点用圆弧平滑连接起来。

② 修剪（T）：决定在平滑连接两条边时，是否修剪这两条边，如图6-59所示。

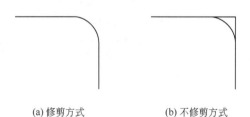

(a) 修剪方式　　　　　(b) 不修剪方式

图 6-59　圆角连接

③ 多个（M）：同时对多个对象进行圆角编辑，而不必重新起用命令。

④ 按住<Shift>键并选择两条直线，可以快速创建零距离倒角或零半径圆角。

6.5.8　实例——吊钩的绘制

扫一扫，看视频

绘制如图6-60所示的吊钩。

① 单击"默认"选项卡"图层"面板中的"图层特性"按钮 ，打开"图层特性管理器"对话框，单击其中的"新建图层"按钮 ，新建两个图层："轮廓线"图层，线宽为0.3mm，其余属性默认；"中心线"图层，颜色设为红色，线型加载为CENTER，其余属性

默认。

② 将"中心线"图层设置为当前图层。利用直线命令绘制两条相互垂直的定位中心线，绘制结果如图 6-61 所示。

③ 单击"默认"选项卡"修改"面板中的"偏移"按钮 ⊂，将竖直直线分别向右偏移 142 和 160，将水平直线分别向下偏移 180 和 210，偏移结果如图 6-62 所示。

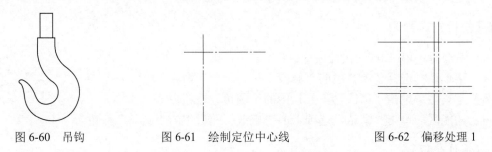

图 6-60 吊钩   图 6-61 绘制定位中心线   图 6-62 偏移处理 1

④ 单击"默认"选项卡"绘图"面板中的"圆"按钮 ⊙，以点 1 为圆心分别绘制半径为 120 和 40 的同心圆，再以点 2 为圆心绘制半径为 96 的圆，以点 3 为圆心绘制半径为 80 的圆，以点 4 为圆心绘制半径为 42 的圆，绘制结果如图 6-63 所示。

⑤ 单击"默认"选项卡"修改"面板中的"偏移"按钮 ⊂，将直线段 5 分别向左和向右偏移 22.5 和 30，将线段 6 向上偏移 80，偏移结果如图 6-64 所示。

⑥ 单击"默认"选项卡"修改"面板中的"修剪"按钮 ，修剪直线，结果如图 6-65 所示。

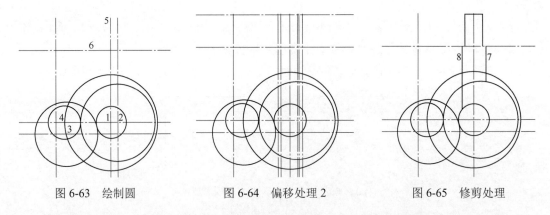

图 6-63 绘制圆   图 6-64 偏移处理 2   图 6-65 修剪处理

⑦ 单击"默认"选项卡"修改"面板中的"圆角"按钮 ，选择线段 7 和半径为 80 的圆进行倒圆角，命令行提示与操作如下。

```
命令: _fillet
当前设置: 模式 = 不修剪, 半径 = 0.0000
选择第一个对象或 [放弃(U)/多段线(P)/半径(R)/修剪(T)/多个(M)]: T✓
输入修剪模式选项 [修剪(T)/不修剪(N)] <不修剪>: T✓
选择第一个对象或 [放弃(U)/多段线(P)/半径(R)/修剪(T)/多个(M)]: R✓
指定圆角半径 <0.0000>: 80✓
选择第一个对象或 [放弃(U)/多段线(P)/半径(R)/修剪(T)/多个(M)]: 选择线段 7
选择第二个对象，或按住 <Shift> 键选择对象以应用角点或 [半径(R)]: 选择半径为
80 的圆
```

重复上述命令选择线段 8 和半径为 40 的圆，进行倒圆角，半径为 120，结果如图 6-66 所示。

⑧ 单击"默认"选项卡"绘图"面板中的"圆"按钮 ⊙，选用"三点"的方法绘制圆。以半径为 42 的圆为第一点，半径为 96 的圆为第二点，半径为 80 的圆第三点，绘制结果如图 6-67 所示。

⑨ 单击"默认"选项卡"修改"面板中的"修剪"按钮 ⅄，将多余线段进行修剪，结果如图 6-68 所示。

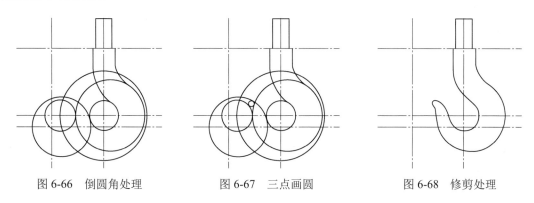

图 6-66　倒圆角处理　　　　图 6-67　三点画圆　　　　图 6-68　修剪处理

⑩ 单击"默认"选项卡"修改"面板中的"删除"按钮 ⌫，删除多余线段，最终绘制结果如图 6-60 所示。

6.5.9　倒角命令

倒角命令即斜角命令，是用斜线连接两个不平行的线型对象。可以用斜线连接直线段、双向无限长线、射线和多段线。

系统采用两种方法确定连接两个对象的斜线：指定两个斜线距离；指定斜线角度和一个斜线距离。下面分别介绍这两种方法的使用。

（1）指定两个斜线距离

斜线距离是指从被连接对象与斜线的交点到被连接的两对象交点之间的距离，如图 6-69 所示。

（2）指定斜线角度和一个斜线距离

采用这种方法连接对象时，需要输入两个参数：斜线与一个对象的斜线距离和斜线与该对象的夹角，如图 6-70 所示。

图 6-69　斜线距离　　　　　　　　　图 6-70　斜线距离与夹角

151

【执行方式】

- 命令行：CHAMFER（快捷命令：CHA）。
- 菜单：选择菜单栏中的"修改"→"倒角"命令。
- 工具栏：单击"修改"工具栏中的"倒角"按钮 ⌐。
- 功能区：单击"默认"选项卡的"修改"面板中的"倒角"按钮 ⌐。

【操作步骤】

命令行提示与操作如下。

```
命令：CHAMFER↙
（"不修剪"模式）当前倒角距离 1 = 0.0000, 距离 2 = 0.0000
选择第一条直线或 [放弃(U)/多段线(P)/距离(D)/角度(A)/修剪(T)/方式(E)/多个(M)]:
选择第一条直线或别的选项
选择第二条直线，或按住 <Shift> 键选择直线以应用角点或 [距离(D)/角度(A)/方法(M)]:
选择第二条直线
```

【选项说明】

① 多段线（P）：对多段线的各个交叉点倒斜角。为了得到最好的连接效果，一般设置斜线是相等的值，系统根据指定的斜线距离把多段线的每个交叉点都作斜线连接，连接的斜线成为多段线新的构成部分，如图 6-71 所示。

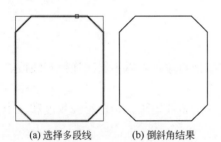

(a) 选择多段线　　(b) 倒斜角结果

图 6-71　斜线连接多段线

② 距离（D）：选择倒角的两个斜线距离。这两个斜线距离可以相同也可以不相同，若二者均为 0，则系统不绘制连接的斜线，而是把两个对象延伸至相交并修剪超出的部分。

③ 角度（A）：选择第一条直线的斜线距离和第一条直线的倒角角度。

④ 修剪（T）：与圆角连接命令"FILLET"相同，该选项决定连接对象后是否剪切源对象。

⑤ 方式（E）：决定采用"距离"方式还是"角度"方式来倒斜角。

⑥ 多个（M）：同时对多个对象进行倒斜角编辑。

6.5.10　实例——轴的绘制

扫一扫，看视频

绘制如图 6-72 所示的轴。

① 单击"默认"选项卡"图层"面板中的"图层特性"按钮 ⌛，打开"图层特性管理器"对话框，单击其中的"新建图层"按钮 ⌛，新建两个图层："轮廓线"图层，线宽属性为 0.3mm，其余属性保持默认设置；"中心线"图层，颜色设为红色，线型加载为 CENTER，其余属性保持默认设置。

② 将"中心线"图层设置为当前图层，利用"直线"命令绘制水平中心线。将"轮廓线"图层设置为当前图层，利用"直线"命令绘制竖直线，绘制结果如图 6-73 所示。

③ 单击"默认"选项卡"修改"面板中的"偏移"按钮 ⌜，将水平中心线分别向上偏

移 35、30、26.5、25，将竖直线分别向右偏移 2.5、108、163、166、235、315.5、318。然后选择偏移形成的 4 条水平点划线，将其所在图层修改为"轮廓线"图层，将其线型转换成实线，结果如图 6-74 所示。

图 6-72　轴　　　　　　　　　　　　　　　　图 6-73　绘制竖直线

④ 单击"默认"选项卡"修改"面板中的"修剪"按钮，修剪多余的线段，结果如图 6-75 所示。

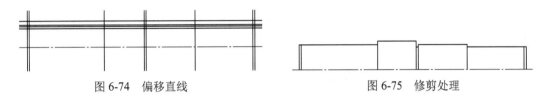

图 6-74　偏移直线　　　　　　　　　　　　　图 6-75　修剪处理

⑤ 单击"默认"选项卡"修改"面板中的"倒角"按钮，将轴的左端倒角，命令行提示与操作如下。

```
命令: _chamfer
("修剪"模式) 当前倒角距离 1 = 0.0000, 距离 2 = 0.0000
选择第一条直线或 [放弃(U)/多段线(P)/距离(D)/角度(A)/修剪(T)/方式(E)/多个(M)]: D
指定第一个倒角距离 <0.0000>: 2.5
指定第二个倒角距离 <2.5000>:
选择第一条直线或 [放弃(U)多段线(P)/距离(D)/角度(A)/修剪(T)/多个(M)]: 选择最左端的竖直线
选择第二条直线，或按住 <Shift> 键选择直线以应用角点或 [距离(D)/角度(A)/方法(M)]: 选择与之相交的水平线
```

重复上述命令，将右端进行倒角处理，结果如图 6-76 所示。

⑥ 单击"默认"选项卡"修改"面板中的"镜像"按钮，将轴的上半部分以中心线为对称轴进行镜像，结果如图 6-77 所示。

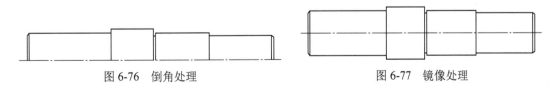

图 6-76　倒角处理　　　　　　　　　　　　　图 6-77　镜像处理

⑦ 单击"默认"选项卡"修改"面板中的"偏移"按钮，将线段 1 分别向左偏移 12 和 49，将线段 2 分别向右偏移 12 和 69。单击"默认"选项卡"修改"面板中的"修剪"按钮，把刚偏移绘制直线在中心线之下的部分修剪掉，结果如图 6-78 所示。

⑧ 单击"默认"选项卡"绘图"面板中的"圆"按钮，选择偏移后的线段与水平中心线的交点为圆心，绘制半径为 9 的 4 个圆，绘制结果如图 6-79 所示。

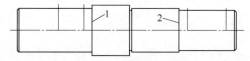
图 6-78　偏移、修剪处理

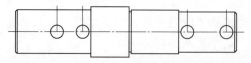
图 6-79　绘制圆

⑨ 单击"默认"选项卡"绘图"面板中的"直线"按钮 ，绘制与圆相切的 4 条直线，绘制结果如图 6-80 所示。

⑩ 单击"默认"选项卡"修改"面板中的"删除"按钮 ，将步骤⑦中偏移得到的线段删除，结果如图 6-81 所示。

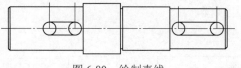
图 6-80　绘制直线

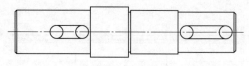
图 6-81　删除结果

⑪ 单击"默认"选项卡"修改"面板中的"修剪"按钮 ，将多余的线进行修剪，最终结果如图 6-72 所示。

6.5.11　打断命令

打断是在两个点之间创建间隔，也就是打断之处存在间隙。

【执行方式】

- 命令行：BREAK（快捷命令：BR）。
- 菜单栏：选择菜单栏中的"修改"→"打断"命令。
- 工具栏：单击"修改"工具栏中的"打断"按钮 。
- 功能区：单击"默认"选项卡的"修改"面板中的"打断"按钮 。

【操作步骤】

命令行提示与操作如下。

命令：BREAK✓
选择对象：选择要打断的对象
指定第二个打断点或 [第一点(F)]：指定第二个断开点或输入"F"✓

【选项说明】

如果选择"第一点（F）"选项，系统将放弃前面选择的第一个点，重新提示用户指定两个断开点。

6.5.12　实例——删除过长中心线

单击"默认"选项卡"修改"面板中的"打断"按钮 ，按命令行提示选择过长的中心线需要打断的位置，如图 6-82（a）所示。

这时被选中的中心线变为虚线，如图 6-82（b）所示。在中心线的延长线上选择第二点，多余的中心线被删除，结果如图 6-82（c）所示。

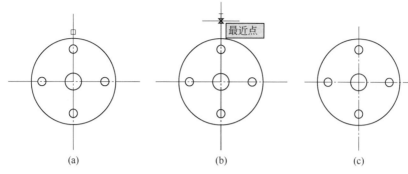

图 6-82　打断对象

6.5.13　打断于点命令

打断于点将对象在某一点处打断，打断之处没有间隙。有效的对象包括直线、圆弧等，但不能是圆、矩形和多边形等封闭的图形。此命令与打断命令类似。

【执行方式】

- 命令行：BREAK。
- 工具栏：单击"修改"工具栏中的"打断于点"按钮□。
- 功能区：单击"默认"选项卡的"修改"面板中的"打断于点"按钮□。

【操作步骤】

命令行提示与操作如下。

```
_break 选择对象：选择要打断的对象
指定第二个打断点或 [第一点(F)]：_f 系统自动执行"第一点"选项
指定第一个打断点：选择打断点
指定第二个打断点：@：系统自动忽略此提示
```

6.5.14　分解命令

选择一个对象后，该对象会被分解。系统继续提示该行信息，允许分解多个对象。

【执行方式】

- 命令行：EXPLODE（快捷命令：X）。
- 菜单栏：选择菜单栏中的"修改"→"分解"命令。
- 工具栏：单击"修改"工具栏中的"分解"按钮□。
- 功能区：单击"默认"选项卡的"修改"面板中的"分解"按钮□。

【操作步骤】

```
命令：EXPLODE✓
```

选择对象：选择要分解的对象

选择一个对象后，该对象会被分解，系统继续提示该行信息，允许分解多个对象。

🧑 **技巧荟萃**

分解命令是将一个合成图形分解为其部件的工具。例如，一个矩形被分解后就会变成 4 条直线，且一个有宽度的直线分解后就会失去其宽度属性。

6.5.15 合并命令

可以将直线、圆、椭圆弧和样条曲线等独立的图线合并为一个对象，如图 6-83 所示。

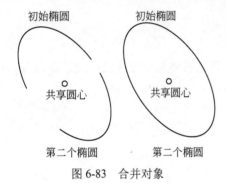
图 6-83 合并对象

🔍 **【执行方式】**

- 命令行：JOIN。
- 菜单：选择菜单栏中的"修改"→"合并"命令。
- 工具栏：单击"修改"工具栏中的"合并"按钮 ⊷ 。
- 功能区：单击"默认"选项卡的"修改"面板中的"合并"按钮 ⊷ 。

 【操作步骤】

命令行提示与操作如下。

```
命令：JOIN↙
选择源对象或要一次合并的多个对象：选择对象
选择要合并的对象：选择另外的对象
找到 1 个
选择要合并的直线：↙
已经合并了 2 个对象
```

6.6 对象编辑命令

在对图形进行编辑时，还可以对图形对象本身的某些特性进行编辑，从而方便地进行图形绘制。

6.6.1 钳夹功能

利用钳夹功能可以快速方便地编辑对象。AutoCAD 在图形对象上定义了一些特殊点，称为夹持点。利用夹持点可以灵活地控制对象，如图 6-84 所示。

要使用钳夹功能编辑对象，必须先打开钳夹功能，打开方法：选择菜单栏中的"工具"→

"选项"命令，系统打开"选项"对话框，单击"选择集"选项卡，勾选"夹点"选项组中的"显示夹点"复选框。在该选项卡中还可以设置代表夹点的小方格尺寸和颜色。也可以通过 GRIPS 系统变量控制是否打开钳夹功能，1 代表打开，0 代表关闭。

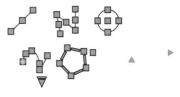

图 6-84 夹持点

打开了钳夹功能后，应该在编辑对象之前先选择对象。夹点表示对象的控制位置。

使用夹点编辑对象，要选择一个夹点作为基点，称为基准夹点。然后，选择一种编辑操作：删除、移动、复制选择、旋转和缩放。可以按<Space>或<Enter>键循环选择这些功能。

下面以其中的拉伸对象操作为例进行讲解，其他操作类似。

在图形上选择一个夹点，该夹点改变颜色，此点为夹点编辑的基准点，此时命令行提示如下。

```
** 拉伸 **
指定拉伸点或 [基点(B)/复制(C)/放弃(U)/退出(X)]：
```

在上述拉伸编辑提示下，输入"缩放"命令或右击，选择快捷菜单中的"缩放"命令，系统就会转换为"缩放"操作，其他操作类似。

6.6.2 实例——利用钳夹功能编辑图形

绘制如图 6-85（a）所示图形，并利用钳夹功能编辑成如图 6-85（b）所示的图形。

(a) 绘制图形

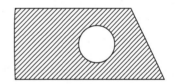

(b) 编辑图形

图 6-85 编辑填充图案

① 单击"默认"选项卡"绘图"面板中的"直线"按钮／和"圆"按钮⊙，绘制图形轮廓。

② 单击"默认"选项卡"绘图"面板中的"图案填充"按钮▨，打开"图案填充创建"选项卡，单击"选项"面板中的"箭头"按钮 ↘ ，系统打开"图案填充和渐变色"对话框，如图 6-86 所示。在"类型"下拉列表框中选择"用户定义"选项，设置"角度"为 45°，设置"间距"为 10。注意，一定要勾选"选项"选项组中的"关联"复选框。单击"添加：拾取点"按钮▣，在绘图区选择要填充的区域，最后单击"确定"按钮，填充结果如图 6-85（a）所示。

③ 钳夹功能设置。选择菜单栏中的"工具"→"选项"命令，系统打开"选项"对话框，单击"选择集"选项卡，在"夹点"选项组中勾选"显示夹点"复选框。

④ 钳夹编辑。选择如图 6-87 所示图形左边界的两条线段，这两条线段上会显示出相应特征的点方框，再选择图中最左边的特征点，该点以醒目方式显示，移动鼠标，使光标到如图 6-88 所示的相应位置单击，得到如图 6-89 所示的图形。

图 6-86 "图案填充和渐变色"对话框

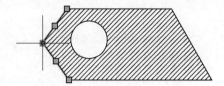

图 6-87 显示边界特征点

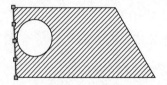

图 6-88 移动夹点到新位置 1

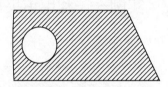

图 6-89 编辑后的图形

⑤ 选择圆,圆上会出现相应的特征点,如图 6-90 所示,选择圆心特征点,则该特征点以醒目方式显示。移动鼠标,使光标位于另一点的位置,如图 6-91 所示,单击确认,则得到如图 6-85(b)所示的结果。

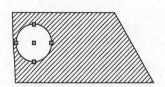

图 6-90 显示圆上特征点

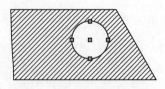

图 6-91 移动夹点到新位置 2

6.6.3 修改对象属性

 【执行方式】

- 命令行:DDMODIFY 或 PROPERTIES。
- 菜单栏:选择菜单栏中的"修改"→"特性"命令或选择菜单栏中的"工具"→"选项板"→"特性"命令。

- 工具栏：单击"标准"工具栏中的"特性"按钮▦。
- 快捷键：Ctrl+1。
- 功能区：单击"视图"选项卡的"选项板"面板中的"特性"按钮▦。

执行上述操作后，系统打开"特性"选项板，如图 6-92 所示。利用它可以方便地设置或修改对象的各种属性。不同的对象属性种类和值不同，修改属性值，对象改变为新的属性。

图 6-92　"特性"选项板

上 机 操 作

【实例 1】绘制如图 6-93 所示的桌椅

（1）目的要求

本例设计的图形除了要用到基本的绘图命令外，还用到"环形阵列"编辑命令。通过本例，要求读者灵活掌握绘图的基本技巧，巧妙利用一些编辑命令以快速灵活地完成绘图工作。

（2）操作提示

① 利用"圆"和"偏移"命令绘制圆形餐桌。

② 利用"直线""圆弧"以及"镜像"命令绘制椅子。

③ 阵列椅子。

【实例 2】绘制如图 6-94 所示的小人头

（1）目的要求

本例设计的图形除了要用到很多基本的绘图命令外，考虑到图形对象的对称性，还要用到"镜像"编辑命令。通过本例，要求读者灵活掌握绘图的基本技巧及镜像命令的用法。

（2）操作提示

① 利用"圆""直线""圆环""多段线"和"圆弧"命令绘制小人头一半的轮廓。

② 以外轮廓圆竖直方向上两点为对称轴镜像图形。

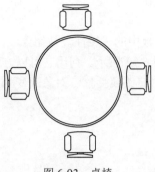

图 6-93　桌椅

图 6-94　小人头

【**实例 3**】绘制如图 6-95 所示的均布结构图形

（1）目的要求

本例设计的图形是一个常见的机械零件。在绘制的过程中，除了要用到"直线""圆"等基本绘图命令外，还要用到"剪切"和"阵列"编辑命令。通过本例，要求读者熟练掌握"剪切"和"阵列"编辑命令的用法。

（2）操作提示

① 设置新图层。

② 绘制中心线和基本轮廓。

③ 进行阵列编辑。

④ 进行剪切编辑。

【**实例 4**】绘制如图 6-96 所示的圆锥滚子轴承

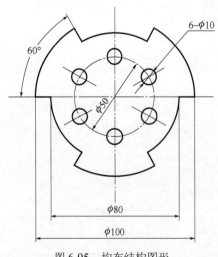

图 6-95　均布结构图形

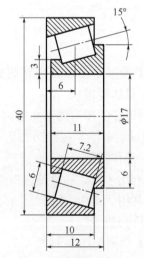

图 6-96　圆锥滚子轴承

（1）目的要求

本例要绘制的是一个圆锥滚子轴承的剖视图。除了要用到一些基本的绘图命令外，还要用到"图案填充"命令以及"旋转""镜像""剪切"等编辑命令。通过对本例图形的绘制，读者能进一步熟悉常见编辑命令以及"图案填充"命令的使用。

（2）操作提示

① 新建图层。

② 绘制中心线及滚子所在的矩形。

③ 旋转滚子所在的矩形。

④ 绘制半个轴承轮廓线。

⑤ 对绘制的图形进行剪切。

⑥ 镜像图形。

⑦ 分别对轴承外圈和内圈进行图案填充。

第7章
文字与表格

　　文字注释是图形绘制过程中很重要的内容，进行各种设计时，不仅要绘制出图形，还要在图形中标注一些注释性的文字，如技术要求、注释说明等。AutoCAD提供了多种在图形中输入文字的方法，本章会详细介绍文本的标注和编辑功能。图表在AutoCAD图形中也有大量的应用，如名细表、参数表和标题栏等。本章主要介绍文字与图表的使用方法。

　　学习要点

　　　　了解文本样式、文本编辑

　　　　熟练掌握文本标注的操作

　　　　学习表格的创建及表格文字的编辑

7.1　文本样式

　　所有 AutoCAD 图形中的文字都有与其相对应的文本样式。当输入文字对象时，AutoCAD 使用当前设置的文本样式。文本样式是用来控制文字基本形状的一组设置。AutoCAD 2012 提供了"文字样式"对话框，通过这个对话框可以方便直观地设置需要的文本样式，或是对已有样式进行修改。

【执行方式】

- 命令行：STYLE（快捷命令：ST）或 DDSTYLE。
- 菜单栏：选择菜单栏中的"格式"→"文字样式"命令。
- 工具栏：单击"文字"工具栏中的"文字样式"按钮 A。
- 功能区：单击"默认"选项卡的"注释"面板中的"文字样式"按钮 A。

执行上述操作后，系统打开"文字样式"对话框，如图 7-1 所示。

【选项说明】

　　① "样式"列表框：列出所有已设定的文字样式名或对已有样式名进行相关操作。单击"新建"按钮，系统打开如图 7-2 所示的"新建文字样式"对话框。在该对话框中可以为

新建的文字样式输入名称。从"样式"列表框中选中要改名的文本样式右击，选择快捷菜单中的"重命名"命令，如图7-3所示，可以为所选文本样式输入新的名称。

图7-1 "文字样式"对话框

② "字体"选项组：用于确定字体样式。文字的字体确定字符的形状，在 AutoCAD 中，除了它固有的 SHX 形状字体文件外，还可以使用 TrueType 字体（如宋体、楷体、italley 等）。一种字体可以设置不同的效果，从而被多种文本样式使用，如图7-4所示就是同一种字体（宋体）的不同样式。

图7-2 "新建文字样式"对话框　　图7-3 快捷菜单　　图7-4 同一字体的不同样式

③ "大小"选项组：用于确定文本样式使用的字体文件、字体风格及字高。"高度"文本框用来设置创建文字时的固定字高，在用 TEXT 命令输入文字时，AutoCAD 不再提示输入字高参数。如果在此文本框中设置字高为 0，系统会在每一次创建文字时提示输入字高，所以，如果不想固定字高，就可以把"高度"文本框中的数值设置为0。

④ "效果"选项组。

a．"颠倒"复选框：勾选该复选框，表示将文本文字倒置标注，如图7-5（a）所示。

b．"反向"复选框：确定是否将文本文字反向标注，如图7-5（b）所示的标注效果。

c．"垂直"复选框：确定文本是水平标注还是垂直标注。勾选该复选框时为垂直标注，否则为水平标注，如图7-6所示。

（a）倒置标注　　　（b）反向标注
图7-5 文字倒置与反向标注

（a）水平标注　　（b）垂直标注
图7-6 文字水平与垂直标注

d."宽度因子"文本框：设置宽度系数，确定文本字符的宽高比。当比例系数为 1 时，表示将按字体文件中定义的宽高比标注文字。当此系数小于 1 时，字会变窄，反之变宽。如图 7-4 所示，是在不同比例系数下标注的文本文字。

e."倾斜角度"文本框：用于确定文字的倾斜角度。角度为 0 时不倾斜，为正数时向右倾斜，为负数时向左倾斜，效果如图 7-4 所示。

⑤ "应用"按钮：确认对文字样式的设置。当创建新的文字样式或对现有文字样式的某些特征进行修改后，都需要单击此按钮，系统才会确认所做的改动。

7.2 文本标注

文字传递了很多设计信息，它可能很复杂，也可能很简短。当需要文字标注的文本不太长时，可以利用 TEXT 命令创建单行文本；当需要标注很长、很复杂的文字信息时，可以利用 MTEXT 命令创建多行文本。

7.2.1 单行文本标注

使用单行文字创建一行或多行文字，其中每行文字都是独立的对象，可对其进行移动、格式设置或其他修改。

 【执行方式】

- 命令行：TEXT。
- 菜单：选择菜单栏中的"绘图"→"文字"→"单行文字"命令。
- 工具栏：单击"文字"工具栏中的"单行文字"按钮 A。
- 功能区：单击"默认"选项卡的"注释"面板中的"单行文字"按钮 A 或单击"注释"选项卡的"文字"面板中的"单行文字"按钮 A。

 【操作步骤】

命令行提示与操作如下。

```
命令: TEXT↙
当前文字样式: Standard  当前文字高度: 0.2000
指定文字的起点或 [对正(J)/样式(S)]:
```

 【选项说明】

① 指定文字的起点：在此提示下直接在绘图区选择一点作为输入文本的起始点，命令行提示与操作如下。

```
指定高度 <0.2000>: 确定文字高度
指定文字的旋转角度 <0>: 确定文本行的倾斜角度
```

执行上述命令后，即可在指定位置输入文本文字，输入后按<Enter>键，文本文字另起一行，可继续输入文字，待全部输入完后按两次<Enter>键，退出 TEXT 命令。可见，TEXT 命令也可创建多行文本，只是这种多行文本每一行是一个对象，不能对多行文本同时进行操作。

技巧荟萃

只有当前文本样式中设置的字符高度为 0，在使用 TEXT 命令时，系统才出现要求用户确定字符高度的提示。AutoCAD 允许将文本行倾斜排列，如图 7-7 所示为倾斜角度分别是 0°、45°和–45°时的排列效果。在"指定文字的旋转角度 <0>"提示下输入文本行的倾斜角度或在绘图区拉出一条直线来指定倾斜角度。

图 7-7　文本行倾斜排列的效果

② 对正（J）：在"指定文字的起点或 [对正（J）/样式（S）]"提示下输入"J"，用来确定文本的对齐方式，对齐方式决定文本的哪部分与所选插入点对齐。执行此选项，命令行提示如下。

输入选项 [左(L)/居中(C)/右(R)/对齐(A)/中间(M)/布满(F)/左上(TL)/中上(TC)/右上(TR)/左中(ML)/正中(MC)/右中(MR)/左下(BL)/中下(BC)/右下(BR)]:

在此提示下选择一个选项作为文本的对齐方式。当文本文字水平排列时，AutoCAD 为标注文本的文字定义了如图 7-8 所示的底线、中线、基线和顶线，各种对齐方式如图 7-9 所示，图中大写字母对应上述提示中各命令。下面以"对齐"方式为例进行简要说明。

图 7-8　文本行的底线、基线、中线和顶线

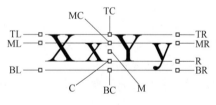

图 7-9　文本的对齐方式

选择"对齐（A）"选项，要求用户指定文本行基线的起始点与终止点的位置，命令行提示与操作如下。

```
指定文字基线的第一个端点：指定文本行基线的起点位置
指定文字基线的第二个端点：指定文本行基线的终点位置
输入文字：输入文本文字↙
输入文字：↙
```

执行结果：输入的文本文字均匀地分布在指定的两点之间，如果两点间的连线不水平，则文本行倾斜放置，倾斜角度由两点间的连线与 X 轴夹角确定；字高、字宽根据两点间的距离、字符的多少以及文本样式中设置的宽度系数自动确定。指定了两点之后，每行输入的字符越多，字宽和字高越小。其他选项与"对齐"类似，此处不再赘述。

实际绘图时，有时需要标注一些特殊字符，例如直径符号、上划线或下划线、温度符号等，由于这些符号不能直接从键盘上输入，AutoCAD 提供了一些控制码。控制码用两个百分号（%%）加一个字符构成，常用的控制码及功能如表 7-1 所示。

表 7-1　AutoCAD 常用控制码及功能

控制码	标注的特殊字符	控制码	标注的特殊字符
%%O	上划线	\u+0278	电相位
%%U	下划线	\u+E101	流线
%%D	"度"符号（°）	\u+2261	标识
%%P	正负符号（±）	\u+E102	界碑线
%%C	直径符号（∅）	\u+2260	不相等（≠）
%%%	百分号（%）	\u+2126	欧姆（Ω）
\u+2248	约等于（≈）	\u+03A9	欧米加（Ω）
\u+2220	角度（∠）	\u+214A	低界线
\u+E100	边界线	\u+2082	下标 2
\u+2104	中心线	\u+00B2	上标 2
\u+0394	差值		

I want to go to Beijing. (a)

50°+∅75±12　　　　(b)

图 7-10　文本行

其中，%%O 和%%U 分别是上划线和下划线的开关，第一次出现此符号，开始画上划线和下划线；第二次出现此符号，上划线和下划线终止。例如输入"I want to %%U go to Beijing%%U."，则得到如图 7-10（a）所示的文本行，输入"50%%D+%%C75%%P12"，则得到如图 7-10（b）所示的文本行。

利用 TEXT 命令可以创建一个或若干个单行文本，即此命令可以标注多行文本。在"输入文字"提示下输入一行文本文字后按<Enter>键，命令行继续提示"输入文字"，用户可输入第二行文本文字，以此类推，直到文本文字全部输入完毕，再在此提示下按两次<Enter>键，结束文本输入命令。每一次按<Enter>键就结束一个单行文本的输入，每一个单行文本是一个对象，可以单独修改其文本样式、字高、旋转角度、对齐方式等。

用 TEXT 命令创建文本时，在命令行输入的文字同时显示在绘图区，而且在创建过程中可以随时改变文本的位置，只要移动光标到新的位置单击，则当前行结束，随后输入的文字在新的文本位置出现，用这种方法可以把多行文本标注到绘图区的不同位置。

7.2.2　多行文本标注

可以将若干文字段落创建为单个多行文字对象，可以使用文字编辑器格式化文字外观、列和边界。

【执行方式】

- 命令行：MTEXT（快捷命令：T 或 MT）。
- 菜单栏：选择菜单栏中的"绘图"→"文字"→"多行文字"命令。
- 工具栏：单击"绘图"工具栏中的"多行文字"按钮 A 或单击"文字"工具栏中的"多行文字"按钮 A。
- 功能区：单击"默认"选项卡的"注释"面板中的"多行文字"按钮 A 或单击"注释"选项卡的"文字"面板中的"多行文字"按钮 A。

【操作步骤】

命令行提示与操作如下。

命令:MTEXT✓
当前文字样式:"Standard" 当前文字高度:1.9122
指定第一角点:指定矩形框的第一个角点
指定对角点或 [高度(H)/对正(J)/行距(L)/旋转(R)/样式(S)/宽度(W)/栏(C)]:

【选项说明】

"文字编辑器"选项卡:用来控制文本文字的显示特性。可以在输入文本文字前设置文本的特性,也可以改变已输入的文本文字特性。要改变已有文本文字显示特性,首先应选择要修改的文本,选择文本的方式有以下3种。

- 将光标定位到文本文字开始处,按住鼠标左键,拖动到文本末尾。
- 双击某个文字,则该文字被选中。
- 3次单击鼠标左键,则选中全部内容。

① 指定对角点:在绘图区选择两个点作为矩形框的两个角点,AutoCAD以这两个点为对角点构成一个矩形区域,其宽度作为将来要标注的多行文本的宽度,第一个点作为第一行文本顶线的起点。响应后AutoCAD打开如图7-11所示的"文字编辑器"选项卡和"多行文字编辑器",可利用此编辑器输入多行文本文字并对其格式进行设置。关于该选项卡中各项的含义及编辑器功能,稍后再详细介绍。

② 对正(J):用于确定所标注文本的对齐方式。选择此选项,命令行提示如下。

输入对正方式 [左上(TL)/中上(TC)/右上(TR)/左中(ML)/正中(MC)/右中(MR)/左下(BL)/中下(BC)/右下(BR)] <左上(TL)>:

这些对齐方式与TEXT命令中的各对齐方式相同。选择一种对齐方式后按<Enter>键,系统回到上一级提示。

图7-11 "文字编辑器"选项卡和"多行文字编辑器"

③ 行距(L):用于确定多行文本的行间距。这里所说的行间距是指相邻两文本行基线之间的垂直距离。选择此选项,命令行提示如下。

输入行距类型 [至少(A)/精确(E)] <至少(A)>:

在此提示下有"至少"和"精确"两种方式确定行间距。在"至少"方式下,系统根据每行文本中最大的字符自动调整行间距;在"精确"方式下,系统为多行文本赋予一个固定的行间距,可以直接输入一个确切的间距值,也可以输入"nx"的形式,其中n是一个具体

数,表示行间距设置为单行文本高度的 n 倍,而单行文本高度是本行文本字符高度的 1.66 倍。

④ 旋转(R):用于确定文本行的倾斜角度。选择此选项,命令行提示如下。

指定旋转角度 <0>:(输入倾斜角度)

输入角度值后按<Enter>键,系统返回到"指定对角点或 [高度(H)/对正(J)/行距(L)/旋转(R)/样式(S)/宽度(W)]:"的提示。

⑤ 样式(S):用于确定当前的文本文字样式。

⑥ 宽度(W):用于指定多行文本的宽度。可在绘图区选择一点,与前面确定的第一个角点组成一个矩形框的宽作为多行文本的宽度;也可以输入一个数值,精确设置多行文本的宽度。

在创建多行文本时,只要指定文本行的起始点和宽度后,系统就会打开如图 7-11 所示的"多行文字编辑器",该编辑器包含一个"文字格式"对话框和一个快捷菜单。用户可以在编辑器中输入和编辑多行文本,包括设置字高、文本样式以及倾斜角度等。该编辑器与 Microsoft Word 编辑器界面相似,事实上该编辑器与 Word 编辑器在某些功能上趋于一致。这样既增强了多行文字的编辑功能,又能使用户更熟悉和方便地使用。

⑦ 格式。

a."文字高度"下拉列表框:用于确定文本的字符高度,可在文本编辑器中设置输入新的字符高度,也可从此下拉列表框中选择已设定过的高度值。

b."粗体"**B**和"斜体"*I*按钮:用于设置加粗或斜体效果,但这两个按钮只对 TrueType 字体有效。

c."下划线"U和"上划线"Ō按钮:用于设置或取消文字的上下划线。

d."堆叠"按钮:为层叠或非层叠文本按钮,用于层叠所选的文本文字,也就是创建分数形式。当文本中某处出现"/""^"或"#"3 种层叠符号之一时,可层叠文本,其方法是选中需层叠的文字,然后单击此按钮,则符号左边的文字作为分子、右边的文字作为分母进行层叠。

AutoCAD 提供了 3 种分数形式:如选中"abcd/efgh"后单击此按钮,得到如图 7-12(a)所示的分数形式;如果选中"abcd^efgh"后单击此按钮,则得到如图 7-12(b)所示的形式,此形式多用于标注极限偏差;如果选中"abcd # efgh"后单击此按钮,则创建斜排的分数形式,如图 7-12(c)所示。如果选中已经层叠的文本对象后单击此按钮,则恢复到非层叠形式。

e."倾斜角度"(*0/*)下拉列表框:用于设置文字的倾斜角度。

 技巧荟萃

倾斜角度与斜体效果是两个不同的概念,前者可以设置任意倾斜角度,后者是在任意倾斜角度的基础上设置斜体效果,如图 7-13 所示。第一行倾斜角度为 0°,非斜体效果;第二行倾斜角度为 12°,非斜体效果;第三行倾斜角度为 12°,斜体效果。

f."符号"按钮**@**:用于输入各种符号。单击此按钮,系统打开符号列表,如图 7-14 所示,可以从中选择符号输入文本中。

（a）　　（b）　　（c）

图 7-12　文本层叠

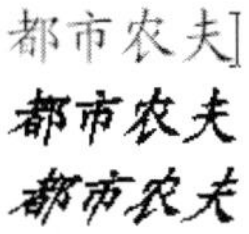

图 7-13　倾斜角度与斜体效果

g.“字段”按钮🖳A：用于插入一些常用或预设字段。单击此按钮，系统打开“字段”对话框，如图 7-15 所示，用户可从中选择字段，插入到标注文本中。

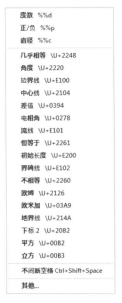

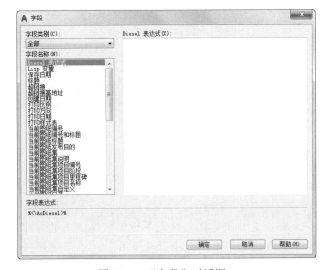

图 7-14　符号列表

图 7-15　“字段”对话框

h.“追踪”下拉列表框🅰b：用于增大或减小选定字符之间的空间。设置为 1.0 表示常规间距，大于 1.0 表示增大间距，小于 1.0 表示减小间距。

i.“宽度因子”下拉列表框◯：用于扩展或收缩选定字符。1.0 表示设置代表此字体中字母的常规宽度，可以增大该宽度或减小该宽度。

j.“上标”按钮x^2：将选定文字转换为上标，即在输入线的上方设置稍小的文字。

k.“下标”按钮x_2：将选定文字转换为下标，即在输入线的下方设置稍小的文字。

l.“项目符号和编号”下拉列表：显示用于创建列表的选项，缩进列表以与第一个选定的段落对齐。如果清除复选标记，多行文字对象中的所有列表格式都将被删除，各项将被转换为纯文本。

m.拼写检查：确定输入时拼写检查处于打开还是关闭状态。

n.编辑词典：显示词典对话框，从中可添加或删除在拼写检查过程中使用的自定义词典。

o.标尺：在编辑器顶部显示标尺。拖动标尺末尾的箭头可更改文字对象的宽度。列模式处于活动状态时，还显示高度和列夹点。

p.输入文字：选择该选项，系统打开“选择文件”对话框，如图 7-16 所示。选择任意 ASCII 或 RTF 格式的文件。输入的文字保留原始字符格式和样式特性，但可以在多行文字编辑器中编辑和格式化输入的文字。选择要输入的文本文件后，可以替换选定的文字或全部文字，或在文字边界内将插入的文字附加到选定的文字中。输入文字的文件必须小于 32KB。

图 7-16　"选择文件"对话框

技巧荟萃

　　多行文字是由任意数目的文字行或段落组成的，布满指定的宽度，还可以沿垂直方向无限延伸。多行文字中，无论行数是多少，单个编辑任务中创建的每个段落集将构成单个对象；用户可对其进行移动、旋转、删除、复制、镜像或缩放操作。

7.2.3　实例——在标注文字时插入"±"号

扫一扫，看视频

　　① 单击"默认"选项卡"注释"面板中的"多行文字"按钮 **A**，系统打开"文字编辑器"选项卡，单击"插入"面板中的"符号"按钮下的"三角形"按钮▼，继续在"符号"子菜单中选择"其他"命令，如图 7-17（见下页）所示。系统打开"字符映射表"对话框，如图 7-18 所示，其中包含当前字体的整个字符集。

　　② 选中要插入的字符，然后单击"选择"按钮。

　　③ 选中要使用的所有字符，然后单击"复制"按钮。

　　④ 在多行文字编辑器中右击，在打开的快捷菜单中选择"粘贴"命令。

7.3　文本编辑

　　AutoCAD 2020 提供了"文字样式"编辑器，通过这个编辑器可以方便直观地设置需要的文本样式，或是对已有样式进行修改。

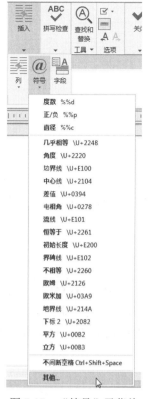

图 7-17 "符号"子菜单

图 7-18 "字符映射表"对话框

 【执行方式】

- 命令行：TEXTEDIT。
- 菜单栏：选择菜单栏中的"修改"→"对象"→"文字"→"编辑"命令。
- 工具栏：单击"文字"工具栏中的"编辑"按钮 A̲。

 【操作步骤】

命令行提示与操作如下。

命令：TEXTEDIT↙
当前设置：编辑模式 = Multiple
选择注释对象或 [放弃(U)]:

 【选项说明】

① 选择注释对象：选取要编辑的文字、多行文字或标注对象。

要求选择想要修改的文本，同时光标变为拾取框。用拾取框选择对象时：

a．如果选择的文本是用 TEXT 命令创建的单行文本，则深显该文本，可对其进行修改。

b．如果选择的文本是用 MTEXT 命令创建的多行文本，选择对象后则打开"文字编辑器"选项卡和多行文字编辑器，可根据前面的介绍对各项设置或内容进行修改。

② 放弃(U)：放弃对文字对象的上一个更改。

③ 模式(M)：控制是否自动重复命令。选择此选项，命令行提示如下。

输入文本编辑模式选项 [单个(S)/多个(M)] <Multiple>：

a. 单个(S)：修改选定的文字对象一次，然后结束命令。

b. 多个(M)：允许在命令持续时间内编辑多个文字对象。

7.4　表格

在以前的 AutoCAD 版本中，要绘制表格必须采用绘制图线并结合偏移、复制等编辑命令来完成，这样的操作过程烦琐，不利于提高绘图效率。AutoCAD 2005 及之后版本增加了"表格"绘图功能，有了该功能，创建表格就变得非常容易，用户可以直接插入设置好样式的表格，而不用绘制由单独图线组成的表格。

7.4.1　定义表格样式

和文字样式一样，所有 AutoCAD 图形中的表格都有与其相对应的表格样式。当插入表格对象时，系统使用当前设置的表格样式。表格样式是用来控制表格基本形状和间距的一组设置。模板文件 ACAD.DWT 和 ACADISO.DWT 中定义了名为"Standard"的默认表格样式。

【执行方式】

- 命令行：TABLESTYLE。
- 菜单栏：选择菜单栏中的"格式"→"表格样式"命令。
- 工具栏：单击"样式"工具栏中的"表格样式"按钮▦。
- 功能区：单击"默认"选项卡的"注释"面板中的"表格样式"按钮▦。

执行上述操作后，系统打开"表格样式"对话框，如图 7-19 所示。

【选项说明】

① "新建"按钮：单击该按钮，系统打开"创建新的表格样式"对话框，如图 7-20 所示。输入新的表格样式名后，单击"继续"按钮，系统打开"新建表格样式"对话框，如图 7-21 所示，从中可以定义新的表格样式。

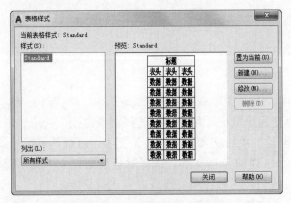

图 7-19　"表格样式"对话框　　　　图 7-20　"创建新的表格样式"对话框

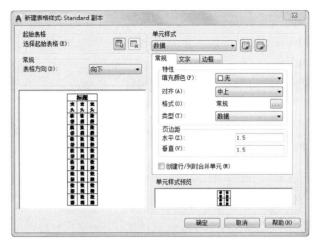

图 7-21　"新建表格样式"对话框

"新建表格样式"对话框的"单元样式"下拉列表框中有 3 个重要的选项："数据""表头"和"标题"，分别控制表格中数据、列标题和总标题的有关参数，如图 7-22 所示。在"新建表格样式"对话框在有 3 个重要的选项卡，分别介绍如下。

a."常规"选项卡：用于控制数据栏格与标题栏格的上下位置关系。

b."文字"选项卡：用于设置文字属性，单击此选项卡，在"文字样式"下拉列表框中可以选择已定义的文字样式并应用于数据文字，也可以单击右侧的按钮 ... 重新定义文字样式。其中"文字高度""文字颜色"和"文字角度"各选项设定的相应参数格式可供用户选择。

c."边框"选项卡：用于设置表格的边框属性，下面的边框线按钮控制数据边框线的各种形式，如绘制所有数据边框线、只绘制数据边框外部边框线、只绘制数据边框内部边框线、无边框线、只绘制底部边框线等。选项卡中的"线宽""线型"和"颜色"下拉列表框则控制边框线的线宽、线型和颜色；选项卡中的"间距"文本框用于控制单元边界和内容之间的间距。

如图 7-23 所示，数据文字样式为"Standard"，文字高度为 4.5，文字颜色为"红色"，对齐方式为"右下"；标题文字样式为"Standard"，文字高度为 6，文字颜色为"蓝色"，对齐方式为"正中"，表格方向为"上"，水平单元边距和垂直单元边距都为"1.5"的表格样式。

② "修改"按钮：用于对当前表格样式进行修改，方式与新建表格样式相同。

图 7-22　表格样式　　　　　图 7-23　表格示例

7.4.2　创建表格

在设置好表格样式后，用户可以利用 TABLE 命令创建表格。

【执行方式】

- 命令行：TABLE。
- 菜单栏：选择菜单栏中的"绘图"→"表格"命令。
- 工具栏：单击"绘图"工具栏中的"表格"按钮▦。
- 功能区：单击"默认"选项卡的"注释"面板中的"表格"按钮▦或单击"注释"选项卡的"表格"面板中的"表格"按钮▦。

执行上述操作后，系统打开"插入表格"对话框，如图 7-24 所示。

图 7-24　"插入表格"对话框

【选项说明】

① "表格样式"选项组：可以在"表格样式"下拉列表框中选择一种表格样式，也可以通过单击后面的"▣"按钮来新建或修改表格样式。

② "插入选项"选项组。

a. "从空表格开始"单选钮：创建可以手动填充数据的空表格。

b. "自数据连接"单选钮：通过启动数据连接管理器来创建表格。

c. "自图形中的对象数据（数据提取）"单选钮：通过启动"数据提取"向导来创建表格。

③ "插入方式"选项组。

a. "指定插入点"单选钮：指定表格的左上角的位置。可以使用定点设备，也可以在命令行中输入坐标值。如果表格样式将表格的方向设置为由下而上读取，则插入点位于表格的左下角。

b. "指定窗口"单选钮：指定表的大小和位置。可以使用定点设备，也可以在命令行中输入坐标值。选定此选项时，行数、列数、列宽和行高取决于窗口的大小以及列和行设置。

④ "列和行设置"选项组：指定列和数据行的数目以及列宽与行高。

⑤ "设置单元样式"选项组：指定"第一行单元样式""第二行单元样式"和"所有其他行单元样式"分别为标题、表头或者数据样式。

技巧荟萃

在"插入方式"选项组中点选"指定窗口"单选钮后，列与行设置的两个参数中只能指定一个，另外一个由指定窗口的大小自动等分来确定。

在"插入表格"对话框中进行相应设置后，单击"确定"按钮，系统在指定的插入点或窗口自动插入一个空表格，并打开"文字编辑器"选项卡和一个空表格，如图 7-25 所示。

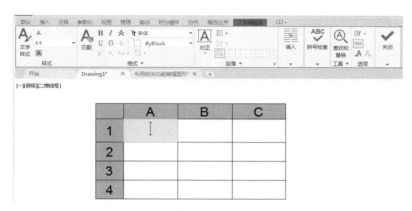

图 7-25　"文字编辑器"选项卡和空表格

技巧荟萃

在插入后的表格中选择某一个单元格，单击后出现钳夹点，通过移动钳夹点可以改变单元格的大小，如图 7-26 所示。

图 7-26　改变单元格大小

7.4.3　表格文字编辑

【执行方式】

- 命令行：TABLEDIT。
- 快捷菜单：选择表和一个或多个单元后右击，选择快捷菜单中的"编辑文字"命令。

● 定点设备：在表单元内双击。

执行上述操作后，命令行出现"拾取表格单元"的提示，选择要编辑的表格单元，系统打开如图 7-11 所示的"多行文字编辑器"，用户可以对选择的表格单元的文字进行编辑。

下面以新建如图 7-27 所示的"材料明细表"为例，具体介绍新建表格的步骤。

材料明细表								
构件编号	零件编号	规格	长度/mm	数量		重量/kg		总计/kg
				单计	共计	单计	共计	

图 7-27　材料明细表

① 设置表格样式。单击"默认"选项卡"注释"面板中的"表格样式"按钮，打开"表格样式"对话框。

② 单击"新建"按钮，打开"新建表格样式"对话框，设置表格样式如图 7-28 所示，命名为"材料明细表"。并修改表格设置，将标题行添加到表格中，文字高度设置为 3，对齐位置设置为"正中"，将外框线设置为 0.7mm，内框线为 0.35mm。

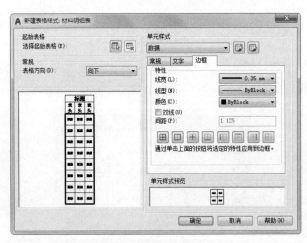

图 7-28　设置表格样式

③ 设置好表格样式后，单击"确定"按钮退出。

④ 创建表格。单击"默认"选项卡"注释"面板中的"表格"按钮，系统打开"插入表格"对话框。设置插入方式为"指定插入点"，设置数据行数为 10、列数为 9，设置列宽为 20、行高为 2，如图 7-29 所示，单击"确定"按钮，插入的表格如图 7-30 所示。单击"文字编辑器"选项卡中的"关闭"按钮，关闭选项卡。

⑤ 选中表格第二列中的第一个表格，并单击键盘上的<Shift>键，然后选中表格第三列

中的第一个表格，右击，选择快捷菜单中的"合并"→"全部"命令，如图 7-31 所示。合并后的表格如图 7-32 所示。

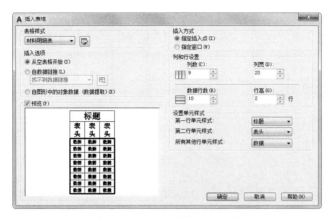

图 7-29 "插入表格"对话框

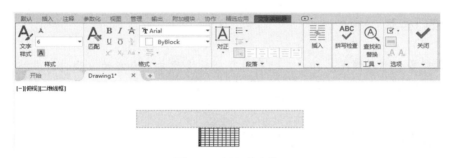

图 7-30 插入的表格

图 7-31 合并单元格

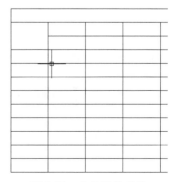

图 7-32 合并后的表格

⑥ 利用此方法，将表格进行合并修改，修改后的表格如图 7-33 所示。

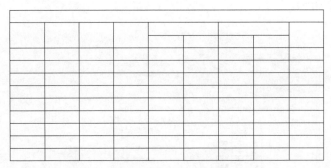

图 7-33　修改后的表格

⑦ 双击单元格，打开"文字格式"对话框，在表格中输入标题及表头，最后绘制结果如图 7-27 所示。

技巧荟萃

如果有多个文本格式一样，可以采用复制后修改文字内容的方法进行表格文字的填充，这样只需双击就可以直接修改表格文字的内容，而不用重新设置每个文本格式。

7.4.4　实例——绘制建筑制图样板图

扫一扫，看视频

绘制如图 7-34 所示的建筑制图样板图。

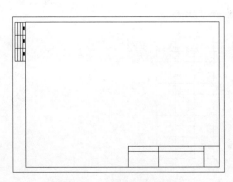

图 7-34　建筑制图样板图

① 绘制标题栏。标题栏具体大小和样式如图 7-35 所示（标题栏也简称"图标"）。

10	（设计单位名称）	（工程名称）	（图号区）
30	（签字区）	（图名区）	

180

图 7-35　标题栏示意图

② 单击"默认"选项卡"绘图"面板中的"矩形"按钮 □ 和"修改"面板中的"分解"按钮 ⑤、"偏移"按钮 ⊆ 和"修剪"按钮 ↖，绘制出标题栏，绘制结果如图 7-36 所示。

图 7-36　标题栏绘制结果

③ 绘制会签栏。会签栏具体大小和样式如图 7-37 所示。同样利用"矩形""分解""偏移"等命令绘制出会签栏，绘制结果如图 7-38 所示。

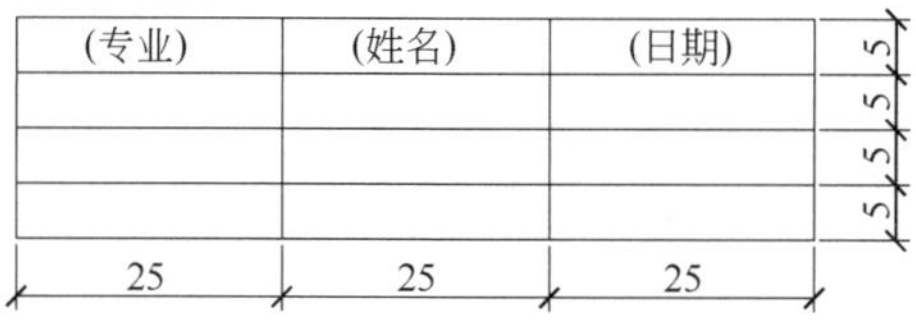

图 7-37　会签栏示意图

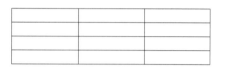

图 7-38　会签栏的绘制结果

④ 单击"快速访问"工具栏中的"保存"按钮 💾，将两个表格分别进行保存。单击"快速访问"工具栏中的"新建"按钮 🗋，新建一个图形文件。

⑤ 单击"默认"选项卡"绘图"面板中的"矩形"按钮 □，绘制一个 420mm×297mm（A3 图纸大小）的矩形作为图纸范围。

⑥ 单击"默认"选项卡"修改"面板中的"分解"按钮 ⑤，把矩形分解。再单击"默认"选项卡"修改"面板中的"偏移"按钮 ⊆，让左边的直线向右偏移 25，如图 7-39 所示。

⑦ 单击"默认"选项卡"修改"面板中的"偏移"按钮 ⊆，使矩形其他的 3 条边分别向内偏移 10，偏移结果如图 7-40 所示。

图 7-39　绘制矩形和偏移操作

图 7-40　偏移结果

⑧ 单击"默认"选项卡"绘图"面板中的"多段线"按钮 ⌐，按照偏移线绘制如图 7-41 所示的多段线作为图框，注意设置线宽为 0.3；然后单击"默认"选项卡"修改"面板中的"删除"按钮 ✎，删除偏移的直线。

⑨ 单击"快速访问"工具栏中的"打开"按钮 📂，找到并打开前面保存的标题栏文件，再选择菜单栏中的"编辑"→"带基点复制"命令，选择标题栏的右下角点作为基点，把标题栏图形复制，然后返回到原来图形中；接着选择菜单栏中的"编辑"→"粘贴"命令，选择图框右下角点作为基点进行粘贴，粘贴结果如图 7-42 所示。

⑩ 单击"快速访问"工具栏中的"打开"按钮 📂，找到并打开前面保存的会签栏文件，

再选择菜单栏中的"编辑"→"带基点复制"命令，选择会签栏的右下角点作为基点，把会签栏图形复制，然后返回到原来图形中；接着选择菜单栏中的"编辑"→"粘贴"命令，在空白处粘贴会签栏。

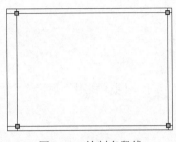

图 7-41　绘制多段线

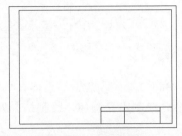

图 7-42　粘贴标题栏

⑪ 单击"默认"选项卡"注释"面板中的"文字样式"按钮，系统打开"文字样式"对话框。单击"新建"按钮，系统打开"新建文字样式"对话框，接受默认的"样式 1"作为文字样式名，单击"确定"按钮退出。系统返回"文字样式"对话框中，在"字体名"下拉列表框中选择"仿宋_GB2312"选项，在"宽度因子"文本框中将宽度比例设置为 0.7，在"高度"文本框中设置文字高度为 2.5，单击"应用"按钮，然后再单击"关闭"按钮。

⑫ 单击"默认"选项卡"注释"面板中的"多行文字"按钮**A**，命令行提示与操作如下。

```
命令: _mtext
当前文字样式:"样式 1"  当前文字高度: 2.5
指定第一角点: 指定一点
指定对角点或 [高度(H)/对正(J)/行距(L)/旋转(R)/样式(S)/宽度(W)]: 指定第二点
```

系统打开多行文字编辑器，选择颜色为黑色，输入文字"专业"，单击"确定"按钮退出。

⑬ 单击"默认"选项卡"修改"面板中的"移动"按钮✛，将标注的文字"专业"移动到表格中的合适位置；单击"默认"选项卡"修改"面板中的"复制"按钮，将标注的文字"专业"复制到另两个表格中，如图 7-43 所示。

⑭ 双击表格中要修改的文字，然后在打开的多行文字编辑器中把它们分别修改为"姓名"和"日期"，结果如图 7-44 所示。

⑮ 单击"默认"选项卡"修改"面板中的"旋转"按钮，将会签栏旋转−90°，得到竖放的会签栏，结果如图 7-45 所示。

专业	专业	专业

图 7-43　添加文字说明

专业	姓名	日期

图 7-44　修改文字

图 7-45　竖放的会签栏

⑯ 单击"默认"选项卡"修改"面板中的"移动"按钮 ✛，将会签栏移动到图纸左上角，结果如图 7-34 所示。这样就得到了一个带有自己标题栏和会签栏的样板图形。

⑰ 单击"快速访问"工具栏中的"另存为"按钮 ▤，系统打开"图形另存为"对话框，将图形保存为 DWT 格式的文件。

上 机 操 作

【实例 1】标注如图 7-46 所示的技术要求

> 1. 当无标准齿轮时，允许检查下列三项代替检查径向综合公差和一齿径向综合公差
> a. 齿圈径向跳动公差 Fr 为 0.056
> b. 齿形公差 ff 为 0.016
> c. 基节极限偏差 ± f_{pb} 为 0.018
> 2. 未注倒角 1x45。

图 7-46 技术要求

（1）目的要求

文字标注在零件图或装配图的技术要求中经常用到，正确进行文字标注是 AutoCAD 绘图中必不可少的一项工作。通过本例的练习，读者应掌握文字标注的一般方法，尤其是特殊字体的标注方法。

（2）操作提示

① 设置文字标注的样式。

② 利用"多行文字"命令进行标注。

③ 利用快捷菜单，输入特殊字符。

【实例 2】在【实例 1】标注的技术要求中加入下面一段文字

$$3. \text{尺寸为} \Phi 30^{+0.05}_{-0.06} \text{的孔抛光处理。}$$

（1）目的要求

文字编辑是对标注的文字进行调整的重要手段。本例通过添加技术要求文字，让读者掌握文字，尤其是特殊符号的编辑方法和技巧。

（2）操作提示

① 选择【实例 1】中标注好的文字，进行文字编辑。

② 在打开的文字编辑器中输入要添加的文字。

③ 在输入尺寸公差时要注意，一定要输入"+0.05^-0.06"，然后选择这些文字，单击"文字格式"对话框上的"堆叠"按钮。

【实例 3】绘制如图 7-47 所示的变速箱组装图明细表

（1）目的要求

明细表是工程制图中常用的表格。本例通过绘制明细表，要求读者掌握表格相关命令的用法，体会表格功能的便捷性。

14	端盖	1	HT150	
13	端盖	1	HT150	
12	定距环	1	Q235A	
11	大齿轮	1	40	
10	键16×70	1	Q275	GB 1095-79
9	轴	1	45	
8	轴承	2		30208
7	端盖	1	HT200	
6	轴承	2		30211
5	轴	1	45	
4	键8×50	1	Q275	GB 1095-79
3	端盖	1	HT200	
2	调整垫片	2组	08F	
1	减速器箱体	1	HT200	
序号	名称	数量	材料	备注

图 7-47　变速箱组装图明细表

（2）操作提示

① 设置表格样式。

② 插入空表格，并调整列宽。

③ 重新输入文字和数据。

第8章
尺寸标注

尺寸标注是绘图设计过程中非常重要的一个环节，因为图形的主要作用是表达物体的形状，而物体各部分的真实大小和各部分之间的确切位置只能通过尺寸标注来表达。因此，没有正确的尺寸标注，绘制出的图纸对于加工制造就没什么意义。AutoCAD 2020提供了方便、准确标注尺寸的功能。

本章介绍AutoCAD 2020的尺寸标注功能，主要包括尺寸标注和QDIM功能等。

学习要点

了解标注规则与尺寸组成

熟练掌握设置尺寸样式的操作

掌握尺寸标注的编辑

8.1 尺寸样式

组成尺寸标注的尺寸线、尺寸界线、尺寸文本和尺寸箭头可以采用多种形式，尺寸标注以什么形态出现，取决于当前所采用的尺寸标注样式。标注样式决定尺寸标注的形式，包括尺寸线、尺寸界线、尺寸箭头和中心标记的形式、尺寸文本的位置、特性等。在AutoCAD 2020中，用户可以利用"标注样式管理器"对话框方便地设置自己需要的尺寸标注样式。

8.1.1 新建或修改尺寸样式

在进行尺寸标注前，先要创建尺寸标注的样式。如果用户不创建尺寸样式而直接进行标注，系统使用默认名称为 Standard 的样式。如果用户认为使用的标注样式某些设置不合适，也可以修改标注样式。

 【执行方式】

- 命令行：DIMSTYLE（快捷命令：D）。
- 菜单栏：选择菜单栏中的"格式"→"标注样式"命令或"标注"→"标注样式"命令。
- 工具栏：单击"标注"工具栏中的"标注样式"按钮 ⊿。

● 功能区：单击"默认"选项卡的"注释"面板中的"标注样式"按钮 ᴵ‸ 。

执行上述操作后，系统打开"标注样式管理器"对话框，如图 8-1 所示。利用此对话框可方便直观地定制和浏览尺寸标注样式，包括创建新的标注样式、修改已存在的标注样式、设置当前尺寸标注样式、样式重命名以及删除已有标注样式等。

 【选项说明】

① "置为当前"按钮：单击此按钮，把在"样式"列表框中选择的样式设置为当前标注样式。

② "新建"按钮：创建新的尺寸标注样式。单击此按钮，系统打开"创建新标注样式"对话框，如图 8-2 所示，利用此对话框可创建一个新的尺寸标注样式，其中各项的功能说明如下。

a. "新样式名"文本框：为新的尺寸标注样式命名。

b. "基础样式"下拉列表框：选择创建新样式所基于的标注样式。单击"基础样式"下拉列表框，打开当前已有的样式列表，从中选择一个作为定义新样式的基础，新的样式是在所选样式的基础上修改一些特性得到的。

c. "用于"下拉列表框：指定新样式应用的尺寸类型。单击此下拉列表框，打开尺寸类型列表，如果新建样式应用于所有尺寸，则选择"所有标注"选项；如果新建样式只应用于特定的尺寸标注（如只在标注直径时使用此样式），则选择相应的尺寸类型。

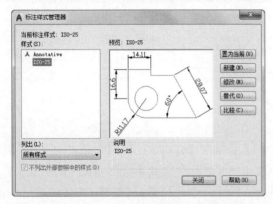

图 8-1 "标注样式管理器"对话框

图 8-2 "创建新标注样式"对话框

d. "继续"按钮：各选项设置好以后，单击"继续"按钮，系统打开"新建标注样式"对话框，如图 8-3 所示，利用此对话框可对新标注样式的各项特性进行设置。该对话框中各部分的含义和功能将在后面介绍。

③ "修改"按钮：修改一个已存在的尺寸标注样式。单击此按钮，系统打开"修改标注样式"对话框，该对话框中的各选项与"新建标注样式"对话框中完全相同，可以对已有标注样式进行修改。

④ "替代"按钮：设置临时覆盖尺寸标注样式。单击此按钮，系统打开"替代当前样式"对话框，该对话框中各选项与"新建标注样式"对话框中完全相同，用户可改变选项的设置，以覆盖原来的设置，但这种修改只对指定的尺寸标注起作用，而不影响当前其他尺寸变量的设置。

⑤ "比较"按钮：比较两个尺寸标注样式在参数上的区别，或浏览一个尺寸标注样式的参数设置。单击此按钮，系统打开"比较标注样式"对话框，如图 8-4 所示。可以把比较结果复制到剪贴板上，然后再粘贴到其他的 Windows 应用软件上。

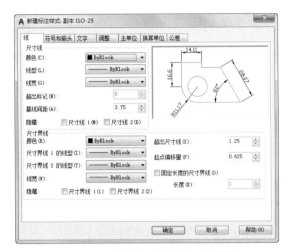

图 8-3 "新建标注样式"对话框

图 8-4 "比较标注样式"对话框

8.1.2 线

在"新建标注样式"对话框中，第一个选项卡就是"线"选项卡，如图 8-3 所示。该选项卡用于设置尺寸线、尺寸界线的形式和特性。现对该选项卡中的各选项分别说明如下。

① "尺寸线"选项组：用于设置尺寸线的特性，其中各选项的含义如下。

a. "颜色"下拉列表框：用于设置尺寸线的颜色。可直接输入颜色名字，也可从下拉列表框中选择，如果选择"选择颜色"选项，系统打开"选择颜色"对话框供用户选择其他颜色。

b. "线型"下拉列表框：用于设置尺寸线的线型。

c. "线宽"下拉列表框：用于设置尺寸线的线宽，下拉列表框中列出了各种线宽的名称和宽度。

d. "超出标记"微调框：当尺寸箭头设置为短斜线、短波浪线等，或尺寸线上无箭头时，可利用此微调框设置尺寸线超出尺寸界线的距离。

e. "基线间距"微调框：设置以基线方式标注尺寸时，相邻两尺寸线之间的距离。

f. "隐藏"复选框组：确定是否隐藏尺寸线及相应的箭头。勾选"尺寸线 1"复选框，表示隐藏第一段尺寸线；勾选"尺寸线 2"复选框，表示隐藏第二段尺寸线。

② "尺寸界线"选项组：用于确定尺寸界线的形式，其中各选项的含义如下。

a. "颜色"下拉列表框：用于设置尺寸界线的颜色。

b. "尺寸界线 1 的线型"下拉列表框：用于设置第一条尺寸界线的线型（DIMLTEX1 系统变量）。

c. "尺寸界线 2 的线型"下拉列表框：用于设置第二条尺寸界线的线型（DIMLTEX2 系统变量）。

d. "线宽"下拉列表框：用于设置尺寸界线的线宽。

e. "超出尺寸线"微调框：用于确定尺寸界线超出尺寸线的距离。

f. "起点偏移量"微调框：用于确定尺寸界线的实际起始点相对于指定尺寸界线起始点的偏移量。

g. "隐藏"复选框组：确定是否隐藏尺寸界线。勾选"尺寸界线 1"复选框，表示隐藏第一段尺寸界线；勾选"尺寸界线 2"复选框，表示隐藏第二段尺寸界线。

h. "固定长度的尺寸界线"复选框：勾选该复选框，系统以固定长度的尺寸界线标注尺寸，可以在其下面的"长度"文本框中输入长度值。

③ 尺寸样式显示框：在"新建标注样式"对话框的右上方，有一个尺寸样式显示框，该显示框以样例的形式显示用户设置的尺寸样式。

8.1.3　符号和箭头

在"新建标注样式"对话框中，第二个选项卡是"符号和箭头"选项卡，如图 8-5 所示。该选项卡用于设置箭头、圆心标记、弧长符号和半径标注折弯的形式和特性，现对该选项卡中的各选项分别说明如下。

① "箭头"选项组：用于设置尺寸箭头的形式。AutoCAD 提供了多种箭头形状，列在"第一个"和"第二个"下拉列表框中。另外，还允许采用用户自定义的箭头形状。两个尺寸箭头可以采用相同的形式，也可采用不同的形式。

a. "第一个"下拉列表框：用于设置第一个尺寸箭头的形式。单击此下拉列表框，打开各种箭头形式，其中列出了各类箭头的形状及名称。一旦选择了第一个箭头的类型，第二个箭头则自动与其匹配，要想第二个箭头取不同的形状，可在"第二个"下拉列表框中设定。

如果在列表框中选择了"用户箭头"选项，则打开如图 8-6 所示的"选择自定义箭头块"对话框，可以事先把自定义的箭头存成一个图块，在此对话框中输入该图块名即可。

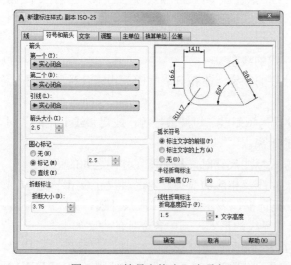

图 8-5　"符号和箭头"选项卡

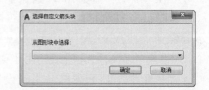

图 8-6　"选择自定义箭头块"对话框

b. "第二个"下拉列表框：用于设置第二个尺寸箭头的形式，可与第一个箭头形式不同。

c. "引线"下拉列表框：确定引线箭头的形式，与"第一个"设置类似。

d. "箭头大小"微调框：用于设置尺寸箭头的大小。

② "圆心标记"选项组：用于设置半径标注、直径标注和中心标记中的中心标记和中心线形式。其中各项含义如下。

a."无"单选钮：点选该单选钮，既不产生中心标记，也不产生中心线。

b."标记"单选钮：点选该单选钮，中心标记为一个点记号。

c."直线"单选钮：点选该单选钮，中心标记采用中心线的形式。

d."大小"微调框：用于设置中心标记和中心线的大小和粗细。

③ "折断标注"选项组：用于控制折断标注的间距宽度。

④ "弧长符号"选项组：用于控制弧长标注中圆弧符号的显示，对其中的 3 个单选钮含义介绍如下。

a."标注文字的前缀"单选钮：点选该单选钮，将弧长符号放在标注文字的左侧，如图8-7（a）所示。

b."标注文字的上方"单选钮：点选该单选钮，将弧长符号放在标注文字的上方，如图8-7（b）所示。

c."无"单选钮：点选该单选钮，不显示弧长符号，如图 8-7（c）所示。

⑤ "半径折弯标注"选项组：用于控制折弯（Z 字形）半径标注的显示。折弯半径标注通常在中心点位于页面外部时创建。在"折弯角度"文本框中可以输入连接半径标注的尺寸界线和尺寸线的横向直线角度，如图 8-8 所示。

⑥ "线性折弯标注"选项组：用于控制折弯线性标注的显示。当标注不能精确表示实际尺寸时，常将折弯线添加到线性标注中。通常，实际尺寸比所需值小。

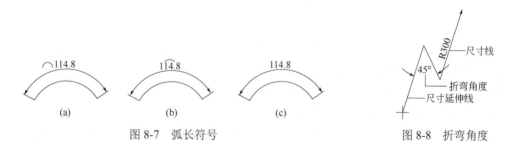

图 8-7 弧长符号   图 8-8 折弯角度

8.1.4 文字

在"新建标注样式"对话框中，第 3 个选项卡是"文字"选项卡，如图 8-9 所示。该选项卡用于设置尺寸文本文字的形式、布置、对齐方式等，现对该选项卡中的各选项分别说明如下。

① "文字外观"选项组。

a."文字样式"下拉列表框：用于选择当前尺寸文本采用的文字样式。单击此下拉列表框，可以从中选择一种文字样式，也可单击右侧的按钮，打开"文字样式"对话框以创建新的文字样式或对文字样式进行修改。

b."文字颜色"下拉列表框：用于设置尺寸文本的颜色，其操作方法与设置尺寸线颜色的方法相同。

c."填充颜色"下拉列表框：用于设置标注中文字背景的颜色。如果选择"选择颜色"选项，系统打开"选择颜色"对话框，可以从 255 种 AutoCAD 索引（ACI）颜色、真彩色和配色系统颜色中选择颜色。

d."文字高度"微调框：用于设置尺寸文本的字高。如果选用的文本样式中已设置了具体的字高（不是 0），则此处的设置无效；如果文本样式中设置的字高为 0，才以此处设置为准。

e."分数高度比例"微调框：用于确定尺寸文本的比例系数。

f."绘制文字边框"复选框：勾选此复选框，AutoCAD 在尺寸文本的周围加上边框。

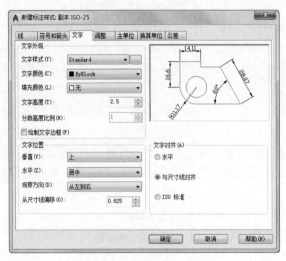

图 8-9 "文字"选项卡

② "文字位置"选项组。

a."垂直"下拉列表框：用于确定尺寸文本相对于尺寸线在垂直方向的对齐方式。单击此下拉列表框，可从中选择的对齐方式有以下 5 种。

（a）居中：将尺寸文本放在尺寸线的中间。

（b）上方：将尺寸文本放在尺寸线的上方。

（c）外部：将尺寸文本放在远离第一条尺寸界线起点的位置，即和所标注的对象分列于尺寸线的两侧。

（d）下方：将尺寸文本放在尺寸线的下方。

（e）JIS：使尺寸文本的放置符合 JIS（日本工业标准）规则。

其中 4 种文本布置方式效果如图 8-10 所示。

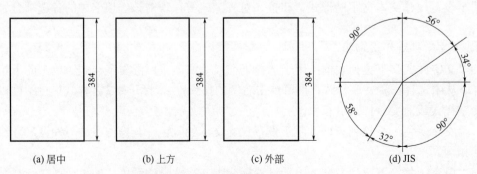

(a) 居中　　　　(b) 上方　　　　(c) 外部　　　　(d) JIS

图 8-10 尺寸文本在垂直方向的放置

b."水平"下拉列表框：用于确定尺寸文本相对于尺寸线和尺寸界线在水平方向的对齐方式。单击此下拉列表框，可从中选择的对齐方式有 5 种：居中、第一条尺寸界线、第二条尺寸界线、第一条尺寸界线上方、第二条尺寸界线上方，如图 8-11 所示。

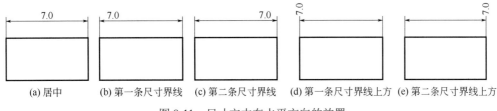

(a) 居中 　　(b) 第一条尺寸界线 　(c) 第二条尺寸界线 　(d) 第一条尺寸界线上方 (e) 第二条尺寸界线上方

图 8-11 　尺寸文本在水平方向的放置

c."观察方向"下拉列表框：用于控制标注文字的观察方向（可用 DIMTXTDIRECTION 系统变量设置）。"观察方向"包括以下两项选项。

（a）从左到右：按从左到右阅读的方式放置文字。

（b）从右到左：按从右到左阅读的方式放置文字。

d."从尺寸线偏移"微调框：当尺寸文本放在断开的尺寸线中间时，此微调框用来设置尺寸文本与尺寸线之间的距离。

③ "文字对齐"选项组：用于控制尺寸文本的排列方向。

a."水平"单选钮：点选该单选钮，尺寸文本沿水平方向放置。不论标注什么方向的尺寸，尺寸文本总保持水平。

b."与尺寸线对齐"单选钮：点选该单选钮，尺寸文本沿尺寸线方向放置。

c."ISO 标准"单选钮：点选该单选钮，当尺寸文本在尺寸界线之间时，沿尺寸线方向放置；在尺寸界线之外时，沿水平方向放置。

8.1.5　调整

在"新建标注样式"对话框中，第 4 个选项卡是"调整"选项卡，如图 8-12 所示。该选项卡根据两条尺寸界线之间的空间，设置将尺寸文本、尺寸箭头放置在两尺寸界线内还是外。如果空间允许，AutoCAD 总是把尺寸文本和箭头放置在尺寸界线的里面，如果空间不够，则根据本选项卡的各项设置放置，现对该选项卡中的各选项分别说明如下。

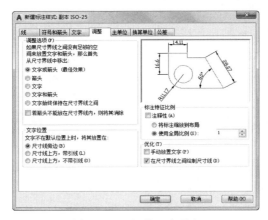

图 8-12 　"调整"选项卡

（1）"调整选项"选项组

① "文字或箭头"单选按钮：选中该单选按钮，如果空间允许，把尺寸文本和箭头都放置在两尺寸界线之间；如果两尺寸界线之间只够放置尺寸文本，则把尺寸文本放置在尺寸界线之间，而把箭头放置在尺寸界线之外；如果只够放置箭头，则把箭头放在里面，把尺寸文本放在外面；如果两尺寸界线之间既放不下文本，也放不下箭头，则把二者均放在外面。

② "文字和箭头"单选按钮：选中该单选按钮，如果空间允许，把尺寸文本和箭头都放置在两尺寸界线之间；否则，把尺寸文本和箭头都放在尺寸界线外面。

其他选项含义类似，不再赘述。

（2）"文字位置"选项组

该选项组用于设置尺寸文本的位置，包括尺寸线旁边、尺寸线上方带引线以及尺寸线上方不带引线，如图 8-13 所示。

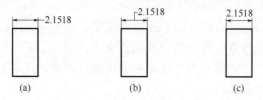

图 8-13　尺寸文本的位置

（3）"标注特征比例"选项组

① 注释性：指定标注为注释性。注释性对象和样式用于控制注释对象在模型空间或布局中显示的尺寸和比例。

② "将标注缩放到布局"单选按钮：根据当前模型空间视口和图纸空间之间的比例确定比例因子。当在图纸空间而不是模型空间视口中工作时，或当 TILEMODE 被设置为 1 时，将使用默认的比例因子 1∶0。

③ "使用全局比例"单选按钮：确定尺寸的整体比例系数。其后面的"比例值"微调框可以用来选择需要的比例。

（4）"优化"选项组

该选项组用于设置附加的尺寸文本布置选项，包含以下两个选项。

① "手动放置文字"复选框：选中该复选框，标注尺寸时由用户确定尺寸文本的放置位置，忽略前面的对齐设置。

② "在尺寸界线之间绘制尺寸线"复选框：选中该复选框，不管尺寸文本在尺寸界线里面还是在外面，AutoCAD 2020 均在两尺寸界线之间绘出一尺寸线；否则，当尺寸界线内放不下尺寸文本而将其放在外面时，尺寸界线之间无尺寸线。

8.1.6　主单位

在"新建标注样式"对话框中，第 5 个选项卡是"主单位"选项卡，如图 8-14 所示。该选项卡用来设置尺寸标注的主单位和精度，以及为尺寸文本添加固定的前缀或后缀。本选项卡包含两个选项组，分别对长度型标注和角度型标注进行设置，现对该选项卡中的各选项分别说明如下。

① "线性标注"选项组：用来设置标注长度型尺寸时采用的单位和精度。

图 8-14 "主单位"选项卡

a. "单位格式"下拉列表框：用于确定标注尺寸时使用的单位制（角度型尺寸除外）。在其下拉列表框中 AutoCAD 2020 提供了"科学""小数""工程""建筑""分数"和"Windows 桌面"6 种单位制，可根据需要选择。

b. "精度"下拉列表框：用于确定标注尺寸时的精度，也就是精确到小数点后几位。

c. "分数格式"下拉列表框：用于设置分数的形式。AutoCAD 2020 提供了"水平""对角"和"非堆叠"3 种形式供用户选用。

d. "小数分隔符"下拉列表框：用于确定十进制单位（Decimal）的分隔符。AutoCAD 2020 提供了句点（.）、逗点（,）和空格 3 种形式。

e. "舍入"微调框：用于设置除角度之外的尺寸测量圆整规则。在文本框中输入一个值，如果输入 1，则所有测量值均圆整为整数。

f. "前缀"文本框：为尺寸标注设置固定前缀。可以输入文本，也可以利用控制符产生特殊字符，这些文本将被加在所有尺寸文本之前。

g. "后缀"文本框：为尺寸标注设置固定后缀。

h. "测量单位比例"选项组：用于确定 AutoCAD 自动测量尺寸时的比例因子。其中"比例因子"微调框用来设置除角度之外所有尺寸测量的比例因子。例如，用户确定比例因子为 2，AutoCAD 则把实际测量为 1 的尺寸标注为 2。如果勾选"仅应用到布局标注"复选框，则设置的比例因子只适用于布局标注。

i. "消零"选项组：用于设置是否省略标注尺寸时的 0。

（a）"前导"复选框：勾选此复选框，省略尺寸值处于高位的 0。例如，0.50000 标注为.50000。

（b）"后续"复选框：勾选此复选框，省略尺寸值小数点后末尾的 0。例如，8.5000 标注为 8.5，而 30.0000 标注为 30。

（c）"0 英尺"复选框：勾选此复选框，采用"工程"和"建筑"单位制时，如果尺寸值小于 1 尺时，省略尺。例如，0'-6 1/2" 标注为 6 1/2"。

（d）"0 英寸"复选框：勾选此复选框，采用"工程"和"建筑"单位制时，如果尺寸值是整数尺时，省略寸。例如，1'-0"标注为 1'。

② "角度标注"选项组：用于设置标注角度时采用的角度单位。

a. "单位格式"下拉列表框：用于设置角度单位制。AutoCAD 2020 提供了"十进制度数""度/分/秒""百分度"和"弧度"4 种角度单位。

b. "精度"下拉列表框：用于设置角度型尺寸标注的精度。

c. "消零"选项组：用于设置是否省略标注角度时的 0。

8.1.7　换算单位

在"新建标注样式"对话框中，第 6 个选项卡是"换算单位"选项卡，如图 8-15 所示，该选项卡用于对替换单位的设置，现对该选项卡中的各选项分别说明如下。

图 8-15　"换算单位"选项卡

① "显示换算单位"复选框：勾选此复选框，则替换单位的尺寸值也同时显示在尺寸文本上。

② "换算单位"选项组：用于设置替换单位，其中各选项的含义如下。

a. "单位格式"下拉列表框：用于选择替换单位采用的单位制。

b. "精度"下拉列表框：用于设置替换单位的精度。

c. "换算单位倍数"微调框：用于指定主单位和替换单位的转换因子。

d. "舍入精度"微调框：用于设定替换单位的圆整规则。

e. "前缀"文本框：用于设置替换单位文本的固定前缀。

f. "后缀"文本框：用于设置替换单位文本的固定后缀。

③ "消零"选项组。

a. "辅单位因子"微调框：将辅单位的数量设置为一个单位。它用于在距离小于一个单位时以辅单位为单位计算标注距离。例如，如果后缀为 m 而辅单位后缀为以 cm 显示，则输入 100。

b. "辅单位后缀"文本框：用于设置标注值辅单位中包含的后缀。可以输入文字或使用控制代码显示特殊符号。例如，输入 cm 可将.96m 显示为 96cm。

其他选项含义与"主单位"选项卡中"消零"选项组含义类似，不再赘述。

④ "位置"选项组：用于设置替换单位尺寸标注的位置。

8.1.8　公差

在"新建标注样式"对话框中，第 7 个选项卡是"公差"选项卡，如图 8-16 所示。该选项卡用于确定标注公差的方式，现对该选项卡中的各选项分别说明如下。

① "公差格式"选项组：用于设置公差的标注方式。

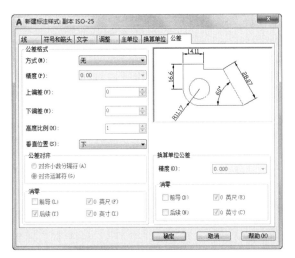

图 8-16　"公差"选项卡

a."方式"下拉列表框：用于设置公差标注的方式。AutoCAD 提供了 5 种标注公差的方式，分别是"无""对称""极限偏差""极限尺寸"和"基本尺寸"，其中"无"表示不标注公差，其余 4 种标注情况如图 8-17 所示。

b."精度"下拉列表框：用于确定公差标注的精度。

c."上偏差"微调框：用于设置尺寸的上偏差。

d."下偏差"微调框：用于设置尺寸的下偏差。

e."高度比例"微调框：用于设置公差文本的高度比例，即公差文本的高度与一般尺寸文本的高度之比。

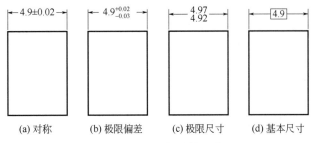

图 8-17　公差标注的形式

f."垂直位置"下拉列表框：用于控制"对称"和"极限偏差"形式公差标注的文本对齐方式，如图 8-18 所示。

（a）上：公差文本的顶部与一般尺寸文本的顶部对齐。

（b）中：公差文本的中线与一般尺寸文本的中线对齐。

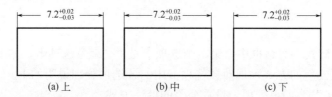

图8-18　公差文本的对齐方式

（c）下：公差文本的底线与一般尺寸文本的底线对齐。

②　"公差对齐"选项组：用于在堆叠时，控制上偏差值和下偏差值的对齐。

a．"对齐小数分隔符"单选钮：点选该单选钮，通过值的小数分割符堆叠值。

b．"对齐运算符"单选钮：点选该单选钮，通过值的运算符堆叠值。

③　"消零"选项组：用于控制是否禁止输出前导 0 和后续 0 以及 0 英尺和 0 英寸部分（可用 DIMTZIN 系统变量设置）。消零设置也会影响由 AutoLISP® rtos 和 angtos 函数执行的实数到字符串的转换。

a．"前导"复选框：勾选此复选框，不输出所有十进制公差标注中的前导 0。例如，0.5000 标注为.5000。

b．"后续"复选框：勾选此复选框，不输出所有十进制公差标注的后续 0。例如，12.5000 标注为 12.5，30.0000 标注为 30。

c．"0 英尺"复选框：勾选此复选框，如果长度小于一英尺，则消除"英尺-英寸"标注中的英尺部分。例如，0'-6 1/2"标注为 6 1/2"。

d．"0 英寸"复选框：勾选此复选框，如果长度为整英尺数，则消除"英尺-英寸"标注中的英寸部分。例如，1'-0"标注为 1'。

④　"换算单位公差"选项组：用于对形位公差标注的替换单位进行设置，各项的设置方法与上面相同。

8.2　标注尺寸

正确地进行尺寸标注是设计绘图工作中非常重要的一个环节，AutoCAD 2020 提供了方便快捷的尺寸标注方法，可通过执行命令实现，也可利用菜单或工具按钮实现。本节重点介绍如何对各种类型的尺寸进行标注。

8.2.1　线性标注

线性标注用于标注图形对象的线性距离或长度，包括水平标注、垂直标注和旋转标注三种类型。

【执行方式】

● 命令行：DIMLINEAR（缩写名：DIMLIN，快捷命令：DLI）。

● 菜单栏：选择菜单栏中的"标注"→"线性"命令。

● 工具栏：单击"标注"工具栏中的"线性"按钮┝┥。

- 快捷键：D+L+I。
- 功能区：单击"默认"选项卡的"注释"面板中的"线性"按钮┣┫。

【操作步骤】

命令行提示与操作如下。

```
命令: DIMLIN✓
指定第一个尺寸界线原点或 <选择对象>:
指定第二条尺寸界线原点:
指定尺寸线位置或 [多行文字(M)/文字(T)/角度(A)/水平(H)/垂直(V)/旋转(R)]: T✓
输入标注文字<30>:
指定尺寸线位置或 [多行文字(M)/文字(T)/角度(A)/水平(H)/垂直(V)/旋转(R)]:
```

【选项说明】

① 指定尺寸线位置：用于确定尺寸线的位置。用户可移动鼠标选择合适的尺寸线位置，然后按<Enter>键或单击，AutoCAD 则自动测量要标注线段的长度并标注出相应的尺寸。

② 多行文字（M）：用多行文本编辑器确定尺寸文本。

③ 文字（T）：用于在命令行提示下输入或编辑尺寸文本。选择此选项后，命令行提示如下。

输入标注文字 <默认值>:

其中的默认值是 AutoCAD 自动测量得到的被标注线段的长度，直接按<Enter>键即可采用此长度值，也可输入其他数值代替默认值。当尺寸文本中包含默认值时，可使用尖括号"< >"表示默认值。

④ 角度（A）：用于确定尺寸文本的倾斜角度。

⑤ 水平（H）：水平标注尺寸，不论标注什么方向的线段，尺寸线总保持水平放置。

⑥ 垂直（V）：垂直标注尺寸，不论标注什么方向的线段，尺寸线总保持垂直放置。

⑦ 旋转（R）：输入尺寸线旋转的角度值，旋转标注尺寸。

 技巧荟萃

线性标注有水平、垂直或对齐放置。使用对齐标注时，尺寸线将平行于两尺寸界线原点之间的直线（想象或实际）。基线（或平行）和连续（或链）标注是一系列基于线性标注的连续标注，连续标注是首尾相连的多个标注。在创建基线或连续标注之前，必须创建线性、对齐或角度标注。可从当前任务最近创建的标注中以增量方式创建基线标注。

8.2.2 实例——标注螺栓尺寸

标注如图 8-19 所示的螺栓尺寸。

① 在命令行输入"DIMSTYLE"按<Enter>键，或单击"默认"选项卡"图层"面板中的"图层特性"按钮，系统打开"标注样式管理器"对话框，如图 8-20 所示。

扫一扫，看视频

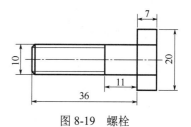
图 8-19　螺栓

由于系统的标注样式有些不符合要求，因此，根据图 8-19 中的标注样式，对角度、直径、半径标注样式进行设置。单击"新建"按钮，打开"创建新标注样式"对话框，如图 8-21 所示，在"用于"下拉列表框中选择"线性标注"选项，然后单击"继续"按钮，打开"新建标注样式"对话框，单击"文字"选项卡，设置文字高度为 5，其他选项保持默认设置，单击"确定"按钮，返回"标注样式管理器"对话框。单击"置为当前"按钮，将设置的标注样式置为当前标注样式，再单击"关闭"按钮。

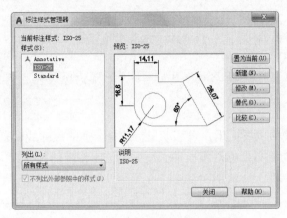

图 8-20 "标注样式管理器"对话框

图 8-21 "创建新标注样式"对话框

② 单击"默认"选项卡"注释"面板中的"线性"按钮┌┐，标注主视图高度，命令行提示与操作如下。

```
命令: _dimlinear
指定第一个尺寸界线原点或 <选择对象>: 捕捉标注为 "11" 的边的一个端点，作为第一条尺寸界线的原点
指定第二条尺寸界线原点: 捕捉标注为 "11" 的边的另一个端点，作为第二条尺寸界线的原点
指定尺寸线位置或[多行文字(M)/文字(T)/角度(A)/水平(H)/垂直(V)/旋转(R)]: T✓ 系统在命令行显示尺寸的自动测量值，可以对尺寸值进行修改
输入标注文字<11>: ✓ 采用尺寸的自动测量值 "11"
指定尺寸线位置或[多行文字(M)/文字(T)/角度(A)/水平(H)/垂直(V)/旋转(R)]: 指定尺寸线的位置。拖动鼠标，将出现动态的尺寸标注，在合适的位置单击，确定尺寸线的位置
标注文字=11
```

③ 单击"默认"选项卡"注释"面板中的"线性"按钮┌┐，标注其他水平与竖直方向的尺寸，方法与上面相同。

8.2.3 对齐标注

对齐标注是指所标注尺寸的尺寸线与两条尺寸界线起始点间的连线平行。

【执行方式】

- 命令行：DIMALIGNED（快捷命令：DAL）。
- 菜单栏：选择菜单栏中的"标注"→"对齐"命令。
- 工具栏：单击"标注"工具栏中的"对齐"按钮╲。
- 功能区：单击"默认"选项卡的"注释"面板中的"对齐"按钮╲或单击"注释"

选项卡的"标注"面板中的"对齐"按钮 。

【操作步骤】

命令行提示与操作如下。

```
命令: DIMALIGNED↙
指定第一个尺寸界线原点或 <选择对象>:
这种命令标注的尺寸线与所标注轮廓线平行，标注起始点到终点之间的距离尺寸。
指定第二条尺寸界线原点:
指定尺寸线位置或[多行文字（M）/文字（T）/角度（A）]:
```

8.2.4　坐标尺寸标注

该命令用于显示要标注点的坐标。

【执行方式】

- 命令行：DIMORDINATE（快捷命令：DOR）。
- 菜单栏：选择菜单栏中的"标注"→"坐标"命令。
- 工具栏：单击"标注"工具栏中的"坐标"按钮 。
- 功能区：单击"注释"选项卡"标注"面板中的"坐标"按钮 。

【操作步骤】

命令行提示与操作如下。

```
命令: DIMORDINATE↙
指定点坐标: 选择要标注坐标的点
指定引线端点或 [X 基准(X)/Y 基准(Y)/多行文字(M)/文字(T)/角度(A)]:
标注文字 = 4063.55
```

【选项说明】

① 指定引线端点：确定另外一点，根据这两点之间的坐标差决定是生成 X 坐标尺寸还是 Y 坐标尺寸。如果这两点的 Y 坐标之差比较大，则生成 X 坐标尺寸；反之，生成 Y 坐标尺寸。

② X 基准（X）：生成该点的 X 坐标。

③ Y 基准（Y）：生成该点的 Y 坐标。

④ 文字（T）：在命令行提示下，自定义标注文字，生成的标注测量值显示在尖括号<>中。

⑤ 角度（A）：修改标注文字的角度。

8.2.5　角度型尺寸标注

角度标注用于圆弧包含角、两条非平行线的夹角以及三点之间夹角的标注。

【执行方式】

- 命令行：DIMANGULAR（快捷命令：DAN）。
- 菜单栏：选择菜单栏中的"标注"→"角度"命令。

- 工具栏：单击"标注"工具栏中的"角度"按钮△。
- 功能区：单击"默认"选项卡的"注释"面板中的"角度"按钮△（或单击"注释"选项卡的"标注"面板中的"角度"按钮△）。

 【操作步骤】

命令行提示与操作如下。

命令：DIMANGULAR✓
选择圆弧、圆、直线或 <指定顶点>：

 【选项说明】

① 选择圆弧：标注圆弧的中心角。当用户选择一段圆弧后，命令行提示如下。

指定标注弧线位置或 [多行文字(M)/文字(T)/角度(A)/象限点(Q)]：（确定尺寸线的位置或选取某一项）：

在此提示下确定尺寸线的位置，AutoCAD 系统按自动测量得到的值标注出相应的角度，在此之前用户可以选择"多行文字""文字"或"角度"选项，通过多行文本编辑器或命令行来输入或定制尺寸文本，以及指定尺寸文本的倾斜角度。

② 选择圆：标注圆上某段圆弧的中心角。当用户选择圆上的一点后，命令行提示如下。

指定角的第二个端点：选择另一点，该点可在圆上，也可不在圆上
指定标注弧线位置或 [多行文字(M)/文字(T)/角度(A) /象限点(Q)]：

在此提示下确定尺寸线的位置，AutoCAD 系统标注出一个角度值，该角度以圆心为顶点，两条尺寸界线通过所选取的两点，第二点可以不必在圆周上。用户还可以选择"多行文字""文字"或"角度"选项，编辑其尺寸文本或指定尺寸文本的倾斜角度，如图 8-22 所示。

③ 选择直线：标注两条直线间的夹角。当用户选择一条直线后，命令行提示如下。

选择第二条直线：选择另一条直线
指定标注弧线位置或 [多行文字(M)/文字(T)/角度(A) /象限点(Q)]：

在此提示下确定尺寸线的位置，系统自动标出两条直线之间的夹角。该角以两条直线的交点为顶点，以两条直线为尺寸界线，所标注角度取决于尺寸线的位置，如图 8-23 所示。用户还可以选择"多行文字""文字"或"角度"选项，编辑其尺寸文本或指定尺寸文本的倾斜角度。

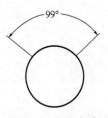

图 8-22 标注角度

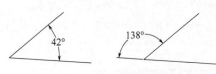

图 8-23 标注两直线的夹角

④ 指定顶点，直接按<Enter>键，命令行提示与操作如下。

指定角的顶点：指定顶点
指定角的第一个端点：输入角的第一个端点
指定角的第二个端点：输入角的第二个端点，创建无关联的标注
指定标注弧线位置或 [多行文字(M)/文字(T)/角度(A)/象限点（Q)]：输入一点作为角的顶点

在此提示下给定尺寸线的位置，AutoCAD 根据指定的三点标注出角度，如图 8-24 所示。另外，用户还可以选择"多行文字""文字"或"角度"选项，编辑其尺寸文本或指定尺寸文本的倾斜角度。

⑤ 指定标注弧线位置：指定尺寸线的位置并确定绘制延伸线的方向。指定位置之后，DIMANGULAR 命令将结束。

⑥ 多行文字（M）：显示在位文字编辑器，可用它来编辑标注文字。要添加前缀或后缀，请在生成的测量值前后输入前缀或后缀。用控制代码和 Unicode 字符串来输入特殊字符或符号，请参见第 7 章表 7-1 介绍的常用控制码。

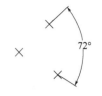

图 8-24 指定三点
确定的角度

⑦ 文字（T）：自定义标注文字，生成的标注测量值显示在尖括号<>中。命令行提示与操作如下。

> 输入标注文字 <当前>：

输入标注文字，或按<Enter>键接受生成的测量值。要包括生成的测量值，请用尖括号<>表示生成的测量值。

⑧ 角度（A）：修改标注文字的角度。

⑨ 象限点（Q）：指定标注应锁定到的象限。打开象限行为后，将标注文字放置在角度标注外时，尺寸线会延伸超过延伸线。

技巧荟萃

角度标注可以测量指定的象限点，该象限点是在直线或圆弧的端点、圆心或两个顶点之间对角度进行标注时形成的。创建角度标注时，可以测量 4 个可能的角度。通过指定象限点，使用户可以确保标注正确的角度。指定象限点后，放置角度标注时，用户可以将标注文字放置在标注的尺寸界线之外，尺寸线将自动延长。

8.2.6 弧长标注

用于标注绘制的圆弧的弧长。

【执行方式】

- 命令行：DIMARC。
- 菜单栏：选择菜单栏中的"标注"→"弧长"命令。
- 工具栏：单击"标注"工具栏中的"弧长"按钮 。
- 功能区：单击"注释"选项卡"标注"面板中的"弧长"按钮 。

【操作步骤】

命令行提示与操作如下。

> 命令：DIMARC↙
> 选择弧线段或多段线圆弧段：选择圆弧
> 指定弧长标注位置或 [多行文字(M)/文字(T)/角度(A)/部分(P)/引线(L)]：

【选项说明】

① 弧长标注位置：指定尺寸线的位置并确定延伸线的方向。

② 多行文字（M）：显示在位文字编辑器，可用它来编辑标注文字。要添加前缀或后缀，请在生成的测量值前后输入前缀或后缀。用控制代码和 Unicode 字符串来输入特殊字符或符号，请参见第 7 章表 7-1 介绍的常用控制码。

③ 文字（T）：自定义标注文字，生成的标注测量值显示在尖括号<>中。

④ 角度（A）：修改标注文字的角度。

⑤ 部分（P）：缩短弧标注的长度，如图 8-25 所示。

⑥ 引线（L）：添加引线对象，仅当圆弧（或弧线段）大于 90°时才会显示此选项。引线是按径向绘制的，指向所标注圆弧的圆心，如图 8-26 所示。

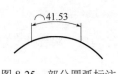

图 8-25 部分圆弧标注

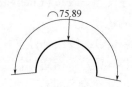

图 8-26 引线标注圆弧

8.2.7 直径标注

用于圆或圆弧的直径尺寸标注。

【执行方式】

- 命令行：DIMDIAMETER（快捷命令：DDI）。
- 菜单栏：选择菜单栏中的"标注"→"直径"命令。
- 工具栏：单击"标注"工具栏中的"直径"按钮⊘。
- 功能区：单击"默认"选项卡的"注释"面板中的"直径"按钮⊘，或单击"注释"选项卡的"标注"面板中的"直径"按钮⊘。

【操作步骤】

命令行提示与操作如下。

命令：DIMDIAMETER✓
选择圆弧或圆：选择要标注直径的圆或圆弧
指定尺寸线位置或 [多行文字(M)/文字(T)/角度(A)]：确定尺寸线的位置或选择某一选项

用户可以选择"多行文字""文字"或"角度"选项来输入、编辑尺寸文本或确定尺寸文本的倾斜角度，也可以直接确定尺寸线的位置，标注出指定圆或圆弧的直径。

【选项说明】

① 尺寸线位置：确定尺寸线的角度和标注文字的位置。如果未将标注放置在圆弧上而导致标注指向圆弧外，则 AutoCAD 会自动绘制圆弧延伸线。

② 多行文字（M）：显示在位文字编辑器，可用它来编辑标注文字。要添加前缀或后缀，

请在生成的测量值前后输入前缀或后缀。用控制代码和 Unicode 字符串来输入特殊字符或符号，请参见第 7 章表 7-1 介绍的常用控制码。

③ 文字（T）：自定义标注文字，生成的标注测量值显示在尖括号<>中。

④ 角度（A）：修改标注文字的角度。

8.2.8　半径标注

用于圆或圆弧的半径尺寸标注。

【执行方式】

- 命令行：DIMRADIUS（快捷命令：DRA）。
- 菜单栏：选择菜单栏中的"标注"→"半径"命令。
- 工具栏：单击"标注"工具栏中的"半径"按钮。
- 功能区：单击"默认"选项卡的"注释"面板中的"半径"按钮，或单击"注释"选项卡的"标注"面板中的"半径"按钮。

【操作步骤】

命令行提示与操作如下。

命令：DIMRADIUS↙
选择圆弧或圆：选择要标注半径的圆或圆弧
指定尺寸线位置或 [多行文字(M)/文字(T)/角度(A)]：确定尺寸线的位置或选择某一选项

用户可以选择"多行文字""文字"或"角度"选项来输入、编辑尺寸文本或确定尺寸文本的倾斜角度，也可以直接确定尺寸线的位置，标注出指定圆或圆弧的半径。

8.2.9　折弯标注

用于圆或圆弧的折弯尺寸标注。

【执行方式】

- 命令行：DIMJOGGED（快捷命令：DJO 或 JOG）。
- 菜单栏：选择菜单栏中的"标注"→"折弯"命令。
- 工具栏：单击"标注"工具栏中的"折弯"按钮。
- 功能区：单击"注释"选项卡"标注"面板中的"折弯"按钮。

【操作步骤】

命令行提示与操作如下。

命令：DIMJOGGED↙
选择圆弧或圆：选择圆弧或圆
指定图示中心位置：指定一点
标注文字 = 50
指定尺寸线位置或 [多行文字(M)/文字(T)/角度(A)]： 指定一点或选择某一选项
指定折弯位置：

折弯标准如图 8-27 所示。

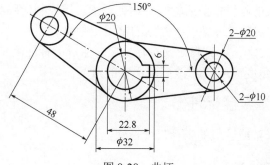

图 8-27　折弯标注

图 8-28　曲柄

扫一扫，看视频

8.2.10　实例——标注曲柄尺寸

标注如图 8-28 所示的曲柄尺寸。

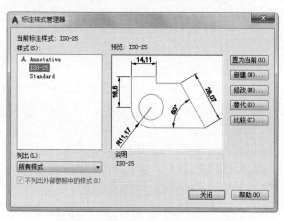

图 8-29　"标注样式管理器"对话框

① 单击"快速访问"工具栏中的"打开"按钮，打开源文件中的"曲柄.dwg"图形。

② 设置绘图环境。单击"默认"选项卡"图层"面板中的"图层特性"按钮，打开"图层特性管理器"对话框，创建一个新图层"BZ"，并将其设置为当前图层。

单击"默认"选项卡"注释"面板中的"标注样式"按钮，弹出"标注样式管理器"对话框，如图 8-29 所示。单击"新建"按钮，在弹出的"创建新标注样式"对话框中的"新样式"名中输入"机械制图"，单击"继续"按钮，弹出"新建标注样式：机械制图"对话框，分别按图 8-30～图 8-33 所示进行设置，设置完成后，单击"置为当前"按钮，将"机械制图"标注样式设置为当前标注样式。

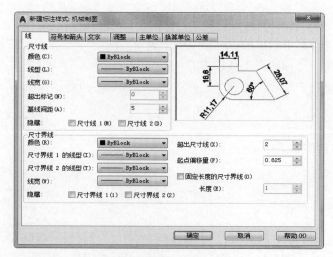

图 8-30　设置"线"选项卡

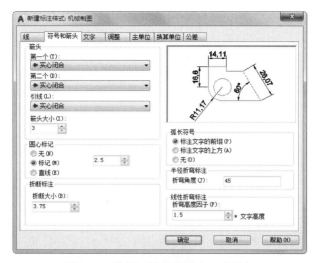

图 8-31　设置"符号和箭头"选项卡

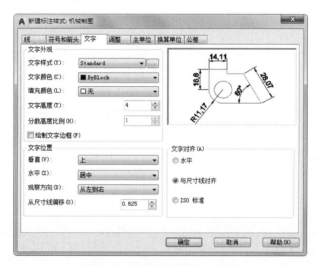

图 8-32　设置"文字"选项卡

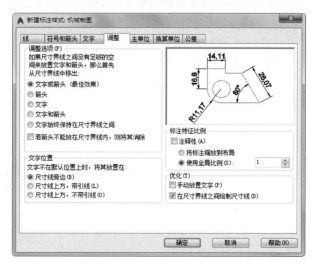

图 8-33　设置"调整"选项卡

③ 单击"默认"选项卡"注释"面板中的"线性"按钮，标注曲柄中的线性尺寸。

命令: DIMLINEAR✓ 进行线性标注，标注图中的尺寸"φ32"

指定第一个尺寸界线原点或 <选择对象>: 捕捉 φ32 圆与水平中心线的左交点，作为第一条尺寸界线的起点

指定第二条尺寸界线原点: 捕捉 φ32 圆与水平中心线的右交点，作为第二条尺寸界线的起点

指定尺寸线位置或 [多行文字(M)/文字(T)/角度(A)/水平(H)/垂直(V)/旋转(R)]: T✓

输入标注文字 <32>: %%c32✓ 输入标注文字（如直接按<Enter>键，则取默认值，但是没有直径符号"φ"）

指定尺寸线位置或 [多行文字(M)/文字(T)/角度(A)/水平(H)/垂直(V)/旋转(R)]: 指定尺寸线位置

标注文字 =32

用同样的方法标注线性尺寸 22.8 和 6。

④ 单击"默认"选项卡"注释"面板中的"对齐"按钮，标注曲柄中的对齐尺寸。

命令: DIMALIGNED✓ 标注图中的对齐尺寸"48"

指定第一个尺寸界线原点或 <选择对象>: 捕捉倾斜部分中心线的交点，作为第二条尺寸界线的起点

指定第二条尺寸界线原点: 捕捉中间中心线的交点，作为第二条尺寸界线的起点

指定尺寸线位置或 [多行文字(M)/文字(T)/角度(A)]: 指定尺寸线位置

标注文字 =48

⑤ 标注曲柄中的直径尺寸。在"标注样式管理器"对话框中，单击"新建"按钮，在"用于"下拉列表中选择"直径标注"选项，单击"继续"按钮，弹出"新建标注样式：机械制图：直径"对话框，按图 8-34 和图 8-35 所示进行设置，其他选项卡的设置保持不变。方法同前，设置"角度"标注样式，用于角度标注，如图 8-36 所示。

命令: DIMDIAMETER✓ 标注图中的直径尺寸"2-φ10"

选择圆弧或圆: 选择右边 φ10 小圆

标注文字 =10

指定尺寸线位置或 [多行文字(M)/文字(T)/角度(A)]: M✓ 在弹出的"多行文字"编辑器中，输入"<>"表示测量值，即"φ10"，在前面输入"2-"，即为"2-φ10"

图 8-34 "直径"标注样式的"文字"选项卡

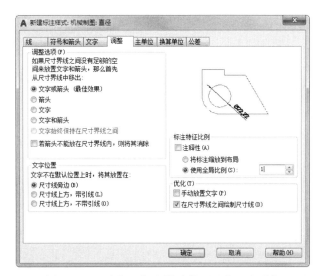

图 8-35 "直径"标注样式的"调整"选项卡

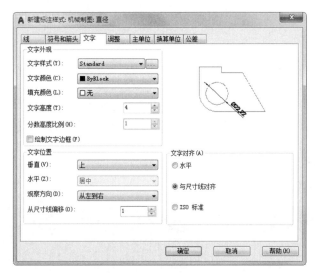

图 8-36 "角度"标注样式的"文字"选项卡

指定尺寸线位置或 [多行文字(M)/文字(T)/角度(A)]: 指定尺寸线位置

用同样的方法标注直径尺寸 $\phi20$ 和 $2\text{-}\phi20$。

⑥ 单击"默认"选项卡"注释"面板中的"角度"按钮△,标注曲柄中的角度尺寸。

命令: DIMANGULAR✓ 标注图中的角度尺寸"150°"
选择圆弧、圆、直线或 <指定顶点>: 选择标注为"150°"角的一条边
选择角的第二个端点: 选择标注为"150°"角的另一条边
指定标注弧线位置或 [多行文字(M)/文字(T)/角度(A) /象限点(Q)]: 指定尺寸线位置
标注文字 =150

结果如图 8-28 所示。

8.2.11 圆心标记和中心线标注

用于标注圆或圆弧的中心或中心线。

【执行方式】

- 命令行：DIMCENTER（快捷命令：DCE）。
- 菜单栏：选择菜单栏中的"标注"→"圆心标记"命令。
- 工具栏：单击"标注"工具栏中的"圆心标记"按钮⊕。

【操作步骤】

命令行提示与操作如下。

命令：DIMCENTER↙
选择圆弧或圆：选择要标注中心或中心线的圆或圆弧

8.2.12 基线标注

基线标注用于产生一系列基于同一尺寸界线的尺寸标注，适用于长度尺寸、角度和坐标标注。在使用基线标注方式之前，应该先标注出一个相关的尺寸作为基线标准。

【执行方式】

- 命令行：DIMBASELINE（快捷命令：DBA）。
- 菜单栏：选择菜单栏中的"标注"→"基线"命令。
- 工具栏：单击"标注"工具栏中的"基线"按钮⊢。
- 功能区：单击"注释"选项卡的"标注"面板中的"基线"按钮⊢。

【操作步骤】

命令行提示与操作如下。

命令：DIMBASELINE↙
指定第二个尺寸界线原点或 [放弃(U)/选择(S)] <选择>：

【选项说明】

① 指定第二个尺寸界线原点：直接确定另一个尺寸的第二条尺寸界线的起点，AutoCAD以上次标注的尺寸为基准标注，标注出相应尺寸。

② 选择（S）：在上述提示下直接按<Enter>键，命令行提示如下。

选择基准标注：选择作为基准的尺寸标注

8.2.13 连续标注

连续标注又叫尺寸链标注，用于产生一系列连续的尺寸标注，后一个尺寸标注均把前一个标注的第二条尺寸界线作为它的第一条尺寸界线，适用于长度型尺寸、角度型尺寸和坐标标注。在使用连续标注方式之前，应该先标注出一个相关的尺寸。

【执行方式】

- 命令行：DIMCONTINUE（快捷命令：DCO）。
- 菜单栏：选择菜单栏中的"标注"→"连续"命令。

- 工具栏：单击"标注"工具栏中的"连续"按钮 。
- 功能区：单击"注释"选项卡的"标注"面板中的"连续"按钮 。

 【操作步骤】

命令行提示与操作如下。

命令：DIMCONTINUE↙
选择连续标注：
指定第二个尺寸界线原点或 [放弃(U)/选择(S)] <选择>：

此提示下的各选项与基线标注中完全相同，此处不再赘述。

技巧荟萃

AutoCAD 允许用户利用基线标注方式和连续标注方式进行角度标注，如图 8-37 所示。

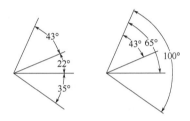

图 8-37 连续型和基线型角度标注

8.2.14 实例——标注阶梯尺寸

标注如图 8-38 所示的阶梯尺寸。

扫一扫，看视频

① 绘制图形。利用学过的绘图命令与编辑命令绘制图形，如图 8-39 所示。

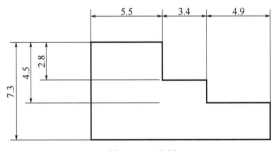

图 8-38 阶梯

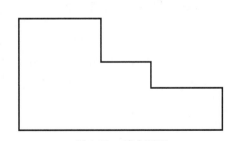

图 8-39 基本图形

② 单击"默认"选项卡"注释"面板中的"线性"按钮 ⊢⊣，标注垂直尺寸。命令行提示与操作如下。

命令：_dimlinear
指定第一个尺寸界线原点或 <选择对象>：按下状态栏中的"对象捕捉"按钮 ▢，捕捉第一个尺寸界线原点
指定第二条尺寸界线原点：捕捉第二条尺寸界线原点

指定尺寸线位置或[多行文字(M)/文字(T)/角度(A)/水平(H)/垂直(V)/旋转(R)]: 指定尺寸线位置

标注文字 =2.8

单击"注释"选项卡"标注"面板中的"基线"按钮口,命令行提示与操作如下。

命令: _dimbaseline

指定第二个尺寸界线原点或 [放弃(U)/选择(S)] <选择>: 指定第二条尺寸界线原点

标注文字 =4.5

指定第二个尺寸界线原点或 [放弃(U)/选择(S)] <选择>: 指定第二条尺寸界线原点

标注文字 =7.3

指定第二个尺寸界线原点或 [放弃(U)/选择(S)] <选择>: ✓

③ 标注水平尺寸。单击"默认"选项卡"注释"面板中的"线性"按钮口,命令行提示与操作如下。

命令: _dimlinear

指定第一个尺寸界线原点或 <选择对象>: 捕捉第一条尺寸界线原点

指定第二条尺寸界线原点: 捕捉第二条尺寸界线原点

指定尺寸线位置或[多行文字(M)/文字(T)/角度(A)/水平(H)/垂直(V)/旋转(R)]: 指定尺寸线位置

标注文字 =5.5

单击"注释"选项卡"标注"面板中的"连续"按钮川,命令行提示与操作如下。

命令: _dimcontinue

指定第二个尺寸界线原点或 [放弃(U)/选择(S)] <选择>: 指定第二条尺寸界线原点

标注文字 =3.4

指定第二个尺寸界线原点或 [放弃(U)/选择(S)] <选择>: 指定第二条尺寸界线原点

标注文字 =4.9

指定第二个尺寸界线原点或 [放弃(U)/选择(S)] <选择>: ✓

最终标注结果如图 8-38 所示。

④ 保存文件。在命令行中输入"QSAVE",按<Enter>键,或选择菜单栏中的"文件"→"保存"命令,或单击"快速访问"工具栏中的"保存"按钮■,保存标注的图形文件。

8.2.15 快速尺寸标注

快速尺寸标注命令"QDIM"使用户可以交互、动态、自动化地进行尺寸标注。利用"QDIM"命令可以同时选择多个圆或圆弧标注直径或半径,也可同时选择多个对象进行基线标注和连续标注,选择一次即可完成多个标注,既节省时间,又可提高工作效率。

【执行方式】

- 命令行: QDIM。
- 菜单栏: 选择菜单栏中的"标注"→"快速标注"命令。
- 工具栏: 单击"标注"工具栏中的"快速标注"按钮■。
- 功能区: 单击"注释"选项卡"标注"面板中的"快速标注"按钮■。

【操作步骤】

命令行提示与操作如下。

```
命令: QDIM↙
关联标注优先级 = 端点
选择要标注的几何图形: 选择要标注尺寸的多个对象↙
指定尺寸线位置或 [连续(C)/并列(S)/基线(B)/坐标(O)/半径(R)/直径(D)/基准点(P)/编
辑(E)/设置(T)] <连续>:
```

【选项说明】

① 指定尺寸线位置: 直接确定尺寸线的位置, 系统在该位置按默认的尺寸标注类型标注出相应的尺寸。

② 连续 (C): 产生一系列连续标注的尺寸。在命令行输入"C", AutoCAD 系统提示用户选择要进行标注的对象, 选择完成后按<Enter>键, 返回上面的提示, 给定尺寸线位置, 则完成连续尺寸标注。

③ 并列 (S): 产生一系列交错的尺寸标注, 如图 8-40 所示。

④ 基线 (B): 产生一系列基线标注尺寸。后面的"坐标 (O)""半径 (R)""直径 (D)"含义与此类同。

⑤ 基准点 (P): 为基线标注和连续标注指定一个新的基准点。

⑥ 编辑 (E): 对多个尺寸标注进行编辑。AutoCAD 允许对已存在的尺寸标注添加或移去尺寸点。选择此选项, 命令行提示如下。

```
指定要删除的标注点或 [添加(A)/退出(X)] <退出>:
```

在此提示下确定要移去的点后按<Enter>键, 系统对尺寸标注进行更新。如图 8-41 所示为图 8-40 中删除中间标注点后的尺寸标注。

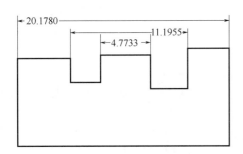

图 8-40 交错尺寸标注

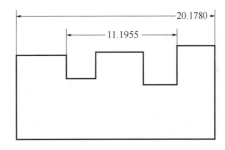

图 8-41 删除中间标注点后的尺寸标注

8.3 引线标注

AutoCAD 提供了引线标注功能, 利用该功能不仅可以标注特定的尺寸, 如圆角、倒角等, 还可以在图中添加多行旁注、说明。在引线标注中指引线可以是折线, 也可以是曲线; 指引线端部可以有箭头, 也可以没有箭头。

8.3.1 利用 LEADER 命令进行引线标注

利用 LEADER 命令可以创建灵活多样的引线标注形式。注释文本可以是多行文本, 也可以是形位公差，可以从图形其他部位复制，还可以是一个图块。

【执行方式】

- 命令行：LEADER（快捷命令：LEAD）。

【操作步骤】

命令行提示与操作如下。

命令：LEADER✓
指定引线起点：输入指引线的起始点
指定下一点：输入指引线的另一点
指定下一点或〔注释(A)/格式(F)/放弃(U)〕<注释>：

【选项说明】

① 指定下一点：直接输入一点，AutoCAD 根据前面的点绘制出折线作为指引线。

② 注释（A）：输入注释文本，为默认项。在此提示下直接按<Enter>键，命令行提示如下。

输入注释文字的第一行或 <选项>：

a．输入注释文字。在此提示下输入第一行文字后按<Enter>键，用户可继续输入第二行文字，如此反复执行，直到输入全部注释文字，然后在此提示下直接按<Enter>键，AutoCAD会在指引线终端标注出所输入的多行文本文字，并结束 LEADER 命令。

b．直接按<Enter>键。如果在上面的提示下直接按<Enter>键，命令行提示如下。

输入注释选项〔公差(T)/副本(C)/块(B)/无(N)/多行文字(M)〕<多行文字>：

选择一个注释选项或直接按<Enter>键选择默认的"多行文字"选项，其他各选项的含义如下。

（a）公差（T）：标注形位公差。形位公差的标注见 8.4 节。

（b）副本（C）：把已利用 LEADER 命令创建的注释复制到当前指引线的末端。选择该选项，命令行提示如下。

选择要复制的对象：

在此提示下选择一个已创建的注释文本，则 AutoCAD 把它复制到当前指引线的末端。

（c）块（B）：插入块，把已经定义好的图块插入到指引线的末端。选择该选项，命令行提示如下。

输入块名或 [?]：

在此提示下输入一个已定义好的图块名，AutoCAD 把该图块插入到指引线的末端；或输入"？"列出当前已有图块，用户可从中选择。

（d）无（N）：不进行注释，没有注释文本。

（e）多行文字（M）：用多行文本编辑器标注注释文本，并定制文本格式，为默认选项。

③ 格式（F）：确定指引线的形式。选择该选项，命令行提示如下。

输入引线格式选项〔样条曲线(S)/直线(ST)/箭头(A)/无(N)〕<退出>：

选择指引线形式，或直接按<Enter>键返回上一级提示。

a．样条曲线（S）：设置指引线为样条曲线。

b．直线（ST）：设置指引线为折线。

c. 箭头（A）：在指引线的起始位置画箭头。

d. 无（N）：在指引线的起始位置不画箭头。

e. 退出：此项为默认选项，选择该选项退出"格式（F）"选项，返回"指定下一点或[注释（A）/格式（F）/放弃（U）]<注释>"提示，并且指引线形式按默认方式设置。

8.3.2 快速引线标注

利用 QLEADER 命令可快速生成指引线及注释，而且可以通过命令行优化对话框进行用户自定义，由此可以消除不必要的命令行提示，获得较高的工作效率。

【执行方式】

- 命令行：QLEADER（快捷命令：LE）。

【操作步骤】

命令行提示与操作如下。

命令：QLEADER↙
指定第一个引线点或 [设置(S)] <设置>：

【选项说明】

① 指定第一个引线点：在上面的提示下确定一点作为指引线的第一点，命令行提示如下。

指定下一点：输入指引线的第二点
指定下一点：输入指引线的第三点

AutoCAD 提示用户输入点的数目由"引线设置"对话框（图 8-42）确定。输入完指引线的点后，命令行提示如下。

指定文字宽度 <0.0000>：输入多行文本文字的宽度
输入注释文字的第一行 <多行文字(M)>：

此时，有两种命令输入选择，含义如下。

a. 输入注释文字的第一行：在命令行输入第一行文本文字，命令行提示如下。

输入注释文字的下一行：输入另一行文本文字
输入注释文字的下一行：输入另一行文本文字或按<Enter>键

b. 多行文字（M）：打开多行文字编辑器，输入编辑多行文字。

输入全部注释文本后，在此提示下直接按<Enter>键，AutoCAD 结束 QLEADER 命令，并把多行文本标注在指引线的末端附近。

② 设置：在上面的提示下直接按<Enter>键或输入"S"，系统打开如图 8-42 所示"引线设置"对话框，允许对引线标注进行设置。该对话框包含"注释""引线和箭头""附着" 3 个选项卡，下面分别进行介绍。

图 8-42 "引线设置"对话框

a．"注释"选项卡（图 8-42）：用于设置引线标注中注释文本的类型、多行文本的格式并确定注释文本是否多次使用。

b．"引线和箭头"选项卡（图 8-43）：用于设置引线标注中指引线和箭头的形式。其中"点数"选项组用于设置执行 QLEADER 命令时，AutoCAD 提示用户输入的点的数目。例如，设置点数为 3，执行 QLEADER 命令时，当用户在提示下指定 3 个点后，系统自动提示用户输入注释文本。注意设置的点数要比用户希望的指引线段数多 1，可利用微调框进行设置，如果勾选"无限制"复选框，则 AutoCAD 会一直提示用户输入点直到连续按<Enter>键两次为止。"角度约束"选项组设置第一段和第二段指引线的角度约束。

c．"附着"选项卡（图 8-44）：用于设置注释文本和指引线的相对位置。如果最后一段指引线指向右边，AutoCAD 自动把注释文本放在右侧；如果最后一段指引线指向左边，AutoCAD 自动把注释文本放在左侧。利用本页左侧和右侧的单选钮分别设置位于左侧和右侧的注释文本与最后一段指引线的相对位置，二者可相同也可不相同。

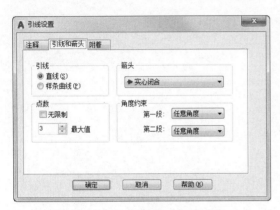

图 8-43　"引线和箭头"选项卡

图 8-44　"附着"选项卡

8.3.3　实例——标注止动垫圈尺寸

扫一扫，看视频

标注如图 8-45 所示的止动垫圈尺寸。

① 单击"默认"选项卡"注释"面板中的"文字样式"按钮，设置文字样式，为后面尺寸标注输入文字做准备。

② 单击"默认"选项卡"注释"面板中的"标注样式"按钮，设置标注样式。

③ 在命令行输入"QLEADER"，利用"引线"命令标注齿轮主视图上部圆角半径。例如标注上端 Φ2，按下面的方法操作。

```
命令: qleader↙
指定第一个引线点或 [设置(S)] <设置>: s↙ 对引线类型进行设置
指定第一个引线点或 [设置(S)] <设置>: 在标注的位置指定一点
指定下一点: 在标注的位置指定第二点
指定下一点: 在标注的位置指定第三点
指定文字宽度 <5>: ↙
输入注释文字的第一行 <多行文字(M)>: %%c2↙
输入注释文字的下一行: ↙
```

如图 8-46 所示为使用该标注方式的标注结果。

图 8-45 止动垫圈

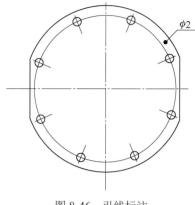

图 8-46 引线标注

④ 用"线性"标注、"直径"标注和"角度"标注命令标注止动垫圈视图中的其他尺寸。在标注公差的过程中，同样要先设置替代尺寸样式，在替代样式中逐个设置公差，最终结果如图 8-45 所示。

8.4 形位公差

8.4.1 形位公差标注

为方便机械设计工作，AutoCAD 提供了标注形位公差的功能。形位公差的标注形式如图 8-47 所示，包括指引线、特征符号、公差值和附加符号以及基准代号。

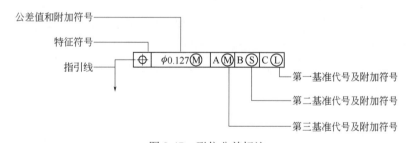

图 8-47 形位公差标注

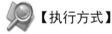 【执行方式】

- 命令行：TOLERANCE（快捷命令：TOL）。
- 菜单栏：选择菜单栏中的"标注"→"公差"命令。
- 工具栏：单击"标注"工具栏中的"公差"按钮⊞1。
- 功能区：单击"注释"选项卡的"标注"面板中的"公差"按钮⊞1。

执行上述操作后，系统打开如图 8-48 所示的"形位公差"对话框，可通过此对话框对形位公差标注进行设置。

【选项说明】

① 符号：用于设定或改变公差代号。单击下面的黑块，系统打开如图 8-49 所示的"特征符号"列表框，可从中选择需要的公差代号。

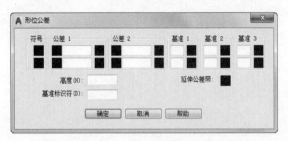

图 8-48　"形位公差"对话框

图 8-49　"特征符号"列表框

② 公差 1/2：用于产生第 1/2 个公差的公差值及"附加符号"符号。白色文本框左侧的黑块控制是否在公差值之前加一个直径符号，单击它，则出现一个直径符号；再次单击，则消失。白色文本框用于确定公差值，在其中输入一个具体数值。右侧黑块用于插入"包容条件"符号，单击它，系统打开如图 8-50 所示的"附加符号"列表框，用户可从中选择所需符号。

③ 基准 1/2/3：用于确定第 1/2/3 个基准代号及材料状态符号。在白色文本框中输入一个基准代号。单击其右侧的黑块，系统打开"包容条件"列表框，可从中选择适当的"包容条件"符号。

④ "高度"文本框：用于确定标注复合形位公差的高度。

⑤ 延伸公差带：单击此黑块，在复合公差带后面加一个复合公差符号，如图 8-51（d）所示，其他形位公差标注如图 8-51（a）～（c）、（e）所示的例图。

⑥ "基准标识符"文本框：用于产生一个标识符号，用一个字母表示。

技巧荟萃

在"形位公差"对话框中有两行可以同时对形位公差进行设置，可实现复合形位公差的标注。如果两行中输入的公差代号相同，则得到如图 8-51（e）所示的形式。

图 8-50　"附加符号"列表框

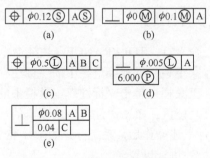

图 8-51　形位公差标注举例

8.4.2 实例——标注轴的尺寸

标注如图 8-52 所示轴的尺寸。

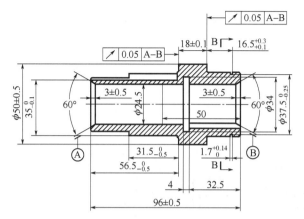

图 8-52 轴的尺寸标注

① 单击"默认"选项卡"图层"面板中的"图层特性"按钮，打开"图层特性管理器"对话框，单击"新建图层"按钮，设置如图 8-53 所示的图层。

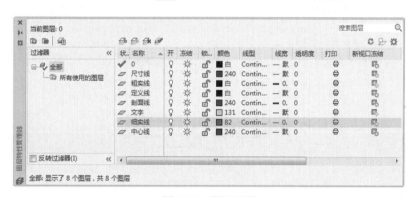

图 8-53 图层设置

② 单击"快速访问"工具栏中的"打开"按钮，打开轴图形，将其复制粘贴到文件中，如图 8-54 所示。

③ 设置尺寸标注样式。在系统默认的 ISO-25 标注样式中，设置箭头大小为"3"，文字高度为"4"，文字对齐方式为"与尺寸线对齐"，精度设为"0.0"，其他选项设置如图 8-55 所示。

④ 标注基本尺寸。如图 8-56 所示，包括 3 个线性尺寸、两个角度尺寸和两个直径尺寸，而实际上这两个直径尺寸也是按线性尺寸的标注方法进行标注的，按下状态栏中的"对象捕捉"按钮。

a. 单击"默认"选项卡"注释"面板中的"线性"按钮，标注线性尺寸 4，命令行提示与操作如下。

```
命令：DIMLINEAR↙
指定第一个尺寸界线原点或 <选择对象>：捕捉第一条尺寸界线原点
```

指定第二条尺寸界线原点：捕捉第二条尺寸界线原点
指定尺寸线位置或[多行文字(M)/文字(T)/角度(A)/水平(H)/垂直(V)/旋转（R）]：指定尺寸线位置
标注文字 =4

采用相同的方法，标注线性尺寸 32.5、50、ϕ34、ϕ24.5。

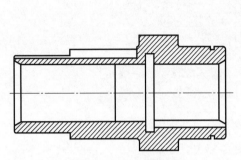

图 8-54　打开轴图形

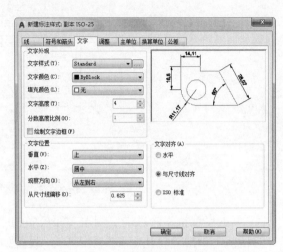

图 8-55　设置尺寸标注样式

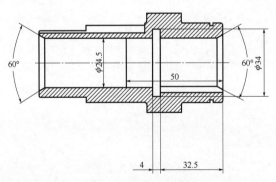

图 8-56　标注基本尺寸

b. 单击"默认"选项卡"注释"面板中的"角度"按钮 △，标注角度尺寸 60，命令行提示与操作如下。

命令：DIMANGULAR↙
选择圆弧、圆、直线或 <指定顶点>：选择要标注的轮廓线
选择第二条直线：选择第二条轮廓线
指定标注弧线位置或 [多行文字(M)/文字(T)/角度(A)/象限点(Q)]：指定尺寸线位置
标注文字 =60

采用相同的方法，标注另一个角度尺寸 60º，标注结果如图 8-56 所示。

⑤ 标注公差尺寸。图中包括 5 个对称公差尺寸和 6 个极限偏差尺寸。单击"默认"选项卡"注释"面板中的"标注样式"按钮 ⊿，打开"标注样式管理器"对话框。单击对话框中的"替代"按钮，打开"替代当前样式"对话框，单击"公差"选项卡，按每一个尺寸公差的不同进行替代设置，如图 8-57 所示。替代设定后，进行尺寸标注，命令行提示与

操作如下。

命令：DIMLINEAR↙
指定第一个尺寸界线原点或 <选择对象>：捕捉第一条尺寸界线原点
指定第二条尺寸界线原点：捕捉第二条尺寸界线原点
创建了无关联的标注
指定尺寸线位置或[多行文字(M)/文字(T)/角度(A)/水平(H)/垂直(V)/旋转(R)]：M↙ 并在
打开的多行文本编辑器的编辑栏尖括号前加"%%C"，标注直径符号
指定尺寸线位置或[多行文字(M)/文字(T)/角度(A)/水平(H)/垂直(V)/旋转(R)]：↙
标注文字 =50

对公差按尺寸要求进行替代设置。

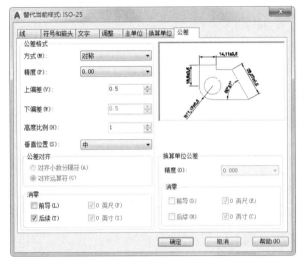

图 8-57 "公差"选项卡

采用相同的方法，对标注样式进行替代设置，然后标注线性公差尺寸 35、3、31.5、56.5、96、18、3、1.7、16.5、ϕ37.5，标注结果如图 8-58 所示。

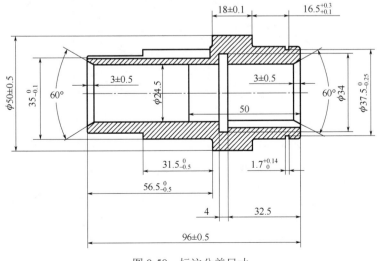

图 8-58 标注公差尺寸

217

⑥ 标注形位公差。

a. 单击"注释"选项卡"标注"面板中的"公差"按钮 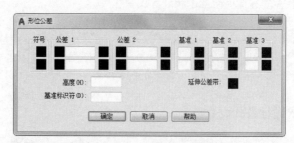 ，打开"形位公差"对话框，进行如图 8-59 所示的设置，确定后在图形上指定放置位置。

图 8-59 "形位公差"对话框

b. 标注引线，命令行提示与操作如下。

命令：LEADER↙
指定引线起点：指定起点
指定下一点：指定下一点
指定下一点或 [注释(A)/格式(F)/放弃(U)] <注释>：↙
输入注释文字的第一行或 <选项>：↙
输入注释选项 [公差(T)/副本(C)/块(B)/无(N)/多行文字(M)] <多行文字>：N↙ 引线指向形位公差符号，故无注释文本

采用相同的方法，标注另一个形位公差，标注结果如图 8-60 所示。

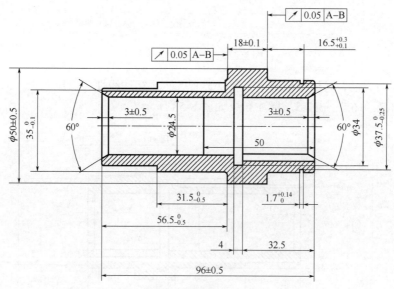

图 8-60 标注形位公差

⑦ 标注形位公差基准。形位公差的基准可以通过引线标注命令和绘图命令以及单行文字命令绘制，此处不再赘述。最后完成的标注结果如图 8-52 所示。

⑧ 保存文件。在命令行输入"QSAVE"，或选择菜单栏中的"文件"→"保存"命令，或单击"快速访问"工具栏中的"保存"按钮 ，保存标注的图形文件。

8.5 编辑尺寸标注

AutoCAD 允许对已经创建好的尺寸标注进行编辑修改，包括修改尺寸文本的内容、改变其位置、使尺寸文本倾斜一定的角度等，还可以对尺寸界线进行编辑。

8.5.1 利用 DIMEDIT 命令编辑尺寸标注

利用 DIMEDIT 命令可以修改已有尺寸标注的文本内容，把尺寸文本倾斜一定的角度，还可以对尺寸界线进行修改，使其旋转一定角度从而标注一段线段在某一方向上的投影尺寸。DIMEDIT 命令可以同时对多个尺寸标注进行编辑。

 【执行方式】

- 命令行：DIMEDIT（快捷命令：DED）。
- 菜单栏：选择菜单栏中的"标注"→"对齐文字"→"默认"命令。
- 工具栏：单击"标注"工具栏中的"编辑标注"按钮 。

 【操作步骤】

命令行提示与操作如下。

```
命令：DIMEDIT↙
输入标注编辑类型 [默认(H)/新建(N)/旋转(R)/倾斜(O)] <默认>：
```

 【选项说明】

① 默认（H）：按尺寸标注样式中设置的默认位置和方向放置尺寸文本，如图 8-61（a）所示。选择此选项，命令行提示如下。

选择对象：选择要编辑的尺寸标注

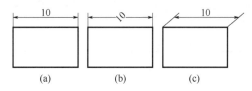

(a)	(b)	(c)

图 8-61 编辑尺寸标注

② 新建（N）：选择此选项，系统打开多行文字编辑器，可利用此编辑器对尺寸文本进行修改。

③ 旋转（R）：改变尺寸文本行的倾斜角度。尺寸文本的中心点不变，使文本沿指定的角度方向倾斜排列，如图 8-61（b）所示。若输入角度为 0，则按"新建标注样式"对话框"文字"选项卡中设置的默认方向排列。

④ 倾斜（O）：修改长度型尺寸标注的尺寸界线，使其倾斜一定角度，与尺寸线不垂直，如图 8-61（c）所示。

8.5.2 利用 DIMTEDIT 命令改变尺寸文本位置

利用 DIMTEDIT 命令可以改变尺寸文本的位置,使其位于尺寸线上的左端、右端或中间,而且可使文本倾斜一定的角度。

 【执行方式】

- 命令行:DIMTEDIT(快捷命令:DIMTED)。
- 菜单栏:选择菜单栏中的"标注"→"对齐文字"→除"默认"命令外的其他命令。
- 工具栏:单击"标注"工具栏中的"编辑标注文字"按钮 。
- 功能区:单击"默认"选项卡的"注释"面板中的"文字角度" 、"左对正" 、"居中对正" 、"右对正" 。

 【操作步骤】

命令行提示与操作如下。

```
命令:DIMTEDIT↙
选择标注:选择一个尺寸标注
为标注文字的新位置或 [左对齐(L)/右对齐(R)/居中(C)/默认(H)/角度(A)]:
```

 【选项说明】

① 为标注文字的新位置:更新尺寸文本的位置,用鼠标把文本拖到新的位置。

② 左对齐(L)/右对齐(R):使尺寸文本沿尺寸线向左(右)对齐,如图 8-62(a)、(b)所示。此选项只对长度型、半径型、直径型尺寸标注起作用。

③ 居中(C):把尺寸文本放在尺寸线上的中间位置,如图 8-62(c)所示。

④ 默认(H):把尺寸文本按默认位置放置。

⑤ 角度(A):改变尺寸文本行的倾斜角度。

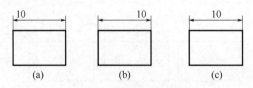

图 8-62 编辑尺寸标注

上 机 操 作

【实例 1】标注如图 8-63 所示的垫片尺寸

（1）目的要求

本例有线性、直径、角度 3 种尺寸需要标注,由于具体尺寸的要求不同,需要重新设置和转换尺寸标注样式。通过本例,要求读者掌握各种标注尺寸的基本方法。

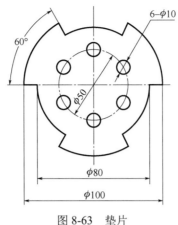

图 8-63　垫片

（2）操作提示

① 单击"默认"选项卡"注释"面板中的"文字样式"按钮 **A**，设置文字样式和标注样式，为后面的尺寸标注输入文字做准备。

② 单击"默认"选项卡"注释"面板中的"线性"按钮 ⊢⊣，标注垫片图形中的线性尺寸。

③ 单击"默认"选项卡"注释"面板中的"直径"按钮 ⬭，标注垫片图形中的直径尺寸，其中需要重新设置标注样式。

④ 单击"默认"选项卡"注释"面板中的"角度"按钮 △，标注垫片图形中的角度尺寸，其中需要重新设置标注样式。

【实例 2】 为如图 8-64 所示的阀盖尺寸设置标注样式

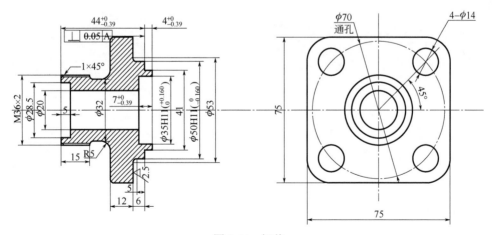

图 8-64　阀盖

（1）目的要求

设置标注样式是标注尺寸的首要工作。一般可以根据图形的复杂程度和尺寸类型的多少，决定设置几种尺寸标注样式。本例要求针对图 8-64 所示的阀盖设置 3 种尺寸标注样式。分别用于普通线性标注、带公差的线性标注以及角度标注。

（2）操作提示

① 单击"默认"选项卡"注释"面板中的"标注样式"按钮，打开"标注样式管理器"对话框。

② 单击"新建"按钮，打开"创建新标注样式"对话框，在"新样式名"文本框中输入新样式名。

③ 单击"继续"按钮，打开"新建标注样式"对话框。

④ 在对话框的各个选项卡中进行直线和箭头、文字、调整、主单位、换算单位和公差的设置。

⑤ 确认退出。采用相同的方法设置另外两个标注样式。

第9章
辅助绘图工具

在绘图过程中经常会遇到一些重复出现的图形，例如机械设计中的螺钉、螺母，建筑设计中的桌椅、门窗等，如果每次都重新绘制这些图形，不仅造成大量的重复工作，而且存储这些图形及其信息也要占据很大的磁盘空间。图块提出了模块化作图的方法，这样不仅提高了绘图速度，而且可以大大节省磁盘空间。AutoCAD 2020设计中心也提供了观察和重用设计内容的强大工具，用它可以浏览系统内部的资源，还可以从Internet上下载有关内容。

本章主要介绍图块及其属性以及设计中心的应用、工具选项板的使用等知识。

学习要点

掌握图块操作

学习图块属性

了解设计中心的应用

熟练使用工具选项板

9.1 图块操作

图块也称块，它是由一组图形对象组成的集合，一组对象一旦被定义为图块，将成为一个整体，选中图块中任意一个图形对象即可选中构成图块的所有对象。AutoCAD 把一个图块作为一个对象进行编辑修改等操作，用户可根据绘图需要把图块插入到图中指定的位置，在插入时还可以指定不同的缩放比例和旋转角度。如果需要对组成图块的单个图形对象进行修改，还可以利用"分解"命令把图块炸开，分解成若干个对象。图块还可以重新定义，一旦被重新定义，整个图中基于该块的对象都将随之改变。

9.1.1 定义图块

将图形创建一个整体形成块，方便在作图时插入同样的图形，不过这个块只相对于这个图纸，其他图纸不能插入此块。

【执行方式】

- 命令行：BLOCK（快捷命令：B）。
- 菜单栏：选择菜单栏中的"绘图"→"块"→"创建"命令。
- 工具栏：单击"绘图"工具栏中的"创建块"按钮 ⌐⊙。
- 功能区：单击"默认"选项卡的"块"面板中的"创建"按钮⌐⊙或单击"插入"选项卡的"块定义"面板中的"创建块"按钮⌐⊙。

执行上述操作后，系统打开如图 9-1 所示的"块定义"对话框，利用该对话框可定义图块并为之命名。

图 9-1　"块定义"对话框

【选项说明】

① "基点"选项组：确定图块的基点，默认值是（0,0,0），也可以在下面的 X、Y、Z 文本框中输入块的基点坐标值。单击"拾取点"按钮⊡，系统临时切换到绘图区，在绘图区选择一点后，返回"块定义"对话框中，把选择的点作为图块的放置基点。

② "对象"选项组：用于选择制作图块的对象，以及设置图块对象的相关属性。如图 9-2 所示，把图 9-2（a）中的正五边形定义为图块，图 9-2（b）为点选"删除"单选钮的结果，图 9-2（c）为点选"保留"单选钮的结果。

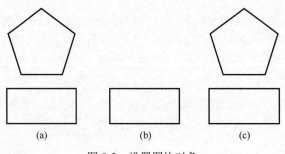

图 9-2　设置图块对象

③ "设置"选项组：指定从 AutoCAD 设计中心拖动图块时用于测量图块的单位，以及缩放、分解和超链接等设置。

④ "在块编辑器中打开"复选框：勾选此复选框，可以在块编辑器中定义动态块，后面将详细介绍。

⑤ "方式"选项组：指定块的行为。"注释性"复选框，指定在图纸空间中块参照的方向与布局方向匹配；"按统一比例缩放"复选框，指定是否阻止块参照不按统一比例缩放；"允许分解"复选框，指定块参照是否可以被分解。

9.1.2 图块的存盘

利用 BLOCK 命令定义的图块保存在其所属的图形当中，该图块只能在该图形中插入，

而不能插入到其他的图形中。但是有些图块在许多图形中要经常用到，这时可以用 WBLOCK 命令把图块以图形文件的形式（后缀为.dwg）写入磁盘。图形文件可以在任意图形中用 INSERT 命令插入。

图 9-3 "写块"对话框

【执行方式】

- 命令行：WBLOCK（快捷命令：W）。
- 功能区：单击"插入"选项卡的"块定义"面板中的"写块"按钮🗔。

执行上述命令后，系统打开"写块"对话框，如图 9-3 所示，利用此对话框可把图形对象保存为图形文件或把图块转换成图形文件。

【选项说明】

① "源"选项组：确定要保存为图形文件的图块或图形对象。点选"块"单选钮，单击右侧的下拉列表框，在其展开的列表中选择一个图块，将其保存为图形文件；点选"整个图形"单选钮，则把当前的整个图形保存为图形文件；点选"对象"单选钮，则把不属于图块的图形对象保存为图形文件。对象的选择通过"对象"选项组来完成。

② "目标"选项组：用于指定图形文件的名称、保存路径和插入单位。

9.1.3 实例——将图形定义为图块

将如图 9-4 所示的图形定义为图块，命名为 HU3，并保存。

扫一扫，看视频

① 选择菜单栏中的"绘图"→"块"→"创建"命令，或单击单击"默认"选项卡"块"面板中的"创建"按钮🗔，打开"块定义"对话框。

② 在"名称"下拉列表框中输入"HU3"。

③ 单击"拾取点"按钮🖳，切换到绘图区，选择圆心为插入基点，返回"块定义"对话框。

④ 单击"选择对象"按钮💠，切换到绘图区，选择如图 9-4 所示的对象后，按<Enter>键返回"块定义"对话框。

⑤ 单击"确定"按钮，关闭对话框。

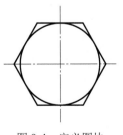

图 9-4 定义图块

⑥ 在命令行输入"WBLOCK"，按<Enter>键，系统打开"写块"

对话框，在"源"选项组中点选"块"单选钮，在右侧的下拉列表框中选择"HU3"块，单击"确定"按钮，即把图形定义为"HU3"图块。

9.1.4 图块的插入

在 AutoCAD 绘图过程中，可根据需要随时把已经定义好的图块或图形文件插入到当前图形的任意位置，在插入的同时还可以改变图块的大小、旋转一定角度或把图块炸开等。插入图块的方法有多种，本节将逐一进行介绍。

【执行方式】

- 命令行：INSERT（快捷命令：I）。
- 菜单栏：选择菜单栏中的"插入"→"块选项板"命令。
- 工具栏：单击"插入"工具栏中的"插入块"按钮或"绘图"工具栏中的"插入块"按钮。
- 功能区：单击"默认"选项卡的"块"面板中的"插入"下拉菜单或单击"插入"选项卡的"块"面板中的"插入"下拉菜单，如图 9-5 所示。

在"插入"下拉菜单中，选择"最近使用的块"选项，打开如图 9-6 所示的"块"选项板。

图 9-5　"插入"下拉菜单

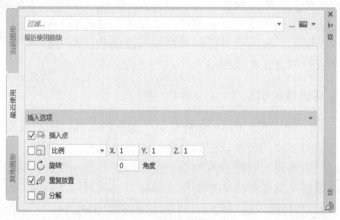

图 9-6　"块"选项板

【选项说明】

①"路径"显示框：显示图块的保存路径。

②"插入点"选项组：指定插入点，插入图块时该点与图块的基点重合。可以在绘图区指定该点，也可以在下面的文本框中输入坐标值。

③"比例"选项组：确定插入图块时的缩放比例。图块被插入到当前图形中时，可以以任意比例放大或缩小。如图 9-7 所示，图 9-7（a）是被插入的图块；图 9-7（b）为按比例系数 1.5 插入该图块的结果；图 9-7（c）为按比例系数 0.5 插入该图块的结果。X 轴方向和 Y 轴方向的比例系数也可以取不同，如图 9-7（d）所示，插入的图块 X 轴方向的比例系数为 1，Y 轴方向的比例系数为 1.5。另外，比例系数还可以是一个负数，当为负数时表示插入图块的镜像，其效果如图 9-8 所示。

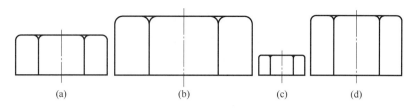

图 9-7   取不同比例系数插入图块的效果

X比例=1，Y比例=1　　　　X比例=−1，Y比例=1　　　　X比例=1，Y比例=−1　　　　X比例=−1，Y比例=−1

图 9-8   取比例系数为负值插入图块的效果

④ "旋转"选项组：指定插入图块时的旋转角度。图块被插入到当前图形中时，可以绕其基点旋转一定的角度，角度可以是正数（表示沿逆时针方向旋转），也可以是负数（表示沿顺时针方向旋转）。如图 9-9（a）所示，图 9-9（b）为图块旋转 30°后插入的效果，图 9-9（c）为图块旋转-30°后插入的效果。

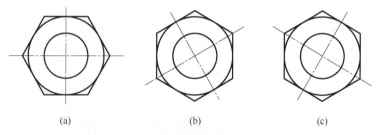

图 9-9   以不同旋转角度插入图块的效果

如果勾选"在屏幕上指定"复选框，系统切换到绘图区，在绘图区选择一点，AutoCAD自动测量插入点与该点连线和 X 轴正方向之间的夹角，并把它作为块的旋转角。也可以在"角度"文本框中直接输入插入图块时的旋转角度。

⑤ "分解"复选框：勾选此复选框，则在插入块的同时把其炸开，插入到图形中的组成块对象不再是一个整体，可对每个对象单独进行编辑操作。

9.1.5   实例——标注粗糙度符号

扫一扫，看视频

标注如图 9-10 所示图形中的粗糙度符号。

① 单击"默认"选项卡"绘图"面板中的"直线"按钮 ╱，绘制如图 9-11 所示的图形。

② 在命令行输入"WBLOCK"，按<Enter>键，打开"写块"对话框。单击"拾取点"按钮，选择图形的下尖点为基点，单击"选择对象"按钮，选择上面的图形为对象，输入图块名称并指定路径保存图块，单击"确定"按钮退出。

③ 单击"默认"选项卡"块"面板中的"插入"按钮，选择"最近使用的块"选项，系统弹出"块"选项板，继续单击选项板右上侧的"浏览"按钮，找到刚才保存的图块，

单击"打开"按钮，将返回"块"选项板，指定插入点、比例和旋转角度，插入时选择适当的插入点、比例和旋转角度，将该图块插入到图 9-10 所示的图形中。

④ 单击"默认"选项卡"注释"面板中的"单行文字"按钮**A**，标注文字，标注时注意对文字进行旋转。

⑤ 采用相同的方法，标注其他粗糙度符号。

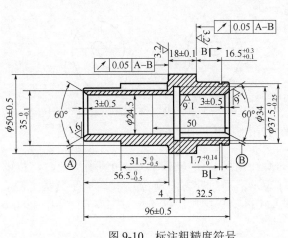

图 9-10　标注粗糙度符号　　　　　　　　　　图 9-11　绘制粗糙度符号

9.1.6　动态块

动态块具有灵活性和智能性的特点。用户在操作时可以轻松地更改图形中的动态块参照，通过自定义夹点或自定义特性来操作动态块参照中的几何图形，使用户可以根据需要在位调整块，而不用搜索另一个块以插入或重定义现有的块。

如果在图形中插入一个"门"块参照，编辑图形时可能需要更改门的大小。如果该块是动态的，并且定义为可调整大小，那么只需拖动自定义夹点或在"特性"选项板中指定不同的大小就可以修改门的大小，如图 9-12 所示。用户可能还需要修改门的打开角度，如图 9-13 所示。该"门"块还可能会包含对齐夹点，使用对齐夹点可以轻松地将门块参照与图形中的其他几何图形对齐，如图 9-14 所示。

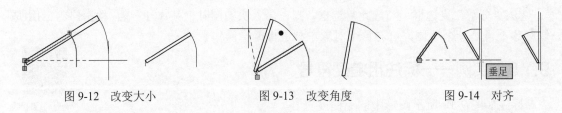

图 9-12　改变大小　　　　　　图 9-13　改变角度　　　　　　图 9-14　对齐

可以使用块编辑器创建动态块。块编辑器是一个专门的编写区域，用于添加能够使块成为动态块的元素。用户可以创建新的块，也可以向现有的块定义中添加动态行为，还可以像在绘图区中一样创建几何图形。

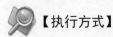【执行方式】

● 命令行：BEDIT（快捷命令：BE）。

- 菜单栏：选择菜单栏中的"工具"→"块编辑器"命令。
- 工具栏：单击"标准"工具栏中的"块编辑器"按钮 🗂。
- 功能区：单击"默认"选项卡"块"面板中的"块编辑器"按钮 🗂 或单击"插入"选项卡"块定义"面板中的"块编辑器"按钮 🗂。
- 快捷菜单：选择一个块参照，在绘图区右击，选择快捷菜单中的"块编辑器"命令。

执行上述操作后，系统打开"编辑块定义"对话框，如图9-15所示，在"要创建或编辑的块"文本框中输入图块名或在列表框中选择已定义的块或当前图形。确认后，系统打开块编写选项板和"块编辑器"工具栏，如图9-16所示。

图9-15 "编辑块定义"对话框

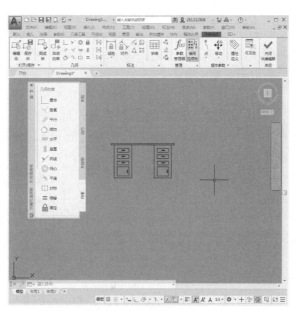

图9-16 块编辑状态绘图平面

 【选项说明】

（1）块编写选项板

①"参数"选项卡：提供用于向块编辑器中的动态块定义中添加参数的工具。参数用于指定几何图形在块参照中的位置、距离和角度。将参数添加到动态块定义中时，该参数将定义块的一个或多个自定义特性。此选项卡也可以通过命令BPARAMETER来打开。提供用于向块编辑器中的动态块定义中添加参数的工具。

②"动作"选项卡：提供用于向块编辑器中的动态块定义中添加动作的工具。动作定义了在图形中操作块参照的自定义特性时，动态块参照的几何图形将如何移动或变化。应将动作与参数相关联。此选项卡也可以通过命令BACTIONTOOL来打开。

③"参数集"选项卡：提供用于在块编辑器中向动态块定义中添加一个参数和至少一个动作的工具。将参数集添加到动态块中时，动作将自动与参数相关联。将参数集添加到动态块中后，请双击黄色警示图标（或使用BACTIONSET命令），然后按照命令行上的提示将动作与几何图形选择集相关联。此选项卡也可以通过命令BPARAMETER来打开。

④"约束"选项卡：提供用于将几何约束和约束参数应用于对象的工具。将几何约束应

用于一对对象时，选择对象的顺序以及选择每个对象的点可能影响对象相对于彼此的放置方式。

（2）"块编辑器"选项卡

该选项卡提供了在块编辑器中使用、创建动态块以及设置可见性状态的工具。

① 编辑块 ：显示"编辑块定义"对话框。

② 保存块 ：保存当前块定义。

③ 将块另存为 ：显示"将块另存为"对话框，可以在其中用一个新名称保存当前块定义的副本。

④ 测试块 ：运行 BTESTBLOCK 命令，可从块编辑器打开一个外部窗口以测试动态块。

⑤ 自动约束 ：运行 AUTOCONSTRAIN 命令，可根据对象相对于彼此的方向将几何约束应用于对象的选择集。

⑥ 显示/隐藏 ：运行 CONSTRAINTBAR 命令，可显示或隐藏对象上的可用几何约束。

⑦ 块表 ：运行 BTABLE 命令，可显示对话框以定义块的变量。

⑧ 参数管理器 fx：参数管理器处于未激活状态时执行 PARAMETERS 命令。否则，将执行 PARAMETERSCLOSE 命令。

⑨ 编写选项板 ：编写选项板处于未激活状态时执行 BAUTHORPALETTE 命令。否则，将执行 BAUTHORPALETTECLOSE 命令。

⑩ 属性定义 ：显示"属性定义"对话框，从中可以定义模式、属性标记、提示、值、插入点和属性的文字选项。

⑪ 可见性模式 ：设置 BVMODE 系统变量，可以使当前可见性状态下不可见的对象变暗或隐藏。

⑫ 使可见 ：运行 BVSHOW 命令，可以使对象在当前可见性状态或所有可见性状态下均可见。

⑬ 使不可见 ：运行 BVHIDE 命令，可以使对象在当前可见性状态或所有可见性状态下均不可见。

⑭ 可见性状态 ：显示"可见性状态"对话框。从中可以创建、删除、重命名和设置当前可见性状态。在列表框中选择一种状态，右键单击，选择快捷菜单中"新状态"项，打开"新建可见性状态"对话框，可以设置可见性状态。

⑮ 关闭块编辑器 ：运行 BCLOSE 命令，可关闭块编辑器，并提示用户保存或放弃对当前块定义所做的任何更改。

9.1.7 实例——利用动态块功能标注粗糙度符号

利用动态块功能标注图 9-17 所示图形中的粗糙度符号。

扫一扫，看视频

① 单击"默认"选项卡"块"面板中的"插入"按钮 ，选择"最近使用的块"选项，系统弹出"块"选项板，继续单击选项板右上侧的"浏览"按钮 ，找到保存的粗糙度图块，单击"打开"按钮，将返回到"块"选项板，指定插入点、比例和旋转角，将该图块插入到如图 9-17 所示的图形中。

② 在当前图形中选择插入的图块，系统显示图块的动态旋转标记，选中该标记，按住

鼠标左键拖动，直到图块旋转到满意的位置为止，如图 9-18 所示。

③ 选择菜单栏中的"绘图"→"文字"→"单行文字"命令标注文字，标注时注意对文字进行旋转。

④ 同样利用插入图块的方法标注其他粗糙度。

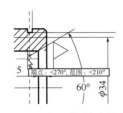

图 9-17 插入粗糙度符号

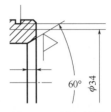

图 9-18 插入结果

9.2 图块属性

图块除了包含图形对象以外，还可以具有非图形信息，例如把一个椅子的图形定义为图块后，还可把椅子的号码、材料、重量、价格以及说明等文本信息一并加入图块当中。图块的这些非图形信息，叫做图块的属性，它是图块的一个组成部分，与图形对象一起构成一个整体，在插入图块时 AutoCAD 把图形对象连同属性一起插入到图形中。

9.2.1 定义图块属性

【执行方式】

- 命令行：ATTDEF（快捷命令：ATT）。
- 菜单栏：选择菜单栏中的"绘图"→"块"→"定义属性"命令。
- 功能区：单击"默认"选项卡"块"面板中的"定义属性"按钮◇或单击"插入"选项卡"块定义"面板中的"定义属性"按钮◇。

执行上述操作后，打开"属性定义"对话框，如图 9-19 所示。

图 9-19 "属性定义"对话框

【选项说明】

① "模式"选项组：用于确定属性的模式。

a."不可见"复选框：勾选此复选框，属性为不可见显示方式，即插入图块并输入属性值后，属性值在图中并不显示出来。

b."固定"复选框：勾选此复选框，属性值为常量，即属性值在属性定义时给定，在插入图块时系统不再提示输入属性值。

c."验证"复选框：勾选此复选框，当插入图块时，系统重新显示属性值提示用户验证该值是否正确。

d."预设"复选框：勾选此复选框，当插入图块时，系统自动把事先设置好的默认值赋予属性，而不再提示输入属性值。

e."锁定位置"复选框：锁定块参照中属性的位置。解锁后，属性可以相对于使用夹点编辑块的其他部分移动，并且可以调整多行文字属性的大小。

f."多行"复选框：勾选此复选框，可以指定属性值包含多行文字，可以指定属性的边界宽度。

② "属性"选项组：用于设置属性值。在每个文本框中，AutoCAD 允许输入不超过 256个字符。

a."标记"文本框：输入属性标签。属性标签可由除空格和感叹号以外的所有字符组成，系统自动把小写字母改为大写字母。

b."提示"文本框：输入属性提示。属性提示是插入图块时系统要求输入属性值的提示，如果不在此文本框中输入文字，则以属性标签作为提示。如果在"模式"选项组中勾选"固定"复选框，即设置属性为常量，则不需设置属性提示。

c."默认"文本框：设置默认的属性值。可把使用次数较多的属性值作为默认值，也可不设默认值。

③ "插入点"选项组：用于确定属性文本的位置。可以在插入时由用户在图形中确定属性文本的位置，也可在 X、Y、Z 文本框中直接输入属性文本的位置坐标。

④ "文字设置"选项组：用于设置属性文本的对齐方式、文本样式、字高和倾斜角度。

⑤ "在上一个属性定义下对齐"复选框：勾选此复选框表示把属性标签直接放在前一个属性的下面，而且该属性继承前一个属性的文本样式、字高和倾斜角度等特性。

 技巧荟萃

在动态块中，由于属性的位置包括在动作的选择集中，因此必须将其锁定。

9.2.2 修改属性的定义

在定义图块之前，可以对属性的定义加以修改，不仅可以修改属性标签，还可以修改属性提示和属性默认值。

【执行方式】

- 命令行：DDEDIT（快捷命令：ED）。
- 菜单栏：选择菜单栏中的"修改"→"对象"→"文字"→"编辑"命令。

执行上述操作后，选择定义的图块，打开"编辑属性定义"对话框，如图9-20所示。该对话框表示要修改属性的标记为"轴号"，提示为"输入轴号"，无默认值，可在各文本框中对各项进行修改。

图9-20　"编辑属性定义"对话框

9.2.3　图块属性编辑

当属性被定义到图块当中，甚至图块被插入到图形当中之后，用户还可以对图块属性进行编辑。利用 ATTEDIT 命令可以通过对话框对指定图块的属性值进行修改，利用 ATTEDIT 命令不仅可以修改属性值，而且可以对属性的位置、文本等其他设置进行编辑。

【执行方式】

- 命令行：ATTEDIT（快捷命令：ATE）。
- 菜单栏：选择菜单栏中的"修改"→"对象"→"属性"→"单个"命令。
- 工具栏：单击"修改"工具栏中的"编辑属性"按钮 ㊂。
- 功能区：单击"默认"选项卡"块"面板中的"编辑属性"按钮 ㊂。

【操作步骤】

命令行提示与操作如下。

命令：ATTEDIT↙↙
选择块参照：

执行上述命令后，光标变为拾取框，选择要修改属性的图块，系统打开如图9-21所示的"编辑属性"对话框。对话框中显示出所选图块中包含的前8个属性的值，用户可对这些属性值进行修改。如果该图块中还有其他的属性，可单击"上一个"和"下一个"按钮对它们进行观察和修改。

当用户通过菜单栏或工具栏执行上述命令时，系统打开"增强属性编辑器"对话框，如图9-22所示。该对话框不仅可以编辑属性值，还可以编辑属性的文字选项和图层、线型、颜色等特性值。

另外，还可以通过"块属性管理器"对话框来编辑属性。选择菜单栏中的"修改"→"对象"→"属性"→"块属性管理器"命令，系统打开"块属性管理器"对话框，如图9-23所示。单击"编辑"按钮，系统打开"编辑属性"对话框，如图9-24所示，可以通过该对话框编辑属性。

图 9-21 "编辑属性"对话框 1

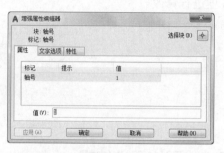

图 9-22 "增强属性编辑器"对话框

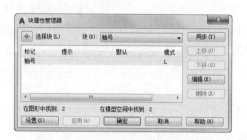

图 9-23 "块属性管理器"对话框

图 9-24 "编辑属性"对话框 2

9.2.4 实例——将粗糙度数值设置成图块属性并重新标注

扫一扫，看视频

将 9.1.5 节实例中的粗糙度数值设置成图块属性，并重新进行标注。

① 单击"默认"选项卡"绘图"面板中的"直线"按钮 ╱，绘制粗糙度符号。

② 单击"默认"选项卡"块"面板中的"定义属性"按钮 ◎，系统打开"属性定义"对话框，进行如图 9-25 所示的设置，其中插入点为粗糙度符号水平线的中点，确认退出。

③ 在命令行输入"WBLOCK"，按<Enter>键，打开"写块"对话框。单击"拾取点"按钮 圆，选择图形的下尖点为基点，单击"选择对象"按钮 圆，选择上面的图形为对象，输入图块名称并指定路径保存图块，单击"确定"按钮退出。

④ 单击"默认"选项卡"块"面板中的"插入"按钮 圆，选择"最近使用的块"选项，系统弹出"块"选项板，继续单击选项板右上侧的"浏

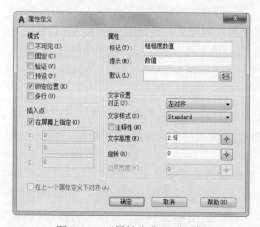

图 9-25 "属性定义"对话框

览"按钮![...]，找到保存的粗糙度图块，单击"打开"按钮，将返回"块"选项板，指定插入点、比例和旋转角度，将该图块插入到绘图区的任意位置，这时，命令行会提示输入属性，并要求验证属性值，此时输入粗糙度数值1.6，就完成了一个粗糙度的标注。

⑤ 继续插入粗糙度图块，输入不同属性值作为粗糙度数值，直到完成所有粗糙度标注。

9.3 设计中心

使用 AutoCAD 设计中心可以很容易地组织设计内容，并把它们拖动到自己的图形中。可以使用 AutoCAD 设计中心窗口的内容显示框，来观察资源管理器的细目，如图 9-26 所示。在该图中，左侧方框为 AutoCAD 设计中心的资源管理器，右侧方框为 AutoCAD 设计中心的内容显示框。其中上面窗口为文件显示框，中间窗口为图形预览显示框，下面窗口为说明文本显示框。

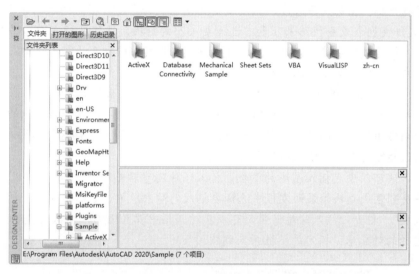

图 9-26 AutoCAD 设计中心的资源管理器和内容显示区

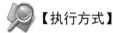 【执行方式】

- 命令行：ADCENTER（快捷命令：ADC）。
- 菜单栏：选择菜单栏中的"工具"→"选项板"→"设计中心"命令。
- 工具栏：单击"标准"工具栏中的"设计中心"按钮![]。
- 功能区：单击"视图"选项卡的"选项板"面板中的"设计中心"按钮![]。
- 快捷键：按 Ctrl+2 键。

执行上述操作后，系统打开"设计中心"选项板。第一次启动设计中心时，默认打开的选项卡为"文件夹"选项卡。内容显示区采用大图标显示，左边的资源管理器采用树状显示方式，浏览资源的同时，在内容显示区显示有关细目或内容，如图 9-26 所示。

可以利用鼠标拖动边框的方法来改变 AutoCAD 设计中心资源管理器和内容显示区以及 AutoCAD 绘图区的大小，但内容显示区的最小尺寸应能显示两列大图标为宜。

如果要改变 AutoCAD 设计中心的位置，可以按住鼠标左键拖动它，松开鼠标左键后，AutoCAD 设计中心便处于当前位置，到新位置后，仍可用鼠标改变各窗口的大小。也可以通过设计中心边框左上方的"自动隐藏"按钮 来自动隐藏设计中心。

【教你一招】

利用设计中心插入图块。

利用 AutoCAD 2020 绘制图形，将一个图块插入到图形中时，块定义就被复制到图形数据库当中。在一个图块被插入图形之后，如果原来的图块被修改，则插入到图形当中的图块也随之改变。

当其他命令正在执行时，不能插入图块到图形当中。例如，如果在插入块时，提示行正在执行一个命令，此时光标变成一个带斜线的圆，提示操作无效。另外，一次只能插入一个图块。

AutoCAD 2020 设计中心提供了以下两种插入图块的方法。

（1）利用鼠标指定比例和旋转方式

系统根据光标拉出的线段长度、角度确定比例与旋转角度，插入图块的步骤如下。

① 从文件夹列表或查找结果列表中选择要插入的图块，按住鼠标左键，将其拖动到打开的图形中。松开鼠标左键，此时选择的对象被插入到当前被打开的图形当中。利用当前设置的捕捉方式，可以将对象插入到存在的任何图形当中。

② 在绘图区单击，指定一点作为插入点，移动鼠标，光标位置点与插入点之间距离为缩放比例，单击确定比例。采用同样的方法移动鼠标，光标指定位置和插入点的连线与水平线的夹角为旋转角度。被选择的对象就根据光标指定的比例和角度插入到图形当中。

（2）精确指定坐标、比例和旋转角度方式

利用该方法可以设置插入图块的参数，插入图块的步骤如下。

从文件夹列表或查找结果列表框中选择要插入的对象，单击右键，在打开的快捷菜单中选择"插入块"，打开"插入"对话框，可以在对话框中设置比例、旋转角度等，如图 9-27 所示，被选择的对象根据指定的参数插入到图形当中。

图 9-27   "插入"对话框

9.4　工具选项板

"工具选项板"中的选项卡提供了组织、共享和放置块及填充图案的有效方法。"工具选项板"还可以包含由第三方开发人员提供的自定义工具。

9.4.1 打开工具选项板

可在工具选项板中进行整理块、图案填充和自定义工具等操作。

【执行方式】

- 命令行：TOOLPALETTES（快捷命令：TP）。
- 菜单栏：选择菜单栏中的"工具"→"选项板"→"工具选项板"命令。
- 工具栏：单击"标准"工具栏中的"工具选项板窗口"按钮 。
- 功能区：单击"视图"选项卡的"选项板"面板中的"工具选项板"按钮 。
- 快捷键：按 Ctrl+3 键。

执行上述操作后，系统自动打开工具选项板，如图 9-28 所示。

在工具选项板中，系统设置了一些常用图形选项卡，这些常用图形可以方便用户绘图。

图 9-28 工具选项板

 技巧荟萃

在绘图中还可以将常用命令添加到工具选项板中。"自定义"对话框打开后，就可以将工具按钮从工具栏拖到工具选项板中，或将工具从"自定义用户界面（CUI）"编辑器拖到工具选项板中。

9.4.2 新建工具选项板

用户可以创建新的工具选项板，这样有利于个性化作图，也能够满足特殊作图需要。

【执行方式】

- 命令行：CUSTOMIZE。
- 菜单栏：选择菜单栏中的"工具"→"自定义"→"工具选项板"命令。

执行上述操作后，系统打开"自定义"对话框，如图 9-29 所示。在"选项板"列表框中右击，打开快捷菜单，如图 9-30 所示，选择"新建选项板"命令，在"选项板"列表框中出现一个"新建选项板"，可以为新建的工具选项板命名，确定后，工具选项板中就增加了一个新的选项卡，如图 9-31 所示。

9.4.3 向工具选项板中添加内容

将图形、块和图案填充从设计中心拖动到工具选项板中

例如，在 DesignCenter 文件夹上右击，系统打开快捷菜单，选择"创建块的工具选项板"

命令，如图9-32（a）所示。设计中心中储存的图元就出现在工具选项板中新建的 DesignCenter 选项卡上，如图9-32（b）所示，这样就可以将设计中心与工具选项板结合起来，创建一个快捷方便的工具选项板。将工具选项板中的图形拖动到另一个图形中时，图形将作为块插入。

图 9-29　"自定义"对话框

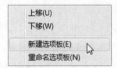

图 9-30　选择"新建选项板"命令

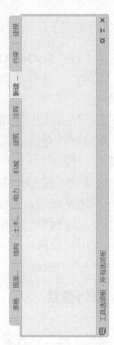

图 9-31　新建选项卡

（a）

（b）

图 9-32　将储存图元创建成"设计中心"工具选项板

9.4.4 实例——绘制居室布置平面图

利用设计中心绘制如图9-33所示的居室布置平面图。

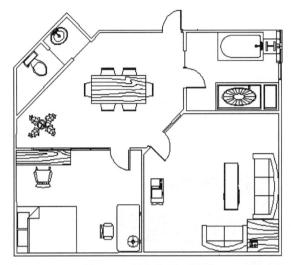

图9-33 居室布置平面图

① 利用前面学过的绘图命令与编辑命令绘制住房结构截面图。其中，进门为餐厅，左手边为厨房，右手边为卫生间，正对面为客厅，客厅左边为寝室。

② 单击"视图"选项卡"选项板"面板中的"工具选项板"按钮▦，打开工具选项板。在工具选项板中右击，选择快捷菜单中的"新建选项板"命令，创建新的工具选项板选项卡并命名为"住房"。

③ 单击"视图"选项卡"选项板"面板中的"设计中心"按钮▦，打开"设计中心"选项板，将设计中心中的"Kitchens""House Designer""Home Space Planner"图块拖动到工具选项板的"住房"选项卡中，如图9-34所示。

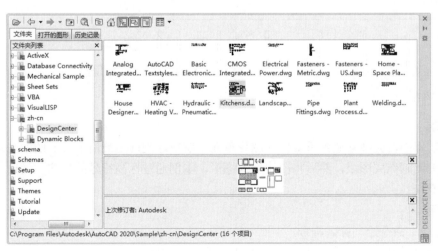

图9-34 向工具选项板中添加设计中心图块

④ 布置餐厅。将工具选项板中的"Home Space Planner"图块拖动到当前图形中,利用缩放命令调整图块与当前图形的相对大小,如图 9-35 所示。对该图块进行分解操作,将"Home Space Planner"图块分解成单独的小图块集。将图块集中的"饭桌"和"植物"图块拖动到餐厅适当的位置,如图 9-36 所示。

⑤ 采用相同的方法,布置居室其他房间。

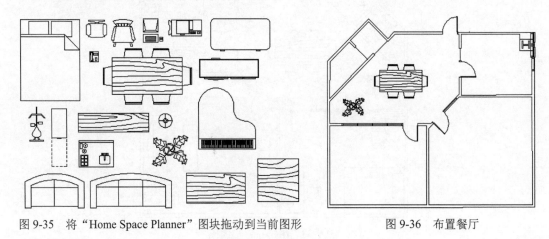

图 9-35 将"Home Space Planner"图块拖动到当前图形   图 9-36 布置餐厅

上 机 操 作

【实例1】标注如图 9-37 所示穹顶展览馆立面图形的标高符号

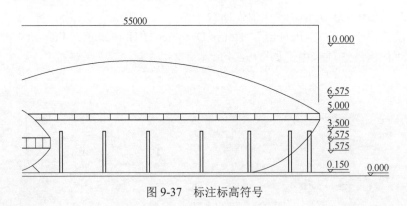

图 9-37 标注标高符号

(1)目的要求

在实际绘图过程中,会经常遇到重复性的图形单元。解决这类问题最简单快捷的办法是将重复性的图形单元制作成图块,然后将图块插入图形。本例通过标高符号的标注,使读者掌握图块相关的操作。

(2)操作提示

① 利用"直线"命令绘制标高符号。

② 定义标高符号的属性,将标高值设置为其中需要验证的标记。

③ 将绘制的标高符号及其属性定义成图块。

④ 保存图块。

⑤ 在建筑图形中插入标高图块，每次插入时输入不同的标高值作为属性值。

【实例2】将如图 9-38（a）所示的轴、轴承、盖板和螺钉图形作为图块插入到图 9-38（b）中，完成箱体组装图

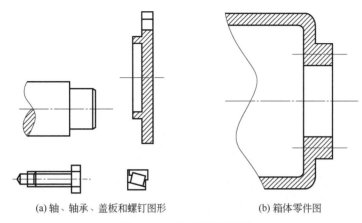

(a) 轴、轴承、盖板和螺钉图形　　　　(b) 箱体零件图

图 9-38　箱体组装零件图

（1）目的要求

组装图是机械制图中最重要也是最复杂的图形。为了保持零件图与组装图的一致性，同时减少一些常用零件的重复绘制，经常采用图块插入的形式。本例通过组装零件图，使读者掌握图块相关命令的使用方法与技巧。

（2）操作提示

① 将图 9-38（a）中的盖板零件图定义为图块并保存。

② 打开绘制好的箱体零件图，如图 9-38（b）所示。

③ 执行"插入块"命令，将步骤①中定义好的图块设置相关参数，插入到箱体零件图中。最终形成的组装图如图 9-39 所示。

【实例3】利用工具选项板绘制如图 9-40 所示的图形

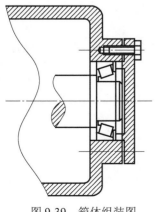

图 9-39　箱体组装图

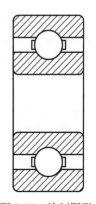

图 9-40　绘制图形

（1）目的要求

工具选项板最大的优点是简捷、方便、集中，读者可以在某个专门工具选项板上组织需要的素材，快速简便地绘制图形。通过本例图形的绘制，使读者掌握怎样灵活利用工具选项板进行快速绘图。

（2）操作提示

① 打开工具选项板，在工具选项板的"机械"选项卡中选择"滚珠轴承"图块，插入到新建空白图形，通过快捷菜单进行缩放。

② 利用"图案填充"命令对图形剖面进行填充。

【实例4】利用设计中心创建一个常用机械零件工具选项板，并利用该选项板绘制如图9-41所示的盘盖组装图

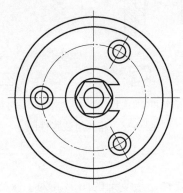

图9-41 盘盖组装图

（1）目的要求

设计中心与工具选项板的优点是能够建立一个完整的图形库，并且能够快速简捷地绘制图形。通过本例组装图形的绘制，读者可以掌握利用设计中心创建工具选项板的方法。

（2）操作提示

① 打开设计中心与工具选项板。

② 创建一个新的工具选项板选项卡。

③ 在设计中心查找已经绘制好的常用机械零件图。

④ 将查找到的常用机械零件图拖入到新创建的工具选项板选项卡中。

⑤ 打开一个新图形文件。

⑥ 将需要的图形文件模块从工具选项板上拖入到当前图形中，并进行适当的缩放、移动、旋转等操作，最终完成如图9-41所示的图形。

第10章
绘制和编辑三维表面

随着AutoCAD技术的普及，越来越多的工程技术人员在使用AutoCAD进行工程设计。虽然在工程设计中，通常都使用二维图形来描述三维实体，但是由于三维图形的逼真效果，可以通过三维立体图直接得到透视图或平面效果图。因此，计算机三维设计越来越受到工程技术人员的青睐。

本章主要介绍三维坐标系统、创建三维坐标系、动态观察三维图形、三维点的绘制、三维直线的绘制、三维构造线的绘制、三维多义线的绘制、三维曲面的绘制等知识。

学习要点

了解三维模型的分类

学习视图的显示设置和观察模式

学习三维曲面的编辑

熟练掌握三维点、面和三维曲面的绘制

10.1 三维坐标系统

AutoCAD 2020 使用的是笛卡尔坐标系。其使用的直角坐标系有两种类型，一种是世界坐标系（WCS），另一种是用户坐标系（UCS）。绘制二维图形时，常用的坐标系，即世界坐标系（WCS），由系统默认提供。世界坐标系又称通用坐标系或绝对坐标系，对于二维绘图来说，世界坐标系足以满足要求。为了方便创建三维模型，AutoCAD 2020 允许用户根据自己的需要设定坐标系，即用户坐标系（UCS），合理地创建 UCS，可以方便地创建三维模型。

10.1.1 坐标系设置

【执行方式】

● 命令行：ucsman（快捷命令：UC）。

- 菜单栏：选择菜单栏中的"工具"→"命名 UCS"命令。
- 工具栏：单击"UCS"工具栏中的"命名 UCS"按钮⤷。
- 功能区：单击"视图"选项卡的"坐标"面板中的"UCS，命名 UCS"按钮⤷。

执行上述操作后，系统打开如图 10-1 所示的"UCS"对话框。

【选项说明】

① "命名 UCS"选项卡：用于显示已有的 UCS、设置当前坐标系，如图 10-1 所示。

在"命名 UCS"选项卡中，用户可以将世界坐标系、上一次使用的 UCS 或某一命名的 UCS 设置为当前坐标。具体方法：从列表框中选择某一坐标系，单击"置为当前"按钮。还可以利用选项卡中的"详细信息"按钮，了解指定坐标系相对于某一坐标系的详细信息。具体步骤：单击"详细信息"按钮，系统打开如图 10-2 所示的"UCS 详细信息"对话框，该对话框详细说明了用户所选坐标系的原点及 X 轴、Y 轴和 Z 轴的方向。

图 10-1　"UCS"对话框

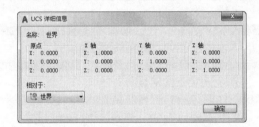

图 10-2　"UCS 详细信息"对话框

② "正交 UCS"选项卡：该选项卡用于将 UCS 设置成某一正交模式，如图 10-3 所示。其中，"深度"列用来定义用户坐标系 XY 平面上的正投影与通过用户坐标系原点平行平面之间的距离。

③ "设置"选项卡：该选项卡用于设置 UCS 图标的显示形式、应用范围等，如图 10-4 所示。

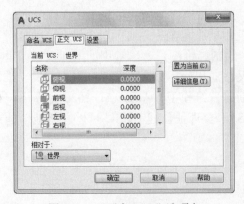

图 10-3　"正交 UCS"选项卡

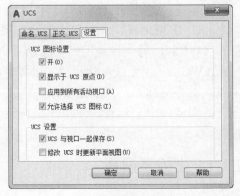

图 10-4　"设置"选项卡

10.1.2　创建坐标系

 【执行方式】

- 命令行：UCS。
- 菜单栏：选择菜单栏中的"工具"→"新建 UCS"命令。
- 工具栏：单击"UCS"工具栏中的任一按钮。
- 功能区：单击"视图"选项卡的"坐标"面板中的"UCS"按钮 ⟲ 。

 【操作步骤】

命令行提示与操作如下。

```
命令：UCS↙
当前 UCS 名称：*左视*
指定 UCS 的原点或 [面(F)/命名(NA)/对象(OB)/上一个(P)/视图(V)/世界(W)/X/Y/Z/Z
轴(ZA)] <世界>：
```

 【选项说明】

① 指定 UCS 的原点：使用一点、两点或三点定义一个新的 UCS。如果指定单个点 1，当前 UCS 的原点将会移动而不会更改 X 轴、Y 轴和 Z 轴的方向。选择该选项，命令行提示与操作如下。

```
指定 X 轴上的点或 <接受>：继续指定 X 轴通过的点 2 或直接按<Enter>键，接受原坐标系 X
轴为新坐标系的 X 轴
指定 XY 平面上的点或 <接受>：继续指定 XY 平面通过的点 3 以确定 Y 轴或直接按<Enter>
键，接受原坐标系 XY 平面为新坐标系的 XY 平面，根据右手法则，相应的 Z 轴也同时确定
```

示意图如图 10-5 所示。

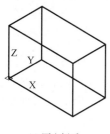 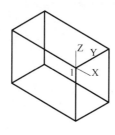 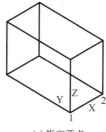 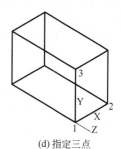

(a) 原坐标系　　　　(b) 指定一点　　　　(c) 指定两点　　　　(d) 指定三点

图 10-5　指定原点

② 面（F）：将 UCS 与三维实体的选定面对齐。要选择一个面，请在此面的边界内或面的边上单击，被选中的面将亮显，UCS 的 X 轴将与找到的第一个面上最近的边对齐。选择该选项，命令行提示与操作如下。

```
选择实体对象的面：选择面
输入选项 [下一个(N)/X 轴反向(X)/Y 轴反向(Y)] <接受>：↙（结果如图 10-6 所示）
```

如果选择"下一个"选项，系统将 UCS 定位于邻接的面或选定边的后向面。

③ 对象（OB）：根据选定三维对象定义新的坐标系，如图 10-7 所示。新建 UCS 的拉伸

方向（Z 轴正方向）与选定对象的拉伸方向相同。选择该选项，命令行提示与操作如下。

选择对齐 UCS 的对象：选择对象

对于大多数对象，新 UCS 的原点位于离选定对象最近的顶点处，并且 X 轴与一条边对齐或相切。对于平面对象，UCS 的 XY 平面与该对象所在的平面对齐。对于复杂对象，将重新定位原点，但是轴的当前方向保持不变。

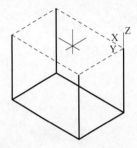
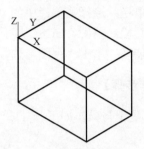

图 10-6 选择面确定坐标系 　　　　　　　图 10-7 选择对象确定坐标系

④ 视图（V）：以垂直于观察方向（平行于屏幕）的平面为 XY 平面，创建新的坐标系。UCS 原点保持不变。

⑤ 世界（W）：将当前用户坐标系设置为世界坐标系。WCS 是所有用户坐标系的基准，不能被重新定义。

技巧荟萃

该选项不能用于下列对象：三维多段线、三维网格和构造线。

⑥ X、Y、Z：绕指定轴旋转当前 UCS。

⑦ Z 轴（ZA）：利用指定的 Z 轴正半轴定义 UCS。

10.1.3　动态坐标系

打开动态坐标系的具体操作方法是按下状态栏中的"允许/禁止动态 UCS"按钮。可以使用动态 UCS 在三维实体的平整面上创建对象，而无须手动更改 UCS 方向。在执行命令的过程中，当将光标移动到面上方时，动态 UCS 会临时将 UCS 的 XY 平面与三维实体的平整面对齐，如图 10-8 所示。

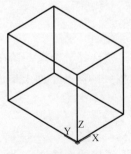
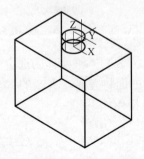

(a) 原坐标系 　　　　　　　(b) 绘制圆柱体时的动态坐标系

图 10-8　动态 UCS

动态 UCS 激活后，指定的点和绘图工具（如极轴追踪和栅格）都将与动态 UCS 建立的临时 UCS 相关联。

10.2 观察模式

AutoCAD 2020 大大增强了图形的观察功能，在增强原有的动态观察功能和相机功能的前提下，又增加了漫游和飞行以及运动路径动画的功能。

10.2.1 动态观察

AutoCAD 2020 提供了具有交互控制功能的三维动态观测器，利用三维动态观测器用户可以实时地控制和改变当前视口中创建的三维视图，以得到期望的效果。动态观察分为 3 类，分别是受约束的动态观察、自由动态观察和连续动态观察，具体介绍如下。

（1）受约束的动态观察

【执行方式】

- 命令行：3DORBIT（快捷命令：3DO）。
- 菜单栏：选择菜单栏中的"视图"→"动态观察"→"受约束的动态观察"命令。
- 快捷菜单：启用交互式三维视图后，在视口中右击，打开快捷菜单，如图 10-9 所示，选择"受约束的动态观察"命令。
- 工具栏：单击"动态观察"工具栏中的"受约束的动态观察"按钮🔄或"三维导航"工具栏中的"受约束的动态观察"按钮🔄，如图 10-10 所示。

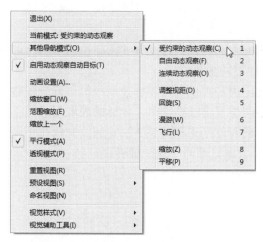

图 10-9 快捷菜单

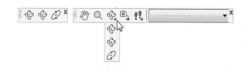

图 10-10 "动态观察"和"三维导航"工具栏

执行上述操作后，视图的目标将保持静止，而视点将围绕目标移动。但是，从用户的视点看起来就像三维模型正在随着光标的移动而旋转，用户可以以此方式指定模型的任意视图。

系统显示三维动态观察光标图标。如果水平拖动鼠标，相机将平行于世界坐标系（WCS）的 XY 平面移动。如果垂直拖动鼠标，相机将沿 Z 轴移动，如图 10-11 所示。

（a）原始图形 （b）拖动鼠标

图 10-11 受约束的三维动态观察

技巧荟萃

3DORBIT 命令处于活动状态时，无法编辑对象。

（2）自由动态观察

【执行方式】

- 命令行：3DFORBIT。
- 菜单栏：选择菜单栏中的"视图"→"动态观察"→"自由动态观察"命令。
- 快捷菜单：启用交互式三维视图后，在视口中右击，打开快捷菜单，如图 10-9 所示，选择"自由动态观察"命令。
- 工具栏：单击"动态观察"工具栏中的"自由动态观察"按钮⊕或"三维导航"工具栏中的"自由动态观察"按钮⊕。

执行上述操作后，在当前视口出现一个绿色的大圆，在大圆上有 4 个绿色的小圆，如图 10-12 所示。此时通过拖动鼠标就可以对视图进行旋转观察。

在三维动态观测器中，查看目标的点被固定，用户可以利用鼠标控制相机位置绕观察对象得到动态的观测效果。当光标在绿色大圆的不同位置进行拖动时，光标的表现形式是不同的，视图的旋转方向也不同。视图的旋转由光标的表现形式和其位置决定的，光标在不同位置有⊙、◈、Φ、↔几种表现形式，可分别对对象进行不同形式的旋转。

（3）连续动态观察

【执行方式】

- 命令行：3DCORBIT。
- 菜单栏：选择菜单栏中的"视图"→"动态观察"→"连续动态观察"命令。
- 快捷菜单：启用交互式三维视图后，在视口中右击，打开快捷菜单，如图 10-9 所示，选择"连续动态观察"命令。
- 工具栏：单击"动态观察"工具栏中的"连续动态观察"按钮⊘或"三维导航"工具栏中的"连续动态观察"按钮⊘。

执行上述操作后，绘图区出现动态观察图标，按住鼠标左键拖动，图形按鼠标拖动的方向旋转，旋转速度为鼠标拖动的速度，如图 10-13 所示。

图 10-12 自由动态观察

图 10-13 连续动态观察

 技巧荟萃

如果设置了相对于当前 UCS 的平面视图，就可以在当前视图用绘制二维图形的方法在三维对象的相应面上绘制图形。

10.2.2 视图控制器

使用视图控制器功能，可以方便地转换方向视图。

 【执行方式】

● 命令行：NAVVCUBE。

 【操作步骤】

命令行提示与操作如下。

命令：NAVVCUBE↙
输入选项 [开(ON)/关(OFF)/设置(S)] <ON>：

上述命令控制视图控制器的打开与关闭，当打开该功能时，绘图区的右上角自动显示视图控制器，如图 10-14 所示。

单击控制器的显示面或指示箭头，界面图形就自动转换到相应的方向视图。如图 10-15 所示为单击控制器"上"面后，系统转换到上视图的情形。单击控制器上的按钮，系统回到西南等轴测视图。

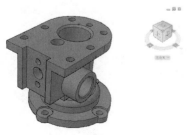

图 10-14 显示视图控制器

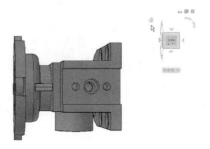

图 10-15 单击控制器"上"面后的视图

10.2.3 实例——观察阀体三维模型

观察如图 10-16 所示的阀体模型

扫一扫，看视频

① 选择随书资源中的"源文件/阀体.dwg"文件，单击"打开"按钮，或双击该文件名，即可将该文件打开。

② 运用"视图样式"对图案进行填充，选择菜单栏中的"视图"→"视图样式→消隐"命令。

③ 选择菜单栏中的"视图"→"显示"→"UCS 图标"→

图 10-16　阀体

"开"命令，即屏幕显示图标，否则隐藏图标。使用 UCS 命令将坐标系原点设置到阀体的上端顶面中心点上，命令行提示如下。

> 命令：UCS↙
> 当前 UCS 名称：*没有名称*
> 指定 UCS 的原点或 [面(F)/命名(NA)/对象(OB)/上一个(P)/视图(V)/世界(W)/X/Y/Z/Z轴(ZA)]<世界>：选择阀体顶面圆的圆心
> 指定 X 轴上的点或 <接受>：0，1，0↙
> 指定 XY 平面上的点或 <接受>：↙

结果如图 10-17 所示。

④ 利用 VPOINT 设置三维视点。选择菜单栏中的"视图"→"三维视图"→"视点"命令，打开坐标轴和三轴架图，如图 10-18 所示，然后在坐标球上选择一点作为视点图（在坐标球上使用鼠标移动十字光标，同时三轴架根据坐标指示的观察方向旋转）。命令行提示如下。

> 命令：_vpoint
> 当前视图方向：VIEWDIR=-3.5396,2.1895,1.4380
> 指定视点或 [旋转(R)] <显示坐标球和三轴架>：在坐标球上指定点

⑤ 选择菜单栏中的"视图"→"动态观察"→"自由动态观察"命令，使用鼠标移动视图，将阀体移动到合适的位置。

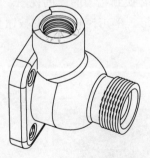

图 10-17　UCS 移到顶面结果

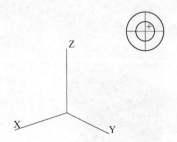

图 10-18　坐标轴和三轴架图

10.3 三维绘制

10.3.1 绘制三维面

【执行方式】

- 命令行：3DFACE（快捷命令：3F）。
- 菜单栏：选择菜单栏中的"绘图"→"建模"→"网格"→"三维面"命令。

【操作步骤】

命令行提示与操作如下。

命令：3DFACE↙
指定第一点或 [不可见（I）]：指定某一点或输入 I

【选项说明】

① 指定第一点：输入某一点的坐标或用鼠标确定某一点，以定义三维面的起点。在输入第一点后，可按顺时针或逆时针方向输入其余的点，以创建普通三维面。如果在输入 4 点后按<Enter>键，则以指定第 4 点生成一个空间的三维平面。如果在提示下继续输入第二个平面上的第 3 点和第 4 点坐标，则生成第二个平面。该平面以第一个平面的第 3 点和第 4 点作为第二个平面的第 1 点和的 2 点，创建第二个三维平面。继续输入点可以创建用户要创建的平面，按<Enter>键结束。

② 不可见（I）：控制三维面各边的可见性，以便创建有孔对象的正确模型。如果在输入某一边之前输入"I"，则可以使该边不可见。如图 10-19 所示为创建一长方体时某一边使用 I 命令和不使用 I 命令的视图比较。

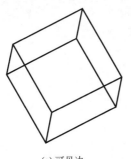 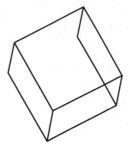

(a) 可见边   (b) 不可见边

图 10-19 "不可见"命令选项视图比较

10.3.2 绘制多边网格面

【执行方式】

- 命令行：PFACE。

【操作步骤】

命令行提示与操作如下。

命令：PFACE✓
为顶点 1 指定位置：输入点 1 的坐标或指定一点
为顶点 2 或<定义面>指定位置：输入点 2 的坐标或指定一点
……
为顶点 n 或<定义面>指定位置：输入点 N 的坐标或指定一点

在输入最后一个顶点的坐标后，按<Enter>键，命令行提示与操作如下。

输入顶点编号或 [颜色(C)/图层(L)]：输入顶点编号或输入选项

输入平面上顶点的编号后，根据指定的顶点序号，AutoCAD 会生成一平面。当确定了一个平面上的所有顶点之后，在提示状态下按<Enter>键，AutoCAD 则指定另外一个平面上的顶点。

10.3.3　绘制三维网格

【执行方式】

- 命令行：3DMESH。

【操作步骤】

命令行提示与操作如下。

命令：3DMESH✓
输入 M 方向上的网格数量：输入 2～256 之间的值
输入 N 方向上的网格数量：输入 2～256 之间的值
为顶点(0,0)指定位置：输入第一行第一列的顶点坐标
为顶点(0,1) 指定位置：输入第一行第二列的顶点坐标
为顶点(0,2) 指定位置：输入第一行第三列的顶点坐标
……
为顶点(0,N-1)指定位置：输入第一行第 N 列的顶点坐标
为顶点(1,0)指定位置：输入第二行第一列的顶点坐标
为顶点(1,1)指定位置：输入第二行第二列的顶点坐标
……
为顶点(1,N-1)指定位置：输入第二行第 N 列的顶点坐标
……
为顶点(M-1,N-1)指定位置：输入第 M 行第 N 列的顶点坐标

如图 10-20 所示为绘制的三维网格表面。

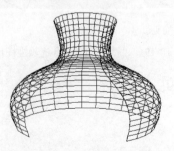

图 10-20　三维网格表面

10.4 绘制三维网格曲面

10.4.1 直纹曲面

【执行方式】

- 命令行：RULESURF。
- 菜单栏：选择菜单栏中的"绘图"→"建模"→"网格"→"直纹网格"命令。

【操作步骤】

命令行提示与操作如下。

命令：RULESURF↙
当前线框密度：SURFTAB1=当前值
选择第一条定义曲线：指定第一条曲线
选择第二条定义曲线：指定第二条曲线

下面生成一个简单的直纹曲面。首先单击"可视化"选项卡"视图"面板中的"西南等轴测"按钮⬦，将视图转换为"西南等轴测"，然后绘制如图 10-21（a）所示的两个圆作为草图，执行直纹曲面命令 RULESURF，分别选择绘制的两个圆作为第一条和第二条定义曲线，最后生成的直纹曲面如图 10-21（b）所示。

(a) 作为草图的圆图　　(b) 生成的直纹曲面

图 10-21　绘制直纹曲面

10.4.2 平移曲面

【执行方式】

- 命令行：TABSURF。
- 菜单栏：选择菜单栏中的"绘图"→"建模"→"网格"→"平移网格"命令。
- 功能区：单击"三维工具"选项卡的"建模"面板中的"平移曲面"按钮▨

【操作步骤】

命令行提示与操作如下。

命令：TABSURF↙
当前线框密度：SURFTAB1=6
选择用作轮廓曲线的对象：选择一个已经存在的轮廓曲线
选择用作方向矢量的对象：选择一个方向线

【选项说明】

① 轮廓曲线：可以是直线、圆弧、圆、椭圆、二维或三维多段线。AutoCAD 默认从轮

廓曲线上离选定点最近的点开始绘制曲面。

② 方向矢量：指出形状的拉伸方向和长度。在多段线或直线上选定的端点决定拉伸的方向。

如图 10-22 所示，选择图 10-22（a）中六边形为轮廓曲线对象，以图 10-22（a）中所绘制的直线为方向矢量绘制的图形，平移后的曲面图形如图 10-22（b）所示。

10.4.3　边界曲面

【执行方式】

- 命令行：EDGESURF。
- 菜单栏：选择菜单栏中的"绘图"→"建模"→"网格"→"边界网格"命令。
- 功能区：单击"三维工具"选项卡的"建模"面板中的"边界曲面"按钮 。

【操作步骤】

命令行提示与操作如下。

命令：EDGESURF✓

当前线框密度：SURFTAB1=6 SURFTAB2=6

选择用作曲面边界的对象 1：选择第一条边界线

选择用作曲面边界的对象 2：选择第二条边界线

选择用作曲面边界的对象 3：选择第三条边界线

选择用作曲面边界的对象 4：选择第四条边界线

【选项说明】

系统变量 SURFTAB1 和 SURFTAB2 分别控制 M、N 方向的网格分段数。可通过在命令行输入 SURFTAB1 改变 M 方向的默认值，在命令行输入 SURFTAB2 改变 N 方向的默认值。

下面生成一个简单的边界曲面。首先选择菜单栏中的"视图"→"三维视图"→"西南等轴测"命令，将视图转换为"西南等轴测"，绘制 4 条首尾相连的边界，如图 10-23（a）所示。为了方便绘制，可以首先绘制一个基本三维表面中的立方体作为辅助立体，在它上面绘制边界，然后再将其删除。执行边界曲面命令 EDGESURF，分别选择绘制的 4 条边界，则得到如图 10-23（b）所示的边界曲面。

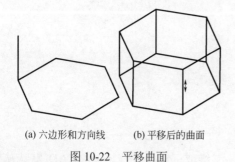
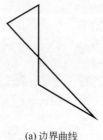
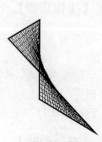

(a) 六边形和方向线　　(b) 平移后的曲面　　　　　(a) 边界曲线　　　(b) 生成的边界曲面

图 10-22　平移曲面　　　　　　　　　图 10-23　边界曲面

10.4.4 旋转曲面

【执行方式】

- 命令行：REVSURF。
- 菜单栏：选择菜单栏中的"绘图"→"建模"→"网格"→"旋转网格"命令。

【操作步骤】

命令行提示与操作如下。

命令：REVSURF↙
当前线框密度：SURFTAB1=6 SURFTAB2=6
选择要旋转的对象1：选择已绘制好的直线、圆弧、圆或二维、三维多段线
选择定义旋转轴的对象：选择已绘制好用作旋转轴的直线或是开放的二维、三维多段线
指定起点角度<0>：输入值或直接按<Enter>键接受默认值
指定夹角（+=逆时针，-=顺时针）<360>：输入值或直接按<Enter>键接受默认值

【选项说明】

① 起点角度：如果设置为非零值，平面将从生成路径曲线位置的某个偏移处开始旋转。
② 夹角：用来指定绕旋转轴旋转的角度。
③ 系统变量 SURFTAB1 和 SURFTAB2：用来控制生成网格的密度。SURFTAB1 指定在旋转方向上绘制的网格线数目；SURFTAB2 指定绘制的网格线数目进行等分。

如图 10-24 所示为利用 REVSURF 命令绘制的花瓶。

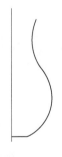
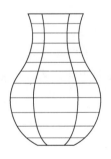
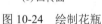
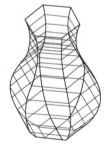

(a) 轴线和回转轮廓线   (b) 回转面   (c) 调整视角

图 10-24 绘制花瓶

10.4.5 实例——弹簧的绘制

扫一扫，看视频

绘制如图 10-25 所示的弹簧。

① 在命令行直接输入 UCS 命令，将坐标系移动到（200, 200, 0）处。

② 单击"默认"选项卡"绘图"面板中的"多段线"按钮 ⊃，以（0, 0, 0）为起点，以（@200<15）和（@200<165）为下一点，继续输入以（@200<15）和（@200<165）为下一点，共

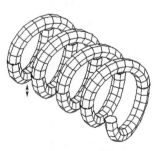

图 10-25 弹簧

输入五次，绘制多段线，得到如图 10-26 所示的图形。

③ 单击"默认"选项卡"绘图"面板中的"圆"按钮⊙，指定多段线的起点为圆心，半径为 20，绘制如图 10-27 所示的圆。

④ 单击"默认"选项卡"修改"面板中的"复制"按钮❀，复制圆，结果如图 10-28 所示。重复上述步骤，结果如图 10-29 所示。

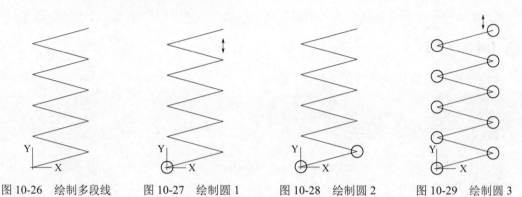

图 10-26　绘制多段线　　图 10-27　绘制圆 1　　图 10-28　绘制圆 2　　图 10-29　绘制圆 3

⑤ 单击"默认"选项卡"绘图"面板中的"直线"按钮╱，以第一条多段线的中点为直线的起点，终点的坐标为（@50<105），重复上述步骤，结果如图 10-30 所示。

⑥ 单击"默认"选项卡"绘图"面板中的"直线"按钮╱，以第一条多段线的中点为直线的起点，终点的坐标为（@50<75），重复上述步骤，结果如图 10-31 所示。

⑦ 在命令行直接输入"SURFTAB1"和"SURFTAB2"命令，修改线条密度。

命令：SURFTAB1↙
输入 SURFTAB1 的新值<6>：12↙
命令：SURFTAB2↙
输入 SURFTAB2 的新值<6>：12↙

⑧ 选择菜单栏中的"绘图"→"建模"→"网格"→"旋转网格"命令，旋转角度为 −180°，绘制效果如图 10-32 所示。重复上述步骤，结果如图 10-33 所示。

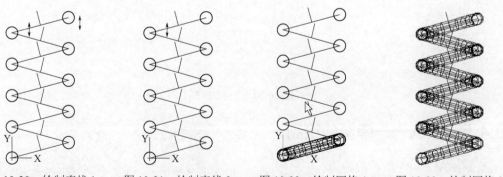

图 10-30　绘制直线 1　　图 10-31　绘制直线 2　　图 10-32　绘制网格 1　　图 10-33　绘制网格 2

⑨ 单击"默认"选项卡"修改"面板中的"删除"按钮✎，删除多余的线条。

⑩ 单击"可视化"选项卡"视图"面板中的"西南等轴测"按钮◈，切换视图。

⑪ 单击"视图"选项卡"视觉样式"面板中的"隐藏"按钮⬡，对图形进行消隐处理，最终结果如图 10-25 所示。

10.4.6　平面曲面

【执行方式】

- 命令行：PLANESURF。
- 菜单栏：选择菜单栏中的"绘图"→"建模"→"曲面"→"平面"命令。

【操作步骤】

命令行提示与操作如下。

命令：PLANESURF↙
指定第一个角点或［对象(O)］<对象>：

【选项说明】

① 指定第一个角点：通过指定两个角点来创建矩形形状的平面曲面，如图 10-34 所示。
② 对象（O）：通过指定平面对象创建平面曲面，如图 10-35 所示。

　　　　　　　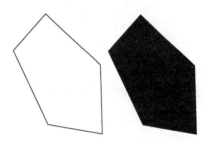

图 10-34　矩形形状的平面曲面　　　　　图 10-35　指定平面对象创建平面曲面

10.5　网格编辑

AutoCAD 2020 大大加强了网格编辑方面的功能，本节简要介绍这些新功能。

10.5.1　提高（降低）平滑度

利用 AutoCAD 2020 提供的新功能，可以提高（降低）网格曲面的平滑度。

【执行方式】

- 命令行：MESHSMOOTHMORE（MESHSMOOTHLESS）。
- 菜单栏：选择菜单栏中的"修改"→"网格编辑"→"提高平滑度"（或"降低平滑度"）命令。
- 工具栏：单击"平滑网格"工具栏中的"提高网格平滑度"按钮（或"降低网格平滑度"按钮）。

【操作步骤】

命令行提示与操作如下。

命令：MESHSMOOTHMORE↙
选择要提高平滑度的网格对象：选择网格对象
选择要提高平滑度的网格对象：↙

选择对象后，系统就将对象网格提高平滑度，如图 10-36 和图 10-37 所示为提高网格平滑度前后的对比效果。

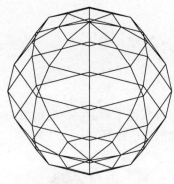

图 10-36　提高平滑度前

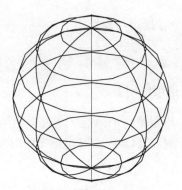

图 10-37　提高平滑度后

10.5.2　其他网格编辑命令

AutoCAD 2020 "修改" 菜单下的 "网格编辑" 子菜单还提供了以下几个菜单命令。

① 锐化（取消锐化）：可将如图 10-38 所示子网格锐化为如图 10-39 所示的结果。

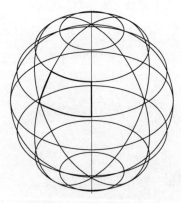

图 10-38　选择子网格对象

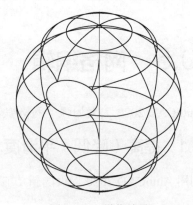

图 10-39　锐化结果

② 优化网格：可将如图 10-40 所示网格优化为如图 10-41 所示的结果。

③ 分割面：可将如图 10-42 所示子网格按图 10-43 指定分割点后分割为如图 10-44 所示的结果。一个网格面被以指定的分割线为界线分割成两个网格面，并且生成的新网格面与原来的整个网格系统匹配。

④ 拉伸面：通过将指定的面拉伸到三维空间中来延伸该面。与三维实体拉伸不同，网格拉伸并不创建独立的对象。

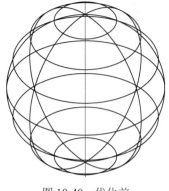

图 10-40　优化前

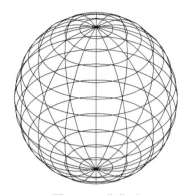

图 10-41　优化后

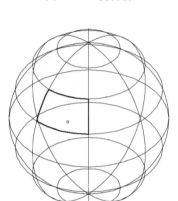

图 10-42　选择网格面

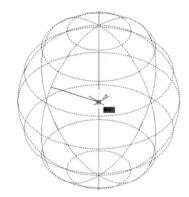

图 10-43　指定分割点

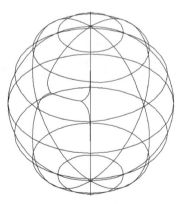

图 10-44　分割结果

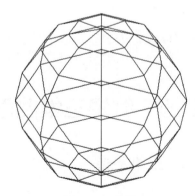

图 10-45　网格

⑤ 合并面：合并两个或两个以上的面以创建单个面。

⑥ 旋转三角面：旋转相邻三角面的共用边来改变面的形状和方向。

⑦ 闭合孔：通过选择周围的边来闭合面之间的间隙。网格对象中的孔可能会防止用户将网格对象转换为实体对象。

⑧ 收拢面或边：合并周围的面的相邻顶点以形成单个点。将删除选定的面。

⑨ 转换为具有镶嵌面的实体：可将如图 10-45 所示网格转换为如图 10-46 所示的具有镶嵌面的实体。

图 10-46　具有镶嵌面的实体

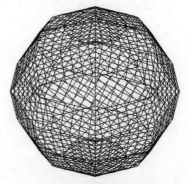

图 10-47　具有镶嵌面的曲面

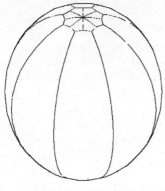

图 10-48　平滑实体

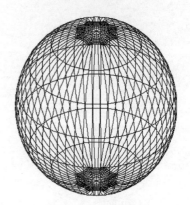

图 10-49　平滑曲面

⑩ 转换为具有镶嵌面的曲面：可将如图 10-45 所示网格转换为如图 10-47 所示的具有镶嵌面的曲面。

⑪ 转换为平滑实体：可将如图 10-45 所示网格转换为如图 10-48 所示的平滑实体。

⑫ 转换为平滑曲面：可将如图 10-45 所示网格转换为如图 10-49 所示的平滑曲面。

10.6　编辑三维曲面

10.6.1　三维镜像

【执行方式】

- 命令行：MIRROR3D。
- 菜单栏：选择菜单栏中的"修改"→"三维操作"→"三维镜像"命令。

【操作步骤】

命令行提示与操作如下。

命令：MIRROR3D↙
选择对象：选择要镜像的对象

选择对象：选择下一个对象或按<Enter>键
指定镜像平面（三点）的第一个点或 [对象(O)/最近的(L)/Z 轴(Z)/视图(V)/XY 平面(XY)/YZ 平面(YZ)/ZX 平面(ZX)/三点(3)] <三点>：

【选项说明】

① 点：输入镜像平面上点的坐标。该选项通过三个点确定镜像平面，是系统的默认选项。
② 最近的（L）：相对于最后定义的镜像平面对选定的对象进行镜像处理。
③ Z 轴（Z）：利用指定的平面作为镜像平面。选择该选项后，命令行提示与操作如下。

在镜像平面上指定点：输入镜像平面上一点的坐标
在镜像平面的 Z 轴（法向）上指定点：输入与镜像平面垂直的任意一条直线上任意一点的坐标
是否删除源对象？[是（Y）/否（N）]：根据需要确定是否删除源对象

④ 视图（V）：指定一个平行于当前视图的平面作为镜像平面。
⑤ XY（YZ、ZX）平面：指定一个平行于当前坐标系的 XY（YZ、ZX）平面作为镜像平面。

10.6.2　三维阵列

【执行方式】

- 命令行：3DARRAY。
- 菜单栏：选择菜单栏中的"修改"→"三维操作"→"三维阵列"命令。
- 工具栏：单击"建模"工具栏中的"三维阵列"按钮 。

【操作步骤】

命令行提示与操作如下。

命令：3DARRAY↙
选择对象：选择要阵列的对象
选择对象：选择下一个对象或按<Enter>键
输入阵列类型[矩形（R）/环形（P）]<矩形>：

【选项说明】

① 矩形（R）：对图形进行矩形阵列复制，是系统的默认选项。选择该选项后，命令行提示与操作如下。

输入行数（---）<1>：输入行数
输入列数（|||）<1>：输入列数
输入层数（…）<1>：输入层数
指定行间距（---）：输入行间距
指定列间距（|||）：输入列间距
指定层间距（…）：输入层间距

② 环形（P）：对图形进行环形阵列复制。选择该选项后，命令行提示与操作如下。

输入阵列中的项目数目：输入阵列的数目
指定要填充的角度（+=逆时针，-=顺时针）<360>：输入环形阵列的圆心角
旋转阵列对象？[是（Y）/否(N)]<是>：确定阵列上的每一个图形是否根据旋转轴线的位置进行旋转
指定阵列的中心点：输入旋转轴线上一点的坐标

指定旋转轴上的第二点：输入旋转轴线上另一点的坐标

如图 10-50 所示为 3 层 3 行 3 列间距分别为 300 的圆柱的矩形阵列，如图 10-51 所示为圆柱的环形阵列。

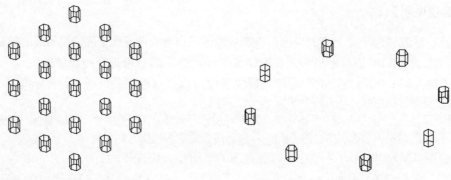

图 10-50　三维图形的矩形阵列　　　　图 10-51　三维图形的环形阵列

10.6.3　对齐对象

【执行方式】

- 命令行：ALIGN（快捷命令：AL）。
- 菜单栏：选择菜单栏中的"修改"→"三维操作"→"对齐"命令。

【操作步骤】

命令行提示与操作如下。

命令：ALIGN↙
选择对象：选择要对齐的对象
选择对象：选择下一个对象或按<Enter>键

指定一对、两对或三对点，将选定对象对齐。

指定第一个源点：选择点 1
指定第一个目标点：选择点 2
指定第二个源点：↙

对齐结果如图 10-52 所示。两对点和三对点与一对点的情形类似。

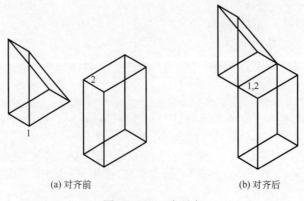

(a) 对齐前　　　　　　　　　　(b) 对齐后

图 10-52　一点对齐

10.6.4 三维移动

【执行方式】

- 命令行：3DMOVE。
- 菜单栏：选择菜单栏中的"修改"→"三维操作"→"三维移动"命令。
- 工具栏：单击"建模"工具栏中的"三维移动"按钮⚑。

【操作步骤】

命令行提示与操作如下。

命令：3DMOVE✓
选择对象：找到 1 个
选择对象：✓
指定基点或 [位移(D)] <位移>：指定基点
指定第二个点或 <使用第一个点作为位移>：指定第二点

其操作方法与二维移动命令类似，如图 10-53 所示为将滚珠从轴承中移出的情形。

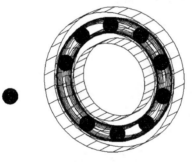

图 10-53 三维移动

10.6.5 三维旋转

【执行方式】

- 命令行：3DROTATE。
- 菜单栏：选择菜单栏中的"修改"→"三维操作"→"三维旋转"命令。
- 工具栏：单击"建模"工具栏中的"三维旋转"按钮⊕。

【操作步骤】

命令行提示与操作如下。

命令：3DROTATE✓
UCS 当前的正角方向：ANGDIR=逆时针 ANGBASE=0
选择对象：选择一个滚珠
选择对象：✓
指定基点：指定圆心位置
拾取旋转轴：选择如图 10-54 所示的轴
指定角的起点：选择如图 10-54 所示的中心点

指定角的端点：指定另一点

旋转结果如图 10-55 所示。

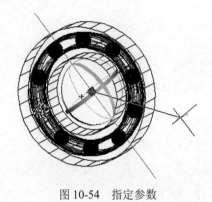

图 10-54 指定参数

图 10-55 旋转结果

扫一扫，看视频

10.6.6 实例——圆柱滚子轴承的绘制

绘制如图 10-56 所示的圆柱滚子轴承。

① 设置线框密度。命令行提示与操作如下。

```
命令：surftab1↙
输入 SURFTAB1 的新值 <6>：20↙
命令：surftab2↙
输入 SURFTAB2 的新值 <6>：20↙
```

② 创建截面。用前面学过的二维图形绘制方法，单击"默认"选项卡"绘图"面板中的"直线"按钮／以及"修改"面板中的"偏移"⬳、"镜像"⚊、"修剪"⚒、"延伸"→等按钮绘制如图 10-57 所示的 3 个平面图形及辅助轴线。

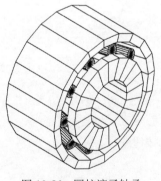

图 10-56 圆柱滚子轴承

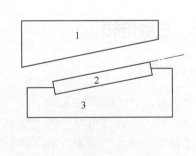

图 10-57 绘制二维图形

③ 生成多段线。选择菜单栏中的"修改"→"对象"→"多段线"命令，命令行提示与操作如下。

```
命令：_pedit
选择多段线或 [多条(M)]：选择图形 1 的一条线段
选定的对象不是多段线
是否将其转换为多段线？ <Y>：Y↙
输入选项 [闭合(C)/合并(J)/宽度(W)/编辑顶点(E)/拟合(F)/样条曲线(S)/非曲线化(D)/
```

线型生成(L)/放弃(U)]：J↙

　　选择对象：选择图 10-57 中图形 1 的其他线段

　　这样图 10-57 中的图形 1 就转换成封闭的多段线，利用相同方法，把图 10-57 中的图形 2 和图形 3 也转换成封闭的多段线。

　　④ 选择菜单栏中的"绘图"→"建模"→"网格"→"旋转网格"命令，旋转多段线，创建轴承内外圈。命令行提示与操作如下。

```
命令：_revsurf
当前线框密度：SURFTAB1=10　SURFTAB2=10
选择要旋转的对象：分别选择面域 1 和 3，然后按<Enter>键
选择定义旋转轴的对象：选择水平辅助轴线
指定起点角度 <0>：↙
指定包含角 (+=逆时针，-=顺时针) <360>：↙
```

　　旋转结果如图 10-58 所示。

技巧荟萃

　　图 10-57 中图形 2 和图形 3 重合部位的图线可以重新绘制一次，为后面生成多段线作准备。

　　⑤ 创建滚动体。方法同上，以多段线 2 的上边延长斜线为轴线，旋转多段线 2，创建滚动体。

　　⑥ 切换到左视图。单击"可视化"选项卡"视图"面板中的"左视"按钮◳，或选择菜单栏中的"视图"→"三维视图"→"左视"命令，结果如图 10-59 所示。

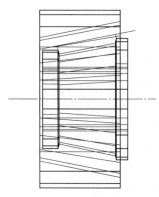

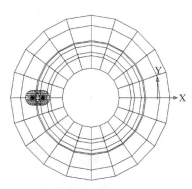

图 10-58　旋转多段线　　　　　　　　图 10-59　创建滚动体后的左视图

　　⑦ 阵列滚动体。单击"默认"选项卡"修改"面板中的"环形阵列"按钮❀，将创建的滚动体，进行环形阵列，阵列中心为坐标原点，数目为 10。阵列结果如图 10-60 所示。

　　⑧ 切换视图。单击"可视化"选项卡"视图"面板中的"西南等轴测"按钮◈，切换到西南等轴测图。

　　⑨ 删除轴线。单击"默认"选项卡"修改"面板中的"删除"按钮✎，删除辅助轴线，结果如图 10-61 所示。

　　⑩ 消隐。单击"视图"选项卡"视觉样式"面板中的"隐藏"按钮⬢，进行消隐处理后的图形如图 10-56 所示。

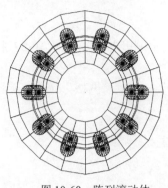

图 10-60　阵列滚动体

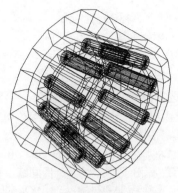

图 10-61　删除辅助线

上 机 操 作

【实例1】利用三维动态观察器观察如图 10-62 所示的泵盖图形

（1）目的要求

为了更清楚地观察三维图形，了解三维图形各部分各方位的结构特征，需要从不同视角观察三维图形，利用三维动态观察器能够方便地对三维图形进行多方位观察。通过本例，要求读者掌握从不同视角观察物体的方法。

（2）操作提示

① 打开三维动态观察器。

② 灵活利用三维动态观察器的各种工具进行动态观察。

【实例2】绘制如图 10-63 所示的小凉亭

图 10-62　泵盖

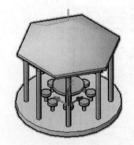

图 10-63　小凉亭

（1）目的要求

三维表面是构成三维图形的基本单元，灵活利用各种基本三维表面构建三维图形是三维绘图的关键技术与能力要求。通过本例，要求读者熟练掌握各种三维表面绘制方法，体会构建三维图形的技巧。

（2）操作提示

① 利用"三维视点"命令设置绘图环境。

② 利用"平移曲面"命令绘制凉亭的底座。

③ 利用"平移曲面"命令绘制凉亭的支柱。

④ 利用"阵列"命令得到其他的支柱。

⑤ 利用"多段线"命令绘制凉亭顶盖的轮廓线。

⑥ 利用"旋转"命令生成凉亭顶盖。

第11章
实体建模

实体建模是AutoCAD三维建模中比较重要的一部分。实体模型是能够完整描述对象的3D模型，

比三维线框、三维曲面更能表达实物。利用三维实体模型，可以分析实体的质量特性，如体积、惯

量、重心等。本章主要介绍基本三维实体的创建、二维图形生成三维实体、三维实体的布尔运算、三

维实体的编辑、三维实体的颜色处理等知识。

学习要点

了解基本三维实体的创建方法

学习三维实体的特征操作

熟练掌握实体编辑、渲染操作

了解特殊视图

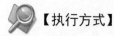 ## 11.1 创建基本三维实体

11.1.1 创建长方体

【执行方式】

- 命令行：BOX。
- 菜单栏：选择菜单栏中的"绘图"→"建模"→"长方体"命令。
- 工具栏：单击"建模"工具栏中的"长方体"按钮▣。
- 功能区：单击"三维工具"选项卡"建模"面板中的"长方体"按钮▣。

 【操作步骤】

命令行提示与操作如下。

命令：BOX✓
指定第一个角点或 [中心(C)] <0,0,0>：指定第一点或按<Enter>键表示原点是长方体的角
点，或输入"c"表示中心点

【选项说明】

（1）指定第一个角点

用于确定长方体的一个顶点位置。选择该选项后，命令行继续提示与操作如下。

指定其他角点或 [立方体(C)/长度(L)]： 指定第二点或输入选项

① 角点：用于指定长方体的其他角点。输入另一角点的数值，即可确定该长方体。如果输入的是正值，则沿着当前 UCS 的 X、Y 和 Z 轴的正向绘制长度。如果输入的是负值，则沿着 X 轴、Y 轴和 Z 轴的负向绘制长度。如图 11-1 所示为利用角点命令创建的长方体。

② 立方体（C）：用于创建一个长、宽、高相等的长方体。如图 11-2 所示为利用立方体命令创建的长方体。

图 11-1　利用角点命令创建的长方体

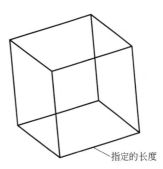

图 11-2　利用立方体命令创建的长方体

③ 长度（L）：按要求输入长、宽、高的值。如图 11-3 所示为利用长、宽和高命令创建的长方体。

（2）中心点

利用指定的中心点创建长方体。如图 11-4 所示为利用中心点命令创建的长方体。

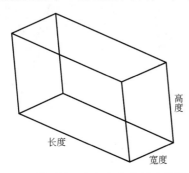

图 11-3　利用长、宽和高命令创建的长方体

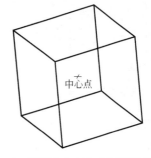

图 11-4　利用中心点命令创建的长方体

技巧荟萃

如果在创建长方体时选择"立方体"或"长度"选项，则还可以在单击以指定长度的同时指定长方体在 XY 平面中的旋转角度；如果选择"中心点"选项，则可以利用指定中心点来创建长方体。

11.1.2　圆柱体

　【执行方式】

- 命令行：CYLINDER（快捷命令：CYL）。
- 菜单栏：选择菜单栏中的"绘图"→"建模"→"圆柱体"命令。
- 工具条：单击"建模"工具栏中的"圆柱体"按钮。
- 功能区：单击"三维工具"选项卡"建模"面板中的"圆柱体"按钮。

　【操作步骤】

命令行提示与操作如下。

```
命令: CYLINDER↙
指定底面的中心点或[三点(3P)/两点(2P)/切点、切点、半径(T)/椭圆（E）]<0,0,0>:
```

　【选项说明】

① 中心点：先输入底面圆心的坐标，然后指定底面的半径和高度，此选项为系统的默认选项。AutoCAD 按指定的高度创建圆柱体，且圆柱体的中心线与当前坐标系的 Z 轴平行，如图 11-5 所示。也可以指定另一个端面的圆心来指定高度，AutoCAD 根据圆柱体两个端面的中心位置来创建圆柱体，该圆柱体的中心线就是两个端面的连线，如图 11-6 所示。

② 椭圆（E）：创建椭圆柱体。椭圆端面的绘制方法与平面椭圆一样，创建的椭圆柱体如图 11-7 所示。

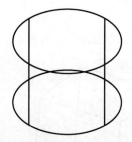　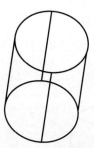　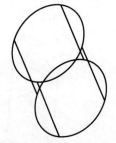

图 11-5　按指定高度创建圆柱体　　图 11-6　指定圆柱体另一个端面的中心位置　　图 11-7　椭圆柱体

其他的基本实体，如楔体、圆锥体、球体、圆环体等的创建方法与长方体和圆柱体类似，不再赘述。

　技巧荟萃

实体模型具有边和面，还有在其表面内由计算机确定的质量。实体模型是最容易使用的三维模型，它的信息最完整，不会产生歧义。与线框模型和曲面模型相比，实体模型的创建方式最直接，所以，在 AutoCAD 三维绘图中，实体模型应用最为广泛。

11.2 布尔运算

11.2.1 布尔运算简介

布尔运算在数学的集合运算中得到广泛应用，AutoCAD 也将该运算应用到了实体的创建过程中。用户可以对三维实体对象进行并集、交集、差集的运算。三维实体的布尔运算与平面图形类似。如图 11-8 所示为 3 个圆柱体进行交集运算后的图形。

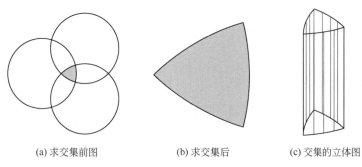

(a) 求交集前图   (b) 求交集后   (c) 交集的立体图

图 11-8 3 个圆柱体交集后的图形

 技巧荟萃

如果某些命令第一个字母都相同的话，那么对于比较常用的命令，其快捷命令取第一个字母，其他命令的快捷命令可用前面两个或三个字母表示。例如"R"表示 Redraw，"RA"表示 Redrawall；"L"表示 Line，"LT"表示 LineType，"LTS"表示 LTScale。

11.2.2 实例——深沟球轴承的创建

创建如图 11-9 所示的深沟球轴承。

扫一扫，看视频

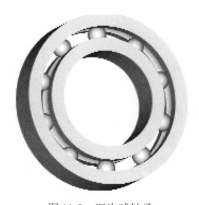

图 11-9 深沟球轴承

① 设置线框密度。命令行提示与操作如下。

```
命令: ISOLINES✓
输入 ISOLINES 的新值 <4>: 10✓
```

② 转换视图。单击"可视化"选项卡"视图"面板中的"西南等轴测"按钮◈,切换到西南等轴测图。

③ 创建外圈的圆柱体。单击"三维工具"选项卡"建模"面板中的"圆柱体"按钮▥,命令行提示与操作如下。

```
命令: _cylinder
指定底面的中心点或 [三点(3P)/两点(2P)/切点、切点、半径(T)/椭圆(E)] <0,0,0>: 在绘图区指定底面中心点位置
指定底面的半径或 [直径(D)]: 45✓
指定高度或 [两点(2P)/轴端点(A)]: 20✓
命令: ✓（继续创建圆柱体）
指定底面的中心点或[三点(3P)/两点(2P)/切点、切点、半径(T)/椭圆(E)] <0,0,0>: ✓
指定底面的半径或 [直径(D)]: 38✓
指定高度或 [两点(2P)/轴端点(A)]: 20✓
```

④ 差集运算并消隐。单击"视图"选项卡"导航"面板中的"范围"下拉菜单中的"实时"按钮◉,上下转动鼠标滚轮对其进行适当的放大。单击"三维工具"选项卡"实体编辑"面板中的"差集"按钮▣,将创建的两个圆柱体进行差集运算,命令行提示与操作如下。

```
命令: _subtract
选择要从中减去的实体、曲面和面域…
选择对象: 选择大圆柱体
选择对象: 右击结束选择
选择要减去的实体、曲面和面域…
选择对象: 选择小圆柱体
选择对象: 右击结束选择
```

单击"视图"选项卡"视觉样式"面板中的"隐藏"按钮▣,进行消隐处理后的图形如图 11-10 所示。

⑤ 创建内圈的圆柱体。方法同上,单击"三维工具"选项卡"建模"面板中的"圆柱体"按钮▥,以坐标原点为圆心,分别创建高度为 20,半径为 32 和 25 的两个圆柱,并单击"三维工具"选项卡"实体编辑"面板中的"差集"按钮▣,对其进行差集运算,创建轴承的内圈圆柱体,结果如图 11-11 所示。

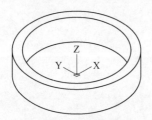

图 11-10　轴承外圈圆柱体

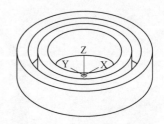

图 11-11　轴承内圈圆柱体

⑥ 并集运算。在命令行直接输入"UNION",或单击"三维工具"选项卡"实体编辑"面板中的"并集"按钮▣,将创建的轴承外圈与内圈圆柱体进行并集运算。

⑦ 创建圆环。单击"建模"工具栏中的"圆环体"按钮◎,命令行提示与操作如下。

```
命令: _torus
指定中心点或 [三点(3P)/两点(2P)/切点、切点、半径(T)]:0,0,10↙
指定半径或 [直径(D)]: 35↙
指定圆管半径或 [两点(2P)/直径(D)]: 5↙
```

⑧ 差集运算。在命令行直接输入"SUBTRACT",或单击"三维工具"选项卡"实体编辑"面板中的"差集"按钮 ⬚,将创建的圆环与轴承的内外圈进行差集运算,结果如图 11-12 所示。

⑨ 创建滚动体。单击"三维工具"选项卡"建模"面板中的"球体"按钮 ◯,命令行提示与操作如下。

```
命令: _sphere
指定中心点或 [三点(3P)/两点(2P)/切点、切点、半径(T)]: 35,0,10↙
指定半径或 [直径(D)]: 5↙
```

⑩ 阵列滚动体。单击"默认"选项卡"修改"面板中的"环形阵列"按钮 ⬡,将创建的滚动体进行环形阵列,阵列中心为坐标原点,数目为 10,阵列结果如图 11-13 所示。

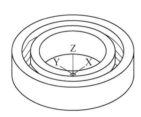

图 11-12　圆环与轴承内外圈进行差集运算结果

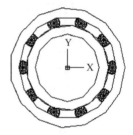

图 11-13　阵列滚动体

⑪ 并集运算。单击"三维工具"选项卡"实体编辑"面板中的"并集"按钮 ⬛,将阵列的滚动体与轴承的内外圈进行并集运算。

⑫ 渲染处理。单击"可视化"选项卡"渲染"面板中的"渲染到尺寸"按钮 ⬚,选择适当的材质,渲染后的效果如图 11-9 所示。

11.3 **特征操作**

11.3.1　拉伸

【执行方式】

- 命令行:EXTRUDE(快捷命令:EXT)。
- 菜单栏:选择菜单栏中的"绘图"→"建模"→"拉伸"命令。
- 工具栏:单击"建模"工具栏中的"拉伸"按钮 ⬚。
- 功能区:单击"三维工具"选项卡"建模"面板中的"拉伸"按钮 ⬚。

【操作步骤】

命令行提示与操作如下。

```
命令: EXTRUDE↙
```

当前线框密度：ISOLINES=4，闭合轮廓创建模式=实体

选择要拉伸的对象或[模式（MO）]：选择绘制好的二维对象

选择要拉伸的对象或[模式（MO）]：可继续选择对象或按<Enter>键结束选择

指定拉伸的高度或 [方向(D)/路径(P)/倾斜角(T)/表达式（E）]：

【选项说明】

① 拉伸高度：按指定的高度拉伸出三维实体对象。输入高度值后，根据实际需要，指定拉伸的倾斜角度。如果指定的角度为 0，AutoCAD 则把二维对象按指定的高度拉伸成柱体；如果输入角度值，拉伸后实体截面沿拉伸方向按此角度变化，成为一个棱台或圆台体。如图 11-14 所示为不同角度拉伸圆的结果。

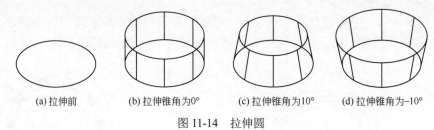

| (a)拉伸前 | (b)拉伸锥角为0° | (c)拉伸锥角为10° | (d)拉伸锥角为-10° |

图 11-14　拉伸圆

② 路径（P）：以现有的图形对象作为拉伸创建三维实体对象。如图 11-15 所示为沿圆弧曲线路径拉伸圆的结果。

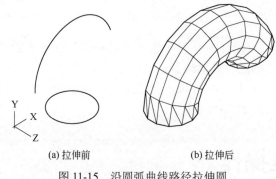

(a)拉伸前　　　　　　　　　　(b)拉伸后

图 11-15　沿圆弧曲线路径拉伸圆

技巧荟萃

可以使用创建圆柱体的"轴端点"命令确定圆柱体的高度和方向。轴端点是圆柱体顶面的中心点，轴端点可以位于三维空间的任意位置。

11.3.2　旋转

【执行方式】

- 命令行：REVOLVE（快捷命令：REV）。

- 菜单栏：选择菜单栏中的"绘图"→"建模"→"旋转"命令。
- 工具栏：单击"建模"工具栏中的"旋转"按钮。
- 功能区：单击"三维工具"选项卡"建模"面板中的"旋转"按钮。

【操作步骤】

命令行提示与操作如下。

命令：REVOLVE↙
当前线框密度：ISOLINES=4，闭合轮廓创建模式 = 实体
选择要旋转的对象或[模式(MO)]： 选择绘制好的二维对象
选择要旋转的对象或[模式(MO)]： 继续选择对象或按<Enter>键结束选择
指定轴起点或根据以下选项之一定义轴 [对象（O）/X/Y/Z]<对象>：

【选项说明】

① 指定旋转轴的起点：通过两个点来定义旋转轴。AutoCAD 将按指定的角度和旋转轴旋转二维对象。

② 对象（O）：选择已经绘制好的直线或用多段线命令绘制的直线段作为旋转轴线。

③ X（Y）轴：将二维对象绕当前坐标系（UCS）的 X（Y）轴旋转。如图 11-16 所示为矩形平面绕 X 轴旋转的结果。

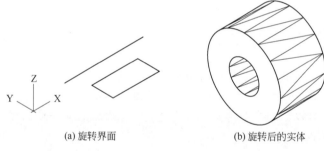

(a) 旋转界面   (b) 旋转后的实体

图 11-16　旋转体

11.3.3　扫掠

【执行方式】

- 命令行：SWEEP。
- 菜单栏：选择菜单栏中的"绘图"→"建模"→"扫掠"命令。
- 工具栏：单击"建模"工具栏中的"扫掠"按钮。
- 功能区：单击"三维工具"选项卡"建模"面板中的"扫掠"按钮。

【操作步骤】

命令行提示与操作如下。

命令：SWEEP↙
当前线框密度： ISOLINES=4，闭合轮廓创建模式=模式
选择要扫掠的对象或[模式（MO）]：选择对象，如图 11-17（a）中的圆

选择要扫掠的对象：✓

选择扫掠路径或 [对齐(A)/基点(B)/比例(S)/扭曲(T)]：选择对象，如图 11-17（a）中螺旋线

扫掠结果如图 11-17（b）所示。

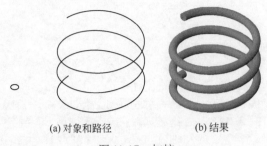

(a) 对象和路径   (b) 结果

图 11-17　扫掠

【选项说明】

① 对齐（A）：指定是否对齐轮廓以使其作为扫掠路径切向的法向，默认情况下，轮廓是对齐的。选择该选项，命令行提示与操作如下。

扫掠前对齐垂直于路径的扫掠对象 [是(Y)/否(N)] <是>：输入 "N"，指定轮廓无须对齐；按<Enter>键，指定轮廓将对齐

技巧荟萃

使用扫掠命令，可以通过沿开放或闭合的二维或三维路径扫掠开放或闭合的平面曲线（轮廓）来创建新实体或曲面。扫掠命令用于沿指定路径以指定轮廓的形状（扫掠对象）创建实体或曲面。可以扫掠多个对象，但是这些对象必须在同一平面内。如果沿一条路径扫掠闭合的曲线，则生成实体。

② 基点（B）：指定要扫掠对象的基点。如果指定的点不在选定对象所在的平面上，则该点将被投影到该平面上。选择该选项，命令行提示与操作如下。

指定基点：指定选择集的基点

③ 比例（S）：指定比例因子以进行扫掠操作。从扫掠路径的开始到结束，比例因子将统一应用到扫掠的对象上。选择该选项，命令行提示与操作如下。

输入比例因子或 [参照(R)] <1.0000>：指定比例因子，输入 "R"，调用参照选项；按<Enter>键，选择默认值

其中 "参照（R）" 选项表示通过拾取点或输入值来根据参照的长度缩放选定的对象。

④ 扭曲（T）：设置正被扫掠对象的扭曲角度。扭曲角度指定沿扫掠路径全部长度的旋转量。选择该选项，命令行提示与操作如下。

输入扭曲角度或允许非平面扫掠路径倾斜 [倾斜(B)] <n>：指定小于 360° 的角度值，输入 "B"，打开倾斜；按<Enter>键，选择默认角度值

其中 "倾斜（B）" 选项指定被扫掠的曲线是否沿三维扫掠路径（三维多线段、三维样条曲线或螺旋线）自然倾斜（旋转）。

如图 11-18 所示为扭曲扫掠示意图。

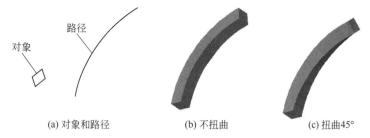

(a) 对象和路径　　　　(b) 不扭曲　　　　(c) 扭曲45°

图 11-18　扭曲扫掠

11.3.4　实例——锁的绘制

扫一扫，看视频

绘制如图 11-19 所示的锁图形。

① 单击"默认"选项卡"绘图"面板中的"矩形"按钮 ▢，绘制角点坐标为（-100,30）和（100,-30）的矩形。

② 单击"默认"选项卡"绘图"面板中的"圆弧"按钮 ⌒，绘制起点坐标为（100,30）端点坐标为（-100,30）半径为 340 的圆弧。

③ 单击"默认"选项卡"绘图"面板中的"圆弧"按钮 ⌒，绘制起点坐标为（-100,-30）端点坐标为（100,-30）半径为 340 的圆弧。如图 11-20 所示

图 11-19　锁图形

④ 单击"默认"选项卡"修改"面板中的"修剪"按钮，对上述圆弧和矩形进行修剪，结果如图 11-21 所示。

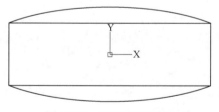

图 11-20　绘制圆弧后的图形

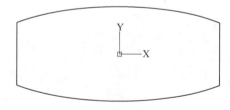

图 11-21　修剪后的图形

⑤ 单击"默认"选项卡"修改"面板中的"编辑多段线"按钮，将上述多段线合并为一个整体。

⑥ 单击"可视化"选项卡"视图"面板中的"西南等轴测"按钮，切换到西南等轴测视图。

⑦ 单击"三维工具"选项卡"建模"面板中的"拉伸"按钮，选择上步创建的面域高度为 150，结果如图 11-22 所示。

⑧ 在命令行直接输入 UCS。将新的坐标原点移动到点（0,0,150）。切换视图。选取菜单命令"视图"→"三维视图"→"平面视图"→"当前 UCS"。

⑨ 单击"默认"选项卡"绘图"面板中的"圆"按钮，指定圆心坐标（-70,0），半径为15。重复上述指令，在右边的对称位置再作一个同样大小的圆，结果如图 11-23 所示。单击"视图"工具栏中的"前视"按钮，切换到前视图。

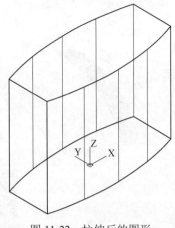

图 11-22　拉伸后的图形

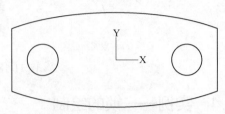

图 11-23　绘圆后的图形

⑩　在命令行直接输入 UCS。将新的坐标原点移动到点（0,150,0）。

⑪　单击"默认"选项卡"绘图"面板中的"多段线"按钮　，绘制多段线。系统提示如下：

```
PLINE
指定起点：-70,-30
当前线宽为 0.0000
指定下一个点或 [圆弧(A)/半宽(H)/长度(L)/放弃(U)/宽度(W)]：@80<90
指定下一点或 [圆弧(A)/闭合(C)/半宽(H)/长度(L)/放弃(U)/宽度(W)]：a
指定圆弧的端点或
[角度(A)/圆心(CE)/闭合(CL)/方向(D)/半宽(H)/直线(L)/半径(R)/第二个点(S)/放弃
(U)/宽度(W)]：a
指定包含角：-180
指定圆弧的端点或 [圆心(CE)/半径(R)]：r
指定圆弧的半径：70
指定圆弧的弦方向 <90>：0
指定圆弧的端点或
[角度(A)/圆心(CE)/闭合(CL)/方向(D)/半宽(H)/直线(L)/半径(R)/第二个点(S)/放弃
(U)/宽度(W)]：l
指定下一点或 [圆弧(A)/闭合(C)/半宽(H)/长度(L)/放弃(U)/宽度(W)]：70,0
指定下一点或 [圆弧(A)/闭合(C)/半宽(H)/长度(L)/放弃(U)/宽度(W)]：
```

结果如图 11-24 所示。

⑫　单击"可视化"选项卡"视图"面板中的"西南等轴测"按钮　，回到西南等轴测图。

⑬　单击"三维工具"选项卡"建模"面板中的"扫掠"按钮　，将绘制的圆与多段线进行扫掠处理，命令行提示如下。

```
命令：_sweep
当前线框密度：ISOLINES=4，闭合轮廓创建模式 = 实体
选择要扫掠的对象或 [模式(MO)]：_MO 闭合轮廓创建模式 [实体(SO)/曲面(SU)] <实体>：
_SO
选择要扫掠的对象或 [模式(MO)]:找到 1 个（选择圆）
选择要扫掠的对象或 [模式(MO)]:（选择圆）
选择扫掠路径或 [对齐(A)/基点(B)/比例(S)/扭曲(T)]:（选择多段线）
```

结果如图 11-25 所示。

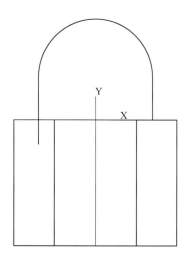

图 11-24　绘制多段线后的图形

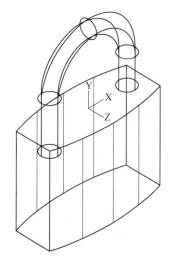

图 11-25　扫掠后的图形

⑭ 单击"三维工具"选项卡"建模"面板中的"圆柱体"按钮，绘制底面中心点为（-70,0,0）底面半径为 20，轴端点为（-70,-30,0）的圆柱体。结果如图 11-26 所示。

⑮ 在命令行直接输入 UCS。将新的坐标原点绕 X 轴旋转 90°。

⑯ 单击"三维工具"选项卡"建模"面板中的"楔体"按钮，绘制楔体。命令行提示如下。

```
命令: we
指定第一个角点或 [中心(C)]: -50,-70,10
指定其他角点或 [立方体(C)/长度(L)]: -80,70,10
指定高度或 [两点(2P)] <30.0000>: 20
```

⑰ 单击"三维工具"选项卡"实体编辑"面板中的"差集"按钮，将扫掠体与楔体进行差集运算。如图 11-27 所示。

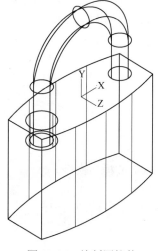

图 11-26　绘制圆柱体

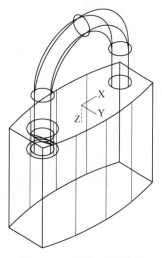

图 11-27　差集后的图形

⑱ 单击"三维工具"选项卡"选择"面板中的"旋转小控件"按钮⊕，将上述锁柄绕着右边的圆的中心垂线旋转180°，命令提示如下：

```
命令：3drotate
UCS 当前的正角方向：ANGDIR=逆时针 ANGBASE=0
选择对象：（选择锁柄）
选择对象：↙
指定基点：（指定右边圆的圆心）
拾取旋转轴：（指定右边的圆的中心垂线）
指定角的起点或键入角度：180↙
```

旋转的结果如图 11-28 所示。

⑲ 单击"三维工具"选项卡"实体编辑"面板中的"差集"按钮⊖，将左边小圆柱体与锁体进行差集操作，在锁体上打孔。

⑳ 单击"默认"选项卡"修改"面板中的"圆角"按钮⌐，设置圆角半径为 10，对锁体四周的边进行圆角处理。

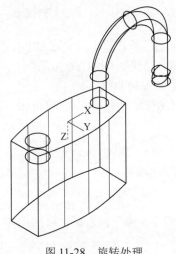

图 11-28 旋转处理

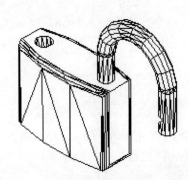

图 11-29 消隐处理

㉑ 单击"视图"选项卡"视觉样式"面板中的"隐藏"按钮◈，或者直接在命令行输入 hide 后回车，结果如图 11-29 所示。

11.3.5 放样

 【执行方式】

- 命令行：LOFT。
- 菜单栏：选择 菜单栏中的"绘图"→"建模"→"放样"命令。
- 工具栏：单击"建模"工具栏中的"放样"按钮◈。
- 功能区：单击"三维工具"选项卡"建模"面板中的"放样"按钮◈

 【操作步骤】

命令行提示与操作如下。

```
命令：LOFT↙
当前线框密度： ISOLINES=4，闭合轮廓创建模式 = 实体
按放样次序选择横截面或[点（PO）/合并多条边（J）/模式（MO）]：依次选择如图11-30所
示的3个截面
按放样次序选择横截面或[点（PO）/合并多条边（J）/模式（MO）]：
按放样次序选择横截面或[点（PO）/合并多条边（J）/模式（MO）]：
按放样次序选择横截面或[点（PO）/合并多条边（J）/模式（MO）]：↙
输入选项 [导向(G)/路径(P)/仅横截面(C)/设置（S）] <仅横截面>：
```

① 设置（S）：选择该选项，系统打开"放样设置"对话框，如图11-31所示。其中有4个单选钮选项，如图11-32（a）所示为点选"直纹"单选钮的放样结果示意图，图11-32（b）所示为点选"平滑拟合"单选钮的放样结果示意图，图11-32（c）所示为点选"法线指向"单选钮并选择"所有横截面"选项的放样结果示意图，图11-32（d）所示为点选"拔模斜度"单选钮并设置"起点角度"为45°、"起点幅值"为10、"端点角度"为60°、"端点幅值"为10的放样结果示意图。

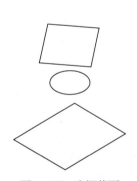

图 11-30　选择截面

图 11-31　"放样设置"对话框

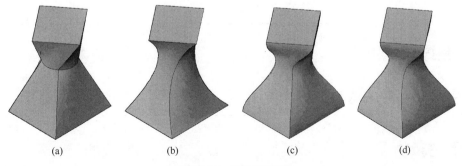

图 11-32　放样示意图

② 导向（G）：指定控制放样实体或曲面形状的导向曲线。导向曲线是直线或曲线，可通过将其他线框信息添加至对象来进一步定义实体或曲面的形状，如图11-33所示。选择该选项，命令行提示与操作如下。

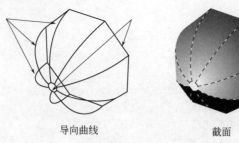

导向曲线　　　　　　　　截面

图 11-33　导向放样

选择导向曲线：选择放样实体或曲面的导向曲线，然后按<Enter>键

 技巧荟萃

每条导向曲线必须满足以下条件才能正常工作。
- 与每个横截面相交。
- 从第一个横截面开始。
- 到最后一个横截面结束。
- 可以为放样曲面或实体选择任意数量的导向曲线。

③ 路径（P）：指定放样实体或曲面的单一路径，如图 11-34 所示。选择该选项，命令行提示与操作如下。

选择路径：指定放样实体或曲面的单一路径

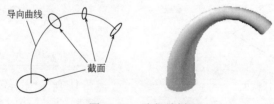

导向曲线

截面

图 11-34　路径放样

 技巧荟萃

路径曲线必须与横截面的所有平面相交。

11.3.6　拖动

 【执行方式】

- 命令行：PRESSPULL。
- 工具栏：单击"建模"工具栏中的"按住并拖动"按钮 。

- 功能区：单击"三维工具"选项卡"实体编辑"面板中的"按住并拖动"按钮。

【操作步骤】

命令行提示与操作如下。

命令：PRESSPULL↙

单击有限区域以进行按住或拖动操作。

选择有限区域后，按住鼠标左键并拖动，相应的区域就会进行拉伸变形。如图 11-35 所示为选择圆台上表面，按住并拖动的结果。

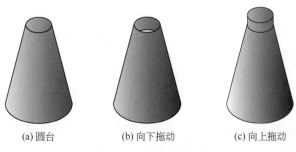

(a) 圆台　　　　　(b) 向下拖动　　　　　(c) 向上拖动

图 11-35　按住并拖动

11.3.7　实例——手轮的创建

扫一扫，看视频

创建如图 11-36 所示的手轮。

① 设置线框密度。单击"可视化"选项卡"视图"面板中的"西南等轴测"按钮，切换到西南等轴测图。在命令行中输入"Isolines"，设置线框密度为 10。

② 创建圆环。单击"三维工具"选项卡"建模"面板中的"圆环体"按钮，命令行提示与操作如下。

命令：_torus
指定中心点或 [三点(3P)/两点(2P)/切点、切点、半径(T)]<0,0,0>:↙
指定半径或 [直径(D)]: 100↙
指定圆管半径或 [两点(2P)/直径(D)]: 10↙

图 11-36　手轮

③ 创建球体。单击"三维工具"选项卡"建模"面板中的"球体"按钮，命令行提示与操作如下。

命令：_sphere
指定中心点或 [三点(3P)/两点(2P)/切点、切点、半径(T)]<0,0,0>: 0,0,30↙
指定半径或 [直径(D)]: 20↙

④ 转换视图。单击"可视化"选项卡"视图"面板中的"前视"按钮，切换到前视图，如图 11-37 所示。

⑤ 绘制直线。单击"默认"选项卡"绘图"面板中的"直线"按钮，命令行提示与操作如下。

命令：_line
指定第一个点:单击"对象捕捉"工具栏中的"捕捉到圆心"按钮

_cen 于: 捕捉球的球心
指定下一点或 [放弃(U)]: 100,0,0↙
指定下一点或 [放弃(U)]:↙

绘制结果如图 11-38 所示。

图 11-37 圆环与球

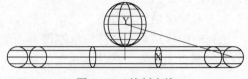

图 11-38 绘制直线

⑥ 绘制圆。单击"可视化"选项卡"视图"面板中的"左视"按钮☑，切换到左视图。单击"默认"选项卡"绘图"面板中的"圆"按钮⊙，命令行提示与操作如下。

命令: _circle
指定圆的圆心或 [三点(3P)/两点(2P)/切点、切点、半径(T)]: 单击"对象捕捉"工具栏中的"捕捉到圆心"按钮⊙
_cen 于: 捕捉球的球心
指定圆的半径或 [直径(D)]: 5↙

绘制结果如图 11-39 所示。

⑦ 拉伸圆。单击"可视化"选项卡"视图"面板中的"西南等轴测"按钮◈，切换到西南等轴测图。单击"三维工具"选项卡"建模"面板中的"拉伸"按钮▊，命令行提示与操作如下。

命令: _extrude
当前线框密度: ISOLINES=10，闭合轮廓创建模式=实体
选择要拉伸的对象或[模式(MO)]: _MO 闭合轮廓创建模式 [实体(SO)/曲面(SU)] <实体>: _SO
选择要拉伸的对象或[模式(MO)]: 选择步骤⑥中绘制的圆↙
指定拉伸高度或 [方向(D)/路径(P)/倾斜角(T)/表达式(E)]: P↙
选择拉伸路径或 [倾斜角(T)]: 选择直线

单击"视图"选项卡"视觉样式"面板中的"隐藏"按钮◈，进行消隐处理后的图形如图 11-40 所示。

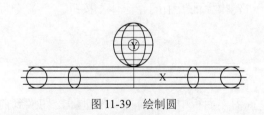

图 11-39 绘制圆

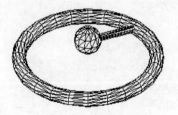

图 11-40 拉伸圆

⑧ 阵列拉伸生成的圆柱体。选择菜单栏中的"修改"→"三维操作"→"三维阵列"命令，命令行提示与操作如下。

命令: _3darray
选择对象: 选择圆柱体↙
输入阵列类型 [矩形(R)/环形(P)] <矩形>:P↙

输入阵列中的项目数目：6↙

指定要填充的角度（+=逆时针，-=顺时针）<360>:↙

旋转阵列对象？[是(Y)/否(N)]<是>：↙

指定阵列的中心点：单击"对象捕捉"工具栏中的"捕捉到圆心"按钮⊙。

_cen 于：捕捉圆环的圆心

指定旋转轴上的第二点：单击"对象捕捉"工具栏中的"捕捉到圆心"按钮⊙

_cen 于：捕捉球的球心

单击"视图"选项卡"视觉样式"面板中的"隐藏"按钮，进行消隐处理后的图形如图 11-41 所示。

⑨ 创建长方体。在命令行直接输入"BOX"，或单击"三维工具"选项卡"建模"面板中的"长方体"按钮，以指定中心点的方式创建长方体，长方体的中心点为坐标原点，长、宽、高分别为 15、15、120。

⑩ 差集运算。在命令行直接输入"SUBTRACT"，或单击"三维工具"选项卡"实体编辑"面板中的"差集"按钮，将创建的长方体与球体进行差集运算，结果如图 11-42 所示。

⑪ 剖切处理。在命令行直接输入"SLICE"，或选择菜单栏中的"修改"→"三维操作"→"剖切"命令，对球体进行对称剖切（具体操作方法在随后的 11.5.1 小节详细讲解），如图 11-43 所示。

⑫ 并集运算。在命令行直接输入"UNION"，或单击"三维工具"选项卡"实体编辑"面板中的"并集"按钮，将阵列的圆柱体与球体及圆环进行并集运算。

⑬ 改变视觉样式。单击"视图"选项卡"视觉样式"面板中的"概念"按钮，最终显示效果如图 11-36 所示。

图 11-41 阵列圆柱体

图 11-42 差集运算后的手轮

图 11-43 剖切球体

11.4 实体三维操作

11.4.1 倒角

【执行方式】

- 命令行：CHAMFER（快捷命令：CHA）。
- 菜单栏：选择菜单栏中的"修改"→"倒角"命令。
- 工具栏：单击"修改"工具栏中的"倒角"按钮。
- 功能区：单击"默认"选项卡"修改"面板中的"倒角"按钮。

【操作步骤】

命令行提示与操作如下。

命令：CHAMFER✓
（"修剪"模式）当前倒角距离 1 = 0.0000，距离 2 = 0.0000
选择第一条直线或 [放弃(U)/多段线(P)/距离(D)/角度(A)/修剪(T)/方式(E)/多个(M)]：

 【选项说明】

（1）选择第一条直线

选择实体的一条边，此选项为系统的默认选项。选择某一条边以后，与此边相邻的两个面中的一个面的边框就变成虚线。选择实体上要倒直角的边后，命令行提示如下。

基面选择…
输入曲面选择选项 [下一个(N)/当前(OK)] <当前>：

该提示要求选择基面，默认选项是当前，即以虚线表示的面作为基面。如果选择"下一个（N）"选项，则以与所选边相邻的另一个面作为基面。

选择好基面后，命令行继续出现如下提示。

指定基面的倒角距离 <2.0000>：输入基面上的倒角距离
指定其他曲面的倒角距离 <2.0000>： 输入与基面相邻的另外一个面上的倒角距离
选择边或 [环(L)]：

① 选择边：确定需要进行倒角的边，此项为系统的默认选项。选择基面的某一边后，命令行提示如下。

选择边或 [环(L)]：

在此提示下，按<Enter>键对选择好的边进行倒直角，也可以继续选择其他需要倒直角的边。

② 选择环：对基面上所有的边都进行倒直角。

（2）其他选项

与二维斜角类似，此处不再赘述。

如图 11-44 所示为对长方体倒角的结果。

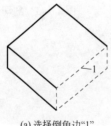
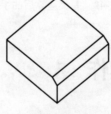
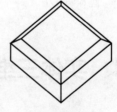

(a) 选择倒角边"1"　　　(b) 选择边倒角结果　　　(c) 选择环倒角结果

图 11-44　对实体棱边倒角

11.4.2　圆角

 【执行方式】

- 命令行：FILLET（快捷命令：F）。
- 菜单栏：选择菜单栏中的"修改"→"圆角"命令。

- 工具栏：单击"修改"工具栏中的"圆角"按钮 。
- 功能区：单击"默认"选项卡"修改"面板中的"圆角"按钮 。

 【操作步骤】

命令行提示与操作如下。

```
命令：FILLET↙
当前设置：模式 = 修剪，半径 = 0.0000
选择第一个对象或 [放弃(U)/多段线(P)/半径(R)/修剪(T)/多个(M)]：选择实体上的一条边
输入圆角半径或[表达式（E）]：输入圆角半径↙
选择边或 [链(C)/ 环（L）/半径(R)]：
```

 【选项说明】

选择"链（C）"选项，表示与此边相邻的边都被选中，并进行倒圆角的操作。如图 11-45 所示为对长方体倒圆角的结果。

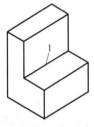
(a) 选择倒圆角边"1"

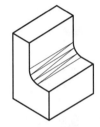
(b) 边倒圆角结果

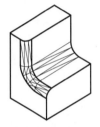
(c) 链倒圆角结果

图 11-45　对实体棱边倒圆角

11.4.3　干涉检查

干涉检查主要通过对比两组对象或一对一地检查所有实体来检查实体模型中的干涉（三维实体相交或重叠的区域）。系统将在实体相交处创建和亮显临时实体。

干涉检查常用于检查装配体立体图是否干涉，从而判断设计是否正确。

 【执行方式】

- 命令行：INTERFERE（快捷命令：INF）。
- 菜单栏：选择菜单栏中的"修改"→"三维操作"→"干涉检查"命令。
- 功能区：单击"三维工具"选项卡"实体编辑"面板中的"干涉检查"按钮 。

 【操作步骤】

在此以如图 11-46 所示的零件图为例进行干涉检查。命令行提示与操作如下。

```
命令：INTERFERE↙
选择第一组对象或 [嵌套选择(N)/设置(S)]：选择图 11-46（b）中的手柄
选择第一组对象或 [嵌套选择(N)/设置(S)]：↙
选择第二组对象或 [嵌套选择(N)/检查第一组(K)] <检查>：选择图 11-46（b）中的套环
选择第二组对象或 [嵌套选择(N)/检查第一组(K)] <检查>：↙
```

(a) 零件图　　　　　　　　　　　(b) 装配图

图 11-46　干涉检查

系统打开"干涉检查"对话框，如图 11-47 所示。在该对话框中列出了找到的干涉对数量，并可以通过"上一个"和"下一个"按钮来亮显干涉对，如图 11-48 所示。

【选项说明】

① 嵌套选择（N）：选择该选项，用户可以选择嵌套在块和外部参照中的单个实体对象。

② 设置（S）：选择该选项，系统打开"干涉设置"对话框，如图 11-49 所示，可以设置干涉的相关参数。

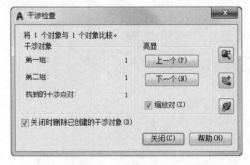

图 11-47　"干涉检查"对话框

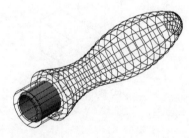

图 11-48　亮显干涉对

图 11-49　"干涉设置"对话框

图 11-50　手柄

11.4.4　实例——手柄的创建

创建如图 11-50 所示的手柄。

① 设置线框密度。命令行提示与操作如下。

扫一扫，看视频

288

```
命令: ISOLINES↙
输入 ISOLINES 的新值 <4>: 10↙
```

② 绘制手柄把截面。

a. 在命令行输入"CIRCLE",或单击"默认"选项卡"绘图"面板中的"圆"按钮⊙,绘制半径为 13 的圆。

b. 在命令行输入"XLINE",或单击"默认"选项卡"绘图"面板中的"构造线"按钮✍,过 R13 圆的圆心绘制竖直与水平辅助线。绘制结果如图 11-51 所示。

c. 在命令行输入"OFFSET",或单击"默认"选项卡"修改"面板中的"偏移"按钮⊆,将竖直辅助线向右偏移 83。

d. 单击"默认"选项卡"绘图"面板中的"圆"按钮⊙,捕捉最右边竖直辅助线与水平辅助线的交点,绘制半径为 7 的圆。绘制结果如图 11-52 所示。

e. 单击"默认"选项卡"修改"面板中的"偏移"按钮⊆,将水平辅助线向上偏移 13。

f. 单击"默认"选项卡"绘图"面板中的"圆"按钮⊙,绘制与 R7 圆及偏移水平辅助线相切,半径为 65 的圆;继续绘制与 R65 圆及 R13 圆相切,半径为 45 的圆。绘制结果如图 11-53 所示。

图 11-51　圆及辅助线　　　图 11-52　绘制 R7 圆　　　图 11-53　绘制 R65 及 R45 圆

g. 在命令行输入"TRIM",或单击"默认"选项卡"修改"面板中的"修剪"按钮✄,对所绘制的图形进行修剪,修剪结果如图 11-54 所示。

h. 单击"默认"选项卡"修改"面板中的"删除"按钮✐,删除辅助线。单击"默认"选项卡"绘图"面板中的"直线"按钮╱,绘制直线。

i. 在命令行输入"REGION",或单击"默认"选项卡"绘图"面板中的"面域"按钮◙,选择全部图形创建面域,结果如图 11-55 所示。

③ 旋转操作。在命令行输入"REVOLVE",或单击"默认"选项卡"修改"面板中的"旋转"按钮↺,以水平线为旋转轴,旋转创建的面域。单击"可视化"选项卡"视图"面板中的"西南等轴测"按钮◈,切换到西南等轴测图,结果如图 11-56 所示。

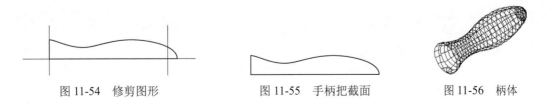

图 11-54　修剪图形　　　图 11-55　手柄把截面　　　图 11-56　柄体

④ 重新设置坐标系。单击"可视化"选项卡"视图"面板中的"左视"按钮，切换到左视图。在命令行输入"UCS"，命令行提示与操作如下。

命令：UCS↙

指定 UCS 的原点或[面(F)/命名(NA)/对象(OB)/上一个(P)/视图(V)/世界(W)/X/Y/Z/Z 轴(ZA)]<世界>：M↙

指定新原点或 [Z 向深度(Z)] <0,0,0>：_tan 到

单击"对象捕捉"工具栏中的"捕捉到圆心"按钮。命令行提示如下。

_cen 于：捕捉圆心

⑤ 创建圆柱。在命令行输入"CYLINDER"，或单击"三维工具"选项卡"建模"面板中的"圆柱体"按钮，以坐标原点为圆心，创建高为 15、半径为 8 的圆柱体。单击"可视化"选项卡"视图"面板中的"西南等轴测"按钮，切换到西南等轴测图，结果如图 11-57 所示。

⑥ 对圆柱进行倒角操作。单击"默认"选项卡"修改"面板中的"倒角"按钮，命令行提示与操作如下。

命令：_chamfer

("修剪"模式) 当前倒角距离 1 = 0.0000, 距离 2 = 0.0000

选择第一条直线或 [放弃(U)/多段线(P)/距离(D)/角度(A)/修剪(T)/方式(E)/多个(M)]：选择圆柱顶面边缘

输入曲面选择选项 [下一个(N)/当前(OK)] <当前>：↙

指定基面的倒角距离：2↙

指定其他曲面的倒角距离 <2.0000>：↙

倒角结果如图 11-58 所示。

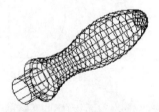

图 11-57　创建手柄头部

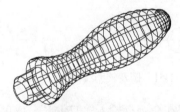

图 11-58　倒角

⑦ 并集运算。在命令行直接输入"Union"，或单击"三维工具"选项卡"实体编辑"面板中的"并集"按钮，将手柄头部与手柄把进行并集运算。

⑧ 倒圆角操作。单击"默认"选项卡"修改"面板中的"圆角"按钮，命令行提示与操作如下。

命令：_fillet

当前设置：模式 = 修剪，半径 = 0.0000

选择第一个对象或 [放弃(U)/多段线(P)/半径(R)/修剪(T)/多个(M)]：选择手柄头部与柄体的交线

输入圆角半径或[表达式（E）]：1↙

选择边或 [链(C)/ 环（L）/半径(R)]：↙

已选定 1 个边用于圆角

采用同样的方法，对柄体端面圆进行倒圆角处理，半径为 1。

⑨ 改变视觉样式。单击"视图"选项卡"视觉样式"面板中的"概念"按钮，最终显示效果如图 11-50 所示。

11.5 特殊视图

11.5.1 剖切

【执行方式】

- 命令行：SLICE（快捷命令：SL）。
- 菜单栏：选择菜单栏中的"修改"→"三维操作"→"剖切"命令。
- 功能区：单击"三维工具"选项卡"实体编辑"面板中的"剖切"按钮 。

【操作步骤】

命令行提示与操作如下。

```
命令：SLICE↙
选择要剖切的对象：选择要剖切的实体
选择要剖切的对象：继续选择或按<Enter>键结束选择
指定切面的起点或 [平面对象(O)/曲面（S）/Z 轴(Z)/视图(V)/XY(XY)/YZ(YZ)/ZX(ZX)/
三点(3)] <三点>：
```

【选项说明】

① 平面对象（O）：将所选对象的所在平面作为剖切面。

② 曲面（S）：将剪切平面与曲面对齐。

③ Z 轴（Z）：通过平面指定一点与在平面的 Z 轴（法线）上指定另一点来定义剖切平面。

④ 视图（V）：以平行于当前视图的平面作为剖切面。

⑤ XY(XY)/YZ(YZ)/ZX(ZX)：将剖切平面与当前用户坐标系（UCS）的 XY 平面/YZ 平面/ZX 平面对齐。

⑥ 三点（3）：根据空间的 3 个点确定的平面作为剖切面。确定剖切面后，系统会提示保留一侧或两侧。

如图 11-59 所示为剖切三维实体图。

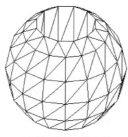 

(a) 剖切前的三维实体   (b) 剖切后的实体

图 11-59 剖切三维实体

11.5.2　剖切截面

【执行方式】

- 命令行：SECTION（快捷命令：SEC）。

【操作步骤】

命令行提示与操作如下。

命令：SECTION✓
选择对象：选择要剖切的实体
指定截面上的第一个点，依照 [对象(O)/Z 轴(Z)/视图(V)/XY/YZ/ZX/三点(3)] <三点>：
指定一点或输入一个选项

如图 11-60 所示为断面图形。

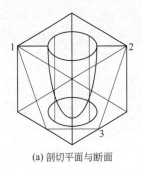

(a) 剖切平面与断面　　　　　(b) 移出的断面图形　　　　　(c) 填充剖面线的断面图形

图 11-60　断面图形

11.5.3　截面平面

通过截面平面功能可以创建实体对象的二维截面平面或三维截面实体。

【执行方式】

- 命令行：SECTIONPLANE。
- 菜单栏：选择菜单栏中的"绘图"→"建模"→"截面平面"命令。
- 功能区：单击"三维工具"选项卡"截面"面板中的"截面平面"按钮🔳。

【操作步骤】

命令行提示与操作如下。

命令：SECTIONPLANE✓
选择面或任意点以定位截面线或 [绘制截面(D)/正交(O) /类型(T)]：

【选项说明】

（1）选择面或任意点以定位截面线

① 选择绘图区的任意点（不在面上）可以创建独立于实体的截面对象。第一点可创建截面对象旋转所围绕的点，第二点可创建截面对象。如图 11-61 所示为在手柄主视图上指定

两点创建一个截面平面，如图 11-62 所示为转换到西南等轴测视图的情形，图中半透明的平面为活动截面，实线为截面控制线。

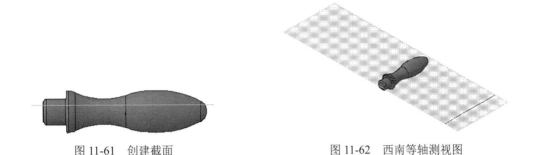

图 11-61　创建截面　　　　　　　　　　　图 11-62　西南等轴测视图

单击活动截面平面，显示编辑夹点，如图 11-63 所示，其功能分别介绍如下。

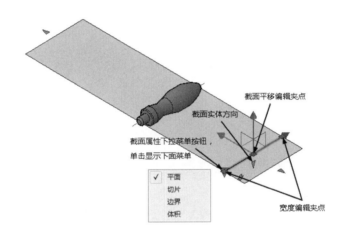

图 11-63　截面编辑夹点

a. 截面实体方向箭头：表示生成截面实体时所要保留的一侧，单击该箭头，则反向。

b. 截面平移编辑夹点：选中并拖动该夹点，截面沿其法向平移。

c. 宽度编辑夹点：选中并拖动该夹点，可以调节截面宽度。

d. 截面属性下拉菜单按钮：单击该按钮，显示当前截面的属性，包括截面平面（如图 11-63 所示）、截面边界（如图 11-64 所示）、截面体积（如图 11-65 所示）3 种，分别显示截面平面相关操作的作用范围，调节相关夹点，可以调整范围。

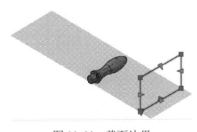

图 11-64　截面边界

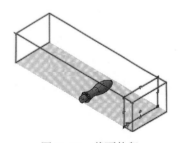

图 11-65　截面体积

② 选择实体或面域上的面可以产生与该面重合的截面对象。

③ 快捷菜单。在截面平面编辑状态下右击，系统打开快捷菜单，如图 11-66 所示。其中几个主要选项介绍如下。

a. 激活活动截面：选择该选项，活动截面被激活，可以对其进行编辑，同时原对象不可见，如图 11-67 所示。

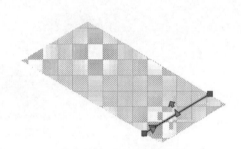

图 11-66 快捷菜单   图 11-67 编辑活动截面

b. 活动截面设置：选择该选项，打开"截面设置"对话框，可以设置截面各参数，如图 11-68 所示。

图 11-68 "截面设置"对话框   图 11-69 "生成截面/立面"对话框

c. 生成二维/三维截面：选择该选项，系统打开"生成截面/立面"对话框，如图 11-69 所示。设置相关参数后，单击"创建"按钮，即可创建相应的图块或文件。在如图 11-62 所示的截面平面位置创建的三维截面如图 11-71 所示，如图 11-72 所示为对应的二维截面。

图 11-70　截面平面位置

图 11-71　三维截面

d. 将折弯添加至截面：选择该选项，系统提示添加折弯到截面的一端，并可以编辑折弯的位置和高度。在图 11-70 所示的基础上添加折弯后的截面平面如图 11-63 所示。

图 11-72　二维截面

图 11-73　折弯后的截面平面

（2）绘制截面（D）

定义具有多个点的截面对象以创建带有折弯的截面线。选择该选项，命令行提示与操作如下。

```
指定起点：指定点 1
指定下一点：指定点 2
指定下一点或按 Enter 键完成：指定点 3 或按 Enter 键
按截面视图的方向指定点：指定点以指示剪切平面的方向
```

该选项将创建处于"截面边界"状态的截面对象，并且活动截面会关闭，该截面线可以带有折弯，如图 11-74 所示。

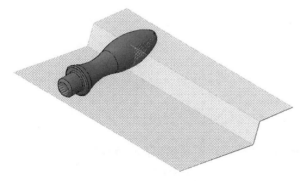

图 11-74　折弯截面

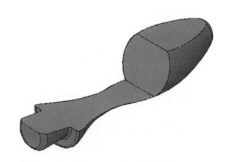

图 11-75　三维截面

如图 11-75 所示为按图 11-74 设置截面生成的三维截面对象，如图 11-76 所示为对应的二维截面。

（3）正交（O）

将截面对象与相对于 UCS 的正交方向对齐。选择该选项，命令行提示如下。

将截面对齐至 [前(F)/后(A)/顶部(T)/底部(B)/左(L)/右(R)]：

选择该选项后，将以相对于 UCS（不是当前视图）的指定方向创建截面对象，并且该对象将包含所有三维对象。该选项将创建处于"截面边界"状态的截面对象，并且活动截面会打开。

选择该选项，可以很方便地创建工程制图中的剖视图。UCS 处于如图 11-77 所示的位置，如图 11-78 所示为对应的左向截面。

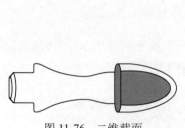

图 11-76　二维截面

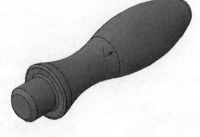

图 11-77　UCS 位置

图 11-78　左向截面

11.5.4　实例——连接轴环的绘制

绘制如图 11-79 所示连接轴环。

扫一扫，看视频

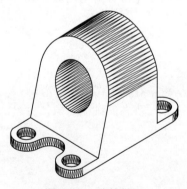

图 11-79　连接轴环

① 单击"默认"选项卡"绘图"面板中的"多段线"按钮，命令行提示与操作如下：

```
命令: _pline↵
指定起点: -200,150↵
当前线宽为 0.0000
指定下一个点或 [圆弧(A)/半宽(H)/长度(L)/放弃(U)/宽度(W)]: @400,0↵
指定下一点或 [圆弧(A)/闭合(C)/半宽(H)/长度(L)/放弃(U)/宽度(W)]: a↵
指定圆弧的端点(按住 Ctrl 键以切换方向)或[角度(A)/圆心(CE)/闭合(CL)/方向(D)/半
宽(H)/直线(L)/半径(R)/第二个点(S)/放弃(U)/宽度(W)]: r↵
指定圆弧的半径: 50↵
指定圆弧的端点(按住 Ctrl 键以切换方向)或 [角度(A)]: a↵
```

指定夹角：-180↵

指定圆弧的弦方向(按住 Ctrl 键以切换方向) <0>：-90↵

指定圆弧的端点(按住 Ctrl 键以切换方向)或[角度(A)/圆心(CE)/闭合(CL)/方向(D)/半宽(H)/直线(L)/半径(R)/第二个点(S)/放弃(U)/宽度(W)]：r↵

指定圆弧的半径：50↵

指定圆弧的端点(按住 Ctrl 键以切换方向)或 [角度(A)]：@0,-100↵

指定圆弧的端点(按住 Ctrl 键以切换方向)或[角度(A)/圆心(CE)/闭合(CL)/方向(D)/半宽(H)/直线(L)/半径(R)/第二个点(S)/放弃(U)/宽度(W)]：r↵

指定圆弧的半径：50↵

指定圆弧的端点(按住 Ctrl 键以切换方向)或 [角度(A)]：a↵

指定夹角：-180↵

指定圆弧的弦方向(按住 Ctrl 键以切换方向) <0>：-90↵

指定圆弧的端点(按住 Ctrl 键以切换方向)或[角度(A)/圆心(CE)/闭合(CL)/方向(D)/半宽(H)/直线(L)/半径(R)/第二个点(S)/放弃(U)/宽度(W)]：l↵

指定下一点或 [圆弧(A)/闭合(C)/半宽(H)/长度(L)/放弃(U)/宽度(W)]：@-400,0↵

指定下一点或 [圆弧(A)/闭合(C)/半宽(H)/长度(L)/放弃(U)/宽度(W)]：a↵

指定圆弧的端点(按住 Ctrl 键以切换方向)或[角度(A)/圆心(CE)/闭合(CL)/方向(D)/半宽(H)/直线(L)/半径(R)/第二个点(S)/放弃(U)/宽度(W)]：r↵

指定圆弧的半径：50↵

指定圆弧的端点(按住 Ctrl 键以切换方向)或 [角度(A)]：a↵

指定夹角：-180↵

指定圆弧的弦方向(按住 Ctrl 键以切换方向)<180>：90↵

指定圆弧的端点(按住 Ctrl 键以切换方向)或[角度(A)/圆心(CE)/闭合(CL)/方向(D)/半宽(H)/直线(L)/半径(R)/第二个点(S)/放弃(U)/宽度(W)]：r↵

指定圆弧的半径：50↵

指定圆弧的端点(按住 Ctrl 键以切换方向)或 [角度(A)]：@0,100↵

指定圆弧的端点(按住 Ctrl 键以切换方向)或[角度(A)/圆心(CE)/闭合(CL)/方向(D)/半宽(H)/直线(L)/半径(R)/第二个点(S)/放弃(U)/宽度(W)]：r↵

指定圆弧的半径：50↵

指定圆弧的端点(按住 Ctrl 键以切换方向)或 [角度(A)]：a↵

指定夹角：-180↵

指定圆弧的弦方向(按住 Ctrl 键以切换方向) <180>：90↵

指定圆弧的端点(按住 Ctrl 键以切换方向)或[角度(A)/圆心(CE)/闭合(CL)/方向(D)/半宽(H)/直线(L)/半径(R)/第二个点(S)/放弃(U)/宽度(W)]：↵

绘制如图 11-80 所示。

② 单击"默认"选项卡"绘图"面板中的"圆"按钮⊙，以（-200，-100）为圆心，30 为半径绘制圆。绘制如图 11-81 所示。

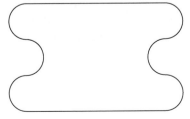

图 11-80 绘制多线段

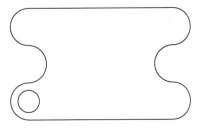

图 11-81 绘制圆

③ 单击"默认"选项卡"修改"面板中的"矩形阵列"按钮 品，设为矩形阵列，阵列对象选择圆，设为两行两列，选择行偏移为200，列偏移400，绘制如图11-82所示。

④ 单击"三维工具"选项卡"建模"面板中的"拉伸"按钮 ，拉伸高度30。单击"可视化"选项卡"视图"面板中的"西南等轴测"按钮 ，切换视图如图11-83所示。

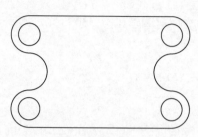

图 11-82　阵列

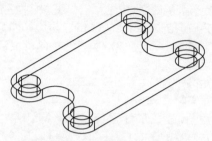

图 11-83　拉伸之后的西南视图

⑤ 单击"三维工具"选项卡"实体编辑"面板中的"差集"按钮 ，将多线段生成的柱体与4个圆柱进行差集运算，消隐之后如图11-84所示。

⑥ 单击"三维工具"选项卡"建模"面板中的"长方体"按钮 ，以（-130,-150,0）（130,150,200）为角点绘制长方体。

⑦ 单击"三维工具"选项卡"建模"面板中的"圆柱体"按钮 ，绘制底面中心点为（130,0,200）底面半径为150，轴端点为（-130,0,200）的圆柱体，如图11-85所示。

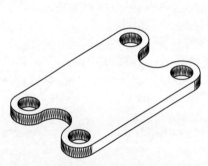

图 11-84　差集处理

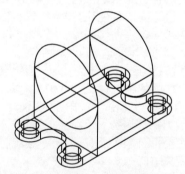

图 11-85　绘制长方体和圆柱体

⑧ 单击"三维工具"选项卡"实体编辑"面板中的"并集"按钮 ，选择长方体和圆柱进行并集运算，消隐之后如图11-86所示。

⑨ 单击"三维工具"选项卡"建模"面板中的"圆柱体"按钮 ，绘制底面中心点为（-130,0,200）底面半径为80，轴端点为（130,0,200）命令如下：

```
命令: _cylinder
指定底面的中心点或 [三点(3P)/两点(2P)/切点、切点、半径(T)/椭圆(E)]: -130,0,200
指定底面半径或 [直径(D)]: 80
指定高度或 [两点(2P)/轴端点(A)]:A
指定轴端点: 130,0,200
```

⑩ 单击"三维工具"选项卡"实体编辑"面板中的"差集"按钮 ，将实体的轮廓与上述圆柱进行差集运算。消隐之后结果如图11-87所示。

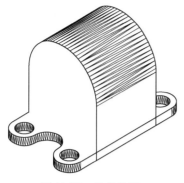

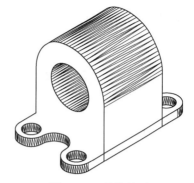

图 11-86　并集处理　　　　　　　　　　图 11-87　差集处理

⑪ 单击"三维工具"选项卡"实体编辑"面板中的"剖切"按钮，命令行提示与操作如下：

```
命令：SLICE↵
选择要剖切的对象：（选择轴环部分）↵
选择要剖切的对象：↵
指定 切面 的起点或 [平面对象(O)/曲面(S)/Z 轴(Z)/视图(V)/XY/YZ/ZX/三点(3)] <三点>：3
    指定平面上的第一个点:-130,-150,30↵
    指定平面上的第二个点:-130,150,30↵
    指定平面上的第三个点:-50,0,350↵
选择要保留的剖切对象或 [保留两个侧面(B)] <保留两个侧面>：（选择如图 11-87 所示的一侧）↵
```

⑫ 单击"三维工具"选项卡"实体编辑"面板中的"并集"按钮，选择图形进行并集运算。消隐之后如图 11-79 所示。

11.6　编辑实体

11.6.1　拉伸面

【执行方式】

- 命令行：SOLIDEDIT。
- 菜单栏：选择菜单栏中的"修改"→"实体编辑"→"拉伸面"命令。
- 工具栏：单击"实体编辑"工具栏中的"拉伸面"按钮。
- 功能区：单击"三维工具"选项卡"建模"面板中的"拉伸"按钮。

【操作步骤】

命令行提示与操作如下。

```
命令：_solidedit
实体编辑自动检查：SOLIDCHECK=1
输入实体编辑选项 [面(F)/边(E)/体(B)/放弃(U)/退出(X)] <退出>：_face
```

输入面编辑选项[拉伸(E)/移动(M)/旋转(R)/偏移(O)/倾斜(T)/删除(D)/复制(C)/颜色(L)/材质(A)/放弃(U)/退出(X)] <退出>: _extrude
选择面或 [放弃(U)/删除(R)]: 选择要进行拉伸的面
选择面或 [放弃(U)/删除(R)/全部(ALL)]:
指定拉伸高度或[路径(P)]:

【选项说明】

① 指定拉伸高度：按指定的高度值来拉伸面。指定拉伸的倾斜角度后，完成拉伸操作。

② 路径（P）：沿指定的路径曲线拉伸面。如图 11-88 所示为拉伸长方体顶面和侧面的结果。

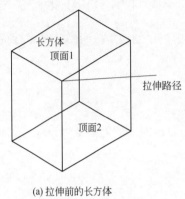

(a) 拉伸前的长方体　　　　　　　　　　(b) 拉伸后的三维实体

图 11-88　拉伸长方体

11.6.2　实例——镶块的绘制

扫一扫，看视频

绘制如图 11-89 所示的镶块。

① 启动 AutoCAD，使用缺省设置画图。

② 在命令行中输入 Isolines，设置线框密度为 10。单击"可视化"选项卡"视图"面板中的"西南等轴测"按钮，切换到西南等轴测图。

③ 单击"三维工具"选项卡"建模"面板中的"长方体"按钮，以坐标原点为角点，创建长 50、宽 100、高 20 的长方体。

④ 单击"三维工具"选项卡"建模"面板中的"圆柱体"按钮，以长方体右侧面底边中点为圆心，创建半径为 50、高 20 的圆柱。

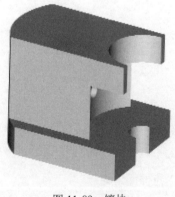

图 11-89　镶块

⑤ 单击"三维工具"选项卡"实体编辑"面板中的"并集"按钮，将长方体与圆柱进行并集运算。结果如图 11-90 所示。

⑥ 单击"三维工具"选项卡"实体编辑"面板中的"剖切"按钮，以 ZX 为剖切面，分别指定剖切面上的点为（0,10,0）及（0,90,0），对实体进行对称剖切，保留实体中部。结果如图 11-91 所示。

⑦ 单击"默认"选项卡"修改"面板中的"复制"按钮，如图 11-92 所示，将剖切后的实体向上复制一个。

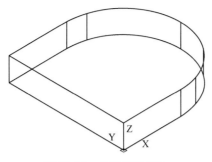

图 11-90 并集后的实体

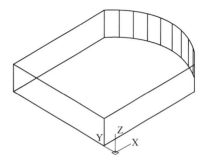

图 11-91 剖切后的实体

⑧ 单击"三维工具"选项卡"建模"面板中的"拉伸"按钮，选取实体前端面如图 11-93 所示，拉伸高度为-10。继续将实体后侧面拉伸-10。结果如图 11-94 所示。

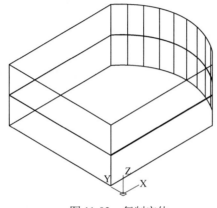

图 11-92 复制实体

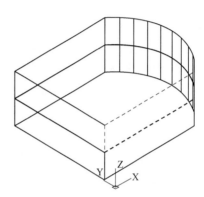

图 11-93 选取拉伸面

⑨ 单击"三维工具"选项卡"实体编辑"面板中的"删除面"按钮，选择 11-95 所示的面为删除面。继续将实体后部对称侧面删除。结果如图 11-96 所示。

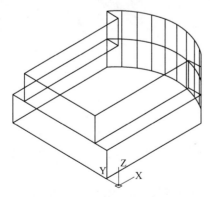

图 11-94 拉伸面操作后的实体

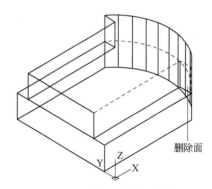

图 11-95 选取删除面

⑩ 单击"三维工具"选项卡"建模"面板中的"拉伸"按钮，将实体顶面向上拉伸 40。结果如图 11-97 所示。

⑪ 单击"三维工具"选项卡"建模"面板中的"圆柱体"按钮，以实体底面左边中点为圆心，创建半径为 10、高 20 的圆柱。同理，以 R10 圆柱顶面圆心为中心点继续创建半

径为 40、高 40 及半径为 25、高 60 的圆柱。

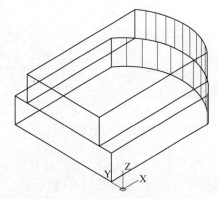

图 11-96 删除面操作后的实体

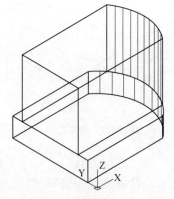

图 11-97 拉伸顶面操作后的实体

⑫ 单击"三维工具"选项卡"实体编辑"面板中的"差集"按钮，将实体与三个圆柱进行差集运算。结果如图 11-98 所示。

⑬ 在命令行输入 UCS，将坐标原点移动到（0,50,40），并将其绕 Y 轴旋转 90°。

⑭ 单击"三维工具"选项卡"建模"面板中的"圆柱体"按钮，以坐标原点为圆心，创建半径为 5、高 100 的圆柱。结果如图 11-99 所示。

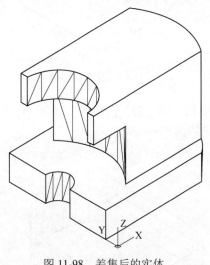

图 11-98 差集后的实体

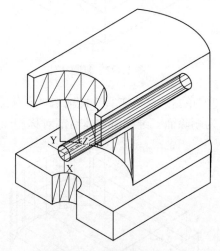

图 11-99 创建圆柱体

⑮ 单击"三维工具"选项卡"实体编辑"面板中的"差集"按钮，将实体与圆柱进行差集运算。

⑯ 单击"可视化"选项卡"渲染"面板中的"渲染到尺寸"按钮，渲染图形。

11.6.3 移动面

【执行方式】

● 命令行：SOLIDEDIT。

- 菜单栏：选择菜单栏中的"修改"→"实体编辑"→"移动面"命令。
- 工具栏：单击"实体编辑"工具栏中的"移动面"按钮 ✛◻。
- 功能区：单击"三维工具"选项卡"实体编辑"面板中的"移动面"按钮 ✛◻。

【操作步骤】

命令行提示与操作如下。

```
命令：_solidedit
实体编辑自动检查：SOLIDCHECK=1
输入实体编辑选项 [面(F)/边(E)/体(B)/放弃(U)/退出(X)] <退出>：_face
输入面编辑选项[拉伸(E)/移动(M)/旋转(R)/偏移(O)/倾斜(T)/删除(D)/复制(C)/颜色
(L)/材质（A）/放弃(U)/退出（X）] <退出>：_move
选择面或 [放弃(U)/删除(R)]：选择要进行移动的面
选择面或 [放弃(U)/删除(R)/全部(ALL)]：继续选择移动面或按<Enter>键结束选择
指定基点或位移：输入具体的坐标值或选择关键点
指定位移的第二点：输入具体的坐标值或选择关键点
```

各选项的含义在前面介绍的命令中都有涉及，如有问题，请查询相关命令（拉伸面、移动等）。如图 11-100 所示为移动三维实体的结果。

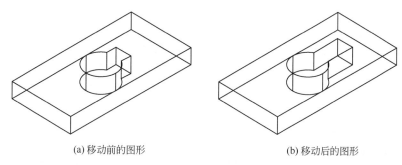

(a) 移动前的图形　　　　　　(b) 移动后的图形

图 11-100　移动三维实体

11.6.4　偏移面

【执行方式】

- 命令行：SOLIDEDIT。
- 菜单栏：选择菜单栏中的"修改"→"实体编辑"→"偏移面"命令。
- 工具栏：单击"实体编辑"工具栏中的"偏移面"按钮 ◻。
- 功能区：单击"三维工具"选项卡"实体编辑"面板中的"偏移面"按钮 ◻。

【操作步骤】

命令行提示与操作如下。

```
命令：_solidedit
实体编辑自动检查：SOLIDCHECK=1
输入实体编辑选项 [面(F)/边(E)/体(B)/放弃(U)/退出(X)] <退出>：_face
输入面编辑选项[拉伸(E)/移动(M)/旋转(R)/偏移(O)/倾斜(T)/删除(D)/复制(C)/颜色
```

(L)/材质(A)/放弃(U)/退出(X)]　<退出>:　_offset
　　选择面或　[放弃(U)/删除(R)]:　选择要进行偏移的面
　　指定偏移距离:　输入要偏移的距离值

如图 11-101 所示为通过偏移命令改变哑铃手柄大小的结果。

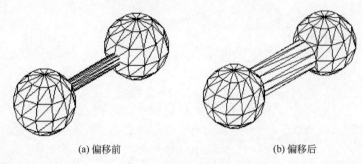

(a) 偏移前　　　　　　　　　　　　　　　(b) 偏移后

图 11-101　　偏移对象

11.6.5　抽壳

 【执行方式】

- 命令行:　SOLIDEDIT。
- 菜单栏:　选择菜单栏中的"修改"→"实体编辑"→"抽壳"命令。
- 工具栏:　单击"实体编辑"工具栏中的"抽壳"按钮 。
- 功能区:　单击"三维工具"选项卡"实体编辑"面板中的"抽壳"按钮 。

 【操作步骤】

命令行提示与操作如下。

命令:　_solidedit
实体编辑自动检查:　SOLIDCHECK=1
输入实体编辑选项　[面(F)/边(E)/体(B)/放弃(U)/退出(X)]　<退出>:　_body
输入体编辑选项[压印(I)/分割实体(P)/抽壳(S)/清除(L)/检查(C)/放弃(U)/退出(X)]
<退出>:　_shell
　　选择三维实体:　选择三维实体
　　删除面或　[放弃(U)/添加(A)/全部(ALL)]:　选择开口面
　　输入抽壳偏移距离:　指定壳体的厚度值

如图 11-102 所示为利用抽壳命令创建的花盆。

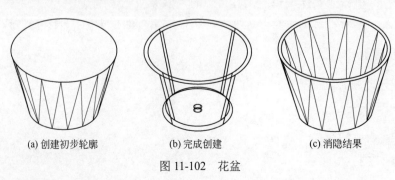

(a) 创建初步轮廓　　　　　　(b) 完成创建　　　　　　(c) 消隐结果

图 11-102　花盆

技巧荟萃

抽壳是用指定的厚度创建一个空的薄层。可以为所有面指定一个固定的薄层厚度，通过选择面可以将这些面排除在壳外。一个三维实体只能有一个壳，通过将现有面偏移出其原位置来创建新的面。

"编辑实体"命令的其他选项功能与上面几项类似，这里不再赘述。

11.6.6 实例——顶针的绘制

扫一扫，看视频

绘制如图 11-103 所示的顶针。

① 用 LIMITS 命令设置图幅：297mm×210mm。

② 设置对象上每个曲面的轮廓线数目为 10。

③ 将当前视图设置为西南等轴测方向，将坐标系绕 X 轴旋转 90°。以坐标原点为圆锥底面中心，创建半径为 30、高−50 的圆锥。以坐标原点为圆心，创建半径为 30、高 70 的圆柱。结果如图 11-104 所示。

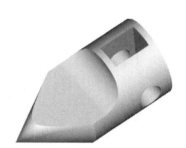

图 11-103 顶针

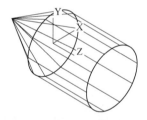

图 11-104 绘制圆锥及圆柱

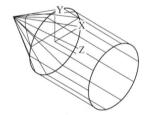

图 11-105 剖切圆锥

④ 单击"三维工具"选项卡"实体编辑"面板中的"剖切"按钮，选取圆锥，以 ZX 为剖切面，指定剖切面上的点为（0，10），对圆锥进行剖切，保留圆锥下部。结果如图 11-105 所示。

⑤ 单击"三维工具"选项卡"实体编辑"面板中的"并集"按钮，选择圆锥与圆柱体并集运算。

单击"三维工具"选项卡"实体编辑"面板中的"拉伸面"按钮，命令行提示与操作如下。

```
命令：_solidedit
实体编辑自动检查：SOLIDCHECK=1
输入实体编辑选项 [面(F)/边(E)/体(B)/放弃(U)/退出(X)] <退出>：_face
输入面编辑选项
[拉伸(E)/移动(M)/旋转(R)/偏移(O)/倾斜(T)/删除(D)/复制(C)/颜色(L)/材质(A)/放弃(U)/退出(X)] <退出>：
_extrude
选择面或 [放弃(U)/删除(R)]：（选取如图 11-106 所示的实体表面）
```

指定拉伸高度或 [路径(P)]: -10
指定拉伸的倾斜角度 <0>:
已开始实体校验。
已完成实体校验。
输入面编辑选项
[拉伸(E)/移动(M)/旋转(R)/偏移(O)/倾斜(T)/删除(D)/复制(C)/颜色(L)/材质(A)/放弃(U)/退出(X)] <退出>:
实体编辑自动检查: SOLIDCHECK=1
输入实体编辑选项 [面(F)/边(E)/体(B)/放弃(U)/退出(X)] <退出>:

结果如图 11-107 所示。

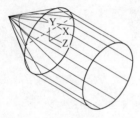
图 11-106 选取拉伸面

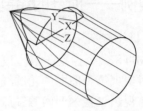
图 11-107 拉伸后的实体

⑥ 将当前视图设置为左视图方向，以（10,30,-30）为圆心，创建半径为 20、高 60 的圆柱；以（50,0,-30）为圆心，创建半径为 10、高 60 的圆柱。结果如图 11-108 所示。

⑦ 单击"三维工具"选项卡"实体编辑"面板中的"差集"按钮，选择实体图形与两个圆柱体进行差集运算。结果如图 11-109 所示。

⑧ 单击"三维工具"选项卡"建模"面板中的"长方体"按钮，以（35，0，-10）为角点，创建长 30、宽 30、高 20 的长方体。然后将实体与长方体进行差集运算。消隐后的结果如图 11-110 所示。

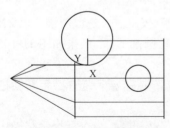
图 11-108 创建圆柱

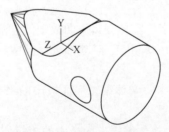
图 11-109 差集圆柱后的实体

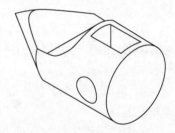
图 11-110 消隐后的实体

⑨ 单击"可视化"选项卡"材质"面板中的"材质浏览器"按钮，在材质选项板中选择适当的材质。单击"可视化"选项卡"渲染"面板中的"渲染到尺寸"按钮，对实体进行渲染，渲染后的结果如图 11-103 所示。

⑩ 单击"快速访问"工具栏中的"保存"按钮，将绘制完成的图形以"顶针立体图.dwg"为文件名保存在指定的路径中。

11.7　显示形式

在 AutoCAD 中，三维实体有多种显示形式，包括二维线框、三维线框、三维消隐、真实、概念、消隐显示等。

11.7.1　消隐

【执行方式】

- 命令行：HIDE（快捷命令：HI）。
- 菜单栏：选择菜单栏中的"视图"→"消隐"命令。
- 工具栏：单击"渲染"工具栏中的"隐藏"按钮💮。
- 功能区：单击"视图"选项卡"视觉样式"面板中的"隐藏"按钮💮。

执行上述操作后，系统将被其他对象挡住的图线隐藏起来，以增强三维视觉效果，效果如图 11-111 所示。

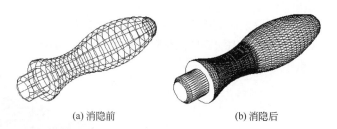

(a) 消隐前　　　　　　　　　　　(b) 消隐后

图 11-111　消隐效果

11.7.2　视觉样式

本命令可以使绘制的图形以二维线框显示。

【执行方式】

- 命令行：VSCURRENT。
- 菜单栏：选择菜单栏中的"视图"→"视觉样式"→"二维线框"命令。
- 工具栏：单击"视觉样式"工具栏中的"二维线框"按钮🔲。
- 功能区：单击"视图"选项卡"视觉样式"面板中的"二维线框"按钮■。

【操作步骤】

命令行提示与操作如下。

```
命令：VSCURRENT↙
输入选项 ［二维线框（2）/线框（W）/隐藏（H）/真实（R）/概念（C）/着色（S）/带边缘着色（E）/灰度（G）/勾画（SK）/X 射线（X）/其他(O)］ <二维线框>：
```

【选项说明】

① 二维线框（2）：用直线和曲线表示对象的边界。光栅和 OLE 对象、线型和线宽都是可见的。即使将 COMPASS 系统变量的值设置为 1，它也不会出现在二维线框视图中。如图 11-112 所示为 UCS 坐标和手柄二维线框图。

② 线框（W）：显示对象时利用直线和曲线表示边界。显示一个已着色的三维 UCS 图标。光栅和 OLE 对象、线型及线宽不可见。可将 COMPASS 系统变量设置为 1 来查看坐标球，将显示应用到对象的材质颜色。如图 11-113 所示为 UCS 坐标和手柄三维线框图。

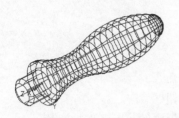

图 11-112　UCS 坐标和手柄的二维线框图

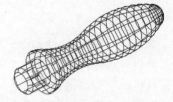

图 11-113　UCS 坐标和手柄的三维线框图

③ 消隐（H）：显示用三维线框表示的对象并隐藏表示后向面的直线。如图 11-114 所示为 UCS 坐标和手柄的消隐图。

④ 真实（R）：着色多边形平面间的对象，并使对象的边平滑化。如果已为对象附着材质，将显示已附着到对象材质。如图 11-115 所示为 UCS 坐标和手柄的真实图。

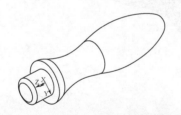

图 11-114　UCS 坐标和手柄的消隐图

图 11-115　UCS 坐标和手柄的真实图

图 11-116　UCS 坐标和手柄的概念图

⑤ 概念（C）：着色多边形平面间的对象，并使对象的边平滑化。着色使用冷色和暖色之间的过渡，效果缺乏真实感，但是可以更方便地查看模型的细节。如图 11-116 所示为 UCS 坐标和手柄的概念图。

⑥ 着色（S）：产生平滑的着色模型。

⑦ 带边缘着色（E）：产生平滑、带有可见边的着色模型。

⑧ 灰度（G）：使用单色面颜色模式可以产生灰色效果。

⑨ 勾画（SK）：使用外伸和抖动产生手绘效果。

⑩ X 射线（X）：更改面的不透明度使整个场景变成部分透明。

⑪ 其他（O）：选择该选项，命令行提示如下。

输入视觉样式名称 [?]:

可以输入当前图形中的视觉样式名称或输入"?"，以显示名称列表并重复该提示。

11.7.3 视觉样式管理器

【执行方式】

- 命令行：VISUALSTYLES。
- 菜单栏：选择菜单栏中的"视图"→"视觉样式"→"视觉样式管理器"命令或"工具"→"选项板"→"视觉样式"命令。
- 工具栏：单击"视觉样式"工具栏中的"管理视觉样式"按钮🖾。

执行上述操作后，系统打开"视觉样式管理器"选项板，可以对视觉样式的各参数进行设置，如图 11-117 所示。如图 11-118 所示为按图 11-117 所示进行设置的概念图显示结果，读者可以与图 11-116 进行比较，感觉它们之间的差别。

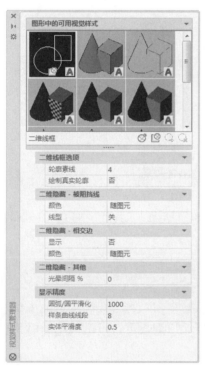

图 11-117 "视觉样式管理器"选项板

图 11-118 显示结果

11.8 渲染实体

渲染是对三维图形对象加上颜色和材质因素，或灯光、背景、场景等因素的操作，能够更真实地表达图形的外观和纹理。渲染是输出图形前的关键步骤，尤其是在效果图的设计中。

11.8.1 贴图

贴图的功能是在实体附着带纹理的材质后，调整实体或面上纹理贴图的方向。当材质被映射后，调整材质以适应对象的形状，将合适的材质贴图类型应用到对象中，可以使之更加适合于对象。

【执行方式】

- 命令行：MATERIALMAP。
- 菜单栏：选择菜单栏中的"视图"→"渲染"→"贴图"命令（图11-119）。
- 工具栏：单击"渲染"工具栏中的"贴图"按钮（图11-120）或"贴图"工具栏中的按钮（图11-121）。

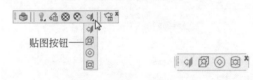

图 11-119 贴图子菜单　　　　图 11-120 "渲染"工具栏　　图 11-121 贴图工具栏

【操作步骤】

命令行提示与操作如下。

命令：MATERIALMAP↙
选择选项[长方体(B)/平面(P)/球面(S)/柱面(C)/复制贴图至(Y)/重置贴图(R)]<长方体>：

【选项说明】

① 长方体（B）：将图像映射到类似长方体的实体上。该图像将在对象的每个面上重复使用。

② 平面（P）：将图像映射到对象上，就像将其从幻灯片投影器投影到二维曲面上一样，图像不会失真，但是会被缩放以适应对象。该贴图最常用于面。

③ 球面（S）：在水平和垂直两个方向上同时使图像弯曲。纹理贴图的顶边在球体的"北极"压缩为一个点；同样，底边在"南极"压缩为一个点。

④ 柱面（C）：将图像映射到圆柱形对象上，水平边将一起弯曲，但顶边和底边不会弯曲。图像的高度将沿圆柱体的轴进行缩放。

⑤ 复制贴图至（Y）：将贴图从原始对象或面应用到选定对象。

⑥ 重置贴图（R）：将 UV 坐标重置为贴图的默认坐标。

如图 11-122 所示是球面贴图实例。

贴图前 贴图后

图 11-122 球面贴图

11.8.2 材质

（1）附着材质

AutoCAD 2020 附着材质的方式与以前版本有很大的不同，AutoCAD 2020 将常用的材质都集成到工具选项板中。具体附着材质的步骤如下。

① 选择菜单栏中的"视图"→"渲染"→"材质浏览器"命令，打开"材质浏览器"对话框，如图 11-123 所示。

② 选择需要的材质类型，直接拖动到对象上，如图 11-124 所示，这样材质就附着了。当将视觉样式转换成"真实"时，显示出附着材质后的图形，如图 11-125 所示。

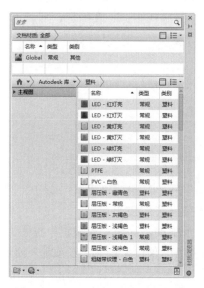

图 11-123 "材质浏览器"对话框

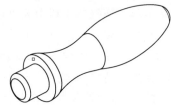

图 11-124 指定对象

（2）设置材质

【执行方式】

- 命令行：RMAT。
- 命令行：mateditoropen。
- 菜单栏：选择菜单栏中的"视图"→"渲染"→材质编辑器命令。
- 工具栏：单击"渲染"工具栏中的材质编辑器按钮🔩。

图 11-125　附着材质后　　　　　　图 11-126　"材质编辑器"选项板

● 功能区：单击"视图"选项卡"选项板"面板中的"材质编辑器"按钮。

执行上述操作后，系统打开如图 11-126 所示的"材质编辑器"选项板。通过该选项板，可以对材质的有关参数进行设置。

11.8.3　渲染

（1）高级渲染设置

【执行方式】

● 命令行：RPREF（快捷命令：RPR）。
● 菜单栏：选择菜单栏中的"视图"→"渲染"→"高级渲染设置"命令。
● 工具栏：单击"渲染"工具栏中的"高级渲染设置"按钮。
● 功能区：单击"视图"选项卡"选项板"面板中的"高级渲染设置"按钮。

执行上述操作后，系统打开如图 11-127 所示的"渲染预设管理器"选项板。通过该选项板，可以对渲染的有关参数进行设置。

（2）渲染

【执行方式】

● 命令行：RENDER（快捷命令：RR）。
● 菜单栏：选择菜单栏中的"视图"→"渲染"→"渲染"命令。
● 功能区：单击"可视化"选项卡"渲染"面板中的"渲染到尺寸"按钮。

执行上述操作后，系统打开如图 11-128 所示的"渲染"对话框，显示渲染结果和相关参数。

图 11-127 "渲染预设管理器"选项板

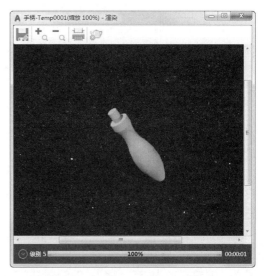

图 11-128 "渲染"对话框

技巧荟萃

在 AutoCAD 2020 中，渲染代替了传统的建筑、机械和工程图形使用水彩、有色蜡笔和油墨等生成最终演示的渲染效果图。渲染图形的过程一般分为以下 4 步。

（1）准备渲染模型：包括遵从正确的绘图技术，删除消隐面，创建光滑的着色网格和设置视图的分辨率。

（2）创建和放置光源以及创建阴影。

（3）定义材质并建立材质与可见表面间的联系。

（4）进行渲染，包括检验渲染对象的准备、照明和颜色的中间步骤。

11.8.4 实例——阀体的创建

创建如图 11-129 所示的阀体。

扫一扫，看视频

① 设置线框密度。在命令行中输入"Isolines"，设置线框密度为 10。单击"视图"工具栏中的"西南等轴测"按钮，切换到西南等轴测视图。

② 设置用户坐标系。在命令行输入"UCS"，将其绕 X 轴旋转 90°。

③ 创建长方体。单击"三维工具"选项卡"建模"面板中的"长方体"按钮，以（0,0,0）为中心点，创建长为 75、宽为 75、高为 12 的长方体。

④ 圆角操作。单击"默认"选项卡"修改"面板中的

图 11-129 阀体

"圆角"按钮 ⌐，对长方体进行倒圆角操作，圆角半径为12.5。

⑤ 创建外形圆柱。将坐标原点移动到（0,0,6）。单击"三维工具"选项卡"建模"面板中的"圆柱体"按钮 ⬚，以（0,0,0）为圆心，创建直径为55、高为17的圆柱。

⑥ 创建球。单击"三维工具"选项卡"建模"面板中的"球体"按钮 ◯，以（0,0,17）为圆心，创建直径为55的球。

⑦ 继续创建外形圆柱。将坐标原点移动到（0,0,63），单击"三维工具"选项卡"建模"面板中的"圆柱体"按钮 ⬚，以（0,0,0）为圆心，分别创建直径为36、高为-15及直径为32、高为-34的圆柱。

⑧ 并集运算。单击"三维工具"选项卡"实体编辑"面板中的"并集"按钮 ⬤，将所有的实体进行并集运算。单击"视图"选项卡"视觉样式"面板中的"隐藏"按钮 ⬡，进行消隐处理后的图形如图11-130所示。

⑨ 创建内形圆柱。单击"三维工具"选项卡"建模"面板中的"圆柱体"按钮 ⬚，以（0,0,0）为圆心，分别创建直径为28.5、高为-5及直径为20、高为-34的圆柱；以（0,0,-34）为圆心，创建直径为35、高为-7的圆柱；以（0,0,-41）为圆心，创建直径为43、高为-29的圆柱；以（0,0,-70）为圆心，创建直径为50、高为-5的圆柱。

⑩ 设置用户坐标系。将坐标原点移动到（0,56,-54），并将其绕X轴旋转90°。

⑪ 创建外形圆柱。单击"三维工具"选项卡"建模"面板中的"圆柱体"按钮 ⬚，以（0,0,0）为圆心，创建直径为36、高为50的圆柱。

⑫ 布尔运算。单击"三维工具"选项卡"实体编辑"面板中的"并集"按钮 ⬤，将实体与Φ36外形圆柱进行并集运算。单击"三维工具"选项卡"实体编辑"面板中的"差集"按钮 ⬤，将实体与内形圆柱进行差集运算。单击"视图"选项卡"视觉样式"面板中的"隐藏"按钮 ⬡，进行消隐处理后的图形如图11-131所示。

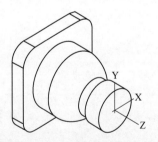

图11-130　并集运算后的实体

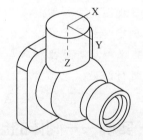

图11-131　布尔运算后的实体

⑬ 创建内形圆柱。单击"三维工具"选项卡"建模"面板中的"圆柱体"按钮 ⬚，以（0,0,0）为圆心，创建直径为26、高为4的圆柱；以（0,0,4）为圆心，创建直径为24、高为9的圆柱；以（0,0,13）为圆心，创建直径为24.3、高为3的圆柱；以（0,0,16）为圆心，创建直径为22、高为13的圆柱；以（0,0,29）为圆心，创建直径为18、高为27的圆柱。

⑭ 差集运算。单击"三维工具"选项卡"实体编辑"面板中的"差集"按钮 ⬤，将实体与内形圆柱进行差集运算。单击"视图"选项卡"视觉样式"面板中的"隐藏"按钮 ⬡，进行消隐处理后的图形如图11-132所示。

⑮ 绘制二维图形，并将其创建为面域。在命令行中输入"UCS"命令，将坐标系绕Z轴旋转180°。选择菜单栏中的"视图"→三维视图→平面视图→当前UCS切换视图。

a. 单击"默认"选项卡"绘图"面板中的"圆"按钮⊘，以（0,0）为圆心，分别绘制直径为 36 及 26 的圆。

b. 单击"默认"选项卡"绘图"面板中的"直线"按钮╱，从（0,0）到（@18<45），及从（0,0）到（@18<135），分别绘制直线。

c. 单击"默认"选项卡"修改"面板中的"修剪"按钮₩，对圆进行修剪。

d. 单击"默认"选项卡"绘图"面板中的"面域"按钮◎，将绘制的二维图形创建为面域，结果如图 11-133 所示。

图 11-132　差集运算后的实体

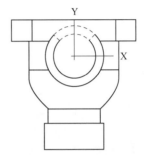

图 11-133　创建面域

⑯ 面域拉伸。单击"可视化"选项卡"视图"面板中的"西南等轴测"按钮◈，切换到西南等轴测视图，单击"三维工具"选项卡"建模"面板中的"拉伸"按钮▥，将面域拉伸−2。

⑰ 差集运算。单击"三维工具"选项卡"实体编辑"面板中的"差集"按钮▱，将阀体与拉伸实体进行差集运算，结果如图 11-134 所示。

⑱ 创建阀体外螺纹。单击"可视化"选项卡"视图"面板中的"左视"按钮▯，切换到左视图。

a. 单击"默认"选项卡"绘图"面板中的"多边形"按钮⬠，在实体旁边绘制一个正三角形，其边长为 2，将其移动到图中合适的位置，单击"可视化"选项卡"视图"面板中的"西南等轴测"按钮◈，切换到西南等轴测视图。

b. 在命令行中输入"UCS"命令，将坐标系切换到世界坐标系。

c. 单击"三维工具"选项卡"建模"面板中的"旋转"按钮◍，以 Y 轴为旋转轴，选择正三角形，将其旋转 360°。

d. 选择菜单栏中的"修改"→"三维操作"→"三维阵列"命令，将旋转生成的实体进行阵列，行数为 10，列数为 1，行间距为 1.5。

e. 单击"三维工具"选项卡"实体编辑"面板中的"并集"按钮▰，将阵列后的实体进行并集运算。

f. 单击"视图"选项卡"视觉样式"面板中的"隐藏"按钮◈，进行消隐处理后的图形如图 11-135 所示。

⑲ 创建螺纹孔。单击"可视化"选项卡"视图"面板中的"西南等轴测"按钮◈，切换到西南等轴测视图。

a. 单击"默认"选项卡"绘图"面板中的"多段线"按钮⌐，命令行提示与操作如下。

```
命令: _pline
指定起点: 0,-100
```

```
当前线宽为 0.0000
指定下一个点或 [圆弧(A)/半宽(H)/长度(L)/放弃(U)/宽度(W)]: @5,0
指定下一点或 [圆弧(A)/闭合(C)/半宽(H)/长度(L)/放弃(U)/宽度(W)]: @0.75,0.75
指定下一点或 [圆弧(A)/闭合(C)/半宽(H)/长度(L)/放弃(U)/宽度(W)]: @-0.75,0.75
指定下一点或 [圆弧(A)/闭合(C)/半宽(H)/长度(L)/放弃(U)/宽度(W)]: @-5,0
指定下一点或 [圆弧(A)/闭合(C)/半宽(H)/长度(L)/放弃(U)/宽度(W)]:C
```

b. 单击"三维工具"选项卡"建模"面板中的"旋转"按钮，以 Y 轴为旋转轴，选择刚绘制的图形，将其旋转 360°。

c. 选择菜单栏中的"修改"→"三维操作"→"三维阵列"命令，将旋转生成的实体进行阵列，行数为 8，列数为 1，行间距为 1.5。

d. 单击"三维工具"选项卡"实体编辑"面板中的"并集"按钮，将阵列后的实体进行并集运算。

e. 单击"默认"选项卡"修改"面板中的"复制"按钮，命令行提示与操作如下。

```
命令: _copy
选择对象: （选择阵列后的实体）
选择对象:
当前设置: 复制模式=多个
指定基点或[位移(D)/模式(O)]<位移>: 0, -100, 0
指定第二个点或[阵列(A)]<使用第一个点作为位移>: -25, -6, -25
指定第二个点或[阵列(A)/退出(E)/放弃(U)]<退出>: -25, -6,25
指定第二个点或[阵列(A)/退出(E)/放弃(U)]<退出>: 25, -6,25
指定第二个点或[阵列(A)/退出(E)/放弃(U)]<退出>: 25, -6,-25
指定第二个点或[阵列(A)/退出(E)/放弃(U)]<退出>: Enter
```

f. 单击"三维工具"选项卡"实体编辑"面板中的"差集"按钮，将实体与螺纹进行差集运算。

g. 单击"视图"选项卡"视觉样式"面板中的"隐藏"按钮，进行消隐处理后的图形如图 11-136 所示。

⑳ 改变视觉样式。单击"视图"选项卡"视觉样式"面板中的"概念"按钮，最终显示效果如图 11-129 所示。

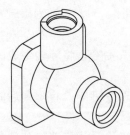
图 11-134　差集拉伸实体后的阀体

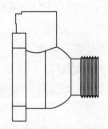
图 11-135　创建阀体外螺纹

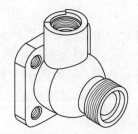
图 11-136　创建阀体螺纹孔

上 机 操 作

【实例1】创建如图11-137所示的三通管

（1）目的要求

三维图形具有形象逼真的优点，但是三维图形的创建比较复杂，需要读者掌握的知识比较多。本例要求读者熟悉三维模型创建的步骤，掌握三维模型的创建技巧。

（2）操作提示

① 创建3个圆柱体。

② 镜像和旋转圆柱体。

③ 圆角处理。

【实例2】创建如图11-138所示的轴

（1）目的要求

轴是最常见的机械零件。本例需要创建的轴集中了很多典型的机械结构形式，如轴体、孔、轴肩、键槽、螺纹、退刀槽、倒角等，因此需要用到的三维命令也比较多。通过本例的练习，读者可以进一步熟悉三维绘图的技能。

图11-137　三通管

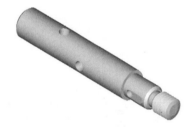

图11-138　轴

（2）操作提示

① 顺次创建直径不等的4个圆柱。

② 对4个圆柱进行并集处理。

③ 转换视角，绘制圆柱孔。

④ 镜像并拉伸圆柱孔。

⑤ 对轴体和圆柱孔进行差集处理。

⑥ 采用同样的方法创建键槽结构。

⑦ 创建螺纹结构。

⑧ 对轴体进行倒角处理。

⑨ 渲染处理。

第2篇
UG NX篇

本篇主要介绍UG NX12.0中文版在工程设计应用中的一些基础知识和操作实例,包括UG NX12.0基础知识、视图控制与图形操作、草图绘制、曲线功能、特征建模、创建成形和工程特征、特征操作与编辑、查询与分析、曲面功能、装配建模和工程图等知识。

第12章
UG NX 12.0基础知识

UG（Unigraphics）是Unigraphics Solutions公司推出的集CAD/CAM/CAE为一体的三维机械设计平台，也是当今世界广泛应用的计算机辅助设计、分析和制造软件之一，广泛应用于汽车、航空航天、机械、消费产品、医疗器械、造船等行业，它为制造行业产品开发的全过程提供解决方案，功能包括概念设计、工程设计、性能分析和制造。本章主要介绍UG的工作平台和软件界面的工作环境，以及如何自定义功能区和基本操作。

学习要点

学习UG NX 12.0概念

了解界面设置

掌握系统的基本设置

掌握UG参数设置

12.1 产品综述

UG 采用基于约束的特征建模和传统的几何建模为一体的复合建模技术。在曲面造型、数控加工方面是强项，在分析方面较为薄弱。但 UG 提供了分析软件 NASTRAN、ANSYS、PATRAN 接口，机构动力学软件 IDAMS 接口，注塑模分析软件 MOLDFLOW 接口等。

UG 具有以下优势：

① UG 可以为机械设计、模具设计以及电器设计单位提供一套完整的设计、分析和制造方案。

② UG 是一个完全的参数化软件，为零部件的系列化建模、装配和分析提供强大的基础支持。

③ UG 可以管理 CAD 数据以及整个产品开发周期中所有相关数据，实现逆向工程（reverse design）和并行工程（concurrent engineer）等先进设计方法。

④ UG 可以完成包括自由曲面在内的复杂模型的创建，同时在图形显示方面运用了区域化管理方式，节约系统资源。

⑤ UG 具有强大的装配功能，并在装配模块中运用了引用集的设计思想。为节省计算机资源提出了行之有效的解决方案，可以极大地提高设计效率。

随着 UG 版本的提高，软件的功能越来越强大，复杂程度也越来越高。对于汽车设计者来说，UG 是使用得最广泛的设计软件之一。目前国内的大部分院校、研发部门都在使用该软件。上海汽车工业集团总公司、上海大众汽车公司、上海通用汽车公司、泛亚汽车技术中心、同济大学等都在教学和研究中使用 UG 作为工作软件。

12.2 UG NX 12.0 平台

12.2.1 操作系统要求

UG NX 12.0 软件需要有系统软件的支持才能安装和运行。软件供应商经过对 UG NX 12.0 操作系统版本的认证后，推荐的最低操作系统级别要求如表 12-1 所示。

表 12-1　认证的操作系统版本

操作系统	版本
Microsoft Windows（64 位）	Microsoft Windows 7 专业版和企业版
Linux（64 位）	SuSE Linux Enterprise Server/Desktop 11 SP1 Red Hat Enterprise Linux Server/Desktop 6.0
Mac OS X	版本 10.7.4

12.2.2 硬件要求

定义 UG NX 12.0 软件的最低计算机硬件配置要求比较困难，因为关键配置要求（特别是内存）在不同用户之间区别很大。在购买计算机前，需要考虑以下的一般准则。

（1）处理器性能

尽管影响系统性能的主要是原始处理器速度，但其他因素对整体性能也有所影响，例如，磁盘驱动器的类型（SCSI、ATA、串行 ATA）、磁盘转速、内存速度、图形适配器和总线速度。一般规则为"处理器越快，性能越好"，但此规则仅适用于像结构框架这样的比较。例如：仅根据各自的处理器速度，很难推断 Intel 处理器相对于 Sun SPARC 或 IBM Power 处理器的性能。而且现在也有淡化处理器速度的趋势，转而看重多核处理器（实际处理器的速度较低）。

（2）多核处理器

多核处理器有两个或更多个处理器核芯，但是它们是作为单个处理器包交付的。多核技术非常复杂，并且，由于配置的原因，该技术还会对性能造成负面影响。原因就在于共享系统资源的多核存在相互冲突的可能。增多的核芯数并不总是意味着更好的性能表现。例如：与单路四核芯相比，两倍脚座数双核芯的性能更好。

（3）内存

Siemens PLM Software 建议在 64 位系统上至少有 4GB 内存。内存太小可能会对性能产生严重的影响，一定要始终保证足够的内存。

（4）图形适配器

推荐用户使用受支持的图形适配器和经 Siemens PLM Software 认证的驱动程序，它们能满足 Siemens PLM Software 所有的要求。支持的 UG NX 图形适配器需要是针对 OpenGL 设计，不支持低端、普通或者游戏显卡，因为这些显卡设备基于 DirectX 市场开发，不能很好地支持 OpenGL。

（5）鼠标和键盘

鼠标和键盘是 UG 软件必须使用到的硬件。其中鼠标需配置为三键鼠标，即左键、可以滚动的中键、右键。键盘推荐使用 101 或 102 键盘。键盘和鼠标可以单独使用，也可以配合使用。常用的功能键，如表 12-2 所示。

表 12-2　鼠标与键盘的功能

按键	功能
左键	单击和选择
中键	放大、缩小、旋转视图、确定、应用
右键	显示快捷菜单、下拉列表框等
中键+右键	平移视图
Ctrl+中键	放大、缩小视图
Shift+左键	撤销选取
Shift+中键，在视图中拖动鼠标中键+鼠标右键	平移视图
Alt+中键	取消
在图形区域上（而非模型）单击右键，或按 Ctrl +在图形区域的任意处单击右键	启动视图弹出菜单
Tab	正向遍历对话框中的各个对话框控件
Shift+Tab	反向遍历对话框中的各个对话框控件
箭头键	在单个显示框内移动光标到单个的元素，如下拉菜单的选项
Enter	如果文本字段当前有光标移入，在对话框内激活"确定"按钮
空格/ Enter	在信息对话框内接受活动按钮

12.2.3　系统约定

右手规则用于决定旋转的方向和坐标系的方位，因此也决定了顺时针和逆时针方向。当用户输入了一个正值，将从正向 X 轴或以指定的基准线逆时针测量角度。当用户输入了一个负值，系统显示一个减号指示以顺时针方向移动，如图 12-1 所示。

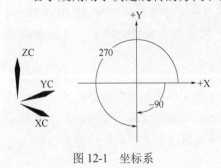

图 12-1　坐标系

UG NX 允许定义平面和坐标系，以构造几何体。这些平面和坐标系完全独立于视图方向。可以在平面上创建与屏幕不平行的几何体，在新建模型时默认绝对坐标系和工作坐标系重合。

① 绝对坐标系（ACS）：绝对坐标系是开始创建新模型时使用的坐标系。该坐标系定义模型空间，并且是原位固定的位置。

② 工作坐标系（WCS）：UG NX 12.0 允许创建任意数量的坐标系，由此来创建几何体。

不过，每次只能使用一个坐标系进行构造。该坐标系称为工作坐标系，激活的工作坐标系只有一个。

12.3　界面

双击桌面上的 UG NX 12.0 的快捷方式图标 ；或者单击桌面左下方的"开始"按钮，在弹出的菜单中选择"所有程序"→"Siemens NX 12.0"→"NX 12.0"，启动 UG NX 12.0 中文版，如图 12-2 所示。

图 12-2　UG NX 12.0 中文版的启动画面

UG NX 12.0 在界面上倾向于 Windows 风格，功能强大，设计友好。在创建一个部件文件后，进入 UG NX 12.0 的主界面，如图 12-3 所示，其中包括标题、菜单、功能区、选择条、工作区、坐标系、快速访问工具条、资源工具条、提示行和状态行 10 个部分。

（1）**标题**

用来显示软件版本以及当前的模块和文件名等信息。

（2）**菜单**

菜单包含了本软件的主要功能，系统的所有命令或者设置选项都归属到不同的菜单下，它们分别是："文件"子菜单、"编辑"子菜单、"视图"子菜单、"插入"子菜单、"格式"子菜单、"工具"子菜单、"装配"子菜单、"信息"子菜单、"分析"子菜单、"首选项"子菜单、"窗口"子菜单、"GC 工具箱"和"帮助"子菜单。

当单击菜单时，在下拉菜单中就会显示所有与该功能有关的命令选项。图 12-4 为工具子菜单的`命令选项，有如下特点：

① 快捷字母：例如 File 中的 F 是系统默认快捷字母命令键，按下 Alt+F 即可调用该命令选项。比如要调用"File"→"Open"命令，按下 Alt+F 后再按 O 即可调出该命令。

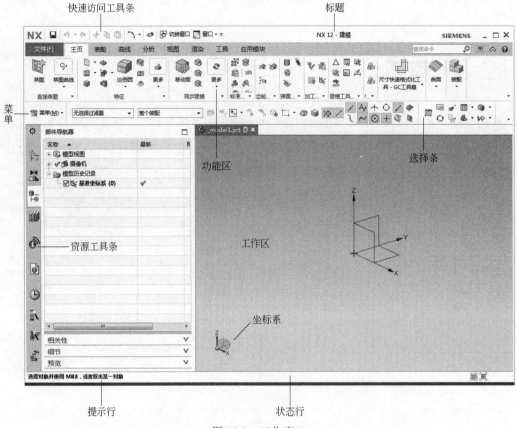

图 12-3　工作窗口

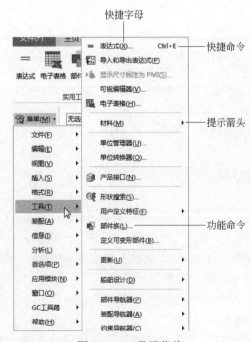

图 12-4　工具子菜单

② 功能命令：实现软件各个功能所要执行的各个命令，单击会调出相应功能。

③ 提示箭头：指菜单命令中右方的三角箭头，表示该命令含有子菜单。

④ 快捷命令：命令右方的按钮组合键即是该命令的快捷键，在工作过程中直接按下组合键即可自动执行该命令。

（3）上边框条

上边框条中含有不少快捷功能，以便用户在绘图过程中使用快捷命令，如图 12-5 所示。

图 12-5 上边框条

（4）功能区

功能区的命令以图形的方式在各个组和库中表示命令功能，以"主页"选项卡为例，如图 12-6 所示，所有功能区的图形命令都可以在菜单中找到相应的命令，这样可以使用户避免在菜单中查找命令的烦琐，方便操作。

图 12-6 "主页"选项卡

（5）工作区

工作区是绘图的主区域。

（6）坐标系

UG 中的坐标系分为工作坐标系（WCS）和绝对坐标系（ACS），其中工作坐标系是用户在建模时直接应用的坐标系。

（7）快速访问工具条

快速访问工具条在标题左边，其中含有一些常用命令，以方便绘图工作。

（8）资源工具条

资源工具条（如图 12-7）中包括装配导航器、部件导航器、Web 浏览器、历史记录、重用库等。

单击资源工具条上方的"资源条选项"按钮 ⚙，弹出如图 12-8 所示的"资源条选项"下拉菜单，勾选或取消"销住"选项,可以切换页面的固定和滑移状态。

单击"Web 浏览器"图标 🔘，用它来显示 UG NX 12.0 的在线帮助、CAST、e-vis、iMan 或其他任何网站和网页。也可用"菜单"→"首选项"→"用户界面"来配置浏览主页，见图 12-9 所示。

单击"历史记录"图标 🕐，可访问打开过的零件列表，可以预览零件及其他相关信息，见图 12-10。

图 12-7 资源工具条

图 12-8 "资源条选项"菜单

（9）提示行

提示行用来提示用户如何操作。执行每个命令时，系统都会在提示行中显示用户必须执行的下一步操作。对于用户不熟悉的命令，利用提示行帮助，一般都可以顺利完成操作。

（10）状态行

状态行主要用于显示系统或图元的状态，例如显示是否选中图元等信息。

图 12-9 配置浏览器主页

图 12-10 历史信息

12.4 功能区的定制

UG 中提供的功能区可以为用户工作提供方便，但是进入应用模块之后，UG 只会显示默认的功能区图标设置，然而用户可以根据自己的习惯定制独特风格的功能区，本节将介绍功能区的设置。

选择"菜单"→"工具"→"定制"命令（图 12-11 所示），或者在功能区空白处的任意位置右击鼠标，从弹出的菜单（图 12-12 所示）中选择"定制"项就可以打开"定制"对话框，如图 12-13 所示，对话框中有 4 个功能选项：命令、选项卡/条、快捷方式、图标/工具提示。单击相应的选项卡后，对话框会随之显示对应的选项卡内容，即可进行功能区的定制，完成后执行对话框下方的"关闭"命令即可退出对话框。

（1）选项卡/条

该选项卡（如图 12-13 所示）用于设置显示或隐藏某些工具栏、新建工具栏、装载定义好的工具栏文件（以.tbr 为后缀名），也可以利用"重置"命令来恢复软件默认的工具栏设置。

（2）命令

该选项卡用于显示或隐藏功能区中的某些图标命令，如图 12-14 所示。

具体操作为：在"类别"下找到需添加命令的功能区，然后在"项"选项下找到待添加的命令，将该命令拖至工作窗口的相应功能区中。对于功能区上不需要的命令图标，点击鼠标右键选择移除即可。命令图标用同样方法也可以拖动到菜单中。

（3）**图标/工具提示**

该选项卡（如图 12-15 所示）用于设置在功能区和菜单上是否显示工具提示、在对话框选项上是否显示工具提示，以及功能区、菜单和对话框等图标大小的设置。

图 12-11　"定制"命令

图 12-12　弹出的菜单

图 12-13　"选项卡/条"选项卡

图 12-14　"命令"选项卡

图 12-15　"图标/工具提示"选项卡　　　　　图 12-16　"快捷方式"选项卡

（4）快捷方式

该选项卡（图 12-16）用于定制快捷工具条和快捷圆盘工具条等。

12.5 系统的基本设置

在使用 UG NX 12.0 中文版进行建模之前，首先要对 UG NX 12.0 中文版进行系统设置。下面主要介绍系统的环境设置和参数设置。

12.5.1 环境设置

在 Windows 7 中，软件的工作路径是由系统注册表和环境变量来设置的。UG NX 12.0 安装以后，会自动建立一些系统环境变量，如 UGII_BASE_DIR、UGII_LANG 和 UG_ROOT_DIR 等。如果用户要添加环境变量，可以在"计算机"图标上单击右键，在弹出的菜单中选择"属性"命令，弹出如图 12-17 所示的"系统"对话框，选择左上角的"高级系统设置"选项，单击"环境变量"按钮，弹出如图 12-18 所示的"环境变量"对话框。

图 12-17　"系统"对话框

如果要对 UG NX 12.0 进行中英文界面的切换，在如图 12-18 所示对话框中的"环境变量"列表框中选中"UGII_LANG"，然后单击下面的"编辑"按钮，弹出如图 12-19 所示的"编辑系统变量"对话框，在"变量值"文本框中输入 simple_chinese（中文）或 english（英文）就可实现中英文界面的切换。

图 12-18 "环境变量"对话框

图 12-19 "编辑系统变量"对话框

12.5.2 默认参数设置

在 UG NX 12.0 环境中，操作参数一般都可以修改。大多数的操作参数，如图尺寸的单位、尺寸的标注方式、字体的大小以及对象的颜色等，都有默认值。而参数的默认值都保存在默认参数设置文件中，当启动 UG NX 12.0 时，会自动调用默认参数设置文件中默认参数。UG NX 12.0 提供了修改默认参数的方式，用户可以根据自己的习惯预先设置默认参数的默认值，可显著提高设计效率。

选择"菜单"→"文件"→"实用工具"→"用户默认设置"命令，弹出如图 12-20 所示的"用户默认设置"对话框。

图 12-20 "用户默认设置"对话框

在该对话框中可以设置参数的默认值、查找所需默认设置的作用域和版本、把默认参数以电子表格的格式输出、升级旧版本的默认设置等。

下面介绍如图 12-20 所示对话框中主要选项的用法。

（1）查找默认设置

单击"查找默认设置" 📷图标，弹出如图 12-21 所示的"查找默认设置"对话框，在该对话框框"输入与默认设置关联的字符"的文本框中输入要查找的默认设置，单击"查找"按钮，则在"找到的默认设置"列表框中列出其应用模块、类别、选项卡、设置、已修改的版本等。

（2）管理当前设置

单击"管理当前设置" ✏图标，弹出如图 12-22 所示的"管理当前设置"对话框。在该对话框中可以实现对默认设置的"新建""删除""导入""导出"和"以电子表格"的格式输出默认设置。

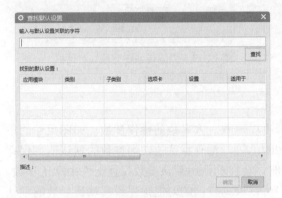

图 12-21　"查找默认设置"对话框　　　　图 12-22　"管理当前设置"对话框

12.6　文件操作

本节将介绍文件的操作，包括新建文件、打开和关闭文件、导入导出文件等。

12.6.1　新建文件

本节将介绍如何新建一个 UG 的 prt 文件，选择"菜单"→"文件"→"新建"命令，或者单击"主页"选项卡→"标准"组→"新建" 📄图标，或是按 Ctrl+N 组合键，打开如图 12-23 所示"新建"对话框。

在对话框中"模板"列表选择适当的模板，然后在"新文件名"中的"文件夹"确定新建文件的保存路径，在"名称"中写入输入文件名，设置完后点击"确定"即可。

提示：

UG 并不支持中文路径以及中文文件名，否则文件将会被认为无效。另外，在移动或复制文件时也要注意路径中不要有中文字符。这一点，直到 UG NX 12.0 依旧没有改变。

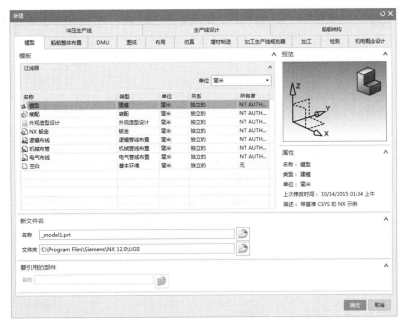

图 12-23　"新建"对话框

12.6.2　打开关闭文件

选择"菜单"→"文件"→"打开"命令，或者单击"主页"选项卡→"标准"组→"打开"图标，或者按下 Ctrl+O 组合键，打开如图 12-24 所示"打开"对话框，对话框中会列出当前目录下的所有有效文件以供选择，这里所指的有效文件是根据用户在"文件类型"中的设置来决定的。其"仅加载结构"选项是指若选中此复选框，则当打开一个装配零件的时候，不用调用其中的组件。从中选择所需文件，然后单击 OK 按钮，即可将其打开。

图 12-24　"打开"对话框

另外，可以单击"文件"子菜单下的"最近打开的部件"命令来有选择性地打开最近打开过的文件。

关闭文件可以通过选择"菜单"→"文件"→"关闭"下的子菜单命令来完成，如图 12-25 所示。

图 12-25   "关闭"子菜单

以下对"菜单"→"文件"→"关闭"→"选定的部件"命令作介绍。

选择该命令后打开如图 12-26 所示"关闭部件"对话框，用户选取要关闭的文件，其后单击"确定"即可。对话框的其他选项解释如下：

① 顶层装配部件：该选项用于在文件列表中只列出顶层装配文件，而不列出装配中包含的组件。

② 会话中的所有部件：该选项用于在文件列表列出当前进程中所有载入的文件。

③ 仅部件：仅关闭所选择的文件。

④ 部件和组件：该选项功能在于，如果所选择的文件是装配文件，则会一同关闭所有属于该装配文件的组件文件。

⑤ 关闭所有打开的部件：选择该选项，可以关闭所有文件，但系统会出现警示对话框，如图 12-27 所示，提示用户已有部分文件作修改，给出选项让用户进一步确定。

其他的命令与之相似，只是关闭之前再保存一下，此处不再详述。

12.6.3 导入导出文件

（1）导入文件

选择"菜单"→"文件"→"导入"命令后，系统会打开如图 12-28 所示子菜单，提供了 UG 与其他应用程序文件格式的接口，其中常用的有"部件""CGM""AutoCAD DXF/DWG"等格式文件。

图 12-26 "关闭部件"对话框

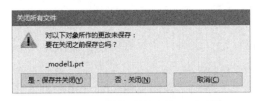

图 12-27 "关闭所有文件"对话框

以下对部分格式文件作介绍。

① 部件：UG 系统提供的将已存在的零件文件导入到目前打开的零件文件或新文件中；此外还可以导入 CAM 对象，如图 12-29 所示，功能如下。

图 12-28 "导入"子菜单

图 12-29 "导入部件"对话框

a．比例：该选项中文本框用于设置导入零件的大小比例。如果导入的零件含有自由曲面时，系统将限制比例值为 1。

b．创建命名的组：选择该选项后，系统会将导入的零件中的所有对象建立群组，该群组的名称即是该零件文件的原始名称。并且该零件文件的属性将转换为导入的所有对象的属性。

c．导入视图和摄像机：选中该复选框后，导入的零件中若包含用户自定义布局和查看方式，则系统会将其相关参数和对象一同导入。

d．导入 CAM 对象：选中该复选框后，若零件中含有 CAM 对象则将一同导入。

e．工作的：选中该选项后，则导入零件的所有对象将属于当前的工作图层。

f．原始的：选中该选项后，则导入的所有对象还是属于原来的图层。

g．WCS：选择该选项，在导入对象时以工作坐标系为定位基准。

h．指定：选中该选项后，系统将在导入对象后显示坐标子菜单，采用用户自定义的定位基准，定义之后，系统将以该坐标系作为导入对象的定位基准。

② Parasolid：单击该命令后系统会打开对话框导入（*.x_t）格式文件，允许用户导入含有适当文字格式文件的实体（parasolid），该文字格式文件含有可用说明该实体的数据。导入的实体密度保持不变，除透明度外，表面属性（颜色、反射参数等）保持不变。

③ CGM：单击该命令可导入 CGM（Computer Graphic Metafile）文件，即标准的 ANSI 格式的电脑图形中继文件。

④ IGES：单击该命令可以导入 IGES 格式文件。IGES（Initial Graphics Exchange Specification）是可在一般 CAD/CAM 应用软件间转换的常用格式，可供各 CAD/CAM 相关应用程序转换点、线、曲面等对象。

⑤ AutoCAD DFX/DWG：单击该命令可以导入 DFX/DWG 格式文件，可将其他 CAD/CAM 相关应用程序导出的 DFX/DWG 文件导入到 UG 中，操作与 IGES 相同。

（2）导出文件

执行"菜单"→"文件"→"导出"命令，可以将 UG 文件导出为除自身外的多种文件格式，包括图片、数据文件和其他各种应用程序文件格式。

12.6.4　文件操作参数设置

（1）载入选项

选择"菜单"→"文件"→"选项"→"装配加载选项"命令，打开如图 12-30 所示"装配加载选项"对话框。

以下对其主要参数进行说明：

① 加载：该选项用于设置加载的方式，其下有 3 选项：

a．按照保存的：该选项用于指定载入的零件目录与保存零件的目录相同。

b．从文件夹：指定加载零件的文件夹与主要组件相同。

c．从搜索文件夹：利用此对话框下的"显示会话文件夹"按钮进行搜寻。

② 加载：该选项用于设置零件的载入方式，该选项有 5 个下拉选项。

③ 选项：选中完全加载时，系统会将所有组件一并载入；选中部分加载时，系统仅允

许用户打开部分组件文件。

④ 失败时取消加载：该复选框用于控制当系统载入发生错误时，是否中止载入文件。

⑤ 允许替换：选中该复选框，当组件文件载入零件时，即使该零件不属于该组件文件，系统也允许用户打开该零件。

（2）保存选项

选择"菜单"→"文件"→"选项"→"保存选项"命令，打开如图 12-31 所示"保存选项"对话框，在该对话框中可以进行相关参数设置。

图 12-30　"装配加载选项"对话框

图 12-31　"保存选项"对话框

下面就对话框中部分参数进行介绍。

① 保存时压缩部件：选中该复选框后，保存时系统会自动压缩零件文件，文件经过压缩需要花费较长时间，所以一般用于大型组件文件或是复杂文件。

② 生成重量数据：该复选框用于更新并保存元件的重量及质量特性，并将其信息与元件一同保存。

③ 保存图样数据：该选项组用于设置保存零件文件时，是否保存图样数据。

a．否：表示不保存。

b．仅图样数据：表示仅保存图样数据而不保存着色数据。

c．图样和着色数据：表示全部保存。

12.7　UG 参数设置

UG 参数设置主要用于设置 UG 系统默认的一些控制参数。所有的参数设置命令均在主菜单"首选项"下面，当进入相应的命令中时每个命令还会有具体的设置。

其中也可以通过修改 UG 安装目录下的 UGII 文件夹中的 ugii_env.dat 和 ugii_metric.def 或相关模块的 def 文件来修改 UG 的默认设置。

12.7.1 对象首选项

选择"菜单"→"首选项"→"对象"命令，系统打开如图 12-32 所示"对象首选项"对话框，该功能主要用于设置产生新对象的属性，例如"线型""宽度""颜色"等，通过编辑用户可以进行个性化的设置。

图 12-32 "对象首选项"对话框

以下就相关选项进行说明。

① 工作层：用于设置新对象的存储图层。在文本框中输入图层号后系统会自动将新建对象储存在该图层中。

② 类型、颜色、线型、宽度：在其下拉列表中设置了系统默认的多种选项，例如有 7 种线型选项和 3 种线宽选项等。

③ 面分析：该选项功能用于确定是否在面上显示该面的分析效果。

④ 透明度：该选项用来使对象显示处于透明状态，用户可以通过滑块来改变透明度。

⑤ 继承：用于继承某个对象的属性设置并以此来设置新创对象的预设置。单击此按钮，选择要继承的对象，这样以后新建的对象就会和刚选取的对象具有同样的属性。

⑥ 信息：用于显示并列出对象属性设置的信息对话框。

12.7.2 用户界面首选项

选择"菜单"→"首选项"→"用户界面"命令，系统打开如图 12-33 所示"用户界面首选项"对话框。此对话框中包含了"布局""主题""资源条""触控""角色""选项"和"工具"7 个选项，以下就对话框（图 12-33）部分选项介绍其用法。

（1）布局

该选项用于设置用户界面、功能区选项、提示行/状态行的位置等，如图 12-33 所示。

（2）主题

该选项用于设置 NX 的主题界面，包括浅色（推荐）、浅灰色、经典、使用系统字体、系统 5 种主题，如图 12-34 所示。

（3）资源条

UG 工作区左侧资源条的状态，如图 12-35 所示，其中可以设置资源条主页、停靠位置、自动飞出与否等。

（4）触控

"触控"选项卡，如图 12-36 所示。针对触摸屏操作进行优化，还可以调节数字触控板和圆盘触控板的显示。

图 12-33 "用户界面首选项"对话框

图 12-34 "主题"选项卡

图 12-35 "资源条"选项卡

图 12-36 "触控"选项卡

（5）角色

"角色"选项卡，如图 12-37 所示。可以新建和加载角色，也可以重置当前应用模块的布局。

图 12-37 "角色"选项卡

（6）选项

"选项"选项卡，如图 12-38 所示。设置对话框内容显示的多少，设置对话框的文本框中数据的小数点后的位数以及用户的反馈信息。

（7）工具

① 宏是一个储存一系列描述用户键盘和鼠标在 UG 交互过程中操作语句的文件（扩展名为".macro"），任意一串交互输入操作都可以记录到宏文件中，然后可以通过简单的播放功能来重放记录的操作，如图 12-39 中所示。宏对于执行重复的、复杂的或较长时间的任务十分有用，而且还可以使用户工作环境个性化。

图 12-38　"选项"选项卡

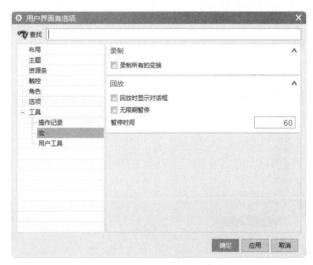

图 12-39　"宏"选项卡

对于宏记录的内容，用户可以以记事本的方式打开保存的宏文件，可以查看系统记录的全过程。

a．录制所有的变换：该复选框用于设置在记录宏时，是否记录所有的动作。选中该复选框后，系统会记录所有的操作，所以文件会较大；当不选中该复选框时，则系统仅记录动作结果，因此宏文件较小。

b．回放时显示对话框：该复选框用于设置在回放时是否显示设置对话框。

c．无限期暂停：该复选框用于设置记录宏时，如果用户执行了暂停命令，则在播放宏时，系统会在指定的暂停时刻显示对话框并停止播放宏，提示用户单击 OK 按钮后方可继续播放。

d．暂停时间：该文本框用于设置暂停时间，单位为 s。

② 操作记录。在该选项中可以设置操作文件的各种不同的格式，如图 12-40 所示。

图 12-40 "操作记录"选项卡

③ 用户工具。该选项用于装载用户自定义的工具文件、显示或隐藏用户定义的工具。如图 12-41 所示，其列表框中已装载了用户定义的工具文件。单击"载入"即可装载用户自定义工具栏文件（扩展名为".utd"），用户自定义工具文件可以是对话框形式，也可以是工具图标形式。

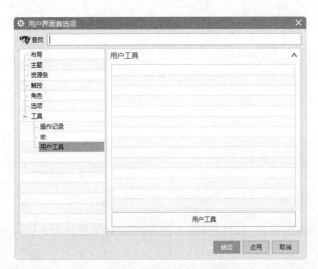

图 12-41 "用户工具"选项卡

12.7.3 资源板

选择"菜单"→"首选项"→"资源板"命令，系统打开如图 12-42 所示"资源板"对话框，该功能主要用于控制整个窗口最右边的资源条的显示。模板资源用于处理大量重复性工作，可以最大限度地减少重复性工作。

以下就其选项功能作介绍。

① 新建资源板▦：用户可以设置一个自己的加工、制图、环境设置的模板，用于完成以后的重复性工作。

图 12-42　"资源板"对话框

② 打开资源板：用于打开一些系统已完成的模板文件。系统会提示选择"*.pax"模板文件。

③ 打开目录作为资源板：用户可以选择一个文件夹作为模板。

④ 打开目录作为模板资源板：选择一文件路径作为模板。

⑤ 打开目录作为角色资源板：用于打开一些角色作为模板。

12.7.4　选择首选项

选择"菜单"→"首选项"→"选择"命令，系统打开如图 12-43 所示"选择首选项"对话框，在该对话框中可以设置光标选择对象后，系统所显现的默认"颜色""选择球大小"和"确认选择"设置等选项，以下介绍相关用法。

① 鼠标手势：该选项用于设置选择方式，包括矩形、套索和圆方式。

② 选择规则：该选项用于设置选择规则，包括内侧、外侧、交叉、内侧/交叉、外侧/交叉 5 种选项。

③ 着色视图：该选项用于设置系统着色时对象的显示方式，包括高亮显示面和高亮显示边两选项。

④ 面分析视图：该选项用于设置面分析时的视图显示方式，包括高亮显示面和高亮显示边两选项。

⑤ 选择半径：该选项用于设置选择球的大小，包含小、中、大三种选项。

⑥ 延迟时快速选取：选择该复选框之后，可以设置预显示的参数。该选项用于控制预选对象是否高亮显示。预选框下的延迟时间滑块用于当预选对象时，控制高亮显示对象的时间。

⑦ 成链/公差：该文本框用于设置链接曲线时，彼此相邻的曲线端点间允许的最大间隙。链接公差值设置的越小，链接选取就越精确，值越大就越不精确。

图 12-43　"选择首选项"对话框

⑧ 成链/方法：有四种，包括简单、WCS、WCS 左侧和 WCS 右侧。

a．简单：该方式用于选择彼此首尾相连的曲线串。

b．WCS：该方式用于在当前 XC-YC 坐标平面上选择彼此首尾相连的曲线串。

c．WCS 左侧：该方式用于在当前 XC-YC 坐标平面上，从连接开始点至结束点沿左侧路线选择彼此首尾相连的曲线串。

d．WCS 右侧：该方式用于在当前 XC-YC 坐标平面上，从连接开始点至结束点沿右侧路线选择彼此首尾相连的曲线串。

简单方法由系统自动识别，它最为常用。当需要连接的对象含有两条连接路径时，一般选用后两种方式。

图 12-44 "装配首选项"对话框

12.7.5 装配首选项

选择"菜单"→"首选项"→"装配"命令，系统打开如图 12-44 所示"装配首选项"对话框。该对话框用于设置装配的相关参数。

以下介绍部分选项功能用法。

① 显示为整个部件：更改工作部件时，此选项会临时将新工作部件的引用集改为整个部件引用集。如果系统操作引起工作部件发生变化，引用集并不发生变化。

② 自动更改时警告：当工作部件被自动更改时显示通知。

③ 选择组件成员：用于设置是否首先选择组件。勾选该复选框，则在选择属于某个子装配的组件时，首先选择的是子装配中的组件，而不是子装配。

④ 描述性部件名样式：该选项用于设置部件名称的显示类型。其中包括文件名、描述、指定的属性 3 种方式。

12.7.6 草图首选项

该选项用于改变草图的默认值并且控制某些草图对象的显示。要设定这些设置值，选择"菜单"→"首选项"→"草图"命令，系统打开如图 12-45 所示"草图首选项"对话框。

对话框中的选项功能介绍如下。

① 对齐角：此选项可以为竖直和水平直线指定默认的捕捉角公差值。如果有一条用端点指定的直线，它相对于水平参考或竖直参考的夹角小于或等于捕捉角的值，那么这条直线会自动地捕捉至竖直或水平的位置。

对齐角的默认值是 3°。可以指定的最大值是 20°。如果不想让直线自动地捕捉至水平或竖直的位置，可将捕捉角设定为 0°。

② 文本高度：此选项可以指定在尺寸中显示的文本的大小（默认值是 0.125）。

③ 尺寸标签：此选项可以控制如何显示草图尺寸中的表达式。下列选择有效：

a．表达式：显示整个表达式，例如 P2=P3*4。

b．名称：仅显示表达式的名称，例如 P2。

图 12-45　"草图首选项"对话框

c. 值：显示表达式的数值。

④ 更改视图方向：如果此选项为"关闭"，则当草图被激活时，显示激活草图的视图就不会返回其原先的方向。如果此选项为"打开"，则当草图被激活时，视图方向将会改变。

⑤ 保持图层状态：当激活草图时，草图所在的层自动地变为工作层。当该选项为"打开"并且使草图不激活时，草图所在的层将返回其先前的状态（即它不再是工作层）。草图激活之前的工作层将重新变为工作层。如果此选项为"关闭"（默认值），则当草图不激活时，此草图的层保持为工作层。

⑥ 显示自由度箭头：此选项控制自由度箭头的显示。默认状态为"打开"。当此选项为"关闭"时，箭头的显示置为"关闭"。然而，这并不意味着约束了草图。

⑦ 动态草图显示：该复选框用于控制约束是否动态显示。

⑧ 名称前缀：这个选项可以为草图几何体的名称指定前缀。

12.7.7　制图首选项

制图首选项的设置是对包括尺寸参数、文字参数、单位和视图参数等制图注释参数的月设置。选择"菜单"→"首选项"→"制图"命令，系统弹出如图 12-46 所示"制图首选项"对话框。对话框中包含了 11 个选项卡，用户选取相应的选项卡，对话框中就会出现相应的选项。

下面介绍常用的几种参数的设置方法。

（1）尺寸

设置尺寸相关的参数的时候，根据标注尺寸的需要，用户可以利用对话框中上部的尺寸和直线/箭头工具条进行设置。在尺寸设置中主要有以下几个设置选项。

① 尺寸线：根据标注尺寸的需要，勾选箭头之间是否有线，或者修剪尺寸线。

图 12-46 "制图首选项"对话框

图 12-47 文本的放置位置

② 方向和位置：在方位下拉列表中可以选择 5 种文本的放置位置，如图 12-47 所示。

③ 公差：可以设置最高 6 位的精度和 11 种类型的公差，图 12-48 显示了可以设置的 11 种类型的公差的形式。

④ 倒斜角：系统提供了 4 种类型的倒斜角样式，可以设置分割线样式和间隔，也可以设置指引线的格式。

（2）公共

① "直线/箭头"选项卡如图 12-49 所示。

图 12-48 11 种公差形式

图 12-49 "直线/箭头"选项卡

a. 箭头：用于设置剖视图中的截面线箭头的参数，可以改变箭头的大小、箭头的长度以及箭头的角度。

b. 箭头线：用于设置截面的延长线的参数。用户可以修改剖面延长线长度以及图形框之间的距离。

直线和箭头相关参数可以设置尺寸线箭头的类型和箭头的形状参数，同时还可以设置尺寸线、延长线和箭头的显示颜色、线型和线宽。在设置参数时，用户根据要设置的尺寸和箭头的形式，在对话框中选择箭头的类型，并且输入箭头的参数值。如果需要，还可以在下部的选项中改变尺寸线和箭头的颜色。

② 文字：设置文字相关的参数时，先选择文字对齐位置和文字对正方式，再选择要设置的文本颜色和宽度，最后在"高度""NX 字体间隙因子""文本宽高比"和"行间距因子"等文本框中输入设置参数，这时用户可在预览窗口中看到文字的显示效果。

③ 符号：符号参数选项可以设置符号的颜色、线型和线宽等参数。

（3）注释

设置各种标注的颜色、线型和线宽。

剖面线/区域填充：用于设置各种填充线/剖面线样式和类型，并且可以设置角度和线型。在此选项卡中设置了区域内应该填充的图形以及比例和角度等，如图 12-50 所示。

图 12-50 "剖面线/区域填充"选项卡

（4）表

用于设置二维工程图表格的格式、文字标注等参数。

① 零件明细表：用于指定生成明细表时，默认的符号、标号顺序、排列顺序和更新控

制等。

② 单元格：用来控制表格中每个单元格的格式、内容和边界线设置等。

12.7.8　建模首选项

该选项用于设定建模参数和特性，如距离、角度公差、密度、密度单位和曲面网格。一旦定义了一组参数，所有随后生成的对象都符合那些特殊设置。要设定这些参数，选择"菜单"→"首选项"→"建模"命令，系统打开如图 12-51 所示"建模首选项"对话框。所有选项功能介绍如下。

图 12-51　"建模首选项"对话框

（1）常规

在"建模首选项"对话框中选中 常规 选项卡，显示相应的参数设置内容。

① 体类型：用于控制在利用曲线创建三维特征时，是生成实体还是片体。

② 密度：用于设置实体的密度，该密度值只对以后创建的实体起作用。其下方的密度单位下拉列表用于设置密度的默认单位。

③ 用于新面：用于设置新的面显示属性是继承体还是部件默认。

④ 用于布尔操作面：用于设置在布尔运算中生成的面显示属性是继承于目标体还是工具体。

⑤ 网格线：用于设置实体或片体表面在 U 和 V 方向上栅格线的数目。如果其下方 U 向计数和 V 向计数的参数值大于 0，则当创建表面时，表面上就会显示网格曲线。网格曲线只是一个显示特征，其显示数目并不影响实际表面的精度。

（2）自由曲面

在"建模首选项"对话框中选中  自由曲面 选项卡，显示相应的参数设置内容，如图 12-52 所示。

① 曲线拟合方法：用于选择生成曲线时的拟合方式，包括"三次""五次"和"高阶"三种拟合方式。

② 构造结果：用于选择构造自由曲面的结果，包括"平面"和"B 曲面"两种方式。

（3）分析

在"建模首选项"对话框中选中"分析"选项卡，显示相应的参数设置内容，如图 12-53 所示。

图 12-52 "自由曲面"选项卡

图 12-53 "分析"选项卡

（4）编辑

在"建模首选项"对话框中选中"编辑"选项卡，显示相应的参数设置内容，如图 12-54 所示。

① 双击操作（特征）：用于双击操作时的状态，包括可回滚编辑和编辑参数两种方式。

② 双击操作（草图）：用于双击操作时的状态，包括可回滚编辑和编辑两种方式。

③ 编辑草图操作：用于草图编辑，包括直接编辑和任务环境两种方式。

12.7.9　可视化首选项

可视化预设置用于设置影响图形窗口的显示属性。

选择"菜单"→"首选项"→"可视化"命令，系统会打开如图 12-55 所示的"可视化首选项"对话框，该对话框 10 个选项卡。

图 12-54 "编辑"选项卡

（1）颜色/字体

选中"颜色/字体"选项卡，显示相应的参数设置内容，如图 12-55 所示。该对话框用于设置"预选""选择""前景""背景"等对象的颜色。

（2）小平面化

选中"小平面化"选项卡，显示相应的参数设置内容，如图 12-56 所示。该对话框用于设置利用小平面进行着色时的参数。

（3）可视

选中"可视"选项卡，显示相应的参数设置内容，如图 12-57 所示。该对话框用于设置实体在视图中的显示特性，其部件设置中各参数的改变只影响所选择的视图，但"透明度""线条反锯齿""着重边"等会影响所有视图。

图 12-55 "可视化首选项"
对话框

图 12-56 "小平面化"选项卡

图 12-57 "可视"选项卡

① 常规显示设置。

a. 渲染样式：用于为所选的视图设置着色模式。

b. 着色边颜色：用于为所选的视图设置着色边的颜色。

c．隐藏边样式：用于为所选的视图设置隐藏边的显示方式。

d．光亮度：用于设置着色表面上的光亮强度。

e．透明度：用于设置处在着色或部分着色模式中的着色对象是否透明显示。

f．线条反锯齿：用于设置是否对直线、曲线和边的显示进行处理，使线显示更光滑、更真实。

g．全景反锯齿：用于设置是否对视图中所有的显示进行处理使其显示更光滑、更真实。

h．着重边：用于设置着色对象是否突出边缘显示。

② 边显示设置。用于设置着色对象的边缘显示参数。当渲染模式为"静态线框""面分析"和"局部着色"时，该选项卡中的参数被激活，如图 12-58 所示。

a．隐藏边：用于为所选的视图设置消隐边的显示方式。

b．轮廓线：用于设置是否显示圆锥、圆柱体、球体和圆环轮廓。

c．光顺边：用于设置是否显示光滑面之间的边，还可用于设置光顺边的颜色、字体和线宽。

d．更新隐藏边：用于设置系统在实体编辑过程中是否随时更新隐藏边缘。

（4）视图/屏幕

选中"视图/屏幕"选项卡，显示相应的参数设置内容，如图 12-59 所示。该对话框用于设置视图拟合比例和校准屏幕的物理尺寸。

图 12-58 "可视"选项卡中的"边显示设置"选项 　　图 12-59 "视图/屏幕"选项卡

① 适合百分比：用于设置在进行拟合操作后，模型在视图中的显示范围。

② 校准：用于设置校准显示器屏幕的物理尺寸。在如图 12-59 所示对话框中，单击"校准"按钮，打开如图 12-60 所示"校准屏幕分辨率"对话框，该对话框用于设置准确的屏幕尺寸。

（5）特殊效果

选中"特殊效果"选项卡，显示相应的参数设置内容，如图 12-61 所示，该对话框用于设置使用特殊效果来显示对象。勾选"雾"复选框，单击"雾设置"按钮，打开如图 12-62 所示的"雾"对话框，该对话框用于设置使着色状态下较近的对象与较远的对象不一样地显示。

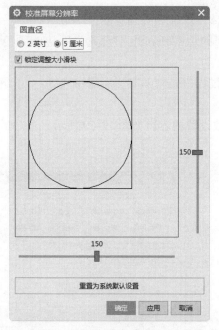

图 12-60　"校准屏幕分辨率"对话框

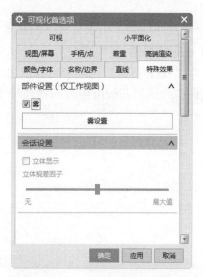

图 12-61　"特殊效果"选项卡

在如图 12-62 所示对话框中可以设置"雾"的类型为"线性""浅色"或"深色"；"雾"的颜色可以勾选"用背景色"，也可以选择定义颜色方式 RGB、HSV 和 HLS，再利用其右侧的滑尺来定义雾的颜色。

（6）直线

选中"直线"选项卡，显示相应的参数设置内容，如图 12-63 所示。该对话框用于设置在显示对象时，其中的非实线线型各组成部分的尺寸、曲线的显示公差以及是否按线型宽度显示对象等参数。

① 虚线段长度：用于设置虚线每段的长度。

② 空格大小：用于设置虚线两段之间的长度。

③ 符号大小：用于设置用在线型中的符号显示尺寸。

④ 曲线公差：用于设置曲线与和它近似的直线段之间的公差，决定当前所选择的显示模式的细节表现度。大的公差产生较少的直线段，导致更快的视图显示速度。然而曲线公差越大，曲线显示越粗糙。

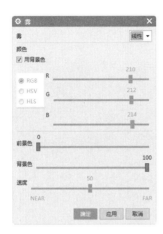

图 12-62 "雾"对话框

图 12-63 "直线"选项卡

⑤ 显示线度：曲线有细、一般和宽三种宽度。勾选"显示宽度"复选框，曲线以各自所设定的线宽显示出来，关闭此项，所有曲线都以细线宽显示出来。

⑥ "深度排序线框"：用于设置图形显示卡在线框视图中是否按深度分类显示对象。

（7）名称/边界

该对话框用于设置是否显示对象名、视图名或视图边框。

选中"名称/边界"选项卡，显示相应的参数设置内容，如图 12-64 所示。

图 12-64 "名称/边界"选项卡

① 关：选中该单选按钮，则不显示对象、属性、图样及组名等对象名称。

② 定义视图：选中该单选按钮，则在定义对象、属性、图样以及组名的视图中显示其名称。

③ 工作视图：选中该单选按钮，则在当前视图中显示对象、属性、图样以及组名等对象名称。

上 机 操 作

【实例1】熟悉操作界面

（1）目的要求

通过本练习，帮助读者快速熟悉软件基本界面。

（2）操作提示

① 启动 UG NX 12.0，进入其工作界面。

② 调整工作界面大小。

③ 打开、移动、关闭工具栏。

【实例2】文件操作练习

（1）目的要求

通过本练习，帮助读者快速掌握文件操作的基本方法。

（2）操作提示

① 从随书资源的"源文件"文件夹中随便打开一个文件。

② 将文件另存。

③ 设置文件操作参数。

第13章
视图控制与图形操作

本章主要介绍UG应用中的一些基本操作及经常使用的功能，从而使用户更为熟悉UG的建模环境。对于建模中常用的功能或者是命令，想要很好地掌握还是要多练多用才行，但对于UG所提供的建模工具的整体了解也是必不可少的，只有全局了解了才知道对同一模型可以有多种的建模和修改的思路，对更为复杂或特殊的模型的建立才能游刃有余。

学习要点

熟练掌握基本操作

了解视图与布局

掌握图层操作

13.1　对象操作

UG 建模过程中的点、线、面、图层、实体等被称为对象，三维实体的创建、编辑操作过程实质上也可以看作是对对象的操作过程。本节将介绍对象的操作过程。

13.1.1　观察对象

对象的观察一般有以下几种途径可以实现。

（1）通过快捷菜单

在工作区通过右击鼠标可以打开如图 13-1 所示快捷菜单，部分菜单命令功能说明如下。

① 适合窗口：用于拟合视图，即调整视图中心和比例，使整合部件拟合在视图的边界内。也可以通过快捷键 Ctrl+F 实现。

② 缩放：用于实时缩放视图，该命令可以将鼠标置于图形界面中，滚动鼠标滚轮就可以对视图进行缩放；或者在按下鼠标滚轮的同时按下<Ctrl>键，然后上下移动鼠标也可以对视图进行缩放。

③ 旋转：用于旋转视图，该命令可以通过鼠标中键（对于 3 键鼠标而言）不放，再拖动鼠标实现。

定向视图到草图(K)	Shift+F8
刷新(S)	F5
适合窗口(F)	
缩放(Z)	F6
平移(P)	
旋转(O)	F7
更新显示(Y)	
锁定旋转(N)	
真实着色(I)	
渲染样式(D)	▶
背景(B)	▶
工作视图(W)	
定向视图(R)	▶
设置旋转参考(S)	Ctrl+F2
重复命令(R)	▶

图 13-1　快捷菜单

④ 平移：用于移动视图，该命令可以通过同时按下鼠标右键和中键（对于 3 键鼠标而言）不放来拖动鼠标实现；或者在按下鼠标滚轮的同时按下<Shift>键，然后按住鼠标右键向各个方向移动鼠标。

⑤ 刷新：用于更新窗口显示，包括更新 WCS 显示、更新由线段逼近的曲线和边缘显示，更新草图和相对定位尺寸/自由度指示符、基准平面和平面显示。

⑥ 渲染样式：用于更换视图的显示模式，给出的命令中包含带边着色、着色、局部着色、面分析、艺术外观等 8 种对象的显示模式。

⑦ 定向视图：用于改变对象观察点的位置。子菜单中包括正三轴测图、正等测图、俯视图、前视图、右视图、后视图、仰视图、左视图和定制视图共 9 个视图命令。

⑧ 设置旋转参考：该命令可以令用鼠标在工作区选择合适旋转点，再通过旋转命令观察对象。

（2）通过视图功能区

"视图"功能区如图 13-2 所示。上面部分图标的功能与对应的快捷菜单相同。

图 13-2 "视图"功能区

（3）通过视图子菜单

选择"菜单"→"视图"命令，系统会打开如图 13-3 所示子菜单，其中许多功能可以从不同角度观察对象模型。

图 13-3 "视图"子菜单

13.1.2 选择对象

在 UG 的建模过程中，对象可以通过多种方式来选择，以方便快速选择目标体，选择"菜单"→"编辑"→"选择"命令后，系统会打开如图 13-4 所示子菜单。

以下对部分子菜单功能作介绍。

① 最高选择优先级-特征：它的选择范围较为特定，仅允许特征被选择，像一般的线、面是不允许被选择的。

② 最高选择优先级-组件：该命令多用于装配环境下对各组件的选择。

③ 全选：系统释放所有已经选择的对象。当绘图工作区有大量可视化对象供选择时，系统会调出如图 13-5 所示的"快速拾取"对话框来依次遍历可选择对象，数字表示重叠对象的顺序，各框中的数字与工作区中的对象一一对应，当数字框中的数字高亮显示时，对应的对象也会在工作区中高亮显示。以下给出两种常用选择方法。

a. 通过键盘：通过键盘上的方向键移动高亮显示区来选择对象，当确定之后单击<Enter>键或鼠标左键进行确认。

b. 移动鼠标：在快速拾取对话框中移动鼠标，高亮显示数字也会随之改变，确定对象后单击鼠标左键确认即可。

如果要放弃选择，单击对话框中的关闭按钮或按下<Esc>键即可。

图 13-4 "选择"子菜单

图 13-5 "快速拾取"对话框

13.1.3 改变对象的显示方式

本小节将介绍对象的实体图形显示方式，首先进入建模模块中，选择"菜单"→"编辑"→"对象显示"命令或是按下组合键 Ctrl+J，打开如图 13-6 所示"类选择"对话框，选择要改变的对象后，打开如图 13-7 所示的"编辑对象显示"对话框，可编辑所选择对象的"图层""颜色""线型""透明度"或者"着色显示"等参数，完成后单击"确定"即可完成编辑并退出对话框，按下"应用"则不用退出对话框，接着进行其他操作。

"类选择"对话框的相关参数和命令功能说明如下。

（1）对象

有"选择对象""全选"和"反选"三种方式。

① 选择对象：用于选取对象。

② 全选：用于选取所有的对象。

③ 反选：用于选取在图形工作区中未被用户选中的对象

（2）其他选择方法

有"按名称选择""选择链""向上一级"三种方式。

① 按名称选择：用于输入预选取对象的名称，可使用通配符"？"或"*"。

② 选择链：用于选择首尾相接的多个对象。选择方法是首先单击对象链中的第一个对象，然后再单击最后一个对象，使所选对象呈高亮显示，最后确定，结束选择对象的操作。

③ 向上一级：用于选取上一级的对象。当选取了含有群组的对象时，该按钮才被激活，单击该按钮，系统自动选取群组中当前对象的上一级对象。

图 13-6　"类选择"对话框

图 13-7　"编辑对象显示"对话框

（3）过滤器

用于限制要选择对象的范围，有"类型过滤器""图层过滤器""属性过滤器""重置过滤器"和"颜色过滤器"5 种方式。

① 类型过滤器 ：单击此按钮，打开如图 13-8 所示的"按类型选择"对话框，在该对话框中，可设置在对象选择中需要包括或排除的对象类型。当选取"曲线""面""尺寸""符号"等对象类型时，单击"细节过滤"按钮，还可以做进一步限制，如图 13-9 所示。

② 图层过滤器 ：单击此按钮，打开如图 13-10 所示的"按图层选择"对话框，在该对话框中可以设置在选择对象时，需包括或排除的对象的所在层。

③ 颜色过滤器 ：单击此按钮，打开如图 13-11 所示的"颜色"对话框，在该对话框中通过指定的颜色来限制选择对象的范围。

图 13-8 "按类型选择"对话框

图 13-9 "面"对话框

④ 属性过滤器 ：单击此按钮，打开如图 13-12 所示的"按属性选择"对话框，在该对话框中，可按对象线型、线宽或其他自定义属性过滤。

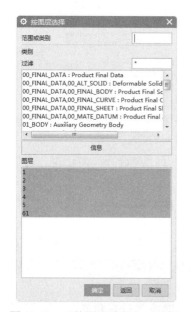

图 13-10 "按图层选择"对话框

图 13-11 "颜色"对话框

图 13-12 "按属性选择"对话框

⑤ 重置过滤器 ：单击此按钮，用于恢复成默认的过滤方式。

在"编辑对象显示"对话框（图 13-7 所示），其相关命令说明如下：

① "图层"：用于指定选择对象放置的层。系统规定的层为 1~256 层。

② "颜色"：用于改变所选对象的颜色，可以调出如图 13-11 所示"颜色"对话框。

③ "线型"：用于修改所选对象的线型（不包括文本）。

④ "宽度"：用于修改所选对象的线宽。

⑤ "继承"：打开对话框要求选择需要从哪个对象上继承设置，并应用到之后的所选对象上。

⑥ "重新高亮显示对象"：重新高亮显示所选对象。

13.1.4 隐藏对象

当工作区域内图形太多，以致不便于操作时，需要将暂时不需要的对象隐藏，如模型中的草图、基准面、曲线、尺寸、坐标、平面等，在"菜单"→"编辑"→"显示和隐藏"的子菜单提供了显示、隐藏和取消隐藏功能命令，如图 13-13 所示。

图 13-13　"显示和隐藏"子菜单

图 13-14　"显示和隐藏"对话框

其部分功能说明如下：

①　显示和隐藏：单击该命令，打开如图 13-14 所示的"显示和隐藏"对话框，可以选择要显示或隐藏的对象。

②　隐藏：该命令也可以通过按下组合键 Ctrl+B 实现，提供了"类选择"对话框，可以通过类型选择需要隐藏的对象或是直接选取。

③　反转显示和隐藏：该命令用于反转当前所有对象的显示或隐藏状态，即显示的全部对象将会隐藏，而隐藏的将会全部显示。

④　显示：该命令将所选的隐藏对象重新显示出来，单击该命令后将会打开一类型选择对话框，此时工作区中将显示所有已经隐藏的对象，用户可以在其中选择需要重新显示的对象即可。

⑤　显示所有此类型对象：该命令将重新显示某类型的所有隐藏对象，并提供了"类型""图层""其他""重置"和"颜色"5 种过滤方式，如图 13-15 所示。

⑥　全部显示：该命令也可以通过按下组合键 Shift+Ctrl+U 实现，将重新显示所有在可选层上的隐藏对象。

图 13-15　"选择方法"对话框

13.1.5　对象变换

选择"菜单"→"编辑"→"变换"命令，打开如图 13-16（a）所示的"变换"对话框，可被变化的对象包括直线、曲线、面、实体等，在选择对象后弹出 13-16（b）所示的"变换"对话框。该对话框在操作变化对象时经常用到。在执行"变换"命令的最后操作时，都会打开如图 13-17 所示的对话框。

以下先对如图 13-17 所示的对象"变换"公共参数对话框中部分功能作介绍，该对话框用于选择新的变换对象、改变变换方法、指定变换后对象的存放图层等。

(a)   (b)

图 13-16   "变换"对话框

① 重新选择对象：该选项用于重新选择对象，通过类选择器对话框来选择新的变换对象，而保持原变换方法不变。

② 变换类型–比例：该选项用于修改变换方法。即在不重新选择变换对象的情况下，修改变换方法，当前选择的变换方法以简写的形式显示在"–"符号后面。

③ 目标图层–原始的：该选项用于指定目标图层。即在变换完成后，指定新建立的对象所在的图层。单击该选项后，会有以下3种选项：

a．工作的：变换后的对象放在当前的工作图层中。

b．原先的：变换后的对象保持在源对象所在的图层中。

c．指定：变换后的对象被移动到指定的图层中。

图 13-17   "变换"公共参数对话框

④ 追踪状态–关：该选项是一个开关选项，用于设置跟踪变换过程。当其设置为"开"时，则在源对象与变换后的对象之间画连接线。该选项可以和"平移""旋转""比例""镜像"或"重定位"等变换方法一起使用，以建立一个封闭的形状。

需要注意的是，该选项对于源对象类型为实体、片体或边界的对象变换操作不可用。跟踪曲线独立于图层设置，总是建立在当前的工作图层中。

⑤ 细分–1：该选项用于等分变换距离。即把变换距离（或角度）分割成几个相等的部分，实际变换距离（或角度）是其等分值。指定的值称为"等分因子"。

该选项可用于"平移""比例""旋转"等变换操作。例如"平移"变换，实际变换的距离是指原指定距离除以"等分因子"的商。

⑥ 移动：该选项用于移动对象。即变换后，将源对象从其原来的位置移动到由变换参数所指定的新位置。如果所选取的对象和其他对象间有父子依存关系（即依赖于其他父对象

而建立），则只有选取了全部的父对象一起进行变换后，才能用"移动"命令选项。

⑦ 复制：该选项用于复制对象。即变换后，将源对象从原来的位置复制到由变换参数所指定的新位置。对于依赖其他父对象而建立的对象，复制后的新对象中数据关联信息将会丢失（即它不再依赖于任何对象而独立存在）。

⑧ 多个副本-可用：该选项用于复制多个对象。按指定的变换参数和拷贝个数在新位置复制源对象的多个拷贝。相当于一次执行了多个"复制"命令操作。

⑨ 撤销上一个-不可用：该选项用于撤销最近变换。即撤销最近一次的变换操作，但源对象依旧处于选中状态。

提示：

对象的几何变换只能用于变化几何对象，不能用于变换视图、布局、图纸等。另外，变化过程中可以使用"移动"或"复制"命令多次，但每使用一次都建立一个新对象，所建立的新对象都是以上一个操作的结果作为源对象，并以同样的变换参数变换后得到的。

图 13-18　"比例"选项

以下再对图 13-16（b）"变换"对话框中部分功能作介绍。

① 比例：用于将选取的对象，相对于指定参考点成比例的缩放尺寸。选取的对象在参考点处不移动。选中该选项后，在系统打开的点构造器选择一参考点后，系统会打开如图 13-18 所示选项，提供了两种选择。

a. 比例：该文本框用于设置均匀缩放，变换过程如图 13-19 所示。

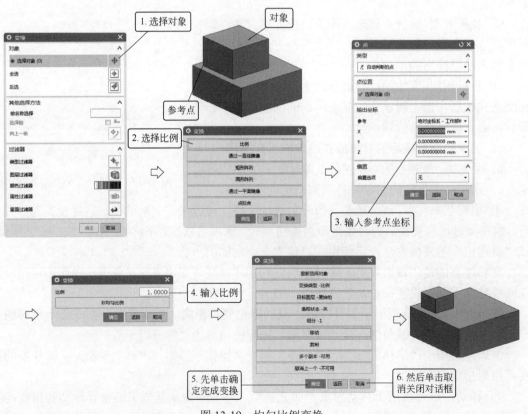

图 13-19　均匀比例变换

b. 非均匀比例：选中该选项后，在打开的如图 13-20 所示的对话框中设置"XC-比例" "YC-比例""ZC-比例"，变换过程如图 13-21 所示。

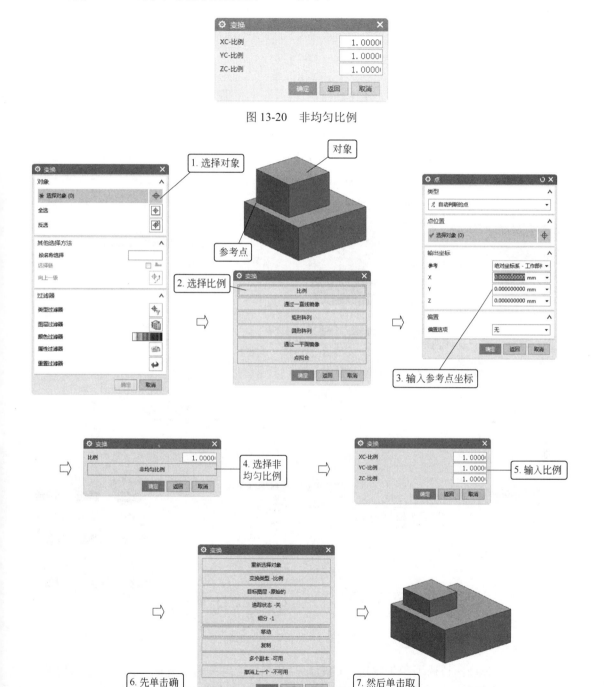

图 13-20　非均匀比例

图 13-21　非均匀比例变换

② 通过一直线镜像：该选项用于将选取的对象，相对于指定的参考直线作镜像。即在参考线的相反侧建立源对象的一个镜像。

图 13-22　"通过一直线镜像"选项

选中该选项后，系统会打开如图 13-22 所示对话框，提供了三种选择：

a．两点：用于指定两点，两点的连线即为参考线。

b．现有的直线：选择一条已有的直线（或实体边缘线）作为参考线。

c．点和矢量：该选项用点构造器指定一点，其后在矢量构造器中指定一个矢量，通过指定点的矢量即作为参考直线。

③ 矩形阵列：该选项用于将选取的对象，从指定的阵列原点开始，沿坐标系 XC 和 YC 方向（或指定的方位）建立一个等间距的矩形阵列。系统先将源对象从指定的参考点移动或复制到目标点（阵列原点），然后沿 XC、YC 方向建立阵列。变换过程如图 13-23 所示。

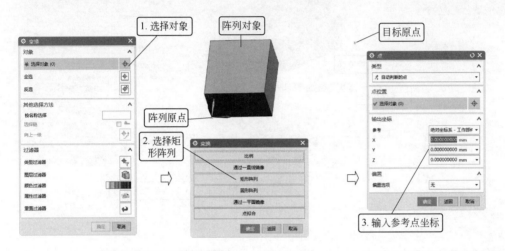

图 13-23　"矩形阵列"变换

④ 圆形阵列：该选项用于将选取的对象，从指定的阵列原点开始，绕目标点（阵列中心）建立一个等角间距的圆形阵列。变换过程如图 13-24 所示。

⑤ 通过一平面镜像：该选项用于将选取的对象，相对于指定参考平面作镜像。即在参考平面的相反侧建立源对象的一个镜像。变换过程如图 13-25 所示。

⑥ 点拟合：该选项用于将选取的对象，从指定的参考点集缩放、重定位或修剪到目标点集上。变换过程如图 13-26 所示。

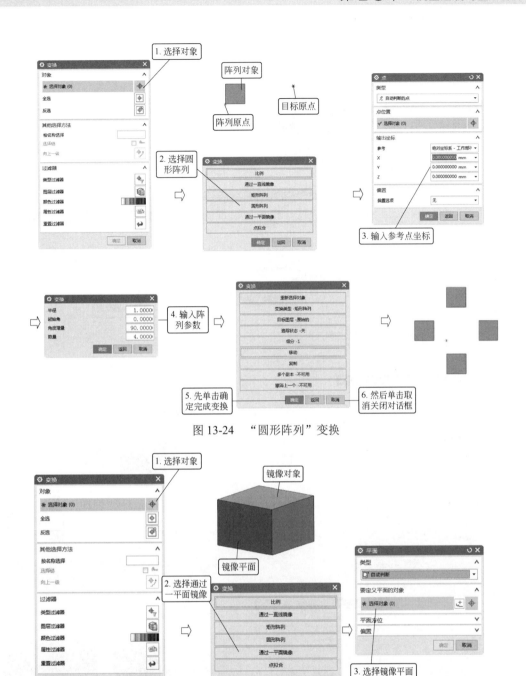

图 13-24 "圆形阵列"变换

图 13-25 "通过一平面镜像"示意图

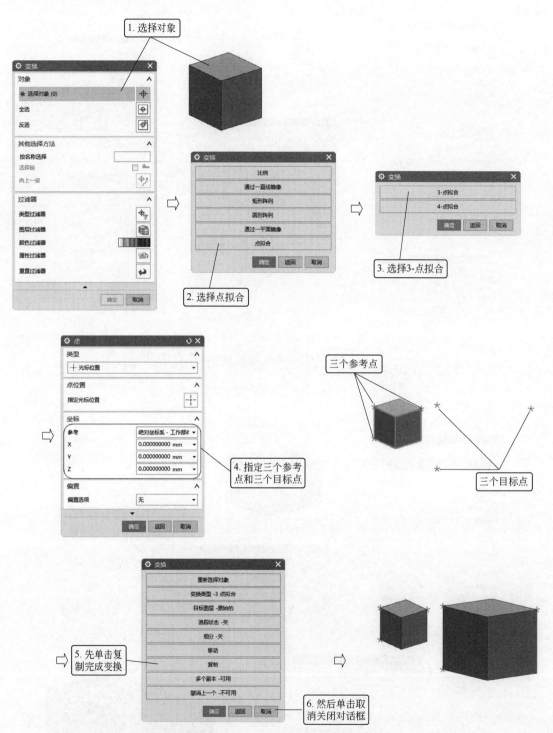

图 13-26　"点拟合"示意图

其有两选项介绍如下：

a．3-点拟合：允许用户通过 3 个参考点和 3 个目标点来缩放和重定位对象。

b．4-点拟合：允许用户通过 4 个参考点和 4 个目标点来缩放和重定位对象。

13.1.6　移动对象

选择"菜单"→"编辑"→"移动对象"命令，打开如图 13-27 所示的"移动对象"对话框。

对话框中的选项说明如下。

① 运动：包括距离、角度、点之间的距离、径向距离、点到点、根据三点旋转、将轴与矢量对齐、坐标系到坐标系和动态等多个选项。

a．距离：指将选择对象由原来的位置移动到新的位置。

b．点到点：用户可以选择参考点和目标点，则这两个点之间的距离和由参考点指向目标点的方向将决定对象的平移方向和距离。

c．根据三点旋转：提供三个位于同一个平面内且垂直于矢量轴的参考点，让对象围绕旋转中心，按照这三个点同旋转中心连线形成的角度逆时针旋转。

图 13-27　"移动对象"对话框

d．将轴与矢量对齐：将对象绕参考点从一个轴向另外一个轴旋转一定的角度。选择起始轴，然后确定终止轴，这两个轴决定了旋转角度的方向。此时用户可以清楚地看到两个矢量的箭头，而且这两个箭头首先出现在选择轴上，当单击"确定"按钮以后，该箭头就平移到参考点。

e．动态：用于将选取的对象，相对于参考坐标系中的位置和方位移动（或复制）到目标坐标系中，使建立的新对象的位置和方位相对于目标坐标系保持不变。

② 移动原先的：该选项用于移动对象。即变换后，将源对象从其原来的位置移动到由变换参数所指定的新位置。

③ 复制原先的：用于复制对象。即变换后，将源对象从其原来的位置复制到由变换参数所指定的新位置。对于依赖其他父对象而建立的对象，复制后的新对象中数据关联信息将会丢失，即它不再依赖于任何对象而独立存在。

④ 非关联副本数：用于复制多个对象。按指定的变换参数和拷贝个数在新位置复制源对象的多个拷贝。

13.2　坐标系操作

UG 系统中共包括 3 种坐标系，分别是绝对坐标系 ACS（Absolute Coordinate System）、工作坐标系 WCS（Work Coordinate System）和机械坐标系 MCS（Machine Coordinate System），它们都是符合右手法则的。

① ACS：系统默认的坐标，其原点位置永远不变，在用户新建文件时就产生了。

② WCS：UG 系统提供给用户的坐标系，用户可以根据需要任意移动它的位置，也可以设置属于自己的 WCS 坐标系。

③ MCS：一般用于模具设计、加工、配线等向导操作中。

UG 中关于坐标系的操作功能集中在如图 13-28 所示。

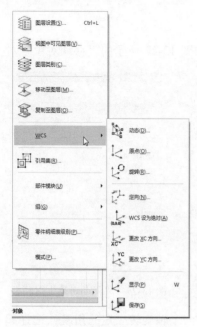

图 13-28　坐标系统操作子菜单

在一个 UG 文件中可以存在多个坐标系。但它们当中只可以有一个工作坐标系，UG 中还可以利用 WCS 子菜单中的"保存"命令来保存坐标系，从而记录下每次操作时的坐标系位置，以后再利用"原点"命令移动到相应的位置。

13.2.1　坐标系的变换

选择"菜单"→"格式"→"WCS"命令，打开如图 13-28 所示子菜单命令，用于对坐标系进行变换以产生新的坐标。

① 动态：该命令能通过步进的方式移动或旋转当前的 WCS，用户可以在绘图工作区中移动坐标系到指定位置，也可以设置步进参数使坐标系逐步移动到指定的距离参数。如图 13-29 所示。

② 原点：该命令通过定义当前 WCS 的原点来移动坐标系的位置。但该命令仅仅移动坐标系的位置，而不会改变坐标轴的方向。

③ 旋转：该命令将会打开如图 13-30 所示对话框，通过当前的 WCS 绕其某一坐标轴旋转一定角度，来定义一个新的 WCS。

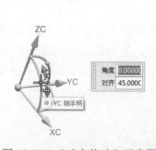

图 13-29　"动态移动"示意图

图 13-30　"旋转 WCS 绕"对话框

用户通过对话框可以选择坐标系绕哪个轴旋转，同时指定从一个轴转向另一个轴，在"角度"文本框中输入需要旋转的角度。角度可以为负值。

提示：

可以直接双击坐标系使坐标系激活，处于动态移动状态，用鼠标拖动原点处的方块，可以沿 X、Y、Z 方向任意移动，也可以绕任意坐标轴旋转。

④ 改变坐标轴方向：选择"菜单"→"格式"→"WCS"→"更改 XC 方向"命令或选择"菜单"→"格式"→"WCS"→"更改 YC 方向"命令，系统打开"点"对话框，在该对话框中选择点，系统以原坐标系的原点和该点在 XC-YC 平面上的投影点的连线方向作为新坐标系的 XC 方向或 YC 方向，而原坐标系的 ZC 轴方向不变。

13.2.2 坐标系的定义

选择"菜单"→"格式"→"WCS"→"定向"命令，打开如图 13-31 所示"坐标系"对话框，用于定义一个新的坐标系。

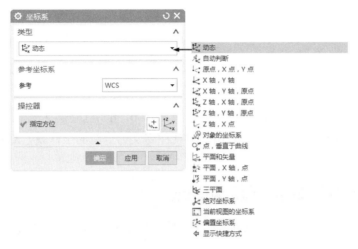

图 13-31 "坐标系"对话框

以下对其相关功能作介绍。

① 动态：使您可以手动移动坐标系到任何想要的位置或方位，即可以使用手柄操控坐标系。

② 自动判断：该方式通过选择的对象或输入 X、Y、Z 坐标轴方向的偏置值来定义一个坐标系。

③ 原点，X 点，Y 点：该方式利用点创建功能先后指定 3 个点来定义一个坐标系。这 3 点分别是原点、X 轴上的点和 Y 轴上的点，第一点为原点，第一和第二点的方向为 X 轴的正向，第一与第三点的方向为 Y 轴方向，再由 X 到 Y 按右手定则来定 Z 轴正向。

④ X 轴，Y 轴：该方式利用矢量创建的功能选择或定义两个矢量来创建坐标系.

⑤ X 轴，Y 轴，原点：根据您选择或定义的一个点和两个矢量来定义坐标系。X 轴和 Y 轴都是矢量；原点为选择或定义的点。

⑥ Z 轴，X 轴，原点：根据您选择或定义的一个点和两个矢量来定义坐标系。Z 轴和 X 轴都是矢量；原点为选择或定义的点。

⑦ Z 轴，Y 轴，原点：根据您选择或定义的一个点和两个矢量来定义坐标系。Z 轴和 Y 轴都是矢量；原点为选择或定义的点。

⑧ Z 轴，X 点：该方式先利用矢量创建功能选择或定义一个矢量，再利用点创建功能指定一个点，来定义一个坐标系。其中，X 轴正向为沿点和定义矢量的垂线指向定义点的方向，Y 轴则由 Z、X 依据右手定则导出。

⑨ 对象的坐标系：该方式由选择的平面曲线、平面或实体的坐标系来定义一个新的坐标系，XOY 平面为选择对象所在的平面。

⑩ 点，垂直于曲线：该方式利用所选曲线的切线和一个指定点的方法创建一个坐标系。曲线的切线方向即为 Z 轴矢量，X 轴方向为沿点到切线的垂线指向点的方向，Y 轴正向

由自 Z 轴至 X 轴的矢量按右手定则来确定，切点即为原点。

⑪ 平面和矢量：该方式通过先后选择一个平面和一矢量来定义一个坐标系。其中 X 轴为平面的法矢，Y 轴为指定矢量在平面上的投影，原点为指定矢量与平面的交点。

⑫ 平面，X 轴，点：基于为 Z 轴选定的平面对象、投影到 X 轴平面的矢量以及投影到原点平面的点来定义坐标系。

⑬ 三平面：该方式通过先后选择 3 个平面来定义一个坐标系。3 平面的交点为原点，第一个平面的法向为 X 轴，Y、Z 以此类推。

⑭ 偏置坐标系：该方式通过输入 X、Y、Z 坐标轴方向相对于选择坐标系的偏距来定义一个新的坐标系。

⑮ 绝对坐标系：该方式在绝对坐标系的（0，0，0）点处定义一个新的坐标系。

⑯ 当前视图的坐标系：该方式用当前视图定义一个新的坐标系。XOY 平面为当前视图所在平面。

13.2.3 坐标系的保存、显示和隐藏

选择"菜单"→"格式"→"WCS"→"显示"命令，系统会显示或隐藏按前的工作坐标按钮。

选择"菜单"→"格式"→"WCS"→"保存"命令，系统会保存当前设置的工作坐标系，以便在以后的工作中调用。

13.3 视图与布局

本节主要介绍视图布局。分别介绍布局的新建与打开、删除、保存等，并详细介绍了布局的各种操作，如旋转、移动等。

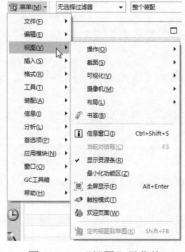

图 13-32 "视图"子菜单

13.3.1 视图

选择"菜单"→"视图"命令可得到如图 13-32 所示的"视图"子菜单，在 UG 建模模块中，沿着某个方向去观察模型，得到的一幅平行投影的平面图像称为视图。不同的视图用于显示在不同方位和观察方向上的图像。

视图的观察方向只和绝对坐标系有关，与工作坐标系无关。每一个视图都有一个名称，称为视图名，在工作区的左下角显示该名称。UG 系统默认定义好了的视图称为标准视图。对视图变换的操作可以通过选择"菜单"→"视图"→"操作"命令调出操作子菜单［图 13-33（a）］，或是在绘图工作区中单击鼠标右键选择快捷菜单［图 13-33（b）］。

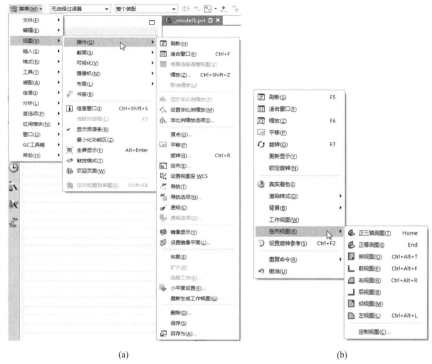

(a)   (b)

图 13-33   "视图"操作菜单

13.3.2 布局

在绘图工作区中，将多个视图按一定排列规则显示出来，就成为一个布局，每一个布局有一个名称。UG 预先定义了 6 种布局，称为标准布局，如图 13-34 所示。

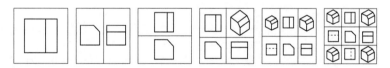

图 13-34   系统标准布局

同一布局中，只有一个视图是工作视图，其他视图都是非工作视图。各种操作都默认为针对工作视图的，用户可以随便改变工作视图。工作视图在其视图中都会显示"WORK"字样。

布局的主要作用是在绘图工作区同时显示多个视角的视图，便于用户更好地观察和操作模型。用户可以定义系统默认的布局，也可以生成自定义的布局。

选择"菜单"→"视图"→"布局"命令，系统调出如图 13-35 所示子菜单，用于控制布局的状态和各种视图角度的显示。

相关功能操作介绍如下。

① 新建：系统打开如图 13-36 所示"新建布局"对话框，用户可以在其中设置视图布局的形式和各视图的视角。

建议用户在自定义自己的布局时，输入自己的布局名称。默认情况下，UG 会按照先后顺序给每个布局命名为 LAY1、LAY2……。

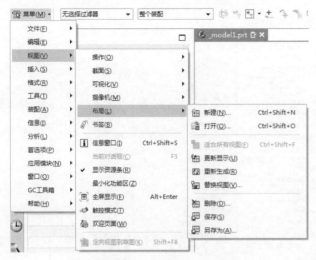

图 13-35   "布局"子菜单

图 13-36   "新建布局"对话框

② 打开：系统会打开如图 13-37 所示对话框，在当前文件的布局名称列表中选择要打开的某个布局，系统会按该布局的方式来显示图形。当勾选了"适合所有视图"复选框之后，系统会自动调整布局中的所有视图加以拟合。

图 13-37   "打开布局"对话框

图 13-38   "视图替换为..."对话框

③ 适合所有视图：该功能用于调整当前布局中所有视图的中心和比例，使实体模型最大限度地拟合在每个视图边界内。

④ 更新显示：当对实体进行修改后，使用了该命令就会对所有视图的模型进行实时更新显示。

⑤ 重新生成：该功能用于重新生成布局中的每一个视图。

⑥ 替换视图：打开如图 13-38 所示的"视图替换为..."对话框，该对话框用于替换布局中的某个视图。

⑦ 保存：系统则用当前的视图布局名称保存修改后的布局。

⑧ 另存为：打开如图 13-39 所示的"另存布局"对话框，在列表框中选择要更换名称进行保存的布局，在"名称"文本框中输入一个新的布局名称，则系统会用新的名称保存修改过的布局。

⑨ 删除：当存在用户删除的布局时，打开如图 13-40 所示的"删除布局"对话框，该对话框用于从列表框中选择要删除的视图布局。

图 13-39　"另存布局"对话框

图 13-40　"删除布局"对话框

<table>
<tr><td></td></tr>
</table>

13.4　图层操作

所谓图层，就是在空间中使用不同的层次来放置几何体。UG 中的图层功能类似于设计工程师在透明覆盖层上建立模型的方法，一个图层类似于一个透明的覆盖层。图层的最主要功能是在复杂建模的时候可以控制对象的显示、编辑、状态。

一个 UG 文件中最多可以有 256 个图层，每层上可以含任意数量的对象。因此一个图层可以含有部件上的所有对象，一个对象上的部件也可以分布在很多层上，但需要注意的是，只有一个图层是当前工作图层，所有的操作只能在工作图层上进行，其他图层可以通过可见性、可选择性等的设置进行辅助工作。选择"菜单"→"格式"子菜单命令（如图 13-41 所示），可以调用有关图层的所有命令功能。

图 13-41　"格式"子菜单命令

13.4.1　图层的分类

对相应图层进行分类管理，可以很方便地通过层类来实现对其中各层的操作，可以提高操作效率。例如可以设置 model、draft、sketch 等图层种类，model 包括 1～10 层，draft 包括 11~20 层，sketch 包括 21~30 层等。用户可以根据自身需要来制定图层的类别。

选择"菜单"→"格式"→"图层类别"命令，打开如图 13-42 所示"图层类别"对话框，可以对图层进行分类设置。

以下就其中部分选项功能作介绍。

① 过滤器：用于输入已存在的图层种类的名称来进行筛选，当输入"*"时则会显示所有的图层种类。用户可以直接在列表框中选取需要编辑的图层种类。

② 图层类别表框：用于显示满足过滤条件的所有图层类条目。

③ 类别：用于输入图层种类的名称来新建图层，或是对已存在图层种类进行编辑。

④ 创建/编辑：用于创建和编辑图层，若"类别"中输入的名字已存在则进行编辑，若不存在则进行创建。

⑤ 删除/重命名：用于对选中的图层种类进行删除或重命名操作。

⑥ 描述：用于输入某类图层相应的描述文字，即用于解释该图层种类含义的文字，当

输入的描述文字超出规定长度时，系统会自动进行长度匹配。

⑦ 加入描述：新建图层类时，若在"描述"下面的文本框中输入了该图层类的描述信息，则需单击该按钮才能使描述信息有效。

13.4.2 图层的设置

用户可以在任何一个或一群图层中设置该图层是否显示和是否变换工作图层等。选择"菜单"→"格式"→"图层设置"命令，打开如图 13-43 所示"图层设置"对话框，利用该对话框可以对组件中所有图层或任意一个图层进行工作层、可选取性、可见性等设置，并且可以查询层的信息，同时也可以对层所属种类进行编辑。

图 13-42　"图层类别"对话框

图 13-43　"图层设置"对话框

以下对相关功能用法作介绍。

① 工作层：用于输入需要设置为当前工作层的图层号。当输入图层号后，系统会自动将其设置为工作图层。

② 按范围/类别选择图层：用于输入范围或图层种类的名称进行筛选操作，在文本框中输入种类名称并确定后，系统会自动将所有属于该种类的图层选取，并改变其状态。

③ 类别过滤器：在文本框中输入了"*"，表示接受所有图层种类。

④ 名称：图层信息对话框能够显示此零件文件所有图层和所属种类的相关信息。如图层编号、状态、图层种类等。显示图层的状态、所属图层的种类、对象数目等。可以利用 Ctrl 或<Shift>键进行多项选择。此外，在列表框中双击需要更改状态的图层，系统会自动切换其显示状态。

⑤ 仅可见：用于将指定的图层设置为仅可见状态。当图层处于仅可见状态时，该图层

的所有对象仅可见但不能被选取和编辑。

⑥ 显示：用于控制在图层状态列表框中图层的显示情况。该下拉列表中含有"所有图层""含有对象的图层""所有可选图层"和"所有可见图层"4 个选项。

⑦ 显示前全部适合：用于在更新显示前吻合所有的试图，使对象充满显示区域，或在工作区域利用 Ctrl+F 键实现该功能。

13.4.3 图层的其他操作

① 图层的可见性设置：选择"菜单"→"格式"→"视图中可见图层"命令，系统会打开如图 13-44 所示"视图中可见图层"对话框。

在图 13-44（a）打开的对话框中选择要操作的视图，之后在图 13-44（b）所示的对话框列表框中选择可见性图层，然后设置可见/不可见选项。

② 图层中对象的移动：选择"菜单"→"格式"→"移动至图层"命令，选择要移动的对象后，打开如图 13-45 所示"图层移动"对话框。在"图层"列表中直接选中目标层，系统就会将所选对象放置在目的层中。

③ 图层中对象的复制：选择"菜单"→"格式"→"复制至图层"命令，选择要复制的对象后，打开如图 13-46 所示对话框，操作过程基本相同，在此不再详述。

（a） （b）

图 13-44 "视图中可见图层"选择对话框

图 13-45 "图层移动"对话框

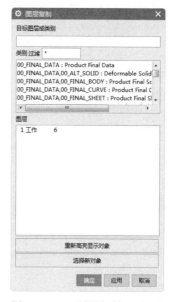

图 13-46 "图层复制"对话框

上 机 操 作

【实例1】对象操作练习

（1）目的要求

通过本练习，帮助读者快速掌握对象操作的基本方法。

（2）操作提示

① 从随书资源的"源文件"文件夹中随便打开一个文件。

② 选择零件，并设置零件颜色以及透明度。

③ 将不需要的对象进行隐藏。

【实例2】变换坐标系

（1）目的要求

通过本练习，帮助读者快速掌握坐标系操作的基本方法。

（2）操作提示

① 将坐标系移到新位置。

② 将坐标系旋转90°。

③ 动态移动坐标系。

第14章
草图绘制

草图（Sketch）是UG建模中建立参数化模型的一个重要工具。通常情况下，用户的三维设计应该从草图设计开始，通过UG中提供的草图功能建立各种基本曲线，对曲线进行几何约束和尺寸约束，然后对二维草图进行拉伸、旋转或者扫掠就可以很方便地生成三维实体。此后模型的编辑修改，主要在相应的草图中完成后即可。

本章节主要介绍草图的基本知识、操作和编辑等。

学习要点

学习草图绘制

掌握草图编辑

了解草图约束

14.1 进入草图环境

选择"菜单"→"插入"→"在任务环境中绘制草图"命令，或者单击"曲线"选项卡→"在任务环境中绘制草图" 图标，系统会自动出现"创建草图"对话框，提示用户选择一个安放草图的平面，如图 14-1 所示。

草图类型选择"在平面上"，用于基于现有平面或平的面或基于新的平面或坐标系绘制草图。

① 现有平面：在视图区选择一个平面作为草图工作平面，同时系统在所选表面坐标轴方向，如图 14-2 所示。

② 创建平面：在"平面方法"选项下拉列表中选择"新平面"方式，对话框如图 14-3 所示。单击 图标，打开"平面"对话框，如图 14-4 所示。用户可选择自动判断、点和方向、距离、成一角度和固定基准等方式创建草图工作平面。

③ 基于路径：在"创建草图"对话框中的"草图类型"选择"基于路径"，在视图区选择一条连续的曲线作为刀轨，同时系统在和所选曲线的刀轨方向显示草图工作平面及其坐标方向，还有草图工作平面和刀轨相交点在曲线上的弧长文本对话框，在该文本对话框中输入弧长值，可以改变草图工作平面的位置，如图 14-5 所示。

图 14-1 "创建草图"对话框

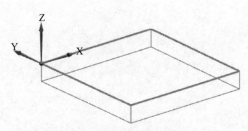

图 14-2 选择草图平面

图 14-3 "创建草图"对话框

图 14-4 "平面"对话框

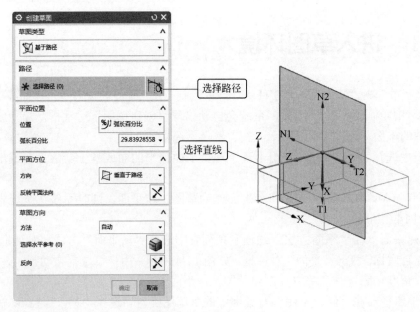

图 14-5 选择在轨迹上

单击"确定"按钮，进入草图环境，如图 14-6 所示。

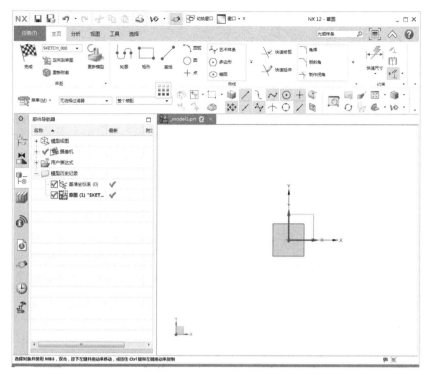

图 14-6 "草图"工作环境

14.2 草图绘制

进入草图绘制界面后，系统会自动打开如图 14-7 所示的"曲线"组。本节主要介绍功能区中草图曲线部分。

14.2.1 轮廓

绘制单一或者连续的直线和圆弧。

选择"菜单"→"插入"→"曲线"→"轮廓"命令，或者单击"主页"选项卡→"曲线"组→"轮廓" 图标，打开如图 14-8 所示的"轮廓"对话框。

图 14-7 "曲线"组   图 14-8 "轮廓"对话框

① 直线：在"轮廓"对话框中单击 图标，在视图区选择两点绘制直线。

② 圆弧：在"轮廓"对话框中单击 图标，在视图区选择一点，输入半径，然后再在视图区选择另一点，或者根据相应约束和扫描角度绘制圆弧。

③ 坐标模式：在"轮廓"对话框中单击 XY 图标，在视图区显示如图 14-9 所示"XC"和"YC"数值输入文本框，在文本框中输入所需数值，确定绘制点。

④ 参数模式：在"轮廓"对话框中单击 图标，在视图区显示如图 14-10 所示"长度"和"角度"或者"半径"数值输入文本框，在文本框中输入所需数值，拖动鼠标，在所要放置位置单击鼠标左键，绘制直线或者弧。和坐标模式的区别：在数值输入文本框中输入数值后，坐标模式是确定的，而参数模式是浮动的。

| XC | 41 |
| YC | -20 |

图 14-9　"坐标模式"数值输入文本框

图 14-10　"参数模式"数值输入文本框

14.2.2　直线

选择"菜单"→"插入"→"曲线"→"直线"命令，或者单击"主页"选项卡→"曲线"组→"直线" ╱ 图标，打开如图 14-11 所示的"直线"对话框，其各个参数含义和"轮廓"对话框中对应的参数含义相同。

14.2.3　圆弧

选择"菜单"→"插入"→"曲线"→"圆弧"命令，或者单击"主页"选项卡→"曲线"组→"圆弧" ↷ 图标，打开如图 14-12 所示的"圆弧"对话框，其中"坐标模式"和"参数模式"参数含义和"轮廓"对话框中对应的参数含义相同。

① 三点定圆弧：在"圆弧"对话框中单击 ↷ 图标，选择"三点定圆弧"方式绘制圆弧。

② 中心和端点定圆弧：在"圆弧"对话框中单击 ↶ 图标，选择"中心和端点定圆弧"方式绘制圆弧。

图 14-11　"直线"对话框

图 14-12　"圆弧"对话框

14.2.4　圆

选择"菜单"→"插入"→"曲线"→"圆"命令，或者单击"主页"选项卡→"曲线"组→"圆" ○ 图标，打开如图 14-13 所示的"圆"对话框，其中"坐标模式"和"参数模式"参数含义和"轮廓"对话框中对应的参数含义相同。

① 圆心和直径定圆：在"圆"对话框中单击 ⊙ 图标，选择"圆心和直径定圆"方式绘制圆。

② 三点定圆：在"圆"对话框中单击 ○ 图标，选择"三点定圆"方式绘制圆。

14.2.5　矩形

选择"菜单"→"插入"→"曲线"→"矩形"命令，或者单击"主页"选项卡→"曲线"组→"矩形" □ 图标，打开如图 14-14 所示的"矩形"对话框，其中"坐标模式"和"参数模式"参数含义和"轮廓"对话框中对应的参数含义相同。

图 14-13　"圆"对话框

图 14-14　"矩形"对话框

① 按2点：在"矩形"对话框中，单击⌐图标，选择"按2点"绘制矩形。

② 按3点：在"矩形"对话框中，单击图标，选择"按3点"绘制矩形。

③ 从中心：在"矩形"对话框中，单击图标，选择"从中心"绘制矩形。

14.2.6　拟合曲线

选择"菜单"→"插入"→"曲线"→"拟合曲线"命令，或者单击"主页"选项卡→"曲线"组→"曲线"库→"拟合曲线"图标，打开如图 14-15 所示的"拟合曲线"对话框。

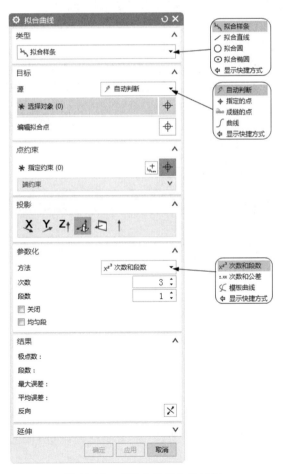

图 14-15　"拟合曲线"对话框

拟合曲线类型分为拟合样条、拟合直线、拟合圆和拟合椭圆四种类型。

其中拟合直线、拟合圆和拟合椭圆创建类型下的各个操作选项基本相同，如选择点的方式有自动判断、指定的点和成链的点三种，创建出来的曲线也可以通过"结果"来查看误差。与其他三种不同的是拟合样条，其可选的操作对象有自动判断、指定的点、成链的点、曲线四种。

① 次数和段数：用于根据拟合样条曲线次数和分段数生成拟合样条曲线。在的"次数""段数"数值输入文本框中输入用户所需的数值，若要均匀分段，则勾选"均匀段"复选框，创建拟合样条曲线。

② 次数和公差：用于根据拟合样条曲线次数和公差生成拟合样条曲线。在"次数""公差"数值输入文本框输入用户所需的数值，创建拟合样条曲线。

③ 模板曲线：根据模板样条曲线，生成曲线次数及结点顺序均与模板曲线相同的拟合样条曲线。"保持模板曲线为选定"复选框被激活，勾选该复选框表示保留所选择的模板曲线，否则移除。

14.2.7　艺术样条

用于在工作窗口定义样条曲线的各定义点来生成样条曲线。

选择"菜单"→"插入"→"曲线"→"艺术样条"命令，或者单击"主页"选项卡→"曲线"组→"艺术样条" 图标，打开如图 14-16 所示的"艺术样条"对话框。

在"艺术样条"对话框中的"类型"列表框中包括"通过点"和"根据极点"两种类型。还可采用"根据极点"方法对已创建的样条曲线各个定义点进行编辑。

图 14-16　"艺术样条"对话框

图 14-17　"椭圆"对话框

14.2.8　椭圆

选择"菜单"→"插入"→"曲线"→"椭圆"命令，或者单击"主页"选项卡→"曲线"组→"椭圆" 图标，打开如图 14-17 所示的"椭圆"对话框。在该对话框中输入各项参数值，单击"确定"按钮，创建椭圆。创建"椭圆"示意图如图 14-18 所示。

14.2.9　二次曲线

选择"菜单"→"插入"→"曲线"→"二次曲线"命令，或者单击"主页"选项卡→"曲线"组→"二次曲线" ⤵· 图标，打开如图 14-19 所示的"二次曲线"对话框，定义三个点，输入用户所需的"Rho"值。单击"确定"按钮，创建二次曲线。

图 14-18　"椭圆"示意图

图 14-19　"二次曲线"对话框

14.2.10　实例——轴承草图

创建如图 14-20 所示的轴承草图。

【操作步骤】

（1）新建文件

单击"主页"选项卡→"新建" 📄 图标，打开"新建"对话框。在"模板"列表框中选择"模型"，输入"ZhouCheng"，单击"确定"按钮，进入 UG 建模环境。

（2）创建点

图 14-20　轴承草图

① 选择"菜单"→"插入"→"在任务环境中绘制草图"命令，或者单击"曲线"选项卡→"在任务环境中绘制草图" 📐 图标，进入草图绘制界面并打开"创建草图"对话框。

② 选择 XC-YC 平面作为工作平面。

③ 选择"菜单"→"插入"→"基准/点"→"点"命令，或者单击"主页"选项卡→"曲线"组→"点" ✛ 图标，打开"草图点"对话框，如图 14-21 所示。

④ 在"草图点"对话框中单击"点对话框"按钮 ✛，打开"点"对话框，如图 14-22 所示。

⑤ 在"点"对话框中输入要创建的点的坐标。此处共创建 7 个点，其坐标分别为：点 1（0,50,0），点 2（18,50,0），点 3（0,42.05,0），点 4（1.75,33.125,0），点 5（22.75,38.75,0），点 6（1.75,27.5,0），点 7（22.75,27.5,0），如图 14-23 所示。

图 14-21　"草图点"对话框　　　　图 14-22　"点"对话框

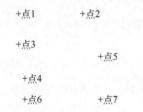

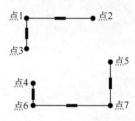

图 14-23　创建的 7 个点　　　　图 14-24　连接而成的直线

（3）创建直线

① 选择"菜单"→"插入"→"曲线"→"直线"命令，或者单击"主页"选项"曲线"组上的"直线"✓图标，打开"直线"对话框。

② 分别连接点 1 和点 2，点 1 和点 3，点 4 和点 6，点 6 和点 7，点 7 和点 5。结果如图 14-24 所示。

③ 选择点 3 作为直线的起点，建立直线与 XC 轴成 15°角，直线的长度只要超过连接点 1 和点 2 生成的直线即可。结果如图 14-25 所示。

（4）创建派生直线

① 选择"菜单"→"插入"→"来自曲线集的曲线"→"派生直线"命令，选择刚创建的直线为参考直线，并设偏置值为-5.625 生成派生直线，如图 14-26 所示。

② 创建一条派生直线，偏置值也是-5.625，如图 14-27 所示。

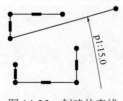

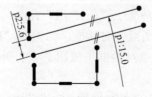

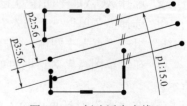

图 14-25　创建的直线　　　图 14-26　创建派生直线 1　　　图 14-27　创建派生直线 2

（5）创建直线

① 选择"菜单"→"插入"→"曲线"→"直线"命令，或者单击"主页"选项卡→

"曲线"组→"直线" ╱图标,打开"直线"对话框。

② 创建一条直线,该直线平行于 YC 轴,并且距离 YC 轴的距离 11.375,长度能穿过刚刚新建的第一条派生直线即可,如图 14-28 所示。

（6）创建点

① 选择"菜单"→"插入"→"基准/点"→"点"命令,或者单击"主页"选项卡→"曲线"组→"点"＋图标,打开"草图点"对话框。

② 在对话框中选择╋,然后选择直线 2 和直线 4,求出它们的交点。

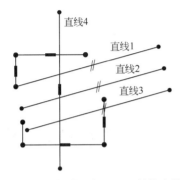 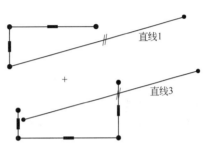

图 14-28　新建平行于 YC 轴的直线　　　　图 14-29　创建直线 2 和 4 的交点

（7）修剪直线

① 选择"菜单"→"编辑"→"曲线"→"快速修剪"命令,或者单击"主页"选项卡"曲线"组上的"快速修剪" ╲图标,打开"快速修剪"对话框。

② 将图 14-28 所示的直线 2 和直线 4 修剪掉,如图 14-29 所示,图中的点为刚创建直线 2 和直线 4 的交点。

（8）创建直线

① 选择"菜单"→"插入"→"曲线"→"直线"命令,或者单击"主页"选项"曲线"面组上的"直线" ╱图标,打开"直线"对话框。

② 选择直线 2 和直线 4 的交点为起点,移动鼠标,当系统出现如图 14-30（a）中所示的情形时,表示该直线与图 14-29 中所示的直线 1 平行,设定该直线长度为 7 并回车。

③ 在另外一个方向也创建一条直线平行于图 14-29 中所示的直线 3,长度为 7,如图 14-30（b）所示。

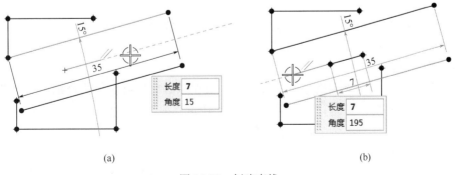

(a)　　　　　　　　　　　　　　(b)

图 14-30　创建直线

④ 以刚创建的直线的端点为起点，创建两条直线与图 14-29 中所示的直线 1 垂直，长度能穿过直线 1 即可。如图 14-31 所示。

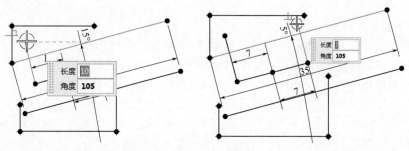

图 14-31　创建直线

（9）延伸直线

① 选择"菜单"→"编辑"→"曲线"→"快速延伸"命令，或者单击"主页"选项卡→"曲线"组→"快速延伸" 图标，打开如图 14-32 所示的"快速延伸"对话框。

② 将上步创建的两条直线延伸至直线 3，如图 14-33 所示。

图 14-32　"快速延伸"对话框

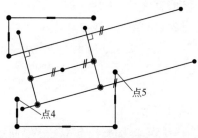

图 14-33　延伸直线

（10）创建直线

① 选择"菜单"→"插入"→"曲线"→"直线"命令，或者单击"主页"选项卡→"曲线"组→"直线" 图标，打开"直线"对话框。

② 以图 14-33 中所示的点 4 为起点，并且与 XC 轴平行，长度能穿过直线 3 即可，如图 14-34（a）所示。

③ 以图 14-33 中所示的点 5 为起点，再创建一条直线与 XC 轴平行，长度也是能穿过刚刚快速延伸得到的直线即可，如图 14-34（b）所示。

（11）修剪直线

① 选择"菜单"→"编辑"→"曲线"→"快速修剪"命令，或者单击"主页"选项卡→"曲线"组→"快速修剪" 图标，打开"快速修剪"对话框。

② 对草图进行修剪，结果如图 14-35 所示。

（12）创建直线

① 选择"菜单"→"插入"→"曲线"→"直线"命令，或者单击"主页"选项卡→"曲线"组→"直线" 图标，打开"直线"对话框。

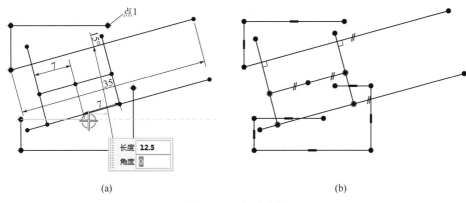

图 14-34 创建直线

② 以图 14-34（a）中所示的点 1 为起点，创建直线与 XC 轴垂直，长度能穿过直线 1 即可，如图 14-36 所示。

（13）修剪草图

选择"菜单"→"编辑"→"曲线"→"快速修剪"命令，或者单击"主页"选项卡→"曲线"组→"快速修剪" 图标，对草图进行修剪，结果如图 14-37 所示。

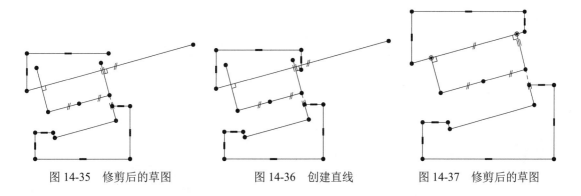

图 14-35 修剪后的草图　　　　图 14-36 创建直线　　　　图 14-37 修剪后的草图

14.3 编辑草图

14.3.1 快速修剪

修剪一条或者多条曲线。

选择"菜单"→"编辑"→"曲线"→"快速修剪"命令，或者单击"主页"选项卡→"曲线"组→"快速修剪" 图标，修剪不需要的曲线。

修剪草图中不需要的线素有以下 3 种方式。

① 修剪单一对象：鼠标直接选择不需要的线素，修剪边界为离指定对象最近的曲线，如图 14-38 所示。

② 修剪多个对象：按住鼠标左键并拖动，这时光标变成画笔，与画笔画出的曲线相交的线素都被裁剪掉，如图 14-39 所示。

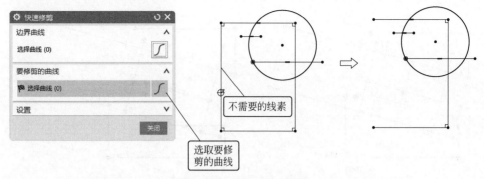

图 14-38　修剪单一对象

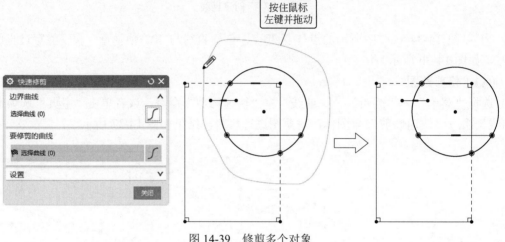

图 14-39　修剪多个对象

③ 修剪至边界：用鼠标选择剪切边界线，然后再单击多余的线素，被选中的线素即以边界线为边界被修剪，如图 14-40 所示。

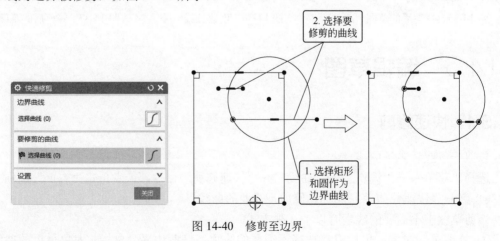

图 14-40　修剪至边界

14.3.2　快速延伸

延伸指定的对象与曲线边界相交。

选择"菜单"→"编辑"→"曲线"→"快速延伸"命令，或者单击"主页"选项卡→

"曲线"组→"快速延伸" ⚡ 图标，延伸指定的线素与边界相交。

延伸指定的线素有以下 3 种方式。

① 延伸单一对象：鼠标直接选择要延伸的线素，单击左键确定，线素自动延伸到下一个边界，如图 14-41 所示。

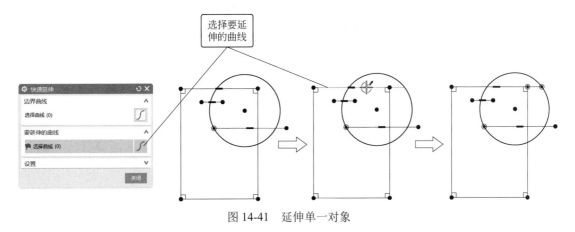

图 14-41　延伸单一对象

② 延伸多个对象：按住鼠标左键并拖动，这时光标变成画笔，与画笔画出的曲线相交的线素都会被延伸，如图 14-42 所示。

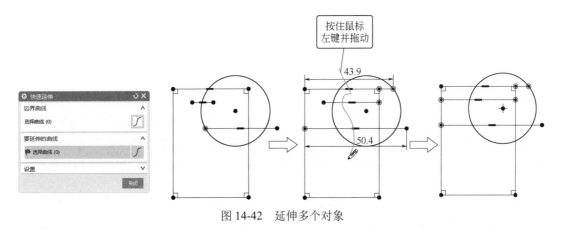

图 14-42　延伸多个对象

③ 延伸至边界：用鼠标选择延伸的边界线，然后单击要延伸的对象，被选中对象延伸至边界线，如图 14-43 所示。

14.3.3　派生曲线

选择一条或几条直线后，系统自动生成其平行线或中线或角平分线。

选择"菜单"→"插入"→"来自曲线集的曲线"→"派生直线"命令，选择"派生直线"方式绘制直线。"派生直线"方式绘制草图示意图如图 14-44 所示。

14.3.4　圆角

在两条曲线之间进行倒角，并且可以动态改变圆角半径。

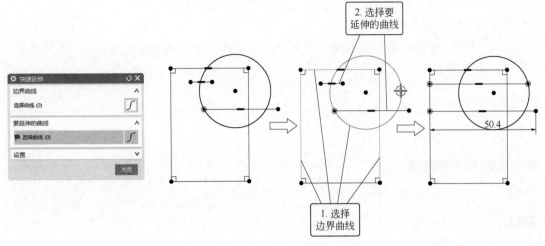

图 14-43　延伸至边界

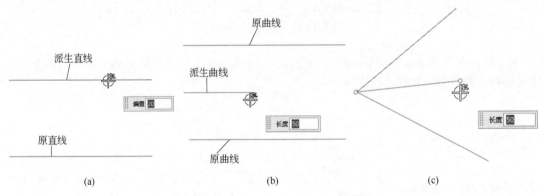

(a) (b) (c)

图 14-44　"派生直线"方式绘制草图

选择"菜单"→"插入"→"曲线"→"圆角"命令，或者单击"主页"选项卡→"曲线"组→"角焊" 图标，弹出"半径"数值输入文本框，同时系统打开如图 14-45 所示的"圆角"对话框。

① 修剪输入：在"圆角"对话框中单击 图标，选择"修剪"功能，表示对原线素进行修剪或延伸；在"圆角"对话框中单击 图标，表示对原线素不修剪也不延伸。选择和弹起"修剪"创建圆角示意图如图 14-46 所示。

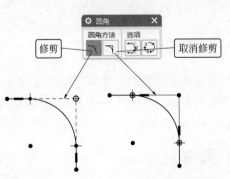

图 14-45　"圆角"对话框　　　图 14-46　"修剪"方式创建圆角示意图

② 删除第三条曲线：在"圆角"对话框中单击 图标，表示在选择两条曲线和圆角半径后，存在第三条曲线和该圆角相切，系统在创建圆角的同时，自动删除和该圆角相切的第三条曲线，示意图如图 14-47 所示。

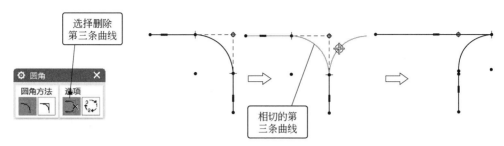

图 14-47 "删除第三条曲线"方式创建圆角示意图

14.3.5 镜像

草图镜像操作是将草图几何对象以一条直线为对称中心线，将所选取的对象以该直线为轴进行镜像，复制成新的草图对象。镜像复制的对象与原对象形成一个整体，并且保持相关性。

选择"菜单"→"插入"→"来自曲线集的曲线"→"镜像曲线"命令，打开如图 14-48 所示的"镜像曲线"对话框。该对话框中各参数含义介绍如下。

① 要镜像的曲线：用于选择一个或者多个需要镜像的草图对象。

② 中心线：用于在工作窗口选择一条直线作为镜像中心线。在"镜像曲线"对话框中单击 图标，在工作窗口选择镜像中心线。

③ 设置。

a．中心线转换为参考：将活动中心线转换为参考。如果中心线为参考轴，则系统沿该轴创建一条参考线。

b．显示终点：显示终点约束，以便移除或添加它们。如果移除终点约束，然后编辑原先的曲线，则未约束的镜像曲线将不会更新。

14.3.6 添加现有的曲线

用于将已存在的曲线或点（不属于草图对象的曲线或点），增加到当前的草图中。

选择"菜单"→"插入"→"来自曲线集的曲线"→"现有曲线"命令，打开如图 14-49 所示的"添加曲线"对话框。

完成对象选取后，系统会自动将所选的曲线添加到当前的草图中，刚添加进草图的对象不具有任何的约束。

14.3.7 相交

用于求已存在的实体边缘和草图工作平面的交点。

选择"菜单"→"插入"→"配方曲线"→"相交曲线"命令，打开如图 14-50 所示的"相交曲线"对话框。系统提示用户选择已存在的实体边缘，边缘选定后，在边缘与草图平面相交的地方就会出现*号，表示存在交点，若存在循环解则 被激活，单击该图标，用户可以选择所需的交点。

图 14-48 "镜像曲线"对话框　　　　图 14-49 "添加曲线"对话框

14.3.8 投影

能够将抽取的对象按垂直于草图工作平面的方向投影到草图中，使之成为草图对象。

选择"菜单"→"插入"→"配方曲线"→"投影曲线"命令，打开如图 14-51 所示的"投影曲线"对话框。

图 14-50 "相交曲线"对话框　　　　图 14-51 "投影曲线"对话框

该功能用于将选中的对象沿草图平面的法向投影到草图的平面上。通过选择草图外部的对象，可以生成抽取的曲线或线串。能够抽取的对象包括曲线（关联或非关联的）、边、面、其他草图或草图内的曲线、点。

14.4 草图约束

草图约束是用于限制草图的形状和大小，包括限制大小的尺寸约束和限制形状的几何约束。

14.4.1 尺寸约束

（1）线性尺寸

选择"菜单"→"插入"→"尺寸"→"线性"命令，或者单击"主页"选项卡→"约束"组→"线性尺寸"图标，打开"线性尺寸"对话框，如图 14-52 所示。在绘图工作区中选取同一对象或不同对象的两个控制点，则用两点的连线标注尺寸。

（2）角度尺寸

选择"菜单"→"插入"→"尺寸"→"角度"命令，或者单击"主页"选项卡→"约束"组→"角度尺寸"图标，打开"角度尺寸"对话框，如图 14-53 所示。在绘图工作区中一般在远离直线交点的位置选择两直线，则系统会标注这两直线之间的夹角，如果选取直线时光标比较靠近两直线的交点，则标注的该角度是对顶角。其示意图如图 14-53 所示。

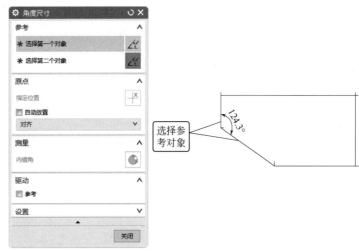

图 14-52　"线性尺寸"对话框　　　　图 14-53　"角度"标注尺寸示意图

（3）径向尺寸

选择"菜单"→"插入"→"尺寸"→"径向"命令，或者单击"主页"选项卡→"约束"组→"径向尺寸"图标，打开"径向尺寸"对话框，如图 14-54 所示。在绘图工作区中选取一圆弧曲线，则系统直接标注圆弧的半径尺寸，如图 14-54 所示。

（4）周长尺寸

选择"菜单"→"插入"→"尺寸"→"周长"命令，或者单击"主页"选项卡→"约束"组→"周长尺寸"图标，打开"周长尺寸"对话框，如图 14-55 所示。在绘图工作区中选取一段或多段曲线，则系统会标注这些曲线的周长。这种方式不会在绘图区显示。

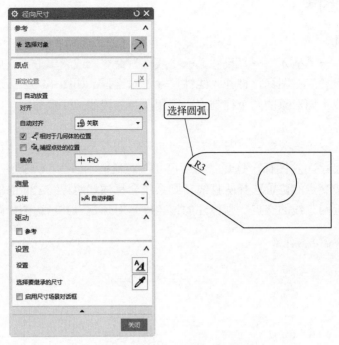

图 14-54   "半径"标注尺寸示意图

图 14-55   "周长尺寸"对话框

图 14-56   "几何约束"对话框

14.4.2　约束工具

用于建立草图对象的几何特征，或者建立两个或多个对象之间的关系。

（1）几何约束

单击"主页"选项卡→"约束"组→"几何约束" ⟋⊥ 图标，打开如图 14-56 所示的"几何约束"对话框，在约束栏中选择要添加的约束，在视图中分别选择要约束的对象和要约束到的对象，可以再设置栏中勾选约束添加到约束栏中。选择"垂直"约束示意图如图 14-57所示。

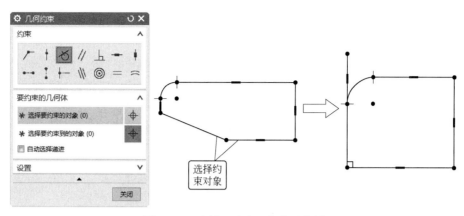

图 14-57 选择"垂直"约束示意图

（2）自动约束

单击"主页"选项卡→"约束"组→"约束"工具下拉菜单→"自动约束" 图标，打开如图 14-58 所示的"自动约束"对话框，用于可以通过选取约束对两个或两个以上对象进行几何约束操作。用户可以在该对话框中设置距离和公差，以控制显示自动约束的符号的范围，单击"全部设置"按钮一次性选择全部约束，单击"全部清除"按钮一次性清除全部设置。若勾选"施加远程约束"复选框，则所选约束在绘图区和在其他草图文件中所绘草图有约束时，系统会显示约束符号。

（3）转换至/自参考对象

单击"主页"选项卡→"约束"组→"约束"工具下拉菜单→"转换至/自参考对象" 图标，打开如图 14-59 所示的"转换至/自参考对象"对话框。用于将草图曲线或尺寸转换为参考对象，或将参考对象转换为草图对象。

图 14-58 "自动约束"对话框

图 14-59 "转换至/自参考对象"对话框

① 参考曲线或尺寸：选择该单选按钮时，系统将所选对象由草图对象或尺寸转换为参考对象。

② 活动曲线或驱动尺寸：选择该单选按钮时，系统将当前所选的参考对象激活，转换为草图对象或尺寸。

（4）备选解

单击"主页"选项卡→"约束"组→"约束"工具下拉菜单→"备选解" 图标，打开如图 14-60 所示的"备选解"对话框。当对草图进行约束操作时，同一约束条件可能存在多种解决方法，采用"备选解"操作可从一种解法转为另一种解法。

例如，圆弧和直线相切就有两种方式，其"备选解"操作示意图如图 14-60 所示。

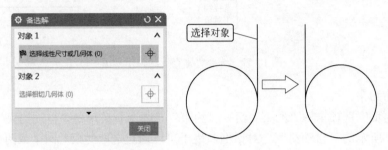

图 14-60　"备选解"操作示意图

（5）自动判断约束和尺寸

用于预先设置约束类型，系统会根据对象间的关系，自动添加相应的约束到草图对象上。单击"主页"选项卡→"约束"组→"约束"工具下拉菜单→"自动判断约束和尺寸" 图标，打开如图 14-61 所示的"自动判断约束和尺寸"对话框。

图 14-61　"自动判断约束和尺寸"对话框

图 14-62　"动画演示尺寸"对话框

（6）动画尺寸

用于使草图中制订的尺寸在规定的范围内变化，同时观察其他相应的几何约束变化的情形以此来判断草图设计的合理性，及时发现错误。在进行"动画尺寸"操作之前，必须先在草图对象上进行尺寸标注和进行必要的约束，单击"主页"选项卡→"约束"组→"约束"工具下拉菜单→"动画演示尺寸" 图标，打开如图 14-62 所示的"动画演示尺寸"对话框。系统提示用户在绘图区或在尺寸表达式列表框中选择一个尺寸，然后在对话框中设置该尺寸的变化范围和每一个循环显示的步长。单击"确定"按钮后，系统会自动在绘图区动画显示与此尺寸约束相关的几何对象。

① 尺寸表达式列表框：用于显示在草图中已标注的全部尺寸表达式。

② 下限：用于设置尺寸在动画显示时变化范围的下限。

③ 上限：用于设置尺寸在动画显示时变化范围的上限。

④ 步数/循环：用于设置每次循环时动态显示的步长值。输入的数值越大，则动态显示的速度越慢，但运动较为连贯。

⑤ 显示尺寸：用于设置在动画显示过程中，是否显示已标注的尺寸。如果勾选该复选框，在草图动画显示时，所有尺寸都会显示在窗口中，且其数值保持不变；否则不显示其他尺寸。

14.4.3 实例——阶梯轴草图

扫一扫，看视频

创建如图 14-63 所示的草图。

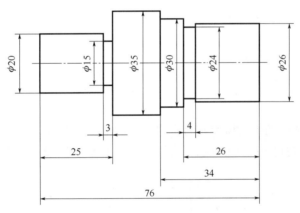

图 14-63 阶梯轴草图

【操作步骤】

（1）新建文件

单击"主页"选项卡→"标准"组→"新建" 图标，打开"新建"对话框，在"模板"列表框中选择"模型"，输入"Zhou"，单击"确定"按钮，进入 UG 建模环境。

（2）绘制中心线

① 选择"菜单"→"插入"→"在任务环境中绘制草图"命令，或者单击"曲线"选项卡→"在任务环境中绘制草图" 图标，进入草图绘制界面并打开"创建草图"对话框。

② 平面方法选择"创建平面"，选择 XC-YC 平面作为工作平面。

③ 选择"菜单"→"插入"→"曲线"→"直线"命令，或者单击"主页"选项卡→

"曲线"组→"直线" ╱图标，打开"直线"对话框。

④ 绘制一条水平直线。

（3）绘制轮廓线

① 选择"菜单"→"插入"→"曲线"→"轮廓"命令，或者单击"主页"选项卡→"曲线"组→"轮廓" ∽图标，打开"轮廓"对话框。

② 以坐标原点为起点，绘制如图 14-64 所示的图形。

（4）几何约束

① 单击"主页"选项卡→"约束"组→"几何约束" ╱⊥图标，打开如图 14-65 所示"几何约束"对话框，单击"共线"按钮 ∥，选择上步绘制中心线为要约束的对象，选择 X 轴为要约束到的对象，使中心线和 X 轴共线。

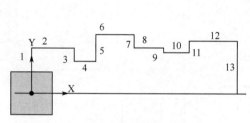

图 14-64　轮廓线

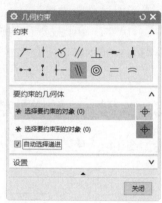

图 14-65　"几何约束"对话框

② 选择直线 1 为要约束的对象，选择 Y 轴为要约束到的对象，使竖直直线 1 和 Y 轴重合。

③ 同步骤②，选择图中的所有竖直直线，使其平行于 Y 轴。

④ 同步骤②，选择图中的所有水平直线，使其平行于 X 轴，结果如图 14-66 所示。

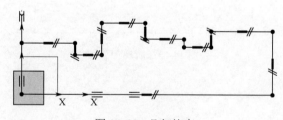

图 14-66　几何约束

（5）尺寸约束

单击"主页"选项卡→"约束"组→"快速标注" ⊢⊣图标，标注图中的尺寸，如图 14-67 所示。

（6）镜像图形

① 选择"菜单"→"插入"→"来自曲线集的曲线"→"镜像曲线"命令，打开"镜像曲线"对话框。

② 选择与 X 轴重合的线段为镜像中心线。

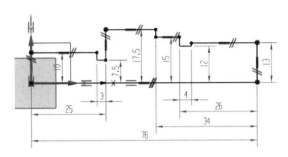

图 14-67　竖直尺寸

③ 选取所有的曲线为要镜像的曲线，单击"确定"按钮，结果如图 14-68 所示。

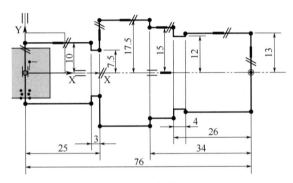

图 14-68　镜像图形

（7）绘制直线

① 选择"菜单"→"插入"→"曲线"→"直线"命令，或者单击"主页"选项卡→"曲线"组→"直线" ✐ 命令，打开"直线"对话框。

② 连接所有轴肩，结果如图 14-69 所示。

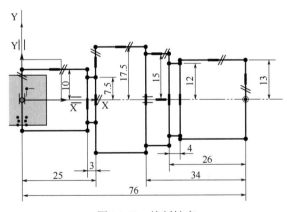

图 14-69　绘制轴肩

14.5　综合案例——拨片草图

创建如图 14-70 所示的拨片草图。

扫一扫，看视频

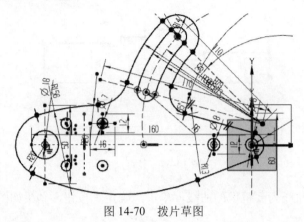

图 14-70 拨片草图

【操作步骤】

（1）新建文件

单击"主页"选项卡→"标准"组→"新建"图标，打开"新建"对话框，在"模板"列表框中选择"模型"，输入"bopian"，单击"确定"按钮，进入 UG 建模环境。

（2）草图预设置

① 选择"菜单"→"首选项"→"草图"命令，打开如图 14-71 所示的"草图首选项"对话框。

图 14-71 "草图首选项"对话框

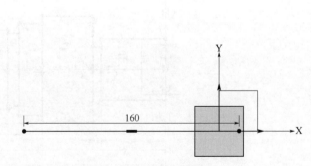

图 14-72 绘制直线 1

② 在"草图首选项"对话框中，单击"确定"按钮，草图预设置完毕。

（3）绘制直线

① 选择"菜单"→"插入"→"在任务环境中绘制草图"命令，或者单击"曲线"选项卡→"在任务环境中绘制草图"图标，进入草图绘制界面。

② 选择 XC-YC 平面作为工作平面。

③ 选择"菜单"→"插入"→"曲线"→"直线"命令，或者单击"主页"选项卡→"曲线"组→"直线" ╱ 图标，打开"直线"对话框。

④ 选择坐标模式绘制直线，在"XC"和"YC"文本框中分别输入 15，0。在"长度"和"角度"文本框中分别输入 160，180，如图 14-72 所示。

⑤ 同理，按照 XC、YC、长度和角度的顺序，分别绘制（0,−40）（60,90），（−25,−6）（12,90），（−98,8）（12,90），（−106,14）（16,0），（−136,−25）（50,90），（7,13）（110,165），（7,13）（110,135）7 条直线，如图 14-73 所示。

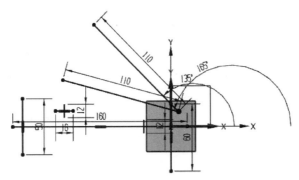

图 14-73 绘制其他 7 条直线

（4）绘制圆弧

① 选择"菜单"→"插入"→"曲线"→"圆弧"命令，或者单击"主页"选项卡→"曲线"组→"圆弧" ╮ 图标，打开"圆弧"对话框。

② 单击按钮 ╮，选择"中心和端点定圆弧"方式绘制弧。

③ 选择"坐标模式"绘制圆弧，在"上边框条"选中 ┿ 图标。在如图 14-74 所示的草图中捕捉两条斜线的交点。

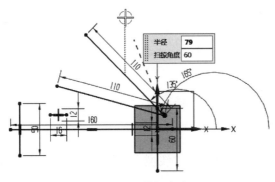

图 14-74 捕捉交点

④ 分别在"半径"和"扫掠角度"文本框中输入 79，60。单击鼠标左键，创建圆弧，如图 14-75 所示。

注意：如果在绘制圆弧时，圆弧弧长不够无法取得交点，可选择"主页"选项卡→"曲线"组→"快速延伸" ⅄ 图标，延伸圆弧长度。

（5）修改线型

① 选择所有的草图对象。

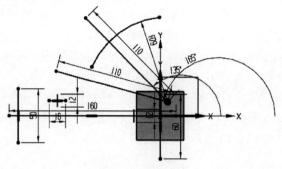

图 14-75　创建圆弧

② 把鼠标放在其中一个草图对象上，单击鼠标右键，打开如图 14-76 所示的右键菜单。

③ 在右键菜单中，选择"编辑显示"，打开如图 14-77 所示的"编辑对象显示"对话框。

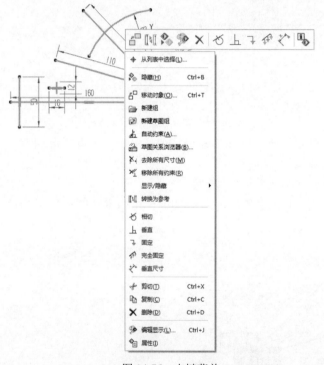

图 14-76　右键菜单

图 14-77　"编辑对象显示"对话框

④ 在"编辑对象显示"对话框的"线型"下拉列表框中选择"中心线"，在"宽度"的下拉列表框中选择第一种线宽 0.13mm。

⑤ 在"编辑对象显示"对话框中，单击"确定"按钮，则所选草图对象发生变化，如图 14-78 所示。

（6）绘制圆和圆弧

① 选择"菜单"→"插入"→"曲线"→"圆"命令，或者单击"主页"选项卡→"曲线"组→"圆"○图标，打开"圆"对话框。

② 在"圆"对话框中单击⊙图标，选择"圆心和直径定圆"方式绘制圆。

③ 在"上边框条"选中十图标。在草图中捕捉如图 14-79 所示的交点。

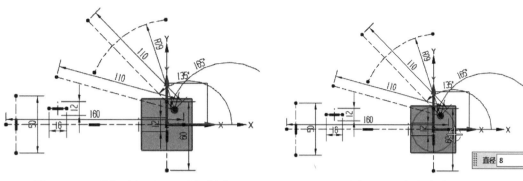

图 14-78　"编辑对象显示"后的草图　　　　　图 14-79　捕捉交点

④ 在"直径"文本框中输入 8，单击鼠标左键，创建圆，如图 14-80 所示。

⑤ 同理，按照上步介绍的方法，绘制直径分别为 8 和 18 的圆，如图 14-81 所示。

⑥ 选择"菜单"→"插入"→"曲线"→"圆弧"命令，或者单击"主页"选项卡→"曲线"组→"圆弧"图标，打开"圆弧"对话框。分别按照圆心、半径、扫掠角度的顺序绘制（0,0），8，180°；（-136,0），20，180°的圆弧。其中圆心可用"上边框条"中的"交点"选项进行捕捉。

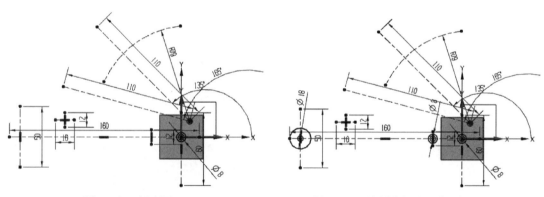

图 14-80　创建圆　　　　　　　图 14-81　绘制直径分别为 8 和 18 的圆

⑦ 在绘图区捕捉坐标为（7,13）的点为圆心，绘制半径和扫掠角度分别为 65，60°；93，60°；73，50°；85，50°的圆弧。分别以在如图 14-81 所示的圆弧和最上边斜直线的交点为圆心，绘制半径和扫掠角度分别为 6，180°；14，180°的两个圆弧。分别以在如图 14-80 所示的圆弧和下边斜直线的交点为圆心，绘制半径和扫掠角度分别为 6，180°的圆弧。

⑧ 绘制完以上圆弧的草图如图 14-82 所示。

（7）草图编辑

① 选择"菜单"→"编辑"→"曲线"→"快速修剪"命令，或者单击"主页"选项卡→"曲线"组→"快速修剪"图标，修剪不需要的曲线。修剪后的草图如图 14-83 所示。

② 绘制如图 14-84 所示的直线，平行于最近的长度为 110 的中心线。创建如图 14-85 所示的相切约束。

（8）绘制草图

① 绘制半径为 13、扫掠角度为 120°的圆弧，如图 14-86 所示。

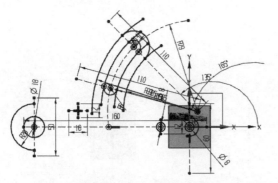

图 14-82　绘制完以上圆弧的草图

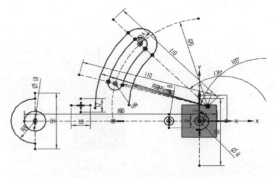

图 14-83　修剪后的草图

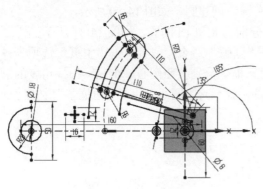

图 14-84　绘制直线

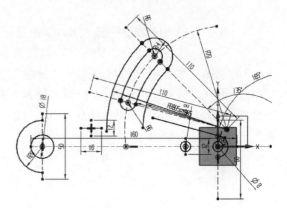

图 14-85　创建直线和圆弧相切约束

② 创建步骤①中所绘圆弧分别和直线及半径为 65 的圆弧的相切约束，如图 14-87 所示。

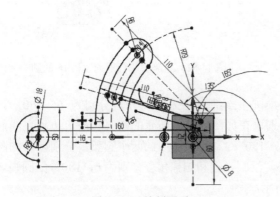

图 14-86　绘制圆弧

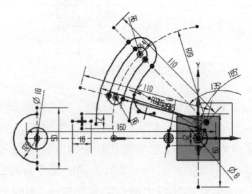

图 14-87　创建相切约束

注意： 如果在执行"相切"约束时，原有曲线发生移动，可使用"完全固定"约束先固定好原有曲线，再执行"相切"约束时便不会发生移动。

（9）编辑草图

选择"菜单"→"编辑"→"曲线"→"快速修剪"命令，或者单击"主页"选项卡→"曲线"组→"快速修剪" 图标，修剪不需要的曲线。修剪后的草图如图 14-88 所示。

（10）绘制草图

① 绘制半径为 156、扫掠角度为 120° 的两条圆弧，如图 14-89 所示。

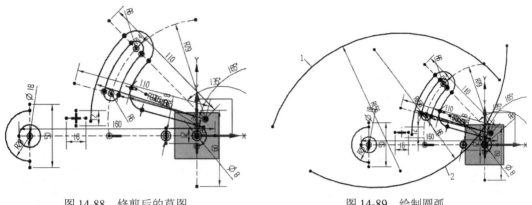

图 14-88 修剪后的草图   图 14-89 绘制圆弧

② 创建图 14-89 所示圆弧 2 和半径为 20 圆弧的相切约束，如图 14-90 所示。

③ 绘制如图 14-91 所示的直线。

④ 分别创建直线和半径为 8 圆弧的相切约束以及直线和圆弧 2 的相切约束，并修剪草图，如图 14-92 所示。

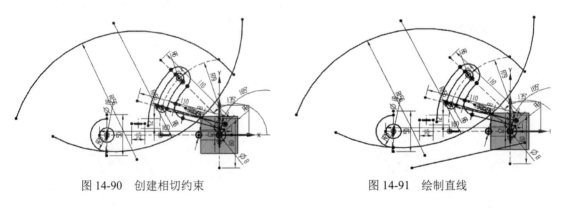

图 14-90 创建相切约束   图 14-91 绘制直线

⑤ 绘制半径为 20、扫掠角度为 120° 的圆弧，如图 14-93 所示。

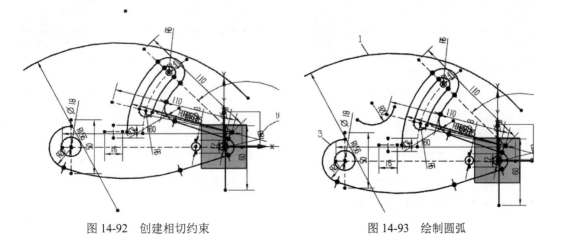

图 14-92 创建相切约束   图 14-93 绘制圆弧

⑥ 分别创建半径为 20 的圆弧和半径为 93 的圆弧的相切约束，圆弧 1 和半径为 20 的圆弧的相切约束，以及圆弧 1 和圆弧 3 的相切约束，修剪草图后如图 14-94 所示。

⑦ 绘制如图 14-95 所示的直径为 7 的圆。

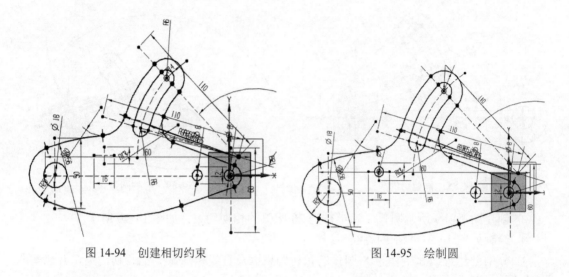

图 14-94　创建相切约束　　　　　　　　　　图 14-95　绘制圆

⑧ 在点（-110,20）处绘制直线，长度和角度分别为 40 和 270，如图 14-96 所示。

（11）镜像曲线

① 选择"菜单"→"插入"→"来自曲线集的曲线"→"镜像曲线"命令，打开"镜像曲线"对话框。

② 选择要镜像的曲线，如图 14-97 所示。

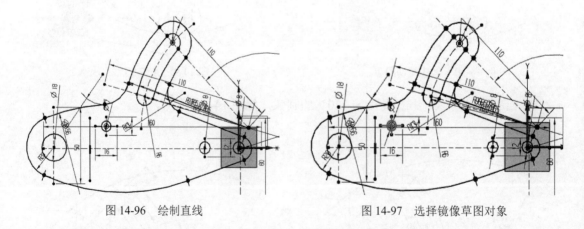

图 14-96　绘制直线　　　　　　　　　　图 14-97　选择镜像草图对象

③ 选择直线为中心线。

④ 在"镜像曲线"对话框中单击"确定"按钮，创建镜像特征，如图 14-98 所示。

⑤ 同理，以 XC 轴为镜像中心线，选择草图对象和镜像后的草图对象为镜像几何体，镜像后的草图和最后结果如图 14-99 所示。

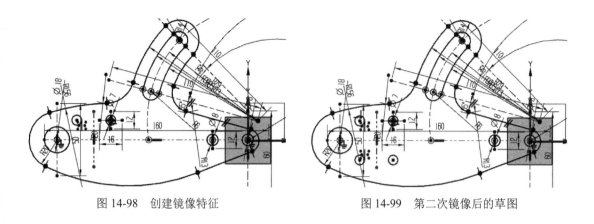

图 14-98　创建镜像特征　　　　　　　图 14-99　第二次镜像后的草图

上 机 操 作

【实例 1】绘制如图 14-100 所示的端盖草图

（1）目的要求

通过本练习，帮助读者掌握草图绘制与尺寸标注的基本方法与技巧。

（2）操作提示

① 利用"轮廓"命令绘制端盖草图大体轮廓，如图 14-101 所示。

② 利用"尺寸"命令标注尺寸。

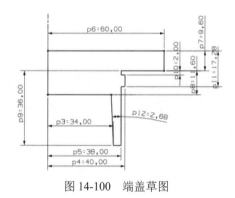

图 14-100　端盖草图

图 14-101　绘制轮廓

【实例 2】绘制如图 14-102 所示的曲柄草图

（1）目的要求

通过本练习，帮助读者掌握草图编辑与尺寸标注的基本方法与技巧。

（2）操作提示

① 利用"直线"命令绘制线段，并标注尺寸，如图 14-103 所示。

② 利用"转换至/自参考对象"命令，将步骤①绘制的线段转换为中心线，如图 14-104 所示。

③ 利用"直线"和"圆"命令绘制如图 14-105 所示的图形。

④ 利用"约束"命令为图形添加等半径和相切约束；利用"快速修剪"命令修剪多余线段，如图 14-106 所示。

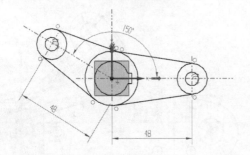

图 14-102　曲柄草图

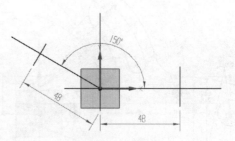

图 14-103　绘制线段

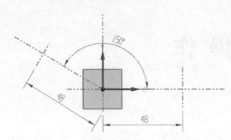

图 14-104　转换线段类型

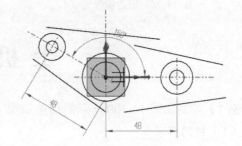

图 14-105　绘制图形

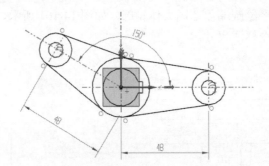

图 14-106　约束并修剪草图

⑤ 利用"尺寸"命令标注其他尺寸。

第15章
曲线功能

本章主要介绍曲线的建立、操作以及编辑的方法。UG中重新改进了曲线的各种操作风格，以前版本中一些复杂难用的操作方式被抛弃了，采用了新的方法，在本章中将会详述。

学习要点

学习曲线功能

掌握曲线操作

掌握曲线编辑

15.1 曲线

在所有的三维建模中，曲线是构建模型的基础。只有构造的曲线质量良好才能保证以后的面或实体质量好。曲线功能主要包括曲线的生成、编辑和操作方法。

15.1.1 直线

选择"菜单"→"插入"→"曲线"→"直线"命令，或者单击"曲线"选项卡→"曲线"组→"直线" / 图标，弹出如图 15-1 所示"直线"对话框。以下就"直线"对话框中部分选项功能作介绍。

（1）"起点/结束选项"

① "自动判断"：根据选择的对象来确定要使用的起点和终点选项。

② "点"：通过一个或多个点来创建直线。

③ "相切"：用于创建与弯曲对象相切的直线。

（2）"平面选项"

① "自动平面"：根据指定的起点和终点来自动判断临时平面。

② "锁定平面"：选择此选项，如果更改起点或终点，

图 15-1　"直线"对话框

自动平面不可移动。锁定的平面以基准平面对象的颜色显示。

③ "选择平面"：通过指定平面下拉列表或"平面"对话框来创建平面。

（3）"起始/终止限制"

① "值"：用于为直线的起始或终止限制指定数值。

② "在点上"：通过"捕捉点"选项为直线的起始或终止限制指定点。

③ "直至选定"：用于在所选对象的限制处开始或结束直线。

15.1.2 圆和圆弧

选择"菜单"→"插入"→"曲线"→"圆弧/圆"命令，或者单击"曲线"选项卡→"曲线"组→"圆弧/圆" 图标，弹出如图 15-2 所示"圆弧/圆"对话框。该选项用于创建关联的圆弧和圆曲线。以下就"圆弧/圆"对话框中部分选项功能作介绍。

图 15-2 "圆弧/圆"对话框

（1）"类型"

① "三点画圆弧"：通过指定的三个点或指定两个点和半径来创建圆弧。

② "从中心开始的圆弧/圆"：通过圆弧中心及第二点或半径来创建圆弧。

（2）"起点/端点/中点选项"

① "自动判断"：根据选择的对象来确定要使用的起点/端点/中点选项。

② "点"：用于指定圆弧的起点/端点/中点。

③ "相切"：用于选择曲线对象，以从其派生与所选对象相切的起点/端点/中点。

（3）"平面选项"

① "自动平面"：根据圆弧或圆的起点和终点来自动判断临时平面。

② "锁定平面"：选择此选项，如果更改起点或终点，自动平面不可移动。可以双击解锁或锁定自动平面。

③ "选择平面"：用于选择现有平面或新建平面。

（4）"限制"

① "起始/终止限制"

a. "值"：用于为圆弧的起始或终止限制指定数值。

b. "在点上"：通过"捕捉点"选项为圆弧的起始或终止限制指定点。

c. "直至选定"：用于在所选对象的限制处开始或结束圆弧。

② "整圆"：用于将圆弧指定为完整的圆。

③ "补弧"：用于创建圆弧的补弧。

15.1.3 抛物线

选择"菜单"→"插入"→"曲线"→"抛物线"命令，或者单击"曲线"选项卡→"更多"库→"曲线"库→"抛物线" 图标，打开"点"对话框，输入抛物线顶点，单击"确定"按钮，打开如图 15-3 所示"抛物线"对话框，在该对话框中输入用户所需的数值，单击"确定"按钮，抛物线示意图如图 15-4 所示。

图 15-3 "抛物线"对话框

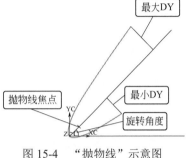

图 15-4 "抛物线"示意图

15.1.4 双曲线

选择"菜单"→"插入"→"曲线"→"双曲线"命令，或者单击"曲线"选项卡→"更多"库→"曲线"库→"双曲线"⚹图标，打开"点"对话框，输入双曲线中心点，打开如图 15-5 所示的"双曲线"对话框，在该对话框中输入用户所需的数值，单击"确定"按钮，双曲线示意图如图 15-6 所示。

图 15-5 "双曲线"对话框

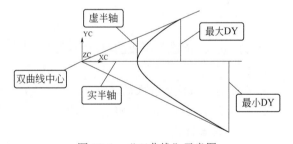

图 15-6 "双曲线"示意图

15.1.5 艺术样条

选择"菜单"→"插入"→"曲线"→"艺术样条"命令，或者单击"曲线"选项卡→"曲线"组→"艺术曲线"⚹图标，打开如图 15-7 所示"艺术样条"对话框。

UG 中生成的所有样条都是非均匀有理 B 样条。

（1）类型

系统提供了"通过点"和"根据极点"两种方法来创建艺术样条曲线。

① 根据极点：该选项中所给定的数据点称为曲线的极点或控制点。样条曲线靠近它的各个极点，但通常不通过任何极点（端点除外）。使用极点可以对曲线的总体形状和特征进行更好的控制。该选项还有助于避免曲线中多余的波动（曲率反向），如图 15-8 所示。

图 15-7　"艺术样条"对话框

图 15-8　"根据极点"类型

② 通过点：该选项生成的样条将通过一组数据点，如图 15-7。

提示：

应尽可能使用较低阶次的曲线（3、4、5）。如果没有什么更好的理由要使用其他阶次，则应使用默认阶次 3。单段曲线的阶次取决于其指定点的数量。

（2）点/极点位置

定义样条点或极点位置。

（3）参数化

该项可调节曲线类型和次数以改变样条。

① 单段曲线：样条可以生成为"单段"，每段限制为 25 个点。"单段"样条为 Bezier 曲线。

② 封闭：通常，样条是非闭合的，它们开始于一点，而结束于另一点。通过选择"封闭曲线"选项可以生成开始和结束于同一点的封闭样条。该选项仅可用于多段样条。当生成封闭样条时，不必将第一个点指定为最后一个点，样条会自动封闭。

③ 次数：这是一个代表定义曲线的多项式次数的数学概念。次数通常比样条线段中的点数小 1。因此，样条的点数不得少于次数。UG 样条的次数必须在 1～24 之间。但是建议用户在生成样条时使用三次曲线（次数为 3）。

（4）制图平面

该项可以选择和创建艺术样条所在平面，可以绘制指定平面的艺术样条。

（5）移动

在指定的方向上或沿指定的平面移动样条点和极点。

① WCS：在工作坐标系的指定 X、Y 或 Z 方向上或沿 WCS 的一个主平面移动点或极点。

② 视图：相对于视图平面移动极点或点。

③ 矢量：用于定义所选极点或多段线的移动方向。

④ 平面：选择一个基准平面、基准 CSYS 或使用指定平面来定义一个平面，以在其中移动选定的极点或多段线。

⑤ 法向：沿曲线的法向移动点或极点。

（6）延伸

① 对称：勾选此复选框，在所选样条的指定开始和结束位置上展开对称延伸。

② 起点/终点：a. 无，不创建延伸；b. 按值，用于指定延伸的值；c. 按点，用于定义延伸的延展位置。

（7）设置

① 自动判断的类型：a. 等参数，将约束限制为曲面的 U 和 V 向；b. 截面，允许约束同任何方向对齐；c. 法向，根据曲线或曲面的正常法向自动判断约束；d. 垂直于曲线或边，从点附着对象的父级自动判断 G1、G2 或 G3 约束。

② 固定相切方位：勾选此复选框，与邻近点相对的约束点的移动就不会影响方位，并且方向保留为静态。

15.1.6 规律曲线

选择"菜单"→"插入"→"曲线"→"规律曲线"命令，或者单击"曲线"选项卡→"曲线"组→"曲线"库→"规律曲线" XYZ 图标，打开如图15-9所示"规律曲线"对话框。

图15-9 "规律曲线"对话框

以下对上述对话框中各选项功能作说明。

① 恒定：该选项能够给整个规律功能定义一个常数值。系统提示用户只输入一个规律值（即该常数）。

② 线性：该选项能够定义从起始点到终止点的线性变化率。

③ 三次：该选项能够定义从起始点到终止点的三次变化率。

④ 沿脊线的线性：该选项能够使用两个或多个沿着脊线的点定义线性规律功能。选择一条脊线曲线后，可以沿该曲线指出多个点。系统会提示用户在每个点处输入一个值。

⑤ 沿脊线的三次：该选项能够使用两个或多个沿着脊线的点定义三次规律功能。选择一条脊线曲线后，可以沿该脊线指出多个点。系统会提示用户在每个点处输入一个值。

⑥ 根据方程：该选项可以用表达式和"参数表达式变量"来定义规律。必须事先定义所有变量（变量定义可以使用"菜单"→"工具"→"表达式"来定义），并且公式必须使用参数表达式变量"t"。

⑦ 根据规律曲线：该选项利用已存在的规律曲线来控制坐标或参数的变化。选择该选项后按照系统在提示栏给出的提示，先选择一条存在的规律曲线，再选择一条基线来辅助选定曲线的方向。如果没有定义基准线，默认的基准线方向就是绝对坐标系的 X 轴方向。

15.1.7　实例——抛物线

扫一扫，看视频

例如，在标准数学表格中考虑下面的抛物线公式：

$$y = 2 - 0.25x^2$$

可以在表达式编辑器中使用 t、xt、yt 和 zt 来确定这个公式的参数，如下所示：

$$t = 0$$
$$xt = -\text{sqrt}(8)*(1-t)+\text{sqrt}(8)*t$$
$$yt = 2-0.25*xt\text{^}2$$
$$zt = 0$$

使用 t、xt、yt 和 zt 是因为在"根据公式"选项中使用了默认变量名。

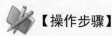【操作步骤】

（1）新建文件

选择"菜单"→"文件"→"新建"命令，或者单击"主页"选项卡→"标准"组→"新建" 图标，打开"新建"对话框，在模型选项卡中选择适当的模板，文件名为 paowuxian，单击"确定"按钮，进入建模环境。

（2）创建表达式

选择"菜单"→"工具"→"表达式"命令，打开如图 15-10 所示的"表达式"对话框，输入每个确定了参数值的表达式。

图 15-10　"表达式"对话框

图 15-11　"规律曲线"对话框

使用上面所示的例子：

$t = 0$

$xt = -\text{sqrt}(8)*(1-t)+\text{sqrt}(8)*t$

$yt = 2-0.25*xt^2$　**注意**：在单位上边的下拉列表中选择"恒定"。

$zt = 0$

输入第一个表达式 $t=0$，在名称输入 t，公式输入 0，然后按"应用"键。继续输入每个表达式直到将它们全部输入完为止。单击"确定"按钮。

（3）绘制抛物线

选择"菜单"→"插入"→"曲线"→"规律曲线"命

图 15-12　抛物线

令或单击"曲线"选项卡→"曲线"组→"曲线"库→"规律曲线" XYZ 图标，打开如图 15-11 所示"规律曲线"对话框，分别选择 X、Y、Z 规律类型为"根据方程"，其他采用默认设置，单击"确定"按钮，系统使用工作坐标系方向来创建曲线，如图 15-12 所示。

注意：若按鼠标滚轮放大后曲线显示不正确，可按 F8 摆正曲线以正常显示。

提示：

规律样条是根据建模首选项对话框中的距离公差和角度公差设置而近似生成的。另外可以使用信息->对象来显示关于规律样条的非参数信息或特征信息。

任何大于 360º的规律曲线都必须使用螺旋线选项或根据公式规律子功能来构建。

15.1.8　螺旋线

选择"菜单"→"插入"→"曲线"→"螺旋"命令，或者单击"曲线"选项卡→"曲线"组→"曲线"库→"螺旋" 图标，系统打开如图 15-13 所示"螺旋"对话框。

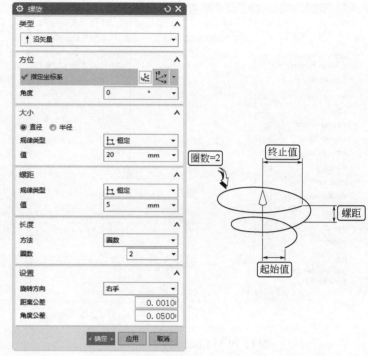

图 15-13　"螺旋"对话框　　　　图 15-14　"螺旋线"创建示意图

该对话框能够通过定义方位、螺距、大小（规律或恒定）、长度（规律或恒定）和旋转方向，可以生成螺旋线。如图 15-14 所示。

以下就螺旋线对话框中各功能作简单介绍。

① 类型：包括沿矢量和沿脊线两种。

② 方位：用于设置螺旋线指定方向的偏转角度。

③ 大小：能够指定半径或直径的定义方式。可通过"使用规律曲线"来定义值的大小。

a. 规律类型：能够使用规律函数来控制螺旋线的半径变化。

b. 值：螺旋曲线没圈半径或直径按照规律类型变化。

④ 螺距：相邻的圈之间沿螺旋轴方向的距离，能够使用规律函数来控制螺距的变化。"螺距"必须大于或等于 0。

⑤ 长度：该项用于控制螺旋线的长度，可用圈数和起始/终止限制两种方法。圈数必须大于 0，可以接受小于 1 的值（比如 0.5 可生成半圈螺旋线）。

⑥ 设置：该选项用于控制旋转的方向。如图 15-15 所示。

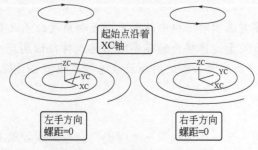

图 15-15　"旋转方向"示意图

a．右手：螺旋线起始于基点向右卷曲（逆时针方向）。

b．左手：螺旋线起始于基点向左卷曲（顺时针方向）。

15.2 派生曲线

一般情况下，曲线创建完成后并不能满足用户需求，还需要进一步的处理工作，本节中将进一步介绍曲线的操作功能，如简化、偏置、桥接、连接、截面和沿面偏置等。

15.2.1 偏置曲线

选择"菜单"→"插入"→"派生曲线"→"偏置"命令，或者单击"曲线"选项卡→"派生曲线"组→"偏置曲线" 图标，系统打开如图 15-16 所示"偏置曲线"对话框。

使用该命令可以在距现有直线、圆弧、二次曲线、样条和边的一定距离处创建曲线。偏置曲线是通过垂直于选中基曲线上的点来构造的，可以选择是否使偏置曲线与其输入数据相关联。

曲线可以在选中几何体所确定的平面内偏置，也可以使用拔模角和拔模高度选项偏置到一个平行的平面上。只有当多条曲线共面且为连续的线串（即端端相连）时，才能对其进行偏置。结果曲线的对象类型与它们的输入曲线相同（除了二次曲线，它偏置为样条）。

以下对"偏置曲线"对话框中各部分选项功能作介绍。

① 偏置类型。

a．距离：此方式在选取曲线的平面上偏置曲线。并在其下方的"距离"和"副本数"中设置偏置距离和产生的数量。

b．拔模：此方式在平行于选取曲线平面，并与其相距指定距离的平面上偏置曲线。一个平面符号标记出偏置曲线所在的平面。并在其下方的"高度"和"角度"中设置其数值。该方式的基本思想是将曲线按照指定的"角度"偏置到与曲线所在平面相距"高度"的平面上。其中，拔模角度是偏置方向与原曲线所在平面法向的夹角。

如图 15-17 所示是用"拔模"偏置方式生成偏置曲线的一个示例。"拔模高度"为 0.2500，"拔模角"为 30°。

c．规律控制：此方式在规律定义的距离上偏置曲线，该规律是用规律子功能选项对话框指定的。

d．3D 轴向：此方式在指向源曲线平面的矢量方向以恒定距离对曲线进行偏置。并在其下方的【偏置距离】和【轴矢量】中进行设置。

② 距离：在箭头矢量指示的方向上与选中曲线之间的偏置距离。负的距离值将在反方向上偏置曲线。

③ 副本数：该选项能够构造多组偏置曲线，如图 15-18 所示。每组都从前一组偏置一个指定（使用"偏置方式"选项）的距离。

④ 反向：该选项用于反转箭头矢量标记的偏置方向。

⑤ 修剪：该选项将偏置曲线修剪或延伸到它们的交点处的方式。

a．无：既不修剪偏置曲线，也不将偏置曲线倒成圆角。

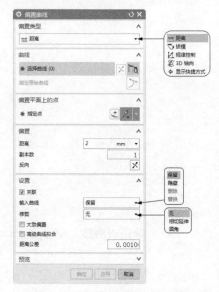

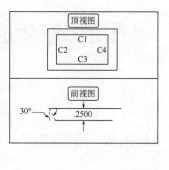

图 15-16 "偏置曲线"对话框   图 15-17 "拔模"偏置方式示意图

b．相切延伸：将偏置曲线延伸到它们的交点处。

c．圆角：构造与每条偏置曲线的终点相切的圆弧。圆弧的半径等于偏置距离。图 15-19 显示了一个用该"圆角"生成的偏置。如果生成重复的偏置（即只选择"应用"而不更改任何输入），则圆弧的半径每次都会增加一个偏置距离。

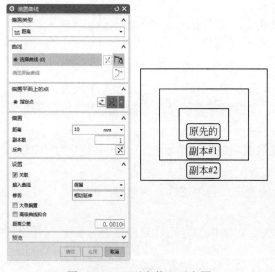

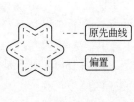

图 15-18 "副本数"示意图   图 15-19 "圆角"方式示意图

⑥ 公差：当输入曲线为样条或二次曲线时，可确定偏置曲线的精度。

⑦ 关联：如果该选项切换为"打开"，则偏置曲线会与输入曲线和定义数据相关联。

⑧ 输入曲线：该选项能够指定对原先曲线的处理情况。对于关联曲线，某些选项不可用。

a．保留：在生成偏置曲线时，保留输入曲线。

b．隐藏：在生成偏置曲线时，隐藏输入曲线。

c．删除：在生成偏置曲线时，删除输入曲线。如果"关联输出"切换为"打开"，则该选项会变灰。

d. 替换：该操作类似于移动操作，输入曲线被移至偏置曲线的位置。如果"关联输出"切换为"打开"，则该选项会变灰。

15.2.2　在面上偏置曲线

选择"菜单"→"插入"→"派生曲线"→"在面上偏置"命令，或者单击"曲线"选项卡→"派生曲线"组→"在面上偏置曲线"<img_1 placeholder/>图标，系统打开如图 15-20 所示"在面上偏置曲线"对话框。

该选项功能用于在一表面上由一存在曲线按指定的距离生成一条沿面的偏置曲线。以下对部分功能作介绍。

（1）**偏置法**

① 弦：沿曲线弦长偏置。

② 弧长：沿曲线弧长偏置。

③ 测地线：沿曲面最小距离创建。

④ 相切：沿曲面的切线方向创建。

⑤ 投影距离：用于按指定的法向矢量在虚拟平面上指定偏置距离。

（2）**公差**

该选项用于设置偏置曲线公差，其默认值是在建模预设置对话框中设置的。公差值决定了偏置曲线与被偏置曲线的相似程度，选用默认值即可。

图 15-20　"在面上偏置曲线"对话框

15.2.3　桥接曲线

选择"菜单"→"插入"→"派生曲线"→"桥接"命令，或者单击"曲线"选项卡→

"派生曲线"组→"派生曲线"库→"桥接曲线"  图标，系统打开如图 15-21 所示"桥接曲线"对话框。

该选项可以用来桥接两条不同位置的曲线，边也可以作为曲线来选择。这是用户在曲线连接中最常用的方法。以下对桥接对话框部分选项功能作介绍。

（1）起始对象

用于确定桥接曲线操作的第一个对象。

① 截面：选择一个可以定义曲线起点的截面。可以选择曲线或边。

② 对象：选择一个对象以定义曲线的起点。可以选择一下面或点。

（2）终止对象

用于确定桥接曲线操作的第二个对象。

① 基准：允许为曲线终点选择一个基准，并且曲线与该基准垂直。

② 矢量：允许选择一个可以定义曲线终点的矢量。

参考曲线形状操作创建示意图如图 15-22 所示。

（3）桥接曲线属性

① 连续性。

a. 相切：表示桥接曲线与第一条曲线、第二条曲线在连接点处相切连续，且为三阶样条曲线。

b. 曲率：表示桥接曲线与第一条曲线、第二条曲线在连接点处曲率连续，且为五阶或七阶样条曲线。

② 位置：移动滑尺上的滑块，确定点在曲线的百分比位置。

③ 方向：基于所选几何体定义曲线方向。

图 15-21　"桥接曲线"对话框

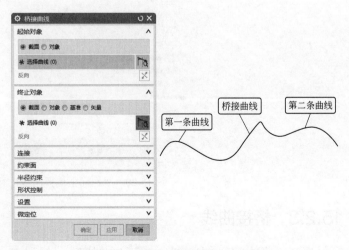

图 15-22　"参考曲线形状"示意图

（4）约束面

用于限制桥接曲线所在面。

（5）半径约束

用于限制桥接曲线的半径的类型和大小。

（6）形状控制

① 相切幅值：通过改变桥接曲线与第一条曲线和第二条曲线连接点的切矢量值，来控制桥接曲线的形状。切矢量值的改变是通过"开始"和"结束"滑尺，或直接在"第一曲线"和"第二根曲线"文本框中输入切矢量来实现的。

② 深度和歪斜度：当选择该控制方式时，"桥接曲线"对话框的变化如图15-23所示。

a. 深度：指桥接曲线峰值点的深度，即影响桥接曲线形状的曲率的百分比，其值可拖动下面的滑尺或直接在"深度"文本框中输入百分比实现。

b. 歪斜度：是指桥接曲线峰值点的倾斜度，即设定沿桥接曲线从第一条曲线向第二条曲线度量时峰值点位置的百分比。

15.2.4 简化曲线

选择"菜单"→"插入"→"派生曲线"→"简化"命令，或者单击"曲线"选项卡→"更多"库→"派生曲线"库→"简化曲线" 图标，打开如图 15-24 所示"简化曲线"对话框。该选项以一条最合适的逼近曲线来简化一组选择曲线（最多可选择512条曲线），它将这组曲线简化为圆弧或直线的组合，即将高次方曲线降成二次或一次方曲线。

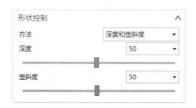

图 15-23　"形状控制"选项

图 15-24　"简化曲线"对话框

在简化选中曲线之前，可以指定原有曲线在转换之后的状态。可以对原有曲线选择下列选项之一。

① 保持：在生成直线和圆弧之后保留原有曲线。在选中曲线的上面生成曲线。

② 删除：简化之后删除选中曲线。删除选中曲线之后，不能再恢复（如果选择"撤销"，可以恢复原有曲线但不再被简化）。

③ 隐藏：生成简化曲线之后，将选中的原有曲线从屏幕上移除，但并未被删除。

若要选择的多组曲线彼此首尾相连，则可以通过其中的"成链"选项，通过第一条和最后一条曲线来选择其间彼此连接的一组曲线，之后系统对其进行简化操作。

15.2.5 复合曲线

选择"菜单"→"插入"→"派生曲线"→"复合曲线"命令，或者单击"曲线"选项卡→"派生曲线"库→"复合曲线" 图标，即可弹出如图15-25所示的"复合曲线"对话框。该选项可从工作部件中抽取曲线和边。抽取的曲线和边随后会在添加倒斜角和圆角等详

图 15-25　"复合曲线"对话框

细特征后保留。

以下就其中的各选项功能作介绍。

（1）曲线

① 选择曲线：用于选择要复制的曲线。

② 指定原始曲线：用于从该曲线环中指定原始曲线。

（2）设置

① 关联：创建关联复合曲线特征。

② 隐藏原先的：创建复合特征时，隐藏原始曲线。如果原始几何体是整个对象，则不能隐藏实体边。

③ 允许自相交：用于选择自相交曲线作为输入曲线。

④ 高级曲线拟合：用于指定方法、次数和段数。

a．方法：控制输出曲线的参数设置。可用选项有：

（a）次数和段数：显式控制输出曲线的参数设置。

（b）次数和公差：使用指定的次数及所需数量的非均匀段达到指定的公差值。

（c）保留参数化：使用此选项可继承输入曲线的次数、段数、极点结构和结点结构，然后将其应用于输出曲线。

（d）自动拟合：可以指定最低次数、最高次数、最大段数和公差值，以控制输出曲线的参数设置。此选项替换了之前版本中可用的高级选项。

b．次数：当方法为次数和段数或次数和公差时可用。用于指定曲线的次数。

c．段数：当方法为次数和段数时可用。用于指定曲线的段数。

d．最低次数：当方法为自动拟合时可用。用于指定曲线的最低次数。

e．最高次数：当方法为自动拟合时可用。用于指定曲线的最高次数。

f．最大段数：当方法为自动拟合时可用。用于指定曲线的最大段数。

⑤ 连结曲线：用于指定是否要将复合曲线的线段连结成单条曲线。

a．否：不连结复合曲线段。

b．三次：连结输出曲线以形成 3 次多项式样条曲线。使用此选项可最小化结点数。

c．常规：连结输出曲线以形成常规样条曲线。创建可精确表示输入曲线的样条。此选项可以创建次数高于三次或五次类型的曲线。

d．五次：连结输出曲线以形成 5 次多项式样条曲线。

⑥ 使用父对象的显示属性：将对复合对象的显示属性所做的更改反映给通过 WAVE 几何链接器与其链接的任何子对象。

15.2.6　投影曲线

选择"菜单"→"插入"→"派生曲线"→"投影"命令，或者单击"曲线"选项卡→"派生曲线"组→"投影曲线" 图标，系统打开如图 15-26 所示"投影曲线"对话框。该选项能够将曲线和点投影到片体、面、平面和基准面上。点和曲线可以沿着指定矢量方向、与指定矢量成某一角度的方向、指向特定点的方向或沿着面法线的方向进行投影。所有投影曲线在孔或面边界处都要进行修剪。

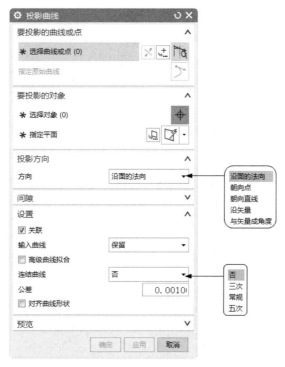

图 15-26　"投影曲线"对话框

以下对该对话框中部分选项功能作介绍：

① 选择曲线或点：用于确定要投影的曲线和点。

② 指定平面：用于确定投影所在的表面或平面。

③ 方向：该选项用于指定如何定义将对象投影到片体、面和平面上时所使用的方向。

a. 沿面的法向：该选项用于沿着面和平面的法向投影对象，如图 15-27 所示。

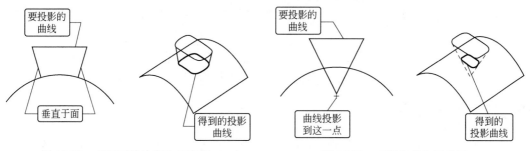

图 15-27　"沿面的法向"示意图　　　　图 15-28　"朝向点"示意图

　b. 朝向点：该选项可向一个指定点投影对象。对于投影的点，可以在选中点与投影点之间的直线上获得交点，如图 15-28 所示。

　c. 朝向直线：该选项可沿垂直于一指定直线或基准轴的矢量投影对象。对于投影的点，是指投影直线上的点垂直于朝向直线或其延长线上的交点。如图 15-29 所示。

　d. 沿矢量：该选项可沿指定矢量（该矢量是通过矢量构造器定义的）投影选中对象。可以在该矢量指示的单个方向上投影曲线，或者在两个方向上（指示的方向和它的反方向）投影，如图 15-30 所示。

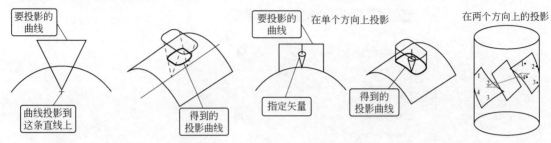

图 15-29　"朝向直线"示意图　　　　　图 15-30　"沿矢量"示意图

e. 与矢量成角度：该选项可将选中曲线按与指定矢量成指定角度的方向投影，该矢量是使用矢量构造器定义的。根据选择的角度值（向内的角度为负值），该投影可以相对于曲线的近似形心按向外或向内的角度生成。对于点的投影，该选项不可用。如图 15-31 所示。

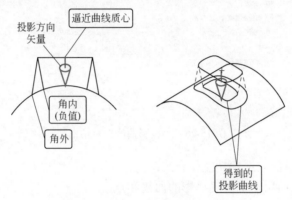

图 15-31　"与矢量成角度"示意图

④ 关联：表示原曲线保持不变，在投影面上生成与原曲线相关联的投影曲线，只要原曲线发生变化，投影曲线也随之发生变化。

⑤ 连结曲线：曲线拟合的阶次，可以选择"三次""五次"或者"常规"，一般推荐使用三次。

⑥ 公差：该选项用于设置公差，其默认值是在建模预设置对话框中设置的。该公差值决定所投影的曲线与被投影曲线在投影面上的投影的相似程度。

15.2.7　组合投影

选择"菜单"→"插入"→"派生曲线"→"组合投影"命令，或者单击"曲线"选项卡→"派生曲线"组→"派生曲线"库→"组合投影" 图标，系统打开如图 15-32 所示"组合投影"对话框。

该选项可组合两个已有曲线的投影，生成一条新的曲线。需要注意的是，这两个曲线投影必须相交。可以指定新曲线是否与输入曲线关联，以及将对输入曲线作哪些处理。如图 15-33 所示。

以下对上述对话框选项功能作介绍：

① 曲线 1：可以选择第一组曲线。可用"过滤器"选项帮助选择曲线。

② 曲线 2：可以选择第二组曲线。默认的投影矢量垂直于该线串。

③ 投影方向 1：能够使用投影矢量选项定义第一个曲线串的投影矢量。

④ 投影方向 2：能够使用投影矢量选项定义第二组曲线的投影矢量。

图 15-32 "组合投影"对话框

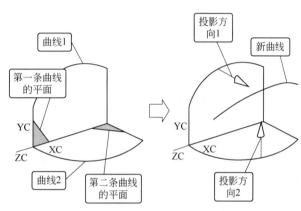

图 15-33 "组合投影"示意图

15.2.8 缠绕/展开曲线

选择"菜单"→"插入"→"派生曲线"→"缠绕/展开曲线"命令，或者单击"曲线"选项卡→"派生曲线"组→"派生曲线"库→"缠绕/展开曲线" 图标，系统打开如图 15-34 所示"缠绕/展开曲线"对话框。该选项可以将曲线从平面缠绕到圆锥或圆柱面上，或者将曲线从圆锥或圆柱面展开到平面上。输出曲线是 3 次 B 样条，并且与其输入曲线、定义面和定义平面相关。如图 15-35 所示将一样条曲线缠绕到锥面上。

图 15-34 "缠绕/展开曲线"对话框

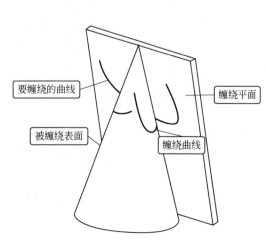

图 15-35 "缠绕/展开"示意图

对话框选项功能如下：

① 类型。

a．缠绕：指定要缠绕曲线。

b．展开：指定要展开曲线。

② 曲线：选择要缠绕或展开的曲线。仅可以选择曲线、边或面。

③ 面：可选择曲线将缠绕到或从其上展开的圆锥或圆柱面。可选择多个面。

④ 平面：可选择一个与缠绕面相切的基准平面或平面。仅选择基准面或仅选择面。

⑤ 切割线角度：该选项用于指定"切线"（一条假想直线，位于缠绕面和缠绕平面相遇的公共位置处，它是一条与圆锥或圆柱轴线共面的直线）绕圆锥或圆柱轴线旋转的角度（0°～360°）。可以输入数字或表达式。

15.2.9　镜像曲线

选择"菜单"→"插入"→"派生曲线"→"镜像"命令，或者单击"曲线"选项卡→"派生曲线"组→"派生曲线"库→"镜像曲线" 图标，系统打开如图 15-36 所示的"镜像曲线"对话框。其示意图如图 15-37 所示。

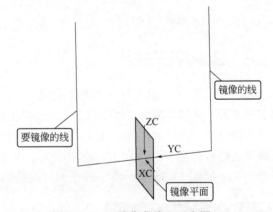

图 15-36　"镜像曲线"对话框　　　　图 15-37　"镜像曲线"示意图

① 曲线：用于确定要镜像的曲线。

② 镜像平面：用于确定镜像的面和基准平面。选择镜像曲线后，选择镜像平面。

③ 关联：用于创建与输入曲线和定义数据关联的镜像曲线。当修改原始曲线时，镜像曲线会在需要时进行更新。

15.2.10　圆形圆角曲线

选择"菜单"→"插入"→"派生曲线"→"圆形圆角曲线"命令，或者单击"曲线"选项卡→"更多"库→"圆形圆角曲线" 图标，系统弹出如图 15-38 所示的"圆形圆角曲线"对话框。

该选项可在两条 3D 曲线或边链之间创建光滑的圆角曲线。圆角曲线与两条输入曲线相切，且在投影到垂直于所选矢量方向的平面上时类似于圆角。以下对"圆形圆角曲线"对话框各选项功能作介绍：

① 选择曲线：用于选择第一个和第二个曲线链或特征边链。

② 方向选项：用于指定圆柱轴的方向。

a．最适合：查找最可能包含输入曲线的平面。自动判断的圆柱轴垂直于该最适合 平面。

b．变量：使用输入曲线上具有倒圆的接触点处的切线来定义视图矢量。圆柱轴的方向平行于接触点处的切线。

c．矢量：用于通过矢量构造器或其他标准矢量方法将矢量指定为圆柱轴。

d．当前视图：指定垂直于当前视图的圆柱轴。圆柱轴的此方向是非关联的。选择当前视图的法向后，方向选项便更改为矢量类型。可以使用矢量构造器或其他标准矢量方法来更改此圆柱轴。

③ 半径选项：用于指定圆柱半径的值。

a．曲线 1 上的点：用于在曲线 1 上选择一个点作为锚点，然后在曲线 2 上搜索该点。

b．曲线 2 上的点：用于在曲线 2 上选择一个点作为锚点，然后在曲线 1 上搜索该点。

c．值：用于键入圆柱半径的值。

④ 位置：仅可用于曲线 1 上的点和曲线 2 上的点半径选项。用于指定曲线 1 或曲线 2 上接触点的位置。

a．弧长：用于指定沿弧长方向的距离作为接触点。

b．弧长百分比：用于指定弧长的百分比作为接触点。

c．通过点：用于选择一个点作为接触点。

⑤ 半径：仅可用于"半径选项"选择"值"时。将圆柱半径设置为在此框中键入的值。

⑥ 显示圆柱体：用于显示或隐藏用于创建圆柱圆角曲线的圆柱。

图 15-38 "圆形圆角曲线"对话框

15.2.11 相交曲线

选择"菜单"→"插入"→"派生曲线"→"相交"命令，或者"曲线"选项卡→"派生曲线"组→"相交曲线" 图标，系统打开如图 15-39 所示"相交曲线"对话框。

该选项功能用于在两组对象之间生成相交曲线。相交曲线是关联的，会根据其定义对象的更改而更新。图 15-40 所示为相交曲线的一个示例，其中相交曲线是由片体与包含腔体的长方体相交而得到的，对话框各选项功能如下：

① 第一组：激活该选项时可选择第一组对象。

② 第二组：激活该选项时可选择第二组对象。

③ 保持选定：选中该复选框之后，在右侧的选项栏中选择"第一组"或"第二组"，单击"应用"按钮，自动选择已选择的"第一组"或"第二组"对象。

④ 高级曲线拟合：用于设置曲线拟合的方式。包括"次数和段数""次数和公差"和"自动拟合"3 种拟合方式。

图 15-39 "相交曲线"对话框

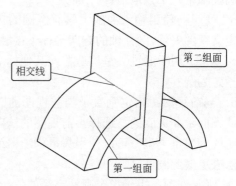

图 15-40 "相交曲线"示意图

⑤ 关联：能够指定相交曲线是否关联。当对源对象进行更改时，关联的相交曲线会自动更新。

15.2.12 截面曲线

选择"菜单"→"插入"→"派生曲线"→"截面"命令，或者单击"曲线"选项卡→"派生曲线"组→"派生曲线"库→"截面曲线" 图标，系统打开如图 15-41 所示"截面曲线"对话框。该选项在指定平面与体、面、平面和/或曲线之间生成相交几何体。平面与曲线之间相交生成一个或多个点。几何体输出可以是相关的。

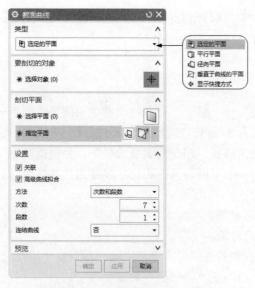

图 15-41 "截面曲线"对话框

图 15-42 "平行平面"类型

以下对对话框部分选项功能作介绍：

（1）**选定的平面**

该选项用于指定单独平面或基准平面来作为截面。

① 要剖切的对象：该选择步骤用来选择将被截取的对象。需要时，可以使用"过滤器"选项辅助选择所需对象。可以将过滤器选项设置为任意体、面、曲线、平面或基准平面。

② 剖切平面：该选择步骤用来选择已有平面或基准平面，或者使用平面子功能定义临时平面。需要注意的是，如果打开"关联输出"，则平面子功能不可用，此时必须选择已有平面。

（2）**平行平面**

该选项用于设置一组等间距的平行平面作为截面。选择该类型，对话框在可变窗口区会变换成为如图15-42所示。

① 步进：指定每个临时平行平面之间的相互距离；

② 起点和终点：是从基本平面测量的，正距离为显示的矢量方向。系统将生成适合指定限制的平面数。这些输入的距离值不必恰好是步长距离的偶数倍。

（3）**径向平面**

该选项从一条普通轴开始以扇形展开生成按等角度间隔的平面，以用于选中体、面和曲线的截取。选择该类型，对话框在可变窗口区会变更为如图15-43所示。

① 径向轴：该选择步骤用来定义径向平面绕其旋转的轴矢量。若要指定轴矢量，可使用"矢量方式"或矢量构造器工具。

② 参考平面上的点：该选择步骤通过使用点方式或点构造器工具，指定径向参考平面上的点。径向参考平面是包含该轴线和点的唯一平面。

③ 起点：表示相对于基平面的角度，径向面由此角度开始。按右手法则确定正方向。限制角不必是步长角度的偶数倍。

④ 终点：表示相对于基础平面的角度，径向面在此角度处结束。

⑤ 步进：表示径向平面之间所需的夹角。

（4）**垂直于曲线的平面**

该选项用于设定一个或一组与所选定曲线垂直的平面作为截面。选择该类型，对话框在可变窗口区会变更如图15-44所示。

图 15-43　"径向平面"类型　　　　　　图 15-44　"垂直于曲线的平面"类型

① 曲线或边：该选择步骤用来选择沿其生成垂直平面的曲线或边。使用"过滤器"选项来辅助对象的选择。可以将过滤器设置为曲线或边。

② 间距

a．等弧长：沿曲线路径以等弧长方式间隔平面。必须在"数目"字段中输入截面平面的数目，以及平面相对于曲线全弧长的起始和终止位置的百分比值。

b．等参数：根据曲线的参数化法来间隔平面。必须在"数目"字段中输入截面平面的数目，以及平面相对于曲线参数长度的起始和终止位置的百分比值。

c．几何级数：根据几何级数比间隔平面。必须在"数目"字段中输入截面平面的数目，还须在"比例"字段中输入数值，以确定起始和终止点之间的平面间隔。

d．弦公差：根据弦公差间隔平面。选择曲线或边后，定义曲线段使线段上的点距线段端点连线的最大弦距离，等于在"弦公差"字段中输入的弦公差值。

e．增量弧长：以沿曲线路径递增的方式间隔平面。在"弧长"字段中输入值，在曲线上以递增弧长方式定义平面。

15.3　曲线编辑

当曲线创建之后，经常还需要对曲线进行修改和编辑，需要调整曲线的很多细节，本节主要介绍曲线编辑的操作，主要包括：编辑曲线、编辑参数曲线、修剪曲线、修剪拐角、分割曲线、编辑圆角、拉长曲线、曲线长度、光顺样条等，其命令功能集中在"菜单"→"编辑"→"曲线"的子菜单及相应的面组上，如图 15-45 所示。

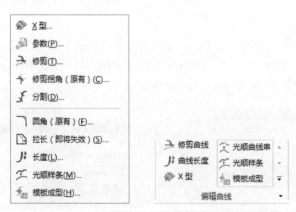

图 15-45　"编辑曲线"子菜单及"编辑曲线"组

15.3.1　编辑曲线参数

选择"菜单"→"编辑"→"曲线"→"参数"命令，或者单击"曲线"选项卡→"更多"库→"编辑曲线"库→"编辑曲线参数"　图标，系统打开如图 15-46 所示"编辑曲线参数"对话框。

该选项可编辑大多数类型的曲线。在编辑对话框中设置了相关项后，当选择了不同的对象类型系统会给出相应的提示对话框。

（1）编辑直线

当选择直线对象后会打开如图 15-47 所示对话框。通过设置改变直线的端点或它的参数（长度和角度）。如要改变直线的端点，方法如下：

① 选择要修改的直线端点。可以从固定的端点像拉橡皮筋一样改变。

② 用在对话框上的任意的"点方式"选项指定新的位置。

如要改变直线的参数，方法如下：

① 选择该直线，避免选到它的控制点上。

② 在对话条中键入长度和/或角度的新值，然后按<Enter>键。

图 15-46 "编辑曲线参数"对话框

图 15-47 "直线"对话框

（2）编辑圆弧或圆

当选择圆弧或圆对象后会打开如图 15-48 所示对话框。

图 15-48 "圆弧/圆"对话框

图 15-49 "艺术样条"对话框

通过在对话框中输入新值或拖动滑尺改变圆弧或圆的参数，还可以把圆弧变成它的补弧。不管激活的编辑模式是什么，都可以将圆弧或圆移动到新的位置，如下所示：

① 选择圆弧或圆的中心（释放鼠标中键）。

② 光标移动到新的位置并按下左键，或在对话条中输入新的 XC、YC 和 ZC 位置。

用此方法可以把圆弧或圆移动到其他的控制点，比如线段的端点或其他圆的圆心。

要生成圆弧的补弧，则必须在"参数"模式下进行。选择一条或多条圆弧并在"编辑曲线参数"对话框中选择"补弧"。

（3）编辑艺术样条

当选择艺术样条对象后会打开如图 15-49 所示对话框。该选项用于编辑一个或多个已有的艺术样条曲线。该选项和生成艺术样条的操作几乎相同。

15.3.2　修剪曲线

选择"菜单"→"编辑"→"曲线"→"修剪"命令，或者单击"曲线"选项卡→"编辑曲线"组→"修剪曲线" 图标，系统打开如图 15-50 所示"修剪曲线"对话框。该选项可以根据边界实体和选中进行修剪的曲线的分段来调整曲线的端点。可以修剪或延伸直线、圆弧、二次曲线或样条。

以下就"修剪曲线"对话框中部分选项功能作介绍：

① 要修剪的曲线：此选项用于选择要修剪的一条或多条曲线（此步骤是必需的）。

② 边界对象：此选项让用户从工作区窗口中选择一串对象作为边界，沿着它修剪曲线。

③ 曲线延伸：如果正修剪一个要延伸到它的边界对象的样条，则可以选择延伸的形状。选项如下：

a. 自然：从样条的端点沿它的自然路径延伸它。

b. 线性：把样条从它的任一端点延伸到边界对象，样条的延伸部分是直线的。

c. 圆形：把样条从它的端点延伸到边界对象，样条的延伸部分是圆弧形的。

d. 无：对任何类型的曲线都不执行延伸。

④ 关联：该选项让用户指定输出的已被修剪的曲线是相关联的。关联的修剪导致生成一个 TRIM_CURVE 特征，它是原始曲线的复制的、关联的、被修剪的副本。

原始曲线的线型改为虚线，这样它们对照于被修剪的、关联的副本更容易看得到。如果输入参数改变，则关联的修剪的曲线会自动更新。

⑤ 输入曲线：该选项让用户指定想让输入曲线的被修剪的部分处于何种状态。

a. 隐藏：意味着输入曲线被渲染成不可见。

b. 保持：意味着输入曲线不受修剪曲线操作的影响，被"保留"在它们的初始状态。

c. 删除：意味着通过修剪曲线操作把输入曲线从模型中删除。

d. 替换：意味着输入曲线被已修剪的曲线"替换"或"交换"。当使用"替换"时，原始曲线的子特征成为已修剪曲线的子特征。

"修剪曲线"示意图如图 15-51 所示。

15.3.3　分割曲线

选择"菜单"→"编辑"→"曲线"→"分割"命令，或者单击"曲线"选项卡→"更多"库→"编辑曲线"库→"分割曲线" 图标，系统打开如图 15-52 所示"分割曲线"对话框。

图 15-50 "修剪曲线"对话框

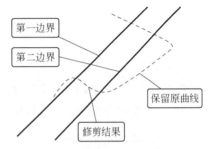

图 15-51 "修剪曲线"示意图

图 15-52 "分割曲线"对话框

图 15-53 "按边界对象"类型

该选项把曲线分割成一组同样的段（直线到直线，圆弧到圆弧）。每个生成的段是单独的实体并赋予和原先的曲线相同的线型。新的对象和原先的曲线放在同一层上。分割曲线有5种不同的方式。

（1）等分段

该选项使用曲线长度或特定的曲线参数把曲线分成相等的段。

① 等参数：该选项是根据曲线参数特征把曲线等分。曲线的参数随各种不同的曲线类型而变化。

② 等弧长：该选项根据选中的曲线被分割成等长度的单独曲线，各段的长度是通过把实际的曲线长度分成要求的段数计算出来的。

（2）按边界对象

该选项使用边界实体把曲线分成几段，边界实体可以是点、曲线、平面和/或面等。选中该选项后，会打开如图 15-53 所示对话框。

如图 15-54 为按边界对象分段示意图。

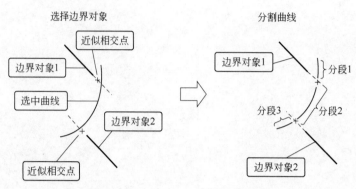

图 15-54　"按边界对象"示意图

（3）弧长段数

该选项是按照各段定义的弧长分割曲线。选中该选项后，会打开如图 15-55 所示对话框。输入弧长值后会显示段数和部分弧长值，如图 15-56 所示。

图 15-55　"弧长段数"类型

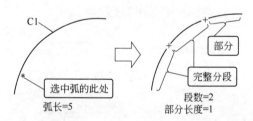

图 15-56　"弧长段数"示意图

具体操作时，在靠近要开始分段的端点处选择该曲线。从选择的端点开始，系统沿着曲线测量输入的长度，并生成一段。从分段处的端点开始，系统再次测量长度并生成下一段。此过程不断重复直到到达曲线的另一个端点。生成的完整分段数目会在对话框中显示出来，此数目取决于曲线的总长和输入的各段的长度。曲线剩余部分的长度显示出来，作为部分段。

（4）在结点处

该选项使用选中的结点分割曲线，其中结点是指样条段的端点。选中该选项后会打开如图 15-57 所示对话框，其各选项功能如下：

① 按结点号：通过输入特定的结点号码分割样条。

② 选择结点：通过用图形光标在结点附近指定一个位置来选择分割结点。当选择样条时会显示结点。

③ 所有结点：自动选择样条上的所有结点来分割曲线。

如图 15-58 给出一个"在结点处"示意图。

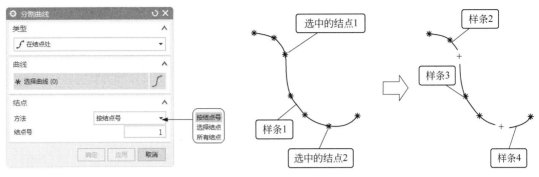

图 15-57 "在结点处"类型   图 15-58 "在结点处"示意图

（5）在拐角上

该选项在角上分割样条，其中角是指样条折弯处（某样条段的终止方向不同于下一段的起始方向）的节点，如图 15-59 所示。

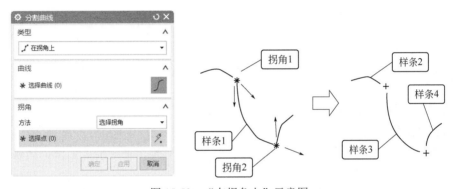

图 15-59 "在拐角上"示意图

要在角上分割曲线，首先要选择该样条。所有的角上都显示有星号。用和"在结点处"相同的方式选择角点。如果在选择的曲线上未找到角，则会显示如下错误信息：不能分割——没有角。

15.3.4 缩放曲线

选择"菜单"→"插入"→"派生曲线"→"缩放"命令，或者单击"曲线"选项卡→"派生曲线"组→"缩放曲线" ⨍图标，即可弹出如图 15-60 所示对话框，该选项用于缩放曲线、边或点。对话框各选项功能如下。

① 选择曲线或点：用于选择要缩放的曲线、边、点或草图。

② 均匀：在所有方向上按比例因子缩放曲线。

③ 不均匀：基于指定的坐标系在三个方向上缩放曲线。

④ 指定点：用于选择缩放的原点。

⑤ 比例因子：用于指定比例大小。其初始大小为 1。

15.3.5 曲线长度

选择"菜单"→"编辑"→"曲线"→"长度"命令，或者单击"曲线"选项卡→"编辑曲线"组→"曲线长度" ♪图标，系统打开如图 15-61 所示"曲线长度"对话框，该对话框选项可以通过给定的圆弧增量或总弧长来修剪曲线。

图 15-60　"缩放曲线"对话框　　　　　图 15-61　"曲线长度"对话框

部分选项功能如下。

（1）延伸侧

① 起点和终点：从圆弧的起始点和终点修剪或延伸它。

② 对称：从圆弧的起点和终点修剪和延伸它。

（2）延伸长度

① 总数：此方式为利用曲线的总弧长来修剪它。总弧长是指沿着曲线的精确路径，从曲线的起点到终点的距离。

② 增量：此方式为利用给定的弧长增量来修剪曲线。弧长增量是指从初始曲线上修剪的长度。

（3）延伸方法

该选项用于确定所选样条延伸的形状。选项如下。

① 自然：从样条的端点沿它的自然路径延伸它。

② 线性：从任意一个端点延伸样条，它的延伸部分是线性的。

③ 圆形：从样条的端点延伸它，它的延伸部分是圆弧的。

（4）限制

该选项用于输入一个值作为修剪掉的或延伸的圆弧的长度。

① 开始：起始端修剪或延伸的圆弧的长度。

② 结束：终端修剪或延伸的圆弧的长度。

用户既可以输入正值也可以输入负值作为弧长。输入正值时延伸曲线；输入负值则截断曲线，示意图如图 15-62 所示。

15.3.6　光顺样条

选择"菜单"→"编辑"→"曲线"→"光顺"命令，或者单击"曲线"选项卡→"编辑曲线"组→"编辑曲线"库→"光顺样条" ⌒图标，打开如图 15-63 所示"光顺样条"对话框，该对话框选项用来光顺曲线的斜率，使得 B-样条曲线更加光顺。部分选项功能如下。

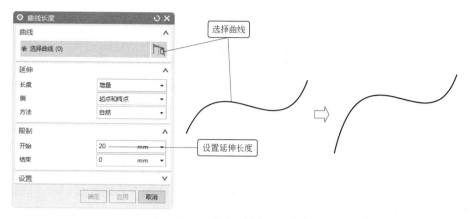

图 15-62　"曲线长度"示意图

（1）类型

① 曲率：通过最小化曲率值的大小来光顺曲线。

② 曲率变化：通过最小化整条曲线的曲率变化来光顺曲线。

（2）约束

该选项用于选择在光顺曲线的时候对于曲线起点和终点的约束。以下对 G0、G1、G2、G3 作介绍。

① 在 UG 中通常使用的两种连续性是数学连续性（用 Cn 表示，其中 n 是某个整数）与几何连续性（用 Gn 表示）。连续性是用来描述分段边界处的曲线与曲面的行为。

② Gn 表示两个几何对象间的实际连续程度。例如，G0 意味着两个对象相连或两个对象的位置是连续的；G1 意味着两个对象光顺连接，一阶微分连续，或者是相切连续的；G2 意味着两个对象光顺连接，二阶微分连续，或者两个对象的曲率是连续的；G3 意味着两个对象光顺连接，三阶微分连续等。Gn 的连续性是独立于表示（参数化）的。图 15-64 所示的曲率梳状线显示了这些差异。

图 15-63　"光顺样条"对话框

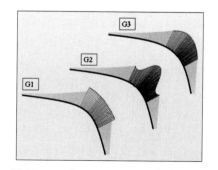

图 15-64　"G1、G2、G3"连续示意图

上 机 操 作

【实例1】绘制如图 15-65 所示的螺旋线

（1）**目的要求**

通过本练习，帮助读者掌握曲线绘制的基本方法与技巧。

（2）**操作提示**

利用"螺旋"命令，创建转数为 12.5、螺距为 8、半径为 5 的螺旋线。

【实例2】绘制如图 15-66 所示的碗轮廓线

（1）**目的要求**

通过本练习，帮助读者掌握曲线编辑的基本方法与技巧。

（2）**操作提示**

① 绘制并偏置曲线。

② 绘制直线并修剪。

图 15-65　螺旋线　　　　　　　　　　图 15-66　碗轮廓线

第16章
特征建模

相对于单纯的实体建模和参数化建模，UG采用的是复合建模方法。该方法是基于特征的实体建模方法，是在参数化建模方法的基础上采用了一种所谓"变量化技术"的设计建模方法，对参数化建模技术进行了改进。

本章主要介绍UG NX 12.0中基础三维建模工具的用法。

学习要点

学习基准建模

了解布尔运算

掌握特征创建

16.1 基准建模

在建模中，经常需要建立基准点、基准平面、基准轴和基准坐标系。UG NX 12.0 提供了基准建模工具，通过选择"菜单"→"插入"→"基准/点"中的命令来实现，如图 16-1 所示。

16.1.1 点

选择"菜单"→"插入"→"基准/点"→"点"命令，或者单击"主页"→"特征"组→"基准/点"下拉菜单→"点"十图标，系统打开如图 16-2 所示的"点"对话框。

下面介绍基准点的创建方法。

① 自动判断的点：根据鼠标所指的位置指定各种点之中离光标最近的点。

② 光标位置：直接在鼠标左键单击的位置上建立点。

③ 十现有点：根据已经存在的点，在该点位置上再创建一个点。

④ 端点：根据鼠标选择位置，在靠近鼠标选择位置的端点处建立点。如果选择的特征为完整的圆，那么端点为零象限点。

⑤ 控制点：在曲线的控制点上构造一个点或规定新点的位置。控制点与曲线的类型有关，可以是直线的中点或端点、二次曲线的端点或是样条曲线的定义点或是控制点等。

图 16-1　"基准/点"子菜单

图 16-2　"点"对话框

⑥ 交点：在两段曲线的交点上、曲线和平面或曲面的交点上创建一个点或规定新点的位置。

⑦ 圆弧/椭圆上的角度：在与 X 轴正向成一定角度（沿逆时针方向）的圆弧/椭圆弧上创建一个点或规定新点的位置，在如图 16-3 所示的对话框中输入曲线上的角度。

⑧ 圆弧中心/椭圆中心/球心：在所选圆弧、椭圆或者是球的中心建立点。

⑨ 象限点：圆弧的四分点，在圆弧或椭圆弧的四分点处创建一个点或规定新点的位置。

⑩ 曲线/边上的点：在如图 16-4 所示的对话框选择曲线，设置点在曲线上的位置，即可建立点。

图 16-3　圆弧/椭圆上的角度

图 16-4　曲线/边上的点

⑪ 面上的点：在如图 16-5 所示的对话框中设置"U 向参数"和"V 向参数"的值，即可在面上建立点。

⑫ 两点之间：在如图 16-6 所示的对话框中设置"点之间的位置"的值，即可在两点之间建立点。

图 16-5 面上的点

图 16-6 两点之间

16.1.2 基准平面

选择"菜单"→"插入"→"基准/点"→"基准平面"命令，或者单击"主页"→"特征"组→"基准/点"下拉菜单→"基准平面"图标，系统打开如图 16-7 所示的"基准平面"对话框。

图 16-7 "基准平面"对话框

下面介绍基准平面的创建方法。

① ☐ 自动判断：系统根据所选对象创建基准平面。

② ☐ 点和方向：通过选择一个参考点和一个参考矢量来创建基准平面。

③ ☐ 曲线上：通过已存在的曲线，创建在该曲线某点处和该曲线垂直的基准平面。

④ ☐ 按某一距离：通过和已存在的参考平面或基准面进行偏置得到新的基准平面。

⑤ ☐ 成一角度：通过与一个平面或基准面成指定角度来创建基本平面。

⑥ ☐ 二等分：在两个相互平行的平面或基准平面的对称中心处创建基准平面。

⑦ ☐ 曲线和点：通过选择曲线和点来创建基准平面。

⑧ ☐ 两直线：通过选择两条直线，若两条直线在同一平面内，则以这两条直线所在平面为基准平面；若两条直线不在同一平面内，那么基准平面通过一条直线且和另一条直线平行。

⑨ ☐ 相切：通过和一曲面相切且通过该曲面上点或线或平面来创建基准平面。

⑩ ☐ 通过对象：以对象平面为基准平面。

系统还提供了 ☐ YC-ZC 平面、☐ XC-ZC 平面、☐ XC-YC 平面和 ☐ 系数共 4 种方法。也就是说可选择 YC-ZC 平面、XC-ZC 平面、XC-YC 平面为基准平面，或单击 ☐ 按钮，自定义基准平面。

16.1.3　基准轴

选择"菜单"→"插入"→"基准/点"→"基准轴"命令，或者单击"主页"→"特征"组→"基准/点"下拉菜单→"基准轴" ↑ 图标，系统打开如图 16-8 所示的"基准轴"对话框。下面介绍该对话框中主要参数的用法。

① ☐ 自动判断：根据所选的对象确定要使用的最佳基准轴类型。

② ☐ 交点：通过选择两相交对象的交点来创建基准轴。

③ ☐ 曲线/面轴：通过选择曲面和曲面上的轴创建基准轴。

④ ☐ 曲线上矢量：通过选择曲线和该曲线上的点创建基准轴。

⑤ ☐ XC 轴：在工作坐标系的 XC 轴上创建基准轴。

⑥ ☐ YC 轴：在工作坐标系的 XC 轴上创建基准轴。

⑦ ☐ ZC 轴：在工作坐标系的 XC 轴上创建基准轴。

⑧ ☐ 点和方向：通过选择一个点和方向矢量创建基准轴。

⑨ ☐ 两点：通过选择两个点来创建基准轴。

16.1.4　基准坐标系

选择"菜单"→"插入"→"基准/点"→"基准坐标系"命令，或者单击"主页"→"特征"组→"基准/点"下拉菜单→"基准坐标系" ☐ 图标，打开如图 16-9 所示的"基准坐标系"对话框，该对话框用于创建基准坐标系，和坐标系不同的是，基准坐标系一次建立 3 个基准面 XY、YZ、ZX 和 3 个基准轴 X、Y、Z。

① ☐ 动态：使您可以手动移动坐标系到任何想要的位置或方位，或创建一个相对于选定坐标系的关联、动态偏置坐标系。可以使用手柄操控坐标系。

② ☐ 自动判断：通过选择的对象或输入沿 X、Y 和 Z 坐标轴方向的偏置值来定义一个坐标系。

图 16-8 "基准轴"对话框 图 16-9 "基准坐标系"对话框

③ ⌞原点，X 点，Y 点：该方法利用点创建功能先后指定 3 个点来定义一个坐标系。这 3 点应分别是原点、X 轴上的点和 Y 轴上的点。定义的第一点为原点，第一点指向第二点的方向为 X 轴的正向，从第二点至第三点按右手定则来确定 Z 轴正向。

④ ⌞三平面：该方法通过先后选择 3 个平面来定义一个坐标系。3 个平面的交点为坐标系的原点，第一个面的法向为 X 轴，第一个面与第二个面的交线方向为 Z 轴。

⑤ ⌞X 轴，Y 轴，原点：根据选择或定义的一个点和两个矢量来定义坐标系。X 轴和 Y 轴都是矢量；原点为一点。

⑥ ⌞Z 轴，Y 轴，原点：根据选择或定义的一个点和两个矢量来定义坐标系。Z 轴和 Y 轴都是矢量；原点为一点。

⑦ ⌞Z 轴，X 轴，原点：根据选择或定义的一个点和两个矢量来定义坐标系。Z 轴和 X 轴都是矢量；原点为一点。

⑧ ⌞平面，X 轴，点：基于为 Z 轴选定的平面对象、投影到 X 轴平面的矢量以及投影到原点平面的点来定义坐标系。

⑨ ⌞绝对坐标系：该方法在绝对坐标系的（0,0,0）点处定义一个新的坐标系。

⑩ ⌞当前视图的坐标系：该方法用当前视图定义一个新的坐标系。XOY 平面为当前视图的所在平面。

⑪ ⌞偏置坐标系：该方法通过输入沿 X、Y 和 Z 坐标轴方向相对于选择坐标系的偏距来定义一个新的坐标系。

16.2 布尔运算

零件模型通常由单个实体组成，但在建模过程中，实体通常是由多个实体或特征组合而成，于是要求把多个实体或特征组合成一个实体，这个操作称为布尔运算（或布尔操作）。

布尔运算在实际建模过程中用得比较多，但一般情况下是系统自动完成或自动提示用户选择合适的布尔运算。布尔运算也可独立操作。

16.2.1 合并

选择"菜单"→"插入"→"组合"→"合并"命令，或者单击"主页"选项卡→"特

图 16-10　"合并"对话框

征"组→"组合"下拉菜单→"合并" 🔾 图标，系统打开如图 16-10 所示的"合并"对话框。

该对话框用于将两个或多个实体的体积组合在一起构成单个实体，其公共部分完全合并到一起，如图 16-11 所示。

对话框中的选项说明如下。

① 目标：进行布尔"合并"时第一个选择的体对象，运算的结果将加在目标体上，并修改目标体。同一次布尔运算中，目标体只能有一个。布尔运算的结果体类型与目标体的类型一致。

② 工具：进行布尔运算时第二个以后选择的体对象，这些对象将加在目标体上，并构成目标体的一部分。同一次布尔运算中，工具体可有多个。

需要注意：可以将实体和实体进行合并运算，也可以将片体和片体进行合并运算（具有近似公共边缘线），但不能将片体和实体、实体和片体进行求和运算。

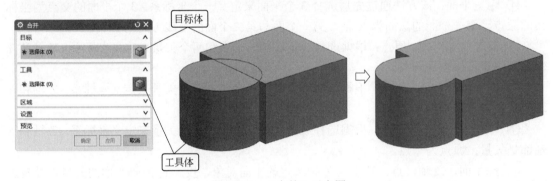

图 16-11　"合并"示意图

16.2.2　减去

选择"菜单"→"插入"→"组合"→"减去"命令，或者单击"主页"选项卡→"特征"组→"组合"下拉菜单→"减去" 🔾 图标，系统打开如图 16-12 所示的"求差"对话框。

该对话框用于从目标体中减去一个或多个刀具体的体积，即将目标体中与刀具体公共的部分去掉，如图 16-13 所示。

需要注意的是：

① 若目标体和刀具体不相交或相接，在运算结果保持为目标体不变。

② 实体与实体、片体与实体、实体与片体之间都可进行减去运算，但片体与片体之间不能进行减去运算。实体与片体的差，其结果为非参数化实体。

③ 布尔"减去"运算时，若目标体进行差运算后的结果为两个或多个实体，则目标体将丢失数据。也不能将一个片体变成两个或多个片体。

图 16-12　"求差"对话框

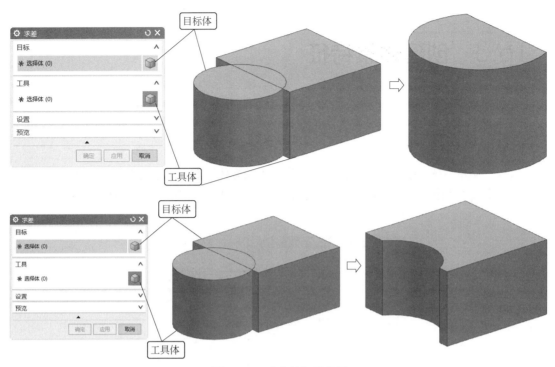

图 16-13 "求差"示意图

④ 差运算的结果不允许产生 0 厚度，即不允许目标实体和工具体的表面刚好相切。

16.2.3 相交

选择"菜单"→"插入"→"组合"→"相交"命令，或者单击"主页"选项卡→"特征"组→"组合"下拉菜单→"相交" 图标，系统打开如图 16-14 所示的"相交"对话框。

该对话框用于将两个或多个实体合并成单个实体，运算结果取其公共部分体积构成单个实体，如图 16-15 所示。

图 16-14 "相交"对话框

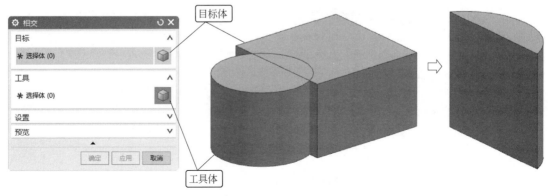

图 16-15 "相交"示意图

16.3 创建体素特征

本章主要介绍简单特征，如长方体、圆柱体、圆锥体以及球体的创建。

16.3.1 长方体

选择"菜单"→"插入"→"设计特征"→"长方体"命令，或者单击"主页"选项卡→"特征"组→"设计特征"下拉菜单→"长方体" 图标，打开如图 16-16 所示"长方体"对话框。

图 16-16 "长方体"对话框

以下对其 3 种不同类型的创建方式作介绍。

① 原点和边长：该方式允许用户通过原点和 3 边长度来创建长方体，示意图如图 16-17 所示。

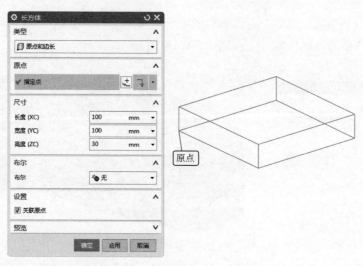

图 16-17 "原点和边长"示意图

② 两点和高度：该方式允许用户通过高度和底面的两对角点来创建长方体，示意图如图 16-18 所示。

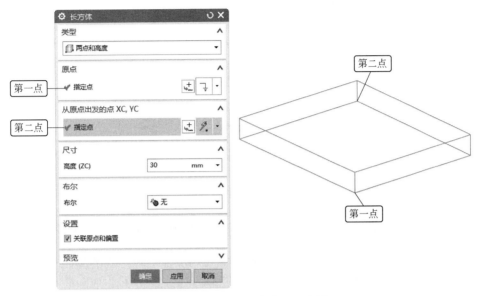

图 16-18 "两点和高度"示意图

③ 两个对角点：该方式允许用户通过两个对角顶点来创建长方体，示意图如图 16-19 所示。

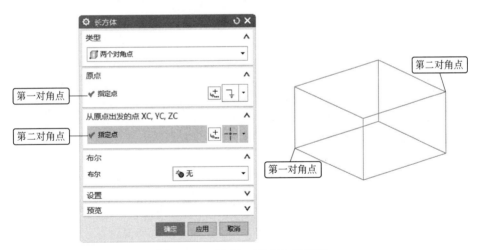

图 16-19 "两个对角点"示意图

16.3.2 圆柱

选择"菜单"→"插入"→"设计特征"→"圆柱"命令，或者单击"主页"选项卡→"特征"组→"更多"库→"圆柱" 图标，打开如图 16-20 所示"圆柱"对话框。

以下对其 2 种不同类型的创建方式作介绍。

① 轴、直径和高度：该方式允许用户通过定义直径和圆柱高度值以及底面圆心来创建圆柱体，创建示意图如图 16-21 所示。

图 16-20 "圆柱"对话框

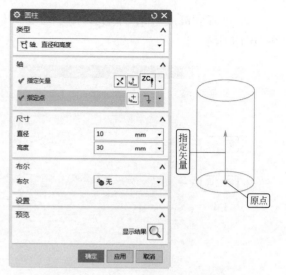

图 16-21 "轴、直径和高度"示意图

② 圆弧和高度：该方式允许用户通过定义圆柱高度值，选择一段已有的圆弧并定义创建方向来创建圆柱体。用户选取的圆弧不一定需要是完整的圆，且生成圆柱与弧不关联，圆柱方向可以选择是否反向，示意图如图 16-22 所示。

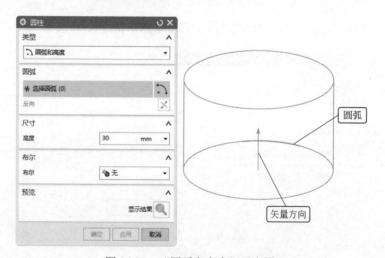

图 16-22 "圆弧和高度"示意图

16.3.3 圆锥

选择"菜单"→"插入"→"设计特征"→"圆锥"命令，或者单击"主页"选项卡→"特征"组→"更多"库→"圆锥"⛰图标，打开如图 16-23 所示"圆锥"对话框。

以下对其 5 种不同类型的创建方式作介绍。

① 直径和高度：该选项通过定义底部直径、顶直径和高度值生成实体圆锥，创建示意图如图 16-24 所示。

② 直径和半角：该选项通过定义底部直径、顶部直径和半角值生成圆锥，创建示意图如图 16-25 所示。

图 16-23 "圆锥"对话框

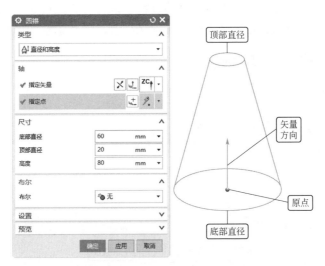

图 16-24 "直径和高度"示意图

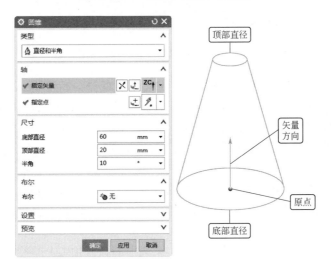

图 16-25 "直径和半角"示意图

半角定义了圆锥的轴与侧面形成的角度。半角值的有效范围是 1°～89°。图 16-26 说明了不同的半角值对圆锥形状的影响。每种情况下轴的底部直径和顶部直径都是相同的，半角值影响顶点的"锐度"以及圆锥的高度。

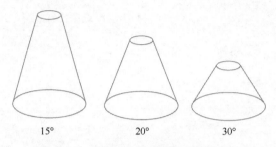

图 16-26　不同半角值对圆锥形状的影响

③ 底部直径、高度和半角：该选项通过定义底部直径、高度和半顶角值生成圆锥。半角值的有效范围是 1°～89°。在生成圆锥的过程中，有一个经过原点的圆形平表面，其直径由底部直径值给出。顶部直径值必须小于底部直径值，创建示意图如图 16-27 所示。

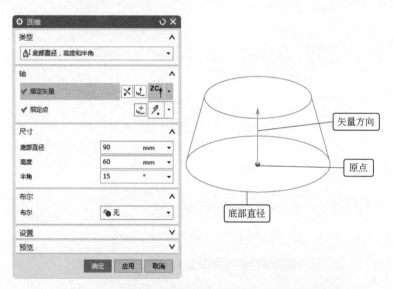

图 16-27　"底部直径、高度和半角"创建示意图

④ 顶部直径、高度和半角：该选项通过定义顶部直径、高度和半顶角值生成圆锥。在生成圆锥的过程中，有一个经过原点的圆形平表面，其直径由顶部直径值给出。底部直径值必须大于顶直径值。创建示意图如图 16-28 所示。

⑤ 两个共轴的圆弧：该选项通过选择两条弧生成圆锥特征。两条弧不一定是平行的（图 16-29）。

选择了基弧和顶弧之后，就会生成完整的圆锥。所定义的圆锥轴位于弧的中心，并且处于基弧的法向上。圆锥的底部直径和顶部直径取自两个弧。圆锥的高度是顶弧的中心与基弧的平面之间的距离。

如果选中的弧不是共轴的，系统会将第二条选中的弧（顶弧）平行投影到由基弧形成的平面上，直到两个弧共轴为止。另外，圆锥不与弧相关联。

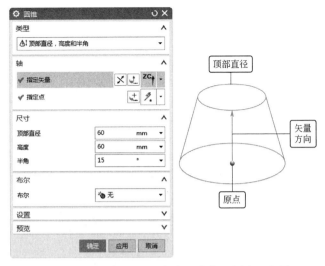

图 16-28 "顶部直径、高度和半角"创建示意图

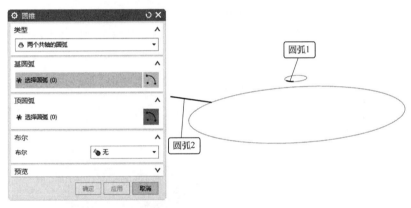

图 16-29 "两个共轴的圆弧"示意图

16.3.4 球

选择"菜单"→"插入"→"设计特征"→"球"命令，打开如图 16-30 所示"球"对话框。

图 16-30 "球"对话框

以下对其 2 种不同类型的创建方式作介绍。

① 中心点和直径：该选项通过定义直径值和中心生成球体，创建示意图如图 16-31 所示。

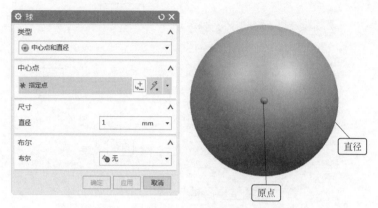

图 16-31 "中心点和直径"创建示意图

② 圆弧：该选项通过选择圆弧来生成球体，示意图如图 16-32 所示，所选的弧不必为完整的圆弧。系统基于任何弧对象生成完整的球体。选定的弧定义球体的中心和直径。另外，球体不与弧相关；这意味着如果编辑弧的大小，球体不会更新以匹配弧的改变。

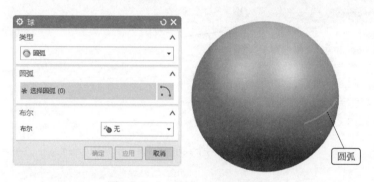

图 16-32 "圆弧"创建示意图

16.3.5 实例——时针

扫一扫，看视频

首先创建长方体，然后在长方体中创建圆柱体，再通过边倒圆和孔等操作，生成时针模型，如图 16-33 所示。

图 16-33 时针

【操作步骤】

（1）创建新文件

选择"菜单"→"文件"→"新建"命令，或者单击"主页"选项卡→"标准"组→"新建" 图标，弹出"新建"对话框。在"模板"选项组中选择"模型"，在"名称"文本框中输入"shizhen"，单击"确定"按钮，进入建模环境。

（2）创建长方体

① 选择"菜单"→"插入"→"设计特征"→"长方体"命令，或者单击"主页"选

项卡→"特征"组→"更多"库→"长方体" 图标，弹出"长方体"对话框。

② 在"类型"下拉列表框中选择"原点和边长"，如图 16-34 所示。

③ 在"长度（XC）""宽度（YC）"和"高度（ZC）"数值框中分别输入 9、1、0.2。

④ 单击 按钮，弹出"点"对话框，从中将原点坐标设置为（0,0,0），然后单击"确定"按钮。返回"长方体"对话框后，单击"确定"按钮，生成如图 16-35 所示的长方体。

图 16-34　"长方体"对话框

图 16-35　长方体

图 16-36　"圆柱"对话框

（3）创建圆柱

① 选择"菜单"→"插入"→"设计特征"→"圆柱"命令，或者单击"主页"选项卡→"特征"组→"更多"库→"圆柱" 图标，弹出"圆柱"对话框。

② 在"类型"下拉列表框中选择"轴、直径和高度"，在"指定矢量"下拉列表中选择 ，如图 16-36 所示。

③ 单击 按钮，弹出"点"对话框，将原点坐标设置为（3,0.5,0），单击"确定"按钮。

④ 返回"圆柱"对话框后，在"直径"和"高度"数值框中分别输入 2、0.2，在"布尔"下拉列表框中选择"合并"，系统将自动选择长方体，最后单击"确定"按钮，生成模型如图 16-37 所示。

（4）创建孔

① 选择"菜单"→"插入"→"设计特征"→"圆柱"命令，或者单击"主页"选项卡→"特征"组→"更多"库→"圆柱" 图标，弹出"圆柱"对话框。

② 在"类型"下拉列表框中选择"轴、直径和高度"，如图 16-38 所示。

③ 在"指定矢量"下拉列表中选择 ；在"指定点"下拉列表中单击"圆心"按钮 ，选取步骤②创建的圆柱体底边线。

④ 在"直径"和"高度"数值框中分别输入 0.5、0.2，在"布尔"下拉列表框中选择"减去"，系统将自动选择长方体，最后单击"确定"按钮，生成孔如图 16-39 所示。

（5）创建圆柱体

① 选择"菜单"→"插入"→"设计特征"→"圆柱"命令，或者单击"主页"选项卡→"特征"组→"更多"库→"圆柱" 图标，弹出"圆柱"对话框。

② 在"类型"下拉列表框中选择"轴、直径和高度"，如图 16-38 所示。

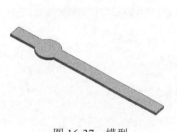

图 16-37　模型　　　　　　图 16-38　"圆柱"对话框　　　　　图 16-39　创建孔

③ 在"指定矢量"下拉列表中选择 ^{ZC}。单击 按钮，在弹出的"点"对话框中将原点
坐标设置为（0,0.5,0），单击"确定"按钮。

④ 返回"圆柱"对话框后，在"直径"和"高度"
数值框中分别输入 1、0.2，在"布尔"下拉列表框中选
择"合并"，系统将自动选择长方体，然后单击"应用"
按钮。

⑤ 在（9,0.5,0）处创建相同参数的圆柱体，结果如
图 16-40 所示。

图 16-40　创建圆柱体

16.4　创建扫描特征

本节介绍先绘制截面然后通过拉伸、旋转、沿引导线扫掠等创建特征。

16.4.1　拉伸

选择"菜单"→"插入"→"设计特征"→"拉伸"命令，或者单击"主页"选项卡→
"特征"组→"设计特征"下拉菜单→"拉伸" 图标，打开如图 16-41 所示"拉伸"对话框，
通过在指定方向上将截面曲线扫掠一个线性距离来生成体，如图 16-42 所示。

以下介绍其中各选项功能。

① 曲线 ：用于选择被拉伸的曲线，如果选择面则自动进入绘制草图模式。

② 绘制截面 ：用户可以通过该选项首先绘制拉伸的轮廓，然后进行拉伸。

③ 指定矢量：用户通过该按钮选择拉伸的矢量方向，可以点击旁边的下拉菜单选择矢
量选择列表。

④ 反向 ：如果在生成拉伸体之后，更改了作为方向轴的几何体，拉伸也会相应更新，
以实现匹配。显示的默认方向矢量指向选中几何体平面的法向。如果选择了面或片体，默认
方向是沿着选中面端点的面法向。如果选中曲线构成了封闭环，在选中曲线的质心处显示方
向矢量。如果选中曲线没有构成封闭环，开放环的端点将以系统颜色显示为星号。

图 16-41 "拉伸"对话框

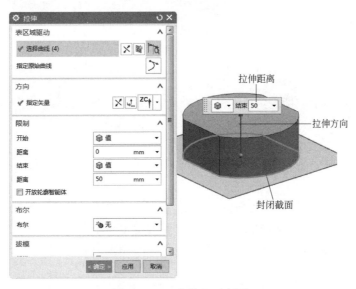

图 16-42 "拉伸"示意图

⑤ 限制：该选项组中有如下选项。

开始/结束：用于沿着方向矢量输入生成几何体的起始位置和结束位置，可以通过动态箭头来调整。其下有 6 个选项。

a. 值：由用户输入拉伸的起始和结束距离的数值，如图 16-43（a）所示。

b. 对称值：用于约束生成的几何体关于选取的对象对称，如图 16-43（b）所示。

c．直至下一个：沿矢量方向拉伸至下一对象，如图 16-43（c）所示。

d．直至选定：拉伸至选定的表面、基准面或实体，如图 16-43（d）所示。

e．直至延伸部分：允许用户裁剪扫略体至一选中表面，如图 16-43（e）所示

f．贯通：允许用户沿拉伸矢量完全通过所有可选实体生成拉伸体，如图 16-43（f）所示。

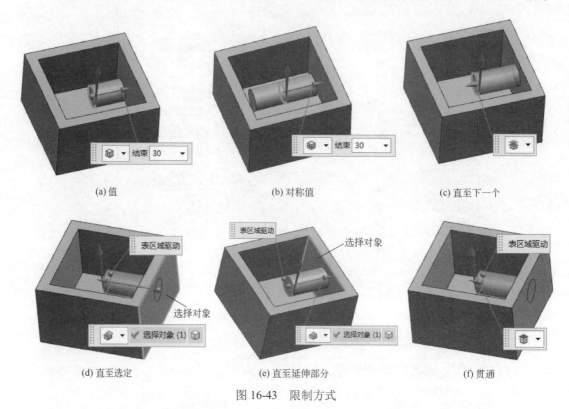

图 16-43　限制方式

⑥ 布尔：该选项用于指定生成的几何体与其他对象的布尔运算，包括无、相交、合并、减去几种方式。配合起始点位置的选取可以实现多种拉伸效果。

⑦ 拔模：该选项用于对面进行拔模。正角使得特征的侧面向内拔模（朝向选中曲线的中心）；负角使得特征的侧面向外拔模（背离选中曲线的中心）。零拔模角则不会应用拔模。有如下各选项。

a．从起始限制：允许用户从起始点至结束点创建拔模，如图 16-44（a）所示。

b．从截面：允许用户从起始点至结束点创建的锥角与截面对齐，如图 16-44（b）所示。

c．从截面-不对称角：允许用户沿截面至起始点和结束点创建的不对称锥角，如图 16-44（c）所示。

d．从截面-对称角：允许用户沿截面至起始点和结束点创建的对称锥角，如图 16-44（d）所示。

e．从截面匹配的终止处：允许用户沿轮廓线至起始点和结束点创建的锥角，在梁端面处的锥面保持一致，如图 16-44（e）所示。

⑧ 偏置：该选项组可以生成特征，该特征由曲线或边的基本设置偏置一个常数值。有以下选项。

a．单侧：用于生成以单侧偏置实体，如图 16-45（a）所示。

b. 两侧：用于生成以双侧偏置实体，如图 16-45（b）所示。

c. 对称：用于生成以对称偏置实体，如图 16-45（c）所示。

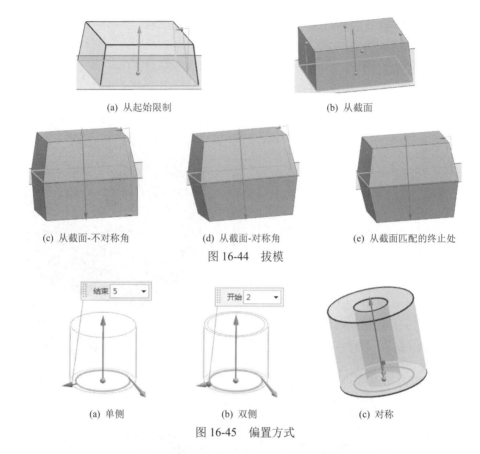

(a) 从起始限制　　　　　　　　　　　　　　(b) 从截面

(c) 从截面-不对称角　　　(d) 从截面-对称角　　　(e) 从截面匹配的终止处

图 16-44　拔模

(a) 单侧　　　　　　　(b) 双侧　　　　　　(c) 对称

图 16-45　偏置方式

⑨ 预览：选中该复选框后用于预览绘图工作区的临时实体的生成状态，以便于用户及时修改和调整。

16.4.2　旋转

选择"菜单"→"插入"→"设计特征"→"旋转"命令，或者单击"主页"选项卡→"特征"组→"设计特征"下拉菜单→"旋转" 🌀 图标，打开如图 16-46 所示"旋转"对话框，通过绕给定的轴以非零角度旋转截面曲线来生成一个特征。可以从基本横截面开始并生成圆或部分圆的特征，示意图如图 16-47 所示。

"旋转"对话框中的部分选项说明。

① 选择曲线：用于选择旋转的曲线，如果选择的面则自动进入草绘模式。

② 绘制截面：用户可以通过该选项首先绘制回转的轮廓，然后进行回转。

③ 指定矢量：该选项让用户指定旋转轴的矢量方向，也可以通过下拉菜单调出矢量构成选项。

④ 指定点：该选项让用户通过指定旋转轴上的一点，来确定旋转轴的具体位置。

⑤ 反向：与拉伸中的方向选项类似，其默认方向是生成实体的法线方向。

⑥ 限制：该选项方式让用户指定旋转的角度。其功能如下。

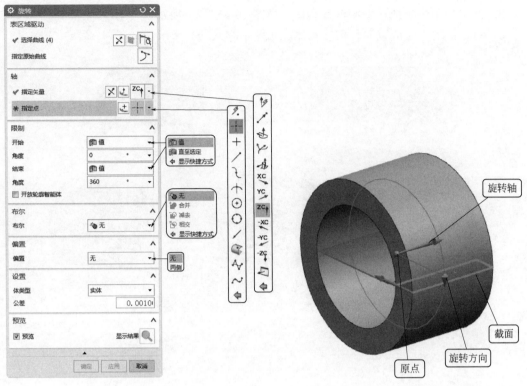

图 16-46 "旋转"对话框   图 16-47 "旋转"示意图

a. 开始/结束：指定旋转的开始/结束角度。总数量不能超过 360°。结束角度大于起始角旋转方向为正方向，否则为反方向，如图 16-48（a）所示。

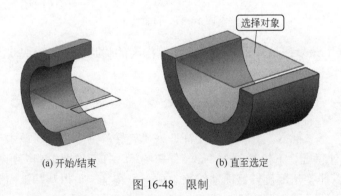

(a) 开始/结束   (b) 直至选定

图 16-48 限制

b. 直至选定：该选项让用户把截面集合体旋转到目标实体上的选定面或基准平面,如图 16-48（b）所示。

⑦ 布尔：该选项用于指定生成的几何体与其他对象的布尔运算，包括无、相交、合并、减去几种方式。配合起始点位置的选取可以实现多种拉伸效果。

⑧ 偏置：该选项方式让用户指定偏置形式，分为无和两侧。

a. 无：直接以截面曲线生成旋转特征，如图 16-49（a）所示。

b. 两侧：指在截面曲线两侧生成旋转特征，以结束值和起始值之差为实体的厚度，如图 16-49（b）所示。

(a) 无   (b) 两侧

图 16-49　偏置

16.4.3　沿引导线扫掠

选择"菜单"→"插入"→"扫掠"→"沿引导线扫掠"命令，或者单击"主页"选项卡→"特征"组→"更多"库→"扫掠"库→"沿引导线扫掠"图标，打开如图 16-50 所示"沿引导线扫掠"对话框，通过沿着由一个或一系列曲线、边或面构成的引导线串（路径）拉伸开放的或封闭的边界草图、曲线、边或面来生成单个体，示意图如图 16-51 所示。

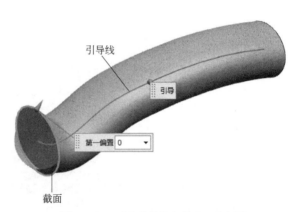

图 16-50　"沿引导线扫掠"对话框　　　　图 16-51　"沿引导线扫掠"示意图

需要注意：

① 如果截面对象有多个环，如图 16-52 所示，则引导线串必须由线/圆弧构成。

② 如果沿着具有封闭的、尖锐拐角的引导线串扫掠，建议把截面线串放置到远离尖锐拐角的位置。

③ 如果引导路径上两条相邻的线以锐角相交，或者如果引导路径中的圆弧半径对于截面曲线来说太小，则不会发生扫掠面操作。换言之，路径必须是光顺的、切向连续的。

16.4.4　管

选择"菜单"→"插入"→"扫掠"→"管"命令，或者单击"主页"选项卡→"特征"组→"更多"库→"扫掠"库→"管"图标，打开如图 16-53 所示"管"对话框，通过沿着由一个或一系列曲线构成的引导线串（路径）扫掠出简单的管道对象，如图 16-54 所示。

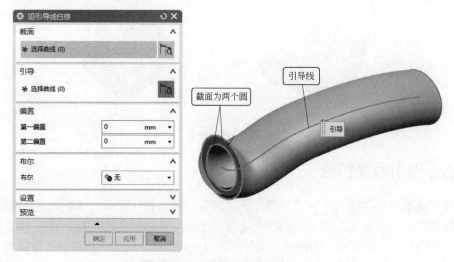

图 16-52　当截面对象有多个环时

图 16-53　"管"对话框

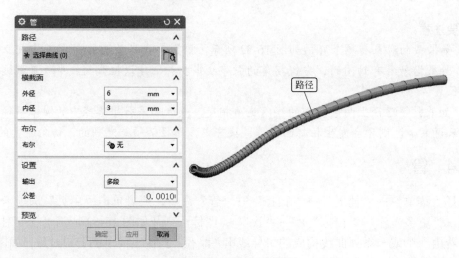

图 16-54　"管"示意图

"管"对话框中的相关选项如下。

① 外径/内径：用于输入管道的内外径数值，其中外径不能为零。

② 输出。

a. 单段：只具有一个或两个侧面，此侧面为 B 曲面。如果内直径是零，那么管具有一个侧面，如图 16-55（a）所示。

b. 多段：沿着引导线串扫成一系列侧面，这些侧面可以是柱面或环面，如图 16-55（b）所示。

| （a）单段 | （b）多段 |

图 16-55 "输出"示意图

16.5 综合实例——轴承座

扫一扫，看视频

轴承座有三部分组成：轴套、轴承座支撑部分和底座部分，轴套由圆柱体上创建简单孔生成，支撑部分由草图曲线拉伸生成，底座部分由面拉伸生成，模型如图 16-56 所示。

【操作步骤】

（1）新建文件

选择"菜单"→"文件"→"新建"命令，或者单击"主页"选项卡→"标准"组→"新建"📄图标，打开"新建"对话框，在模型选项卡中选择适当的模板，文件名为 zhouchengzuo，单击"确定"按钮，进入建模环境。

（2）创建圆柱 1

① 选择"菜单"→"插入"→"设计特征"→"圆柱"命令，或者单击"主页"选项卡→"特征"组→"更多"库→"圆柱"🛢图标，打开如图 16-57 所示的"圆柱"对话框。

图 16-56 轴承座

② 选择"轴、直径和高度"类型，在指定矢量下拉列表中选择"ZC 轴"ᶻᶜ图标。

③ 单击"点"对话框按钮🔩，在打开的"点"对话框中输入坐标点为（0,0,0），单击"确定"按钮。

④ 返回"圆柱"对话框，在直径和高度选项中分别输入 50、50，单击"确定"按钮，以原点为中心生成圆柱体。如图 16-58 所示。

（3）创建基准平面 1

① 选择"菜单"→"插入"→"基准/点"→"基准平面"命令，或者单击"主页"→"特征"组→"基准/点"下拉菜单→"基准平面"▱图标，打开"基准平面"对话框如图 16-59 所示。

② 选择"XC-ZC 平面"类型，单击"确定"按钮，完成基准平面 1 的创建，结果如图 16-60 所示。

图 16-57　"圆柱"对话框 1

图 16-58　创建圆柱 1

图 16-59　"基准平面"对话框 1

图 16-60　创建基准平面 1

（4）创建草图 1

① 选择"菜单"→"插入"→"在任务环境中绘制草图"命令，或者单击"曲线"选项卡→"在任务环境中绘制草图"　图标，打开如图 16-61 所示"创建草图"对话框。

② 选择基准平面 1 为草图绘制面，单击"确定"按钮，进入草图绘制阶段，绘制如图 16-62 所示的草图。

图 16-61　"创建草图"对话框 1

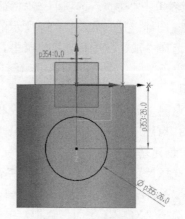

图 16-62　绘制草图 1

③ 单击"主页"选项卡→"草图"组→"完成"❎图标，返回建模模块。

（5）创建拉伸 1

① 选择"菜单"→"插入"→"设计特征→"拉伸"命令，或者单击"主页"选项卡→"特征"组→"设计特征"下拉菜单→"拉伸"▥图标，打开如图 16-63 所示"拉伸"对话框。

图 16-63 "拉伸"对话框 1

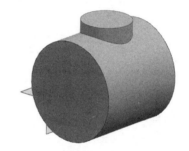

图 16-64 创建拉伸 1

② 选择上步创建的草图为拉伸曲线，在指定矢量下拉列表中选择"YC"轴为拉伸方向。

③ 在开始距离和结束距离中输入 0 和 30，在布尔下拉列表中选择"合并"，系统自动选择圆柱体，单击"确定"按钮，完成拉伸操作，如图 16-64 所示。

（6）创建基准平面 2

① 选择"菜单"→"插入"→"基准/点"→"基准平面"命令，或者单击"主页"→"特征"组→"基准/点"下拉菜单→"基准平面"▯图标，打开"基准平面"对话框如图 16-65 所示。

② 选择"XC-YC 平面"类型，输入距离为 7，单击"确定"按钮，完成基准平面 2 的创建，如图 16-66 所示。

（7）创建草图 2

① 选择"菜单"→"插入"→" 在任务环境中绘制草图"命令，或者单击"曲线"选项卡→"在任务环境中绘制草图"▭图标，打开如图 16-67 所示"创建草图"对话框。

② 选择基准平面 2 为草图绘制面，单击"确定"按钮，进入草图绘制阶段，绘制如图 16-68 所示的草图。

③ 单击"主页"选项卡→"草图"组→"完成"❎图标，返回建模模块。

图 16-65　"基准平面"对话框 2

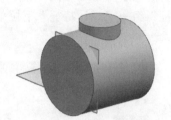

图 16-66　创建基准平面 2

图 16-67　"创建草图"对话框 2

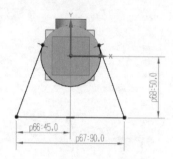

图 16-68　绘制草图 2

（8）创建拉伸 2

① 选择"菜单"→"插入"→"设计特征→"拉伸"命令，或者单击"主页"选项卡→"特征"组→"设计特征"下拉菜单→"拉伸"📖图标，打开如图 16-69 所示"拉伸"对话框。

图 16-69　"拉伸"对话框 2

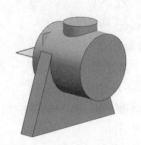

图 16-70　创建拉伸 2

② 选择上步创建的草图为拉伸曲线，在指定矢量下拉列表中选择"ZC"轴为拉伸方向。

③ 在开始距离和结束距离中输入 0 和 12，在布尔下拉列表中选择"合并"，系统自动选择圆柱体，单击"确定"按钮，完成拉伸操作，如图 16-70 所示。

（9）创建基准平面 3

① 选择"菜单"→"插入"→"基准/点"→"基准平面"命令，或者单击"主页"→"特征"组→"基准/点"下拉菜单→"基准平面"图标，打开"基准平面"对话框如图 16-71 所示。

② 选择"YC-ZC 平面"型，单击"确定"按钮，完成基准平面 3 的创建，结果如图 16-72 所示。

（10）创建草图 3

① 选择"菜单"→"插入"→"在任务环境中绘制草图"命令，或者单击"曲线"选项卡→"在任务环境中绘制草图"图标，打开"创建草图"对话框。

② 选择基准平面 3 为草图绘制面，单击"确定"按钮，进入草图绘制阶段，绘制如图 16-73 所示的草图。

③ 单击"主页"选项卡→"草图"组→"完成"图标，返回建模模块。

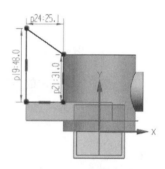

图 16-71　"基准平面"对话框 3　　　图 16-72　创建基准平面 3　　　图 16-73　绘制草图 3

（11）创建拉伸 3

① 选择"菜单"→"插入"→"设计特征→"拉伸"命令，或者单击"主页"选项卡→"特征"组→"设计特征"下拉菜单→"拉伸"图标，打开如图 16-74 所示"拉伸"对话框。

② 选择上步创建的草图为拉伸曲线，在指定矢量下拉列表中选择"XC"轴为拉伸方向，选择"对称值"方式，输入距离为 5，在布尔下拉列表中选择"合并"，单击"确定"按钮，完成拉伸操作，如图 16-75 所示。

（12）创建草图 4

① 选择"菜单"→"插入"→"在任务环境中绘制草图"命令，或者单击"曲线"选项卡→"在任务环境中绘制草图"图标，打开"创建草图"对话框。

② 平面方法选择"自动判断"，选择如图 16-75 所示面 1 为草图绘制面，单击"确定"按钮，进入草图绘制阶段，绘制如图 16-76 所示的草图。

③ 单击"主页"选项卡→"草图"组→"完成"图标，返回建模模块。

（13）创建拉伸 4

① 选择"菜单"→"插入"→"设计特征→"拉伸"命令，或者单击"主页"选项卡→"特征"组→"设计特征"下拉菜单→"拉伸"图标，打开"拉伸"对话框。

图 16-74　"拉伸"对话框 3

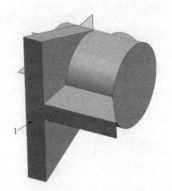

图 16-75　创建拉伸 3

② 选择上步创建的草图为拉伸曲线，在指定矢量下拉列表中选择"-YC"轴为拉伸方向，在开始距离和结束距离中输入 0 和 12，在布尔下拉列表中选择"合并"，系统自动选择圆柱体，单击"确定"按钮，完成拉伸操作，如图 16-77 所示。

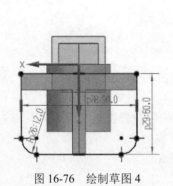

图 16-76　绘制草图 4

图 16-77　创建拉伸 4

（14）创建圆柱 2

① 选择"菜单"→"插入"→"设计特征"→"圆柱"命令，或者单击"主页"选项卡→"特征"组→"更多"库→"圆柱" 图标，打开如图 16-78 所示"圆柱"对话框。

② 选择"轴、直径和高度"类型，在指定矢量下拉列表中选择"-YC"轴。

③ 在指定点下拉列表中选择"圆弧中心/椭圆中心/球心" ，在直径和高度中输入 14，30。捕捉如图 16-79 所示的拉伸体的上表面圆心为圆柱体放置位置，在布尔下拉列表中选择"减去"，系统自动选择圆柱体，单击"确定"按钮，生成模型如图 16-80 所示。

图 16-78 "圆柱"对话框 2

图 16-79 捕捉圆心

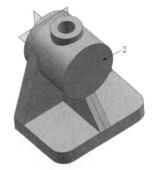

图 16-80 创建孔

（15）创建草图 5

① 选择"菜单"→"插入"→"在任务环境中绘制草图"命令，或者单击"曲线"选项卡→"在任务环境中绘制草图" 图标，打开"创建草图"对话框。

② 平面方法选择"自动判断"，选择如图 16-80 所示面 2 为草图绘制面，单击"确定"按钮，进入草图绘制阶段，绘制如图 16-81 所示的草图。

③ 单击"主页"选项卡→"草图"组→"完成" 图标，返回建模模块。

（16）创建拉伸 5

① 选择"菜单"→"插入"→"设计特征"→"拉伸"命令，或者单击"主页"选项卡→"特征"组→"设计特征"下拉菜单→"拉伸" 图标，打开"拉伸"对话框。

② 选择上步创建的草图为拉伸曲线，在指定矢量下拉列表中选择"-ZC"轴为拉伸方向。

③ 在开始距离和结束距离中输入 0 和 50，在布尔下拉列表中选择"减去"，系统自动选择圆柱体，单击"确定"按钮，完成拉伸操作，如图 16-82 所示。

（17）创建圆孔

① 选择"菜单"→"插入"→"设计特征"→"孔"命令，或者单击"主页"选项卡→"特征"组→"孔" 图标，打开如图 16-83 所示"孔"对话框。

② 选择"沉头"成形，在沉头直径、沉头深度、直径和深度分别输入 18、2、12、20。

③ 单击"绘制截面"按钮 ，选择如图 16-82 所示面 3 为草图绘制面，绘制如图 16-84 所示的草图，单击"主页"选项卡→"草图"组→"完成" 图标。

④ 返回到"孔"对话框，单击"确定"按钮，完成孔的创建，如图 16-85 所示。

（18）隐藏草图和基准

① 选择"菜单"→"编辑"→"显示和隐藏"→"隐藏"命令，打开"类选择"对话框。

② 单击"类型过滤器"按钮 ，系统打开如图 16-86 所示的"按类型选择"对话框，选择"草图"和"基准"选项，单击"确定"按钮。

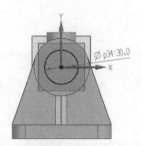

图 16-81 绘制草图 5

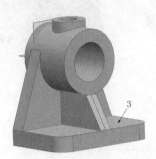

图 16-82 创建拉伸 5

图 16-83 "孔"对话框

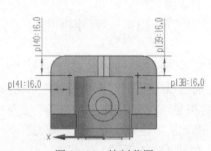

图 16-84 绘制草图 6

图 16-85 创建沉头孔

③ 返回到"类选择"对话框，单击"全选"按钮，选择视图中所有的草图和基准。单击"确定"按钮，草图和基准被隐藏，如图 16-87 所示。

图 16-86 "按类型选择"对话框

图 16-87 隐藏草图和基准

上 机 操 作

【**实例1**】绘制如图 16-88 所示的笔芯

（1）目的要求

通过本练习，帮助读者掌握简单特征的创建和布尔运算的基本方法和技巧。

（2）操作提示

① 利用"圆柱"命令，在坐标原点绘制直径为 4、高度为 150 的圆柱体。

② 利用"圆柱"命令，在坐标点（0,0,150）处绘制直径为 2、高度为 4 的圆柱体。重复"圆柱"命令，在坐标点（0,0,154）处绘制直径为 1、高度为 2.5 的圆柱体。

③ 利用"球"命令，在第三个圆柱上端面中心创建直径为 1 的球，并进行比尔合并运算。

图 16-88 笔芯

【**实例2**】绘制如图 16-89 所示的笔前端盖

（1）目的要求

通过本练习，帮助读者掌握简单特征、扫描特征的创建和布尔运算的基本方法和技巧。

（2）操作提示

① 利用"圆柱"命令，在坐标原点处绘制直径为 11、高度为 44.5 的圆柱体。

② 利用"球"命令，在圆柱体的上端面中心创建直径为 11 的球，并进行布尔合并运算，如图 16-90 所示。

图 16-89 笔前端盖

图 16-90 创建球体

③ 利用"圆柱"命令，在圆柱体的下端面中心创建直径为 9、高度为 40 的圆柱体，并进行布尔求差运算。

④ 利用"基准平面"命令创建 XC-YC 平面、YC-ZC 平面和 XC-ZC 平面。

⑤ 以 XC-ZC 平面为草图绘制平面，利用"圆弧"命令，以（0,40）为圆心，绘制半径为 8.5、角度为 90°的圆弧；利用"直线"命令，以圆弧端点为起点，绘制长度为 25、角度为 270°的直线，如图 16-91 所示。

⑥ 以 YC-ZC 平面为草图绘制平面，利用"矩形"命令，以（-2,49.5）为角点，绘制宽度为 4、高度为 2 的矩形，如图 16-92 所示。

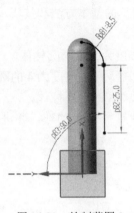

图 16-91　绘制草图 1

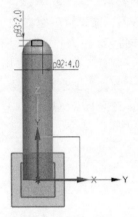

图 16-92　绘制草图 2

⑦ 利用"沿引导线扫掠"命令，以步骤⑤绘制的草图为引导线，步骤⑥绘制的草图为截面，创建实体。

⑧ 利用"圆锥"命令，在坐标（-7.5,0,18）处创建底部直径为 3、顶部直径为 1、半角为 30°的圆锥，并进行布尔合并运算。

第17章
创建成形和工程特征

相对于单纯的实体建模和参数化建模，UG采用的是复合建模方法。该方法是基于特征的实体建模方法，是在参数化建模方法的基础上采用了一种所谓"变量化技术"的设计建模方法，对参数化建模技术进行了改进。

学习要点

掌握成形特征创建

掌握工程特征创建

17.1 创建成形特征

本节主要介绍孔、凸起、槽和螺纹等设计特征。

17.1.1 孔

选择"菜单"→"插入"→"设计特征"→"孔"命令，或者单击"主页"选项卡→"特征"组→"孔" 图标，打开如图17-1所示"孔"对话框。

"孔"对话框选项介绍如下。

① 常规孔

a．简单孔：选中该选项后，让用户以指定的直径、深度和顶锥角生成一个简单的孔，如图17-2所示。

b．沉头：选中该选项后，可变窗口区变换为如图17-3所示，让用户以指定的孔直径、孔深度、顶锥角、沉头直径和沉头深度生成一个沉头孔，如图17-4所示。

c．埋头：选中该选项后，可变窗口区变换为如图17-5所示，让用户以指定的孔直径、孔深度、顶锥角、埋头直径和埋头角度生成一个埋头孔，如图17-6所示。

d．锥孔：选中该选项后，可变窗口区变换为如图17-7所示，让用户以指定的孔直径、锥角和深度生成一个锥孔，如图17-8所示。

② 螺钉间隙孔：创建简单、沉头或埋头通孔，为具体应用而设计。

③ 螺纹孔：创建螺纹孔，其尺寸标注由标准、螺纹尺寸和径向进刀定义。

④ 孔系列：创建起始、中间和结束孔尺寸一致的多形状、多目标体的对齐孔。

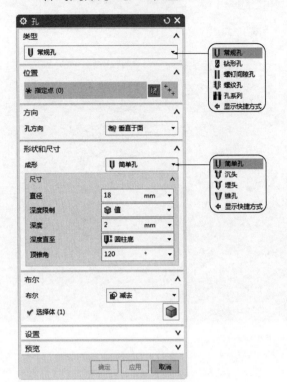

图 17-1 "孔"对话框

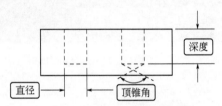

图 17-2 "简单孔"示意图

图 17-3 "沉头"窗口

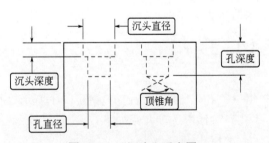

图 17-4 "沉头"示意图

图 17-5 "埋头"窗口

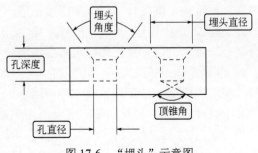

图 17-6 "埋头"示意图

图 17-7 "锥孔"窗口

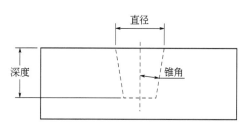

图 17-8 "锥孔"示意图

17.1.2 凸起

选择"菜单"→"插入"→"设计特征"→"凸起"命令，或者单击"主页"选项卡→"特征"组→"设计特征"库→"凸起"图标，弹出如图 17-9 所示对话框，通过沿矢量投影截面形成的面来修改体。凸起特征对于刚性对象和定位对象很有用。各选项功能如下。

① "选择面"：用于选择一个或多个面以在其上创建凸起。

② "端盖"：端盖定义凸起特征的限制地板或天花板，使用以下方法之一为端盖选择源几何体。

a."凸起的面"：从选定用于凸起的面创建端盖，如图 17-10 所示。

图 17-9 "凸起"对话框

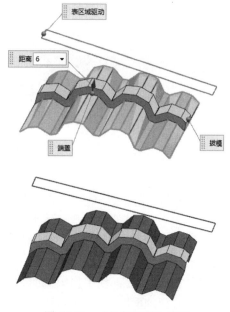

图 17-10 "凸起的面"选项

b."基准平面"：从选择的基准平面创建端盖，如图 17-11 所示。

c."截面平面"：在选定的截面处创建端盖，如图 17-12 所示。

d."选定的面"：从选择的面创建端盖，如图 17-13 所示。

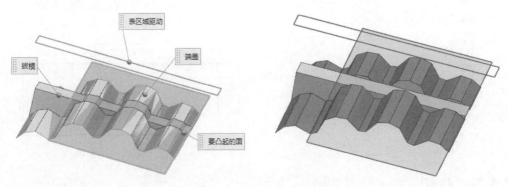

图 17-11　"基准平面"选项

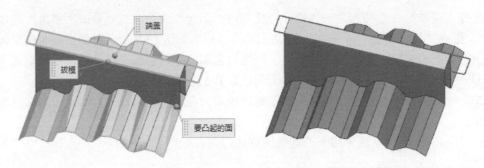

图 17-12　"截面平面"选项

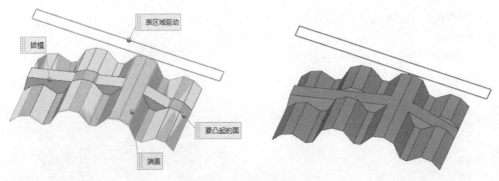

图 17-13　"选定的面"选项

③ "位置"

a. "平移"：通过按凸起方向指定的方向平移源几何体来创建端盖几何体。

b. "偏置"：通过偏置源几何体来创建端盖几何体。

④ "拔模"：指定在拔模操作过程中保持固定的侧壁位置。

a. "从端盖"：使用端盖作为固定边的边界。

b. "从凸起的面"：使用投影截面和凸起面的交线作为固定曲线。

c. "从选定的面"：使用投影截面和所选的面的交线作为固定曲线。

d. "从选定的基准"：使用投影截面和所选的基准平面的交线作为固定曲线。

e. "从截面"：使用截面作为固定曲线。

f. "无"：指定不为侧壁添加拔模。

⑤ "自由边修剪"：用于定义当凸起的投影截面跨过一条自由边（要凸起的面中不包括

的边）时修剪凸起的矢量。

　　a．"脱模方向"：使用脱模方向矢量来修剪自由边。

　　b．"垂直于曲面"：使用与自由边相接的凸起面的曲面法向执行修剪。

　　c．"用户定义"：用于定义一个矢量来修剪与自由边相接的凸起。

　　⑥ "凸度"：当端盖与要凸起的面相交时，可以创建带有凸垫、凹腔和混合类型凸度的凸起。

　　a．"凸垫"：如果矢量先碰到目标曲面，后碰到端盖曲面，则认为它是垫块。如图 17-14 所示。

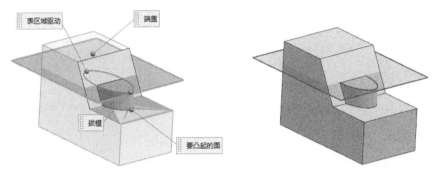

图 17-14　"凸垫"选项

　　b．"凹腔"：如果矢量先碰到端盖曲面，后碰到目标，则认为它是腔。如图 17-15 所示。

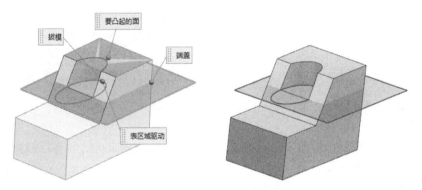

图 17-15　"凹腔"选项

17.1.3　槽

　　选择"菜单"→"插入"→"设计特征"→"槽"命令，或者单击"主页"→"特征"组→"更多"库→"设计特征"库→"槽"图标，打开如图 17-16 所示的"槽"对话框。

　　该选项让用户在实体上生成一个槽，就好像一个成形刀具在旋转部件上向内（从外部定位面）或向外（从内部定位面）移动，如同车削操作。

　　该选项只在圆柱形或圆锥形的面上起作用。旋转轴是选中面的轴。槽在选择该面的位置（选择点）附近生成并自动连接到选中的面上。

图 17-16　"槽"对话框

"槽"对话框各选项功能如下。

① 矩形:中该选项,在选定放置平面后系统会打开如图17-17所示的"矩形槽"对话框。该选项让用户生成一个周围为尖角的槽,示意图如图17-18所示。

a. 槽直径:生成外部槽时,指定槽的内径,而当生成内部槽时,指定槽的外径。

b. 宽度:槽的宽度,沿选定面的轴向测量。

图17-17 "矩形槽"对话框

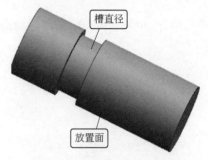

图17-18 "矩形槽"示意图

② 球形端槽:选中该选项,在选定放置平面后系统会打开如图17-19所示的"球形端槽"对话框。该选项让用户生成底部有完整半径的槽,示意图如图17-20所示。

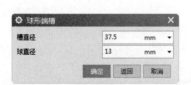

图17-19 "球形端槽"对话框

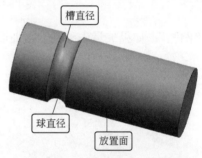

图17-20 "球形端槽"示意图

a. 槽直径:生成外部槽时,指定槽的内径,而当生成内部槽时,指定槽的外径。

b. 球直径:槽的宽度。

③ U形槽:选中该选项,在选定放置平面后系统会打开如图17-21所示的"U形槽"对话框。该选项让用户生成在拐角有半径的槽,示意图如图17-22所示。

图17-21 "U形槽"对话框

图17-22 "U形槽"示意图

a．槽直径：生成外部槽时，指定槽的内部直径，而当生成内部槽时，指定槽的外部直径。

b．宽度：槽的宽度，沿选择面的轴向测量。

c．角半径：槽的内部圆角半径。

17.1.4 螺纹

选择"菜单"→"插入"→"设计特征"→"螺纹"命令，或者单击"主页"→"特征"组→"设计特征"下拉菜单→"螺纹刀"图标，打开如图 17-23 所示"螺纹切削"对话框。该选项能在具有圆柱面的特征上生成符号螺纹或详细螺纹。这些特征包括孔、圆柱、凸台以及圆周曲线扫掠产生的减去或增添部分。

图 17-23 "螺纹切削"对话框

① 螺纹类型。

a．符号：该类型螺纹以虚线圆的形式显示在要攻螺纹的一个或几个面上。符号螺纹使用外部螺纹表文件（可以根据特殊螺纹要求来定制这些文件），以确定默认参数。符号螺纹一旦生成就不能复制或阵列，但在生成时可以生成多个和可阵列复制。如图 17-24 所示。

b．详细：该类型螺纹看起来更实际，如图 17-25 所示，但由于其几何形状及显示的复杂性，生成和更新都需要长得多的时间。详细螺纹使用内嵌的默认参数表，可以在生成后复制或引用。详细螺纹是完全关联的，如果特征被修改，螺纹也相应更新。

② 大径：为螺纹的最大直径。对于符号螺纹，提供默认值的是查找表。对于符号螺纹，这个直径必须大于圆柱面直径。只有当"手工输入"选项打开时您才能在这个字段中为符号螺纹输入值。

③ 小径：螺纹的最小直径。

④ 螺距：从螺纹上某一点到下一螺纹的相应点之间的距离，平行于轴测量。

⑤ 角度：螺纹的两个面之间的夹角，在通过螺纹轴的平面内测量。

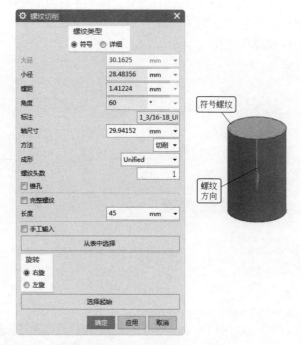

图 17-24　"符号螺纹"示意图

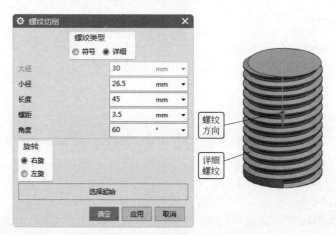

图 17-25　"详细螺纹"示意图

⑥ 标注：引用为符号螺纹提供默认值的螺纹表条目。当"螺纹类型"是"详细"，或者对于符号螺纹而言"手工输入"选项可选时，该选项不出现。

⑦ 螺纹钻尺寸：轴尺寸出现于外部符号螺纹；丝锥尺寸出现于内部符号螺纹。

⑧ 方法：该选项用于定义螺纹加工方法，如切削、轧制、研磨和铣削。选择可以由用户在用户默认值中定义，也可以不同于这些例子。该选项只出现于"符号"螺纹类型。

⑨ 螺纹头数：该选项用于指定是要生成单头螺纹还是多头螺纹。

⑩ 锥形：勾选此复选框，则符号螺纹带锥度。

⑪ 完整螺纹：勾选此复选框，则当圆柱面的长度改变时符号螺纹将更新。

⑫ 长度：从选中的起始面到螺纹终端的距离，平行于轴测量。对于符号螺纹，提供默认

值的是查找表。

⑬ 手工输入：该选项为某些选项输入值，否则这些值要由查找表提供。勾选此复选框，"从表格中选择"选项不能用。

⑭ 从表中选择：对于符号螺纹，该选项可以从查找表中选择标准螺纹表条目。

⑮ 旋转：用于指定螺纹应该是"右旋"的（顺时针）还是"左旋"的（反时针），如图 17-26 所示。

　　(a) 右旋　　　　　　　　　　　　　　　　　　　(b) 左旋

图 17-26　"旋转"示意图

⑯ 选择起始：该选项通过选择实体上的一个平面或基准面来为符号螺纹或详细螺纹指定新的起始位置。单击此按钮，打开如图 17-27 所示"螺纹切削"选择对话框，在视图中选择起始面，打开如图 17-28 所示的"螺纹切削"对话框。选择起始面，如图 17-29 所示。

a. 螺纹轴反向：能指定相对于起始面攻螺纹的方向。

b. 延伸通过起点：使系统生成详细螺纹直至起始面以外。

c. 不延伸：使系统从起始面起生成螺纹。

图 17-27　"螺纹切削"选择对话框

图 17-28　"螺纹切削"对话框

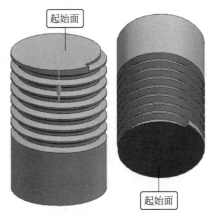

图 17-29　选择起始面

17.1.5 实例——表后端盖

首先创建圆柱体，然后对圆柱体进行倒角、孔、螺纹等操作，生成表后端盖模型，如图 17-30 所示。

扫一扫，看视频

图 17-30 表后端盖图

【操作步骤】

（1）创建新文件

选择"菜单"→"文件"→"新建"命令，或者单击"主页"选项卡→"标准"组→"新建" 图标，弹出"新建"对话框。在"模板"选项组中选择"模型"，在"名称"文本框中输入"biaohouduangai"，单击"确定"按钮，进入建模环境。

（2）创建圆柱体

① 选择"菜单"→"插入"→"设计特征"→"圆柱"命令，弹出"圆柱"对话框，如图 17-31 所示。

图 17-31 "圆柱"对话框

图 17-32 创建圆柱体

图 17-33 "倒斜角"对话框

② 在"类型"下拉列表框中选择"轴、直径和高度"，在"指定矢量"下拉列表中选择 ^{ZC}（ZC 轴）为圆柱方向；单击"点对话框"按钮 ，在弹出的"点"对话框中设置原点坐标为（0,0,0），单击"确定"按钮。

③ 返回"圆柱"对话框，在"直径"和"高度"数值框中分别输入 33、3，单击"确定"按钮，生成模型如图 17-32 所示。

（3）倒斜角

① 选择"菜单"→"插入"→"细节特征"→"倒斜角"命令，或者单击"主页"选项卡→"特征"组→"倒斜角" 图标，弹出"倒斜角"对话框。

② 在"横截面"下拉列表框中选择"非对称"，在"距离 1"和"距离 2"数值框中分别输入 1 和 3，如图 17-33 所示。

③ 在视图中选择圆柱体的边为倒斜角边，如图 17-34 所示。

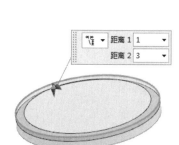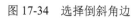

图 17-34　选择倒斜角边　　　　图 17-35　倒斜角　　　　图 17-36　"边倒圆"对话框

④ 在"倒斜角"对话框中单击"确定"按钮，结果如图 17-35 所示。

（4）边倒圆

① 选择"菜单"→"插入"→"细节特征"→"边倒圆"命令，或者单击"主页"选项卡→"特征"组→"边倒圆" 📦 图标，弹出如图 17-36 所示的"边倒圆"对话框。

② 在"形状"下拉列表框中选择"圆形"。

③ 在视图中选择如图 17-37 所示要倒圆的边，并在"半径 1"数值框中输入"1"。

④ 在"边倒圆"对话框中单击"确定"按钮，结果如图 17-38 所示。

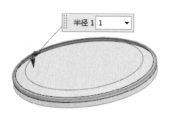

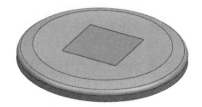

图 17-37　选择要倒圆的边　　　　图 17-38　边倒圆　　　　图 17-39　创建基准平面

（5）创建基准平面

① 选择"菜单"→"插入"→"基准/点"→"基准平面"命令，或者单击"主页"选项卡→"特征"组→"基准/点"下拉菜单→"基准平面" 🔲 图标，弹出"基准平面"对话框。

② 在"类型"下拉列表框中选择 XC-YC 选项，设置"距离"为 3，单击"确定"按钮，创建基准平面 1，如图 17-39 所示。

（6）创建草图

① 选择"菜单"→"插入"→"在任务环境中绘制草图"命令，或者单击"曲线"选项卡→"在任务环境中绘制草图" 📝 图标，打开如图 17-40 所示"创建草图"对话框。

② 选择基准平面 1 为草图绘制面，单击"确定"按钮，进入草图绘制阶段，绘制如图

17-41 所示的草图。

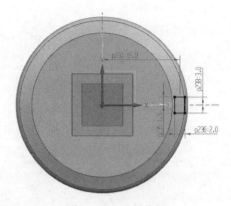

图 17-40　"创建草图"对话框　　　　图 17-41　绘制草图

③ 单击"主页"选项卡→"草图"组→"完成" 图标，返回建模模块。

（7）创建拉伸

① 选择"菜单"→"插入"→"设计特征→"拉伸"命令，或者单击"主页"选项卡→"特征"组→"设计特征"下拉菜单→"拉伸" 图标，打开如图 17-42 所示"拉伸"对话框。

图 17-42　"拉伸"对话框

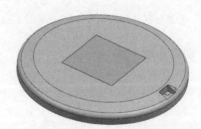

图 17-43　创建拉伸

② 选择上步创建的草图为拉伸曲线，在指定矢量下拉列表中选择"-ZC"轴为拉伸方向。

③ 在开始距离和结束距离中输入 0 和 1.5，在布尔下拉列表中选择"减去"，系统自动选择圆柱体，单击"确定"按钮，完成拉伸操作，如图 17-43 所示。

（8）**圆形阵列**

① 选择"菜单"→"插入"→"关联复制"→"阵列特征"命令，或者单击"主页"选项卡→"特征"组→"阵列特征" 图标，弹出如图 17-44 所示"阵列特征"对话框。

② 选择上一步创建的拉伸体特征为要形成图样的特征。

③ 在"阵列定义"选项组下的"布局"下拉列表框中选择"圆形"，在"指定矢量"下拉列表中选择 （ZC 轴）为阵列旋转轴。

④ 在"间距"下拉列表框中选择"数量和节距"，设置"数量"和"节距角"为 6、60。单击"确定"按钮，完成圆形阵列。如图 17-45 所示。

（9）**创建螺纹**

① 选择"菜单"→"插入"→"设计特征"→"螺纹"命令，或者单击"主页"选项卡→"特征"组→"更多"库→"设计特征"库→"螺纹刀" 图标，弹出如图 17-46 所示的"螺纹切削"对话框。

图 17-44　"阵列特征"对话框

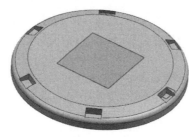

图 17-45　圆形阵列

图 17-46　"螺纹切削"对话框

② 在"螺纹类型"选项组中选中"符号"单选按钮。

③ 选择如图 17-45 所示的圆柱体侧面作为螺纹的生成面。

④ 采用默认设置，单击"确定"按钮，生成螺纹如图 17-47 所示。

（10）**创建简单孔**

① 选择"菜单"→"插入"→"设计特征"→"孔"命令，或者单击"主页"选项卡→"特征"组"孔" 图标，弹出如图 17-48 所示的"孔"对话框。

图 17-47　生成螺纹　　　　　图 17-48　"孔"对话框　　　　　图 17-49　捕捉圆心

图 17-50　模型最终效果

② 在"类型"下拉列表框中选择"常规孔"，在"形状和尺寸"选项组的"成形"下拉列表框中选择"简单孔"。

③ 单击"点"按钮 ✛，拾取圆柱体的上边线，捕捉圆心为孔位置，如图 17-49 所示。

④ 在"孔"对话框中，将孔的"直径""深度"和"顶锥角"分别设置为 25、2 和 0，单击"确定"按钮，完成简单孔的创建，如图 17-50 所示。

17.2　创建工程特征

本节主要介绍细节特征子菜单和偏置/缩放库中的特征。

17.2.1　边倒圆

选择"菜单"→"插入"→"细节特征"→"边倒圆"命令，或者单击"主页"选项卡→"特征"组→"边倒圆" 图标，打开如图 17-51 所示的"边倒圆"对话框。该选项能通过对选定的边进行倒圆来修改一个实体，如图 17-52 所示。

加工圆角时，用一个圆球沿着要倒圆角的边（圆角半径）滚动，并保持紧贴相交于该边的两个面。球将圆角层除去。球将在两个面的内部或外部滚动，这取决于是要生成圆角还是要生成倒过圆角的边。

对话框各选项功能如下。

图 17-51 "边倒圆"对话框

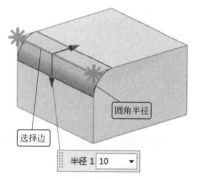

图 17-52 "边倒圆"示意图

① 边：选择要倒圆角的边，在打开的浮动对话栏中输入想要的半径值（必须是正值）即可。圆角沿着选定的边生成。

② 变半径：通过沿着选中的边缘指定多个点并输入每一个点上的半径，可以生成一个可变半径圆角，从而生成了一个半径沿着其边缘变化的圆角，示意图如图 17-53 所示。

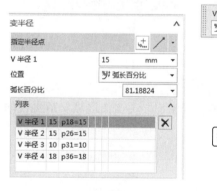

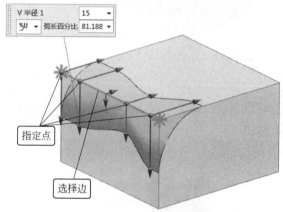

图 17-53 "变半径"示意图

选择倒角的边，可以通过弧长取点，如图 17-54 所示。每一处边倒角系统都设置了对应的表达式，用户可以通过它进行倒角半径的调整。当在可变窗口区选取某点进行编辑时（右击即可通过"移除"来删除点），在工作绘图区系统显示对应点，可以动态调整。

③ 拐角倒角：该选项可以生成一个拐角圆角，业内称为球状圆角。该选项用于指定所有圆角的偏置值（这些圆角一起形成拐角），从而能控制拐角的形状。拐角的用意是作为非类型表面钣金冲压的一种辅助，并不意味着要用于生成曲率连续的面。

④ 拐角突然停止：该选项通过添加中止倒角点，来限制边上的倒角范围，如图 17-55 所示。

⑤ 溢出：在生成边缘圆角时控制溢出的处理方法。

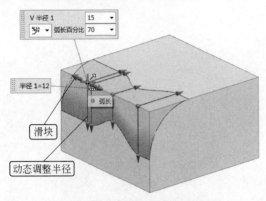

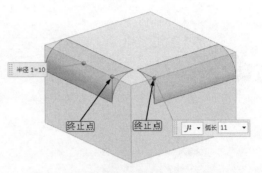

图 17-54 "调整点"示意图　　　　　图 17-55 "拐角突然停止"示意图

a. 跨光顺边滚边：该选项允许用户倒角遇到另一表面时，实现光滑倒角过渡。如图 17-56 所示。

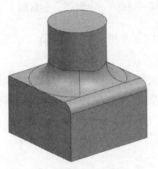

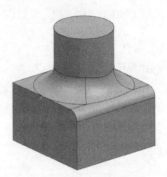

（a）不勾选"跨光顺边滚边"复选框　　　　　（b）勾选"跨光顺边滚边"复选框

图 17-56 跨光顺边滚边

b. 沿边滚动：该选项即以前版本中的允许陡峭边缘溢出，在溢出区域保留尖锐的边缘，如图 17-57 所示。

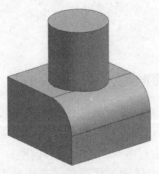

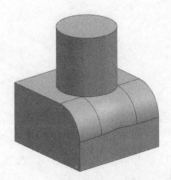

（a）不勾选"沿边滚动"复选框　　　　　（b）勾选"沿边滚动"复选框

图 17-57 沿边滚动

c. 修剪圆角：该选项允许用户在倒角过程中与定义倒角边的面保持相切，并移除阻碍的边。

d. 设置

（a）修补混合凸度拐角：该选项即以前版本中的柔化圆角顶点选项，允许 Y 形圆角。当相对凸面的邻近边上的两个圆角相交三次或更多次时，边缘顶点和圆角的默认外形将从一个圆角滚动到另一个圆角上，Y 形顶点圆角提供在顶点处可选的圆角形状。

（b）移除自相交：由于圆角的创建精度等原因从而导致了自相交面，该选项允许系统自动利用多边形曲面来替换自相交曲面。

17.2.2　面倒圆

选择"菜单"→"插入"→"细节特征"→"面倒圆"命令，或者单击"主页"选项卡→"特征"组→"面倒圆" 图标，打开如图 17-58 所示的"面倒圆"对话框。此选项让用户通过可选的圆角面的修剪生成一个相切于指定面组的圆角。

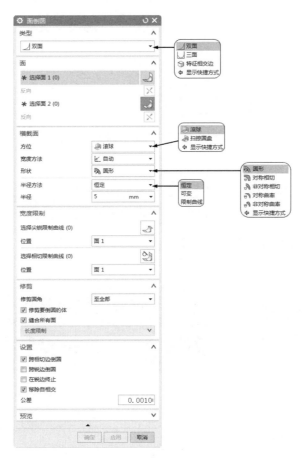

图 17-58　"面倒圆"对话框

对话框部分选项功能如下。

（1）类型

① 双面：选择两个面链和半径来创建圆角，如图 17-59 所示。

② 三面：选择两个面链和中间面来完全倒圆角，如图 17-60 所示。

（2）面

① 选择面 1：用于选择面倒圆的第一个面链。

② 选择面 2：用于选择面倒圆的第二个面链。

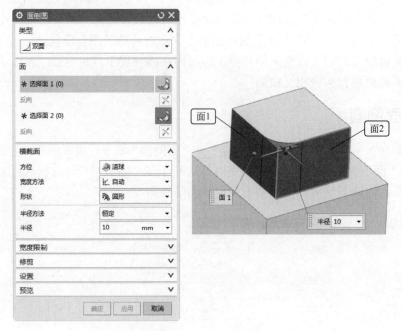

图 17-59　"双面"倒圆角

（3）截面方向

① 滚球：它的横截面位于垂直于选定的两组面的平面上。

② 扫掠圆盘：和滚球不同的是在倒圆横截面中多了脊曲线。

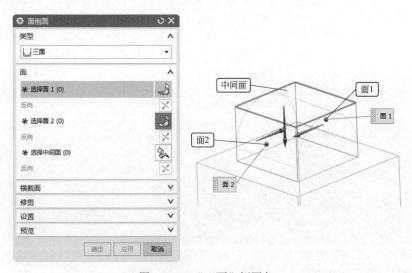

图 17-60　"三面"倒圆角

（4）形状

① 圆形：用定义好的圆盘于倒角面相切来进行倒角。

② 对称曲率：二次曲线面圆角具有二次曲线横截面。

③ 非对称曲率：用两个偏置和一个 rho 来控制横截面，还必须定义一个脊线线串来定义二次曲线截面的平面。

（5）半径方法

① 恒定：对于恒定半径的圆角，只允许使用正值。

② 可变：让用户依照规律子功能在沿着脊线曲线的单个点处定义可变的半径。

③ 限制曲线：通过指定位于一面墙上的曲线来控制圆角半径，在这些墙上，圆角曲面和曲线被约束为保持相切。

17.2.3 倒斜角

选择"菜单"→"插入"→"细节特征"→"倒斜角"命令，或者单击"主页"选项卡→"特征"组→"倒斜角"📎图标，打开如图 17-61 所示"倒斜角"对话框。该选项通过定义所需的倒角尺寸来在实体的边上形成斜角。倒角功能的操作与圆角功能非常相似。

图 17-61 "倒斜角"对话框

对话框各选项功能如下。

① 对称：该选项让用户生成一个简单的倒角，它沿着两个面的偏置是相同的。必须输入一个正的偏置值，如图 17-62 所示。

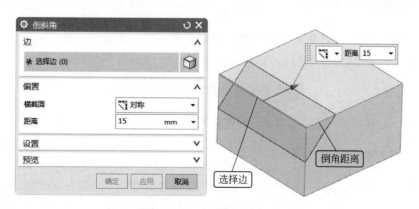

图 17-62 "对称"示意图

② 非对称：用于与倒角边邻接的两个面分别采用不同偏置值来创建倒角，必须输入"距离 1"值和"距离 2"值。这些偏置是从选择的边沿着面测量的。这两个值都必须是正的，如图 17-63 所示。在生成倒角以后，如果倒角的偏置和想要的方向相反，可以选择"反向"。

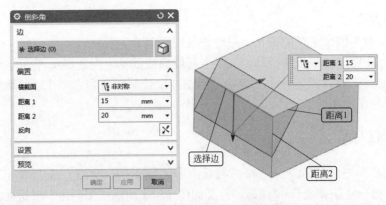

图 17-63　"非对称"示意图

③ 偏置和角度：该选项可以用一个角度来定义简单的倒角。需要输入"距离"值和"角度"值，如图 17-64 所示。

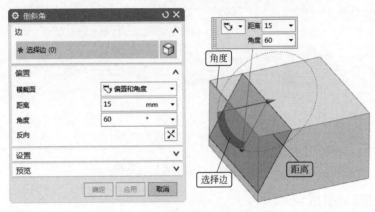

图 17-64　"偏置和角度"示意图

扫一扫，看视频

17.2.4　实例——分针

分针由两部分组成，首先创建长方体，然后在长方体中创建圆柱体，再通过边倒角、边倒圆和孔等操作，生成分针模型，如图 17-65 所示。

图 17-65　分针

【操作步骤】

（1）创建新文件

选择"菜单"→"文件"→"新建"命令，或者单击"主页"选项卡→"标准"组→"新建" 图标，弹出"新建"对话框。在"模板"选项组中选择"模型"，在"名称"文本框中输入"fenzhen"，单击"确定"按钮，进入建模环境。

（2）创建长方体

① 选择"菜单"→"插入"→"设计特征"→"长方体"命令，或者单击"主页"→"特征"组→"设计特征"下拉菜单→"长方体" 图标，弹出"长方体"对话框，如图 17-66 所示。

② 在"类型"下拉列表中选择"原点和边长"；在"长度（XC）""宽度（YC）"和"高

度（ZC）"数值框中分别输入 14、1、0.2。

③　单击"点对话框"按钮 <img_1>，弹出"点"对话框，设置原点坐标为（0,0,0），单击"确定"按钮。返回"长方体"对话框后，单击"确定"按钮，生成如图 17-67 所示的长方体。

图 17-66　"长方体"对话框

图 17-67　创建长方体

（3）创建圆柱体

①　选择"菜单"→"插入"→"设计特征"→"圆柱"命令，或者单击"主页"→"特征"组→"设计特征"下拉菜单→"圆柱" 图标，弹出"圆柱"对话框，如图 17-68 所示。

②　在"类型"下拉列表框中选择"轴、直径和高度"；在"指定矢量"下拉列表中选择 （ZC 轴）；单击"点对话框"按钮 ，弹出"点"对话框，设置原点坐标为（3,0.5,0），单击"确定"按钮。

③　返回"圆柱"对话框，在"直径"和"高度"数值框中分别输入 2、0.2，在"布尔"下拉列表框中选择"合并"，系统将自动选择长方体，单击"确定"按钮，生成的圆柱体如图 17-69 所示。

图 17-68　"圆柱"对话框

图 17-69　创建圆柱体

（4）创建简单孔

① 选择"菜单"→"插入"→"设计特征"→"孔"命令，或者单击"主页"选项卡→"特征"组→"孔" 图标，弹出如图 17-70 所示的"孔"对话框。

② 在"类型"下拉列表框中选择"常规孔"选项，在"形状和尺寸"选项组的"成形"下拉列表框中选择"简单孔"。

图 17-70　"孔"对话框

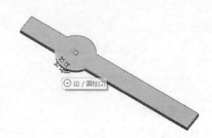

图 17-71　捕捉圆心

③ 单击"点"按钮 ，拾取圆柱体的上边线，捕捉圆心为孔位置，如图 17-71 所示。

④ 在"孔"对话框中，设置孔的"直径"和"深度限制"为 0.3 和"贯通体"，单击"确定"按钮，完成简单孔的创建，如图 17-72 所示。

（5）创建边倒圆

① 选择"菜单"→"插入"→"细节特征"→"边倒圆"命令，或者单击"主页"选项卡→"特征"组→"边倒圆" 图标，弹出如图 17-73 所示的"边倒圆"对话框。

图 17-73　"边倒圆"对话框

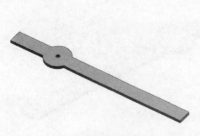

图 17-72　创建孔

② 在"形状"下拉列表框中选择"圆形"。

③ 在视图中选择如图 17-74 所示要倒圆的边，并在"半径 1"数值框中输入 0.5。

④ 在"边倒圆"对话框中单击"确定"按钮，结果如图 17-75 所示。

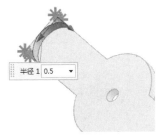

图 17-74　选择要倒圆的边　　　　　　　　　图 17-75　创建圆角

（6）创建倒斜角

① 选择"菜单"→"插入"→"细节特征"→"倒斜角"命令，或者单击"主页"选项卡→"特征"组→"倒斜角"图标，弹出如图 17-76 所示的"倒斜角"对话框。

② 在"横截面"下拉列表框中选择"非对称"，在"距离 1"和"距离 2"数值框中分别输入 1.5 和 0.45，如图 17-76 所示。

③ 在视图中选择长方体的边，如图 17-77 所示。

④ 在"倒斜角"对话框中单击"应用"按钮。

⑤ 选择另一条边，在"距离 1"和"距离 2"数值框中分别输入 0.45 和 1.5，单击"倒斜角"对话框中的"确定"按钮，生成如图 17-78 所示模型。

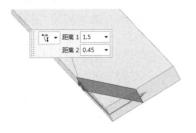

图 17-76　"倒斜角"对话框　　　　　　图 17-77　选择倒角边　　　　　图 17-78　生成模型

（7）创建边倒圆

① 选择"菜单"→"插入"→"细节特征"→"边倒圆"命令，或者单击"主页"选项卡→"特征"组→"边倒圆"图标，弹出如图 17-79 所示的"边倒圆"对话框。

② 在"形状"下拉列表框中选择"圆形"。

③ 在视图中选择如图 17-80 所示要倒圆的边，并在"半径 1"文本框中输入 0.1。

④ 在"边倒圆"对话框中单击"确定"按钮，结果如图 17-81 所示。

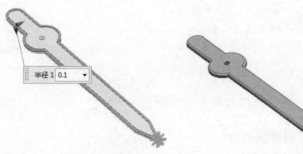

图 17-79　"边倒圆"对话框　　　图 17-80　选择要倒圆的边　　　图 17-81　模型

17.2.5　抽壳

选择"菜单"→"插入"→"偏置/缩放"→"抽壳"命令，或者单击"主页"选项卡→"特征"组→"抽壳" 图标，系统打开"抽壳"对话框，如图 17-82 所示。利用该对话框可以进行抽壳来挖空实体或在实体周围建立薄壳。

对话框选项说明如下。

① 移除面，然后抽壳：选择该方法后，所选目标面在抽壳操作后将被移除。

如果进行等厚度的抽壳，则在选好要抽壳的面和设置好默认厚度后，直接单击"确定"或"应用"按钮完成抽壳。

如果进行变厚度的抽壳，则在选好要抽壳的面后，在备选厚度栏中单击选择面，选择要设定的变厚度抽壳的表面并在"厚度 0"文本框中输入可变厚度值，则该表面抽壳后的厚度为新设定的可变厚度。示意图如图 17-83 所示。

② 对所有面抽壳：选择该方法后，需要选择一个实体，系统将按照设置的厚度进行抽壳，抽壳后原实体变成一个空心实体。

如果厚度为正数则空心实体的外表面为原实体的表面，如果厚度为负数则空心实体的

图 17-82　"抽壳"对话框

内表面为原实体的表面。

在备选厚度栏中单击选择面也可以设置变厚度，设置方法与面抽壳类型相同，如图 17-84 所示。

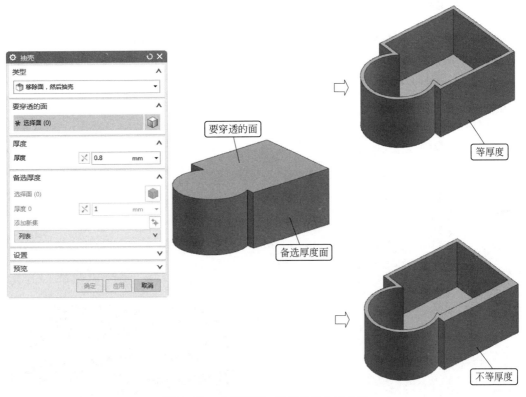

图 17-83 "移除面,然后抽壳"示意图

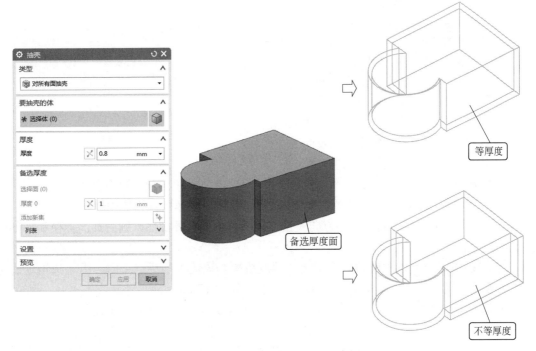

图 17-84 "对所有面抽壳"示意图

17.2.6　拔模

选择"菜单"→"插入"→"细节特征"→"拔模"命令，或者单击"主页"选项卡→"特征"组→"拔模" 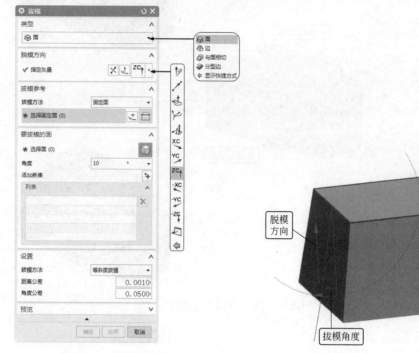 图标，打开如图 17-85 所示"拔模"对话框。该选项让用户相对于指定矢量和可选的参考点将拔模应用于面或边。

图 17-85　"拔模"对话框　　　　图 17-86　"面"示意图

对话框部分选项功能如下。

① 面：该选项能将选中的面倾斜，示意图如图 17-86 所示。

a. 脱模方向：定义拔模方向矢量。

b. 固定面：定义拔模时不改变的平面。

c. 拔模面：选择拔模操作所涉及的各个面。

d. 拔模角度：定义拔模的角度。

e. 距离公差：更改拔模操作的"距离公差"，默认值从建模预设置中取得。

f. 角度公差：更改拔模操作的"角度公差"，默认值从建模预设置中取得。

需要注意：用同样的固定面和方向矢量来拔模内部面和外部面，则内部面拔模和外部面拔模是相反的。

② 边：能沿一组选中的边，按指定的角度拔模。该选项能沿选中的一组边按指定的角度和参考点拔模，对话框如图 17-87 所示。示意图如图 17-88 所示。

如果选择的边是平滑的，则将被拔模的面是在拔模方向矢量所指一侧的面。

③ 与面相切：能以给定的拔模角拔模，开模方向与所选面相切。该选项按指定的拔模角进行拔模，拔模与选中的面相切，对话框如图 17-89 所示。用此角度来决定用作参考对象的等斜度曲线。然后就在离开方向矢量的一侧生成拔模面，示意图如图 17-90 所示。

图 17-87　"边"类型

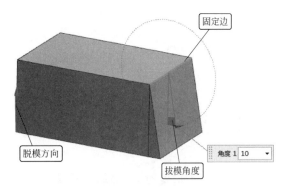

图 17-88　"边"示意图

图 17-89　"与面相切"类型

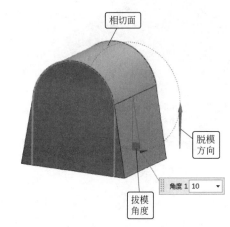

图 17-90　"与面相切"示意图

该拔模类型对于模铸件和浇铸件特别有用，可以弥补任何可能的拔模不足。

④ 分型边：该选项能沿选中的一组边用指定的角度和一个固定面生成拔模，对话框如图 17-91 所示。分隔线拔模生成垂直于参考方向和边的扫掠面。如图 17-92 所示。在这种类型的拔模中，改变了面但不改变分隔线。当处理模铸塑料部件时这是一个常用的操作。

图 17-91 "分型边"类型

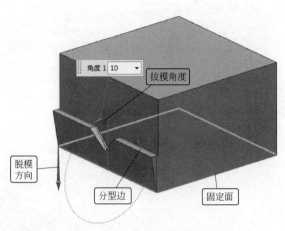

图 17-92 "分型边"示意图

17.3 综合实例——表壳

扫一扫，看视频

首先创建表壳的曲线轮廓，然后通过拉伸操作得到实体模型，最后在拉伸模型上进行孔、凸起等操作，生成表壳基体，在表壳基体上进行孔、凸起、螺纹等操作，生成模型，如图 17-93 所示。

图 17-93 表壳

【操作步骤】

（1）创建新文件

选择"菜单"→"文件"→"新建"命令，或者单击"主页"选项卡→"标准"组→"新建" 图标，弹出"新建"对话框。在"模板"选项组中选择"模型"，在"名称"文本框中输入"biaoke"，单击"确定"按钮，进入建模环境。

（2）创建草图

① 选择"菜单"→"插入"→"在任务环境中绘制草图"命令，或者单击"曲线"选项卡→"在任务环境中绘制草图" 图标，打开如图 17-94 所示"创建草图"对话框，选择 XC-YC 平面为草图绘制面，单击"确定"按钮，进入草图绘制阶段。

② 创建矩形。

a．选择"菜单"→"插入"→"曲线"→"矩形"命令，或者单击"主页"选项卡→"曲线"组→"矩形" 图标，弹出如图 17-95 所示的"矩形"对话框。

b．在"矩形方法"选项单击"按 2 点" 图标，在数值输入文本框中输入"XC"和"YC"的数值-11 和-21，在"输入模式"选项单击"坐标模式" XY 图标，在数值输入文本框中输入"XC"和"YC"的数值 11 和 21，完成矩形 1 的创建。

图 17-94 "创建草图"对话框 　　　　图 17-95 "矩形"对话框

　　c. 按照同样的方法，创建两角点坐标为（−17.4,−7.4）和（17.4,7.4）的矩形 2，如图 17-96 所示。

　　③ 创建直线。选择"菜单"→"插入"→"曲线"→"直线"命令，或者单击"主页"选项卡→"曲线"组→"直线" ／图标，打开"直线"对话框。依次选择各矩形的端点创建直线。此时的草图模型如图 17-97 所示。

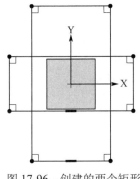

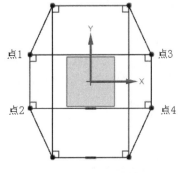

图 17-96 创建的两个矩形 　　　　图 17-97 创建直线

　　④ 创建圆弧。

　　a. 选择"菜单"→"插入"→"曲线"→"圆弧"命令，或者单击"主页"选项卡→"曲线"组→"圆弧" 图标，打开"圆弧"对话框。

　　b. 在"圆弧方法"选项单击"三点定圆弧" 图标，捕捉点 1 为圆弧的第一个点，在"输入模式"选项单击"坐标模式" XY 图标，在数值文本框中输入第二个点的坐标（−18.5，0），捕捉点 2 为圆弧的第三个点，完成圆弧 1 的创建。

　　c. 按照同样的方法，捕捉点 3 为圆弧的第一个点，坐标（18.5,0）为圆弧的第二个点，捕捉点 4 为圆弧的第三个点，完成圆弧 2 的创建，结果如图 17-98 所示。

　　d. 删除多余的线段，结果如图 17-99 所示。

　　⑤ 单击"主页"选项卡→"草图"组→"完成" 图标，返回建模模块。

　　（3）创建拉伸体

　　① 选择"菜单"→"插入"→"设计特征"→

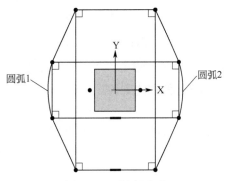

图 17-98 创建圆弧

"拉伸"命令，或者单击"主页"选项卡→"特征"组→"拉伸" 📖图标，弹出"拉伸"对话框。

② 选择步骤（2）中的④创建的曲线为拉伸截面；在"拉伸"对话框的"指定矢量"下拉列表中选择 ^{ZC}↑（ZC 轴），在"限制"选项组中"开始距离"和"结束距离"分别设置为 0 和 5，其他保持默认。

③ 单击"确定"按钮，结果如图 17-100 所示。

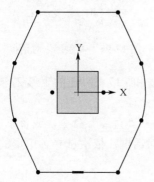

图 17-99　删除多余线段后的曲线模型

图 17-100　拉伸体

（4）创建边倒角

① 选择"菜单"→"插入"→"细节特征"→"倒斜角"命令，或者单击"主页"选项卡→"特征"组→"倒斜角" 📓图标，弹出"倒斜角"对话框。

② 在视图中选择拉伸体的边，如图 17-101 所示。

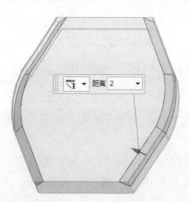

图 17-101　选择要倒斜角的边

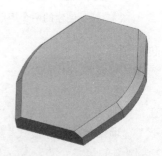

图 17-102　边倒角后的模型

③ 在"横截面"下拉列表框中选择"对称"，在"距离"数值框中输入"2"。

④ 单击"确定"按钮，结果如图 17-102 所示。

（5）创建边倒角

① 选择"菜单"→"插入"→"细节特征"→"倒斜角"命令，或者单击"主页"选项卡→"特征"组→"倒斜角" 📓图标，弹出"倒斜角"对话框。

② 在"横截面"下拉列表框中选择"非对称"；在"距离 1"和"距离 2"数值框中分别输入 3 和 4。

③ 在视图中选择要倒斜角的边，如图 17-103 所示。

④ 在"倒斜角"对话框中单击"应用"按钮。

⑤ 选择另一条边，单击"倒斜角"对话框中的"确定"按钮，生成如图17-104所示模型。

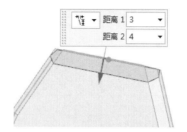

图17-103 选择要倒斜角的边

图17-104 倒斜角后的模型

（6）创建圆柱体

① 选择"菜单"→"插入"→"设计特征"→"圆柱"命令，或单击"主页"选项卡→"特征"组→"设计特征"下拉菜单→"圆柱" 图标，弹出"圆柱"对话框，如图17-105所示。

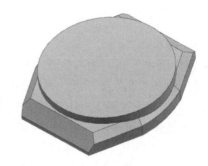

图17-105 "圆柱"对话框

图17-106 创建圆柱体

② 在"类型"下拉列表框中选择"轴、直径和高度"；在"指定矢量"下拉列表中选择 （ZC轴）；单击"点对话框"按钮 ，在弹出的"点"对话框中设置原点坐标为（0,0,0），单击"确定"按钮。

③ 返回"圆柱"对话框，在"直径"和"高度"数值框中分别输入36、7，在"布尔"下拉列表框中选择"合并"，系统将自动选择视图中的实体，单击"确定"按钮，生成模型如图17-106所示。

（7）创建边倒角

① 选择"菜单"→"插入"→"细节特征"→"倒斜角"命令，或者单击"主页"选项卡→"特征"组→"倒斜角" 图标，弹出"倒斜角"对话框。

② 在视图中选择要倒斜角的边，如图17-107所示。

③ 在"横截面"下拉列表框中选择"对称"，在"距离"数值框中输入 1.5。

④ 单击"确定"按钮，结果如图 17-108 所示。

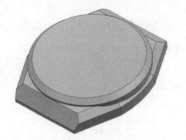

图 17-107　选择要倒斜角的边　　　图 17-108　创建倒斜角　　　图 17-109　"孔"对话框

（8）创建简单孔

① 选择"菜单"→"插入"→"设计特征"→"孔"命令，或者单击"主页"选项卡→"特征"组→"孔" 图标，弹出如图 17-109 所示的"孔"对话框。

② 在"类型"下拉列表框中选择"常规孔"选项，在"形状和尺寸"选项组的"成形"下拉列表框中选择"简单孔"。

③ 单击"点"按钮 ，拾取圆柱体的上边线，捕捉圆心为孔位置，如图 17-110 所示。

④ 在"孔"对话框中，设置孔的"直径""深度"和"顶锥角"为 30、0.8、0，单击"应用"按钮，完成简单孔 1 的创建。

⑤ 以同样方法，在简单孔 1 的底端面创建"直径""深度"和"顶锥角"分别为 29、2.2、0 的简单孔 2，如图 17-111 所示。

（9）创建拔模特征

① 选择"菜单"→"插入"→"细节特征"→"拔模"命令，或者单击"主页"选项卡→"特征"组→"拔模" 图标，弹出"拔模"对话框。

② 在"类型"下拉列表框中选择"从平面或曲面"。

③ 在"指定矢量"下拉列表中选择 （ZC 轴）为拔模方向。

④ 在视图中选择简单孔 2 的上表面为固定平面，如图 17-112 所示。

⑤ 在视图中选择简单孔 2 的侧面为要拔模的面，并在"角度 1"数值框中输入"25"，如图 17-113 所示。

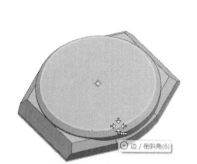

图 17-110 捕捉圆心

图 17-111 创建简单孔

图 17-112 "拔模"对话框

图 17-113 选择要拔模的面
并输入角度值

图 17-114 拔模

图 17-115 "凸起"对话框

⑥ 在"拔模"对话框中单击"确定"按钮，结果如图 17-114 所示。

（10）创建凸起

① 选择"菜单"→"插入"→"设计特征"→"凸起"命令，或者单击"主页"选项卡→"特征"组→"设计特征"库→"凸起"图标，弹出如图 17-115 所示"凸起"对话框。

② 单击"绘制截面"图标，弹出"创建草图"对话框，选择面 1 为草图绘制面，单击"确定"按钮，进入草图绘制阶段，绘制如图 17-116 所示的草图，单击"主页"选项卡→

"草图"组→"完成" 🏁图标，返回到"凸起"对话框。

③ 选择我们刚刚绘制的草图为要创建凸起的曲线，选择面 1 为要凸起的面，在"距离"文本框中输入 1.2，单击"确定"按钮，完成凸起 1 的创建，如图 17-117 所示。

④ 以同样的方法，以凸起 1 的顶面为要凸起面，创建直径为 0.6、高度为 0.5 的同心凸起 2，以凸起 2 的顶面为要凸起面，创建直径为 0.3、高度为 0.3 的同心凸起 3，如图 17-118 所示。

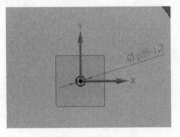

图 17-116 绘制草图

图 17-117 凸起

图 17-118 创建凸起

（11）创建凸起

① 选择"菜单"→"插入"→"设计特征"→"凸起"命令，或者单击"主页"选项卡→"特征"组→"设计特征"库→"凸起"图标 🖼，弹出如图 17-119 所示的"凸起"对话框。

② 单击"绘制截面" 🖼图标，弹出"创建草图"对话框，选择面 1 为草图绘制面，单击"确定"按钮，进入草图绘制阶段，绘制如图 17-120 所示的草图，单击"主页"选项卡→"草图"组→"完成" 🏁图标，返回到"凸起"对话框。

③ 选择刚刚绘制的草图为要创建凸起的曲线，选择拉伸体的下底面为要凸起的面，在"距离"文本框中输入 2，单击"确定"按钮，完成凸起 4 的创建，如图 17-121 所示。

图 17-119 "凸起"对话框

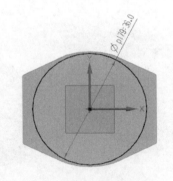

图 17-120 创建草图

图 17-121 创建凸起

（12）创建拔模特征

① 选择"菜单"→"插入"→"细节特征"→"拔模"命令，或者单击"主页"选项卡→"特征"组→"拔模" 图标，弹出"拔模"对话框。

② 在"类型"下拉列表框中选择"从平面或曲面"。

③ 在"指定矢量"下拉列表中选择 （-ZC 轴）为拔模方向。

④ 在视图中选择步骤 13 创建的凸起的下表面为固定平面。

⑤ 在视图中选择凸起的侧面为要拔模的面，并在"角度 1"数值框中输入"20"，如图 17-122 所示。

⑥ 在"拔模"对话框中单击"确定"按钮，结果如图 17-123 所示。

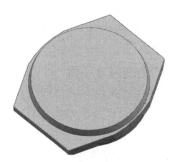

图 17-122 选择要拔模的面并输入"角度 1"值　　　图 17-123 创建拔模特征

（13）创建简单孔

① 选择"菜单"→"插入"→"设计特征"→"孔"命令，或者单击"主页"选项卡→"特征"组→"孔" 图标，弹出如图 17-124 所示的"孔"对话框。

图 17-124 "孔"对话框　　　图 17-125 创建孔　　　图 17-126 "螺纹切削"对话框

② 在"类型"下拉列表框中选择"常规孔"选项，在"形状和尺寸"选项组的"成形"下拉列表框中选择"简单孔"。

③ 单击"点"按钮 ✛，拾取凸起的上边线，捕捉圆心为孔位置。

④ 在"孔"对话框中，设置孔的"直径"和"深度""顶锥角"为31、1.5、0，单击"确定"按钮，完成简单孔的创建，如图17-125所示。

（14）创建螺纹

① 选择"菜单"→"插入"→"设计特征"→"螺纹"命令，或者单击"主页"选项卡→"特征"组→"设计特征"下拉菜单→"螺纹刀" ▤图标，弹出如图17-126所示的"螺纹切削"对话框。

② 在"螺纹类型"选项组中选中"符号"单选按钮。

③ 选择步骤（13）中创建的孔侧面作为螺纹的生成面。

④ 其他采用默认设置，单击"确定"按钮，生成螺纹如图17-127所示。

（15）创建基准平面

① 选择"菜单"→"插入"→"基准/点"→"基准平面"命令，或者单击"主页"选项卡→"特征"组→"基准/点"下拉菜单→"基准平面" ▢图标，弹出"基准平面"对话框。

② 在"类型"下拉列表框中选择"XC-YC"选项，在"距离"文本框中输入0，单击"确定"按钮，创建基准平面1，如图17-128所示。

（16）创建草图

① 选择"菜单"→"插入"→"在任务环境中绘制草图"命令，或者单击"曲线"选项卡→"在任务环境中绘制草图" ▧图标，弹出"创建草图"对话框。

② 选择基准平面1为草图绘制面，单击"确定"按钮，进入草图绘制阶段，绘制如图17-129所示的草图。

图17-127　创建螺纹

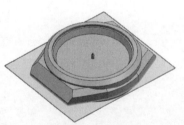
图17-128　创建基准面

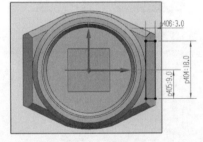
图17-129　创建草图

③ 单击"主页"选项卡→"草图"组→"完成" ▨图标，完成草图的创建。

（17）创建拉伸

① 选择"菜单"→"插入"→"设计特征"→"拉伸"命令，或者单击"主页"选项卡→"特征"组→"设计特征"下拉菜单→"拉伸" ▥图标，打开如图17-130所示"拉伸"对话框。

② 选择上步创建的草图为拉伸曲线，在指定矢量下拉列表中选择"ZC"轴为拉伸方向。

③ 在开始距离和结束距离中输入0和5，在布尔下拉列表中选择"减去"，单击"确定"按钮，完成拉伸操作，如图17-131所示。

按照同样的方法创建另一侧的拉伸体，结果如图17-132所示。

图 17-130　"拉伸"对话框

图 17-131　创建拉伸 1

图 17-132　创建拉伸 2

（18）创建基准平面

① 选择"菜单"→"插入"→"基准/点"→"基准平面"命令，或者单击"主页"选项卡→"特征"组→"基准/点"下拉菜单→"基准平面" 图标，弹出"基准平面"对话框。

② 在"类型"下拉列表框中选择"YC-ZC"选项，设置"距离"为 18.5，如图 17-133 所示。单击"确定"按钮，创建基准平面 2，如图 17-134 所示。

图 17-133　设置"基准平面"对话框

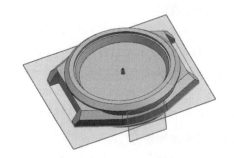

图 17-134　创建基准平面

（19）创建简单孔

① 选择"菜单"→"插入"→"设计特征"→"孔"命令，或者单击"主页"选项卡→"特征"组→"孔" 图标，弹出如图 17-135 所示的"孔"对话框。

图 17-135　"孔"对话框

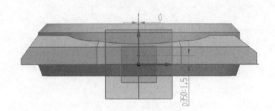

图 17-136　绘制点

② 在"类型"下拉列表框中选择"常规孔"，在"形状和尺寸"选项组的"成形"下拉列表框中选择"简单孔"。

③ 单击"绘制截面"按钮，选择上步创建的基准平面 2 为草图放置面。

④ 进入草图绘制界面，弹出"草图点"对话框，在基准面上单击一点，标注尺寸确定点位置，如图 17-136 所示。单击"主页"选项卡→"草图"组→"完成"图标，草图绘制完毕。

⑤ 返回"孔"对话框，在"孔方向"下拉列表框中选择"垂直于面"。

⑥ 将孔的"直径""深度"和"顶锥角"分别设置为 4、1.5、0，单击"应用"按钮。

⑦ 重复上述步骤，在简单孔的底面中心上创建直径、深度分别为 0.5、2.5 的孔，如图 17-137 所示。

（20）创建草图

① 选择"菜单"→"插入"→"在任务环境中绘制草图"命令，或者单击"曲线"选项卡→"在任务环境中绘制草图"图标，弹出"创建草图"对话框。

② 选择面 2 为草图绘制面，单击"确定"按钮，进入草图绘制阶段，绘制如图 17-138 所示的草图。

③ 单击"主页"选项卡→"草图"组→"完成"图标，完成草图的创建。

（21）创建拉伸体

① 选择"菜单"→"插入"→"设计特征"→"拉伸"命令，或者单击"主页"选项卡→"特征"组→"拉伸"图标，弹出如图 17-139 所示的"拉伸"对话框。

② 选择上一步创建的曲线为拉伸截面；在"拉伸"对话框的"指定矢量"下拉列表中选择（面/平面法向），选择面 2 为法向平面，在"限制"选项组中"开始距离"和"结束距离"分别设置为 0 和 1.5，在"布尔"下拉列表中选择"合并"。

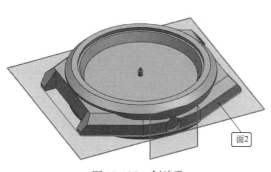

图 17-137 创建孔

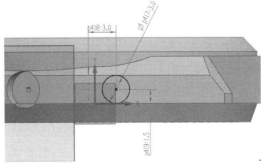

图 17-138 创建草图

③ 单击"确定"按钮，结果如图 17-140 所示。

图 17-139 "拉伸"对话框

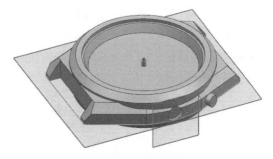

图 17-140 拉伸体

上 机 操 作

【**实例 1**】绘制如图 17-141 所示的笔后端盖

（1）**目的要求**

通过本练习，帮助读者掌握成形特征和工程特征创建的基本方法和技巧。

（2）**操作提示**

① 利用"圆柱"命令，在坐标原点绘制直径为 10、高度为 15 的圆柱体。

② 利用"边倒圆"命令，选择圆柱体的一端圆弧边进行圆角操作，半径为 5，如图 17-142

所示。

③ 利用"抽壳"命令，选择下端面为移除面，设置厚度为 2，对实体进行抽壳操作。

④ 利用"螺纹刀"命令，选择抽壳后的内表面为螺纹放置面，选择"详细"类型，其他采用默认设置，创建螺纹如图 17-143 所示。

⑤ 利用"基准平面"命令，创建距 XC-ZC 平面 2mm 的基准平面。

⑥ 利用"矩形"命令，绘制一个距圆心 6.5mm、长 1mm、宽 5mm 的矩形。

⑦ 利用"拉伸"命令，将上步绘制的草图拉伸至实体，如图 17-144 所示。

⑧ 利用"阵列特征"命令，将上步创建的拉伸体沿 Z 轴进行圆形阵列，阵列数量和节距角分别为 4 和 90。

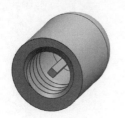   

图 17-141　笔后端盖　　图 17-142　倒圆角　　图 17-143　创建螺纹　　图 17-144　创建拉伸体

【实例 2】绘制如图 17-145 所示的笔壳

（1）目的要求

通过本练习，帮助读者掌握成形特征和工程特征创建的基本方法和技巧。

（2）操作提示

① 利用"圆柱"命令，在坐标原点处绘制直径为 10、高度为 120 的圆柱体。

② 利用"凸起"命令，在圆柱体的下端面中心处创建直径为 8、高度为 6 的凸起。重复"凸起"命令，在圆柱体的上端面中心处创建直径、高度和拔模角分别为 10、15、12.5 的凸起，如图 17-146 所示。

图 17-145　笔壳　　　　　　　　　　　图 17-146　创建凸起

③ 利用"圆弧/圆"命令，以坐标点（0,0,115）为圆心，绘制直径为 10 的圆。

④ 利用"管"命令，以上步创建的圆为引导线，创建外径和内径分别为 1、0 的管道。

⑤ 利用"旋转坐标系"命令，将坐标系绕 X 轴旋转 90°；利用"阵列特征"命令，将上步创建的管道沿-Y 轴进行矩形阵列，阵列数量和节距分别为 15、2，如图 17-147 所示。

⑥ 利用"抽壳"命令，选择实体的上、下端面为移除面，设置厚度为 0.8，对实体进行抽壳操作。

⑦ 利用"螺纹刀"命令，选择下端凸起的外表面为螺纹放置面，选择"详细"类型，其他采用默认设置，创建螺纹。

⑧ 利用"边倒圆"命令，对图 17-148 所示的边进行圆角操作。

图 17-147　阵列管道

图 17-148　选择圆角边

第18章
特征操作与编辑

特征操作是在特征建模基础上的进一步细化。实体建模后，发现有的特征建模不符合要求，可以通过特征编辑对特征不满意的地方进行编辑。

学习要点

学习和掌握特征操作

学习和掌握特征编辑

18.1 特征操作

本节主要介绍关联复制特征子菜单中的特征，这些特征主要是对特征进行复制。

18.1.1 阵列特征

选择"菜单"→"插入"→"关联复制"→"阵列特征"命令，或者单击"主页"→"特征"组→"阵列特征" 图标，打开如图 18-1 所示"阵列特征"对话框。该选项从已有特征生成阵列。

对话框部分选项功能如下。

① 线性：该选项从一个或多个选定特征生成图样的线性阵列。线性阵列既可以是二维的（在 XC 和 YC 方向上，即几行特征），也可以是一维的（在 XC 或 YC 方向上，即一行特征）。如图 18-2 所示。

② 圆形：该选项从一个或多个选定特征生成圆形图样的阵列，如图 18-3 所示。

③ 多边形：该选项从一个或多个选定特征按照绘制好的多边形生成图样的阵列。

④ 螺旋：该选项从一个或多个选定特征按照绘制好的螺旋线生成图样的阵列，如图 18-4 所示。

⑤ 沿：该选项从一个或多个选定特征按照绘制好的曲线生成图样的阵列，如图 18-5 所示。

⑥ 常规：该选项从一个或多个选定特征在指定点处生成图样，如图 18-6 所示。

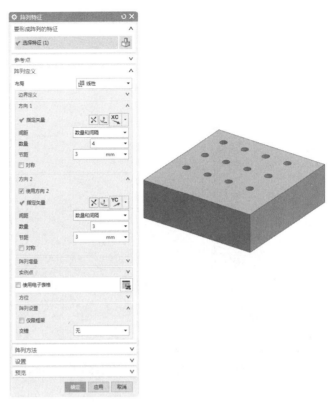

图 18-1 "阵列特征"对话框

图 18-2 "线性阵列"示意图

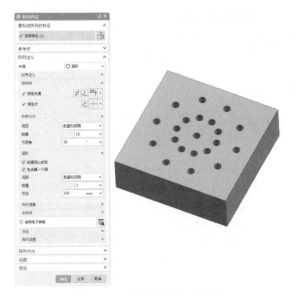

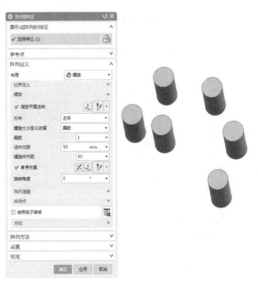

图 18-3 "圆形阵列"示意图

图 18-4 "螺旋阵列"示意图

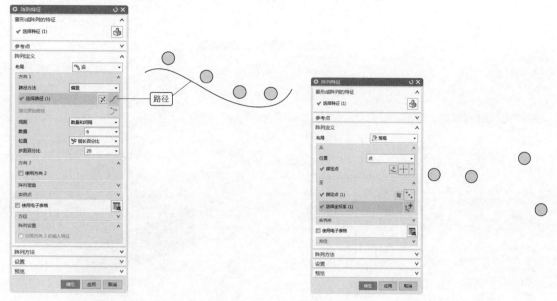

图 18-5 "沿阵列"示意图   图 18-6 "常规阵列"示意图

18.1.2 阵列面

用于一些非参数化实体。可以在找不到相对应的特征的情况下，直接阵列其表面。

选择"菜单"→"插入"→"关联复制"→"阵列面"命令，或者单击"主页"选项卡→"特征"组→"更多"库→"关联复制"库→"阵列面" 🎲 图标，打开如图 18-7 所示的"阵列面"对话框。阵列对象的选取是从种子面开始，到边界面为止的所有内容，而阵列的方向不再局限于 X 与 Y 方向，可以是任意方向。如图 18-8 所示。

图 18-7 "阵列面"对话框

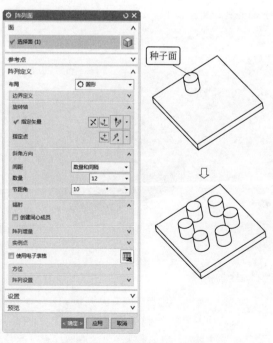

图 18-8 "阵列面"示意图

18.1.3 镜像特征

选择"菜单"→"插入"→"关联复制"→"镜像特征"命令，或者单击"主页"选项卡→"特征"组→"更多"库→"关联复制"库→"镜像特征" 图标。打开如图 18-9 所示的"镜像特征"对话框，通过基准平面或平面镜像选定特征的方法来生成对称的模型，镜像特征可以在体内镜像特征，示意图如图 18-10 所示。

部分选项功能如下：

① 选择特征：该选项用于选择想要进行镜像的部件中的特征。要指定需要镜像的特征，它在列表中高亮显示。

② 源特征的可重用引用：用于指定镜像特征是否应该使用一个或多个源特征的父引用。

③ 镜像平面：该选项用于指定镜像选定特征所用的平面或基准平面。

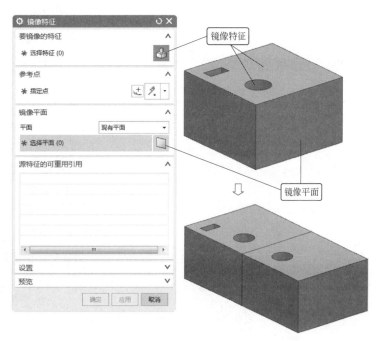

图 18-9　"镜像特征"对话框　　　　图 18-10　"镜像特征"示意图

18.1.4 镜像几何体

选择"菜单"→"插入"→"联合复制"→"镜像几何体"命令，或者单击"主页"选项卡→"特征"组→"更多"库→"关联复制"库→"镜像几何体" 图标，打开如图 18-11 所示的"镜像几何体"对话框。用于以基准平面来镜像所选的实体，镜像后的实体或片体和原实体或片体相关联，但本身没有可编辑的特征参数，示意图如图 18-12 所示。

18.1.5 抽取几何特征

选择"菜单"→"插入"→"关联复制"→"抽取几何特征"命令，或者单击"主页"选项卡→"特征"组→"更多"库→"关联复制"库→"抽取几何特征" 图标，弹出如图 18-13 所示"抽取几何特征"对话框。

图 18-11 "镜像几何体"对话框

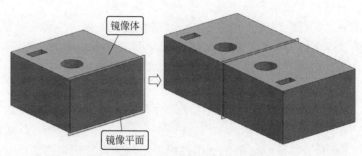

图 18-12 "镜像几何体"示意图

图 18-13 "抽取几何特征"对话框

使用该选项可以通过从另一个体中抽取对象来生成一个体。用户可以在 4 种类型的对象之间选择来进行抽取操作：如果抽取一个面或一个区域，则生成一个片体；如果抽取一个体，则新体的类型将与原先的体相同（实体或片体）；如果抽取一条曲线，则结果将是 EXTRACTED_CURVE（抽取曲线）特征。

对话框部分选项功能如下。

（1）面

该选项可用于将片体类型转换为 B 曲面类型，以便将它们的数据传递到 ICAD 或 PATRAN 等其他集成系统中和 IGES 等交换标准中。

① 单个面：只有选中的面才会被抽取，如图 18-14 所示。

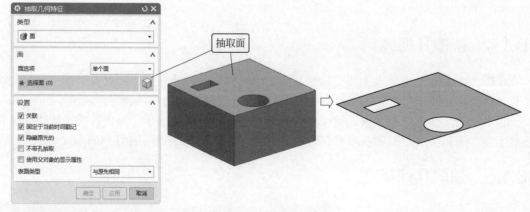

图 18-14 抽取单个面

② 面与相邻面：只有与选中的面直接相邻的面才会被抽取，如图 18-15 所示。

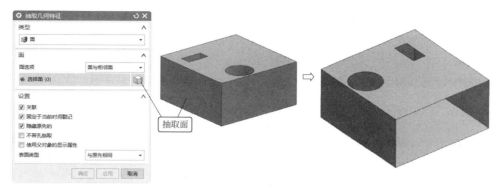

图 18-15 抽取相邻面

③ 体的面：与选中的面位于同一体的所有面都会被抽取，如图 18-16 所示。

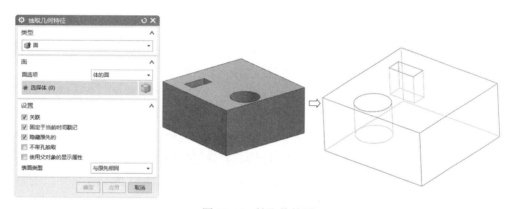

图 18-16 抽取体的面

（2）面区域

该选项让用户生成一个片体，该片体是一组和种子面相关的且被边界面限制的面。在已经确定了种子面和边界面以后，系统从种子面上开始，在行进过程中收集面，直到它和任意的边界面相遇。一个片体（称为"抽取区域"特征）从这组面上生成。选择该选项后，对话框中的可变窗口区域如图 18-17 所示。示意图如图 18-18 所示。

① 种子面：特征中所有其他的面都和种子面有关。

② 边界面：确定"抽取区域"特征的边界。

③ 使用相切边角度：该选项在加工中应用。

④ 遍历内部边：选中该选项后，则系统对于遇到的每一个面，收集其边构成其任何内部环的部分或全部。

（3）体

该选项生成整个体的关联副本。可以将各种特征添加到抽取体特征上，而不在原先的体上出现。当更改原先的体时，用户还可以决定"抽取体"特征要不要更新。

图 18-17 "面区域"类型

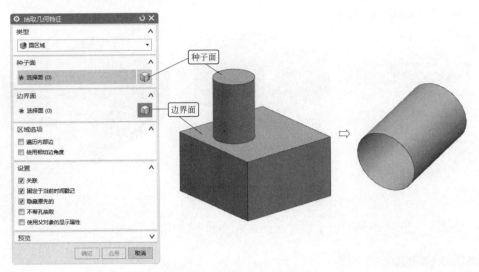

图 18-18　"抽取区域"示意图

图 18-19　"体"类型

"抽取体"特征的一个用途是在用户想同时能用一个原先的实体和一个简化形式的时候（例如，放置在不同的参考集里），选择该类型时，对话框如图 18-19 所示。

① 固定于当前时间戳记：该选项可更改编辑操作过程中特性放置的时间标记，允许用户控制更新过程中对原先的几何体所作的更改是否反映在抽取的特征中。默认是将抽取的特征放置在所有的已有特征之后。

② 隐藏原先的：该选项在生成抽取的特征时，如果原先的几何体是整个对象，或者如果生成"抽取区域"特征，则将隐藏原先的几何体。

18.1.6　偏置面

选择"菜单"→"插入"→"偏置/缩放"→"偏置面"命令，或者单击"主页"选项卡→"特征"组→"更多"库→"偏置/缩放"库→"偏置面" 图标，系统打开如图 18-20 所示"偏置面"对话框。可以使用此选项沿面的法向偏置一个或多个面、体的特征或体。示意图如图 18-21 所示。

其偏置距离可以为正或为负，而体的拓扑不改变。正的偏置距离沿垂直于面而指向远离实体方向的矢量测量。

18.1.7　缩放体

选择"菜单"→"插入"→"偏置/比例"→"缩放体"命令，或者单击"主页"选项卡→"特征"组→"更多"库→"偏置/缩放"库→"缩放体" 图标，打开如图 18-22 所示的"缩放体"对话框。该选项按比例缩放实体和片体。可以使用均匀、轴对称或通用的比例方式，此操作完全关联。需要注意：比例操作应用于几何体而不用于组成该体的独立特征。

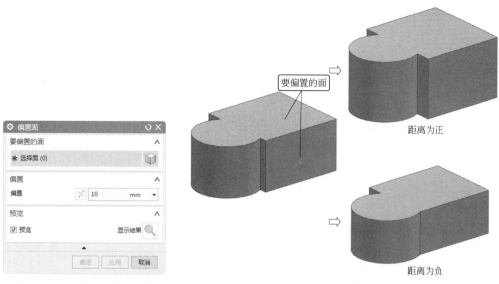

图 18-20　"偏置面"对话框　　　　　　　　图 18-21　"偏置面"示意图

图 18-22　"缩放体"对话框

对话框部分选项功能如下。

（1）均匀

在所有方向上均匀地按比例缩放，示意图如图 18-23 所示。

① 要缩放的体：该选项为比例操作选择一个或多个实体或片体。所有的三个"类型"方法都要求此步骤。

② 缩放点：该选项指定一个参考点，比例操作以它为中心。默认的参考点是当前工作坐标系的原点，可以通过使用"点方式"子功能指定另一个参考点。该选项骤只用在"均匀"和"轴对称"类型中可用。

③ 比例因子：让用户指定比例因子（乘数），通过它来改变当前的大小。

（2）轴对称

以指定的比例因子（或乘数）沿指定的轴对称缩放。这包括沿指定的轴指定一个比例因子并指定另一个比例因子用在另外两个轴方向，示意图如图 18-24 所示。

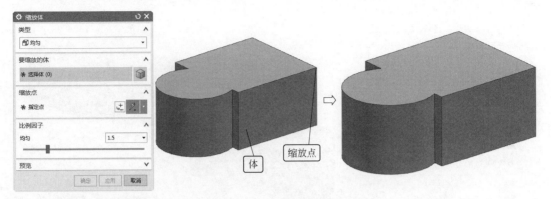

图 18-23　均匀缩放示意图

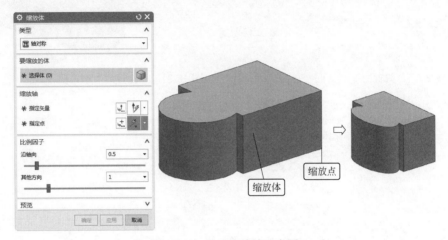

图 18-24　轴对称缩放示意图

　　缩放轴：该选项为比例操作指定一个参考轴。只可用在"轴对称"方法。默认值是工作坐标系的 Z 轴。可以通过使用"矢量方法"子功能来改变它。

（3）不均匀

　　在所有的 X、Y、Z 三个方向上以不同的比例因子缩放，示意图如图 18-25 所示。

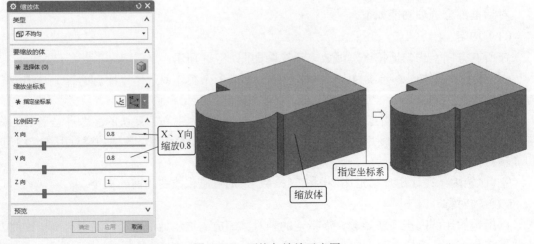

图 18-25　不均匀缩放示意图

缩放坐标系：让用户指定一个参考坐标系。选择该步骤会启用"坐标系对话框"按钮。可以点击此按钮来打开"坐标系"，可以用它来指定一个参考坐标系。

18.1.8 修剪体

选择"菜单"→"插入"→"修剪"→"修剪体"命令，或者单击"主页"选项卡→"特征"组→"修剪体"⊡图标，打开如图 18-26 所示"修剪体"对话框。使用该选项可以使用一个面、基准平面或其他几何体修剪一个或多个目标体。选择要保留的体部分，并且修剪体将采用修剪几何体的形状。示意图如图 18-27 所示。

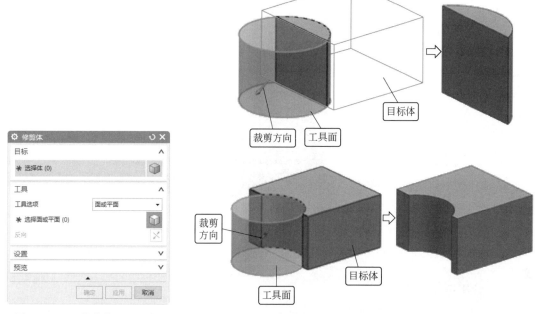

图 18-26 "修剪体"对话框   图 18-27 "修剪体"示意图

由法向矢量的方向确定目标体要保留的部分。矢量指向远离将保留的目标体部分。如图 18-27 显示了矢量方向将如何影响目标体要保留的部分。

18.1.9 实例——茶杯

扫一扫，看视频

本例首先创建圆柱体然后对圆柱体进行抽壳操作，生成杯体，然后创建椭圆曲线并通过沿曲线扫描操作创作茶杯手柄，生成模型如图 18-28 所示。

【操作步骤】

（1）新建文件

选择"菜单"→"文件"→"新建"命令，或者单击"主页"选项卡→"标准"组→"新建"□图标，打开"新建"对话框，在模型选项卡中选择适当的模板，文件名为"chabei"，单击"确定"按钮，进入建模环境。

图 18-28 茶杯

（2）创建圆柱体

① 选择"菜单"→"插入"→"设计特征"→"圆柱"命令，或者单击"主页"选项卡→"特征"组→"设计特征"下拉菜单→"圆柱" 图标，打开如图 18-29 所示的"圆柱"对话框。

② 在对话框中选择"轴、直径和高度"类型，选择"ZC 轴"为生成圆柱体矢量方向，单击"点对话框"按钮，在点对话框中输入（0,0,0）为圆柱体原点，在直径和高度中输入 80、75，单击"确定"按钮完成圆柱 1 的创建。

③ 同上创建一个直径和高度分别是 60 和 5，位于（0,0,-5）的圆柱 2，如图 18-30 所示。

图 18-29　"圆柱"对话框　　　　图 18-30　圆柱体　　　　图 18-31　"抽壳"对话框

（3）抽壳操作

① 选择"菜单"→"插入"→"偏置/缩放"→"抽壳"命令，或者单击"主页"选项卡→"特征"组→"抽壳" 图标，打开"抽壳"对话框如图 18-31 所示。

② 选择"移除面，然后抽壳"类型，在"厚度"选项中输入 5，选择如图 18-32 所示的最上面圆柱体的顶端面为移除面，单击"确定"按钮，完成抽壳操作，如图 18-33 所示。

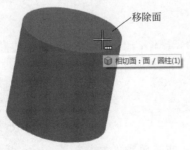

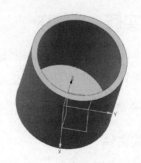

图 18-32　选择移除面　　　　图 18-33　抽壳处理

（4）创建孔

① 选择"菜单"→"插入"→"设计特征"→"孔"命令，或者单击"主页"选项卡→

"特征"组→"孔" 图标，打开如图 18-34 所示"孔"对话框。

② 捕捉如图 18-35 所示的圆柱体底面圆弧圆心为孔放置位置。

③ 在直径、深度和顶锥角中分别输入 50、5 和 0，单击"确定"按钮，生成如图 18-36 所示模型。

图 18-34 "孔"对话框

图 18-35 捕捉圆心

图 18-36 创建孔

（5）设置工作坐标系

① 选择"菜单"→"格式"→"WCS"→"旋转"命令，选择"菜单"→"格式"→"WCS"→"旋转"命令，打开如图 18-37 所示的"旋转 WCS 绕"对话框。

② 选择"+XC 轴：YC→ZC"选项，单击"确定"按钮，坐标绕 XC 轴旋转 90°。如图 18-38 所示。

图 18-37 "旋转 WCS 绕"对话框

图 18-38 杯身模型

（6）创建样条曲线

① 选择"菜单"→"插入"→"曲线"→"艺术样条"命令，或者单击"曲线"选项

卡→"曲线"组→"艺术曲线" 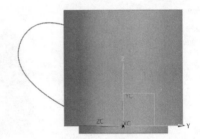 图标，打开如图 18-39 所示"艺术样条"对话框。

② 选择"通过点"类型，在次数中输入 3，单击"点对话框"按钮 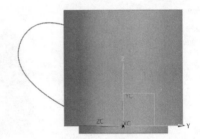，打开"点"对话框，参考为"绝对-工作部件"，坐标依次为（0,-32,63）（0,-52,67）（0,-65,61）（0,-70,52）（0,-49,18）（0,-32,9）。单击"确定"按钮，生成如图 18-40 所示样条曲线。

图 18-39 "艺术样条"对话框

图 18-40 样条曲线

（7）设置工作坐标系

选择"菜单"→"格式"→"WCS"→"原点"命令，按住鼠标右键选择"带有淡化边的线框" 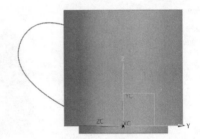 图标，然后选择样条曲线上端点，再按住鼠标右键选择"带边着色" 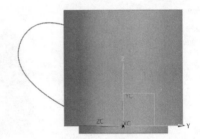 图标。

（8）创建椭圆

① 选择"菜单"→"插入"→"在任务环境中绘制草图"命令，或者单击"曲线"选项卡→"在任务环境中绘制草图" 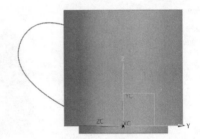 图标，打开如图 18-41 所示"创建草图"对话框。

② 在"平面方法"下拉列表中选择"新平面"，在"指定平面"下拉列表中选择"XC-YC平面"。

③ 在"参考"下拉列表中选择"水平"，在"指定矢量"下拉列表中选择"XC 轴"。

④ 在"原点方法"下拉列表中选择"指定点"，单击"点对话框" 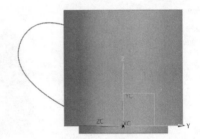 图标，打开如图 18-42 所示的"点"对话框，在"参考"下拉列表中选择"WCS"，输入坐标为（0,0,0），单击"确定"按钮，返回到"创建草图"对话框，单击"确定"按钮，进入草图绘制阶段。

⑤ 选择"菜单"→"插入"→"曲线"→"椭圆"命令，或者单击"主页"选项卡→"曲线"组→"椭圆" 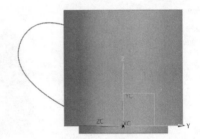 图标，打开如图 18-43 所示的"椭圆"对话框。单击"点对话框" 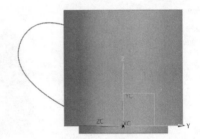 图标，打开"点"对话框，在"参考"下拉列表中选择"WCS"，输入坐标为（0,0,0），单击"确定"按钮，返回到"椭圆"对话框，单击"确定"按钮，完成如图 18-44 所示的椭圆的创建。

图 18-41 "创建草图"对话框

图 18-42 "点"对话框

图 18-43 "椭圆"对话框

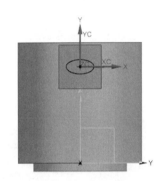

图 18-44 创建椭圆

⑥ 单击"主页"选项卡→"草图"组→"完成" 图标，返回建模模块。

（9）沿引导线扫掠

① 选择"菜单"→"插入"→"扫掠"→"沿引导线扫掠"命令，或者单击"主页"选项卡→"特征"组→"更多"库→"扫掠"库→"沿引导线扫掠" 图标，打开如图 18-45 所示"沿引导线扫掠"对话框。

② 选择椭圆为截面，选择样条曲线为引导线，单击"确定"按钮生成如图 18-46 所示杯把。

（10）修剪手柄

① 选择"菜单"→"插入"→"修剪"→"修剪体"命令，或者单击"主页"选项卡→"特征"组→"修剪体" 图标，打开如图 18-47 所示的"修剪体"对话框。

② 选择杯体内的手柄部分，选择杯体的外表面为修剪工具，并单击"反向"按钮，调整修剪方向，单击"确定"按钮，修剪如图 18-48 所示杯把。

图 18-45 "沿引导线扫掠"对话框

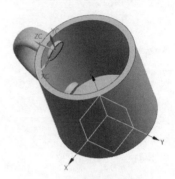

图 18-46 创建杯把

图 18-47 "修剪体"对话框

图 18-48 杯把

（11）边倒圆

① 选择"菜单入"→"插入"→"细节特征"→"边倒圆"命令，或者单击"主页"选项卡→"特征"组→"边倒圆" 图标，打开如图 18-49 所示的"边倒圆"对话框。

② 为杯口边、杯底边、柄、杯身接触处倒圆，倒圆半径为 1。结果如图 18-50 所示。

18.1.10 拆分体

选择"菜单"→"插入"→"修剪"→"拆分体"命令，或者单击"主页"选项卡→"特征"组→"更多"库→"修剪"库→"拆分体" 图标，打开如图 18-51 所示的"拆分体"对话框。此选项使用面、基准平面或其他几何体分割一个或多个目标体。操作过程类似于"修剪体"。其操作示意图如图 18-52 所示。该操作从通过分割生成的体上删除所有参数。

图 18-49　"边倒圆"对话框

图 18-50　杯

图 18-51　"拆分体"对话框

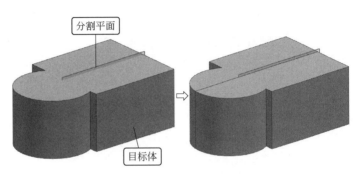

图 18-52　"拆分体"示意图

18.1.11　分割面

选择"菜单"→"插入"→"修剪"→"分割面"命令，或者单击"主页"选项卡→"特征"组→"更多"库→"修剪"库→"分割面"  图标，打开如图 18-53 所示的"分割面"对话框。此选项使用面、基准平面或其他几何体分割一个或多个面。其操作示意图如图 18-54 所示。该操作从通过分割生成的体上删除所有参数。

图 18-53　"分割面"对话框

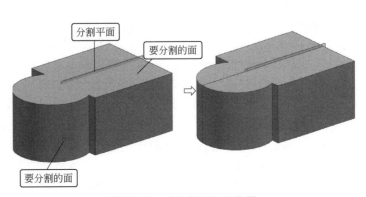

图 18-54　"分割面"示意图

18.2 特征编辑

特征编辑主要是完成特征创建以后,对特征不满意的地方进行编辑的过程。用户可以重新调整尺寸、位置、先后顺序等,在多数情况下,保留与其他对象建立起来的关联性,以满足新的设计要求。

18.2.1 编辑特征参数

选择"菜单"→"编辑"→"特征"→"编辑参数"命令,打开如图 18-55 所示的"编辑参数"对话框。该选项可以在生成特征或自由形式特征的方式和参数值的基础上,编辑特征或曲面特征。用户的交互作用由所选择的特征或自由形式特征类型决定。

图 18-55 "编辑参数"对话框

图 18-56 "重新附着"对话框

当选择了"编辑参数"并选择了一个要编辑的特征时,根据所选择的特征,在弹出的对话框上显示的选项可能会改变,以下就几种常用对话框选项作介绍。

(1)特征对话框

列出选中特征的参数名和参数值,并可在其中输入新值。所有特征都出现在此选项。

(2)重新附着

重新定义特征的特征参考,可以改变特征的位置或方向。可以重新附着的特征才出现此选项。其对话框如图 18-56 所示,部分选项功能如下。

① 指定目标放置面:给被编辑的特征选择一个新的附着面。

② 指定参考方向: 给被编辑的特征选择新的水平参考。

③ 重新定义定位尺寸:选择定位尺寸并能重新定义它的位置。

④ 指定第一通过面:重新定义被编辑的特征的第一通过面/裁剪面。

⑤ 指定第二个通过面:重新定义被编辑的特征的第二个通过面/裁剪面。

⑥ 指定工具放置面:重新定义用户定义特征(UDF)的工具面。

⑦ 方向参考:用它可以选择想定义一个新的水平特征参考还是竖直特征参考。缺省始终是为已有参考设置的。

⑧ 反向：将特征的参考方向反向。

⑨ 反侧：将特征重新附着于基准平面时，用它可以将特征的法向反向。

⑩ 指定原点：将重新附着的特征移动到指定原点，可以快速重新定位它。

⑪ 删除定位尺寸：删除选择的定位尺寸。如果特征没有任何定位尺寸，该选项就变灰。

18.2.2 编辑位置

选择"菜单"→"编辑"→"特征"→"编辑位置"命令，另外也可以在右侧"资源栏"的"部件导航器"相应对象上右击鼠标，在弹出的快捷菜单中来编辑定位（如图 18-57 所示），打开如图 18-58 所示"编辑位置"对话框。该选项允许通过编辑特征的定位尺寸来移动特征。可以编辑尺寸值、增加尺寸或删除尺寸。

对话框部分选项介绍如下。

① 添加尺寸：用它可以给特征增加定位尺寸。

② 编辑尺寸值：允许通过改变选中的定位尺寸的特征值，来移动特征。

③ 删除尺寸：用它可以从特征删除选中的定位尺寸。

需要注意：增加定位尺寸时，当前编辑对象的尺寸不能依赖于创建时间晚于它的特征体。例如，在图 18-59 中，特征按其生成的顺序编号。如果想定位特征#2，不能使用任何来自特征 #3 的物体作标注尺寸几何体。

图 18-57　快捷菜单中的"编辑位置"

图 18-58　"编辑位置"对话框

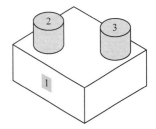

图 18-59　特征顺序示意图

18.2.3 移动特征

选择"菜单"→"编辑"→"特征"→"移动"命令，打开如图 18-60 所示"移动特征"对话框。该选项可以把无关联的特征移到需要的位置。不能用此选项来移动位置已经用定位尺寸约束的特征。如果想移动这样的特征，需要使用"编辑定位尺寸"选项。

对话框部分选项功能如下。

① DXC、DYC、DZC 增量：用矩形（XC 增量、YC 增量、ZC 增量）坐标指定距离和方向，可以移动一个特征。该特征相对于工作坐标系作移动。

② 至一点：用它可以将特征从参考点移动到目标点。

③ 在两轴间旋转：通过在参考轴和目标轴之间旋转特征来移动特征。

④ 坐标系到坐系：将特征从参考坐标系中的位置重定位到目标坐标系中。

图 18-60　"移动特征"对话框　　　　图 18-61　"特征重排序"对话框

18.2.4　特征重排序

选择"菜单"→"编辑"→"特征"→"重排序"命令，打开如图 18-61 所示"特征重排序"对话框。该选项允许改变将特征应用于体的次序。在选定参考特征之前或之后可对所需要的特征重排序。

对话框部分选项功能如下。

① 参考特征：列出部件中出现的特征。所有特征连同其圆括号中的时间标记一起出现于列表框中。

② 选择方法：该选项用来指定如何重排序"重定位"特征，允许选择相对"参考"特征来放置"重定位"特征的位置。

a．之前：选中的"重定位"特征将被移动到"参考"特征之前。

b．之后：选中的"重定位"特征将被移动到"参考"特征之后。

③ 重定位特征：允许选择相对于"参考"特征要移动的"重定位"特征。

18.2.5　抑制特征和释放

① 选择"菜单"→"编辑"→"特征"→"抑制"命令，打开如图 18-62 所示的"抑制特征"对话框。该选项允许临时从目标体及显示中删除一个或多个特征，当抑制有关联的特

征时，关联的特征也被抑制。

实际上，抑制的特征依然存在于数据库里，只是将其从模型中删除了。因为特征依然存在，所以可以用"取消抑制特征"调用它们。如果不想让对话框中"选中的特征"列表里包括任何依附，可以关闭"列出依附的"（如果选中的特征有许多依附的话，这样操作可显著地减少执行时间）。

② 选择"菜单"→"编辑"→"特征"→"取消抑制"命令，则会调用先前抑制的特征。如果"编辑时延迟更新"是激活的，则不可用。

图 18-62 "抑制特征"对话框

图 18-63 "由表达式抑制"对话框

18.2.6 由表达式抑制

选择"菜单"→"编辑"→"特征"→"由表达式抑制"命令，打开如图 18-63 所示的"由表达式抑制"对话框。该选项可利用表达式编辑器用表达式来抑制特征，此表达式编辑器提供一个可用于编辑的抑制表达式列表。如果"编辑时延迟更新"是激活的，则不可用。

对话框部分选项功能如下。

① 为每个创建：允许为每一个选中的特征生成单个的抑制表达式。对话框显示所有特征，可以是被抑制的或者是被释放的以及无抑制表达式的特征。如果选中的特征被抑制，则其新的抑制表达式的值为 0，否则为 1。按升序（p22、p23、p24…）自动生成抑制表达式。

② 创建共享的：允许生成被所有选中特征共用的单个抑制表达式。对话框显示所有特征，可以是被抑制的或者是被释放的以及无抑制表达式的特征。所有选中的特征必须具有相同的状态，被抑制的或者是被释放的。如果它们是被抑制的，则其抑制表达式的值为 0，否则为 1。当编辑表达式时，如果任何特征被抑制或被释放，则其他有相同表达式的特征也被抑制或被释放。

③ 为每个删除：允许删除选中特征的抑制表达式。对话框显示具有抑制表达式的所有特征。

④ 删除共享的：允许删除选中特征的共有的抑制表达式。对话框显示包含共有的抑制表达式的所有特征。如果选择特征，则对话框高亮显示共有该相同表达式的其他特征。

18.2.7 移除参数

选择"菜单"→"编辑"→"特征"→"去除参数"命令，打开如图 18-64 所示"移除参数"对话框。该选项允许从一个或多个实体和片体中删除所有参数。还可以从与特征相关联的曲线和点删除参数，使其成为非相关联。如果"编辑时延迟更新"是激活的，则不可用。

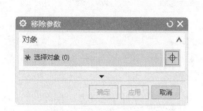

图 18-64 "移除参数"对话框   图 18-65 "指派实体密度"对话框

18.2.8 编辑实体密度

选择"菜单"→"编辑"→"特征"→"实体密度"命令，打开如图 18-65 所示的"指派实体密度"对话框。该选项可以改变一个或多个已有实体的密度和/或密度单位。改变密度单位，让系统重新计算新单位的当前密度值，如果需要也可以改变密度值。

18.2.9 特征重播

选择"菜单"→"编辑"→"特征"→"重播"命令，打开如图 18-66 所示"特征重播"对话框。用该选项可以逐个特征地查看模型是如何生成的。

对话框部分选项功能如下。

① 时间戳记数：指定要开始重播特征的时间戳编号。可以在框中键入一个数字，或者移动滑块。

② 步骤之间的秒数：指定特征重播每个步骤之间暂停的秒数。

图 18-66 "特征重播"对话框

18.3 综合实例——表面

扫一扫，看视频

首先创建圆柱体，然后在圆柱体端面上创建拉伸体等，最后创建文本并通过拉伸创建手表表面的文字标记。其绘制结果如图 18-67 所示。

【操作步骤】

（1）创建新文件

选择"菜单"→"文件"→"新建"命令，或者单击"主页"选项卡→"标准"组→"新建" □ 图标，弹出"新建"对话框。在"模板"选项组中选择"模型"，在"名称"文本框中输入"biaomian"，单击"确定"按钮，进入建模环境。

（2）创建圆柱体

① 选择"菜单"→"插入"→"设计特征"→"圆柱"命令，或者单击"主页"选项卡→"特征"组→"更多"库→"设计特征"库→"圆柱" □ 图标，弹出如图18-68所示的"圆柱"对话框。

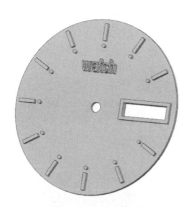

图 18-67　结果图

图 18-68　"圆柱"对话框

② 在"类型"下拉列表框中选择"轴、直径和高度"。

③ 在"指定矢量"下拉列表中选择 ZC↑（ZC轴）为圆柱轴向。

④ 单击"点对话框"按钮 ⛨，打开"点"对话框，输入坐标（0,0,0）。

⑤ 在"直径"和"高度"数值框中分别输入26.8、0.5。

⑥ 单击"确定"按钮，生成圆柱体，如图18-69所示。

（3）创建草图

① 选择"菜单"→"插入"→"在任务环境中绘制草图"命令，或者单击"曲线"选项卡→"在任务环境中绘制草图" 图标，打开如图18-70所示"创建草图"对话框。

② 选择面1为草图绘制面，单击"确定"按钮，进入草图绘制阶段，绘制如图18-71所示的草图。

③ 单击"主页"选项卡→"草图"组→"完成" 🏁 图标，返回建模模块。

（4）创建拉伸

① 选择"菜单"→"插入"→"设计特征"→"拉伸"命令，或者单击"主页"选项卡→"特征"组→"设计特征"下拉菜单→"拉伸" 📖 图标，打开如图18-72所示"拉伸"对话框。

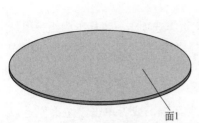

图 18-69 创建圆柱体

图 18-70 "创建草图"对话框

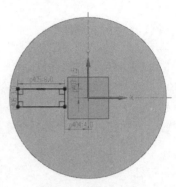

图 18-71 绘制草图

图 18-72 "拉伸"对话框

图 18-73 创建拉伸

② 选择上步创建的草图为拉伸曲线，在指定矢量下拉列表中选择"ZC"轴为拉伸方向。

③ 在开始距离和结束距离中输入 0 和 0.5，在布尔下拉列表中选择"合并"，系统自动选择圆柱体，单击"确定"按钮，完成拉伸操作，如图 18-73 所示。

（5）创建草图

① 选择"菜单"→"插入"→"在任务环境中绘制草图"命令，或者单击"曲线"选项卡→"在任务环境中绘制草图" 图标，打开如图 18-74 所示"创建草图"对话框。

② 选择 XC-YC 平面为草图绘制面，单击"确定"按钮，进入草图绘制阶段，绘制如图 18-75 所示的草图。

③ 单击"主页"选项卡→"草图"组→"完成" 图标，返回建模模块。

（6）创建拉伸

① 选择"菜单"→"插入"→"设计特征"→"拉伸"命令，或者单击"主页"选项卡→"特征"组→"设计特征"下拉菜单→"拉伸" 图标，打开如图 18-76 所示"拉伸"对话框。

图18-74 "创建草图"对话框

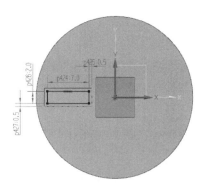

图18-75 绘制草图

图18-76 "拉伸"对话框

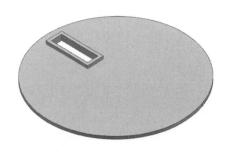

图18-77 创建拉伸

② 选择上步创建的草图为拉伸曲线，在指定矢量下拉列表中选择"ZC"轴为拉伸方向。

③ 在开始距离和结束距离中输入 0 和 1，在布尔下拉列表中选择"减去"，系统自动选择圆柱体，单击"确定"按钮，完成拉伸操作，如图18-77所示。

（7）创建草图

① 选择"菜单"→"插入"→"在任务环境中绘制草图"命令，或者单击"曲线"选项卡→"在任务环境中绘制草图" 图标，打开如图18-78所示"创建草图"对话框。

② 选择面1为草图绘制面，单击"确定"按钮，进入草图绘制阶段，绘制如图18-79所示的草图。

③ 单击"主页"选项卡→"草图"组→"完成" 图标，返回建模模块。

（8）创建拉伸

① 选择"菜单"→"插入"→"设计特征"→"拉伸"命令，或者单击"主页"选项卡→"特征"组→"设计特征"下拉菜单→"拉伸" 图标，打开如图18-80所示"拉伸"对话框。

图 18-78　"创建草图"对话框

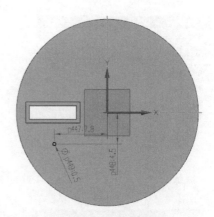

图 18-79　绘制草图

图 18-80　"拉伸"对话框

图 18-81　创建拉伸

② 选择上步创建的草图为拉伸曲线，在指定矢量下拉列表中选择"ZC"轴为拉伸方向。

③ 在开始距离和结束距离中输入 0 和 0.5，在布尔下拉列表中选择"合并"，系统自动选择圆柱体，单击"确定"按钮，完成拉伸操作，如图 18-81 所示。

（9）创建草图

① 选择"菜单"→"插入"→"在任务环境中绘制草图"命令，或者单击"曲线"选项卡→"在任务环境中绘制草图" 图标，打开如图 18-82 所示"创建草图"对话框。

② 选择面 1 为草图绘制面，单击"确定"按钮，进入草图绘制阶段，绘制如图 18-83 所示的草图。

图 18-82 "创建草图"对话框

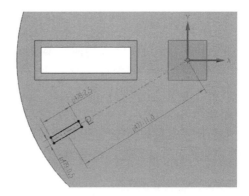

图 18-83 绘制草图

③ 单击"主页"选项卡→"草图"组→"完成"🏁图标，返回建模模块。

（10）创建拉伸

① 选择"菜单"→"插入"→"设计特征"→"拉伸"命令，或者单击"主页"选项卡→"特征"组→"设计特征"下拉菜单→"拉伸"🗐图标，打开如图 18-84 所示"拉伸"对话框。

图 18-84 "拉伸"对话框

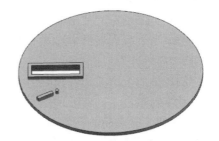

图 18-85 创建拉伸

② 选择上步创建的草图为拉伸曲线，在指定矢量下拉列表中选择"ZC"轴为拉伸方向。

③ 在开始距离和结束距离中输入 0 和 0.5，在布尔下拉列表中选择"合并"，系统自动选择圆柱体，单击"确定"按钮，完成拉伸操作，如图 18-85 所示。

（11）圆形阵列

① 选择"菜单"→"插入"→"关联复制"→"阵列特征"命令，或者单击"主页"选项卡→"特征"组→"阵列特征" 图标，弹出如图 18-86 所示"阵列特征"对话框。

② 选择步骤（8）和步骤（10）创建的拉伸特征为要形成图样的特征；在"阵列定义"选项组下的"布局"下拉列表框中选择"圆形"；在"旋转轴"选项组下的"指定矢量"下拉列表中选择 （ZC 轴）为阵列方向；"指定点"选择圆柱体上表面的圆心；在"间距"下拉列表框中选择"数量和间隔"，设置"数量"和"节距角"为11、30。

③ 其他采用默认设置，单击"确定"按钮，完成圆形阵列，如图 18-87 所示。

图 18-86　"阵列特征"对话框　　　图 18-87　圆形阵列　　　图 18-88　"孔"对话框

（12）创建简单孔

① 选择"菜单"→"插入"→"设计特征"→"孔"命令，或者单击"主页"选项卡→"特征"组→"孔" 图标，弹出如图 18-88 所示的"孔"对话框。

② 在"类型"下拉列表框中选择"常规孔"，在"形状和尺寸"选项组的"成形"下拉列表框中选择"简单孔"。

③ 捕捉圆柱体的上圆弧边线圆心为孔位置。

④ 在"孔"对话框中，将孔的"直径""深度"和"顶锥角"分别设置为 1.5、1、0，单击"确定"按钮，完成简单孔的创建，如图 18-89 所示。

（13）创建文字

① 选择"菜单"→"插入"→"曲线"→"文本"命令，或者单击"曲线"选项卡→"曲线"组→"曲线"库→"文本" **A**图标，弹出如图 18-90 所示的"文本"对话框，在"文本属性"选项组中输入"watch"。

② 将文字放置在大致如图 18-91 所示的位置处，并拖动文字外框各点，调整文字的大小，最后单击"确定"按钮，完成文本的创建。

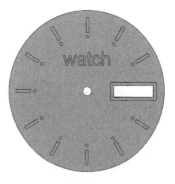

图 18-89　创建孔	图 18-90　"文本"对话框	图 18-91　创建文本后的模型

（14）隐藏实体和基准平面

① 选择"菜单"→"编辑"→"显示和隐藏"→"隐藏"命令，弹出"类选择"对话框。单击"过滤器"中的"类型过滤器"按钮，弹出如图 18-92 所示"按类型选择"对话框。在列表框中选择"坐标系""基准""实体"和"草图"，单击"确定"按钮。

图 18-92　"按类型选择"对话框	图 18-93　隐藏实体和基准平面后的效果

② 返回"类选择"对话框，单击"全选"按钮，然后单击"确定"按钮，则所有基准和实体都被隐藏起来，如图 18-93 所示。

（15）创建拉伸

① 选择"菜单"→"插入"→"设计特征"→"拉伸"命令，或者单击"主页"选项卡→"特征"组→"基准/点"下拉菜单"拉伸"图标，弹出如图 18-94 所示的"拉伸"对话框。

② 选择屏幕中的文字曲线为拉伸截面，在"指定矢量"下拉列表中选择（ZC 轴）；在"限制"选项组中，将"开始"和"结束"均设置为"值"，将其"距离"分别设置为 0、1，其他保持默认。

③ 单击"确定"按钮，完成拉伸操作，如图 18-95 所示。

图 18-94　"拉伸"对话框

图 18-95　拉伸后的模型

（16）显示实体

① 选择"菜单"→"编辑"→"显示和隐藏"→"显示所有此类型的"命令，弹出如图 18-96 所示的"选择方法"对话框。

图 18-96　"选择方法"对话框

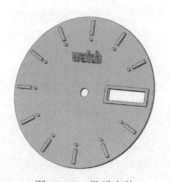

图 18-97　显示实体

② 单击"类型"按钮，在弹出的"按类型选择"对话框中选择"实体"选项，连续单击"确定"按钮，生成如图 18-97 所示的实体模型。

上 机 操 作

【实例 1】完成如图 18-99 所示的特征抑制操作

（1）目的要求

通过本练习，帮助读者掌握特征抑制操作的基本方法和技巧。

（2）操作提示

① 利用"打开"命令，打开"book_07_01.prt"，如图18-98所示。

② 利用"抑制"命令将凸起特征抑制如图18-99所示。

图18-98 特征抑制前示意图

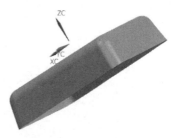

图18-99 特征抑制后示意图

【实例2】绘制如图18-100所示的M10螺栓

图18-100 M10螺栓

（1）目的要求

通过本练习，帮助读者掌握特征编辑的基本方法和技巧。

（2）操作提示

① 利用"打开"命令，打开M12螺栓。

② 利用"编辑特征参数"命令，将圆柱体直径和高度分别修改为17.77、6.4。

③ 利用"删除"命令，将螺纹删除。

④ 利用"编辑特征参数"命令，修改凸起直径和高度为10、35。

⑤ 利用"编辑特征参数"命令，修改倒斜角的距离为1。

⑥ 执行"螺纹刀"命令，选择凸起的外表面为螺纹放置面，修改螺纹长度为26。

第19章
查询与分析

在UG建模过程中，点、线的质量直接影响了构建实体的质量，从而影响了产品的质量。所以在建模结束后，需要分析实体的质量来确定曲线是否符合设计要求，这样才能保证生产出合格的产品。本章将简要讲述如何对特征点和曲线的分布进行查询和分析。

学习要点

学习和了解如何对特征点和曲线的分布进行查询

掌握几何分析

掌握模型分析

19.1 信息查询

在设计过程中或对已完成的设计模型，经常需要从文件中提取其各种几何对象和特征的信息，UG 针对操作的不同需求，提供了大量的信息命令，用户可以通过这些命令来详细地查找需要的几何、物理和数学信息。

执行"信息"菜单命令将会显示所有的信息查询命令，如图 19-1 所示，该子菜单命令仅具有显示功能，不具备编辑功能。

图 19-1　"信息"子菜单

19.1.1 对象信息

选择"菜单"→"信息"→"对象"命令或其他子菜单命令后，系统会打开对话框选取对象，之后系统会列出其所有相关的信息，一般的对象都具有一些共同的信息，如创建时间、作者、当前部件名、图层、线宽、单位信息等。

① 点：当获取点时，系统除了列出一些共同信息之外，还会列出点的坐标值。

② 直线：当获取直线时，系统除了列出一些共同信息之外，还会列出直线的长度、角度、起点坐标、终点坐标等信息。

③ 样条曲线：当获取样条曲线时，系统除列出一些共同信

息之外，还会列出样条曲线的闭合状态、阶数、控制点数目、段数、有理状态、定义数据、近似 rho 等信息。如图 19-2 所示，获取信息完后，对工作区的图像可按 F5 或"刷新"命令来刷新屏幕。

图 19-2　艺术样条的"信息"对话框

19.1.2　点信息

选择"菜单"→"信息"→"点"命令可以查询指定点的信息，在信息栏中会列出该点的坐标值及单位，包括"绝对坐标系"和"WCS 坐标系"中的坐标值，如图 19-3 所示。

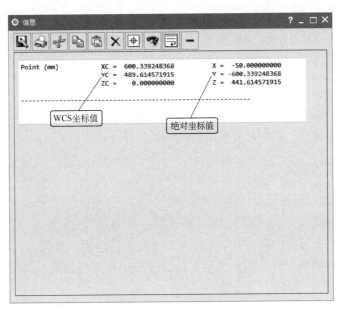

图 19-3　"点信息"对话框

19.1.3 样条信息

选择"菜单"→"信息"→"样条"命令可以查询样条曲线的相关信息,还可以在打开的对话框(图 19-4)中设置需要显示的信息,对话框上部包括"显示结点""显示极点""显示定义点"3 个复选框,选取选项后,相应的信息就会显示出来。

对话框的下部选项是用来控制输出至窗口信息如何显示的单选框,意义说明如下。

① 无:表示窗口不输出任何信息。

② 简短:表示向窗口中输出样条曲线的次数、极点数目、阶数目、有理状态、定义数据、比例约束、近似 rho 等简短信息。

③ 完整:表示向窗口中输出样条曲线的除简短信息外还包括每个节点的坐标及其连续性(即 G0、G1、G2…),每个极点的坐标及其权重,每个定义点的坐标、最小二乘权重等全部信息。

19.1.4 B-曲面信息

选择"菜单"→"信息"→"B 曲面"命令,可以查询 B-曲面的有关信息,包括列出曲面的 U、V 方向的阶数,U、V 方向的补片数、法面数、连续性等信息。该命令会打开如图 19-5 所示"B 曲面分析"对话框来设置查询信息。

图 19-4 "样条分析"对话框

图 19-5 "B-曲面分析"对话框

相关功能如下。

① 显示补片边界:用于控制是否显示 B-曲面的面片信息。

② 显示极点:用于控制是否显示 B-曲面的极点信息。

③ 输出至列表窗口:控制是否输出信息到窗口显示。

19.1.5 表达式信息

选择"菜单"→"信息"→"表达式"命令,系统会弹出如图 19-6 所示"表达式"子菜单。其相关功能如下。

① 全部列出:表示在信息窗口中列出当前工作部件中的所有表达式信息。

② 列出装配中的所有表达式:表示在信息窗口中列出当前显示装配件部件的每一组件中的表达式信息。

③ 列出会话中的全部:表示在信息窗口中列出当前操作中的每一部件的表达式信息。

④ 按草图列出表达式:表示在信息窗口中列出选择草图中的所有表达式信息。

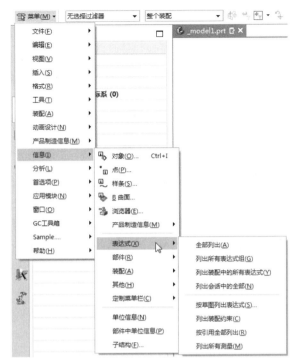

图 19-6　"表达式"子菜单

⑤ 列出装配约束：表示如果当前部件为装配件，则在信息窗口中列出其匹配的约束条件信息。

⑥ 按引用全部列出：表示在信息窗口中列出当前工作部件中包括"特征""草图""匹配约束条件""用户定义"的表达式信息等。

⑦ 列出所有测量：表示在信息窗口中列出工作部件中所有几何表达式及相关信息，如特征名和表达式引用情况等。

19.1.6　其他信息的查询

除了以上几种可供查询的信息之外，还有"部件"信息查询、"装配"信息查询，以及"其他"等信息查询，以下就如图 19-7 所示"其他"提供的部分查询信息。其相关功能如下。

① 图层：在信息窗口中列出当前每一个图层的状态。

② 电子表格：在信息窗口中列出相关电子表格信息。

③ 视图：在信息窗口中列出一个或多个工程图或模型视图的信息。

④ 布局：在信息窗口中列出当前文件中视图布局数据信息。

⑤ 图纸：在信息窗口中列出当前文件中工程图的相关信息。

⑥ 组：在信息窗口中列出当前文件中群组的相关信息。

图 19-7　"其他"信息查询子菜单

⑦ 草图（V13.0 之前版本）：在信息窗口中列出 13.0 之前版本所作的草图几何约束和相关约束是否通过检测的信息。

⑧ 对象特定：在信息窗口中列出当前文件中特定对象的信息。

⑨ NX：在信息窗口中列出当前文件中显示用户当前所用的 Parasolid 版本、计划文件目录、其他文件目录和日志信息。

⑩ 图形驱动程序：在信息窗口中列出显示有关图形驱动的特定信息。

19.2 几何分析

在使用 UG 设计分析过程中，需要经常性地获取当前对象的几何信息。该功能可以对距离、角度、偏差、弧长等多种情况进行分析，详细指导用户设计工作。

19.2.1 距离

选择"菜单"→"分析"→"测量距离"命令，或者单击"分析"选项卡→"测量"组→"测量距离" 图标，打开"测量距离"对话框（如图 19-8），该功能能计算出用户选择的两个对象间的最小距离。在类型中包含了"距离""投影距离""屏幕距离""长度""半径""直径""点在曲线上""对象集之间"和"对象集之间的投影距离"。

图 19-8 "测量距离"对话框

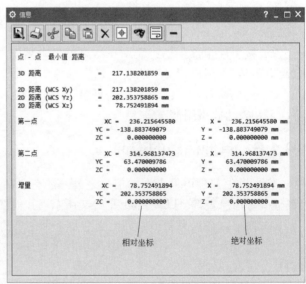

图 19-9 "信息"对话框

用户可以选择的对象有点、线、面、体、边等，需要注意的是，如果在曲线获取曲面上有多个点与另一个对象存在最短距离，那应该确定一个起始点加以区分。

在打开的对话框中（图 19-9），将会显示的信息包括：两个对象间的三维距离和两对象上相近点的绝对坐标和相对坐标，以及在绝对坐标和相对坐标中两点之间的轴向坐标增量。

19.2.2 角度

选择"菜单"→"分析"→"测量角度"命令，或者单击"分析"选项卡→"测量"组→"测量角度"📐图标，打开"测量角度"对话框，如图 19-10 所示，用户可以在绘图工作区中选择几何对象，该功能可以计算两个对象之间的角度，如曲线之间、两平面间、直线和平面间，包括两个选择对象的相应矢量在工作平面上的投影矢量间的夹角和在三维空间中两个矢量的实际角度。

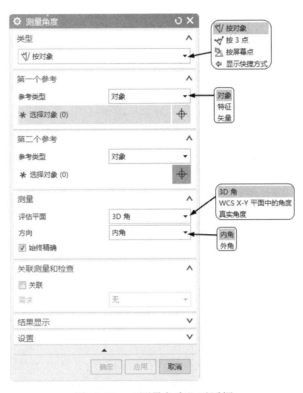

图 19-10 "测量角度"对话框

当两个选择对象均为曲线时，若两者相交，则系统会确定两者的交点并计算在交点处两曲线的切向矢量的夹角；否则，系统会确定两者相距最近的点，并计算这两点在各自所处曲线上的切向矢量间的夹角。切向矢量的方向取决于曲线的选择点与两曲线相距最近点的相对方位，其方向为由曲线相距最近点指向选择点的一方。

当选择对象均为平面时，计算结果是两平面的法向矢量间的最小夹角。

① 类型：用于选择测量方法，包括按对象、按 3 点和按屏幕点。

② 参考类型：用于设置选择对象的方法，包括对象、特征和矢量。

③ 评估平面：用于选择测量角度，包括 3D 角度、WCS X-Y 平面中的角度、真实角度。

④ 方向：用于选择测量类型，有外角和内角两种类型。

19.2.3 偏差检查

选择"菜单"→"分析"→"偏差"→"检查"命令，或者单击"分析"选项卡→"更多"库→"关系"库→"偏差检查"  图标，打开如图 19-11 所示"偏差检查"对话框。通过该对话框功能可以根据过某点斜率连续的原则，即将第一条曲线、边缘或表面上的检查点与第二条曲线上的对应点进行比较，检查选择对象是否相接、相切以及边界是否对齐等，并得到所选对象的距离偏移值和角度偏移值。

图 19-11　"偏差检查"对话框

① 曲线到曲线：用于测量两条曲线之间的距离偏差以及曲线上一系列检查点的切向角度偏差。

② 线-面：系统依据过点斜率的连续性，检查曲线是否真位于表面上。

③ 边-面：用于检查一个面上的边和另一个面之间的偏差。

④ 面-面：系统依据过某点法相对齐原则，检查两个面的偏差。

⑤ 边-边：用于检查两条实体边或片体边的偏差。

选择一种检查对象类型后，选取要检查的两个对象，在对话框中设置用户所需的数值，单击"检查"按钮，打开的"信息"窗口，包括分析点的个数、对象间的最小距离、最大距离以及各分析点的对应数据等信息。

19.2.4　邻边偏差分析

该功能用于检查多个面的公共边的偏差。

选择"菜单"→"分析"→"偏差"→"相邻边"命令，打开如图 19-12 所示的"相邻边"对话框。在该对话框中"检查点"有"等参数"和"弦差"两种检查方式。在图形工作区选择具有公共边的多个面后，单击"确定"按钮，打开如图 19-13 所示的"报告"对话框，在该对话框中可选择在信息窗口中要指定列出的信息。

图 19-12 "相邻边"对话框

图 19-13 "报告"对话框

19.2.5 偏差度量

该功能用于在第一组几何对象（曲线或曲面）和第二组几何对象（可以是曲线、曲面、点、平面、定义点等）之间度量偏差。

选择"菜单"→"分析"→"偏差"→"度量"命令，或者单击"分析"选项卡→"关系"组→"偏差度量"图标，打开如图 19-14 所示的"偏差度量"对话框。

对话框中主要选项的介绍如下。

① 测量定义：在该选项下拉列表框中选择用户所需的测量方法。

② 最大检查距离：用于设置最大检查的距离。

③ 标记：用于设置输出针叶的数目，可直接输入数值。

④ 标签：用于设置输出标签的类型，是否插入中间物，若插入中间物，要在 "偏差矢量间隔"设置间隔几个针叶插入中间物。

⑤ 彩色图：用于设置偏差矢量起始处的图形样式。

19.2.6 最小半径

选择"菜单"→"分析"→"最小半径"命令，打开"最小半径"对话框，如图 19-15 所示。系统提示用户在图形工作区选择一个或者多个表面或曲面作为几何对象，选择几何对象后，系统会在弹出的信息对话框窗口列出选择几何对象的最小曲率半径。若勾选"在最小半径处创建点"复选框，则在选择几何对象的最小曲率半径处将产生一个点标记。

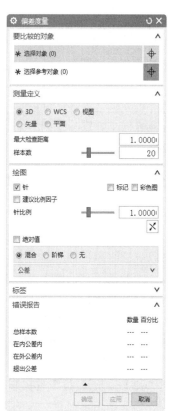

图 19-14 "偏差度量"对话框

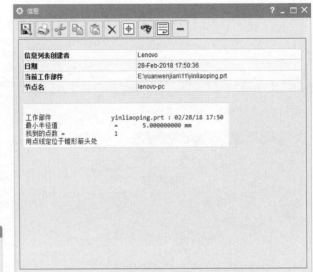

图 19-15 分析"最小半径"

19.3 模型分析

UG 中除了查询基本的物体信息之外，还提供了大量的分析工具，信息查询工具获取的是部件中已有的数据，而分析则是根据用户的要求，针对被分析几何对象通过临时的运算来获得所需的结果。

通过使用这些分析工具可以及时发现和处理设计工作中的问题，这些工具除了常规的几何参数分析之外，还可以对曲线和曲面作光顺性分析、对几何对象作误差和拓扑分析、几何特性分析、计算装配的质量、计算质量特性、对装配作干涉分析等，还可以将结果输成各种数据格式。

19.3.1 几何对象检查

选择"菜单"→"分析"→"检查几何体"命令，打开如图 19-16 所示"检查几何体"对话框。该功能可以用于计算分析各种类型的几何体对象，找出错误的或无效的几何体，也可以分析面和边等几何对象，找出其中无用的几何对象和错误的数据结构。

以下介绍对话框中部分选项用法。

（1）对象检查/检查后状态

该选项组用于设置对象的检查功能，其中包括"微小"和"未对齐"两个选项。

① 微小：用于在所选几何对象中查找所有微小的实体、面、曲线和边。

② 未对齐：用于检查所有几何对象和坐标轴的对齐情况。

（2）体检查/检查后状态

该选项用于设置实体的检查功能，包括以下 4 个选项。

① 数据结构：用于检查每个选择实体中的数据结构有无问题。

② 一致性：用于检查每个所选实体的内部是否有冲突。

③ 面相交：用于检查每个所选实体的表面是否相互交叉。

④ 片体边界：用于查找所选片体的所有边界。

（3）面检查/检查后状态

该选项组用于设置表面的检查功能，包括以下 3 个选项。

① 光顺性：用于检查 B-表面的平滑过渡情况。

② 自相交：用于检查所有表面是否有自相交情况。

③ 锐刺/切口：用于检查表面是否有被分割情况。

（4）边检查/检查后状态

该选项组用于设置边缘的检查功能，包括以下 2 个选项。

① 光顺性：用于检查所有与表面连接但不光滑的边。

② 公差：用于在所选择的边组中查找超出距离误差的边。

（5）检查准则

该选项组用于设置临界公差值的大小，包括"距离"和"角度" 2 个选项，分别用来设置距离和角度的最大公差值大小。依据几何对象的类型和要检查的项目，在对话框中选择相应的选项并确定所选择的对象后，在信息窗口中会列出相应的检查结果，并弹出高亮显示对象对话框。

图 19-16 "检查几何体"对话框

根据用户需要，在对话框中选择了需要高亮显示的对象之后，即可以在绘图工作区中看到存在问题的几何对象。

运用检查几何对象功能只能找出存在问题的几何对象，而不能自动纠正这些问题，但可以通过高亮显示找到有问题的几何对象，利用相关命令对该模型作修改，否则会影响到后续操作。

19.3.2 曲线分析

选择"菜单"→"分析"→"曲线"→"曲线分析"命令，或者单击"分析"选项卡→"曲线形状"组→"曲线分析" 图标，打开如图 19-17 所示的"曲线分析"对话框。

（1）投影

该选项允许指定分析曲线在其上进行投影的平面。可以选择下面某个选项。

① 无：指定不使用投射平面，表明在原先选中的曲线上进行曲率分析。

② 曲线平面：根据选中曲线的形状计算一个平面（称为"曲线的平面"）。例如，一个平面曲线的曲线平面是该曲线所在的平面。3D 曲线的曲线平面是由前两个主长度构成的平面。这是默认设置。

③ 矢量：能够使"矢量"选项按钮可用，利用该按钮可定义曲线投影的具体方向。

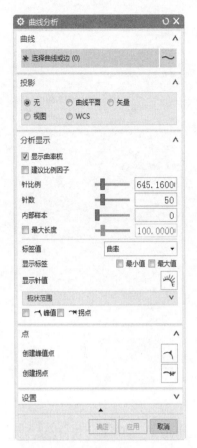

图 19-17　"曲线分析"对话框

④ 视图：指定投射平面为当前的"工作视图"。

⑤ WCS：指定投影方向为 XC/YC/ZC 矢量。

（2）分析显示

① 显示曲率梳：勾选此复选框，显示已选中曲线、样条或边的曲率梳。

② 建议比例因子：该复选框可将比例因子自动设置为最合适的大小。

③ 针比例：该选项允许通过拖动比例滑尺控制梳状线的长度或比例。"比例"的数值表示梳状线上齿的长度（该值与曲率值的乘积为梳状线的长度）。

④ 针数：该选项允许控制梳状线中显示的总齿数。齿数对应于需要在曲线上采样的检查点的数量（在 U 起点和 U 最大值指定的范围内）。此数字不能小于 2，默认值为 50。

⑤ 最大长度：该复选框允许指定梳状线元素的最大允许长度。如果为梳状线绘制的线比此处指定的临界值大，则将其修剪至最大允许长度。在线的末端绘制星号 (*) 表明这些线已被修剪。

（3）点

① 创建峰值点：该选项用于显示选中曲线、样条或边的峰值点，即局部曲率半径（或曲率的绝对值）达到局部最大值的地方。

② 创建拐点：该选项用于显示选中曲线、样条或边上的拐点，即曲率矢量从曲线一侧翻转到另一侧的地方，清楚地表示出曲率符号发生改变的任何点。

19.3.3　曲面特性分析

UG 提供了 4 种平面分析方式：半径、反射、斜率和距离，下面就主要菜单命令作介绍。

（1）半径

选择"菜单"→"分析"→"形状"→"半径"命令，或者单击"分析"选项卡→"更多"库→"面形状"库→"半径" 图标，打开如图 19-18 所示的"半径分析"对话框，用于分析曲面的曲率半径变化情况，并且可以用各种方法显示和生成。这些显示和生成方法可以在各选项的下拉列表中查询。

① 类型：用于指定欲分析的曲率半径类型，"高斯"的下拉列表框中包括 8 种半径类型。

② 分析显示：用于指定分析结果的显示类型，"云图"的下拉列表框中包括 3 种显示类型。图形区的右边将显示一个"色谱表"，分析结果与"色谱表"比较就可以由"色谱表"上的半径数值了解表面的曲率半径，如图 19-19 所示。

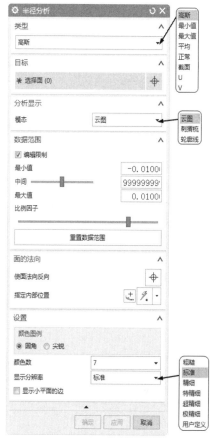

图 19-18 "半径分析"对话框

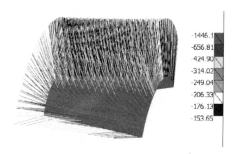

图 19-19 刺猬梳显示分析结果及色谱表

③ 编辑限制：勾选该复选框，可以输入最大值、最小值来扩大或缩小"色谱表"的量程；也可以通过拖动滑动按钮来改变中间值使量程上移或下移。去掉勾选，"色谱表"的量程恢复默认值，此时只能通过拖动滑动按钮来改变中间值使量程上移或下移，最大最小值不能通过输入改变。需要注意的是，因为"色谱表"的量程可以改变，所以一种颜色并不固定地表达一种半径值，但是"色谱表"的数值始终反映的是表面上对应颜色区的实际曲率半径值。

④ 比例因子：拖动滑动按钮通过改变比例因子扩大或所选"色谱表"的量程。

⑤ 重置数据范围：恢复"色谱表"的默认量程。

⑥ 面的法向：通过两种方法之一来改变被分析表面的法线方向。指定内部位置是通过在表面的一侧指定一个点来指示表面的内侧，从而决定法线方向；使面法向反向是通过选取表面，使被分析表面的法线方向反转。

⑦ 刺猬梳的锐刺长度：用于设置刺猬式针的长度。

⑧ 显示分辨率：用于指定分析公差。其公差越小，分析精度越高，分析速度也越慢。"标准"的下拉列表框包括 7 种公差类型。

⑨ 显示小平面的边：单击此按钮，显示由曲率分辨率决定的小平面的边。显示曲率分

辨率越高，小平面越小。关闭此按钮小平面的边消失。

（2）反射

选择"菜单"→"分析"→"形状"→"反射"命令，或者单击"分析"选项卡→"面形状"组→"反射" 图标，打开如图 19-20 所示的"反射分析"对话框，用户可以利用该对话框分析曲面的连续性。这是在飞机、汽车设计中最常用的曲面分析命令，它可以很好地表现一些严格曲面的表面质量。

图 19-20 "反射分析"对话框

图 19-21 "斜率分析"对话框

下面就其中的选项功能作介绍。

① 类型：该选项用于选择使用哪种方式的图像来表现图片的质量。可以选择软件推荐的图片，也可以使用自己的图片。UG 将使用这些图片体和在目标表面上，对曲面进行分析。

② 图像：对应每一种类型，可以选用不同的图片。最常使用的是第二种斑马纹分析。可以详细设置其中的条纹数目等。

　a. 线的数量：通过下拉列表框指定黑色条纹或彩色条纹的数量。

　b. 线的方向：通过下拉列表框指定条纹的方向。

　c. 线的宽度：通过下拉列表框指定黑色条纹的粗细。

③ 面反射率：该选项用于调整面的反光效果，以便更好观察。

④ 图像方位：通过滑块，可以移动图片在曲面上的反光位置。

⑤ 图像大小：该选项用于指定用来反射的图片的大小。

⑥ 显示分辨率：该选项用于指定分辨率的大小。

⑦ 面的法向：通过两种方法之一来改变被分析表面的法线方向。指定内部位置是通过在表面的一侧指定一个点来指示表面的内侧，从而决定法线方向；使面法向反向是通过选取表面，使被分析表面的法线方向反转。

使用反射分析这种方法可以分析曲面的 C0、C1、C2 连续性。

（3）斜率

选择"菜单"→"分析"→"形状"→"斜率"命令，或者单击"分析"选项卡→"更多"库→"面形状"库→"斜率"图标，打开如图 19-21 所示"斜率分析"对话框，可以用来分析曲面的斜率变化。在模具设计中，正的斜率代表可以直接拔模的地方，因此这是模具设计最常用的分析功能。该对话框中的选项功能与前述对话框选项用法差异不大，在这里就不再详细介绍。

（4）距离

选择"菜单"→"分析"→"形状"→"距离"命令，或者单击"分析"选项卡→"更多"库→"面形状"库→"距离"图标，打开如图 19-22 所示"距离分析"对话框，用于分析当前曲面和其他曲面之间的距离。

图 19-22 "距离分析"对话框

上 机 操 作

【实例 1】 分析如图 19-23 所示的曲面的斜率分布

（1）目的要求

通过本练习，帮助读者掌握对象几何分析的基本方法和技巧。

（2）操作提示

① 利用"打开"命令，打开"1.prt"，如图 19-23 所示。

图 19-23 曲面

图 19-24 模型

② 通过 UG 中的"分析"菜单，可以对几何对象进行距离分析、角度分析、偏差分析、质量属性分析、强度分析等。

这些菜单命令除了常规的几何参数分析之外，还可以对曲线和曲面作光顺性分析，对几何对象作误差和拓扑分析，几何特性分析，计算装配的质量，计算质量特性，对装配作干涉分析等，还可以将结果输成各种数据格式。

【实例2】测量如图 19-24 所示的模型的体积、面积

（1）目的要求

通过本练习，帮助读者掌握模型体积、面积测量的基本方法和技巧。

（2）操作提示

① 利用"打开"命令，打开"2.prt"，如图 19-24 所示。测量模型的体积、面积。

② 利用"测量体"命令，测量模型的体积。

③ 利用"测量面"命令，测量表面的面积。

第20章
曲面功能

UG中不仅提供了基本的特征建模模块，同时提供了强大的自由曲面特征建模及相应的编辑和操作功能。UG中提供了20多种自由曲面造型的创建方式，用户可以利用他们完成各种复杂曲面及非规则实体的创建，以及相关的编辑工作。强大的自由曲面功能是UG众多模块功能中的亮点之一。

学习要点

学习基本的曲面命令

了解曲面功能

掌握曲面操作

20.1 自由曲面创建

本节中主要介绍最基本的曲面命令，即通过点和曲线构建曲面。再进一步介绍由曲面创建曲面的命令功能，掌握最基本的曲面造型方法。

20.1.1 通过点生成曲面

由点生成的曲面是非参数化的，即生成的曲面与原始构造点不关联，当构造点编辑后，曲面不会发生更新变化，但绝大多数命令所构造的曲面都具有参数化的特征。通过点构建的曲面通过全部用来构建曲面的点。

选择"菜单"→"插入"→"曲面"→"通过点"命令，或者单击"曲面"选项卡→"曲面"组→"更多"库→"曲面"库→"通过点" ⬦图标，系统打开如图 20-1 所示的"通过点"对话框。

对话框各选项功能如下。

（1）补片的类型

样条曲线可以由单段或者多段曲线构成，片体也可以由单个补片或者多个补片构成。

① 单侧：所建立的片体只包含单一的补片。单个补片的片体是由一个曲面参数方程来表达的。

图 20-1　"通过点"对话框

② 多个：所建立的片体是一系列单补片的阵列。多个补片的片体是由两个以上的曲面参数方程来表达的。一般构建较精密片体采用多个补片的方法。

（2）沿以下方向封闭

可以为多补片片体选择封闭方法。4 个选项如下。

① 两者皆否：片体以指定的点开始和结束，列方向与行方向都不封闭。

② 行：点的第一列变成最后一列。

③ 列：点的第一行变成最后一行。

④ 两者皆是：指的是在行方向和列方向上都封闭。如果选择在两个方向上都封闭，生成的将是实体。

（3）行次数和列次数

① 行次数：定义了片体 U 方向阶数。

② 列次数：大致垂直于片体行的纵向曲线方向 V 的阶数。

（4）文件中的点

可以通过选择包含点的文件来定义这些点。

完成"通过点"对话设置后，系统会打开选取点信息的对话框，如图 20-2 所示的"过点"对话框，用户可利用该对话框选取定义点。

对话框各选项功能如下。

① 全部成链：用于链接窗口中已存在的定义点，单击后会打开如图 20-3 所示的对话框，用来定义起点和终点，自动快速获取起点与终点之间链接的点。

图 20-2　"过点"对话框

图 20-3　"指定点"对话框

② 在矩形内的对象成链：通过拖动鼠标形成矩形方框来选取所要定义的点，矩形方框内所包含的所有点将被链接。

③ 在多边形内的对象成链：通过鼠标定义多边形框来选取定义点，多边形框内的所有点将被链接。

④ 点构造器：通过点构造器来选取定义点的位置会打开如图 20-4 所示的对话框，需要一点一点地选取，所要选取的点都要点击到。每指定一列点后，系统都会打开如图 20-5 所示的对话框，提示是否确定当前所定义的点。

如想创建包括如图 20-6 中的定义点，通过"通过点"对话框设置为默认值，选取"全部成链"的选点方式。选点只需选取起点和终点，选好的第一行如图 20-7 所示。

当第四行选好时如图 20-8 所示，系统会打开"过点"对话框，点选"指定另一行"，然后定第五行的起点和终点后如图 20-9 所示，再次打开"过点"对话框，这时选取"所有指定的点"，多补片片体如图 20-10 所示。

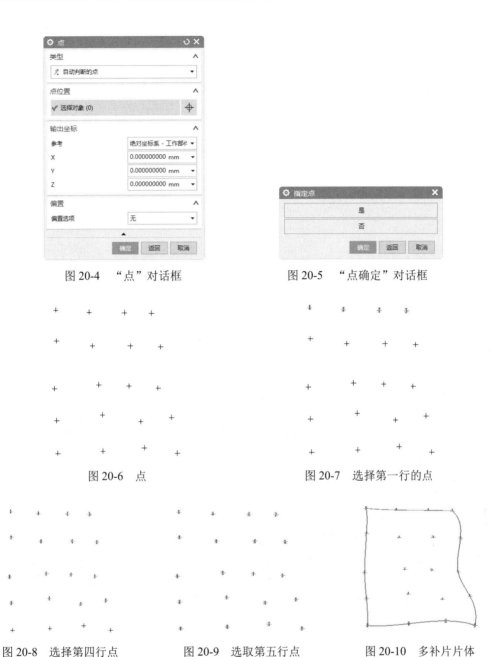

图 20-4 "点"对话框   图 20-5 "点确定"对话框

图 20-6 点   图 20-7 选择第一行的点

图 20-8 选择第四行点   图 20-9 选取第五行点   图 20-10 多补片片体

20.1.2 拟合曲面

选择"菜单"→"插入"→"曲面"→"拟合曲面"命令，或者单击"曲面"选项卡→"曲面"组→"更多"库→"曲面"库→"拟合曲面" 💠 图标，系统会打开如图 20-11 所示"拟合曲面"对话框。

首先需要创建一些数据点，接着选取点再按鼠标右键将这些数据点组成一个组才能进行对象的选取（注意组的名称只支持英文），如图 20-12 所示，然后调节各个参数，最后生成所需要的曲面或平面。

对话框相关选项功能如下。

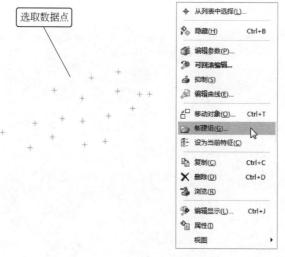

选取数据点

图 20-11 "拟合曲面"对话框

图 20-12 "新建组"示意图

① 类型：用户可根据需求拟合自由曲面、拟合平面、拟合球、拟合圆柱和拟合圆锥共 5 种类型。

② 目标：当此图标激活时，让用户选择对象 。

③ 拟合方向：拟合方向指定投影方向与方位。有 4 种用于指定拟合方向的方法。

a．最适合：如果目标基本上是矩形，具有可识别的长度和宽度方向以及或多或少的平面性，请选择此项。拟合方向和 U/Y 方位会自动确定。

b．矢量：如果目标基本上是矩形，具有可识别的长度和宽度方向，但曲率很大，请选择此项。

c．方位：如果目标具有复杂的形状或为旋转对称，请选择此选项。使用方位操控器和矢量对话框指定拟合方向和大致的 U/V 方位。

d．坐标系：如果目标具有复杂的形状或为旋转对称，并且需要使方位与现有几何体关联，请选择此选项。使用坐标系选项和坐标系对话框指定拟合方向和大致的 U/V 方位。

④ 边界：通过指定四个新边界点来延长或限制拟合曲面的边界。

⑤ 参数化：改变 U/V 向的次数和补片数从而调节曲面。

a．次数：指定拟合曲面在 U 向和 V 向的次数。

b．补片数：指定 U 向及 V 向的曲面补片数。

⑥ 光顺因子：拖动滑块可直接影响曲面的平滑度。曲面越平滑，与目标的偏差越大。

⑦ 结果：UG 根据用户所生成的曲面计算的最大误差和平均误差。

20.1.3 直纹

选择"菜单"→"插入"→"曲面"→"直纹"命令，或者单击"曲面"选项卡→"更多"库→"曲面网格"库→"直纹" 图标，系统打开如图 20-13 所示"直纹"对话框。

截面线串可以由单个或多个对象组成。每个对象可以是曲线、实边或实面。也可以选择曲线的点或端点作为两个截面线串中的第一个。

① 截面线串 1：单击选择第一组截面曲线。

② 截面线串 2：单击选择第二组截面曲线。

要注意的是在选取截面线串 1 和截面线串 2 时两组的方向要一致，如图 20-14 所示。如果两组截面线串的方向相反，生成的曲面是扭曲的。

图 20-13　"直纹"对话框

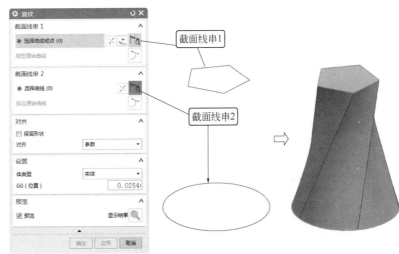

图 20-14　"直纹"示意图

③ 对齐：通过直纹面来构建片体需要在两组截面线上确定对应点后用直线将对应点连接起来，这样一个曲面就形成了。因此调整方式选取的不同改变了截面线串上对应点分布的情况，从而调整了构建的片体。在选取线串后可以进行调整方式的设置。调整方式包括参数和根据点两种方式。

a. 参数：在构建曲面特征时，两条截面曲线上所对应的点是根据截面曲线的参数方程进行计算的。所以两组截面曲线对应的直线部分，是根据等距离来划分连接点的；两组截面曲线对应的曲线部分，是根据等角度来划分连接点的。

选用"参数"方式并选取图 20-15 中所显示的截面曲线来构建曲面，首先设置栅格线，栅格线主要用于曲面的显示，栅格线也称为等参数曲线，执行"菜单"→"首选项"→"建模"命令，系统打开 "建模首选项"对话框，把栅格线中的"U 向计数"和"V 向计数"设置为 6，这样构建的曲面将会显示出网格线。选取线串后，调整方式设置为"参数"，单击"确定"或"应用"按钮，生成的片体如图 20-16 所示，直线部分是根据等弧长来划分连接点的，而曲线部分是根据等角度来划分连接点的。

如果选取的截面对象都为封闭曲线，生成的结果是实体，如图 20-17 所示。

b. 根据点：在两组截面线串上选取对应的点（同一点允许重复选取）作为强制的对应点，选取的顺序决定着片体的路径走向。一般在截面线串中含有角点时选择应用"根据点"方式。

④ 设置："G0（位置）"选项指距离公差，可用来设置选取的截面曲线与生成的片体之间的误差值。设置值为 0 时，将会完全沿着所选取的截面曲线构建片体。

20.1.4　通过曲线组

选择"菜单"→"插入"→"网格曲面"→"通过曲线组"命令，或者单击"曲面"选项卡→"曲面"组→"通过曲线组"　图标，系统打开如图 20-18 所示"通过曲线组"对话框。

图 20-15　截面线串

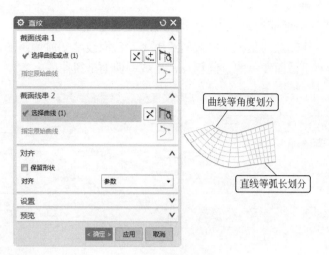

图 20-16　"参数"调整方式构建曲面

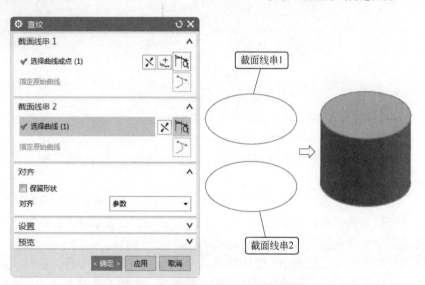

图 20-17　"参数"调整方式构建曲面

该选项让用户通过同一方向上的一组曲线轮廓线生成一个体，如图 20-19 所示。这些曲线轮廓称为截面线串。用户选择的截面线串定义体的行。截面线串可以由单个对象或多个对象组成。每个对象可以是曲线、实边或实面。

对话框相关选项功能如下。

① 截面。选取曲线或点：选取截面线串时，一定要注意选取次序，而且每选取一条截面线，都要单击鼠标中键一次，直到所选取线串出现在"截面线串列表框"中为止；也可对该列表框中的所选截面线串进行删除、上移、下移等操作，以改变选取次序。

② 连续性。

a．第一个截面：约束该实体使得它和一个或多个选定的面或片体在第一个截面线串处相切或曲率连续。

b．最后一个截面：约束该实体使得它和一个或多个选定的面或片体在最后一个截面线串处相切或曲率连续。

图 20-18 "通过曲线组"对话框

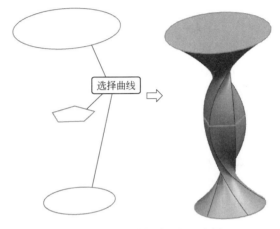

图 20-19 "通过曲线组"示意图

③ 对齐：让用户控制选定的截面线串之间的对准。

a．参数：沿定义曲线将等参数曲线要通过的点以相等的参数间隔隔开。使用每条曲线的整个长度。

b．弧长：沿定义曲线将等参数曲线将要通过的点以相等的弧长间隔隔开。使用每条曲线的整个长度。

c．根据点：将不同外形的截面线串间的点对齐。

d．距离：在指定方向上将点沿每条曲线以相等的距离隔开。

e．角度：在指定轴线周围将点沿每条曲线以相等的角度隔开。

f．脊线：将点放置在选定曲线与垂直于输入曲线的平面的相交处。得到的体的宽度取决于这条脊线曲线的限制。

④ 补片类型：让用户生成一个包含单个面片或多个面片的体。面片是片体的一部分。使用越多的面片来生成片体则用户可以对片体的曲率进行越多的局部控制。当生成片体时，最好是将用于定义片体的面片的数目降到最小。限制面片的数目可改善后续程序的性能并产生一个更光滑的片体。

⑤ V 向封闭：对于多个片体来说，封闭沿行（U 方向）的体状态取决于选定截面线串的封闭状态。如果所选的线串全部封闭，则产生的体将在 U 方向上封闭。勾选此复选框，片体沿列（V 方向）封闭。

⑥ 公差：输入几何体和得到的片体之间的最大距离。默认值为距离公差建模设置。

20.1.5 通过曲线网格

选择"菜单"→"插入"→"网格曲面"→"通过曲线网格"命令，或者单击"曲面"

选项卡→"曲面"组→"网格曲面"下拉菜单→"通过曲线网格"图标，系统会打开如图 20-20 所示"通过曲线网格"对话框。

该选项让用户从沿着两个不同方向的一组现有的曲线轮廓（称为线串）上生成体，如图 20-21 所示。生成的曲线网格体是双三次多项式的。这意味着它在 U 向和 V 向的次数都是三次的（次数为 3）。该选项只在主线串对和交叉线串对不相交时才有意义。如果线串不相交，生成的体会通过主线串或交叉线串，或两者均分。

对话框相关选项功能如下。

① 第一主线串：让用户约束该实体使得它和一个或多个选定的面或片体在第一主线串处相切或曲率连续。

② 最后主线串：让用户约束该实体使得它和一个或多个选定的面或片体在最后一条主线串处相切或曲率连续。

③ 第一交叉线串：让用户约束该实体使得它和一个或多个选定的面或片体在第一交叉线串处相切或曲率连续。

图 20-20　"通过曲线网格"对话框

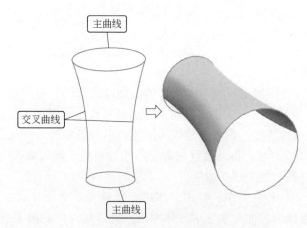

图 20-21　"通过曲线网格"构造曲面示意图

④ 最后交叉线串：让用户约束该实体使得它和一个或多个选定的面或片体在最后一条交叉线串处相切或曲率连续。

⑤ 着重：让用户决定哪一组控制线串对曲线网格体的形状最有影响。

a．两者皆是：主线串和交叉线串（即横向线串）有同样效果。

b．主线串：主线串更有影响。

c．交叉线串：交叉线串更有影响。

⑥ 构造。

a．法向：使用标准过程建立曲线网格曲面。

b. 样条点：让用户通过为输入曲线使用点和这些点处的斜率值来生成体。对于此选项，选择的曲线必须是有相同数目定义点的单根 B 曲线。

这些曲线通过它们的定义点临时地重新参数化（保留所有用户定义的斜率值）。然后这些临时的曲线用于生成体。这有助于用更少的补片生成更简单的体。

c. 简单：建立尽可能简单的曲线网格曲面。

⑦ 重新构建：该选项可以通过重新定义主曲线或交叉曲线的次数和节点数来帮助用户构建光滑曲面。仅当"构造选项"为"法向"时，该选项可用。

a. 无：不需要重构主曲线或交叉曲线。

b. 次数和公差：该选项通过手动选取主曲线或交叉曲线来替换原来曲线，并为生成的曲面其指定 U/V 向次数。节点数会依据 G0、G1、G2 的公差值按需求插入。

c. 自动拟合：该选项通过指定最小次数和分段数来重构曲面，系统会自动尝试利用最小次数来重构曲面，如果还达不到要求，则会再利用分段数来重构曲面。

⑧ G0/G1/G2：该数值用来限制生成的曲面与初始曲线间的公差。G0 默认值为位置公差；G1 默认值为相切公差；G2 默认值为曲率公差。

20.1.6 截面曲面

选择"菜单"→"插入"→"扫掠"→"截面"命令，或者单击"曲面"选项卡→"曲面"组→"更多"库→"扫掠"库→"截面曲面" 图标，系统会打开如图 20-22 所示"截面曲面"对话框。

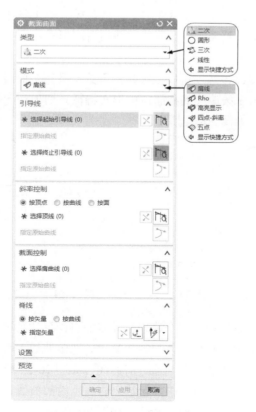

图 20-22 "截面曲面"对话框

该选项通过使用二次构造技巧定义的截面来构造体。截面自由形式特征作为位于预先描述平面内的截面曲线的无限族，开始和终止并且通过某些选定控制曲线。另外，系统从控制曲线直接获取二次端点切矢，并且使用连续的二维二次外形参数沿体改变截面的整个外形。

为符合工业标准并且便于数据传递，"截面"选项产生带有 B 曲面的体作为输出。

对话框部分选项功能如下。

① 类型：可选择二次曲线、圆形、三次和线性。

② 模式：根据选择的类型所列出的各个模态。若类型为"二次"，其模式包括肩线、Rho、高亮显示、四点-斜率和五点；若类型为"圆形"，其模式包括三点、两点-半径、两点-斜率、半径-角度-圆弧、中心半径和相切-半径等；若类型为"三次"，其模式包括两个斜率和圆角-桥接。

③ 引导线：指定起始和结束位置，在某些情况下，指定截面曲面的内部形状。

④ 斜率控制：控制来自起始边或终止边的任一者或两者、单一顶线或者起始面或终止面的截面曲面的形状。

⑤ 截面控制：控制在截面曲面中定义截面的方式。根据选择的类型，这些选项可以再曲线、边或面选择到规律定义之间变化。

⑥ 脊线：控制已计算剖切平面的方位。

⑦ 设置：用于控制 U 方向上的截面形状，设置重建和公差选项以及创建顶线。

各选项部分组合功能如下。

a．二次-肩线-按顶线：可以使用这个选项生成起始于第 1 条选定曲线、通过一条称为肩曲线的内部曲线并且终止于第 3 条选定曲线的截面自由形式特征。每个端点的斜率由选定顶线定义，如图 20-23 所示。

b．二次-肩线-按曲线：该选项可以生成起始于第 1 条选定曲线、通过一条内部曲线（称为肩曲线）并且终止于第 3 条曲线的截面自由形式特征。切矢在起始点和终止点由两个不相关的切矢控制曲线定义，如图 20-24 所示。

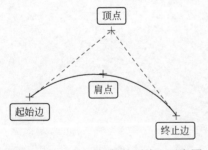

图 20-23　"二次-肩线-按顶线"示意图

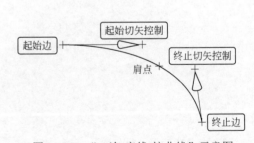

图 20-24　"二次-肩线-按曲线"示意图

c．二次-肩线-按面：可以使用这个选项生成截面自由形式特征，该特征在分别位于两个体上的两条曲线间形成光顺的圆角。体起始于第一条选定曲线，与第一个选定体相切，终止于第二条曲线，与第二个体相切，并且通过肩曲线，如图 20-25 所示。

d．圆形-三点：该选项可以通过选择起始边曲线、内部曲线、终止边曲线和脊线曲线来生成截面自由形式特征。片体的截面是圆弧，如图 20-26 所示。

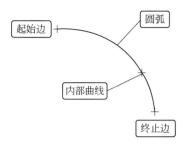

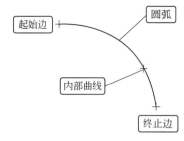

图 20-25　"二次-肩线-按面"示意图　　　图 20-26　"圆形-三点"示意图

e．二次-Rho-按顶线：可以使用这个选项来生成起始于第一条选定曲线并且终止于第二条曲线的截面自由形式特征。每个端点的切矢由选定的顶线定义。每个二次截面的完整性由相应的 Rho 值控制，如图 20-27 所示。

f．二次-Rho-按曲线：该选项可以生成起始于第一条选定边曲线并且终止于第二条边曲线的截面自由形式特征。切矢在起始点和终止点由两个不相关的切矢控制曲线定义。每个二次截面的完整性由相应的 Rho 值控制，如图 20-28 所示。

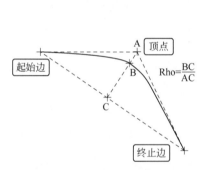

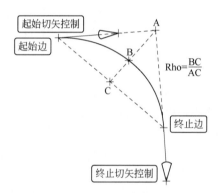

图 20-27　"二次-Rho-按顶线"示意图　　　图 20-28　"二次-Rho-按曲线"示意图

g．二次-Rho-按面：可以使用这个选项生成截面自由形式特征，该特征在分别位于两个体上的两条曲线间形成光顺的圆角。每个二次截面的完整性由相应的 Rho 值控制，如图 20-29 所示。

h．圆形-两点-半径：该选项生成带有指定半径圆弧截面的体。对于脊线方向，从第一条选定曲线到第二条选定曲线以逆时针方向生成体。半径必须至少是每个截面的起始边与终止边之间距离的一半，如图 20-30 所示。

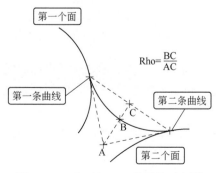

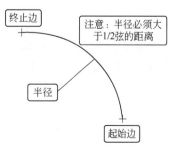

图 20-29　"二次-Rho-按面"示意图　　　图 20-30　"圆形-两点-半径"示意图

i. 二次-高亮显示-按顶线：该选项可以生成带有起始于第一条选定曲线并终止于第二条曲线而且与指定直线相切的二次截面的体。每个端点的切矢由选定顶线定义，如图 20-31 所示。

j. 二次-高亮显示-按曲线：该选项可以生成带有起始于第一条选定边曲线并终止于第二条边曲线而且与指定直线相切的二次截面的体。切矢在起始点和终止点由两个不相关的切矢控制曲线定义，如图 20-32 所示。

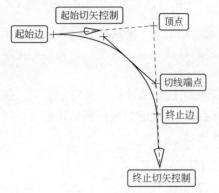

图 20-31 "二次-高亮显示-按顶线"示意图　　图 20-32 "二次-高亮显示-按曲线"示意图

k. 二次-高亮显示-按面：可以使用这个选项生成带有在分别位于两个体上的两条曲线之间构成光顺圆角并与指定直线相切的二次截面的体，如图 20-33 所示。

l. 圆形-两点-斜率：该选项可以生成起始于第一条选定边曲线并且终止于第二条边曲线的截面自由形式特征。切矢在起始处由选定的控制曲线决定。片体的截面是圆弧，如图 20-34 所示。

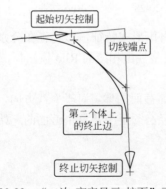

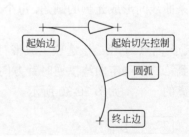

图 20-33 "二次-高亮显示-按面"示意图　　图 20-34 "圆形-两点-斜率"示意图

m. 二次-四点-斜率：该选项可以生成起始于第一条选定曲线、通过两条内部曲线并且终止于第四条曲线的截面自由形式特征。也选择定义起始切矢的切矢控制曲线，如图 20-35 所示。

n. 三次-两个斜率：该选项生成带有截面的 S 形的体，该截面在两条选定边曲线之间构成光顺的三次圆角。切矢在起始点和终止点由两个不相关的切矢控制曲线定义，如图 20-36 所示。

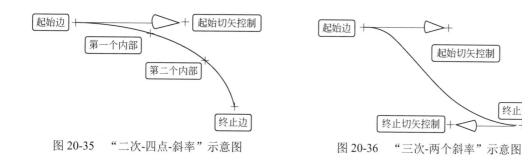

图 20-35 "二次-四点-斜率"示意图　　　图 20-36 "三次-两个斜率"示意图

o．三次-圆角-桥接：该选项生成一个体，该体带有在位于两组面上的两条曲线之间构成桥接的截面，如图 20-37 所示。

p．圆形-半径/角度/圆弧：该选项可以通过在选定边、相切面、体的曲率半径和体的张角上定义起始点来生成带有圆弧截面的体。角度在-170°～0° 或 0°～170° 间变化，但是禁止通过零。半径必须大于零。曲面的默认位置在面法向的方向上，或者可以将曲面反向到相切面的反方向，如图 20-38 所示。

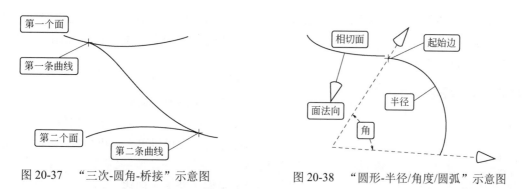

图 20-37 "三次-圆角-桥接"示意图　　　图 20-38 "圆形-半径/角度/圆弧"示意图

q．二次-五点：该选项可以使用 5 条已有曲线作为控制曲线来生成截面自由形式特征。体起始于第 1 条选定曲线，通过 3 条选定的内部控制曲线，并且终止于第 5 条选定的曲线。而且提示选择脊线曲线。5 条控制曲线必须完全不同，但是脊线曲线可以为先前选定的控制曲线，如图 20-39 所示。

r．线性：该选项可以生成与一个或多个面相切的线性截面曲面。选择其相切面、起始曲面和脊线来生成这个曲面，如图 20-40 所示。

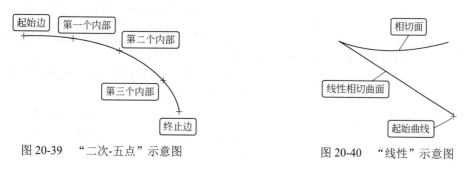

图 20-39 "二次-五点"示意图　　　图 20-40 "线性"示意图

s．圆形-相切半径：该选项可以生成与面相切的圆弧截面曲面。通过选择其相切面、起始曲线和脊线并定义曲面的半径来生成这个曲面，如图 20-41 所示。

t．圆形-中心半径：可以使用这个选项生成整圆截面曲面。选择引导线串、可选方向线串和脊线来生成圆截面曲面；然后定义曲面的半径，如图 20-42 所示。

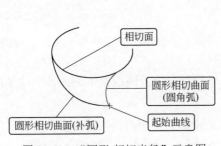

图 20-41　"圆形-相切半径"示意图

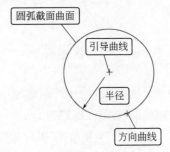

图 20-42　"圆形-中心半径"示意图

20.1.7　艺术曲面

选择"菜单"→"插入"→"网格曲面"→"艺术曲面"命令，或者单击"曲面"选项卡→"曲面"组→"网格曲面"下拉菜单→"艺术曲面"🔷图标，系统打开如图 20-43 所示的"艺术曲面"对话框。

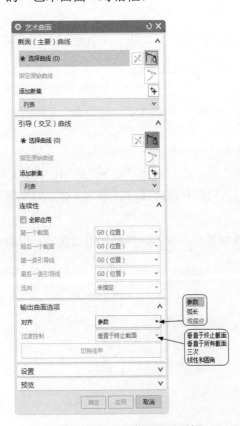

图 20-43　"艺术曲面"对话框

对话框各选项功能如下。

（1）截面（主要）曲线

每选择一组曲线可以通过单击鼠标中键完成选择，如果方向相反可以单击该可面板中的"反向"按钮。

（2）引导（交叉）曲线

在选择交叉线串的过程中，如果选择的交叉曲线方向与已经选择的交叉线串的曲线方向相反，可以通过单击"反向"按钮将交叉曲线的方向反向。如果选择多组引导曲线，那么该面板的"列表"中能够将所有选择的曲线都通过列表方式表示出来。

（3）连续性

可以设定的连续性过渡方式如下。

① G0(位置)方式，通过点连接方式和其他部分相连接。

② G1(相切)方式，通过该曲线的艺术曲面与其相连接的曲面通过相切方式进行连接。

③ G2(曲率)方式，通过相应曲线的艺术曲面与其相连接的曲面通过曲率方式逆行连接，在公共边上具有相同的曲率半径，且通过相切连接，从而实

现曲面的光滑过渡。

（4）对齐

在该列表中包括以下 3 个列表选项。

① 参数：截面曲线在生成艺术曲面时，系统将根据所设置的参数来完成各截面曲线之间的连接过渡。

② 弧长：截面曲线将根据各曲线的圆弧长度来计算曲面的连接过渡方式。

③ 根据点：可以在连接的几组截面曲线上指定若干点，两组截面曲线之间的曲面连接关系将会根据这些点来进行计算。

（5）过渡控制

在该列表框中主要包括以下选项。

① 垂直于终止截面：连接的平移曲线在终止截面处将垂直于此处截面。

② 垂直于所有截面：连接的平移曲线在每个截面处都将垂直于此处截面。

③ 三次：系统构造的这些平移曲线是三次曲线，所构造的艺术曲面即通过截面曲线组合这些平移曲线来连接和过渡。

④ 线性和圆角：系统将通过线性方式并对连接生成的曲面进行倒角。

20.1.8　N 边曲面

选择"菜单"→"插入"→"网格曲面"→"N 边曲面"命令，或者单击"曲面"选项卡→"曲面"组→"N 边曲面" 图标，系统打开如图 20-44 所示的"N 边曲面"对话框。

① 类型。

a. 已修剪：在封闭的边界上生成一张曲面，它覆盖被选定曲面封闭环内的整个区域。

b. 三角形：在已经选择的封闭曲线串中，构建一张由多个三角补片组成的曲面，其中的三角补片相交于一点。

图 20-44　"N 边曲面"对话框

② 外环：选择一个轮廓以组成曲线或边的封闭环。

③ 约束面：选择外部表面来定义相切约束。

20.1.9　扫掠

选择"菜单"→"插入"→"扫掠"→"扫掠"命令，或者单击"曲面"选项卡→"曲面"组→"扫掠" 图标，打开如图 20-45 所示"扫掠"对话框。

该选项可以用来构造扫掠体，如图 20-46 所示。用预先描述的方式沿一条空间路径移动的曲线轮廓线将扫掠体定义为扫掠外形轮廓。移动曲线轮廓线称为截面线串。该路径称为引导线串，因为它引导运动。

图 20-45　"扫掠"对话框

引导线串在扫掠方向上控制着扫掠体的方向和比例。引导线串可以由单个或多个分段组成。每个分段可以是曲线、实体边或实体面。每条引导线串的所有对象必须光顺而且连续。必须提供一条、两条或三条引导线串。截面线串不必光顺，而且每条截面线串内的对象的数量可以不同。可以输入 1～150 的任何数量的截面线串。

如果所有选定的引导线串形成封闭循环，则第一条截面线串可以作为最后一条截面线串重新选定。

上述对话框部分选项功能如下。

（1）定向方法

①　固定：在截面线串沿着引导线串移动时，它保持固定的方向，并且结果是简单的平行的或平移的扫掠。

②　面的法向：局部坐标系的第二个轴和沿引导线串的各个点处的某基面的法向矢量一致。这样来约束截面线串和基面的联系。

③　矢量方向：局部坐标系的第二个轴和用户在整个引导线串上指定的矢量一致。

④　另一条曲线：通过连接引导线串上的相应的点和另一条曲线来获得局部坐标系的第二个轴（就好像在它们之间建立了一个直纹的片体）。

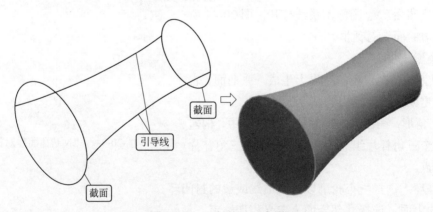

图 20-46　"扫掠"示意图

⑤　一个点：和"另一条曲线"相似，不同之处在于获得第二个轴的方法是通过引导线串和点之间的三面直纹片体的等价物。

⑥　强制方向：在沿着引导线串扫掠截面线串时，让用户把截面的方向固定在一个矢量。

（2）缩放方法

①　恒定：让用户输入一个比例因子，它沿着整个引导线串保持不变。

②　倒圆功能：在指定的起始比例因子和终止比例因子之间允许线性的或三次的比例，那些起始比例因子和终止比例因子对应于引导线串的起点和终点。

③ 另一条曲线：类似于方向控制中的"另一条曲线"，但是此处在任意给定点的比例是以引导线串和其他的曲线或实边之间的划线长度为基础的。

④ 一个点：和"另一条曲线"相同，但是，是使用点而不是曲线。选择此种形式的比例控制的同时还可以使用同一个点作方向控制（在构造三面扫掠时）。

⑤ 面积规律：让用户使用规律子功能控制扫掠体的交叉截面面积。

⑥ 周长规律：类似于"面积规律"，不同的是，用户控制扫掠体的交叉截面的周长，而不是它的面积。

20.1.10 实例——头盔

扫一扫，看视频

利用前面所学曲面知识，创建如图 20-47 所示的头盔。

图 20-47 头盔

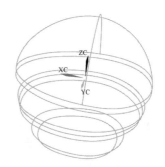

图 20-48 TouKui.prt 示意图

【操作步骤】

（1）打开文件

选择"菜单"→"文件"→"打开"命令，或者单击"主页"选项卡→"打开" 图标，打开"打开"对话框。打开随书资源中的"yuanwenjian\11\ TouKui.prt"文件，如图 20-48 所示。

（2）头盔上部制作

① 打断图 20-49 所示的曲线。选择"菜单"→"格式"→"图层设置"命令，或者单击"视图"选项卡→"可见性"组→"图层设置" 图标，打开如图 20-50 所示的"图层设置"对话框，取消 10 层的勾选，将第 10 层设置为不可见。单击"关闭"按钮退出该对话框。视图显示如图 20-51 所示。

② 选择"菜单"→"编辑"→"曲线"→"分割"命令，或者单击"曲线"选项卡→"更多"库→"编辑曲线"库→"分割曲线" 图标，打开如图 20-52 所示的"分割曲线"对话框，"类型"选择"按边界对象"，选择图 20-53 所示的对象。

③ 选取如图 20-53 所示的边界对象 1，指定相交点 1,再选择所示的边界对象 1，指定相交点 4。单击"确定"按钮，曲线在交点处断开。

④ 同理，将断开的曲线再分别在相交点 2 和相交点 3 断开。

⑤ 选择"菜单"→"插入"→"扫掠"→"扫掠"命令，或者单击"曲面"选项卡→"曲面"组→"扫掠" 图标，弹出"扫掠"对话框，选取如图 20-54 所示的截面曲线和引

导线，注意在扫掠对话框中选取引导线时，先选取引导线 1 后再添加新集选取引导线 2，单击"确定"按钮，完成扫掠操作，如图 20-55 所示。同理完成另外半部分头盔的扫掠操作，如图 20-56 所示。

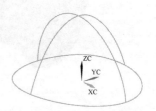

<table>
<tr><td></td><td></td></tr>
</table>

图 20-49　需要被打断的曲线　　图 20-50　"图层设置"对话框　　图 20-51　完成步骤（2）①后示意图

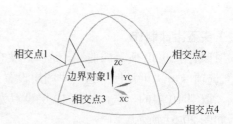

图 20-52　"分割曲线"对话框　　　　　　图 20-53　选取边界对象

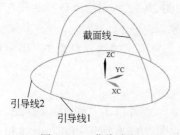

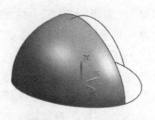

图 20-54　曲线选取　　　　　图 20-55　完成扫掠　　　　图 20-56　完成头盔上部的绘制

（3）头盔下部制作

① 设置"建模首选项"中的参数：选择"菜单"→"文件"→"首选项"→"建模"命令，系统弹出如图 20-57 所示"建模首选项"对话框，设置其"体类型"为"片体"选项，单击"确定"按钮完成。

图 20-57 "建模首选项"对话框

图 20-58 "图层设置"对话框

② 选择"菜单"→"格式"→"图层设置"命令，或者单击"视图"选项卡→"可见性"组→"图层设置"图标，打开如图 20-58 示的"图层设置"对话框，选中第 10 层，单击鼠标右键，在弹出的快捷菜单中选择"工作"选项，将第 10 层设置为工作层，将第 1 层前面的勾选取消，将第 1 层设置为不可见。单击"关闭"按钮退出该对话框，视图显示如图 20-59 所示。

③ 选择"菜单"→"插入"→"网格曲面"→"通过曲线组"命令，或者单击"曲面"选项卡→"曲面"组→"通过曲线组"图标，弹出如图 20-60 所示的"通过曲线组"对话框，依次选取图 20-61 中的 7 条曲线，每次选取一对象之后，都需要单击鼠标中键以完成本次对象的选取，需要注意：每个线串的起始方向一定要一致，如果有方向不一致的话必须重新选择，完成选取后如图 20-61 所示。

④ 保持图 20-59 中的默认设置，单击"确定"按钮，完成头盔下部制作，如图 20-62 所示。

（4）两侧辅助面生成

① 选择"菜单"→"格式"→"图层设置"命令，或者单击"视图"选项卡→"可见性"组→"图层设置"图标，打开如图 20-58 所示的"图层设置"对话框，选中第 5 层，单击鼠标右键，在弹出的快捷菜单中选择工作选项，将第 5 层设置为工作层，将第 10 层前面的勾选取消，将第 10 层设置为不可见，单击"关闭"按钮退出该对话框。视图显示如图 20-63 所示。

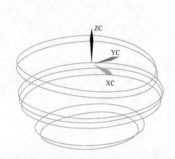

图 20-59　完成步骤（3）②后示意图　　　图 20-60　"通过曲线组"设置对话框

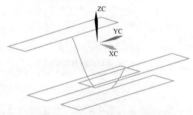

图 20-61　选取对象完成后示意图　　图 20-62　完成的头盔下部示意图　　图 20-63　显示辅助面图层

　　② 选择"菜单"→"插入"→"扫掠"→"沿引导线扫掠"命令，弹出如图 20-64 所示的"沿引导线扫掠"对话框，选取如图 20-65 所示截面线，然后选择如图 20-65 所示引导线，保留默认设置，单击"应用"按钮，完成扫掠后如图 20-66 所示。

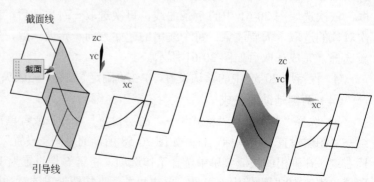

图 20-64　"沿引导线扫掠"对话框　　图 20-65　选取截面线和引导线　　图 20-66　完成步骤（4）②后示意图

③ 同理，仿照步骤②，完成另一侧对象的扫掠操作，完成后如图 20-67 所示。

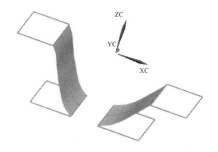

图 20-67 完成步骤（4）③后示意图

图 20-68 "有界平面"对话框

④ 选择"菜单"→"插入"→"曲面"→"有界平面"命令，系统弹出如图 20-68 所示的"有界平面"对话框，选取如图 20-69 所示的 4 条边，单击"确定"按钮，完成平面创建操作。

⑤ 同理，仿照步骤④，完成其余平面的创建，完成后如图 20-70 所示。

（5）修剪两侧

① 选择"菜单"→"格式"→"图层设置"命令，或者单击"视图"选项卡→"可见性"组→"图层设置" 图标，打开如图 20-58 所示的"图层设置"对话框，选中第 10 层，勾选"可见"栏中的复选框，将第 10 层设置为可见的。单击"关闭"退出该对话框。视图显示如图 20-71 所示。

图 20-69 选取边界对象　　图 20-70 完成步骤（4）⑤后示意图　　图 20-71 完成步骤（5）①后示意图

② 选择"菜单"→"插入"→"修剪"→"修剪片体"命令，系统弹出如图 20-72 所示"修剪片体"对话框，选取头盔下部为目标片体，然后依次选择图 20-73 中的各个平面作为修剪对象。

③ 完成修剪面的选取后，单击图 20-72 中的"确定"按钮，完成修剪后的模型如图 20-74 所示。

④ 选择"菜单"→"格式"→"图层设置"命令，或者单击"视图"选项卡→"可见性"组→"图层设置" 图标，打开如图 20-58 所示的"图层设置"对话框，选中第 1 层设置为工作层；将第 10 层设置为可见的，将第 5 层设置为不可见的。单击"关闭"退出该对话框。视图显示如图 20-75 所示。

⑤ 按下 Ctrl+B 组合键，选择曲线类型，将所有显示出来的曲线消隐掉。然后选择"菜单"→"插入"→"组合"→"缝合"命令，系统弹出如图 20-76 所示"缝合"对话框，选择片体类型，选取头盔上部为目标片体，选取头盔下部为工具片体，然后单击图 20-76 中"确定"按钮，完成片体的缝合。最终模型如图 20-77 所示。

图 20-72 "修剪片体"对话框

图 20-73 获取修剪对象

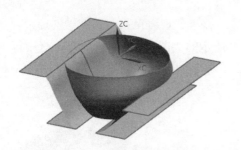

图 20-74 完成步骤（5）③后示意图

图 20-75 完成步骤（5）④后示意图

图 20-76 "缝合"对话框

图 20-77 模型最终示意图

20.2 曲面操作

20.2.1 延伸

选择"菜单"→"插入"→"弯边曲面"→"延伸"命令，或者单击"曲面"选项卡→

"曲面"组→"更多"库→"弯边曲面"库→"延伸曲面" 图标，系统打开如图 20-78 所示"延伸曲面"对话框。

图 20-78　"延伸曲面"对话框

该选项让用户从现有的基片体上生成切向延伸片体、曲面法向延伸片体、角度控制的延伸片体或圆弧控制的延伸片体。

对话框部分选项功能如下。

（1）边

选择要延伸的边后，选择延伸方法并输入延伸的长度或百分比延伸曲面。

① 相切：该选项让用户生成相切于面、边或拐角的体。切向延伸通常是相邻于现有基面的边或拐角而生成，这是一种扩展基面的方法。这两个体在相应的点处拥有公共的切面，因而，它们之间的过渡是平滑的，示意图如图 20-79 所示。

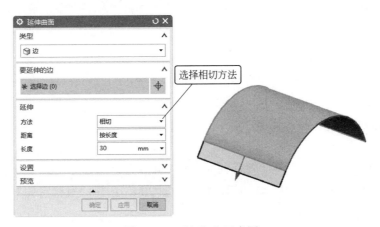

图 20-79　"相切"示意图

② 圆弧：该选项让用户从光顺曲面的边上生成一个圆弧的延伸。该延伸遵循沿着选定边的曲率半径，示意图如图 20-80 所示。

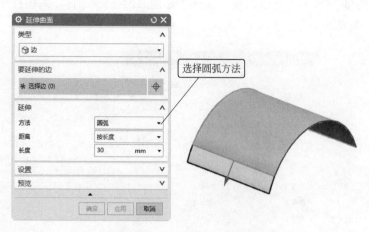

图 20-80　"圆弧"示意图

要生成圆弧的边界延伸，选定的基曲线必须是面的未裁剪的边。延伸的曲面边的长度不能大于任何由原始曲面边的曲率确定半径的区域的整圆的长度。

（2）拐角

选择要延伸的曲面，在%U 和%V 长度输入拐角长度，示意图如图 20-81 所示。

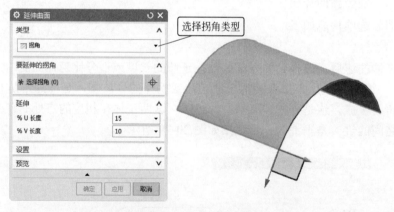

图 20-81　"拐角"示意图

20.2.2　规律延伸

选择"菜单"→"插入"→"弯边曲面"→"规律延伸"命令，或者单击"曲面"选项卡→"曲面"组→"规律延伸" 图标，打开如图 20-82 所示"规律延伸"对话框。

部分选项功能如下。

① 类型。

a．面：指定使用一个或多个面来为延伸曲面组成一个参考坐标系。参考坐标系建立在"基本曲线串"的中点上，示意图如图 20-83 和图 20-84 所示。

图 20-82 "规律延伸"对话框

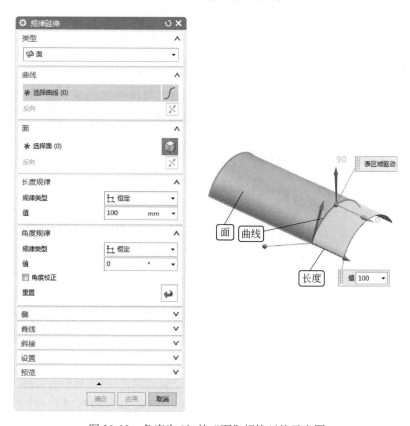

图 20-83 角度为 0° 的 "面" 规律延伸示意图

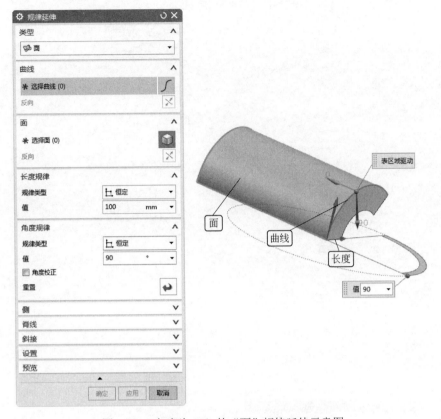

图 20-84　角度为 90°的"面"规律延伸示意图

b．矢量：指定在沿着基本曲线线串的每个点处计算和使用一个坐标系来定义延伸曲面。此坐标系的方向是这样确定的：使 0°角平行于矢量方向，使 90°轴垂直于由 0°轴和基本轮廓切线矢量定义的平面。此参考平面的计算是在"基本轮廓"的中点上进行的，示意图如图 20-85 所示。

② 曲线：让用户选择一条基本曲线或边界线串，系统用它在它的基边上定义曲面轮廓。

③ 面：让用户选择一个或多个面来定义用于构造延伸曲面的参考方向。

④ 参考矢量：让用户通过使用标准的"矢量方式"或"矢量构造器"指定一个矢量，用它来定义构造延伸曲面时所用的参考方向。

⑤ 脊线：（可选的）指定可选的脊线线串会改变系统确定局部坐标系方向的方法，这样，垂直于脊线线串的平面决定了测量"角度"所在的平面。

⑥ 长度规律类型：让用户指定用于延伸长度的规律方式以及使用此方式的适当的值。

a．恒定：使用恒定的规则（规律），当系统计算延伸曲面时，它沿着基本曲线线串移动，截面曲线的长度保持恒定的值。

b．线性：使用线性的规则（规律），当系统计算延伸曲面时，它沿着基本曲线线串移动，截面曲线的长度从基本曲线线串起始点的起始值到基本曲线线串终点的终止值呈线性变化。

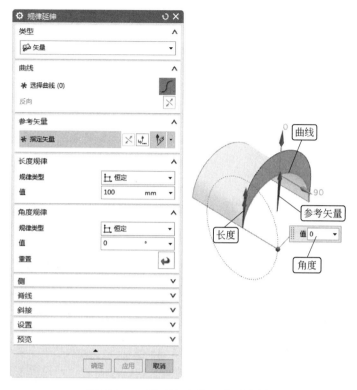

图 20-85　"矢量"规律延伸示意图

c. 三次：使用三次的规则（规律），当系统计算延伸曲面时，它沿着基本曲线线串移动，截面曲线的长度从基本曲线线串起始点的起始值到基本曲线线串终点的终止值呈非线性变化。

⑦ 角度规律：让用户指定用于延伸角度的规律方式以及使用此方式的适当值。

20.2.3　偏置曲面

选择"菜单"→"插入"→"偏置/缩放"→"偏置曲面"命令，或者单击"主页"选项卡→"特征"组→"更多"库→"偏置/缩放"库→"偏置曲面" 图标，系统打开如图 20-86 所示"偏置曲面"对话框，示意图如图 20-87 所示。

该选项可以从一个或更多已有的面生成偏置曲面。系统用沿选定面的法向偏置点的方法来生成正确的偏置曲面。指定的距离称为偏置距离，并且已有面称为基面。可以选择任何类型的面作为基面。如果选择多个面进行偏置，则产生多个偏置体。

图 20-86　"偏置曲面"对话框

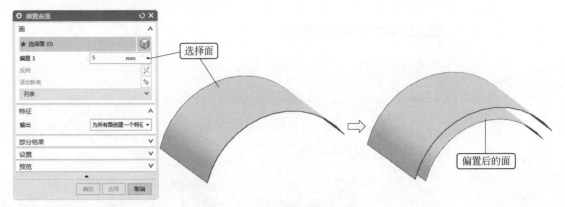

图 20-87 "偏置曲面"示意图

20.2.4 修剪曲面

选择"菜单"→"插入"→"修剪"→"修剪片体"命令，或者单击"主页"选项卡→"特征"组→"更多"库→"修剪"库→"修剪片体" 图标，系统会打开如图 20-88 所示"修剪片体"对话框，该选项用于生成相关的修剪片体，示意图 20-89 所示。

图 20-88 "修剪片体"对话框

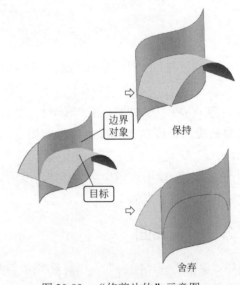

图 20-89 "修剪片体"示意图

选项功能如下。

① 目标：选择目标曲面体。

② 边界对象：选择修剪的工具对象，该对象可以是面、边、曲线和基准平面。

③ 允许目标体边作为工具对象：帮助将目标片体的边作为修剪对象过滤掉。

④ 投影方向：可以定义要作标记的曲面/边的投影方向。可以在"垂直于面""垂直于曲线平面"和"沿矢量"间选择。

⑤ 区域：可以定义在修剪曲面时选定的区域是保留还是舍弃。在选定目标曲面体、投影方式和修剪对象后，可以选择目前选择的区域是否"保持"或"放弃"。

每个选择用来定义保留或舍弃区域的点在空间中固定。如果移动目标曲面体，则点不移动。为防止意外结果，如果移动为"修剪边界"选择步骤选定的曲面或对象，则应该重新定义区域。

20.2.5　加厚

选择"菜单"→"插入"→"偏置/缩放"→"加厚"命令，或者单击"主页"选项卡→"特征"组→"更多"库→"偏置/缩放"库→"加厚" 图标，系统打开如图 20-90 所示"加厚"对话框。

该选项可以偏置或加厚片体来生成实体，在片体的面的法向应用偏置，如图 20-91 所示，各选项功能如下。

① 面：该选项用于选择要加厚的片体。一旦选择了片体，就会出现法向于片体的箭头矢量来指明法向方向。

② 偏置 1/偏置 2：指定一个或两个偏置（如图 20-91 所示偏置对实体的影响）。

③ Check-Mate：如果出现加厚片体错误，则此按钮可用。点击此按钮会识别导致加厚片体操作失败的可能的面。

图 20-90　"加厚"对话框

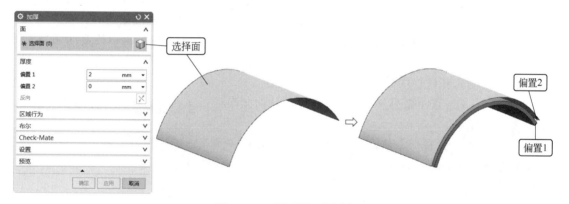

图 20-91　"加厚"示意图

20.3　自由曲面编辑

在用户创建一个自由曲面特征之后，还需要对其进行相关的编辑工作，以下主要讲述部分常用的自由曲面的编辑操作，这些功能是曲面造型的后期修整的常用技术。

20.3.1　X 型

选择"菜单"→"编辑"→"曲面"→"X 型"命令，或者单击"曲面"选项卡→"编辑曲面"组→"X 型" 图标，打开如图 20-92 所示"X 型"对话框，提示用户选取需要编辑的曲面。

X 型可以移动片体的极点。这在曲面外观形状的交互设计如消费品或汽车车身中，非常

图 20-92 "X 型"对话框

有用。当要修改曲面形状以改善其外观或使其符合一些标准时，就要移动极点。可以沿法向矢量拖动极点至曲面或与其相切的平面上。拖动行，保留在边处的曲率或切向。

选项部分功能说明如下。

① 单选：选择要编辑的单个或多个曲面或曲线。

② 极点选择：选择要操控的极点和多义线。有任意、极点、行三种可供选择。

③ 参数化：改变 U/V 向的次数和补片数从而调节曲面。

④ 方法：用户可根据需要应用移动、旋转、比例和平面化编辑曲面。

a. 移动：在指定方向移动极点和多义线。

b. 旋转：将极点和多义线旋转到指定矢量。

c. 比例：使用主轴和平面缩放选定极点。

d. 平面化：显示位于投影平面的操控器可用于定义平面位置和方向。标准旋转和拖动手柄可用。

⑤ 边界约束：用户可以调节 U 最小值（或最大值）和 V 最小值（或最大值）来约束曲面的边界。

⑥ 设置：用户可以设置提取方法和提取公差值，恢复父面选项，可以恢复曲面到编辑之前的状态。

⑦ 微定位：指定使用微调选项时动作的速率。

a. 比率：通过使用微小移动来移动极点，从而允许对曲线进行精细调整。

b. 步长值：设置一个值，以按该值移动、旋转或缩放选定的极点。

20.3.2 扩大

选择"菜单"→"编辑"→"曲面"→"扩大"命令，或者单击"曲面"选项卡→"编辑曲面"组→"扩大" 图标，打开如图 20-93 所示的"扩大"对话框，该选项让用户改变未修剪片体的大小，方法是生成一个新的特征，该特征和原始的、覆盖的未修剪面相关。

用户可以根据给定的百分率改变 ENLARGE（扩大）特征的每个未修剪边。

当使用片体生成模型时，将片体生成得大一些是一个良好的习惯，以消除后续实体建模的问题。如果用户没有把这些原始片体建造得足够大，则用户如果不使用"等参数修剪/分割"功能就会不能增加它们的大小。然而，"等参数修剪"是不相关的，并且在使用时会打断片体的参数

图 20-93 "扩大"对话框

化。"扩大"选项让用户生成一个新片体,它既和原始的未修剪面相关,又允许用户改变各个未修剪边的尺寸。

对话框部分选项功能如下。

① 全部:让用户把所有的"U/V 最小/最大"滑尺作为一个组来控制。当此开关为开时,移动任一单个的滑尺,所有的滑尺会同时移动并保持它们之间已有的百分比。若关闭"所有的"开关,使得用户可以对滑尺和各个未修剪的边进行单独控制。

② U 向起点百分比、U 向终点百分比、V 向起点百分比、V 向终点百分比:使用滑尺或它们各自的数据输入字段来改变扩大片体的未修剪边的大小。在数据输入字段中输入的值或拖动滑尺达到的值是原始尺寸的百分比。可以在数据输入字段中输入数值或表达式。

③ 重置调整大小参数:把所有的滑尺重设回它们的初始位置。

④ 模式。

a. 线性:在一个方向上线性地延伸扩大片体的边。使用"线性的类型"可以增大扩大特征的大小,但不能减小它。

b. 自然:沿着边的自然曲线延伸扩大片体的边。如果用"自然的类型"来设置扩大特征的大小,则既可以增大也可以减小它的大小。

20.3.3 调整次数

选择"菜单"→"编辑"→"曲面"→"次数"命令,打开"更改次数"对话框,如图 20-94 所示。

该选项可以改变体的次数,但只能增加带有底层多面片曲面的体的次数,也只能增加所生成的"封闭"体的次数。

增加体的次数不会改变它的形状,却能增加其自由度。这可增加对编辑体可用的极点数。

降低体的次数会降低试图保持体的全形和特征的次数。降低次数的公式(算法)是这样设计的,如果增加次数随后又降低,那么所生成的体将与开始时的一样。这样做的结果是,降低次数有时会导致体的形状发生剧烈改变。如果对这种改变不满意,可以放弃并恢复到以前的体。何时发生这种改变是可以预知的,因此完全可以避免。

通常,除非原先体的控制多边形与更低次数体的控制多边形类似,因为低次数体的拐点(曲率的反向)少,否则都要发生剧烈改变。

20.3.4 更改刚度

改变硬度命令是改变曲面 U 和 V 方向参数线的次数,曲面的形状有所变化。

选择"菜单"→"编辑"→"曲面"→"刚度"命令,打开如图 20-95 所示的"更改刚度"对话框。该对话框中选项的含义和前面的一样,不再介绍。

图 20-94 "更改次数"对话框

图 20-95 "更改刚度"对话框

在视图区选择要进行操作的曲面后，弹出"确认"对话框，提示用户该操作将会移除特征参数，是否继续在菜单栏中选择，单击"确定"按钮，弹出的"改变刚度"参数输入对话框。

使用改变硬度功能，增加曲面次数，曲面的极点不变，补片减少，曲面更接近它的控制多边形，反之则相反。封闭曲面不能改变硬度。

20.3.5 法向反向

法向反向命令是用于创建曲面的反法向特征。

选择"菜单"→"编辑"→"曲面"→"法向反向"命令，或者单击"曲面"选项卡→"编辑曲面"组→"更对"库→"曲面"库→"法向反向" 图标，打开如图 20-96 所示的"法向反向"对话框。

使用法向反向功能，创建曲面的反法向特征。改变曲面的法线方向。改变法线方向，可以解决因表面法线方向不一致造成的表面着色问题和使用曲面修剪操作时因表面法线方向不一致而引起的更新故障。

图 20-96　"法向反向"对话框

20.4 综合实例——衣服模特

扫一扫，看视频

本实例（上衣模型）综合运用了本章中有关曲线的操作及其编辑功能，完成编辑操作后，模型如图 20-97 所示。

【操作步骤】

（1）打开文件

选择"菜单"→"文件"→"打开"命令，或者单击"主页"选项卡→"打开" 📂 图标，打开"打开"对话框。打开随书资源中的"yuanwenjian\11\mote.prt"文件，如图 20-98 所示。

图 20-97　模型最终示意图

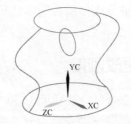

图 20-98　mote.prt 零件示意图

（2）上衣成型

① 选择"菜单"→"插入"→"网格曲面"→"通过曲线网格"命令，或者单击"曲面"选项卡→"曲面"组→"网格曲面"下拉菜单→"通过曲线网格" 🪟 图标，系统会弹出如图 20-99 所示"通过曲线网格"对话框，此时提示栏要求选取主曲线。从工作绘图区拾取如图 20-100 所示的两条主曲线。注意：只是一侧曲线，并不是整个曲线环，可按住<Shift>键取消一侧的曲线，或者在曲线规则处选择单条曲线。

图 20-99　"通过曲线网格"对话框

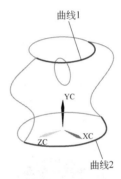

图 20-100　选择主曲线

② 每选择完一条曲线后单击鼠标中键确定。完成主曲线的选择，如图 20-101 所示。然后依次选取如图 20-102 所示交叉曲线，单击"确定"按钮完成交叉曲线串的选择。

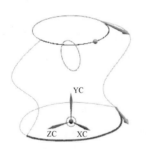

图 20-101　完成主曲线选取

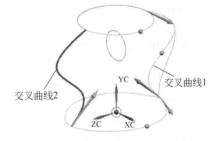

图 20-102　需要获取的交叉曲线

③ 保持上述对话框默认设置，单击"确定"按钮完成一侧上衣制作，如图 20-103 所示。

④ 单击"视图"选项卡→选择"样式"组→"静态线框" 图标，使模型以线框模式显示。将如图 20-104 所示曲线消隐，同时将先前的另一侧曲线显现出来。

⑤ 选择"菜单"→"编辑"→"显示和隐藏"→"隐藏"命令，弹出"类选择"对话框，单击"类型过滤器" 图标，选择"片体"，单击"确定"按钮，返回到"类选择"对话框，单击"全部"图标，选中所有曲面，单击确定将创建的曲面隐藏，结果如图 20-105 所示。

⑥ 采用相同的方法创建另一侧的片体，两侧片体目前不需要拼合，选择"菜单"→"编辑"→"显示和隐藏"→"全部显示"命令，对图形进行着色，完成后如图 20-106 所示。

图 20-103 创建曲面

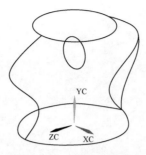

图 20-104 显示线框模式

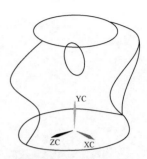

图 20-105 隐藏曲面

⑦ 选择"菜单"→"插入"→"组合"→"缝合"命令，或者单击"主页"选项卡→"特征"组→"更多"库→"组合"库→"缝合" 图标，系统会弹出如图 20-107 所示"缝合"对话框，选择创建的上衣的一侧为目标片体，然后选取上衣的另一侧为工具片体，单击"确定"按钮完成上衣的缝合。

图 20-106 完成上衣创建

图 20-107 "缝合"对话框

（3）袖口成型

① 单击"视图"选项卡→"样式"组→"静态线框" 图标，将图形以线框模式显示。

② 选择"菜单"→"插入"→"设计特征"→"拉伸"命令，或者单击"主页"选项卡→"特征"组→"设计特征"下拉菜单→"拉伸" 图标，系统会弹出"拉伸"对话框，选择图 20-108 中的圆弧，参数设置如图 20-108 所示。单击"确定"按钮完成实体拉伸。

③ 选择"菜单"→"插入"→"修剪"→"修剪体"命令，或者单击"主页"选项卡→"特征"组→"修剪体" 图标，弹出如图 20-109 所示对话框，依次选取目标体和工具面，如图 20-110 所示。完成修剪对象选取后，单击"反向"选项，完成修剪操作。利用 Ctrl+B 组合键将圆柱体消隐掉。完成后模型如图 20-111 所示。

（4）领口编辑

① 单击"视图"选项卡→"操作"组→"右视图" 图标，将图形以右视图显示。

② 选择"菜单"→"编辑"→"曲线"→"参数"命令，系统会弹出"编辑曲线参数"对话框，如图 20-112 所示。选取图 20-113 所示待编辑曲线。系统弹出"艺术样条"对话框，如图 20-114 所示。

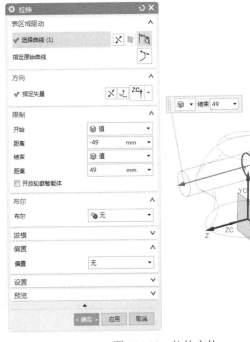

图 20-108　拉伸实体

图 20-109　"修剪体"对话框

工具面

目标体

图 20-110　选择修剪对象

图 20-111　完成袖口制作

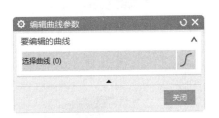

图 20-112　"编辑曲线参数"对话框

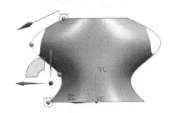

图 20-113　选取待编辑曲线

③ 在"艺术样条"对话框中，将"制图平面"设置为 YC-ZC 面，"移动"设置为"视图"，绘图区添加点，如图 20-115 所示。

④ 在绘图区中调整曲线，使得领口突出显示如图 20-116 所示。然后连续单击"确定"按钮，完成样条曲线的编辑。结果如图 20-117 所示。

⑤ 同步骤②～④，完成另一侧领口曲线编辑。模型编辑完成后如图 20-118 所示。

⑥ 利用 Ctrl+B 组合键将所有的曲线类型消隐掉，单击"视图"选项卡→"操作"组→"正等测图" 图标，最后模型如图 20-119 所示。

图 20-114 "艺术样条"对话框

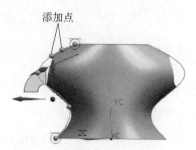

添加点

图 20-115 添加点

图 20-116 调整点位置

图 20-117 左侧编辑完成

图 20-118 完成领口编辑后示意图

图 20-119 模型最终示意图

上 机 操 作

【实例1】绘制如图20-120所示的牙膏壳

（1）目的要求

通过本练习，帮助读者掌握曲面绘制的基本方法和技巧。

（2）操作提示

① 利用"直线"命令，以坐标点（0,0,0）和（20,0,0）绘制直线。

② 利用"圆弧/圆"命令，以坐标（10,0,90）为圆心，绘制半径为10的圆。

③ 利用"直线"命令，分别以直线的两端点和象限点绘制直线，如图20-121所示。

图 20-120　牙膏壳

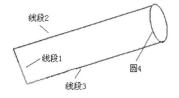

图 20-121　绘制直线

④ 利用"圆锥"命令，在坐标点（10,0,90）处创建底部直径、顶部直径和高度分别为20、12和3的圆锥体。

⑤ 利用"拉伸"命令，将圆锥体的上端线进行拉伸处理，拉伸距离为1。

⑥ 利用"凸起"命令，在拉伸体上表面中心创建直径和高度分别为10、12的凸起，结果如图20-122所示。

⑦ 利用"抽壳"命令，选择圆锥体的大端面为移除面，设置抽壳厚度为0.2。

⑧ 利用"孔"命令，捕捉凸起上端面圆心为孔放置位置，设置直径为6、深度20，创建孔。

⑨ 利用"通过曲线网格"命令，选择线段1和圆4为主曲线，选择线段2和线段3为交叉曲线创建曲面。

⑩ 利用"变换"命令，选择XC-ZC平面为镜像平面，选择上步创建的曲面为镜像曲面，结果如图20-123所示。

【实例2】绘制如图20-124所示的油烟机壳体

图 20-122　创建凸起

图 20-123　创建曲面

图 20-124　油烟机壳体

（1）目的要求

通过本练习，帮助读者掌握曲面操作的基本方法和技巧。

（2）操作提示

① 利用"草图"命令在 XC-YC 平面上绘制草图，如图 20-125 所示。

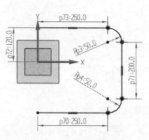

图 20-125　绘制草图 1

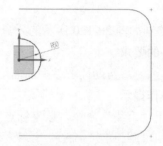

图 20-126　绘制草图 2

② 利用"草图"命令在距离 XC-YC 平面 200 的平面上绘制草图，如图 20-126 所示。

③ 利用"草图"命令在 YC-ZC 平面上绘制样条曲线，如图 20-127 所示。

④ 利用"草图"命令在 YC-ZC 平面上绘制样条曲线，如图 20-128 所示。

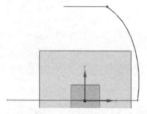

图 20-127　绘制样条曲线 1

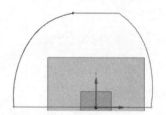

图 20-128　绘制样条曲线 2

⑤ 利用"草图"命令在 XC-ZC 平面上绘制样条曲线，如图 20-129 所示。

⑥ 利用"扫掠"命令，创建一侧曲面，如图 20-130 所示。

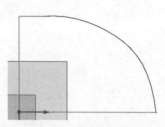

图 20-129　绘制样条曲线 3

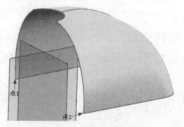

图 20-130　创建曲面

⑦ 利用"基准轴"命令，以图 20-130 中的两点为基准创建基准轴。

⑧ 利用"基准平面"命令，选择 YC-ZC 平面为平面参考，选择上步创建的基准轴为通过轴，创建角度为-60°的基准平面。

⑨ 利用"草图"命令，在上步创建的基准平面上绘制草图，如图 20-131 所示。

⑩ 利用"拉伸"命令，将上步绘制的草图进行拉伸，拉伸距离为 300，选择布尔求差。

⑪ 利用"延伸"命令，选择曲面，输入长度为 30，如图 20-132 所示。

⑫ 利用"镜像几何体"命令，将图 20-132 所示的曲面沿 YC-ZC 平面进行镜像，如图 20-133 所示。

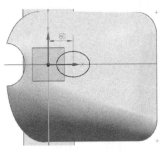

图 20-131 绘制草图 3   图 20-132 延伸曲面   图 20-133 镜像图形

⑬ 利用"缝合"命令,将原图形和镜像后的图形缝合。

第21章
装配建模

UG的装配模块不仅能快速组合零部件成为产品，而且在装配中，可以参考其他部件进行部件关联设计，并可以对装配建模型进行间隙分析、重量管理等相关操作。在完成装配模型后，还可以建立爆炸视图，并将其导入装配工程图中。同时，可以在装配工程图中生成装配明细表，并能对轴测图进行局部剖切。

本章中主要讲解装配过程的基础知识和常用模块及方法，让用户对装配建模能有进一步的认识。

学习要点

学习装配的相关术语和概念

掌握装配导航器

了解装配爆炸图

21.1　装配概述

21.1.1　相关术语和概念

①　装配：是指在装配过程中建立部件之间的连接功能。由装配部件和子装配组成。

②　装配部件：由零件和子装配构成的部件。在 UG 中允许任何一个 prt 文件中添加部件构成装配，因此任何一个 prt 文件都可以作为装配部件。UG 中零件和部件不必严格区分。需要注意：当存储一个装配时，各部件的实际几何数据并不是存储在装配部件文件中，而是存储在相应的部件（即零件文件）中。

③　子装配：在高一级装配中被用作组件的装配，子装配也拥有自己的组件。子装配是一个相对概念，任何一个装配可在更高级的装配中作为子装配。

④　组建对象：一个从装配部件链接到部件主模型的指针实体。一个组件对象记录的信息有部件名称、层、颜色、线型、线宽、引用集和装配约束等。

⑤　组建部件：装配里组件对象所指的部件文件。组件部件可以是单个部件（即零件），也可以是子装配。需要注意：组件部件是装配体引用而不是复制到装配体中的。

⑥　单个零件：指在装配外存在的零件几何模型，它可以添加到一个装配中去，但它本

身不能含有下级组件。

⑦ 主模型：利用 Master Model 功能来创建的装配模型，它是由单个零件组成的装配组件，是供 UG 模块共同引用的部件模型。同一主模型，可同时被工程图、装配、加工、机构分析和有限元分析等模块引用，当主模型修改时，相关引用自动更新。

⑧ 自顶向下装配：在装配级中创建与其他部件相关的部件模型，是在装配部件的顶级向下生成子装配和部件（即零件）的装配方法。

⑨ 自底向上装配：先创建部件几何模型，再组合成子装配，最后生成装配部件的装配方法。

⑩ 混合装配：将自顶向下装配和自底向上装配结合在一起的装配方法。例如，先创建几个主要部件模型，再将其装配到一起，然后在装配中设计其他部件，即为混合装配。

21.1.2 引用集

在装配中，各部件含有草图、基准平面及其他辅助图形对象，如果在装配中列出显示所有对象不但容易混淆图形，而且还会占用大量内存，不利于装配工作的进行。通过引用集命令能够限制加载于装配图中的装配部件的不必要信息量。

引用集是用户在零部件中定义的部分几何对象，它代表相应的零部件参与装配。引用集可以包含下列数据对象：零部件名称、原点、方向、几何体、坐标系、基准轴、基准平面和属性等。创建完引用集后，就可以单独装配到部件中。一个零部件可以有多个引用集。

选择"菜单"→"格式"→"引用集"命令，系统打开如图 21-1 所示"引用集"对话框。

部分选项功能如下。

① 添加新的引用集：可以创建新的引用集。输入使用于引用集的名称，并选取对象。

② 删除：已创建的引用集的项目中可以选择性地删除，删除引用集只不过是在目录中被删除而已。

③ 设为当前的：把对话框中选取的引用集设定为当前的引用集。

图 21-1 "引用集"对话框

④ 属性：编辑引用集的名称和属性。

⑤ 信息：显示工作部件的全部引用集的名称、属性和个数等信息。

21.2 装配导航器

装配导航器也叫装配导航工具，它提供了一个装配结构的图形显示界面，也被称为"树形表"。如图 21-2 所示，掌握了装配导航器才能灵活地运用装配的功能。

21.2.1 功能概述

① 节点显示：采用装配树形结构显示，非常清楚地表达了各个组件之间的装配关系。

② 装配导航器图标：装配结构树中用不同的图标来表示装配中子装配和组件的不同。同时，各零部件不同的装载状态也用不同的图标表示。

a. 🗐：表示装配或子装配。

（a）如果图标是黄色，则此装配在工作部件内。

（b）如果是黑色实线图标，则此装配不在工作部件内。

（c）如果是灰色虚线图标，则此装配已被关闭。

b. 🗐：表示装配结构树组件。

（a）如果图标是黄色，则此组件在工作部件内。

（b）如果是黑色实线图标，则此组件不在工作部件内。

（c）如果是灰色虚线图标，则此组件已被关闭。

③ 检查盒：检查盒提供了快速确定部件工作状态的方法，允许用户用一个非常简单的方法装载并显示部件。部件工作状态用检查盒指示器表示。

a. □：表示当前组件或子装配处于关闭状态。

b. ☑：表示当前组件或子装配处于隐藏状态，此时检查框显灰色。

c. ☑：表示当前组件或子装配处于显示状态，此时检查框显红色。

④ 打开菜单选项：如果将光标移动到装配树的一个节点或选择若干个节点并单击右键，则打开快捷菜单，其中提供了很多便捷命令，以方便用户操作，如图21-3所示。

图 21-2 "树形表"示意图 　　　图 21-3 打开的快捷菜单

21.2.2 预览面板和依附性面板

"预览"面板是装配导航器的一个扩展区域，显示装载或未装载的组件。此功能在处理大装配时，有助于用户根据需要打开组件，更好地掌握其装配性能。

"依附性"面板是装配导航器和部件导航器的一个特殊扩展。装配导航器的依附性面板允许查看部件或装配内选定对象的依附性，包括配对约束和 WAVE 依附性，可以用它来分析修改计划对部件或装配的潜在影响。

21.3 自底向上装配

自底向上装配的设计方法是常用的装配方法，即先设计装配中的部件，再将部件添加到装配中，由底向上逐级进行装配。

选择"菜单"→"装配"→"组件"子菜单，如图 21-4 所示。

图 21-4 "组件"子菜单命令

采用自底向上的装配方法，选择添加已存组件的方式有两种，一般来说，第一个部件采用绝对坐标定位方式添加，其余部件采用配对定位的方法添加。

21.3.1 添加已经存在的部件

选择"菜单"→"装配"→"组件"→"添加组件"命令，或者单击"装配"选项卡→"组件"组→"添加"  图标，打开如图 21-5 所示"添加组件"对话框。如果要进行装配的部件还没有打开，可以选择"打开"按钮，从磁盘目录选择；已经打开的部件名字会出现在"已加载的部件"列表框中，可以从中直接选择。单击"确定"按钮，返回如图 21-5 所示"添加组件"对话框。

部分选项功能如下。

① 保持选定：勾选此选项，维护部件的选择，这样就可以在下一个添加操作中快速添加相同的部分。

图 21-5　"添加组件"对话框

② 组件名：可以为组件重新命名，默认的组件的零件名。

③ 引用集：用于改变引用集。默认引用集是模型，表示只包含整个实体的引用集。用户可以通过该下拉列表框选择所需的引用集。

④ 图层选项：该选项用于指定部件放置的目标层。

a．工作的：该选项用于将指定部件放置到装配图的工作层中。

b．原始的：该选项用于将部件放置到部件原来的层中。

c．按指定的：该选项用于将部件放置到指定的层中。选择该选项，在其下端的指定"层"文本框中输入需要的层号即可。

⑤ 位置。

a．装配位置：装配中组件的目标坐标系。该下拉列表框中提供了"对齐""绝对坐标系-工作部件""绝对坐标系-显示部件"和"工作坐标系"4 种装配位置。

（a）对齐：通过选择位置来定义坐标系。

（b）绝对坐标系-工作部件：将组件放置于当前工作部件的绝对原点。

（c）绝对坐标系-显示部件：将组件放置于显示装配的绝对原点。

（d）工作坐标系：将组件放置于工作坐标系。

b．组件锚点：坐标系来自用于定位装配中组件的组件，可以通过在组件内创建产品接口来定义其他组件系统。

21.3.2　组件的装配约束

（1）移动组件

选择"菜单"→"装配"→"组件位置"→"移动组件"命令，或者单击"装配"功能区"组件位置"组中的"移动组件"按钮，打开如图 21-6 所示的"移动组件"对话框。

① 点到点：用于采用点到点的方式移动组件。在"运动"下拉列表框中选择"点对点"，然后选择两个点，系统便会根据这两点构成的矢量和两点间的距离，沿着其矢量方向移动组件。

② 增量 XYZ：用于平移所选组件。在"运动"下拉列表框中选择"增量 XYZ"，"移动组件"对话框将变为如图 21-7 所示。该对话框用于沿 X、Y 和 Z 坐标轴方向移动一个距离。如

图 21-6　"移动组件"对话框

果输入的值为正，则沿坐标轴正向移动；反之，则沿负向移动。

③ 角度：用于绕轴和点旋转组件。在"运动"下拉列表框中选择"角度"时，"移动组件"对话框将变为如图 21-8 所示。选择旋转轴，然后选择旋转点，在"角度"文本框中输入要旋转的角度值，单击"确定"按钮即可。

图 21-7 选择"增量 XYZ"时的"移动组件"对话框　　图 21-8　选择"角度"时的"移动组件"对话框

④ 坐标系到坐标系：用于采用移动坐标方式重新定位所选组件。在"运动"下拉列表框中选择"坐标系到坐标系"时，"移动组件"对话框将变为如图 21-9 所示。首先选择要定位的组件，然后指定参考坐标系和目标坐标系。选择一种坐标定义方式定义参考坐标系和目标坐标系后，单击"确定"按钮，则组件从参考坐标系的相对位置移动到目标坐标系中的对应位置。

⑤ 将轴与矢量对齐：用于在选择的两轴之间旋转所选的组件。在"运动"下拉列表框中选择"将轴与矢量对齐"时，"移动组件"对话框将变为如图 21-10 所示。选择要定位的组件，然后指定参考点、参考轴和目标轴的方向，单击"确定"按钮即可。

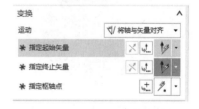

图 21-9　选择"坐标系到坐标系"时的　　　图 21-10　选择"将轴与矢量对齐"时的
　　　　　"移动组件"对话框　　　　　　　　　　　　"移动组件"对话框

（2）装配约束

选择"菜单"→"装配"→"组件"→"装配约束"命令，或者单击"装配"功能区"组件位置"组中的"装配约束"按钮，打开如图 21-11 所示的"装配约束"对话框。该对话框用于通过配对约束确定组件在装配中的相对位置。

① 接触对齐：用于约束两个对象，使其彼此接触或对齐，如图 21-12 所示。

a. 接触：定义两个同类对象相一致。

b. 对齐：对齐匹配对象。

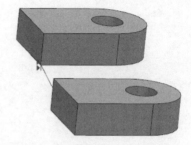

图 21-11　"装配约束"对话框　　　　图 21-12　"接触对齐"示意图

c. 自动判断中心/轴：使圆锥、圆柱和圆环面的轴线重合。

② ⚞ 角度：用于在两个对象之间定义角度尺寸，约束相配组件到正确的方位上，如图 21-13 所示。角度约束可以在两个具有方向矢量的对象间产生，角度是两个方向矢量间的夹角。这种约束允许配对不同类型的对象。

③ 〴 平行：用于约束两个对象的方向矢量彼此平行，如图 21-14 所示。

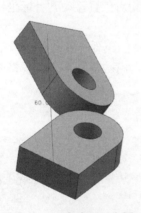

图 21-13　"角度"示意图　　　　图 21-14　"平行"示意图

④ 乚 垂直：用于约束两个对象的方向矢量彼此垂直，如图 21-15 所示。

⑤ ◎ 同心：用于将相配组件中的一个对象定位到基础组件中的一个对象的中心上，其中一个对象必须是圆柱或轴对称实体，如图 21-16 所示。

⑥ 川 中心：用于约束两个对象的中心对齐。

a. 1 对 2：用于将相配组件中的一个对象定位到基础组件中的两个对象的对称中心上。

b. 2 对 1：用于将相配组件中的两个对象定位到基础组件中的一个对象上，并与其对称。

c. 2 对 2：用于将相配组件中的两个对象与基础组件中的两个对象呈对称布置。

提示：

相配组件是指需要添加约束进行定位的组件，基础组件是指位置固定的组件。

⑦ ⊥⊢距离：用于指定两个相配对象间的最小三维距离。距离可以是正值，也可以是负值，正负号确定相配对象是在目标对象的哪一边，如图 21-17 所示。

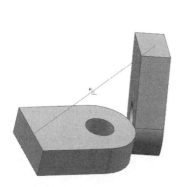

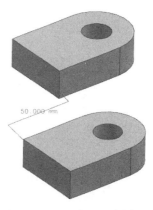

图 21-15　"垂直"示意图　　　图 21-16　"同心"示意图　　　图 21-17　"距离"示意图

⑧ ⚓对齐/锁定：用于对齐不同对象中的两个轴，同时防止绕公共轴旋转。通常，当需要将螺栓完全约束在孔中时，这将作为约束条件之一。

⑨ ▣▣胶合：用于将对象约束到一起以使它们作为刚体移动。

⑩ ═适合窗口：用于约束半径相同的两个对象，例如圆边或椭圆边，圆柱面或球面。如果半径变为不相等，则该约束无效。

⑪ ⏚固定：用于将对象固定在其当前位置。

21.3.3　实例——柱塞泵装配

扫一扫，看视频

本节将介绍柱塞泵装配的具体过程和方法，将七个零部件：泵体，填料压盖，柱塞，阀体，阀盖以及上、下阀瓣等装配成完整的柱塞泵。具体操作步骤：首先，创建一个新文件，用于绘制装配图；然后，将泵体以绝对坐标定位方法添加到装配图中；最后，将余下的六个柱塞泵零部件以配对定位方法添加到装配图中，如图 21-18 所示。

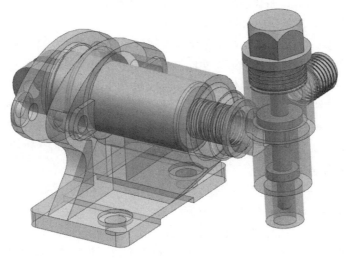

图 21-18　柱塞泵装配

【操作步骤】

（1）新建文件

选择"菜单"→"文件"→"新建"命令，或者单击"主页"选项卡→"标准"组→"新建"图标，打开"新建"对话框，选择装配模板，输入文件名为 zhusaibeng，如图 21-19 所示。单击"确定"按钮，进入装配环境。

（2）添加泵体零件

① 选择"菜单"→"装配"→"组件"→"添加组件"命令，或者单击"装配"选项卡→"组件"组→"添加"图标，打开"添加组件"对话框，如图 21-20 所示。

图 21-19　"新建"对话框

图 21-20　"添加组件"对话框

② 在没有进行装配前，此对话框的"已加载的部件"列表中是空的，但是随着装配的进行，该列表中将显示所有加载进来的零部件文件的名称，便于管理和使用。单击"打开"按钮，打开"部件名"对话框，如图 21-21 所示。

③ 在"部件名"对话框中，选择已存的零部件文件，单击右侧"预览"复选框，可以预览已存的零部件。选择"bengti.prt"文件，右侧预览窗口中显示出该文件中保存的泵体实体，单击"OK"按钮。打开 "组件预览"窗口，如图 21-22 所示。

④ 在"添加组件"对话框中，"引用集"选项选择"模型"选项，"装配位置"选项选择"绝对坐标系-工作部件"选项，"图层"选项选择"原始的"选项，单击"确定"按钮，完成按绝对坐标定位方法添加泵体零件，结果如图 21-23 所示。

（3）添加填料压盖零件

① 选择"菜单"→"装配"→"组件"→"添加已存的"命令，或者单击"装配" 选项卡→"组件"组→"添加"图标，打开"添加组件"对话框，单击其中"打开"按钮，打开"部件名"对话框，选择"tianliaoyagai.prt"文件，右侧预览窗口中显示出填料压盖实体的预览图。单击"OK"按钮，打开"组件预览"窗口，如图 21-24 所示。

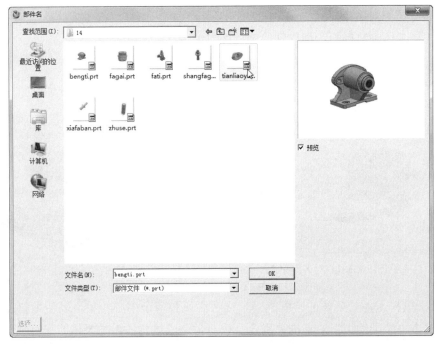

图 21-21 "部件名"对话框

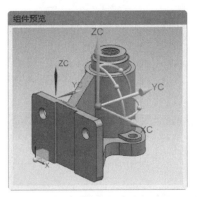

图 21-22 "组件预览"窗口

图 21-23 添加泵体

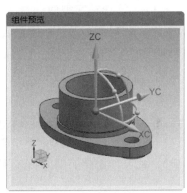

图 21-24 "组件预览"窗口

② 在"添加组件"对话框中,"引用集"选项选择"模型"选项,"图层"选项选择"原始的"选项,"装配位置"选项选择"对齐"选项,在绘图区指定放置组件的位置,在"放置"选项选择"约束"。在"约束类型"选项选择"接触对齐"类型,在"方位"下拉列表中选择"接触",选择填料压盖的右侧圆台端面和泵体左侧膛孔中的端面,如图 21-25 所示。

③ 在方位下拉列表中选择"自动判断中心/轴",选择填料压盖的圆台圆柱面和泵体膛体的圆柱面,如图 21-26 所示。

图 21-25 配对约束

603

④ 在"方位"下拉列表中选择"自动判断中心/轴",选择填料压盖的前侧螺栓安装孔的圆柱面,选择泵体安装板上的螺栓孔的圆柱面,如图 21-27 所示。

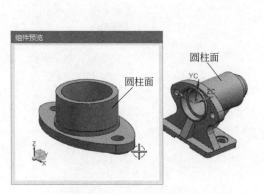

图 21-26　中心对齐约束 1　　　　　　　　　　　图 21-27　中心对齐约束 2

⑤ 对于填料压盖与泵体的装配,一个接触约束和两个中心约束可以使填料压盖形成完全约束,单击"装配约束"对话框"确定"按钮,完成填料压盖与泵体的配对装配,结果如图 21-28 所示。

（4）添加柱塞零件

① 选择"菜单"→"装配"→"组件"→"添加组件"命令,或者单击"装配"选项卡→"组件"组→"添加" 图标,打开"添加组件"对话框,单击"打开"按钮,打开"部件名"对话框,选择"zhusai.prt"文件,右侧预览窗口中显示出柱塞实体的预览图。单击"OK"按钮,打开"组件预览"窗口,图 21-29 所示。

② 在"添加组件"对话框中,使用默认设置值,在绘图区指定放置组件的位置,"放置"选项选择"约束"。"约束类型"选项选择"接触对齐"类型,在"方位"下拉列表中选择"接触",选择柱塞底面端面和泵体左侧膛孔中的第二个内端面,如图 21-30 所示。

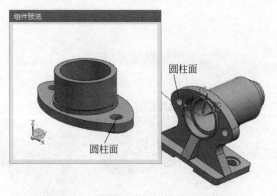

图 21-28　填料压盖与泵体的配对装配　　　　　　图 21-29　"组件预览"窗口

③ 在"方位"下拉列表中选择"自动判断中心/轴",选择柱塞外环面和泵体膛体的圆环面,如图 21-31 所示。

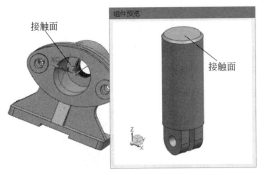

图 21-30　配对约束

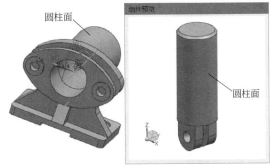

图 21-31　中心约束

④ 现有的两个约束依然不能防止柱塞在膛孔中以自身中心轴线作旋转运动，因此继续添加配对约束以限制柱塞的回转，选择"平行"类型，选择柱塞右侧凸垫的侧平面和泵体肋板的侧平面，如图 21-32 所示。

⑤ 对于柱塞与泵体的装配，一个配对约束、一个中心对齐约束和一个平行约束可以使柱塞形成完全约束，单击"装配约束"对话框"确定"按钮，完成柱塞与泵体的配对装配，结果如图 21-33 所示。

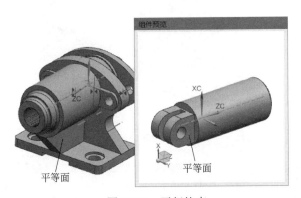

图 21-32　平行约束

图 21-33　柱塞与泵体的配对装配

（5）添加阀体零件

① 选择"菜单"→"装配"→"组件"→"添加组件"命令，或者单击"装配"选项卡→"组件"组→"添加" 图标，打开"添加组件"对话框，单击"打开"按钮，打开"部件名"对话框，选择"fati.prt"文件，右侧预览窗口中显示出阀体实体的预览图。单击"OK"按钮，打开 "组件预览"窗口，如图 21-34 所示。

② 在"添加组件"对话框中，"引用集"选项选择"模型"选项，"定位"选项选择"配对"选项，"图层"选项选择"原始的"选项，"装配位置"选项选择"对齐"选项，在绘图区指定放置组件的位置，在"放置"选项选择"约束"。在"约束类型"选项选择"接触对齐"类型，在方位下拉列表中选择"接触"，选择阀体左侧圆台端面和泵体膛体的右侧端面，如图 21-35 所示。

③ 在"方位"下拉列表中选择"自动判断中心/轴"，选择阀体左侧圆台圆柱面和泵体膛体的圆柱面，如图 21-36 所示。

图 21-34   "组件预览"窗口

图 21-35   配对约束

④ 在"约束类型"选项选择"平行"类型，继续添加约束，用鼠标首先在组件预览窗口中选择阀体圆台的端面，接下来在绘图窗口中选择泵体底板的上平面，如图 21-37 所示。

图 21-36   中心对齐约束

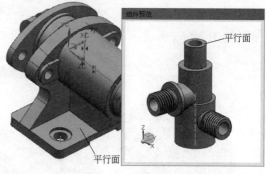

图 21-37   平行约束

图 21-38   阀体与泵体的配对装配

⑤ 对于阀体与泵体的装配，一个配对约束、一个中心约束和一个平行约束可以使阀体形成完全约束，单击"装配约束"对话框"确定"按钮，完成阀体与泵体的配对装配，结果如图 21-38 所示（如果结果如图 21-40，则跳过小步骤⑥）。

⑥ 在约束导航器中选择泵体和阀体的"平行"约束，单击鼠标右键，打开如图 21-39 所示的快捷菜单，选择"反向"选项，调整阀体的方向，如图 21-40 所示。

（6）添加下阀瓣零件

① 选择"菜单"→"装配"→"组件"→"添加组件"命令，或者单击"装配"选项卡→"组件"组→"添加" 图标，打开"添加组件"对话框，单击其中"打开"按钮，打开"部件名"对话框，选择"xiafaban.prt"文件，右侧预览窗口中显示出下阀瓣实体的预览图。单击"OK"按钮，打开 "组件预览"窗口，如图 21-41 所示。

图 21-39　快捷菜单

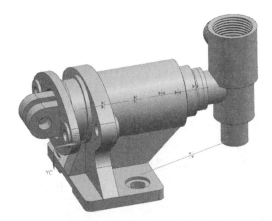

图 21-40　阀体与泵体的平行约束

② 在"添加组件"对话框中，"引用集"选项选择"模型"选项，"定位"选项选择"配对"选项，"装配位置"选项选择"对齐"选项，在绘图区指定放置组件的位置，"图层"选项选择"原始的"选项，"放置"选项选择"约束"。在"约束类型"选项选择"接触对齐"类型，在"方位"下拉列表中选择"接触"，选择下阀瓣中间圆台端面和阀体内孔端面，如图 21-42 所示。

图 21-41　"组件预览"窗口

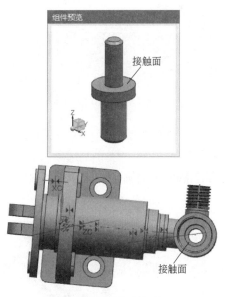

图 21-42　配对约束

③ 在"方位"下拉列表中选择"自动判断中心/轴"，选择下阀瓣圆台外环面和阀体的外圆环面，如图 21-43 所示。

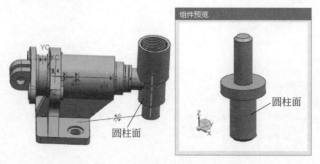

图 21-43　中心对齐约束

④ 对于下阀瓣与阀体的装配，一个配对约束和一个中心约束可以使下阀瓣形成欠约束，下阀瓣可以绕自身中心轴线旋转，单击"装配约束"对话框"确定"按钮，完成下阀瓣与阀体的配对装配，结果如图 21-44 所示。

（7）添加上阀瓣零件

① 选择"菜单"→"装配"→"组件"→"添加组件"命令，或者单击"装配"选项卡→"组件"组→"添加" 图标，打开"添加组件"对话框，单击"打开"按钮，打开"部件名"对话框，选择"shangfaban.prt"文件，右侧预览窗口中显示出上阀瓣实体的预览图。单击"OK"按钮，打开"组件预览"窗口如图 21-45 所示。

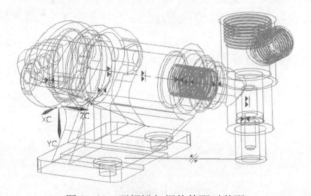

图 21-44　下阀瓣与阀体的配对装配

图 21-45　"组件预览"窗口

② 在"添加组件"对话框中，采用默认设置，在绘图区指定放置组件的位置，"放置"选项选择"约束"。"约束类型"选项选择"接触对齐"类型，在"方位"下拉列表中选择"接触"，选择上阀瓣中间圆台端面和阀体内孔端面，如图 21-46 所示。

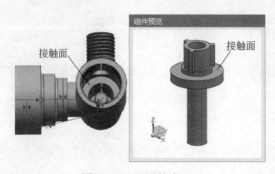

图 21-46　配对约束

③ 在"方位"下拉列表中选择"自动判断中心/轴",选择上阀瓣圆台外环面和阀体的外圆环面,如图 21-47 所示。

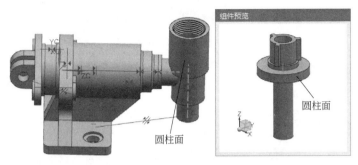

图 21-47 中心对齐约束

④ 对于上阀瓣与阀体的装配,一个配对约束和一个中心约束可以使上阀瓣形成欠约束,上阀瓣可以绕自身中心轴线旋转,单击"装配约束"对话框"确定"按钮,完成上阀瓣与阀体的配对装配,结果如图 21-48 所示。

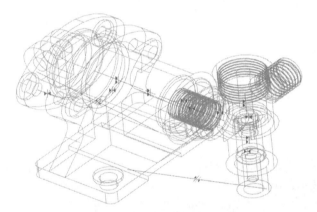

图 21-48 上阀瓣与阀体的配对装配

(8)添加阀盖零件

① 选择"菜单"→"装配"→"组件"→"添加组件"命令,或者单击"装配"选项卡→"组件"组→"添加" 图标,打开"添加组件"对话框,将"fagai.prt"文件加载进来。单击"OK"按钮,打开"组件预览"窗口,如图 21-49 所示。

② 在"添加组件"对话框中,采用默认设置,在绘图区指定放置组件的位置,"放置"选项选择"约束"。"约束类型"选项选择"接触对齐",在方位下拉列表中选择"接触",选择阀盖中间圆台端面和阀体上端面,如图 21-50 所示。

③ 在"方位"下拉列表中选择"自动判断中心/轴",选择阀盖圆台外环面和阀体的外圆环面,如图 21-51 所示。

④ 对于阀盖与阀体的装配,一个配对约束和一个中心约束可以使上阀瓣形成欠约束,单击"装配条件"对话框"确定"按钮,完成阀盖与阀体的配对装配,结果如图 21-52 所示。

至此,已经将柱塞泵的七个零部件全部装配到一起,形成一个完整的柱塞泵的装配图。下面将学习如何设置装配图的显示效果,以便更好地显示零部件之间的装配关系。

图 21-49　"组件预览"窗口

图 21-50　配对约束

图 21-51　中心对齐约束

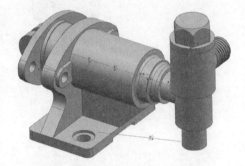

图 21-52　阀盖与阀体的配对装配

为了将装配体内部的装配关系表现出来，可以将外包的几个零部件的显示设置为半透明，以达到透视装配体内部的效果。

（9）隐藏约束关系

选择"菜单"→"编辑"→"显示和隐藏"→"隐藏"命令，打开如图 21-53 所示的"类选择"对话框，选择"类型过滤器"按钮，打开如图 21-54 所示的"按类型选择"对话框，选择"装配约束"选项，单击"确定"按钮，返回到"类选择"对话框，单击"全选"按钮，选择视图中所有装配约束关系，单击"确定"按钮，隐藏装配约束关系，如图 21-55 所示。

图 21-53　"类选择"对话框

图 21-54　"按类型选择"对话框

（10）编辑对象显示

选择"菜单"→"编辑"→"对象显示"命令或使用快捷组合键 Ctrl+J，打开"类选择"对话框，如图 21-53 所示。在绘图窗口中，单击泵体、填料压盖和阀体三个零部件，单击"确定"按钮，打开"编辑对象显示"对话框，如图 21-56 所示。

图 21-55　隐藏装配约束关系

图 21-56　"编辑对象显示"对话框

在"编辑对象显示"对话框中，将中间的"透明度"指示条拖动到 60 处，单击"确定"按钮完成对泵体、填料压盖和阀体三个实体的透明显示设置，效果如图 21-57 所示。

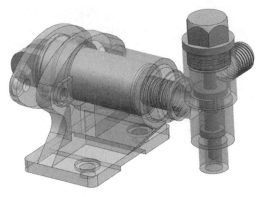

图 21-57　设置装配图显示效果

21.4　自顶向下装配

自顶向下装配的方法是指在上下文设计（working in context）中进行装配。上下文设计是指在一个部件中定义几何对象时引用其他部件的几何对象。

例如，在一个组件中定义孔时需要引用其他组件中的几何对象进行定位。当工作部件是尚未设计完成的组件而显示部件是装配件时，上下文设计非常有用。

自顶向下装配的方法有两种。

方法一：

① 先建立装配结构，此时没有任何的几何对象。

② 使其中一个组件成为工作部件。

③ 在该组件中建立几何对象。

④ 依次使其余组件成为工作部件并建立几何对象，注意可以引用显示部件中的几何对象。

方法二：

① 在装配件中建立几何对象。

② 建立新的组件，并把图形加到新组件中。

在装配的上下文设计（designing in context of an assembly）中，当工作部件是装配中的一个组件而显示部件是装配件时，定义工作部件中的几何对象时可以引用显示部件中的几何对象，即引用装配件中其他组件的几何对象。建立和编辑的几何对象发生在工作部件中，但是显示部件中的几何对象是可以选择的。

提示：

组件中的几何对象只是被装配件引用而不是复制，修改组件的几何模型后装配件会自动改变，这就是主模型的概念。

该方法首先建立装配结构即装配关系，但不建立任何几何模型，然后使其中的组件成为工作部件，并在其中建立几何模型，即在上下文中进行设计，边设计边装配。

其详细设计过程如下。

① 建立一个新装配件，如：_asm1.prt。

② 选择"菜单"→"装配"→"组件"→"新建组件"命令，或者单击"装配"选项卡→"组件"组→"新建" 图标。

③ 在打开的"新组件文件"对话框中输入新组件的路径和名称，如：P1，单击"确定"按钮。

④ 系统打开如图 21-58 所示"新建组件"对话框，单击"确定"按钮，新组件即可被装到装配件中。

⑤ 重复上述步骤②～⑤，建立新组件 P2。

⑥ 打开装配导航器查看，如图 21-59 所示。

图 21-58　"新建组件"对话框

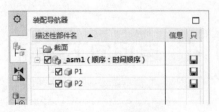

图 21-59　装配导航器

⑦ 以下要在新的组件中建立几何模型，先选择 P1 成为工作部件，建立实体。

⑧ 然后使得 P2 为工作部件，建立实体。

⑨ 使装配件_asm1.prt 成为工作部件。

⑩ 选择"菜单"→"装配"→"组件位置"→"装配约束"命令，给组件 P1 和 P2 建立装配约束。

21.5 装配爆炸图

爆炸图是在装配环境下把组成装配的组件拆分开来，更好地表达整个装配的组成状况，便于观察每个组件的一种方法。爆炸图是一个已经命名的视图，一个模型中可以有多个爆炸图。UG 默认的爆炸图名为 Explosion，后加数字后缀。用户也可根据需要指定爆炸图名称。选择"菜单"→"装配"→"爆炸图"命令，打开如图 21-60 所示下拉菜单。选择"菜单"→"信息"→"装配"→"爆炸"命令可以查询爆炸信息。

图 21-60 "爆炸图"
下拉菜单

21.5.1 爆炸图的建立

选择"菜单"→"装配"→"爆炸图"→"新建爆炸"命令，或者单击"装配"选项卡→"爆炸图"组→"新建爆炸" 图标，打开如图 21-61 所示"新建爆炸"对话框。在该对话框中输入爆炸视图的名称，或者接受默认名，单击"确定"按钮建立一个新的爆炸视图。

21.5.2 自动爆炸视图

选择"菜单"→"装配"→"爆炸图"→"自动爆炸组件"命令，或者单击"装配"选项卡→"爆炸图"组→"自动爆炸组件" 图标，系统打开"类选择"对话框，选择需要爆炸的组件，完成以后打开如图 21-62 所示"自动爆炸组件"对话框。

图 21-61 "新建爆炸"对话框

图 21-62 "自动爆炸组件"对话框

对话框部分选项功能如下。

距离：该选项用于设置自动爆炸组件之间的距离。

21.5.3 爆炸视图编辑

① 编辑爆炸视图：选择"菜单"→"装配"→"爆炸图"→"编辑爆炸"命令，或者单击"装配"选项卡→"爆炸图"组→"编辑爆炸" 图标，系统打开如图 21-63 所示"编

辑爆炸"对话框。选择需要编辑的组件，然后选择需要的编辑方式，再选择点选择类型，确定组件的定位方式。然后可以直接用鼠标选取屏幕中的位置，移动组件位置。

② 取消爆炸组件：选择"菜单"→"装配"→"爆炸图"→"取消爆炸组件"命令，或者单击"装配"选项卡→"爆炸图"组→"取消爆炸组件" 📖图标，系统打开"类选择"对话框，选择需要复位的组件后，单击"确定"，即可使已爆炸的组件回到原来的位置。

③ 删除爆炸：选择"菜单"→"装配"→"爆炸图"→"删除爆炸"命令，或者单击"装配"选项卡→"爆炸图"组→"删除爆炸" ✂图标，系统打开如图21-64所示对话框，选择要删除的爆炸图的名称。单击"确定"，即可完成删除操作。

图 21-63　"编辑爆炸"对话框

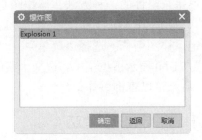

图 21-64　删除爆炸组件对话框

④ 隐藏爆炸：将当前爆炸图隐藏起来，使图形窗口中的组件恢复到爆炸前的状态。选择"菜单"→"装配"→"爆炸图"→"隐藏爆炸"命令即可。

⑤ 显示爆炸：将已建立的爆炸图显示在图形区中。选择"菜单"→"装配"→"爆炸图"→"显示爆炸"命令即可。

21.5.4　实例——柱塞泵爆炸图

扫一扫，看视频

本节将对柱塞泵的爆炸图进行详细的讲解。爆炸图是在装配模型中零部件按照装配关系偏离原来位置的拆分图形。通过爆炸视图可以方便查看装配中的零部件及其相互之间的装配关系，如图21-65所示。

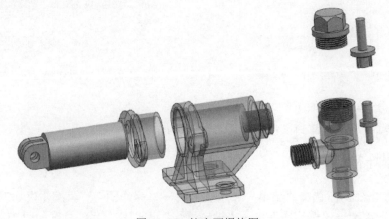

图 21-65　柱塞泵爆炸图

【操作步骤】

（1）打开文件

选择"菜单"→"文件"→"打开"命令，或者单击"主页"选项卡→"标准"组→"打开" 图标，打开"打开"对话框，选择随书资源"yuanwenjian\ch21\ zhusaibeng.prt"文件，单击"OK"按钮。

（2）建立爆炸视图。

① 选择"菜单"→"装配"→"爆炸图"→"新建爆炸"命令，或者单击"装配"选项卡→"爆炸图"组→"新建爆炸" 图标，打开"新建爆炸"对话框，如图 21-66 所示。

② 在"名称"文本框中可以输入爆炸视图的名称，或是接受默认名称。单击"确定"按钮，建立"Explosion 1"爆炸视图，此时绘图窗口中并没有什么变化，各个零部件并没有从它们的装配位置偏离。接下来就是将零部件都炸开，有两种方法：编辑爆炸视图和自动爆炸组件。

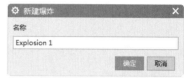

图 21-66 "新建爆炸"对话框

（3）自动爆炸组件

① 选择"菜单"→"装配"→"爆炸图"→"自动爆炸组件"命令，或者单击"装配"选项卡→"爆炸图"组→"自动爆炸组件" 图标，打开"类选择"对话框，如图 21-67 所示。

② 单击"全选"按钮，选择绘图窗口中所有组件，单击"确定"按钮，打开"自动爆炸组件"对话框，如图 21-68 所示，设置"距离"为 40。

图 21-67 "类选择"对话框

图 21-68 "自动爆炸组件"对话框

③ 单击"自动爆炸组件"对话框中"确定"按钮，完成自动爆炸组件操作，如图 21-69 所示。

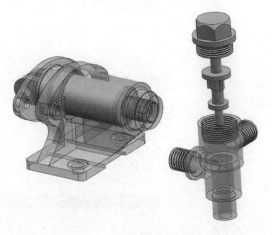

图 21-69　自动爆炸组件

图 21-70　"编辑爆炸"对话框

（4）编辑爆炸视图

① 选择"菜单"→"装配"→"爆炸图"→"编辑爆炸"命令，或者单击"装配"选项卡→"爆炸图"组→"编辑爆炸"🔧图标，打开"编辑爆炸"对话框，如图 21-70 所示。

② 在绘图窗口中单击左侧"柱塞"组件，然后在"编辑爆炸"对话框单击"移动对象"单选框，如图 21-71 所示。

③ 在绘图窗口中单击 Z 轴，如图 21-72 所示，激活"编辑爆炸"对话框中"距离"设定文本框，设定移动距离为−120，即沿 Z 轴负方向移动 120mm，如图 21-73 所示。

图 21-71　"移动对象"选项

图 21-72　点击 Z 轴

④ 单击"确定"按钮后，完成对柱塞组件爆炸位置的重定位，结果如图 21-74 所示。

（5）编辑"填料压盖"组件

重复调用"编辑爆炸"🔧命令，将填料压盖沿 Z 轴正向相对移动 10mm，如图 21-75 所示。结果如图 21-76 所示。

（6）编辑上下阀瓣以及阀盖三个组件

重复调用"编辑爆炸"🔧命令，将上、下阀瓣以及阀盖三个组件分别移动到适当位置，最终完成柱塞泵爆炸视图的绘制，结果如图 21-77 所示。

图 21-73　设定移动距离

图 21-74　编辑柱塞组件

图 21-75　设定移动距离

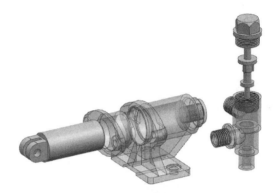

图 21-76　编辑填料压盖组件

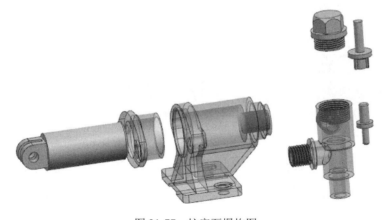

图 21-77　柱塞泵爆炸图

21.6　对象干涉检查

选择"菜单"→"分析"→"简单干涉"命令，打开如图 21-78（见下页）所示"简单干涉"对话框。该对话框提供了 2 种干涉检查结果对象的方法。

① 干涉体：该选项用于以产生干涉体的方式显示给用户发生干涉的对象。在选择了要检查的实体后，则会在工作区中产生一个干涉实体，以便用户快速地找到发生干涉的对象。

② 高亮显示的面对：该选项主要用于以加亮表面的方式显示给用户干涉的表面。选择要检查干涉的第一体和第二体，高亮显示发生干涉的面。

21.7 部件族

部件族提供通过一个模板零件快速定义一类类似的组件（零件或装配）族方法。该功能主要用于建立一系列标准件，可以一次生成所有的相似组件。

选择"菜单"→"工具"→"部件族"命令，打开如图21-79所示"部件族"对话框。

图 21-78　"简单干涉"对话框　　　　　图 21-79　"部件族"对话框

部分选项功能如下。

① 可导入部件族模板：该选项用于连接 UG/Manager 和 IMAN 进行产品管理，一般情况下，保持默认选项即可。

② 可用的列：该下拉列表框中列出了用来驱动系列组件的参数选项。

a. 表达式：选择表达式作为模板，使用不同的表达式值来生成系列组件。

b. 属性：将定义好的属性值设为模板，可以为系列件生成不同的属性值。

c. 组件：选择装配中的组件作为模板，用以生成不同的装配。

d. 镜像：选择镜像体作为模板，同时可以选择是否生成镜像体。

e. 密度：选择密度作为模板，可以为系列件生成不同的密度值。

f. 特征：选择特征作为模板，同时可以选择是否生成指定的特征。

选择相应的选项后，双击列表框中的选项或选中指定选项后单击"添加列"按钮，就可以将其添加到"选中的列"列表框中，"选中的列"中不需要的选项可以通过"移除列"按钮来删除。

③ 族保存目录：可以利用"浏览..."按钮来指定生成的系列件的存放目录。

④ 部件族电子表格：该选项组用于控制如何生成系列件。

a. 创建电子表格：选中该选项后，系统会自动调用 Excel 表格，选中的相应条目会被列举在其中，如图 21-80 所示。

图 21-80　创建 Excel 表格

b. 编辑电子表格：保存生成的 Excel 表格后，返回 UG 中，单击该按钮可以重新打开 Excel 表格进行编辑。

c. 删除族：删除定义好的部件族。

d. 取消：用于取消对于 Excel 的当前编辑操作，Excel 中还保持上次保存过的状态。一般在"确认部件"以后发现参数不正确，可以利用该选项取消编辑。

另外，如果在装配环境中加入了模板文件的主文件，系统会打开系列件选择对话框，用户可以自己指定需要导入的部件，完成装配。

21.8　装配信息查询

装配信息可以通过相关菜单命令来查询，选择"菜单"→"信息"→"装配"子菜单，如图 21-81 所示。

相关命令功能介绍如下。

① 列出组件：执行该命令后，系统会在信息窗口列出工作部件中各组件的相关信息，如图 21-82 所示，其中包括节点名、部件名、引用集名、组件名、单位和组件被加载的数量等信息。

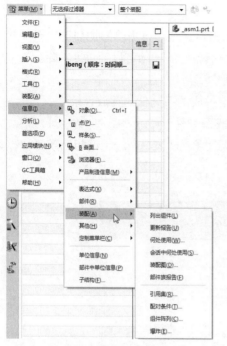

图 21-81　查询信息命令

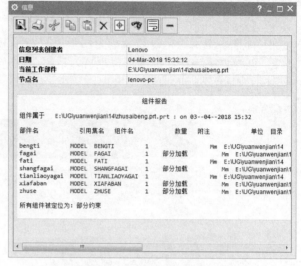

图 21-82　"列出组件"信息窗口

② 更新报告：执行该命令后，系统将会列出装配中各部件的更新信息，如图 21-83 所示，包括部件名、引用集名、加载的版本、更新、部件族成员状态以及状态字段中的注释等。

图 21-83　"更新报告"信息窗口

③ 会话中何处使用：执行该命令后，可以在当前装配部件中查找引用指定部件的所有装配。系统会打开如图 21-84 所示"会话中何处使用"对话框，在其中选择要查找的部件，选择指定部件后，系统会在信息窗口中列出引用当前所选部件的装配部件，如图 21-85 所示。信息包括装配部件名、状态和引用数量等。

图 21-84 "会话中何处使用"对话框

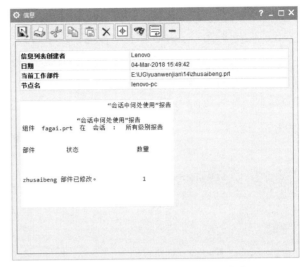

图 21-85 "会话中何处使用"信息窗口

④ 装配图：执行该命令后，系统打开如图 21-86 所示"装配图"对话框，在该对话框中设置完显示项目和相关信息后，指定一点用于放置装配结构图。

对话框上部是已选项目列表框，可以进行添加、删除信息操作，用于设置装配结构件要显示的内容和排列顺序。

对话框中部是当前部件属性列表框和属性名文本框。用户可以在属性列表框中选择属性直接加到项目列表框中，也可以在文本框中输入名称来获取。

对话框下部是指定图形的目标位置，可以将生成的图表放置在当前部件、存在的部件或者是新部件中。

如果要将生成的装配结构图形删除，选取"移除已有的图表"复选框即可。

⑤ 何处使用报告：执行该命令后，系统将查找出所有的引用指定部件的装配件。系统会打开如图 21-87 所示对话框。

对话框中主要选项功能。

a. 部件名：该文本框中用于输入要查找的部件名称，默认值为当前工作部件名称。

b．搜索选项

（a）按搜索文件夹：该选项用于在定义的搜寻目录中查找。

（b）搜索部件文件夹：该选项用于在部件所在的目录中查找。

（c）输入文件夹：该选项用于在指定的目录中查找。

c．选项：该选项用于定义查找装配的级别范围。

图 21-86 "装配图"对话框

（a）单一级别：该选项只用来查找父装配，而不包括父装配的上级装配。

（b）所有级别：该选项用来在各级装配中查找。

当输入部件名称和指定相关选项后，系统会在信息窗口中列出引用该部件的所有装配部件，包括信息列表创建者、日期、当前工作部件路径和引用的装配部件名等信息，如图 21-88 所示。

图 21-87   "何处使用报告"对话框   图 21-88   "何处使用报告"信息窗口

21.9   装配序列化

装配序列化的功能主要有两个：一个是规定一个装配的每个组件的时间与成本特性；另一个是用于表演装配顺序，指定一线的装配工人进行现场装配。

完成组件装配后，可建立序列化来表达装配各组件间的装配顺序。

选择"菜单"→"装配"→"序列"命令，或者单击"装配"选项卡→"常规"组→"序列" 图标，系统会自动进入序列环境并打开如图 21-89 所示的"主页"功能区。

图 21-89   "主页"功能区

下面介绍该功能区中主要选项的用法。

① 完成：选择" 完成"，退出序列化环境。

② 新建：选择"新建"图标 ，用于创建一个序列。系统会自动为这个序列命名为序列_1，以后新建的序列为序列_2、序列_3 等，依次增加。用户也可以自己修改名称。

③ 插入运动：选择该按钮，打开如图 21-90 所示的"录制组件运动"工具条。该工具

条用于建立一段装配动画模拟。

a. ⊞选择对象：单击该图标，选择需要运动的组件对象。

b. ⊡移动对象：单击该图标，用于移动组件。

c. ⊡只移动手柄：单击该图标，用于移动坐标系。

d. ⊡运动录制首选项：单击该图标，打开如图21-91所示的"首选项"对话框。该对话框用于指定步进的精确程度和运动动画的帧数。

e. ⊡拆卸：单击该按钮，拆卸所选组件。

f. ⊡摄像机：单击该按钮，用来捕捉当前的视角，以便于回放的时候在合适的角度观察运动情况。

④ ⊡装配：选择"装配"⊡图标，打开"类选择"对话框，按照装配步骤选择需要添加的组件，该组件会自动出现在视图区右侧。用户可以依次选择要装配的组件，生成装配序列。

⑤ ⊡一起装配：选择"一起装配"⊡图标，用于在视图区选择多个组件，一次全部进行装配。"装配"功能只能一次装配一个组件，该功能在"装配"功能选中之后可选。

⑥ ⊡拆卸：选择"拆卸"⊡图标，在视图区选择要拆卸的组件，该组件会自动恢复到绘图区左侧。该功能主要是模拟反装配的拆卸序列。

⑦ ⊡一起拆卸：选择"一起拆卸"⊡图标，一起装配的反过程。

⑧ ⊡记录摄像位置：选择"记录摄像位置"⊡图标，用于为每一步序列生成一个独特的视角。当序列演变到该步时，自动转换到定义的视角。

⑨ ⊡插入暂停：选择"插入暂停"⊡图标，则系统会自动插入暂停并分配固定的帧数，当回放的时候，系统看上去像暂停一样，直到走完这些帧数。

⑩ ⊡删除：选择"删除"⊡图标，用于删除一个序列步。

⑪ ⊡在序列中查找：选择"在序列中查找"⊡图标，打开"类选择"对话框，可以选择一个组件，然后查找应用了该组件的序列。

⑫ ⊡显示所有序列：选择"显示所有序列"⊡图标，显示所有的序列。

⑬ ⊡捕捉布置：选择"捕捉布置"⊡图标，可以把当前的运动状态捕捉下来，作为一个装配序列。用户可以为这个排列取一个名字，系统会自动记录这个排列。

定义完成序列以后，用户就可以通过如图21-92所示的"回放"组来播放装配序列。在最左边的是设置当前帧数，在最右边的是播放速度调节，从1到10，数字越大，播放的速度就越快。

图21-90　"录制组件运动"工具条　　图21-91　"首选项"对话框

图21-92　"回放"组

21.10 综合实例——表装配

扫一扫，看视频

前文讲述了表的各个部件的创建，本节将介绍如何对其进行装配（中心配对、距离配对、面配对等）。首先依次添加各零件，然后分别添加对应配合关系，完成装配，如图 21-93 所示。

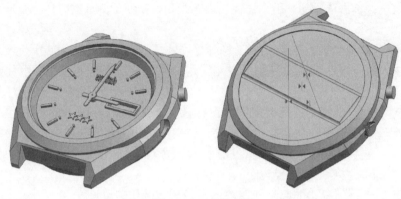

图 21-93　表装配图

 【操作步骤】

（1）创建装配文件

选择"菜单"→"文件"→"新建"命令，或者单击"主页"选项卡→"标准"组→"新建" 📄 图标，弹出"新建"对话框，如图 21-94 所示。在"模板"选项组中选择"装配"，在"名称"文本框中输入"biao"，单击"确定"按钮，进入装配环境。

图 21-94　"新建"对话框

（2）添加表壳

① 选择"菜单"→"装配"→"组件"→"添加组件"命令，或者单击"装配"选项卡→"组件"组→"添加"  图标，弹出"添加组件"对话框，如图 21-95 所示。

② 单击"打开"按钮，弹出"部件名"对话框。根据部件的存放路径选择部件 biaoke，单击 OK 按钮，在绘图区指定放置组件的位置，弹出"组件预览"窗口，如图 21-96 所示。

③ 在"添加组件"对话框中的"组件锚点"下拉菜单中选择"绝对坐标系"，单击"点对话框"按钮，打开"点"对话框，将点位置设置为坐标原点，单击"确定"按钮，将表壳添加到装配环境中的原点处，如图 21-97 所示。

图 21-95 "添加组件"对话框

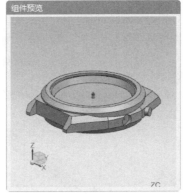

图 21-96 "组件预览"窗口

图 21-97 添加表壳

（3）添加表面并装配

① 选择"菜单"→"装配"→"组件"→"添加组件"命令，或者单击"装配"选项卡→"组件"组→"添加"  图标，弹出"添加组件"对话框。

② 单击"打开"按钮，弹出"部件名"对话框。根据部件的存放路径选择部件 biaomian，单击 OK 按钮，在绘图区指定放置组件的位置，弹出"组件预览"窗口。

③ 在"添加组件"对话框中的"放置"选项卡中选择"约束"。在"约束类型"选项卡中选择"接触对齐"，"方位"设置为"自动判断中心/轴"，选择表壳圆柱面和表面的圆柱面，

如图 21-98 所示。

④ 在"约束类型"列表框中选择"接触对齐","方位"设置为"接触",选择如图 21-98 所示的表壳接触面和表面上的接触面,单击"确定"按钮,结果如图 21-99 所示。

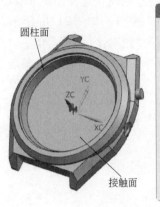
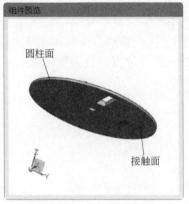

图 21-98　装配示意图　　　　　　　　　　　　　　　　图 21-99　装配表面

（4）添加时针并装配

① 选择"菜单"→"装配"→"组件"→"添加组件"命令,或者单击"装配"选项卡→"组件"组→"添加" 图标,弹出"添加组件"对话框。

② 单击"打开"按钮,弹出"部件名"对话框。根据部件的存放路径选择部件 shizhen,单击 OK 按钮,在绘图区指定放置组件的位置,弹出"组件预览"窗口。

③ 在"添加组件"对话框中的"放置"选项卡中选择"约束"。

④ 在"约束类型"列表框中选择"接触对齐","方位"设置为"自动判断中心/轴",选择如图 21-100 所示的表壳圆柱面和时针的圆柱面。

⑤ 在"约束类型"列表框中选择"接触对齐","方位"设置为"接触",选择如图 21-100 所示的表壳接触面和时针接触面,单击"确定"按钮,结果如图 21-101 所示。

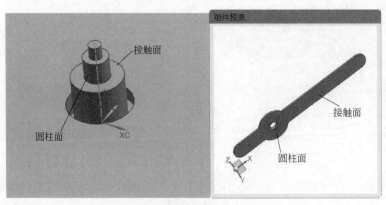

图 21-100　装配示意图　　　　　　　　　　　　　　　　图 21-101　装配时针

（5）添加分针并装配

① 选择"菜单"→"装配"→"组件"→"添加组件"命令,或者单击"装配"选项卡→"组件"组→"添加" 图标,弹出"添加组件"对话框。

② 单击"打开"按钮，弹出"部件名"对话框。根据部件的存放路径选择部件 fenzhen，单击 OK 按钮，在绘图区指定放置组件的位置，弹出"组件预览"窗口。

③ 在"添加组件"对话框中的"放置"选项卡中选择"约束"。

④ 在"约束类型"列表框中选择"接触对齐"，"方位"设置为"自动判断中心/轴"，选择如图 21-102 所示的表壳圆柱面和分针的圆柱面。

⑤ 在"约束类型"列表框中选择"接触对齐"，"方位"设置为"接触"，选择如图 21-102 所示的表壳接触面和分针接触面。

⑥ 在"约束类型"列表框中选择"角度"，设置"角度"为180°，选择如图 21-102 所示的表面角度配合面和分针配合面，单击"确定"按钮，结果如图 21-103 所示。

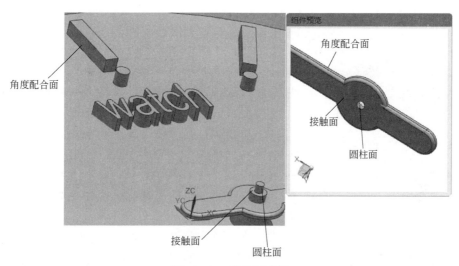

图 21-102　装配示意图

（6）添加五角星并装配

① 选择"菜单"→"装配"→"组件"→"添加组件"命令，或者单击"装配"选项卡→"组件"组→"添加" 图标，弹出"添加组件"对话框。

② 单击"打开"按钮，弹出"部件名"对话框。根据部件的存放路径选择部件 wujiaoxing，单击 OK 按钮，在绘图区指定放置组件的位置，弹出"组件预览"窗口。

图 21-103　装配分针

③ 在"添加组件"对话框中的"放置"选项卡中选择"约束"。

④ 在"约束类型"列表框中选择"接触对齐"，"方位"设置为"接触"，选择如图 21-104 所示的表壳接触面和五角星接触面。

⑤ 在"约束类型"列表框中选择"距离"，选择如图 21-104 所示五角星上的点和表面上的距离面 1，设置距离为 4，单击"应用"按钮。

⑥ 在"约束类型"列表框中选择"距离"，选择如图 21-104 所示五角星上的点和表面上的距离面 2，设置距离为-3.5，单击"确定"按钮，结果如图 21-105 所示。

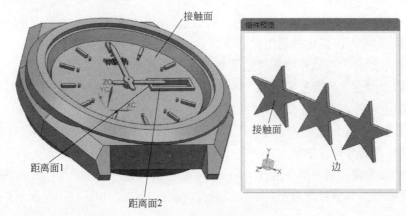

图 21-104　装配示意图

图 21-105　装配五角星

（7）添加前表盖并装配

① 选择"菜单"→"装配"→"组件"→"添加组件"命令，或者单击"装配"选项卡→"组件"组→"添加" 图标，弹出"添加组件"对话框。

② 单击"打开"按钮，弹出"部件名"对话框。根据部件的存放路径选择部件 biaoqiangai，单击 OK 按钮，在绘图区指定放置组件的位置，弹出"组件预览"窗口。

③ 在"添加组件"对话框中的"放置"选项卡中选择"约束"。

④ 在"约束类型"列表框中选择"接触对齐"，"方位"设置为"自动判断中心/轴"，选择如图 21-106 所示的表壳圆柱面和前表盖的圆柱面。

⑤ 在"约束类型"列表框中选择"接触对齐"，"方位"设置为"接触"，选择如图 21-106 所示的表壳接触面和前表盖接触面，单击"确定"按钮，结果如图 21-107 所示。

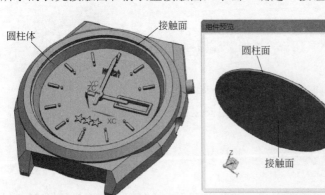

图 21-106　装配示意图

图 21-107　装配前表盖

（8）添加后表盖并装配

① 选择"菜单"→"装配"→"组件"→"添加组件"命令，或者单击"装配"选项卡→"组件"组→"添加" 图标，弹出"添加组件"对话框。

② 单击"打开"按钮，弹出"部件名"对话框。根据部件的存放路径选择部件后 houbiaogai，

单击 OK 按钮，在绘图区指定放置组件的位置，弹出"组件预览"窗口。

③ 在"添加组件"对话框中的"放置"选项卡中选择"约束"。

④ 在"约束类型"列表框中选择"接触对齐"，"方位"设置为"自动判断中心/轴"，选择如图 21-108 所示的表壳圆柱面和后表盖的圆柱面。

⑤ 在"约束类型"列表框中选择"接触对齐"，"方位"设置为"接触"，选择如图 23-108 所示的表壳接触面和后表盖接触面，单击"确定"按钮，结果如图 21-109 所示。

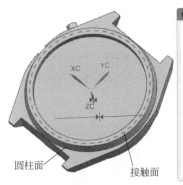

图 21-108 装配示意图

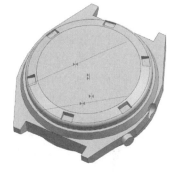

图 21-109 装配后表盖

（9）添加旋钮并装配

① 选择"菜单"→"装配"→"组件"→"添加组件"命令，或者单击"装配"选项卡→"组件"组→"添加" 图标，弹出"添加组件"对话框。

② 单击"打开"按钮，弹出"部件名"对话框。根据部件的存放路径选择部件 xuanniu，单击 OK 按钮，在绘图区指定放置组件的位置，弹出"组件预览"窗口。

③ 在"添加组件"对话框中的"放置"选项卡中选择"约束"。

④ 在"约束类型"列表框中选择"接触对齐"，"方位"设置为"自动判断中心/轴"，选择如图 21-110 所示的表壳圆柱面和旋钮的圆柱面。

⑤ 在"约束类型"列表框中选择"接触对齐"，"方位"设置为"接触"，选择如图 21-110 所示的表壳接触面和旋钮接触面，单击"确定"按钮，结果如图 21-111 所示。

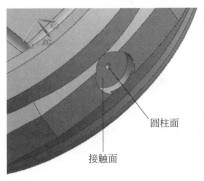

图 21-110 装配示意图

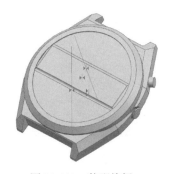

图 21-111 装配旋钮

上 机 操 作

【实例1】装配如图 21-112 所示的笔

（1）目的要求

通过本练习，帮助读者掌握模型装配的基本方法和技巧。

（2）操作提示

① 利用"添加组件"命令，以绝对原点定位方式将笔壳放置在坐标原点处。

② 利用"添加组件"命令，以"约束"定位方式添加笔芯；选择笔壳外圆柱面和笔芯外圆柱面，在"添加组件"对话框中选择"接触对齐"类型，自动判断中心/轴方位；选择距离类型，选择如图 21-113 所示的面作为距离面，距离为 2。

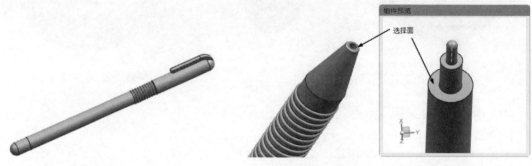

图 21-112　笔　　　　　　　　　　　　　图 21-113　选择面 1

③ 利用"添加组件"命令，以"根据约束"定位方式添加笔后盖；选择笔壳外圆柱面和笔后盖外圆柱面，在"添加组件"对话框中选择"接触对齐"类型，自动判断中心/轴方位；选择如图 21-114 所示的面作为接触面，在"添加组件"对话框中选择"接触对齐"类型，自动判断中心/轴方位。

④ 利用"添加组件"命令，以"约束"定位方式添加笔前端盖；选择笔壳外圆柱面和笔前端盖外圆柱面，在"添加组件"对话框中选择"接触对齐"类型，自动判断中心/轴方位；选择"距离"类型，选择如图 21-115 所示的面作为距离面，距离为 30。

 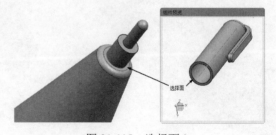

图 21-114　选择面 2　　　　　　　　　　图 21-115　选择面 3

【实例2】爆炸如图 21-116 所示的挂轮架

（1）目的要求

通过本练习，帮助读者掌握装配体爆炸的基本方法和技巧。

（2）操作提示

① 利用"打开"命令，打开"gualunjia.prt"，如图 21-116 所示。

② 利用"新建爆炸"命令，以系统默认的名称 Explosion 1 创建爆炸图。

③ 利用"自动爆炸组件"命令，设置"chabing"零件爆炸后距离为 5mm，如图 21-117 所示。

④ 利用"编辑爆炸"命令，将"lunzi"和"dianquan"零件移动，完成挂轮架的爆炸，如图 21-118 所示。

图 21-116　挂轮架　　　　图 21-117　完成初步爆炸后示意图　　　　图 21-118　最终爆炸视图

第22章
工程图

UG NX 12.0的工程图是为了满足用户的二维出图功能。尤其是对传统的二维设计用户来说，很多工作还需要二维工程图。利用UG建模功能创建的零件和装配模型，可以被引用到UG制图功能中，快速生成二维工程图，UG制图功能模块建立的工程图是由投影三维实体模型得到的，因此，二维工程图与三维实体模型完全关联。模型的任何修改都会引起工程图的相应变化。本章中简要介绍了UG制图中的常用功能。

学习要点

了解工程图界面

学习工程图参数设置

掌握视图管理、视图编辑、工程图的标注

22.1 工程图概述

在下拉菜单栏中选择"菜单"→"文件"→"新建"命令，在"新建"对话框中选择"图纸"选项卡，选择适当模板，单击"确定"按钮，即可启动 UG 工程制图模块，进入工程制图界面，如图 22-1 所示。

UG 工程绘图模块提供了自动视图布置、剖视图、各向视图、局部放大图、局部剖视图、自动、手工尺寸标注、形位公差、表面粗糙度符号标注、支持 GB、标准汉字输入、视图手工编辑、装配图剖视、爆炸图、明细表自动生成等功能。

具体各操作说明如下。

① 功能区操作（图 22-2～图 22-4）。将每个应用程序中相关功能的命令组织为组。

② 制图导航器操作（图 22-5、图 22-6）。和建模环境一样，用户同样可以通过图纸导航起来操作图纸。对应于每一幅图纸也会有相应的父子关系和细节窗口可以显示。在图纸导航器上同样有很强大的快捷菜单命令功能（单击鼠标右键即可实现）。对于不同层次，单击鼠标右键后打开的快捷菜单功能是不一样的。

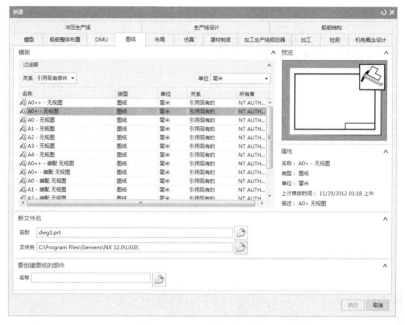

图 22-1 工程制图界面

图 22-2 "主页"选项卡

图 22-3 "制图工具"选项卡

图 22-4 "视图"选项卡

图 22-5 部件导航器

图 22-6 导航器上快捷菜单

22.2 工程图参数预设置

在添加视图时，应预先设置工程图的有关参数。设置符合国标的工程图尺寸、控制工程图的风格。以下对一些常用的工程图参数设置进行简单介绍，其他用户可以参考帮助文件。

制图首选项的设置是对包括尺寸参数、文字参数、单位和视图参数等制图注释参数的预设置。选择"菜单"→"首选项"→"制图"命令，系统弹出如图 22-7 所示"制图首选项"对话框。该对话框中包含了 10 个选项卡，用户选取相应的选项卡，对话框中就会出现相应的选项。

下面介绍常用的几种参数的设置方法。

① 尺寸：设置尺寸相关的参数的时候，根据标注尺寸的需要，用户可以利用对话框中上部的尺寸和直线/箭头工具条进行设置。在尺寸设置中主要有以下几个设置选项。

a. 尺寸线：根据标注的尺寸的需要，勾选箭头之间是否有线，或者修剪尺寸线。

b. 方向和位置：在下拉列表中可以选择 5 种文本的放置位置，如图 22-8 所示。

图 22-7 "制图首选项"对话框

图 22-8 尺寸值的放置位置

c. 公差：可以设置最高 6 位的精度和 11 种类型的公差，图 22-9 显示了可以设置的 11 种类型的公差的形式。

d. 倒斜角：系统提供了 4 种类型的倒斜角样式，可以设置分割线样式和间隔，也可以设置指引线的格式。

② 公共："直线/箭头"选项卡如图 22-10 所示。

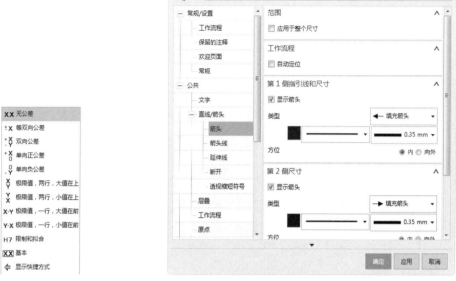

图 22-9　11 种公差形式　　　　图 22-10　"直线/箭头"选项

　　a．箭头：该选项用于设置剖视图中的截面线箭头的参数，用户可以改变箭头的大小、长度以及角度。

　　b．箭头线：该选项用于设置截面的延长线的参数。用户可以修改剖面延长线长度以及图形框之间的距离。

　　直线和箭头相关参数的设置可以设置尺寸线箭头的类型和形状参数，同时还可以设置尺寸线，延长线和箭头的显示颜色、线形和线宽。在设置参数时，用户根据要设置的尺寸和箭头的形式，在对话框中选择箭头的类型，并且输入箭头的参数值。如果需要，还可以在下部的选项中改变尺寸线和箭头的颜色。

　　c．文字：设置文字相关的参数时，用户可以设置 4 种"文字类型"选项参数：尺寸、附加的、公差和一般。设置文字参数时，先选择文字对齐位置和文本对准方式，再选择要设置的"文字类型"参数，最后在"文字大小""间隙因子""宽高比"和"行间距因子"等文本框中输入设置参数，这时用户可在预览窗口中看到文字的显示效果。

　　d．符号：符号参数选项可以设置符号的颜色、线型和线宽等参数。

　　③ 注释：设置各种标注的颜色、线条和线宽。

　　剖面线/区域填充：用于设置各种填充线/剖面线样式和类型，并且可以设置角度和线型。在此选项卡中设置了区域内应该填充的图形以及比例和角度等，如图 22-11 所示。

　　④ 表：用于设置二维工程图表格的格式、文字标注等参数。

　　a．零件明细表：用于指定生成明细表时，默认的符号、标号顺序、排列顺序和更新控制等。

　　b．单元格：用来控制表格中每个单元格的格式、内容和边界线设置等。

图 22-11　"剖面线/区域填充"选项

22.3 图纸管理

在 UG 中，任何一个三维模型，都可以通过不同的投影方法、不同的图样尺寸和不同的比例创建灵活多样的二维工程图。本节包括了工程图纸的创建、打开、删除和编辑。

22.3.1　新建工程图

选择"菜单"→"插入"→"图纸页"命令，或者单击"主页"选项卡→"新建图纸页" 图标，打开如图 22-12 所示"工作表"对话框。

对话框部分选项功能介绍如下。

（1）大小

① 使用模板：选择此选项，在该对话框中选择所需的模板即可。

② 标准尺寸：选择此选项，通过图 22-12 所示的对话框设置标准图纸的大小和比例。

③ 定制尺寸：选择此选项，通过此对话框可以自定义设置图纸的大小和比例。

④ 大小：用于指定图纸的尺寸规格。

⑤ 比例：用于设置工程图中各类视图的比例大小，系

图 22-12　"工作表"对话框

统默认的设置比例为 1∶1。

（2）图纸页名称

该文本框中用来输入新建工程图的名称。名称最多可包含 30 个字符，但不允许含有空格，系统自动将所有字符转换成大写方式。

（3）投影

该选项用来设置视图的投影角度方式。系统提供的投影角度分为"第三角投影"和"第一角投影"两种。

22.3.2　编辑工程图

在进行视图添加及编辑过程中，有时需要临时添加剖视图、技术要求等，那么新建过程中设置的工程图参数可能无法满足要求（例如比例不适当），这时需要对已有的工程图进行修改编辑。

选择"菜单"→"编辑"→"图纸页"命令，打开图 22-12 所示"工作表"对话框。在对话框中修改已有工程图的名称、尺寸、比例和单位等参数。完成修改后，系统会按照新的设置对工程图进行更新。需要注意：在编辑工程图时，投影角度参数只能在没有产生投影视图的情况下进行修改；否则，需要删除所有的投影视图后执行投影视图的编辑。

22.4　视图管理

创建完工程图之后，就应该在图纸上绘制各种视图来表达三维模型。生成各种投影是工程图最核心的问题，UG 制图模块提供了各种视图的管理功能，包括添加各种视图、对齐视图和编辑视图等。

22.4.1　建立基本视图

选择"菜单"→"插入"→"视图"→"基本视图"命令，或者单击"主页"选项卡→"视图"组→"基本视图" 图标，打开如图 22-13 所示"基本视图"对话框。

对话框部分选项功能介绍如下。

① 放置方法：指定视图对齐方法。

a. 自动判断：通过当前视图位置自动判断最佳放置方法，并使用该方法对齐视图。

b. 水平：将所选视图与另一视图水平对齐。

c. 竖直：将所选视图与另一视图竖直对齐。

d. 垂直于直线：将所选视图与指定的与另一视图相关的参考线垂直对齐。使用指定矢量指定直线。

e. 叠加：将所选视图与另一视图水平/竖直对齐，以便使视图相互叠加。

② 要使用的模型视图：该选项包括俯视图、左视图、前视图、正等轴测图等 8 种基本视图的投影。

③ 比例：该选项用于指定添加视图的投影比例，其中共有 9 种方式，如果是表达式，用户可以指定视图比例和实体的一个表达式保持一致。

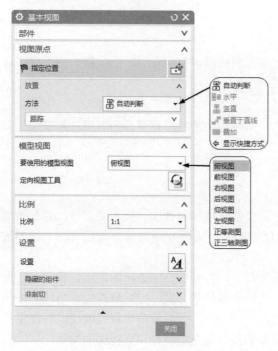

图 22-13　"基本视图"对话框

图 22-14　"定向视图工具"对话框

④ 定向视图工具：单击该按钮，打开如图 22-14 所示"定向视图工具"对话框，用于设置定向视图的投影方向。

22.4.2　投影视图

选择"菜单"→"插入"→"视图"→"投影"命令，或者单击"主页"选项卡→"视图"组→"投影视图" 图标，打开如图 22-15 所示"投影视图"对话框。

部分选项功能如下。

① 父视图：该选项用于在绘图工作区选择视图作为基本视图（父视图），并从它投影出其他视图。

② 铰链线：选择父视图后，定义折页线图标会被自动激活，所谓折页线就是与投影方向垂直的线。用户也可以单击该图标来定义一个指定的、相关联的折页线方向。如不满足要求用户还可以使用"反向"图标进行调整。

22.4.3　局部放大视图

选择"菜单"→"插入"→"视图"→"局部放大图"命令，或者单击"主页"选项卡→"视图"组→"局部放大图" 图标，打开如图 22-16 所示"局部放大图"对话框。

部分选项功能如下。

① 圆形：在父视图中选择了局部放大部位的中心点后，拖动鼠标来定义圆周视图边界的大小。

② 按拐角绘制矩形：通过选择对角线上的两个拐点创建矩形局部放大图边界。

③ 按中心和拐角绘制矩形：通过选择一个中心点和一个拐角点创建矩形局部放大图边界。

图 22-15 "投影视图"对话框

图 22-16 "局部放大图"对话框

22.4.4 剖视图

选择"菜单"→"插入"→"视图"→"剖视图"命令，或者单击"主页"选项卡→"视图"组→"剖视图"图标，打开如图 22-17 所示"剖视图"对话框。

部分选项功能如下。

（1）截面线

① 定义：包括动态和选择现有的两种。如果选择"动态"，根据创建方法，系统会自动创建截面线，将其放置到适当位置即可；如果选择现有的，根据截面线创建剖视图。

② 方法：在列表中选择创建剖视图的方法，包括简单剖/阶梯剖、半剖、旋转和点到点。

（2）铰链线

① 矢量选项：包括自动判断和已定义。

② 自动判断：为视图自动判断铰链线和投影方向。

③ 已定义：允许为视图手工定义铰链线和投影方向。

④ 反转剖切方向：反转剖切线箭头的方向。

（3）设置

非剖切：在视图中选择不剖切的组件或实体，做不剖处理。

图 22-17 "剖视图"对话框

隐藏的组件：在视图中选择要隐藏的组件或实体，使其不可见。

22.4.5　局部剖视图

选择"菜单"→"插入"→"视图"→"局部剖"命令，或者单击"主页"选项卡→"视图"组→"局部剖视图" 图标，打开如图 22-18 所示的"局部剖"对话框。该对话框用于通过任何父图纸视图中移除一个部件区域来创建一个局部剖视图。其示意图如图 22-19 所示。

图 22-18　"局部剖"对话框

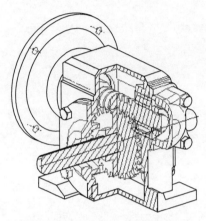

图 22-19　"局部剖"示意图

对话框中的功能选项说明如下。

① 创建：激活局部剖视图创建步骤。

② 编辑：修改现有的局部剖视图。

③ 删除：从主视图中移除局部剖。

④ 选择视图：用于选择要进行局部剖切的视图。

⑤ 指出基点：用于确定剖切区域沿拉伸方向开始拉伸的参考点，该点可通过"捕捉点"工具栏指定。

⑥ 指出拉伸矢量：用于指定拉伸方向，可用矢量构造器指定，必要时可使拉伸反向，或指定为视图法向。

⑦ 选择曲线：用于定义局部剖切视图剖切边界的封闭曲线。当选择错误时，可单击"取消选择上一个"按钮，取消上一个选择。定义边界曲线的方法是：在进行局部剖切的视图边界上单击鼠标右键，在打开的快捷菜单中选择"扩展成员视图"，进入视图成员模型工作状态。用曲线功能在要产生局部剖切的位置创建局部剖切边界线。完成边界线的创建后，在视图边界上单击鼠标右键，再从快捷菜单中选择"扩展成员视图"命令，恢复到工程图界面。这样，就建立了与选择 视图相关联的边界线。

⑧ 修改边界曲线：用于修改剖切边界点，必要时可用于修改剖切区域。

⑨ 切穿模型：勾选该复选框，则剖切时完全穿透模型。

22.4.6　实例——创建轴承座视图

本例主要介绍工程制图模块的各项功能，包括创建视图、视图预设置、投影等制图操作，最后生成如图 22-20 所示工程视图。

扫一扫，看视频

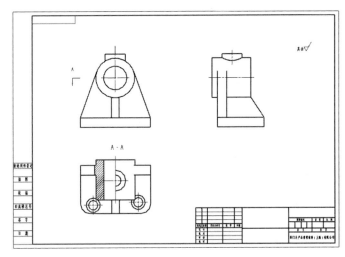

图 22-20　轴承座工程视图

【操作步骤】

（1）新建文件

选择"菜单"→"文件"→"新建"命令，或者单击"主页"选项卡→"新建" 📄图标，打开"新建"对话框。在"图纸"选项卡中选择"A3-无视图"模板。在"要创建图纸的部件"栏中单击"打开"按钮，打开"选择主模型部件"对话框，单击"打开"按钮，打开"部件名"对话框，选择要创建工程图的"zhouchengzuo"零件，然后单击"确定"按钮。进入制图界面。

（2）制图参数预设置

① 选择"菜单"→"首选项"→"制图"命令，打开"制图首选项"对话框，如图 22-21 所示。

图 22-21　制图首选项

② 选择"视图"→"表区域驱动"→"标签"选项，去除前缀；在"格式"选项，"位置"下拉列表中选择"上面"，选择"尺寸"→"文本"→"尺寸文本"选项，修改高度为7.5；选

一站式高效学习一本通

择"公共"→"文字"选项，修改高度为 5.5（若仍须修改大小，可选择对象后，单击鼠标右键，选择"设置"，修改大小），单击"确定"按钮，关闭"制图首选项"对话框。

（3）建立基本视图

① 选择"菜单"→"插入"→"视图"→"基本"命令，或者单击"主页"选项卡→"视图"组→"基本视图" 图标，打开"基本视图"对话框，如图 22-22 所示。

② 在"要使用的模型视图"下拉列表中选择"俯视图"，"比例"为"1∶1"，选择合适的位置后单击鼠标左键放置，如图 22-23 所示。

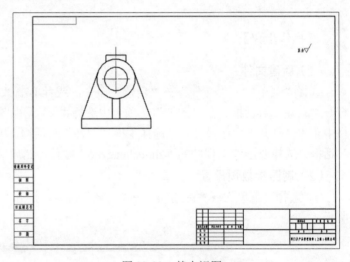

图 22-22　"基本视图"对话框　　　　　　　　图 22-23　基本视图

（4）建立投影视图

① 选择"菜单"→"插入"→"视图"→"投影"命令，或者单击"主页"选项卡→"视图"组→"投影视图" 图标。打开"投影视图"对话框，如图 22-24 所示。

② 选择"基本视图"为"父视图"，"放置方法"选择"自动判断"，在"基本视图"右侧选择合适的地方，单击鼠标左键放置。如图 22-25 所示。

（5）建立剖视图

① 选择"菜单"→"插入"→"视图"→"剖视图"命令，或者单击"主页"选项卡→"视图"组→"剖视图" 图标，打开"剖视图"对话框，如图 22-26 所示。

② 在"截面线"选项"定义"下拉列表中选择"动态"，"方法"下拉列表中选择"半剖"，选择"基本视图"为"父视图"，选择"基本视图"的圆中心和底边的中点为截面线段的位置，并在"基本视图"下方放置"半剖视图"，如图 22-27 所示。

图 22-24　"投影视图"对话框

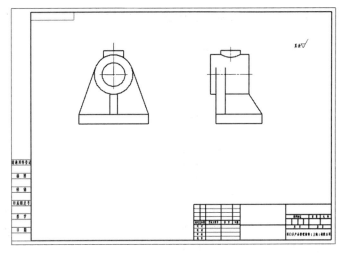

图 22-25　投影视图

图 22-26　"剖视图"对话框

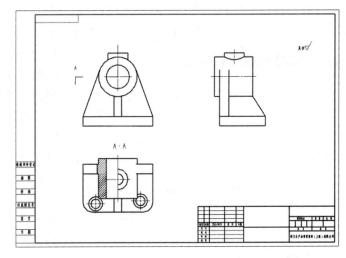

图 22-27　半剖视图

22.5　视图编辑

选中需要编辑的视图，在其中单击右键打开快捷菜单（图 22-28），可以更改视图样式、添加各种投影视图等。

视图的详细编辑命令集中在"菜单"→"编辑"→"视图"子菜单下，如图 22-29 所示。

图 22-28　快捷菜单

图 22-29　"视图"子菜单

22.5.1　对齐视图

一般而言，视图之间应该对齐，但 UG 在自动生成视图时是可以任意放置的，需要用户根据需要进行对齐操作。在 UG 制图中，用户可以拖动视图，系统会自动判断用户意图（包括中心对齐、边对齐多种方式），并显示可能的对齐方式，基本上可以满足用户对于视图放置的要求。

选择"菜单"→"编辑"→"视图"→"对齐"命令，打开如图 22-30 所示的"视图对齐"对话框。该对话框用于调整视图位置，使之排列整齐。

对话框中部分选项说明如下。列表框：在列表框中列出了所有可以进行对齐操作的视图。

（1）方法

① 叠加：即重合对齐，系统会将视图的基准点进行重合对齐。

② 水平：系统会将视图的基准点进行水平对齐。

③ 竖直：系统会将视图的基准点进行竖直对齐。它与"水平对齐"都是较为

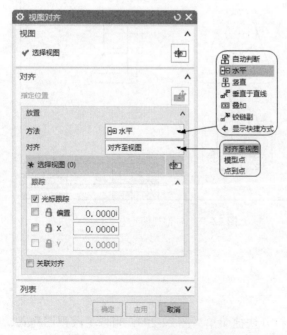

图 22-30　"视图对齐"对话框

常用的对齐方式。

④ 🖳垂直于直线：系统会将视图的基准点垂直于某一直线对齐。

⑤ 🖳自动判断：该选项中，系统会根据选择的基准点，判断用户意图，并显示可能的对齐方式。

（2）对齐

① 对齐至视图：用于选择视图对齐视图。

② 模型点：使用模型上的点对齐视图。

③ 点到点：移动视图上的一个点到另一个指定点来对齐视图。

22.5.2　视图相关编辑

选择"菜单"→"编辑"→"视图"→"视图相关编辑"命令，或者单击"主页"选项卡→"视图"组→"编辑视图"下拉菜单→"视图相关编辑"🖳图标，打开如图 22-31 所示的"视图相关编辑"对话框。该对话框用于编辑几何对象在某一视图中的显示方式，而不影响在其他视图中的显示。

对话框中的相关选项如下。

（1）添加编辑

① 🖳擦除对象：擦除选择的对象，如曲线、边等。擦除并不是删除，只是使被擦除的对象不可见而已，使用"删除选择的擦除"命令可使被擦除的对象重新显示。若要擦除某一视图中的某个对象，则先选择视图；而若要擦除所有视图中的某个对象，则先选择图纸，再选择此功能，然后选择要擦除的对象并单击"确定"按钮，则所选择的对象即被擦除。

② 🖳编辑完整对象：编辑整个对象的显示方式，包括颜色、线型和线宽。单击该按钮，设置颜色、线型和线宽后单击"应用"按钮，打开"类选择"对话框，选择要编辑的对象并单击"确定"按钮，则所选对象就会按照设置的颜色、线型和线宽显示。如要隐藏选择的视图对象，只需将所选对象的颜色设置为与视图背景色相同即可。

图 22-31　"视图相关编辑"对话框

③ 🖳编辑着色对象：编辑着色对象的显示方式。单击该按钮，设置颜色后单击"应用"按钮，打开"类选择"对话框。选择要编辑的对象并单击"确定"按钮，则所选的着色对象就会按照设置的颜色显示。

④ 🖳编辑对象分段：编辑部分对象的显示方式，用法与编辑整个对象相似。在选择编辑对象后，可选择一个或两个边界，则只编辑边界内的部分。

⑤ 🖳编辑截面视图背景：编辑剖视图背景线。在建立剖视图时，可以有选择地保留背景线；而使用背景线编辑功能，不但可以删除已有的背景线，还可添加新的背景线。

（2）删除编辑

① 🖳删除选定的擦除：恢复被擦除的对象。单击该按钮，将高显已被擦除的对象，从中选择要恢复显示的对象并确认即可。

② ▯-▯删除选定的编辑：恢复部分编辑对象在原视图中的显示方式。

③ ▯-▯删除所有编辑：恢复所有编辑对象在原视图中的显示方式。单击该按钮，在打开的警告对话框中单击"是"按钮，则恢复所有编辑；单击"否"按钮，则不恢复。

（3）转换相依性

① ⬚模型转换到视图：将模型中单独存在的对象转换到指定视图中，且对象只出现在该视图中。

② ⬚视图转换到模型：将视图中单独存在的对象转换到模型视图中。

22.5.3　移动/复制视图

选择"菜单"→"编辑"→"视图"→"移动/复制"命令，或者单击"主页"选项卡→"视图"组→"编辑视图"下拉菜单→"移动/复制视图" ⬚图标，打开如图 22-32 所示的"移动/复制视图"对话框。该对话框用于在当前图纸上移动或复制一个或多个选定的视图，或者把选定的视图移动或复制到另一张图纸中。

对话框中的功能选项说明如下。

① ⬚至一点：移动或复制选定的视图到指定点，该点可用光标或坐标指定。

② ⬚水平的：在水平方向上移动或复制选定的视图。

③ ⬚竖直的：在竖直方向上移动或复制选定的视图。

④ ⬚垂直于直线：在垂直于指定方向移动或复制视图。

⑤ ⬚至另一图纸：移动或复制选定的视图到另一张图纸中。

⑥ 复制视图：勾选该复选框，用于复制视图，否则移动视图。

⑦ 距离：勾选该复选框，用于输入移动或复制后的视图与原视图之间的距离值。若选择多个视图，则以第一个选定的视图作为基准，其他视图将与第一个视图保持指定的距离。若不勾选该复选框，则可移动光标或输入坐标值指定视图位置。

22.5.4　视图边界

选择"菜单"→"编辑"→"视图"→"边界"命令，或者单击"主页"选项卡→"视图"组→"编辑视图"下拉菜单→"视图边界" ⬚图标，或在要编辑视图边界的视图的边界上单击鼠标右键，在打开的菜单中选择"视图边界"命令，打开如图 22-33 所示的"视图边界"对话框。该对话框用于重新定义视图边界，既可以缩小视图边界只显示视图的某一部分，也可以放大视图边界显示所有视图对象。

对话框中的相关选项如下。

（1）边界类型

① 断裂线/局部放大图：定义任意形状的视图边界，使用该选项只显示出被边界包围的视图部分。用此选项定义视图边界，则必须先建立与视图相关的边界线。当编辑或移动边界曲线时，视图边界会随之更新。

② 手工生成矩形：以拖动方式手工定义矩形边界，该矩形边界的大小是由用户定义的，可以包围整个视图，也可以只包围视图中的一部分。该边界方式主要用在一个特定的视图中隐藏不要显示的几何体。

图 22-32　"移动/复制视图"对话框

图 22-33　"视图边界"对话框

③ 自动生成矩形：自动定义矩形边界，该矩形边界能根据视图中几何对象的大小自动更新，主要用在一个特定的视图中显示所有的几何对象。

④ 由对象定义边界：由包围对象定义边界，该边界能根据被包围对象的大小自动调整，通常用于大小和形状随模型变化的矩形局部放大视图。

（2）其他参数

① 锚点：用于将视图边界固定在视图对象的指定点上，从而使视图边界与视图相关，当模型变化时，视图边界会随之移动。锚点主要用在局部放大视图或用手工定义边界的视图。

② 边界点：用于指定视图边界要通过的点。该功能可使任意形状的视图边界与模型相关。当模型修改后，视图边界也随之变化，也就是说，当边界内的几何模型的尺寸和位置变化时，该模型始终在视图边界之内。

③ 包含的点：视图边界要包围的点，只用于由"对象定义的边界"定义边界的方式。

④ 包含的对象：选择视图边界要包围的对象，只用于由"由对象定义边界"定义边界的方式。

22.5.5　显示与更新视图

① 视图的显示：选择"菜单"→"视图"→"显示图纸页"命令，则系统会在对象的三维模型与二维工程图纸间进行转换。

② 视图的更新：选择"菜单"→"编辑"→"视图"→"更新"命令，或者单击"主页"选项卡→"视图"组→"更新视图"图标，打开如图 22-34 所示"更新视图"对话框。

对话框部分选项作一介绍。

图 22-34　"更新视图"对话框

① 显示图纸中的所有视图：该选项用于控制在列表框中是否列出所有的视图，并自动选择所有过期视图。选取该复选框之后，系统会自动在列表框中选取所有过期视图，否则，需要用户自己更新过期视图。

② 选择所有过时视图：用于选择当前图纸中的过期视图。

③ 选择所有过时自动更新视图：用于选择每一个在保存时勾选"自动更新"的视图。

22.6 标注与符号

为了表达零件的几何尺寸，需要引入各种投影视图，为了表达工程图的尺寸和公差信息，必须进行工程图的标注。

22.6.1 尺寸标注

UG 标注的尺寸是与实体模型匹配的，与工程图的比例无关。在工程图中进行标注的尺寸是直接引用三维模型的真实尺寸，如果改动了零件中某个尺寸参数，工程图中的标注尺寸也会自动更新。

选择"菜单"→"插入"→"尺寸"下的命令，或者单击"主页"选项卡→"尺寸"组（图 22-35），或者单击"主页"选项卡→"尺寸"组（图 22-36），执行上述方式后，系统会打开各种尺寸标注，其中一些尺寸标注包含在快速、线性、径向尺寸标注中。

图 22-35 "尺寸"子菜单命令

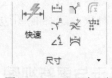

图 22-36 "尺寸"组

各种尺寸标注方式如下。

（1） 快速

可用单个命令和一组基本选择项从一组常规、好用的尺寸类型快速创建不同的尺寸。以下为快速尺寸对话框中的各种测量方法。

① 圆柱式：用来标注工程图中所选圆柱对象之间的尺寸，如图 22-37 所示。

② 直径：用来标注工程图中所选圆或圆弧的直径尺寸，如图 22-38 所示。

③ 自动判断：由系统自动推断出选用哪种尺寸标注类型来进行尺寸的标注。

④ 水平：用来标注工程图中所选对象间的水平尺寸，如图 22-39 所示。

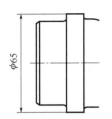
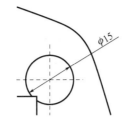
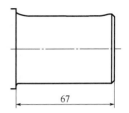

图 22-37 "圆柱尺寸"示意图　　图 22-38 "直径尺寸"示意图　　图 22-39 "水平尺寸"示意图

⑤ 竖直：用来标注工程图中所选对象间的垂直尺寸，如图 22-40 所示。

⑥ 点到点：用来标注工程图中所选对象间的平行尺寸，如图 22-41 所示。

⑦ 垂直：用来标注工程图中所选点到直线（或中心线）的垂直尺寸（图 22-42）。

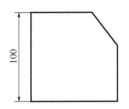
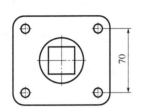
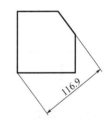

图 22-40 "竖直尺寸"示意图　　图 22-41 "点到点尺寸"示意图　　图 22-42 "垂直尺寸"示意图

（2）倒斜角

用来标注对于国标的 45°倒角的标注。目前不支持对于其他角度倒角的标注（图 22-43）。

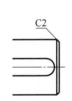
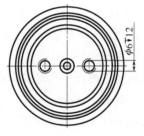

图 22-43 "倒斜角尺寸"示意图　　　图 22-44 "孔尺寸"示意图

（3）线性

可将六种不同线性尺寸中的一种创建为独立尺寸，或者创建为一组链尺寸或基线尺寸。可以创建下列尺寸类型。

① 孔标注：用来标注工程图中所选孔特征的尺寸（图 22-44）。

② 链：用来在工程图上生成一个水平方向（XC 方向）或竖直方向（YC 方向）的尺寸链，即生成一系列首尾相连的水平/竖直尺寸，如图 22-45 所示（在测量方法中选择水平或竖直，即可在尺寸集中选择链）。

③ 基线：用来在工程图上生成一个水平方向（XC 方向）或竖直方向（YC 方向）的尺寸系列，该尺寸系列分享同一条水平/竖直基线，如图 22-46 所示（在测量方法中选择水平或竖直，即可在尺寸集中选择基线）。

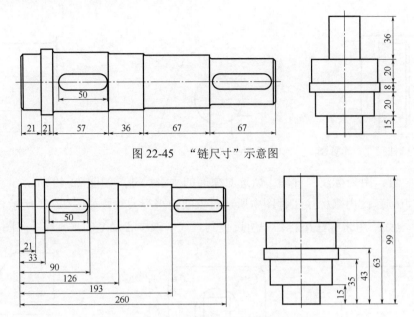

图 22-45　"链尺寸"示意图

图 22-46　"基线尺寸"示意图

（4）∠↑ **角度**

用来标注工程图中所选两直线之间的角度。

（5）⤢ **径向**

用于创建 3 个不同的径向尺寸类型中的一种。

① ⤢ 径向：用来标注工程图中所选圆或圆弧的半径尺寸，但标注不过圆心。

② ⤢ 直径：用来标注工程图中所选圆或圆弧的直径尺寸。

③ ⤢ 孔标注：用来标注工程图中所选大圆弧的半径尺寸。

（6）⤢ **弧长**

用来标注工程图中所选圆弧的弧长尺寸（图 22-47）。

（7）⤢ **坐标**

用来在标注工程图中定义一个原点的位置，作为一个距离的参考点位置，进而可以明确地给出所选对象的水平或垂直坐标距离（图 22-48）。

在放置尺寸值的同时，系统会打开图 22-49 所示的"编辑尺寸"对话框（也可以单击每一个标注图标后，在拖放尺寸标注时，单击右键选择"编辑"命令，打开此对话框），其功能如下：

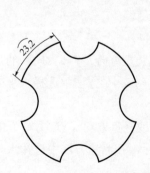

图 22-47　"弧长尺寸"示意图

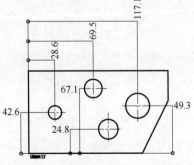

图 22-48　"坐标尺寸"示意图

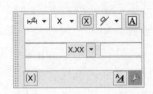

图 22-49　"编辑尺寸"对话框

① ⚞文本设置：该选项会打开如图 22-50 所示"文本设置"对话框，用于设置详细的尺寸类型，包括尺寸的位置、精度、公差、线条和箭头、文字和单位等。

② x.xx▾ 精度：该选项用于设置尺寸标注的精度值，可以使用其下拉选项进行详细设置。

③ ⚬•▾ 公差：用于设置各种需要的精度类型，可以使用其下拉选项进行详细设置。

④ Ⓐ编辑附加文本：单击该图标，打开"附加文本"对话框，如图 22-51 所示，可以进行各种符号和文本的编辑。

图 22-50 "文本设置"对话框

图 22-51 "附加文本"对话框

a．文本工具栏。

⚞ chinesef_fs ▾ 选择字体：用于选择合适的字体。

b．制图符号。

⌄插入埋头孔：生成埋头孔符号。

⊔插入沉头孔：生成沉头孔符号。

[SF]插入孔口平面：生成孔口平面符号。

▼插入深度：编辑深度符号。

⇗插入拔锥：生成圆锥拔模角符号。

◿插入斜率：项具有斜坡的图形生成斜度符号。

□插入方形：给横向和竖向具有相同长度的图形创建正四边形符号。

↦两者之间插入：创建间隙符号。

±插入+/-：创建正负号。

x°插入度数：创建角度记号。

⌒插入弧长：创建弧长符号。

(插入左括号：生成左括号。

)插入右括号：生成右括号。

ø插入直径：生成直径符号。

S⌀ 插入球径：生成球体直径符号。

c. 1/2 分数符号。

2/3 高度：以所输入的尺寸值的 2/3 大小来创建标注。

3/4 高度：以所输入的尺寸值的 3/4 大小来创建标注。

全高：以所输入的尺寸值同样大小来创建标注。

两行文本：所创建的标注为两行。

d. 形位公差符号。

插入单特征控制框：单击该按钮开始编辑单框形位公差。

插入直线度：生成直线度符号。

插入平面度：生成平面度符号。

插入圆度：生成圆弧度符号。

插入圆柱度：生成圆柱度符号。

插入线轮廓度：生成自由弧线的轮廓符号。

插入面轮廓度：生成自由曲面的轮廓符号。

插入倾斜度：生成倾斜度符号。

插入垂直度：生成垂直度符号。

插入复合特征控制框：在一个框架内创建另一个框架，即组合框。

插入平行度：生成平行度符号。

刀片位置：生成零件的点、线及面的位置符号。

插入同轴度：向具有中心的圆形对象创建同心度符号。

插入对称度：以中心线、中心面或中心轴为基准创建对称符号。

插入圆跳动：创建圆跳动度符号。

插入全跳动度：创建全跳动度符号。

插入直径：生成直径符号。

S⌀ 插入球径：生成球体直径符号。

插入最大实体状态：生成实际最大尺寸符号。

插入最小实体状态：生成实际最小尺寸符号。

插入框分割线：创建垂直分隔符。

插入时不考虑特征大小：生成不考虑特征大小符号。

插入投影公差带：生成延伸公差带符号。

插入切线：生成 ASME 1994 相切平面修饰符号。

插入自由状态：生成 ASME 1994/ISO 1995 自由状态修饰符号。

插入包络：生成 ISO 1995 相切平面修饰符号。

A B C D E F 插入基准 A/B/C/D/E/F：生成 A/B/C/D/E/F 基准符号。

e. 用户定义符号（图 22-52）。如果用户已经定义好了自己的符号库，可以通过指定相应的符号库来加载它们，同时还可以设置符号的比例和投影。

f. "关系"属性页（图 22-53）。用户可以将物体的表达式、对象属性、零件属性标注出来，并实现关联。

图 22-52 "用户定义符号"类型

图 22-53 "关系"类型

22.6.2 注释编辑器

选择"菜单"→"插入"→"注释"→"注释"命令,打开如图 22-54 所示"注释"对话框。对话框中的相关选项如下:

① 清除:清除所有输入的文字。

② 删除文本属性:删除字型为斜体或粗体的属性。

③ 选择下一个符号:注释编辑器输入的符号来移动光标。

④ x^2 上标:在文字上面添加内容

⑤ x_2 下标:在文字下面添加内容。

⑥ chinesef_fs 选择字体:用于选择合适的字体。

22.6.3 符号标注

选择"菜单"→"插入"→"注释"→"符号标注"命令,或者单击"主页"选项卡→"注释"组→"符号标注" 图标,则系统打开如图 22-55 所示"符号标注"对话框。

图 22-54 "注释"对话框

图 22-55 "符号标注"对话框

利用该标识符对话框可以创建工程图中的各种表示各部件的编号以及页码标识等 ID 符号，还可以设置符号的大小、类型、放置位置。

对话框常用选项功能如下。

① 类型：系统提供了多种符号类型供用户选择，每种符号类型可以配合该符号的文本选项，在 ID 符号中放置文本内容。

② 文本：如果选择了上下型的标示符号类型，可以在"上部文本"和"下部文本"中输入两行文本的内容，如果选择的是独立型 ID 符号，则只能在"上部文本"中输入文本内容。

③ 大小：各标示符号都可以通过"大小"来设置其比例值。

22.6.4 实例——标注轴承座工程图

扫一扫，看视频

本例主要介绍如何利用尺寸标注命令标注轴承座工程图，如图 22-56 所示。

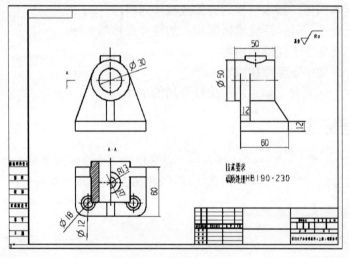

图 22-56 轴承座工程图

【操作步骤】

（1）打开文件

选择"菜单"→"文件"→"打开"命令，或者单击"主页"选项卡→"打开" 图标，打开"打开"对话框。打开 22.4.6 节创建的轴承座工程视图。

（2）水平尺寸标注

选择"菜单"→"插入"→"尺寸"→"快速"命令，或者单击"主页"选项卡→"尺寸"组→"快速" 图标。打开"快速尺寸"对话框，如图 22-57 所示。"测量方法"选择"水平"，标注尺寸如图 22-58 所示。

（3）竖直尺寸标注

选择"菜单"→"插入"→"尺寸"→"快速"命令，或者单击"主页"选项卡→"尺寸"组→"快速" 图标。打开"快速尺寸"对话框，"测量方法"选择"竖直"，标注尺寸如图 22-59 所示。

图 22-57 "快速尺寸"对话框

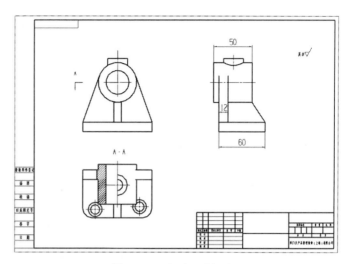

图 22-58 水平尺寸标注

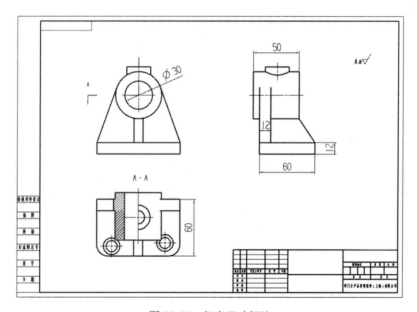

图 22-59 竖直尺寸标注

（4）径向尺寸标注

选择"菜单"→"插入"→"尺寸"→"快速"命令，或者单击"主页"选项卡→"尺寸"组→"快速" 图标。打开"快速尺寸"对话框，"测量方法"选择"径向"，标注尺寸如图 22-60 所示。

（5）直径尺寸标注

选择"菜单"→"插入"→"尺寸"→"快速"命令，或者单击"主页"选项卡→"尺寸"组→"快速" 图标。打开"快速尺寸"对话框，"测量方法"选择"直径"，标注尺寸如图 22-61 所示。

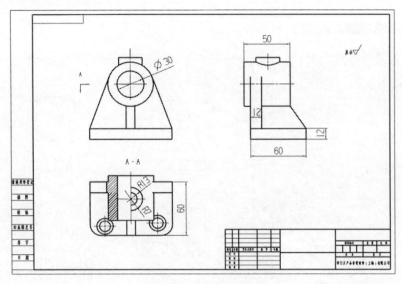

图 22-60   径向尺寸标注

（6）圆柱式尺寸标注

选择"菜单"→"插入"→"尺寸"→"快速"命令，或者单击"主页"选项卡→"尺寸"组→"快速" 图标。打开"快速尺寸"对话框，"测量方法"选择"直径"，标注尺寸如图 22-62 所示。

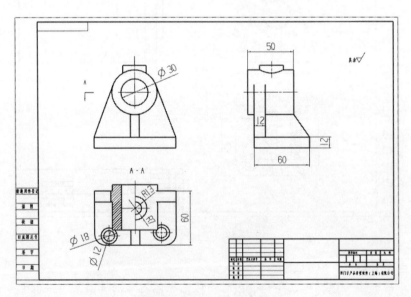

图 22-61   直径尺寸标注

（7）标注技术要求

选择"菜单"→"插入"→"注释"→"注释"命令，或者单击"主页"选项卡→"注释"组→"注释" A 图标，打开如图 22-63 所示"注释"对话框。在文字类型下拉菜单中选择"chinesef"，在大小下拉菜单中选择 1.75，在对话框中部输入技术要求，单击"关闭"按钮，将文字放在图右下角。生成工程图如图 22-56 所示。

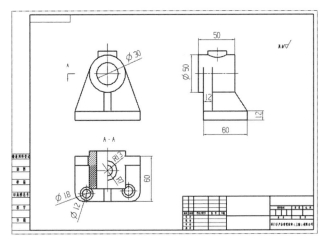

图 22-62　圆柱式尺寸标注　　　　　　　　图 22-63　"注释"对话框

22.7　综合实例——轴工程图

　　本实例主要介绍工程图的创建，各种视图的投影及编辑视图，注释预设置，扫一扫，看视频
标注各种尺寸和技术要求等操作，最后生成工程图如图 22-64 所示。

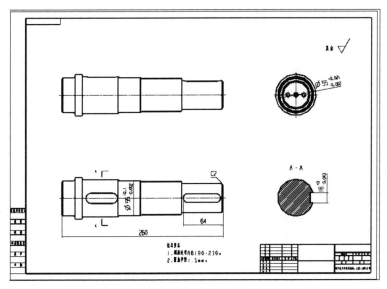

图 22-64　轴工程图

【操作步骤】

（1）新建文件

选择"菜单"→"文件"→"新建"命令，或者单击"主页"选项卡→"新建"📄图标，弹出"新建"对话框。在图纸选项卡中选择 A2-无视图模型。在要创建图纸的部件下方单击"打开"按钮，加载传动轴 chuandongzhou 部件，在部件存在的文件目录下，输入新文件名 zhougongchengtu,单击"确定"按钮，进入制图界面。

（2）关闭"显示光顺边"

选择"菜单"→"首选项"→"制图"命令，弹出"制图首选项"对话框，选择"视图"→"公共"→"光顺边"，将其中的"显示光顺边"复选框关闭，如图 22-65 所示。单击"确定"按钮，关闭对话框，创建的工程视图将不显示光顺边。

（3）创建基本视图

① 单击"主页"选项卡→"视图"组→"基本视图"🖼图标，弹出如图 22-66 所示的"基本视图"对话框。

图 22-65 "制图首选项"对话框 　　　　图 22-66 "基本视图"对话框

② 此时在窗口中出现所选视图的边框，在模型视图中选择合适的模型视图，拖拽视图到窗口的左下角，单击鼠标左键确定，则将选择的视图定位到图样中，以此作为三视图中的俯视图，效果如图 22-67 所示。

（4）添加投影视图

① 单击"主页"选项卡→"视图"组→"投影视图"🗂图标，弹出"投影视图"对话框，如图 22-68 所示，为刚刚生成的俯视图建立正交投影视图。在图样中单击刚刚建立的俯视图作为正交投影的父视图。此时出现正交投影视图的边框，沿垂直方向拖拽视图，若投影方向不对，可以勾选"反转投影方向"复选框，在合适位置处单击鼠标左键，将正交投影图定位到图样中，以此视图作为三视图中的正视图，效果如图 22-69 所示。

② 在图样中单击刚刚建立的前视图作为正交投影的父视图，如图 22-70 所示。此时出现

正交投影视图的边框，沿水平方向拖拽视图，在合适位置处单击鼠标左键，将正交投影图定位到图样中，以此视图作为三视图中的右视图，最终的三视图效果如图 22-71 所示。

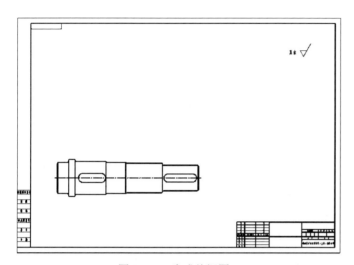

图 22-67 生成俯视图

图 22-68 "投影视图"对话框

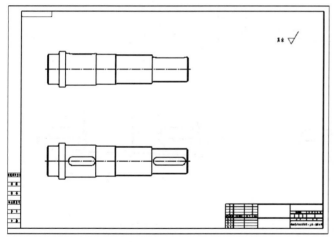

图 22-69 生成正视图

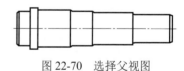

图 22-70 选择父视图

（5）添加剖视图

① 单击"主页"选项卡→"视图"组→"剖视图" ▨ 图标，弹出"剖视图"对话框，如图 22-72 所示，在图样中单击俯视图作为简单剖视图的父视图，如图 22-73 所示，系统激活点捕捉器，根据系统提示定义父视图的切割位置，选择如图 22-74 所示位置和方向作为切割线的位置和方向。

② 沿水平方向移动鼠标拖拽剖切视图到理想位置，单击鼠标左键，将简单剖视图定位在图样中，效果如图 22-75 所示。

③ 将光标放于剖视图标签处，单击鼠标左键将其选中，然后再单击鼠标右键，弹出如图 22-76 所示的命令菜单，选择其中的"设置"命令，弹出"设置"对话框。

④ 在对话框中，单击"表区域驱动"→"标签"，然后将"前缀"文本框中的默认字符

删除，字母高度因子设置为 3，其他参数保持默认，如图 22-77 所示。单击"确定"按钮，图样中的剖视图标签变为"A—A"，效果如图 22-78 所示。

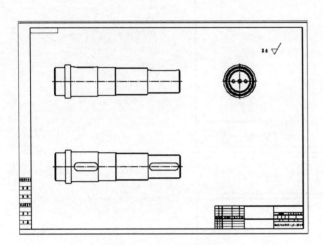

图 22-71　生成右视图　　　　　　　　　　图 22-72　"剖视图"对话框

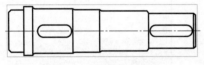

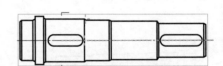

图 22-73　选择父视图　　　　　　　　　　图 22-74　剖切线箭头位置

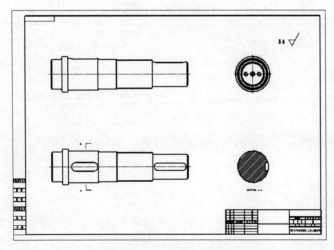

图 22-75　生成简单剖视图

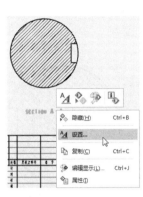

图 22-76　右键菜单

图 22-77　"设置"对话框

（6）修改背景

① 将光标放置于剖视图附近处，单击鼠标左键将其选中，然后单击鼠标右键，弹出如图 22-79 所示的命令菜单，选择其中的"设置"命令，弹出"设置"对话框。

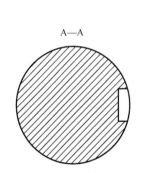

图 22-78　修改后的视图标签

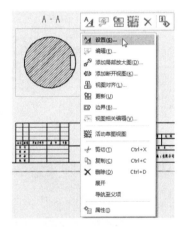

图 22-79　右键菜单

② 在对话框中选择"表区域驱动"→"设置"选项，将其中的显示背景复选框关闭，如图 22-80 所示。

③ 单击"确定"按钮，则剖视图不显示背景投影线框，效果如图 22-81 所示。

（7）设置注释

① 选择"菜单"→"首选项"→"制图"命令，弹出制图首选项对话框。选择"尺寸"→"文本"→"单位"选项，按照图 22-82 所示设置长度单位和角度尺寸显示类型。继续在制图首选项对话框中选择"尺寸"→"公差"选项，按照图 22-83 所示设置公差的类型、文本位置等参数。

② 在"制图首选项"对话框中选择"公共"→"文字"选项，选择"尺寸"→"文本"→"附加文本"选项，选择"尺寸"→"文本"→"尺寸文本"选项，选择"尺寸"→"文本"→"公差文本"选项，按照图 22-84 所示设置各类字符的高度、字体间隙因子、宽高比及字体格式等参数。

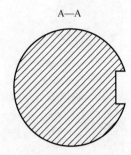

图 22-80　"设置"对话框　　　　　图 22-81　修改后的剖视图

图 22-82　单位　　　　　　　　　图 22-83　公差

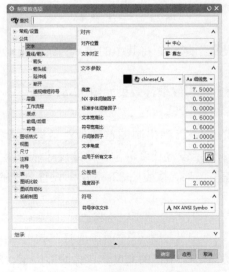

(a) 公共/文字　　　　　　　　　　(b) 附加文本

(c) 尺寸文本

(d) 公差文本

图 22-84　文字

③ 在"制图首选项"对话框中选择"尺寸"→"倒斜角"选项，按照图 22-85 所示设置尺寸线箭头的类型和参数，以及尺寸线和指引线的显示颜色。继续在制图首选项对话框中选择"公共"→"前缀/后缀"选项，按照图 22-86 所示设置直径和半径的符号。单击"确定"按钮，关闭对话框。

图 22-85　倒斜角

图 22-86　前缀/后缀

（8）标注水平尺寸

① 单击"主页"选项卡→"尺寸"组→"快速" 图标，弹出如图 22-87 所示的"快速尺寸"对话框。

② 在对话框的测量方法中选择水平，然后选择俯视图的左右两端，在弹出尺寸后，拖动到合适的位置，点击左键放置。结果如图 22-88 所示。

图 22-87 "快速尺寸"对话框

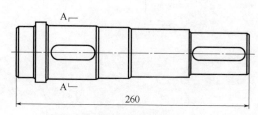

图 22-88 水平尺寸

（9）标注竖直尺寸

① 单击"主页"选项卡→"尺寸"组→"快速"图标，弹出如图 22-87 所示的"快速尺寸"对话框，在对话框的测量方法中选择竖直。

② 选择好尺寸的两端后，在拖动尺寸的过程中单击鼠标右键，在弹出的快捷菜单（如图 22-89）中选择编辑，在弹出的"尺寸编辑栏"（如图 22-90）中左上角第一个选项中，选择双向公差，然后编辑上偏差为 0，下偏差为 -0.043，公差小数点为 3。最后单击图 22-89 所示的退出编辑模式按钮，拖动尺寸到合适位置，单击鼠标左键，将竖直尺寸固定在鼠标指定的位置处，效果如图 22-91 所示。

图 22-89 快捷菜单

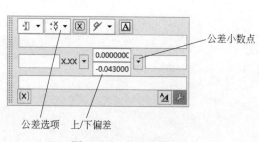

图 22-90 尺寸编辑栏

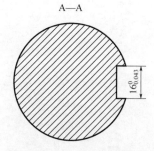

图 22-91 带公差的竖直尺寸

（10）标注垂直尺寸

① 单击"主页"选项卡→"尺寸"组→"快速"图标，弹出如图 22-87 所示的"快速尺寸"对话框，在对话框的测量方法中选择垂直。

② 在图样的俯视图中，选择最右端的竖直直线，再选择键槽左端圆弧的最高点。拖动弹出的尺寸到合适位置处，单击鼠标左键，固定尺寸，效果如图 22-92 所示。

（11）标注倒角

单击"主页"选项卡→"尺寸"组→"倒斜角"图标，在图样的俯视图中，选择右上角的倒角线，拖动弹出的倒角尺寸到合适位置处，单击鼠标左键，固定尺寸，效果如图 22-93 所示。

（12）标注圆柱形尺寸

① 单击"主页"选项卡→"尺寸"组→"快速" ⚡图标，弹出如图 22-87 所示的"快速尺寸"对话框，在对话框的测量方法中选择圆柱形。按如图 22-94 所示设置公差值。

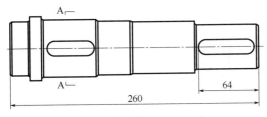

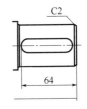

图 22-92　点到线的距离尺寸　　　　　　　图 22-93　倒角尺寸

② 在图样的俯视图中，选择第三段圆柱（从右向左数）的上下水平线，拖动圆柱形尺寸到合适位置处，单击鼠标左键，固定尺寸，效果如图 22-95 所示。

图 22-94　设置公差　　　　　　　　图 22-95　带公差的圆柱副尺寸

（13）标注直径

① 单击"主页"选项卡→"尺寸"组→"快速" ⚡图标，弹出如图 22-87 所示的"快速尺寸"对话框，在对话框的测量方法中选择直径。按如图 22-90 所示的"尺寸编辑栏"设置。按照如图 22-96 所示设置公差值。

② 在图样的右视图中，选择中间圆，旋转直径尺寸到合适位置处，单击鼠标左键，固定尺寸，效果如图 22-97 所示。

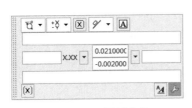

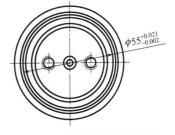

图 22-96　设置公差　　　　　　　　图 22-97　带公差的直径尺寸

工程图的整体效果如图 22-98 所示。

（14）添加注释

单击"主页"选项卡→"注释"组→"注释" Ａ图标，弹出如图 22-99 所示的"注释"对话框。然后在文本框中输入如图 22-99 所示的技术要求文本，拖动文本到合适位置处，单击鼠标左键，将文本固定在图样中，最终效果如图 22-64 所示。

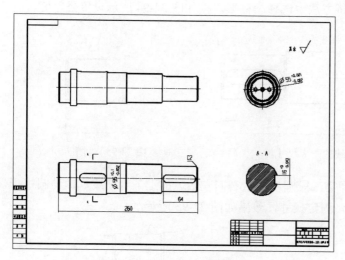

图 22-98　轴零件的工程图　　　　　　　图 22-99　"注释"对话框

上 机 操 作

【实例1】绘制如图 22-100 所示的脚踏杆工程图

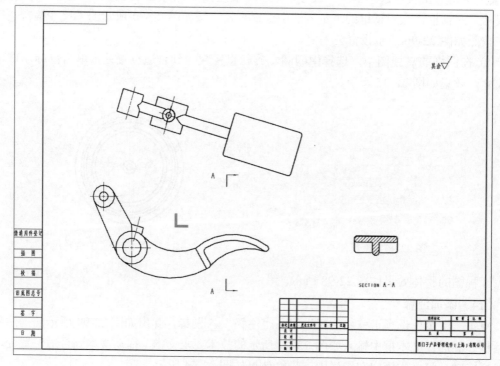

图 22-100　脚踏杆工程图

（1）目的要求

通过本练习，帮助读者掌握工程图绘制的基本方法与技巧。

（2）操作提示

① 利用"基本视图"命令创建基本视图，如图 22-101 所示。

② 利用"投影视图"命令创建投影视图，如图 22-102 所示。

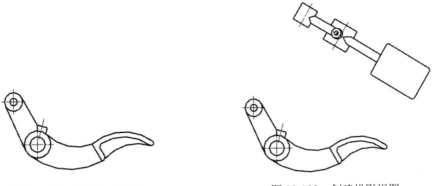

图 22-101 创建基本视图　　　　　图 22-102 创建投影视图

③ 利用"剖视图"命令选择基本视图为俯视图，定义切割位置，创建剖视图，完成如图 22-100 所示的工程图。

【实例 2】 标注如图 22-103 所示的脚踏杆工程图

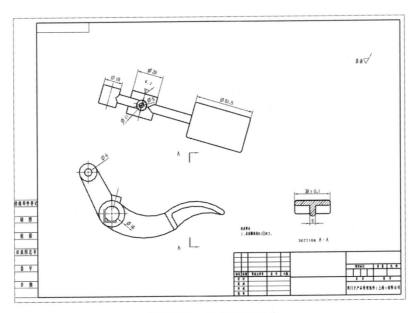

图 22-103 踏脚杆工程图

（1）目的要求

通过本练习，帮助读者掌握工程图标注的基本方法与技巧。

（2）操作提示

① 利用"快速"命令标注工程图的尺寸，如图 22-104 所示。

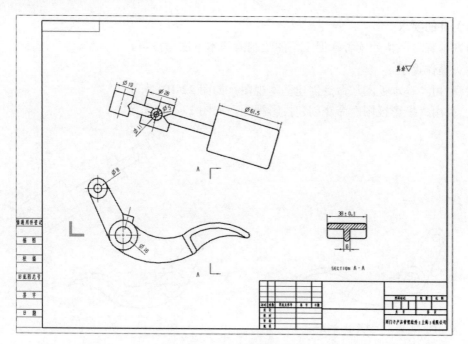

图 22-104　标注尺寸

② 利用"表面粗糙度符号"命令标注表面粗糙度，如图 22-105 所示。

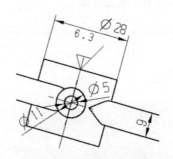

图 22-105　标注表面粗糙度

③ 利用"注释"命令标注技术要求，完成工程图的标注，如图 22-103 所示。

附录 配套学习资源

本书实例源文件	
AutoCAD 应用技巧大全	
AutoCAD 疑难问题汇总	
AutoCAD 典型习题集	
认证考试练习在纲和认证考试练习题	
AutoCAD 常用图块集	
AutoCAD 设计常用填充图案集	

常用快捷键速查手册	
常用工具按钮速查手册	
常用快捷命令速查手册	
CAD 绘图技巧大全	
AutoCAD 图纸案例	
UG 应用案例	